TRAITÉ

DES

FONCTIONS ELLIPTIQUES

ET DE LEURS

APPLICATIONS.

TRAITÉ

DES

FONCTIONS ELLIPTIQUES

ET DE

LEURS APPLICATIONS,

Par G.-H. HALPHEN,

MEMBRE DE L'INSTITUT.

PREMIÈRE PARTIE.

THÉORIE DES FONCTIONS ELLIPTIQUES ET DE LEURS DÉVELOPPEMENTS EN SÉRIES.

PARIS,

GAUTHIER-VILLARS, IMPRIMEUR-LIBRAIRE

DU BUREAU DES LONGITUDES, DE L'ÉCOLE POLYTECHNIQUE,

Quai des Augustins, 55.

1886

PRÉFACE.

Dans le domaine des Mathématiques pures, on peut distinguer deux parties : l'une, la plus élevée, qui s'augmente constamment, presque toujours par degrés insensibles, ne regarde que les mathématiciens; l'autre, longtemps immuable, s'accroît brusquement, à des intervalles éloignés, par l'adoption de quelque théorie nouvelle : c'est la matière de l'enseignement, ce que doivent retenir et savoir appliquer tous les hommes qui s'adonnent aux sciences exactes et, sans cultiver les Mathématiques, ont toujours besoin de les connaître.

Dans laquelle de ces deux parties faut-il aujourd'hui ranger les fonctions elliptiques? Partout on les enseigne; seuls les mathématiciens savent s'en servir. Elles traversent, semble-t-il, une période de transition. C'est avec l'espoir de hâter la fin de cette période que j'ai entrepris cet Ouvrage.

Trois Volumes, dont voici le premier, contiendront à peu près complète, je l'espère, la théorie des fonctions elliptiques, avec ses principales applications, au point où l'on est aujourd'hui parvenu. Mais, en offrant au lecteur le moyen de s'instruire complètement dans cette partie des Mathématiques, j'ai voulu lui permettre de graduer son instruction. J'ai donc réservé pour le troisième Volume ce qu'il y a de plus abstrait, la théorie de la *transformation*, les applications à l'Algèbre et à l'Arithmétique supérieure ; cette partie ne regarde que les mathématiciens, et les travaux incessants dont elle est actuellement l'objet prouvent qu'elle n'est pas encore parvenue à la dernière perfection.

L'étude des sept premiers Chapitres, la moitié du premier Volume, suffira pour connaître les fonctions elliptiques aussi complètement qu'on apprend la Trigonométrie dans les cours élémentaires, pour comprendre les applications à la Mécanique, à la Physique, à la Géométrie, au Calcul intégral.

Ces applications sont nombreuses déjà, toutes d'une grande importance, comme l'attestent les noms des géomètres qui les ont faites, Gauss, Jacobi, Lamé, Hermite, pour ne citer que les plus célèbres.

C'est à rendre ces applications facilement accessibles que je me suis surtout attaché, et l'on ne devra pas s'étonner de me voir, en maint endroit, insister sur des détails qui ne semblent point d'abord intéresser la théorie générale : la meilleure théorie n'est-elle pas celle qui s'applique le mieux?

Les applications auraient pu, au moins en grande partie, être placées dans la seconde moitié de ce premier Volume. Je les ai remises au second, qu'elles rempliront entièrement. Il a paru préférable de compléter celui-ci par l'exposé des divers modes de développement des fonctions elliptiques en séries. C'est une théorie dont la connaissance constitue un second degré d'instruction, mais qui, répétons-le, n'est pas indispensable, pas plus que la connaissance des développements en séries n'est jugée nécessaire pour apprendre et appliquer la Trigonométrie. Toutefois, comme l'un des modes de développement, particulièrement célèbre, a une grande importance pour les calculs numériques, je l'ai exposé à part, dès le Chapitre VIII, offrant ainsi au lecteur l'occasion d'acquérir facilement, par la connaissance des séries de Jacobi, ce qu'il y a de plus essentiel dans la seconde partie de ce Volume.

Les mathématiciens verront sans doute avec étonnement que, ne prenant pas les séries pour point de départ, je n'emploie pas cependant les intégrales imaginaires et les éléments de la théorie générale des fonctions, si propres à simplifier l'exposition directe. Les procédés dont je fais usage, plus élémentaires, répondent mieux, je crois, à l'idée d'instruction graduelle, qui m'a servi de guide. En rejetant à la fin du Volume l'étude des liens étroits qui unissent les intégrales imaginaires et les fonctions doublement périodiques, j'ai sacrifié l'élégance à l'utilité. Si j'ai été entraîné par là, notamment dans les Chapitres V et VI, à quelques longueurs, il ne faut pas trop le regretter : les détails qu'exige l'unique considération des intégrales réelles sont, de toute façon, nécessaires; si, en se servant d'abord des intégrales imaginaires, on les évite dans la théorie générale, on est tenu de les aborder ensuite pour certaines applications. Sur ce point donc, je demande aux mathématiciens leur indulgence provisoire, jusqu'à la publication du second Volume. Ils pourront alors juger si le mode d'exposition, adopté spécialement pour rendre les applications faciles, répond, autant que je le crois, au but proposé.

Les notations employées dans cet Ouvrage sont celles de M. Weierstrass. La préférence qu'il faut leur accorder sur les notations primitives n'est pas contestable. Pour les applications, elles constituent un très grand progrès, grâce surtout à l'avantage de fournir, dans l'inversion des intégrales elliptiques, les mêmes formules, quel que soit le nombre des racines réelles du polynôme placé sous le radical. Ce n'est pas seulement par là que M. Weierstrass a innové dans la théorie des fonctions elliptiques, comme on peut le voir dans les quelques feuilles, trop concises, publiées, d'après ses Leçons, par M. H.-A. Schwarz avec un soin extrêmement remarquable. Je n'ai pas manqué de consulter cette publication et d'y prendre un grand nombre de formules.

Tout en adoptant les notations nouvelles, je fais connaître, dès le début, les anciennes. En apprenant ici les fonctions elliptiques, on n'aura pas à craindre de ne pouvoir lire les Ouvrages ou les

Mémoires écrits avec les notations primitives, qui, à défaut d'autres titres, ont celui d'avoir servi à Legendre, Abel, Jacobi et à notre contemporain M. Hermite.

Dans le cours de ce Volume, on trouvera rarement cités les auteurs à qui sont empruntées les idées ou les démonstrations. Je n'aurais rien ajouté à la gloire des géomètres que je viens de nommer en répétant leurs noms à chaque page. J'ai cru mieux faire en composant un aperçu historique sur les fonctions elliptiques, où chaque progrès, mis à sa place au point de vue de l'importance et de l'époque, apparaît dans son vrai jour. Mais cet aperçu ne peut être utile qu'aux personnes déjà versées dans la théorie; il terminera le troisième Volume et contiendra les indications nécessaires pour que le lecteur retrouve aisément dans le cours de l'Ouvrage les théories, dont il connaîtra déjà le sens, et dont l'histoire lui sera alors présentée.

Des amis dévoués, MM. Alfred Collet et Charles Brisse ont pris la peine de lire les épreuves et m'ont prêté un bien utile et bien gracieux concours; notre célèbre imprimeur-éditeur, M. Gauthier-Villars, après avoir accueilli cette publication avec un empressement que je ne saurais oublier, lui a prodigué tous ses soins, au delà, sans doute, de ce qu'elle méritait. Seul, on le voit, je suis responsable des fautes qui subsistent. Mais le public d'élite, auquel s'adresse cet Ouvrage, saura bien discerner que j'ai voulu seulement être utile et me pardonnera, sans effort, toutes les imperfections qu'il serait en droit de me reprocher, si mon livre avait des prétentions plus hautes.

TRAITÉ

DES

FONCTIONS ELLIPTIQUES

ET DE LEURS APPLICATIONS.

PREMIÈRE PARTIE.

THÉORIE.

CHAPITRE I.

FONCTIONS ELLIPTIQUES A DISCRIMINANT POSITIF, AVEC UN ARGUMENT RÉEL.

Amplitude. — Modules. — Définition de K. — Fonctions elliptiques; argument. — Périodicité. — Argument $\frac{1}{2}$K. — Addition de la demi-période. — Dérivées. — Dégénérescence des fonctions elliptiques. — Addition des arguments : théorème de Jacobi. — Digression sur les polygones de Poncelet. — Construction pour l'addition des arguments. — Formules d'addition. — La fonction pu. Sa définition déduite de celle de $\operatorname{sn} u$. — Invariants g_2, g_3; discriminant Δ. — Les racines e_1, e_2, e_3. — La période 2ω. — Dérivées de pu. — Dégénérescence de pu. — Homogénéité. — Addition des arguments.

Amplitude.

Soient un cercle et un point C, intérieur à ce cercle. Par le point C on mène des cordes du cercle et, sur chacune d'elles, on porte, à partir du point C, de part et d'autre de ce point, une longueur inversement proportionnelle à la racine carrée de la corde. Le lieu de l'extrémité du rayon vecteur, ainsi obtenu, est une courbe (C) qui va servir à la définition des fonctions elliptiques.

Désignons par M et M' les extrémités d'une corde, par N et N' les extrémités, symétriques par rapport au point C, des rayons vecteurs correspondants. La courbe est fermée et convexe; elle a pour axes de symétrie et pour diamètres minimum et maximum le diamètre $N_0N'_0$, correspondant à la corde $M_0M'_0$ passant par le centre du cercle, et le diamètre perpendiculaire $N_1N'_1$.

On conviendra de considérer comme se correspondant sur la courbe et sur le cercle les deux points qui, sur une même droite issue du point C, *sont situés d'un même côté par rapport au*

Fig. 1.

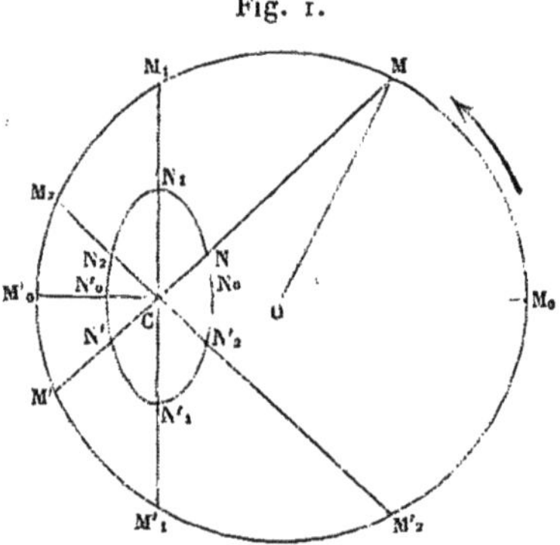

point C. Ainsi, sur la figure, M et N se correspondent entre eux; M′ et N′, M_0 et N_0, ... sont des couples de points se correspondant.

L'aire d'un secteur de la courbe, limité par deux rayons vecteurs issus du point C, *sera comptée positivement dans un sens de rotation déterminé, et négativement dans le sens opposé.* (Une flèche marque sur la figure le sens choisi pour les aires positives.) Le rayon CN_0, dont l'extrémité N_0 correspond au point M_0 du cercle, le plus éloigné de C, est celui à partir duquel on comptera les aires. Si le rayon mobile CN, tournant dans le sens positif, après avoir décrit un tour entier, continue son mouvement dans le même sens, l'aire sera considérée comme croissant toujours, dépassant ainsi l'aire totale de la courbe; elle peut croître ainsi sans limite. De même, si le rayon mobile tourne dans le sens négatif, la valeur absolue de l'aire négative peut croître sans limite. *Par cette convention,* l'aire d'un secteur, limité par le rayon initial CN_0 et par un rayon mobile CN, est une variable qui peut prendre toutes les valeurs depuis $-\infty$ jusqu'à $+\infty$, et qui varie d'une manière continue avec le rayon CN. Il en est de même pour l'arc décrit sur le cercle par le point M qui correspond à l'extrémité N du rayon vecteur. Cet arc étant compté comme on a l'habitude de le faire en Trigonométrie, avec le point M_0 pour origine, est nul en même temps que l'aire variable et croît ou décroît avec elle sans limite. D'après les conventions faites, l'aire N_0CN et l'arc M_0M sont deux variables, dont chacune est une fonction continue de l'autre. De plus, à chaque valeur de la variable correspond une valeur, toujours unique, de la fonction.

Soient

R le rayon du cercle,
δ la distance OC du centre de ce cercle au point C,
l une longueur arbitraire.

Le rapport constant du rayon vecteur CN à l'inverse de la racine carrée de la corde sera exprimé par $l\sqrt{2(R+\delta)}$:

$$CN = l\sqrt{\frac{2(R+\delta)}{MM'}}.$$

On désignera par u le rapport de l'aire variable au carré l^2 :

$$u = \frac{\text{aire } N_0CN}{l^2}.$$

Soit encore φ la moitié de l'angle au centre M_0OM, compté comme l'arc M_0M. Cette variable φ est une fonction de u, continue et déterminée sans ambiguïté pour toutes les valeurs de u; elle est désignée par la notation

$$\tfrac{1}{2}\widehat{M_0OM} = \varphi = \operatorname{am} u,$$

que l'on énonce *amplitude de u*.

Modules.

Dans le cas particulier où le point C se confond avec le centre du cercle, la courbe se réduit elle-même à un cercle, de rayon l, et la fonction $\operatorname{am} u$ est simplement u. Dans le cas général, $\operatorname{am} u$ diffère d'autant plus de u que l'excentricité de la figure est plus grande. Cette excentricité, élément essentiel de la définition, sera représentée par un nombre k, nommé *module*. On considère aussi un autre nombre analogue k', nommé *module complémentaire :*

$$k = \frac{2\sqrt{R\delta}}{R+\delta}, \quad k' = \frac{R-\delta}{R+\delta}; \quad k^2 + k'^2 = 1.$$

Ces deux quantités k et k' sont, comme on voit, toutes deux comprises entre zéro et l'unité.

Quand il est nécessaire de rappeler le module de la fonction $\operatorname{am} u$, on écrit $\operatorname{am}(u, k)$ au lieu de $\operatorname{am} u$.

Définition de K.

Le rapport de l'aire totale de la courbe au carré l^2 sera désigné par $2K$. D'après les définitions, on a

$$(1)\quad \begin{cases} \operatorname{am} 0 = 0, \\ \operatorname{am} 2K = \pi, \\ \operatorname{am}(2K + u) = \pi + \operatorname{am} u, \\ \operatorname{am}(-u) = -\operatorname{am} u. \end{cases}$$

Et encore, la demi-aire de la courbe répondant au point M'_0,

$$(2)\quad \operatorname{am} K = \frac{\pi}{2}.$$

Fonctions elliptiques ; argument.

Les *fonctions elliptiques* de la variable u sont au nombre de trois, à savoir le sinus et le cosinus de $\operatorname{am} u$, et la distance du point C au point M, qui correspond à la variable u sur le cercle, cette distance étant rapportée à sa grandeur initiale prise pour unité. Ces trois fonctions seront désignées par les notations $\operatorname{sn} u$, $\operatorname{cn} u$, $\operatorname{dn} u$, et l'on appelle u l'*argument* de ces fonctions

$$\operatorname{sn} u = \sin \operatorname{am} u,$$
$$\operatorname{cn} u = \cos \operatorname{am} u,$$
$$\operatorname{dn} u = \frac{CM}{CM_0} = \frac{CM}{R+\delta}.$$

Dans le langage habituel, on énonce successivement les trois lettres s, n, u; c, n, u; d, n, u.

Sur les deux premières la Trigonométrie nous fournit les renseignements suivants, d'après (1) et (2) :

$$(3)\qquad \begin{cases} \operatorname{sn} 0 = 0, & \operatorname{cn} 0 = 1, \\ \operatorname{sn} 2K = 0, & \operatorname{cn} 2K = -1, \\ \operatorname{sn}(2K+u) = -\operatorname{sn} u, & \operatorname{cn}(2K+u) = -\operatorname{cn} u, \\ \operatorname{sn}(-u) = -\operatorname{sn} u, & \operatorname{cn}(-u) = \operatorname{cn} u, \\ \operatorname{sn} K = 1, & \operatorname{cn} K = 0. \end{cases}$$

Elles sont comprises entre -1 et $+1$ et satisfont à la relation

$$(4)\qquad \operatorname{sn}^2 u + \operatorname{cn}^2 u = 1.$$

Quant à la fonction $\operatorname{dn} u$, elle est, par définition, toujours positive; son maximum est l'unité et correspond à la droite CM_0; son minimum correspond à CM'_0; il est égal à k' :

$$(5)\qquad \begin{cases} \operatorname{dn} 0 = 1, \quad \operatorname{dn} 2K = 1, \\ \operatorname{dn}(2K+u) = \operatorname{dn} u, \\ \operatorname{dn}(-u) = \operatorname{dn} u, \\ \operatorname{dn} K = k'. \end{cases}$$

L'angle $\widehat{CM_0M}$ est égal à $\frac{\pi}{2} - \varphi$; son cosinus est donc égal à $\operatorname{sn} u$; de plus, la corde M_0M a pour expression $2R\sin\varphi$, c'est-à-dire $2R\operatorname{sn} u$. Donc la relation fournie par le triangle CM_0M (¹),

$$\overline{CM}^2 = \overline{CM_0}^2 + \overline{MM_0}^2 - 2\,CM_0.MM_0 \cos\widehat{CM_0M},$$

se traduit en celle-ci

$$\operatorname{dn}^2 u = 1 - \frac{4R\delta}{(R+\delta)^2}\operatorname{sn}^2 u.$$

D'après la définition du module k, on a donc

$$(6)\qquad \operatorname{dn}^2 u + k^2 \operatorname{sn}^2 u = 1.$$

En éliminant $\operatorname{sn}^2 u$ entre (4) et (6), on a cette autre analogue

$$(7)\qquad \frac{1}{k'^2}\operatorname{dn}^2 u - \frac{k^2}{k'^2}\operatorname{cn}^2 u = 1.$$

(¹) Ici u est supposé entre zéro et K; mais, d'après (3) et (5), si l'on change u en $2mK \pm u$, m étant un nombre entier, la formule (6) reste inaltérée : elle est donc entièrement générale. Même observation pour la formule (8a) de la page 7.

Quand il y a lieu de rappeler le module k, on écrit $\operatorname{sn}(u, k)$ au lieu de $\operatorname{sn} u$, et ainsi des autres.

Périodicité.

Les trois fonctions elliptiques sont périodiques; les deux premières ont la période $4K$, la troisième a la période $2K$. Néanmoins, on appelle $2K$ la *période*. En l'ajoutant à l'argument u, on reproduit les fonctions sn et cn *changées de signe*. La période joue le même rôle ici que π en Trigonométrie. La quantité K est la *demi-période*.

Argument $\frac{1}{2}$K.

La *fig.* 1 fournit encore le renseignement immédiat suivant :

$$\operatorname{dn}\frac{K}{2} = \frac{CM_1}{CM_0} = \frac{\sqrt{R^2-\delta^2}}{R+\delta} = \sqrt{\frac{R-\delta}{R+\delta}} = \sqrt{k'}$$

et, par suite, d'après (4) et (6),

$$\operatorname{sn}\frac{K}{2} = \frac{\sqrt{1-\operatorname{dn}^2\frac{K}{2}}}{k} = \frac{\sqrt{1-k'}}{k} = \frac{1}{\sqrt{1+k'}},$$

$$\operatorname{cn}\frac{K}{2} = \sqrt{1-\operatorname{sn}^2\frac{K}{2}} = \sqrt{\frac{k'}{1+k'}}.$$

Addition de la demi-période.

Par suite de la symétrie qu'offre la courbe, toute droite passant par son centre C la partage en deux parties d'aires égales. Soit u l'argument qui correspond à un point N de la courbe; au point N′, symétrique de N par rapport à C, correspond l'argument $u+K$. La propriété du cercle, exprimée par l'égalité

$$CM.CM' = R^2-\delta^2,$$

fournit donc celle-ci

$$(R+\delta)^2 \operatorname{dn} u \operatorname{dn}(u+K) = R^2-\delta^2$$

ou, d'après la définition du module complémentaire k',

$$\operatorname{dn}(u+K) = \frac{k'}{\operatorname{dn} u}. \tag{8}$$

Dans le triangle CM_0M, on a déjà observé que l'angle en M_0 est $\frac{\pi}{2}-\varphi$; son sinus est donc $\operatorname{cn} u$. L'angle en M est le supplément de la moitié de l'angle mesuré par l'arc de cercle M_0M' dans le sens positif. Cette moitié est, suivant la définition, *l'amplitude* correspondant au point N', c'est-à-dire $\operatorname{am}(u+K)$. Le sinus de l'angle en M est donc $\operatorname{sn}(u+K)$. La proportionnalité des sinus aux côtés opposés, dans le triangle CM_0M, fournit donc la relation

$$\frac{CM}{CM_0} = \frac{\operatorname{cn} u}{\operatorname{sn}(u+K)}.$$

Par définition, le premier membre est précisément $\operatorname{dn} u$. Ainsi

$$(8a) \qquad \operatorname{sn}(u+K) = \frac{\operatorname{cn} u}{\operatorname{dn} u}.$$

Changeant, dans cette dernière relation, u en $u+K$, remplaçant $\operatorname{sn}(u+2K)$ par $-\operatorname{sn} u$, et $\operatorname{dn}(u+K)$ par l'expression qu'on vient de trouver, on obtient

$$(8b) \qquad \operatorname{cn}(u+K) = -\frac{k' \operatorname{sn} u}{\operatorname{dn} u}.$$

Changeant u en $-u$ dans les trois relations (8), (8a), (8b), on a

$$\operatorname{dn}(K-u) = \frac{k'}{\operatorname{dn} u},$$

$$\operatorname{sn}(K-u) = \frac{\operatorname{cn} u}{\operatorname{dn} u},$$

$$\operatorname{cn}(K-u) = \frac{k' \operatorname{sn} u}{\operatorname{dn} u}.$$

Pour le calcul des fonctions elliptiques, ces trois relations, jointes à (4) et (5), permettent de ramener l'argument à être toujours compris entre zéro et $\frac{1}{2}K$, comme, en Trigonométrie, l'angle peut toujours être ramené entre zéro et $\frac{\pi}{4}$ pour le calcul des fonctions circulaires (¹).

Dérivées.

Soit θ l'angle du rayon vecteur CN avec le rayon initial, angle compté dans le sens positif; la dérivée de l'aire de la courbe, par

(¹) Dans les *Fundamenta nova* de Jacobi et beaucoup d'ouvrages subséquents, $K-u$ est appelé *l'argument complémentaire;* son amplitude est appelée la *coamplitude* de u, en sorte que $\operatorname{sn}(K-u)$ et $\operatorname{cn}(K-u)$ sont dénotés $\sin \operatorname{coam} u$, $\cos \operatorname{coam} u$; quant à $\operatorname{dn} u$ et $\operatorname{dn}(K-u)$, ils sont dénotés par $\Delta \operatorname{am} u$ et $\Delta \operatorname{coam} u$.

rapport à θ, est $\frac{1}{2}\overline{CN}^2$. D'après la définition de u et l'expression du rayon vecteur CN, on a donc

$$\frac{du}{d\theta} = \frac{R+\delta}{MM'}.$$

Soient φ et φ' les demi-angles $\frac{1}{2}\widehat{M_0OM}$ et $\frac{1}{2}\widehat{M_0OM'}$ comptés

Fig. 2.

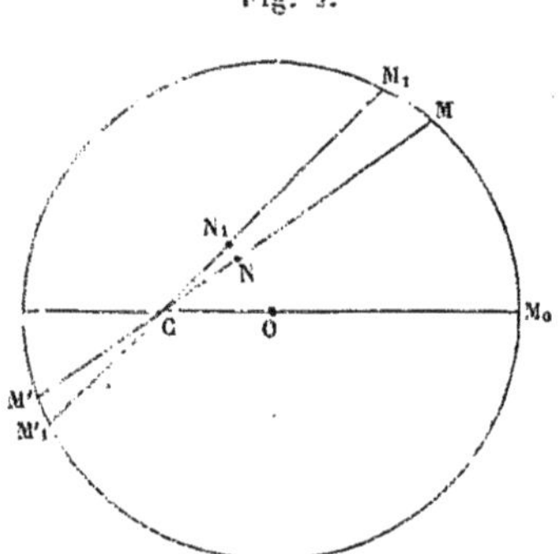

dans le sens positif, on a, d'après les propriétés du cercle,

$$\theta = \tfrac{1}{2}(2\varphi + 2\varphi' - \pi)$$

et, par conséquent,

$$d\theta = d\varphi + d\varphi'.$$

Soit maintenant un second rayon vecteur CN_1, coupant le cercle au point M_1 qui correspond à N_1, et au second point M'_1. On a la relation

$$\frac{MM_1}{M'M'_1} = \frac{CM}{CM'_1};$$

d'où, si M_1 est infiniment voisin de M,

$$\frac{d\varphi}{d\varphi'} = \frac{CM}{CM'},$$

$$\frac{d\varphi + d\varphi'}{d\varphi} = \frac{MM'}{CM} = \frac{MM'}{(R+\delta)\,\mathrm{dn}\,u}.$$

Mais les précédentes donnent

$$\frac{du}{d\varphi + d\varphi'} = \frac{R+\delta}{MM'}.$$

Multipliant membre à membre ces deux dernières et remplaçant φ par $\operatorname{am} u$, on a donc

$$\frac{d \operatorname{am} u}{du} = \operatorname{dn} u.$$

De là résulte

$$\frac{d \operatorname{sn} u}{du} = \frac{d \sin \operatorname{am} u}{d \operatorname{am} u} \frac{d \operatorname{am} u}{du} = \operatorname{cn} u \operatorname{dn} u,$$

$$\frac{d \operatorname{cn} u}{du} = \frac{d \cos \operatorname{am} u}{d \operatorname{am} u} \frac{d \operatorname{am} u}{du} = - \operatorname{sn} u \operatorname{dn} u.$$

Enfin, en prenant les dérivées dans la relation (6),

$$\operatorname{dn} u \frac{d \operatorname{dn} u}{du} + k^2 \operatorname{sn} u \frac{d \operatorname{sn} u}{du} = 0,$$

$$\frac{d \operatorname{dn} u}{du} = - k^2 \operatorname{sn} u \operatorname{cn} u.$$

Ainsi, en résumé, les dérivées des trois fonctions s'expriment chacune par le produit des deux autres fonctions, sauf un facteur constant :

$$(9) \quad \begin{cases} \dfrac{d}{du} \operatorname{sn} u = \operatorname{cn} u \operatorname{dn} u, \\ \dfrac{d}{du} \operatorname{cn} u = - \operatorname{dn} u \operatorname{sn} u, \\ \dfrac{d}{du} \operatorname{dn} u = - k^2 \operatorname{sn} u \operatorname{cn} u. \end{cases}$$

Dégénérescence des fonctions elliptiques.

Quand le module k se réduit à zéro, on a vu, par la définition, que la courbe (C) se réduit à un cercle de rayon l; $\operatorname{am} u$ se réduit à u, $\operatorname{sn} u$ et $\operatorname{cn} u$ à $\sin u$ et $\cos u$, et $\operatorname{dn} u$ à l'unité. Quant à $2K$, rapport de l'aire totale de la courbe (C) au carré l^2, cette quantité devient π; ainsi K se réduit à $\frac{\pi}{2}$.

Voyons maintenant ce qui se produit quand k devient égal à l'unité. A cause des relations

$$\operatorname{dn}^2 u = 1 - k^2 \operatorname{sn}^2 u, \quad \operatorname{cn}^2 u = 1 - \operatorname{sn}^2 u,$$

qui coïncident alors ($k = 1$), $\operatorname{dn} u$ et $\operatorname{cn} u$ ne forment qu'une seule et même fonction, tant que u reste compris entre $-K$ et K, limites dans lesquelles $\operatorname{cn} u$ est positif. Les équations différentielles (9) deviennent donc

$$\frac{d}{du}\operatorname{sn} u = \operatorname{cn}^2 u, \quad \frac{d}{du}\operatorname{cn} u = -\operatorname{cn} u \operatorname{sn} u.$$

De là résulte

$$\frac{d}{du}\frac{\operatorname{sn} u}{\operatorname{cn} u} = \frac{\operatorname{cn}^2 u + \operatorname{sn}^2 u}{\operatorname{cn} u} = \frac{1}{\operatorname{cn} u},$$

$$\frac{d}{du}\frac{1}{\operatorname{cn} u} = \frac{\operatorname{sn} u}{\operatorname{cn} u}.$$

Ainsi $\frac{\operatorname{sn} u}{\operatorname{cn} u}$ étant désigné par y, $\frac{1}{\operatorname{cn} u}$ par x, on a

$$\frac{dy}{du} = x, \quad \frac{dx}{du} = y.$$

En outre, pour $u = 0$, on doit avoir $y = 0$, $x = 1$. Ces conditions initiales déterminent complètement x, y ainsi :

$$x = \tfrac{1}{2}(e^u + e^{-u}), \quad y = \tfrac{1}{2}(e^u - e^{-u}).$$

Donc, lorsque k se réduit à l'unité, les valeurs limites des fonctions elliptiques sont

$$k = 1, \quad \operatorname{sn} u = \frac{e^u - e^{-u}}{e^u + e^{-u}}, \quad \operatorname{cn} u = \operatorname{dn} u = \frac{2}{e^u + e^{-u}}, \quad K = \infty.$$

La restriction faite tout à l'heure, exigeant que u soit entre $-K$ et K, disparaît; car l'expression de $\operatorname{cn} u$ montre que cette fonction ne devient jamais nulle; c'est qu'effectivement K est devenu infiniment grand. On le voit bien sur la *fig.* 1. Le point C est sur la circonférence du cercle; la corde CM_1 devient nulle, et le point N_1 s'éloigne indéfiniment.

Addition des arguments. Théorème de Jacobi.

Dans l'intérieur du même cercle O que précédemment, considérons (*fig.* 3) un second cercle c, ayant son centre c sur le rayon qui contient déjà le point C. Sur le cercle intérieur c, prenons le même sens de rotation que sur le cercle O, et, en chaque point T du cercle c, menons la tangente dans le sens opposé à celui de la rotation positive. Cette tangente, ainsi dirigée, rencontre le cercle extérieur en un seul point M, correspondant à T.

D'après un théorème (¹) de Géométrie élémentaire, *si trois cercles ont, deux à deux, un seul et même axe radical, les tangentes menées d'un point quelconque de l'un d'eux aux deux autres ont leurs longueurs dans un rapport constant.* Prenons

Fig. 3.

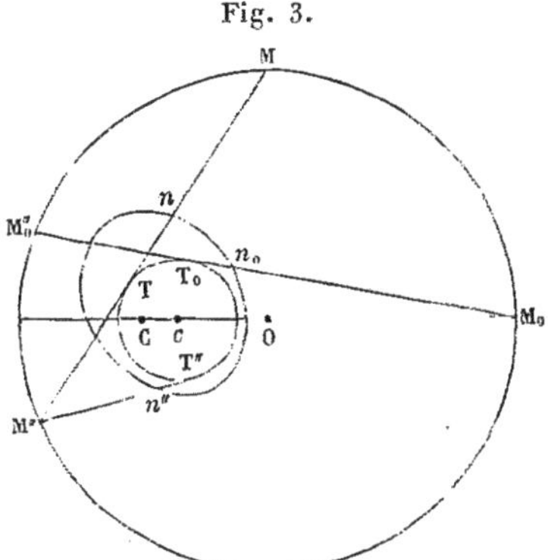

le cercle c de telle sorte qu'il ait avec le cercle O l'axe radical commun à ce dernier et au point C. S'il en est ainsi, et T_0 désignant le point correspondant, sur c, au point initial M_0, on aura

$$\frac{TM}{T_0M_0} = \frac{CM}{CM_0} = \operatorname{dn} u.$$

Pour construire la courbe (C), employée précédemment, nous avons porté, à partir de C, sur CM la longueur

$$CN = l\sqrt{\frac{2.CM_0}{MM'}}.$$

Soit M'' le second point de rencontre de TM avec le cercle.

Portons de même sur la tangente TM, à partir de T, la longueur

$$Tn = l\sqrt{\frac{2.T_0M_0}{MM''}},$$

(¹) Qui se démontre ainsi : soient en coordonnées rectangulaires A = o, B = o, C = o les équations des trois cercles. La communauté de l'axe radical s'exprime par l'identité $A = \lambda B + \mu C$, λ et μ étant des constantes. D'ailleurs B et C sont les carrés des longueurs des tangentes menées d'un point aux cercles B = o, C = o. Si donc ce point est sur le cercle A = o, l'égalité $B : C = -\mu : \lambda$ prouve le théorème.

mais en ayant soin de la porter seulement dans un seul sens, celui même de TM. Le lieu du point n, soit la courbe (c), est fermé et convexe. Cette courbe est extérieure au cercle c.

Considérons l'aire comprise entre le cercle c et la courbe (c), à partir de la tangente $T_0 n_0$, et décrite par une tangente mobile Tn tournant autour du cercle. Avec les mêmes conventions qui ont été faites relativement à la courbe (C), cette nouvelle aire prend toutes les valeurs depuis $-\infty$ jusqu'à $+\infty$. L'aire (c) décrite, à partir de $T_0 n_0$, par une tangente mobile TnM correspond, en vertu des conventions et sans aucune ambiguïté, avec l'aire (C) décrite par le rayon vecteur CNM correspondant. Ces deux aires sont nulles ensemble. Il va être démontré qu'*elles sont équivalentes*.

Soit

$$u_1 = \frac{\text{aire } n_0 T_0 T n}{l^2}.$$

Soit aussi θ_1 l'angle de TM, compté dans le sens convenu, avec CM_0. La dérivée de la nouvelle aire, par rapport à θ_1, est ici encore $\frac{1}{2}\overline{Tn}^2$.

Donc

$$\frac{du_1}{d\theta_1} = \frac{T_0 M_0}{MM''}.$$

Désignant encore par 2φ et $2\varphi''$ les angles $\widehat{MOM_0}$ et $\widehat{M''OM_0}$, on a, exactement comme dans le cas de la courbe (C),

$$d\theta_1 = d\varphi + d\varphi'',$$

$$\frac{d\varphi}{d\varphi''} = \frac{TM}{TM''}, \quad \frac{d\theta_1}{d\varphi} = \frac{MM''}{TM}.$$

De là résulte semblablement

$$\frac{d\varphi}{du_1} = \frac{TM}{T_0 M_0} = \operatorname{dn} u,$$

et, puisque l'on a

$$\frac{d\varphi}{du} = \operatorname{dn} u,$$

il en résulte

$$\frac{du_1}{du} = 1 \quad \text{et} \quad u_1 = u;$$

car u_1 est nul avec u.

Par le point M'', menons maintenant la seconde tangente $M''T''$

du cercle c. Son point de contact T'' est celui qui correspond à M'', d'après les conventions. Mais, les deux tangentes $M''T$ et $M''T''$ étant égales, la relation

$$\frac{d\varphi}{d\varphi''} = \frac{TM}{TM''}$$

donne celle-ci

$$\frac{d\varphi}{TM} = \frac{d\varphi''}{T''M''}.$$

Soit u'' l'argument qui correspond à M'', comme u correspond à M; on a

$$\frac{d\varphi}{TM} = \frac{du}{T_0M_0}, \quad \frac{d\varphi''}{T''M''} = \frac{du''}{T_0M_0}.$$

Par suite

$$du = du''.$$

Dans le cas de la courbe (C), où le cercle c se réduisait au point C, le point M'' était remplacé par M', et l'égalité $du = du'$ avait lieu aussi. Il n'en a pas été parlé; car il était alors évident, à cause de la symétrie de (C), qu'on a

$$u' = u + K.$$

Ici la différence $u'' - u$ est encore constante; mais cette constante n'est plus égale à K. Il suffit d'envisager la position initiale de la tangente $M_0T_0M''_0$ pour reconnaître que cette constante est l'argument u''_0 qui correspond au point M''_0. Par conséquent :

Si c est un cercle intérieur au cercle O, ayant avec ce dernier et le point C même axe radical, et qu'on mène dans le cercle O une corde variable MM'' tangente au cercle c, les deux points M et M'' correspondent à des arguments u et u'' dont la différence est constante.

Ce théorème est dû à Jacobi.

Au lieu de porter les longueurs Tn sur les tangentes dans le sens opposé à celui de la rotation positive, on peut les porter dans le sens de cette rotation; alors le point M''_0 est au-dessous de la ligne des centres, et u''_0 est supérieur à K.

Digression sur les polygones de Poncelet.

Supposons qu'un triangle de sommets MM_1M_2, placés dans cet ordre pour le sens de rotation positif par exemple, soit *inscrit* dans le cercle O et *circonscrit* au cercle c. Les arguments des trois sommets seront successivement u, $u+u''_0$, $u+2u''_0$, et, puisque la corde M_2M est encore tangente au cercle c, l'aire de la courbe est décrite complètement, et l'argument qu'on obtient en revenant au point M a les deux expressions

$$u+2K \quad \text{et} \quad u+3u''_0.$$

Donc

$$u''_0 = \frac{2K}{3}.$$

Ainsi le cercle c n'est pas un quelconque de ceux qui ont, avec O, l'axe radical donné. Il est déterminé par cette condition que le point M''_0 réponde à l'argument $\frac{2K}{3}$. Cela étant, chaque point M du cercle O sera un sommet d'un triangle inscrit au cercle O et circonscrit au cercle c.

Au lieu d'un triangle, supposons un polygone de p côtés, inscrit dans O et circonscrit à c. Admettons, en outre, que ce polygone, s'il est étoilé, se recouvre lui-même q fois ($q=1$ pour un polygone convexe). Si u est l'argument du premier sommet, on retrouvera, après avoir décrit le polygone dans le sens positif, pour nouvelle détermination de cet argument, les deux expressions $u+2qK$ et $u+pu''_0$. Donc $u''_0=\frac{2qK}{p}$. De là le théorème de Poncelet :

Si deux cercles sont, l'un inscrit, l'autre circonscrit à un polygone fermé, il existe une infinité de polygones, ayant pareil nombre de côtés, à la fois circonscrits au premier cercle et inscrits dans le second.

Construction pour l'addition des arguments.

Sur le cercle O (*fig.* 4), prenez le point A répondant à l'argument a, et tracez le cercle c, tangent à M_0A, ayant avec O l'axe radical donné, et intérieur à O, ce qui se peut faire d'une seule manière (¹). Prenez le point B répondant à l'argument b, et menez, par ce point B, l'une des tangentes au cercle c, savoir celle qui du point de contact au point B est dirigée dans le sens négatif ou dans le sens positif, suivant que A est au-dessus ou au-dessous de la ligne des centres (sur la figure, A est *au-dessus*, et la tangente

Fig. 4.

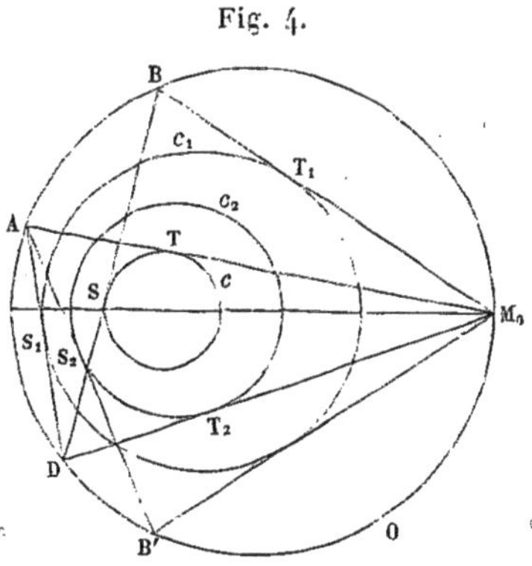

SB est dirigée de S vers B dans le sens négatif de rotation). Prolongez cette tangente jusqu'à la seconde rencontre en D avec le cercle O. *Le point* D *répond à l'argument* $(a+b)$. C'est, en effet, ce qu'indique le théorème de Jacobi. Les lettres A, B, D, b, a remplacent ici M''_0, M, M'', u, u''_0.

La représentation de am u par un point M du cercle O renferme un défaut : un même point M correspond à tous les arguments qui diffèrent par un multiple *quelconque* de $2K$, tandis que sn u et cn u restent inaltérés seulement quand on ajoute à l'argument un multiple *pair* de $2K$. En second lieu, l'argument u''_0, désigné maintenant par a, est supposé, d'après l'analyse précédente, compris entre zéro et $2K$. Quand, tout à l'heure, nous passerons de la construction aux formules, il faudra avoir égard à ces circonstances. Mais, sur la figure, ces circonstances n'ont aucune influence; elle reste inaltérée quand on attribue à l'argument d'un

(¹) Prolongez M_0A jusqu'à la rencontre avec l'axe radical en R; par R menez la tangente au cercle O, et prenez, à partir de R, sur RAM_0, du côté où se trouve A, une longueur égale à cette tangente. Vous obtenez le point de contact du cercle c.

point, sur le cercle O, des valeurs qui diffèrent par un multiple quelconque de $2K$.

La construction précédente, dissymétrique par rapport aux arguments a et b qu'on additionne, peut être faite aussi dans l'ordre inverse; le résultat ne sera pas changé. Par conséquent, si l'on mène le cercle c_1, tangent à M_0B, toujours intérieur à O et ayant avec O l'axe radical donné, et qu'on mène par A la tangente à ce cercle c_1, en observant les mêmes conventions que précédemment, cette tangente passera au point D. On aura ainsi un quadrilatère M_0ADB dont deux côtés opposés M_0A, DB sont tangents au cercle c, et les deux autres M_0B, AD au cercle c_1. De là un théorème de Géométrie élémentaire (¹).

Le point D représente la somme des arguments représentés par A et B. Par suite, A représente la différence des arguments relatifs à D et B. On a donc encore une liaison analogue entre les points D, A et le point B′ symétrique de B par rapport à la ligne des centres; ce point représente, en effet, l'argument $-b$: étant tracé le cercle c_2, tangent à M_0D, et étant menée à ce cercle, par le point B′, la tangente d'après les conventions admises, cette tangente passe au point A. Si, de même, par le symétrique de A, on menait la tangente à c_2, cette droite passerait au point B.

Formules d'addition.

Une seule équation suffit évidemment à traduire la relation qui existe entre les trois points A, B, D; par conséquent aussi à fournir les trois formules d'addition pour les trois fonctions elliptiques. C'est ce que rend évident la considération des égalités

$$\mathrm{sn}^2 u + \mathrm{cn}^2 u = 1, \quad \mathrm{dn}^2 u + k^2 \mathrm{sn}^2 u = 1;$$

d'où l'on peut tirer deux des fonctions quand on connaît la troisième. Mais, en suivant la voie qui s'indique ainsi, on introduirait des ambiguïtés avec les radicaux. Pour les éviter, nous conclurons des constructions ci-dessus trois égalités.

Afin de faire disparaître toute incertitude, supposons d'abord

(¹) Un quadrilatère étant inscrit dans un cercle O, si l'on mène un cercle c tangent à deux côtés opposés, et un autre cercle c_1 tangent aux deux autres côtés, ayant, en outre, son centre en ligne droite avec les centres des deux autres cercles, les trois cercles ont, deux à deux, même axe radical.

a et b compris, tous deux, entre zéro et K; alors $d = a + b$ sera entre zéro et 2K. (Dans la figure, d est entre K et 2K.) Les amplitudes de a, b, d sont, toutes trois, comprises entre zéro et π; leurs sinus, c'est-à-dire $\operatorname{sn} a$, $\operatorname{sn} b$, $\operatorname{sn} d$, sont positifs. Comme l'amplitude de a est le demi-angle mesuré par l'arc M_0A, on a

$$2R \operatorname{sn} a = \overline{M_0A};$$

chaque fonction sn est représentée ainsi par une corde.

On devra se souvenir aussi que la fonction dn est toujours positive. Pour chaque cercle, tel que c, $\operatorname{dn} u$ est le rapport des tangentes menées à ce cercle du point qui représente u sur le cercle O, et du point M_0.

Marquons le point de contact de chacune des tangentes précédemment menées aux trois cercles c, c_1, c_2, et par le moyen de ces tangentes exprimons, de toutes les manières possibles, $\operatorname{dn} a$, $\operatorname{dn} b$, $\operatorname{dn} d$. Des égalités ainsi obtenues, nous tirerons les formules cherchées.

A chaque cercle, on a mené deux tangentes dont l'une part de M_0; soient T, T_1, T_2 les points de contact des trois tangentes menées de M_0 aux cercles respectifs c, c_1, c_2; elles aboutissent respectivement aux points A, B, D. Soient S, S_1, S_2 les points de contact des trois autres tangentes, les indices correspondant à ceux qui distinguent les trois cercles : S est sur BD, S_1 sur DA, S_2 sur AB'.

Il y a encore une tangente M_0B' menée au cercle c_1, mais on n'aura pas à la faire intervenir. La dissymétrie provenant de ce que la droite AS_2 passe par B', et non par B, disparaîtra des formules; les fonctions dn coïncident pour B et B' qui répondent à des arguments égaux et de signes contraires.

Par A passent trois tangentes, de même par D; il en passe deux par B et une par B'; de là trois expressions pour chacune des quantités $\operatorname{dn} a$, $\operatorname{dn} b$, $\operatorname{dn} d$; les voici rangées suivant l'ordre des indices des trois cercles c, c_1, c_2 :

$$\operatorname{dn} a = \frac{TA}{TM_0} = \frac{S_1A}{T_1M_0} = \frac{S_2A}{T_2M_0},$$

$$\operatorname{dn} b = \frac{SB}{TM_0} = \frac{T_1B}{T_1M_0} = \frac{S_2B'}{T_2M_0},$$

$$\operatorname{dn} d = \frac{SD}{TM_0} = \frac{S_1D}{T_1M_0} = \frac{T_2D}{T_2M_0}.$$

Des trois rapports situés dans la diagonale de ce tableau, déduisons d'abord

$$1 + \operatorname{dn} a = \frac{M_0 A}{TM_0},$$
$$1 + \operatorname{dn} b = \frac{M_0 B}{T_1 M_0},$$
$$1 + \operatorname{dn} d = \frac{M_0 D}{T_2 M_0}.$$

Dans chaque couple de lignes du tableau, il existe deux rapports dans lesquels les segments, en numérateur, ont la même extrémité S, S_1 ou S_2. En ajoutant les égalités correspondantes membre à membre, nous avons

$$\operatorname{dn} b + \operatorname{dn} d = \frac{BD}{TM_0},$$
$$\operatorname{dn} d + \operatorname{dn} a = \frac{DA}{T_1 M_0},$$
$$\operatorname{dn} a + \operatorname{dn} b = \frac{AB'}{T_2 M_0}.$$

Divisant membre à membre chacune de ces dernières égalités avec celle qui occupe la place correspondante dans la série précédente, nous obtenons

$$\frac{\operatorname{dn} b + \operatorname{dn} d}{1 + \operatorname{dn} a} = \frac{BD}{M_0 A},$$
$$\frac{\operatorname{dn} d + \operatorname{dn} a}{1 + \operatorname{dn} b} = \frac{DA}{M_0 B},$$
$$\frac{\operatorname{dn} a + \operatorname{dn} b}{1 + \operatorname{dn} d} = \frac{AB'}{M_0 D}.$$

On a déjà observé les égalités

$$M_0 A = 2R \operatorname{sn} a,$$
$$M_0 B = 2R \operatorname{sn} b,$$
$$M_0 D = 2R \operatorname{sn} d.$$

De même BD est le produit de 2R par le sinus du demi-angle que mesure l'arc BD ; ce demi-angle est égal à ($\operatorname{am} d - \operatorname{am} b$), non seulement en grandeur, mais en signe, d'après les hypothèses. Donc

$$BD = 2R \sin(\operatorname{am} d - \operatorname{am} b) = 2R(\operatorname{sn} d \operatorname{cn} b - \operatorname{sn} b \operatorname{cn} d).$$

De même

$$DA = 2R(\operatorname{sn} d \operatorname{cn} a - \operatorname{sn} a \operatorname{cn} d).$$

Pour la corde AB', elle s'évalue d'une façon analogue, si l'on attribue à B' l'argument $(2K - b)$, qui, suivant les hypothèses, est supérieur à K et, par suite, supérieur aussi à a. D'ailleurs

$$\operatorname{sn}(2K - b) = \operatorname{sn} b, \quad \operatorname{cn}(2K - b) = -\operatorname{cn} b;$$

on a donc aussi

$$AB' = 2R(\operatorname{sn} b \operatorname{cn} a + \operatorname{sn} a \operatorname{cn} b).$$

Voici donc les trois formules cherchées

$$\frac{\operatorname{dn} b + \operatorname{dn} d}{1 + \operatorname{dn} a} = \frac{\operatorname{sn} d \operatorname{cn} b - \operatorname{sn} b \operatorname{cn} d}{\operatorname{sn} a},$$

$$\frac{\operatorname{dn} d + \operatorname{dn} a}{1 + \operatorname{dn} b} = \frac{\operatorname{sn} d \operatorname{cn} a - \operatorname{sn} a \operatorname{cn} d}{\operatorname{sn} b},$$

$$\frac{\operatorname{dn} a + \operatorname{dn} b}{1 + \operatorname{dn} d} = \frac{\operatorname{sn} b \operatorname{cn} a + \operatorname{sn} a \operatorname{cn} b}{\operatorname{sn} d},$$

traduisant la relation

$$d = a + b,$$

et démontrées si a et b sont compris entre zéro et K.

La dissymétrie de ces formules disparaît si l'on remplace d par un autre argument c, en prenant

$$d = 2mK - c,$$

m étant un nombre entier positif ou négatif; on a alors

$$\operatorname{dn} d = \operatorname{dn} c, \quad \operatorname{sn} d = (-1)^{m+1} \operatorname{sn} c, \quad \operatorname{cn} d = (-1)^m \operatorname{cn} c,$$

et les formules sont les suivantes :

$$(10) \quad \left\{ \begin{aligned} \frac{\operatorname{dn} b + \operatorname{dn} c}{1 + \operatorname{dn} a} &= (-1)^{m+1} \frac{\operatorname{sn} b \operatorname{cn} c + \operatorname{sn} c \operatorname{cn} b}{\operatorname{sn} a}, \\ \frac{\operatorname{dn} c + \operatorname{dn} a}{1 + \operatorname{dn} b} &= (-1)^{m+1} \frac{\operatorname{sn} c \operatorname{cn} a + \operatorname{sn} a \operatorname{cn} c}{\operatorname{sn} b}, \\ \frac{\operatorname{dn} a + \operatorname{dn} b}{1 + \operatorname{dn} c} &= (-1)^{m+1} \frac{\operatorname{sn} a \operatorname{cn} b + \operatorname{sn} b \operatorname{cn} a}{\operatorname{sn} c}, \end{aligned} \right.$$

entièrement symétriques, et traduisant la relation

$$(11) \quad a + b + c = 2mK.$$

Elles sont démontrées jusqu'à présent avec une restriction sur a et b. Mais d'abord, si l'on change a, b, c en $-a, -b, -c$

et m en $-m$, les deux membres de chaque formule (10) restent inaltérés, et la condition (11) est toujours satisfaite ; donc les formules subsistent si a et b sont compris entre $-K$ et K. Si l'on change a en $a+2nK$, b en $b+2n'K$, n et n' étant entiers, et qu'on change aussi m en $(m-n-n')$, les deux membres de chaque formule (10) et (11) restent inaltérés. Donc *les formules* (10) *sont démontrées en toute généralité, quels que soient les arguments* a, b, c, *vérifiant la relation* (11).

On peut déduire des formules (10) une foule d'autres, parmi lesquelles il convient de remarquer celles qui sont résolues par rapport aux fonctions de l'un des trois arguments. On peut obtenir ces dernières en considérant les équations (10) comme trois équations simultanées du premier degré en $\operatorname{sn} a$, $\operatorname{cn} a$, $\operatorname{dn} a$ et les résolvant. Mais on parvient plus rapidement au but en adjoignant aux équations (10) d'autres qui s'en déduisent.

Pour abréger, écrivons simplement s, c, d au lieu de $\operatorname{sn} a$, $\operatorname{cn} a$, $\operatorname{dn} a$, et employons les mêmes lettres affectées des indices 1 et 2 pour $\operatorname{sn} b$, ..., $\operatorname{sn} c$, ... Les deux identités

$$\operatorname{sn}^2 u + \operatorname{cn}^2 u = 1,$$
$$k^2 \operatorname{sn}^2 u + \operatorname{dn}^2 u = 1$$

donnent celles-ci

$$\frac{s}{1+d} = \frac{1-d}{k^2 s},$$
$$\frac{s_2 c_1 + s_1 c_2}{d_1 + d_2} = \frac{d_1 - d_2}{k^2(s_2 c_1 - s_1 c_2)}.$$

Faisant, en outre, $(-1)^{m+1} = \varepsilon$, nous concluons de la première formule (10)

$$\frac{s}{1+d} = \frac{1-d}{k^2 s} = \varepsilon \frac{s_2 c_1 + s_1 c_2}{d_1 + d_2} = \frac{\varepsilon}{k^2} \frac{d_1 - d_2}{s_2 c_1 - s_1 c_2},$$

$$(12) \qquad \begin{cases} \dfrac{1-d}{s} = \varepsilon k^2 \dfrac{s_2 c_1 + s_1 c_2}{d_1 + d_2}, \\[2ex] \dfrac{1+d}{s} = \varepsilon k^2 \dfrac{s_2 c_1 - s_1 c_2}{d_1 - d_2}, \end{cases}$$

et, en ajoutant ces dernières membre à membre,

$$\frac{2}{s} = \varepsilon k^2 \left(\frac{s_2 c_1 + s_1 c_2}{d_1 + d_2} + \frac{s_2 c_1 - s_1 c_2}{d_1 - d_2} \right).$$

Réduisant au même dénominateur et remplaçant $d_1^2 - d_2^2$ par $k^2(s_2^2 - s_1^2)$, on a

$$s = \varepsilon \frac{s_1^2 - s_2^2}{s_1 c_2 d_2 - s_2 c_1 d_1}. \tag{13}$$

Divisant membre à membre les égalités (12), on obtient

$$\frac{1+d}{1-d} = \frac{(s_2 c_1 - s_1 c_2)(d_1 + d_2)}{(s_2 c_1 + s_1 c_2)(d_1 - d_2)}$$

et, par suite,

$$d = \frac{s_1 d_1 c_2 - s_2 d_2 c_1}{s_1 c_2 d_2 - s_2 c_1 d_1}. \tag{14}$$

Des égalités (12), nous concluons aussi

$$\varepsilon k^2 s(s_2 c_1 + s_1 c_2) = (1 - d)(d_1 + d_2),$$
$$\varepsilon k^2 s(s_2 c_1 - s_1 c_2) = (1 + d)(d_1 - d_2),$$

et, en ajoutant membre à membre,

$$\varepsilon k^2 s s_2 c_1 = d_1 - d_2 d. \tag{15}$$

En changeant les indices, nous pouvons écrire encore

$$\varepsilon k^2 s_1 s_2 c = d - d_1 d_2;$$

puis, substituant l'expression (14) de d,

$$c = \varepsilon \frac{d_1 c_2 s_2 - d_2 c_1 s_1}{s_1 c_2 d_2 - s_2 c_1 d_1}. \tag{16}$$

On écrit d'habitude les formules (13), (14) et (16) d'une manière un peu différente, en multipliant les deux termes de chaque fraction par $s_1 c_2 d_2 + s_2 c_1 d_1$.

Par suite des relations

$$s_1^2 + c_1^2 = 1, \quad s_2^2 + c_2^2 = 1,$$
$$k^2 s_1^2 + d_1^2 = 1, \quad k^2 s_2^2 + d_2^2 = 1,$$

on a

$$s_1^2 c_2^2 d_2^2 - s_2^2 c_1^2 d_1^2 = (s_1^2 - s_2^2)(1 - k^2 s_1^2 s_2^2),$$
$$(s_1 d_1 c_2 - s_2 d_2 c_1)(s_1 c_2 d_2 + s_2 c_1 d_1) = (s_1^2 - s_2^2)(d_1 d_2 - k^2 s_1 s_2 c_1 c_2),$$
$$(d_1 c_2 s_2 - d_2 c_1 s_1)(s_1 c_2 d_2 + s_2 c_1 d_1) = (s_1^2 - s_2^2)(s_1 s_2 d_1 d_2 - c_1 c_2).$$

Au lieu de (13), (14) et (16), on peut donc écrire aussi

$$s = \varepsilon \frac{s_1 c_2 d_2 + s_2 c_1 d_1}{1 - k^2 s_1^2 s_2^2}, \tag{13 bis}$$

$$d = \frac{d_1 d_2 - k^2 s_1 s_2 c_1 c_2}{1 - k^2 s_1^2 s_2^2}, \tag{14 bis}$$

$$c = -\varepsilon \frac{c_1 c_2 - s_1 s_2 d_1 d_2}{1 - k^2 s_1^2 s_2^2}. \tag{16 bis}$$

Pour avoir les formules d'addition, supposons nulle la somme $a+b+c$, par suite $\varepsilon=-1$; puis changeons a en $-a$, c'est-à-dire simplement s en $-s$, et nous obtiendrons

$$(17)\quad \left\{\begin{aligned} \operatorname{sn}(b+c) &= \frac{\operatorname{sn}b\operatorname{cn}c\operatorname{dn}c+\operatorname{sn}c\operatorname{cn}b\operatorname{dn}b}{1-k^2\operatorname{sn}^2b\operatorname{sn}^2c},\\ \operatorname{dn}(b+c) &= \frac{\operatorname{cn}b\operatorname{cn}c-\operatorname{sn}b\operatorname{sn}c\operatorname{dn}b\operatorname{dn}c}{1-k^2\operatorname{sn}^2b\operatorname{sn}^2c},\\ \operatorname{cn}(b+c) &= \frac{\operatorname{dn}b\operatorname{dn}c-k^2\operatorname{sn}b\operatorname{sn}c\operatorname{cn}b\operatorname{cn}c}{1-k^2\operatorname{sn}^2b\operatorname{sn}^2c}.\end{aligned}\right.$$

Ce sont là les formules dont on fait usage d'habitude; mais les formules équivalentes (13), (14) et (16) sont tout aussi bonnes.

Parmi les nombreuses combinaisons que l'on peut faire entre les formules ci-dessus, il convient de remarquer l'égalité (15), à cause de sa simplicité,

$$\operatorname{dn}a-\operatorname{dn}b\operatorname{dn}c=(-1)^{m+1}k^2\operatorname{sn}b\operatorname{sn}c\operatorname{sn}a;$$

elle a lieu sous la condition $a+b+c=2m\mathrm{K}$, ainsi que les deux autres qu'on en déduit par permutation des lettres a, b, c.

Si l'on y change b en $b+\mathrm{K}$, et c en $c+\mathrm{K}$, m en $(m-1)$, et qu'on emploie les formules d'addition de la demi-période (8), ($8a$), ($8b$), on en déduit cette autre, non moins remarquable,

$$\operatorname{dn}a\operatorname{dn}b\operatorname{dn}c-k'^2=(-1)^m k^2\operatorname{cn}a\operatorname{cn}b\operatorname{cn}c;\quad (a+b+c=2m\mathrm{K}).$$

Si, dans la même formule,

$$d-d_1d_2=\varepsilon k^2 s_1 s_2 c,$$

on remplace d_1d_2 par son expression tirée de (14 *bis*), on obtient cette autre, tout aussi simple,

$$\varepsilon c=s_1s_2d-c_1c_2,$$

c'est-à-dire

$$(-1)^m\operatorname{cn}a=\operatorname{cn}b\operatorname{cn}c-\operatorname{sn}b\operatorname{sn}c\operatorname{dn}a;\quad (a+b+c=2m\mathrm{K}),$$

et, si l'on change b et c en $b+\mathrm{K}$, $c+\mathrm{K}$, m en $(m-1)$,

$$(-1)^{m+1}\operatorname{sn}a\operatorname{dn}b\operatorname{dn}c=k'\operatorname{sn}b\operatorname{sn}c-\frac{1}{k'}\operatorname{cn}b\operatorname{cn}c\operatorname{dn}a;$$

il y en a d'autres encore, qu'il est inutile de rapporter. L'une quelconque de ces dernières, présentant, comme une quelconque des formules (10), le double caractère d'être du premier degré par rapport aux fonctions d'un même argument, et de valoir, à cause de la symétrie, trois formules à la fois, peut servir à retrouver les formules d'addition.

Toutes ces formules, intéressantes par elles-mêmes, seront utiles aux personnes désireuses de lire les anciens ouvrages, et notamment les Œuvres de Jacobi. Mais nous ne nous en servirons jamais, et, pour la seule étude de ce livre, il est inutile de chercher à les retenir. Il est aussi superflu d'examiner longuement les propriétés que nous venons de reconnaître aux fonctions $\operatorname{sn} u$, $\operatorname{cn} u$, $\operatorname{dn} u$. Ces éléments vont désormais être relégués au second plan, et faire place à un élément nouveau, la fonction pu, introduite par M. Weierstrass. (Dans le langage, on prononce séparément les deux lettres p, u).

La fonction pu. Sa définition déduite de celle de $\operatorname{sn} u$.

D'après les expressions (9) des dérivées, les trois fonctions elliptiques nous apparaissent comme ayant la propriété commune que le carré de leur dérivée est exprimable par un polynôme du quatrième degré par rapport à la fonction. Ainsi

$$\left(\frac{d \operatorname{sn} v}{dv}\right)^2 = \operatorname{cn}^2 v \operatorname{dn}^2 v = 1 - (1 + k^2) \operatorname{sn}^2 v + k^2 \operatorname{sn}^4 v.$$

Ces polynômes sont d'ailleurs bicarrés.

Par une transformation simple on peut en déduire d'autres fonctions, ayant une propriété analogue : le carré de la dérivée est un polynôme du troisième degré par rapport à la fonction. Cette transformation consiste à poser, en désignant par a une constante et par z la nouvelle fonction,

$$\operatorname{sn}^2 v = \frac{1}{a + z}.$$

On aura, en effet, d'après (4) et (6),

$$\frac{d \operatorname{sn}^2 v}{dv} = -\frac{1}{(a+z)^2} \frac{dz}{dv},$$

$$\operatorname{sn} v \operatorname{cn} v \operatorname{dn} v = \frac{\sqrt{(z+a)(z+a-1)(z+a-k^2)}}{(a+z)^2},$$

$$\frac{d \operatorname{sn}^2 v}{dv} = 2 \operatorname{sn} v \operatorname{cn} v \operatorname{dn} v,$$

$$\left(\frac{dz}{dv}\right)^2 = 4(z+a)(z+a-1)(z+a-k^2).$$

Parmi ces fonctions z, il est naturel d'en choisir une, pour laquelle le polynôme du troisième degré présente une forme réduite. Choisissons donc la constante a de manière que le terme en z^2 manque dans ce polynôme (la somme des trois racines est alors nulle); ainsi

$$a = \frac{1+k^2}{3}.$$

Mettons en évidence les trois racines, rangées par ordre de grandeur,

$$\varepsilon_1 > \varepsilon_2 > \varepsilon_3, \quad \varepsilon_1 + \varepsilon_2 + \varepsilon_3 = 0,$$

$$\varepsilon_1 = 1 - a = \frac{2-k^2}{3}, \quad \varepsilon_2 = k^2 - a = \frac{2k^2-1}{3}, \quad \varepsilon_3 = -a = -\frac{1+k^2}{3},$$

$$\left(\frac{dz}{dv}\right)^2 = 4(z-\varepsilon_1)(z-\varepsilon_2)(z-\varepsilon_3).$$

Ces trois racines, dont la somme est nulle, dépendent de la seule quantité k^2.

Pour faire en sorte qu'on puisse prendre deux racines arbitrairement, introduisons une nouvelle constante λ, et posons

$$\varepsilon_1 = \lambda e_1, \quad \varepsilon_2 = \lambda e_2, \quad \varepsilon_3 = \lambda e_3, \quad z = \lambda y, \quad v = \frac{u}{\sqrt{\lambda}}.$$

Nous aurons alors

$$(18) \qquad \left(\frac{dy}{du}\right)^2 = 4(y-e_1)(y-e_2)(y-e_3).$$

Dans cette relation, e_1, e_2, e_3 sont trois quantités réelles, dont la somme est nulle :

$$e_1 > e_2 > e_3, \quad e_1 + e_2 + e_3 = 0;$$

elles sont d'ailleurs arbitraires. La fonction y de la variable u, ainsi déterminée, sera désignée par la notation pu. C'est elle qui, désormais, jouera le plus grand rôle. Actuellement, elle s'offre comme dépendant, non seulement de l'*argument* u, mais encore de deux constantes, suivant la formule, déduite des précédentes,

$$(19) \qquad y = pu = -\frac{1+k^2}{3\lambda} + \frac{1}{\lambda\,\mathrm{sn}^2\frac{u}{\sqrt{\lambda}}}.$$

Voulant la considérer comme dépendant de l'argument u et des constantes e_1, e_2, e_3, nous n'avons qu'à exprimer k^2 et λ par ces dernières. C'est ce qui se fait ainsi

$$\lambda = \frac{\varepsilon_1 - \varepsilon_3}{e_1 - e_3} = \frac{1}{e_1 - e_3}, \quad k^2 = \frac{\varepsilon_2 - \varepsilon_3}{\varepsilon_1 - \varepsilon_3} = \frac{e_2 - e_3}{e_1 - e_3};$$

à quoi l'on peut joindre

$$k'^2 = 1 - k^2 = \frac{e_1 - e_2}{e_1 - e_3}.$$

Invariants g_2, g_3. — Discriminant Δ.

Aussi bien que par ses trois racines, le polynôme (18) est caractérisé par ses coefficients, que nous désignerons par g_2 et g_3,

$$(18\,a) \quad \left(\frac{dy}{du}\right)^2 = 4y^3 - g_2 y - g_3 = 4(y - e_1)(y - e_2)(y - e_3),$$

$$e_1 + e_2 + e_3 = 0,$$

$$e_1 e_2 + e_2 e_3 + e_3 e_1 = -\tfrac{1}{4} g_2, \quad e_1 e_2 e_3 = \tfrac{1}{4} g_3,$$

$$e_1^2 + e_2^2 + e_3^2 = (e_1 + e_2 + e_3)^2 - 2(e_1 e_2 + e_2 e_3 + e_3 e_1) = \tfrac{1}{2} g_2.$$

Ces deux constantes g_2, g_3 tiennent lieu de k^2 et λ. On les appelle les *invariants*. Elles sont ici soumises à une condition d'inégalité pour que les trois racines soient réelles. Cette condition, comme on le sait, par les éléments d'Algèbre, consiste en ce que le *discriminant* Δ,

$$\Delta = g_2^3 - 27 g_3^2 = 16(e_1 - e_2)^2 (e_2 - e_3)^2 (e_3 - e_1)^2,$$

soit positif.

Les deux invariants g_2, g_3 seront rappelés dans la notation quand il en sera besoin; on écrira alors $\wp(u; g_2, g_3)$ au lieu de $\wp u$, de même qu'on écrit, quand cela est nécessaire, $\operatorname{sn}(u, k)$ au lieu de $\operatorname{sn} u$.

Les racines e_1, e_2, e_3.

Les trois racines e_1, e_2, e_3, dont la somme est nulle, sont, comme il est entendu, supposées rangées par ordre de grandeur $e_1 > e_2 > e_3$, en sorte que e_1 *est positif*, e_3 *négatif*. Quant à e_2, cette racine est positive ou négative; elle a le signe opposé à celui de g_3, comme il résulte de la relation

$$e_1 e_2 e_3 = \tfrac{1}{4} g_3.$$

Le signe de e_2 est aussi celui de $(k^2 - k'^2)$; car on a

$$k^2 - k'^2 = \frac{e_2 - e_3}{e_1 - e_3} - \frac{e_1 - e_2}{e_1 - e_3} = \frac{3e_2}{e_1 - e_3}.$$

D'ailleurs $k^2 - k'^2 = 2k^2 - 1$; donc e_2 est négatif, g_3 positif, quand k^2 est inférieur à $\frac{1}{2}$; au contraire, e_2 est positif, g_3 négatif, quand k^2 est supérieur à $\frac{1}{2}$.

En remplaçant λ par son expression $\frac{1}{e_1 - e_3}$ dans (19), nous avons

$$(20) \qquad \wp u = e_3 + \frac{e_1 - e_3}{\operatorname{sn}^2 \frac{u}{\sqrt{\lambda}}}.$$

Le dénominateur variant toujours entre zéro et l'unité, $\wp u$ varie entre l'infini positif et e_1. Ainsi la seule racine e_1 est une des valeurs que peut acquérir $\wp u$, et c'est le minimum de $\wp u$, qui prend successivement toutes les valeurs entre e_1 et l'infini positif.

La période 2ω.

La fonction $\wp u$ est paire, comme le montre la définition (19); car, ayant $\operatorname{sn}(-v) = -\operatorname{sn} v$, on en conclut $\wp(-u) = \wp u$. Elle a une période que nous désignerons par 2ω, et qui n'est autre que $2K\sqrt{\lambda}$. Ainsi

$$\omega = K\sqrt{\lambda} = \frac{K}{\sqrt{e_1 - e_3}}, \quad e_1 = \wp\omega, \quad \wp(2m\omega \pm u) = \wp u.$$

Dérivées de $\wp u$.

La dérivée de $\wp u$ sera désignée par $\wp' u$; c'est une fonction impaire, ayant aussi la période 2ω

$$\wp'(2m\omega \pm u) = \pm \wp' u.$$

Elle est liée à $\wp u$, d'après (18) et (18 a), par la relation

$$(21) \quad (\wp' u)^2 = 4\wp^3 u - g_2 \wp u - g_3 = 4(\wp u - e_1)(\wp u - e_2)(\wp u - e_3).$$

Les dérivées successives ont toutes la période 2ω; elles sont alternativement paires et impaires, et se calculent facilement par différentiation de (21)

$$\begin{aligned}
p''u &= 6p^2u - \tfrac{1}{2}g_2,\\
p'''u &= 12\,pu\,p'u,\\
p^{\text{IV}}u &= 12(p'u)^2 + 12\,pu\,p''u = 12(10\,p^3u - \tfrac{3}{2}g_2\,pu - g_3),\\
&\ldots\ldots\ldots\ldots\ldots\ldots\ldots\ldots\ldots\ldots
\end{aligned}$$

Dégénérescence de pu.

On a vu que les fonctions elliptiques dégénèrent en fonctions circulaires ou en fonctions exponentielles quand k converge vers zéro ou vers l'unité. Ces deux circonstances ont lieu, la première, quand e_2 va coïncider avec e_3 ; la seconde, quand e_2 va coïncider avec e_1. Dans l'un et l'autre cas, le discriminant Δ devient nul. Il ne peut d'ailleurs devenir nul autrement, puisque e_1, e_3 sont séparés par zéro, sauf le cas limite $e_1 = e_2 = e_3 = 0$ qui sera examiné tout à l'heure.

Ainsi deux modes principaux de dégénérescence : dans le premier $k = 0$, g_3 est positif, e_2 coïncide avec e_3 ; dans le second $k = 1$, g_3 est négatif, e_2 coïncide avec e_1.

Dans le premier mode, on a

$$e_2 = e_3 = -\tfrac{1}{2}e_1, \quad g_2 = 3e_1^2, \quad g_3 = e_1^3,$$

$$\Delta = g_2^3 - 27g_3^2 = 0, \quad \lambda = \frac{2g_2}{9g_3} = \frac{2}{3e_1}, \quad k = 0, \quad \operatorname{sn} u = \sin u,$$

$$g_3 > 0, \quad pu = -\frac{3g_3}{2g_2} + \frac{9g_3}{2g_2}\,\frac{1}{\sin^2 u\sqrt{\dfrac{9g_3}{2g_2}}}.$$

$$K = \frac{\pi}{2}, \quad \left(\frac{2\omega}{\pi}\right)^2 = \lambda = \frac{2g_2}{9g_3}.$$

Dans le second mode, on a

$$e_2 = e_1 = -\tfrac{1}{2}e_3, \quad g_2 = 3e_3^2, \quad g_3 = e_3^3,$$

$$\Delta = g_2^3 - 27g_3^2 = 0, \quad \lambda = -\frac{2g_2}{9g_3} = -\frac{2}{3e_3}, \quad k = 1, \quad \operatorname{sn} u = \frac{e^u - e^{-u}}{e^u + e^{-u}},$$

$$g_3 < 0, \quad pu = \frac{3g_3}{g_2} - \frac{9g_3}{2g_2}\left(\frac{e^v + e^{-v}}{e^v - e^{-v}}\right)^2, \quad v = u\sqrt{-\frac{9g_3}{2g_2}}.$$

$$K = \infty, \quad \omega = \infty.$$

Enfin, troisième mode de dégénérescence, si e_1, e_2, e_3 tendent ensemble vers zéro, il en est tout autant de g_2 et g_3, et le rapport $\frac{g_3}{g_2}$ est infiniment petit du même ordre que e_1. On a alors

$$e_1 = e_2 = e_3 = 0, \quad g_2 = g_3 = 0, \quad \omega = \infty, \quad p u = \frac{1}{u^2}.$$

Homogénéité.

Si, dans la relation (19), on remplace u et λ par $\frac{u}{\sqrt{\mu}}$ et $\frac{\lambda}{\mu}$, μ étant une constante positive quelconque, et, en même temps, pu par $\mu\, pu$, cette relation reste inaltérée; mais, en même temps, e_1, e_2, e_3 sont remplacés par μe_1, μe_2, μe_3. On a donc une relation d'homogénéité

$$(22) \qquad p\left(\frac{u}{\sqrt{\mu}};\ \mu^2 g_2, \mu^3 g_3\right) = \mu\, p(u; g_2, g_3);$$

de même

$$p'\left(\frac{u}{\sqrt{\mu}};\ \mu^2 g_2, \mu^3 g_3\right) = \mu\sqrt{\mu}\, p'(u;\ g_2, g_3).$$

Addition des arguments.

De la formule (13) on déduit aisément celle qui convient à l'addition de l'argument pour la fonction pu. Écrivons-la ainsi

$$\frac{1}{s^2} = \frac{s_1^2 c_2^2 d_2^2 + s_2^2 c_1^2 d_1^2 - 2 s_1 c_1 d_1 s_2 c_2 d_2}{(s_1^2 - s_2^2)^2}$$
$$= \frac{\frac{1}{s_1^2}\frac{c_2^2 d_2^2}{s_2^4} + \frac{1}{s_2^2}\frac{c_1^2 d_1^2}{s_1^4} - 2\frac{c_1 d_1}{s_1^3}\frac{c_2 d_2}{s_2^3}}{\left(\frac{1}{s_1^2} - \frac{1}{s_2^2}\right)^2}.$$

Mettons de même p, p_1, p_2 pour les fonctions p des trois arguments. Nous concluons de l'égalité (20), d'après (4) et (6),

$$\frac{1}{s^2} = \lambda(p - e_3), \quad \frac{1}{s_1^2} = \lambda(p_1 - e_3), \quad \frac{1}{s_2^2} = \lambda(p_2 - e_3),$$
$$\frac{c_1^2}{s_1^2} = \lambda p_1 + \frac{k^2 - 2}{3} = \lambda(p_1 - e_1), \quad \frac{c_2^2}{s_2^2} = \lambda(p_2 - e_1),$$
$$\frac{d_1^2}{s_1^2} = \lambda p_1 + \frac{1 - 2k^2}{3} = \lambda(p_1 - e_2), \quad \frac{d_2^2}{s_2^2} = \lambda(p_2 - e_2),$$
$$\frac{c_1 d_1}{s_1^3} = -\tfrac{1}{2}\lambda^{\frac{3}{2}} p'_1, \qquad \frac{c_2 d_2}{s_2^3} = -\tfrac{1}{2}\lambda^{\frac{3}{2}} p'_2.$$

En substituant, on voit disparaître λ, et l'on obtient

$$p - e_3 = \frac{(p_1 - e_3)(p_2 - e_1)(p_2 - e_2) + (p_2 - e_3)(p_1 - e_1)(p_1 - e_2) - \frac{1}{2}p'_1 p'_2}{(p_1 - p_2)^2}.$$

$$p = \frac{p_1 p_2^2 + p_2 p_1^2 - \frac{1}{4}g_2(p_1 + p_2) - \frac{1}{2}g_3 - \frac{1}{2}p'_1 p'_2}{(p_1 - p_2)^2}.$$

Mettant les arguments en évidence, nous avons la formule cherchée

$$(23) \qquad p(u+v) = \frac{2(p u p v - \frac{1}{4}g_2)(p u + p v) - g_3 - p'u p'v}{2(p u - p v)^2};$$

mais on peut l'écrire aussi sous une forme qui se fixe mieux dans la mémoire

$$(24) \qquad p(u+v) = \frac{1}{4}\left(\frac{p'u - p'v}{p u - p v}\right)^2 - p u - p v.$$

Mettons $v = u_1$, $u + v = -u_2$, et écrivons la formule ainsi

$$p u + p u_1 + p u_2 = \frac{1}{4}\left(\frac{p'u - p'u_1}{p u - p u_1}\right)^2, \quad u + u_1 + u_2 = 0.$$

Cette relation a lieu entre trois arguments dont la somme est nulle.

Échangeons entre eux u, u_1, u_2 au second membre et concluons que les trois rapports

$$\frac{p'u - p'u_1}{p u - p u_1}, \quad \frac{p'u_1 - p'u_2}{p u_1 - p u_2}, \quad \frac{p'u_2 - p'u}{p u_2 - p u}$$

ne peuvent différer que par les signes; mais, si l'on avait

$$\frac{p'u - p'u_1}{p u - p u_1} = -\frac{p'u_1 - p'u_2}{p u_1 - p u_2} = \pm \frac{p'u_2 - p'u}{p u_2 - p u},$$

on déduirait, en combinant les deux premiers rapports,

$$\frac{p'u - p'u_2}{p u - 2 p u_1 + p u_2} = \pm \frac{p'u_2 - p'u}{p u_2 - p u},$$

$$p u_2 - p u = \mp (p u - 2 p u_1 + p u_2),$$

relation évidemment impossible. Les trois rapports sont donc absolument égaux, ce qui, d'ailleurs, entraîne une seule équation; car le troisième rapport a pour termes les sommes des termes des deux autres. Ainsi *la relation*

$$u + u_1 + u_2 = 0$$

est traduite par les égalités

$$(25)\quad \begin{cases} \dfrac{p'u - p'u_1}{pu - pu_1} = \dfrac{p'u_1 - p'u_2}{pu_1 - pu_2} = \dfrac{p'u_2 - p'u}{pu_2 - pu} = a, \\ pu + pu_1 + pu_2 = \frac{1}{4}a^2. \end{cases}$$

Ces formules, extrêmement simples, sont celles dont l'usage est le plus fréquent.

Voici encore une autre forme intéressante :

$$p(u+v) = pu - \frac{1}{2}\frac{\partial}{\partial u}\left(\frac{p'u - p'v}{pu - pv}\right) = pv - \frac{1}{2}\frac{\partial}{\partial v}\left(\frac{p'u - p'v}{pu - pv}\right),$$

$$p'(u+v) = -\frac{1}{2}\frac{\partial^2}{\partial u\,\partial v}\left(\frac{p'u - p'v}{pu - pv}\right).$$

On retiendra encore mieux ces formules (25) en observant l'interprétation suivante :

Soient a, b deux constantes données, et supposons qu'on cherche à déterminer u par l'équation

$$a\,pu + b = p'u.$$

On en tirera une équation du troisième degré en pu,

$$4p^3u - g_2\,pu - g_3 = (a\,pu + b)^2,$$

ayant trois solutions pu, pu_1, pu_2. Par l'équation proposée, on aura trois quantités correspondantes $p'u$, $p'u_1$, $p'u_2$ sans aucune ambiguïté. De là résultent

$$\begin{aligned} a\,pu + b &= p'u \\ a\,pu_1 + b &= p'u_1, \\ a\,pu_2 + b &= p'u_2. \end{aligned}$$

En éliminant b, on conclut l'égalité des trois rapports (25) et de la constante a; puis, en prenant la somme des racines de l'équation du troisième degré, on obtient la seconde égalité (25). Ainsi *la relation*

$$u + u_1 + u_2 = 0$$

est traduite encore par ce fait que u, u_1, u_2 sont solutions de l'équation

$$a\,pu + b = p'u.$$

C'est là un cas particulier d'un célèbre théorème dû à Abel, et dont nous parlerons au Chapitre VII.

CHAPITRE II.

ARGUMENTS IMAGINAIRES. — DOUBLE PÉRIODICITÉ.

Arguments purement imaginaires. — La période $2\omega'$. — Arguments complexes. — Dérivée. — Relation entre pu et $p'u$. — Addition des arguments. — Homogénéité. — Double périodicité. — Addition des demi-périodes. — Infinis de la fonction pu. — Diverses valeurs de u pour une même valeur de pu. — La fonction pu passe par toutes les valeurs réelles ou imaginaires. — Sur les signes de $p'u$ ou de $\frac{p'u}{i}$ quand pu est réel. — Dégénérescence de pu. — Les fonctions $\operatorname{sn} u$, $\operatorname{cn} u$, $\operatorname{dn} u$, d'arguments imaginaires. — Addition des demi-périodes. — Zéros et infinis de $\operatorname{sn} u$, $\operatorname{cn} u$, $\operatorname{dn} u$. — Diverses valeurs de l'argument pour une même valeur de la fonction $\operatorname{sn} u$, ou $\operatorname{cn} u$, ou $\operatorname{dn} u$. — Les six modules conjugués. — Quarts de périodes. — Définition directe de pu. — Nouvelle démonstration du théorème d'addition. — Sur la liaison entre les invariants et le module. — Variation des périodes avec les invariants; rapport des périodes. — Cas où g_3 est nul. — Expressions asymptotiques des périodes quand le discriminant devient nul.

Arguments purement imaginaires.

Jusqu'à présent, l'argument u a été considéré uniquement comme une variable réelle, et les fonctions elliptiques n'ont d'existence que pour cette supposition. La formule d'homogénéité de pu suggère tout naturellement l'idée de généraliser et en offre le moyen.

Ecrivons [1] cette formule (I, 22) en y mettant $u\sqrt{\mu}$ au lieu de u et intervertissant les deux membres; ce sera

$$(1) \qquad p(u\sqrt{\mu}; g_2, g_3) = \frac{1}{\mu}\, p(u; g_2\mu^2, g_3\mu^3).$$

Chacun des deux membres a une signification qui nous est con-

[1] Quand nous renverrons à une équation d'un autre Chapitre, nous indiquerons, comme ici, le Chapitre et le numéro de l'équation. Ainsi le renvoi actuel (I, 22) signifie : Chapitre I, équation (22).

nue déjà, tant que, g_2 et g_3 étant réels et satisfaisant à la condition

$$(2) \qquad g_2^3 - 27 g_3^2 > 0,$$

μ est une quantité positive. Effectivement, au premier membre, $u\sqrt{\mu}$ est réel, et, au second membre, $g_2\mu^2$, $g_3\mu^3$ sont réels et satisfont à la condition

$$(3) \qquad (g_2\mu^2)^3 - 27(g_3\mu^3)^2 > 0.$$

Mais, u restant réel, cette dernière condition est encore satisfaite, si μ est une quantité négative, en sorte que le second membre de (1) conserve une signification connue, pourvu que la condition (2) ait toujours lieu. Quant au premier membre, la fonction p s'y présente avec un argument *purement imaginaire*. C'est une fonction nouvelle, non définie encore. *Nous prenons donc pour définition de la fonction elliptique* p *avec un argument purement imaginaire* (en faisant $\mu = -1$, $i = \sqrt{-1}$).

$$(4) \qquad p(iu; g_2, g_3) = -p(u; g_2, -g_3).$$

Il est donc bien entendu que $p(iu; g_2, g_3)$ est, par définition, une fonction réelle de l'argument réel u; c'est un autre *nom* qu'on donne à $-p(u; g_2, -g_3)$. Par suite de cette convention, on devra écrire

$$(5) \qquad ip'(iu; g_2, g_3) = -p'(u; g_2, -g_3);$$

d'où résulte

$$\begin{aligned} &p'^2(iu; g_2, g_3) - 4p^3(iu; g_2, g_3) + g_2 p(iu; g_2, g_3) + g_3 \\ &= -p'^2(u; g_2, -g_3) + 4p^3(u; g_2, -g_3) - g_2 p(u; g_2, -g_3) - (-g_3) = 0. \end{aligned}$$

Ainsi la fonction p, avec l'argument purement imaginaire iu, satisfait, comme avec l'argument réel, à la formule

$$p'^2 = 4p^3 - g_2 p - g_3.$$

Elle satisfait aussi à la formule d'addition (I, 23). La démonstration se fait de même. Sans qu'il soit besoin de rien écrire, on voit que le changement de u en iu, de v en iv entraîne : 1° le changement de signe de p; 2° le changement de signe de g_3; 3° la multiplication de p' par i. Or ces changements ont pour résultat de changer les signes de tous les termes au numérateur du second membre, sans altérer le dénominateur, et de changer aussi le signe du premier membre. Par suite, d'après (4), la formule subsiste si l'on y suppose u et v purement imaginaires. On aperçoit encore l'exactitude de la formule d'addition d'une manière bien simple dans l'égalité (I, 24). La supposition que u et v sont purement imaginaires a pour effet de remplacer chaque p par $-p$ et chaque p' par ip'. En conséquence, la relation

$$p(u+v) = \frac{1}{4}\left(\frac{p'u - p'v}{pu - pv}\right)^2 - pu - pv$$

n'est pas troublée.

On voit aussi par les relations (4) et (5) que p et p' conservent, pour les arguments purement imaginaires, la propriété d'être, la première une fonction paire, la seconde une fonction impaire, et de devenir infinies quand l'argument est nul. Quant à la périodicité, elle existe encore, mais la période est changée. Désignons la nouvelle période par $2\omega'$. Ce sera une quantité purement imaginaire et $\frac{\omega'}{i}$ sera réel.

La période $2\omega'$.

Il est aisé de reconnaître ce qu'est cette période. Rappelons-nous les relations suivantes :

$$e_1e_2 + e_2e_3 + e_3e_1 = -\tfrac{1}{4}g_2, \quad e_1e_2e_3 = \tfrac{1}{4}g_3,$$
$$k^2 = \frac{e_2 - e_3}{e_1 - e_3}, \quad k'^2 = \frac{e_1 - e_2}{e_1 - e_3}.$$

On voit, par les deux premières, que le changement de g_3 en $-g_3$ a pour effet de changer les signes des trois racines e. Comme on doit les ranger par ordre de grandeur, on doit remplacer e_1 par $-e_3$, e_2 par $-e_2$, e_3 par $-e_1$. Par là k^2 et k'^2 s'échangent entre eux. Donc la fonction p, avec les invariants g_2 et $-g_3$, est définie par la fonction sn, au module k', comme la fonction $p(u; g_2, g_3)$ par $\text{sn}(u, k)$. Remarquons, en outre, que le multiplicateur λ,

$$\lambda = \frac{1}{e_1 - e_3},$$

n'est pas altéré. Si donc K' est l'analogue de K, mais pour le module k', on aura

$$\frac{1}{i}\omega' = K'\sqrt{\lambda}.$$

Nous avons vu la signification de e_1, traduite (p. 26) par la relation

$$p(\omega; g_2, g_3) = e_1.$$

Changeant g_3 en $-g_3$, on a donc

$$p\left(\frac{\omega'}{i}; g_2, -g_3\right) = -e_3.$$

De là, d'après la définition (4), nous concluons

$$p(\omega'; g_2, g_3) = e_3.$$

Arguments complexes. — Définition de $p(a + i\alpha)$.

Connaissant la fonction p pour les arguments réels et pour les arguments purement imaginaires, nous la définirons, pour un argument imaginaire quelconque, par la formule d'addition.

Donc, *par définition, pour le cas $u = a + i\alpha$, a et α étant réels, nous aurons*

$$(6)\qquad pu = \frac{2(pa\,pi\alpha - \frac{1}{4}g_2)(pa + pi\alpha) - g_3 - p'a\,p'i\alpha}{2(pa - pi\alpha)^2}.$$

Dérivée.

Pour un instant, remettons, dans le second membre, une variable réelle a', au lieu de $i\alpha$, et soit ainsi

$$f(a, a') = \frac{2(pa\,pa' - \frac{1}{4}g_2)(pa + pa') - g_3 - p'a.p'a'}{2(pa - pa')^2}.$$

Comme $f(a, a')$ n'est autre que $p(a + a')$, les dérivées partielles de f par rapport à a ou par rapport à a' sont égales entre elles; c'est $p'(a + a')$. Cette égalité

$$\frac{\partial f}{\partial a} = \frac{\partial f}{\partial a'}$$

n'a pas lieu identiquement, mais en vertu de la seule relation

$$p'^2 = 4p^3 - g_2 p - g_3,$$

satisfaite par $p'a$, pa, aussi bien que par $p'a'$, pa'. La même égalité a donc lieu encore si l'on attribue aux symboles p, p' des significations quelconques, pourvu que la même relation soit vérifiée entre p' et p. Or, on vient de le reconnaître, il en est ainsi quand on suppose a' purement imaginaire. Donc, d'après la définition (6), on a

$$\frac{\partial p u}{\partial a} = \frac{\partial p u}{\partial (i\alpha)} = \frac{d p u}{d(a+i\alpha)} = \frac{d p u}{du}.$$

Ainsi pu, qui se présentait sous la forme d'une fonction de deux variables a et α, est légitimement considérée comme une fonction de la seule variable $a + i\alpha$, et possède une dérivée bien déterminée. Cette dérivée, qui se réduit bien à $p'a$ ou $p'i\alpha$ quand α ou a sont nuls, sera désignée encore par $p'u$.

Il importe de démontrer que la fonction pu, ainsi entendue, a les propriétés déjà reconnues pour les cas où u est réel ou bien purement imaginaire.

Relation entre pu et $p'u$.

Quand u est imaginaire, on a, comme dans les autres cas,

$$p'^2 u = 4p^3 u - g_2 pu - g_3. \tag{7}$$

Effectivement l'égalité

$$\left(\frac{\partial f}{\partial a}\right)^2 = 4f^3 - g_2 f - g_3$$

a lieu, quand a et a' sont réels. Elle a lieu, non pas identiquement, mais en vertu de cette même égalité, supposée vraie pour pa et pour pa'. Donc, par le même raisonnement que tout à l'heure, on voit qu'elle a lieu pour a' purement imaginaire ; c'est ce qu'il fallait prouver.

Addition des arguments.

Quand u et v sont imaginaires, la formule d'addition est exacte. Nous allons l'établir.

Considérons quatre arguments a, a', b, b', et posons

$$u = a + a', \quad u_1 = a + b,$$
$$v = b + b', \quad v_1 = a' + b'.$$

Envisageons la fonction

$$U = \frac{f(u, v)}{f(u_1, v_1)}.$$

Si a, b, a', b' sont réels, $f(u, v)$ et $f(u_1, v_1)$ expriment tous deux

$$p(a+b+a'+b'),$$

et U se réduit à l'unité. Pour faire apparaître cette valeur de U, il faudra exprimer pu, $p'u$, pv, $p'v$ au numérateur et pu_1, $p'u_1$, pv_1, $p'v_1$ au dénominateur par les fonctions des arguments a, a', b, b'; puis, par la relation (7), réduire les deux termes à ne contenir les p' qu'au premier degré. Nécessairement alors les deux termes de U deviendront identiques.

Voici donc les conditions analytiques sous lesquelles U se réduit à l'unité : 1° les symboles p et p', avec les quatre arguments u, v, u_1, v_1, s'expriment par les mêmes symboles avec les arguments a, a', b, b', conformément aux formules d'addition; 2° ces derniers satisfont à la relation (7).

Supposons maintenant, dans U, $a' = i\alpha$, $b' = i\beta$, α et β étant réels. La seconde condition est satisfaite. Quant à la première en ce qui concerne les arguments u et v, elle est satisfaite *par définition;* en ce qui concerne u_1 et v_1, dont le premier est réel, le second purement imaginaire, elle est satisfaite aussi, comme on l'a démontré. Donc, dans ce cas aussi, $U = 1$. D'ailleurs $f(u_1, v_1)$ est la définition de $p(a + i\alpha + b + i\beta)$; $f(u, v)$ est le second membre de la formule d'addition avec les arguments $a + i\alpha$, $b + i\beta$. Donc la formule d'addition a lieu pour des arguments imaginaires quelconques.

Homogénéité.

Les relations d'homogénéité ont lieu pour un argument imaginaire quelconque. Cela est évident à cause de l'homogénéité de la formule d'addition.

En particulier, les relations (4) et (5) ont lieu dans tous les cas.

Double périodicité.

La formule d'addition ayant lieu avec un argument imaginaire quelconque, il est clair que les cas particuliers suivants ont lieu aussi

$$p(u+2\omega) = pu, \quad p(u+2\omega') = pu.$$

Donc pu est doublement périodique. De même $p'u$ et toutes les dérivées de pu admettent les deux périodes 2ω, $2\omega'$.

Addition des demi-périodes.

On a déjà vu que, les trois racines e_1, e_2, e_3 étant rangées dans l'ordre décroissant, les deux extrêmes sont les valeurs de p pour les demi-périodes ω et ω':

$$p\omega = e_1, \quad p\omega' = e_3.$$

D'après la relation

$$p'^2 u = 4(pu - e_1)(pu - e_2)(pu - e_3),$$

on a

$$p'\omega = 0, \quad p'\omega' = 0.$$

Cette circonstance simplifie l'expression de $p(u+v)$ quand on suppose $v = \omega$ ou $v = \omega'$. Soient $v = \omega$, $pv = e_1$. Nous aurons (I, 24)

$$\begin{aligned} p(u+\omega) &= -(pu + e_1) + \frac{1}{4}\frac{p'^2 u}{(pu - e_1)^2} \\ &= -(pu + e_1) + \frac{(pu - e_2)(pu - e_3)}{pu - e_1}, \end{aligned}$$

$$\begin{aligned} \frac{(pu - e_2)(pu - e_3)}{pu - e_1} &= pu + e_1 - e_2 - e_3 + \frac{(e_1 - e_2)(e_1 - e_3)}{pu - e_1} \\ &= pu + 2e_1 + \frac{(e_1 - e_2)(e_1 - e_3)}{pu - e_1}. \end{aligned}$$

La formule se réduit ainsi à

$$(8) \qquad p(u+\omega) - e_1 = \frac{(e_1 - e_2)(e_1 - e_3)}{pu - e_1}.$$

Elle pouvait se déduire des formules donnant $\operatorname{sn}(u+K)$ et $\operatorname{cn}(u+K)$, établies au début (I, 8).

La symétrie parfaite qui existe entre les deux racines e_1, e_3 montre qu'on a de même

$$(8\,a) \qquad p(u+\omega') - e_3 = \frac{(e_3 - e_1)(e_3 - e_2)}{pu - e_3}.$$

Si dans (8) on suppose $pu = e_3$ ou, dans (8 a), $pu = e_1$, on trouve

$$p(\omega + \omega') = e_2,$$

égalité qui montre la signification de la troisième racine e_2. Par le même calcul que pour $p(u+\omega)$, on obtient aussi

$$(8\,b) \qquad p(u+\omega+\omega') - e_2 = \frac{(e_2 - e_1)(e_2 - e_3)}{pu - e_2}.$$

Il y a, comme on voit, trois demi-périodes ω, ω' et $\omega'' = \omega + \omega'$, répondant aux trois racines e_1, e_2, e_3. Pour chacune d'elles, la fonction p' devient nulle.

Infinis de la fonction pu.

Comme $\operatorname{sn} u$ est nul, pu est infini pour $u = 0$. D'ailleurs la dérivée de $\operatorname{sn} u$, qui est $\operatorname{cn} u \operatorname{dn} u$ se réduit alors à l'unité. Donc $\frac{\operatorname{sn} u}{u}$ a pour limite l'unité. Donc $u^2 pu$ a pour limite l'unité quand u converge vers zéro par des valeurs réelles. Il en est de même quand u converge vers zéro par des valeurs imaginaires quelconques. On le déduit facilement de la définition (6); on peut aussi le prouver par un calcul qui se trouvera plus loin (p. 77). A cause de la double périodicité, on voit que pu devient infini pour

$$u = 2m\omega + 2m'\omega',$$

m et m' étant des entiers quelconques, et que l'on a

$$\lim (u - 2m\omega - 2m'\omega')^2 pu = 1.$$

Il importe de s'assurer que pu ne devient pas infini pour d'autres valeurs de u.

Quand u prend seulement des valeurs réelles, pu n'a pas d'autre infini que les valeurs $u = 2m\omega$; et, quand u prend des valeurs purement imaginaires, les seuls infinis sont $2m'\omega'$.

Soient a et α réels. Comme pa varie de e_1 à $+\infty$, il est toujours positif; comme $pi\alpha$ varie de $+e_3$ à $-\infty$, il est toujours négatif. Donc $pa - pi\alpha$ est la somme de deux quantités positives, dont aucune n'est nulle; cette quantité n'est donc jamais nulle. Donc, d'après (6), $p(a + i\alpha)$ ne peut devenir infini que si le numérateur de (6) est infini; mais, si l'une seulement des deux quantités pa ou $pi\alpha$ est infinie, $p(a + i\alpha)$ n'est pas infini. Dans l'un ou l'autre cas, on obtient $p(i\alpha + 2m\omega)$ ou $p(a + 2m'\omega')$, c'est-à-dire $pi\alpha$ ou pa. Il faut donc, pour que $p(a + i\alpha)$ soit infini, que pa et $pi\alpha$ soient tous deux infinis et qu'ainsi l'on ait

$$u = 2m\omega + 2m'\omega'.$$

Comme $p'u$ est lié à pu par la relation

$$p'^2 u = 4p^3 u - g_2 pu - g_3,$$

$p'u$ ne devient infini qu'avec pu.

Diverses valeurs de u pour une même valeur de pu.

La double propriété que possède pu d'être paire et doublement périodique montre que l'équation

$$pu = pv,$$

où l'inconnue est u, admet les solutions

$$u = \pm v + 2m\omega + 2m'\omega',$$

où m et m' sont des entiers quelconques. *Elle n'a pas d'autre solution.*

En effet, prenons la formule d'addition et changeons-y v en $-v$,

$$p(u+v) + pu + pv = \frac{1}{4}\left(\frac{p'u - p'v}{pu - pv}\right)^2,$$

$$p(u-v) + pu + pv = \frac{1}{4}\left(\frac{p'u + p'v}{pu - pv}\right)^2.$$

En retranchant membre à membre, nous obtenons

$$p(u-v) - p(u+v) = \frac{p'u\, p'v}{(pu - pv)^2}.$$

Si donc l'équation proposée est satisfaite, le second membre de cette dernière est infini; donc $p(u-v)$ ou $p(u+v)$ sont infinis. Donc on n'a pas d'autre solution que celles qu'on a remarquées d'abord.

La fonction pu passe par toutes les valeurs réelles ou imaginaires.

Soit d'abord a un argument réel et variable. On sait que pa passe par toutes les valeurs réelles depuis e_1 jusqu'à $+\infty$.

Soit aussi $i\alpha$ un argument purement imaginaire. On sait que $pi\alpha$ passe par toutes les valeurs réelles (négatives) depuis e_3 jusqu'à $-\infty$.

Rappelons-nous aussi que l'on a

$$e_1 > e_2 > e_3.$$

En mettant a au lieu de u dans ($8a$) et écrivant

$$[p(a+\omega') - e_3](pa - e_3) = (e_2 - e_3)(e_1 - e_3),$$

on voit que $p(a+\omega')$ est réel et décroît de e_2 à e_3 quand pa croît de e_1 à $+\infty$. Donc, pour les arguments imaginaires de la forme $a+\omega'$, la fonction p est réelle et passe par toutes les valeurs comprises entre e_3 et e_2.

En mettant $i\alpha$ au lieu de u dans (8), on a

$$[e_1-p(i\alpha+\omega)](e_1-pi\alpha)=(e_1-e_2)(e_1-e_3).$$

De là résulte que, $pi\alpha$ variant de e_3 à $-\infty$, $p(i\alpha+\omega)$ est réel et varie de e_2 à e_1. Ainsi, pour les arguments $\omega+i\alpha$, la fonction p est réelle et acquiert toutes les valeurs comprises entre e_2 et e_1.

D'autre part, on a

$$p'^2=4(p-e_1)(p-e_2)(p-e_3),$$

et cette relation fait voir que p′ est réel quand p est supérieur à e_1 ou compris entre e_2 et e_3, purement imaginaire quand p est inférieur à e_3 ou compris entre e_1 et e_2.

Les divers arguments qui correspondent à une valeur donnée pv, pour la fonction p, sont tous compris dans les deux formes

$$v+2m\omega+2m'\omega', \quad -v+2m\omega+2m'\omega';$$

p′ est une fonction impaire. Si donc on donne à la fois p et p′, l'argument est entièrement déterminé, à des multiples près des périodes. Donc :

1° pu et $p'u$ étant donnés, tous deux réels, il y correspond (à des multiples près des périodes) un seul argument qui est ou bien réel ou la somme d'une quantité réelle et de la demi-période ω';

2° pu et $p'u$ étant donnés, le premier réel, le second purement imaginaire, il y correspond (à des multiples près des périodes) un seul argument, qui est ou bien purement imaginaire ou la somme d'une quantité purement imaginaire et de la demi-période ω.

Démontrons maintenant le théorème fondamental :

Il existe un argument u et un seul (à des multiples près des périodes) *pour lequel pu et $p'u$ soient respectivement égaux à des quantités imaginaires données, vérifiant la relation* $p'^2=4p^3-g_2p-g_3$.

Il s'agit de trouver les deux parties a et $i\alpha$ dont la somme compose u. Pour conserver la symétrie dans l'écriture, mettons b au lieu de $i\alpha$; il est entendu que a est réel, b purement imaginaire.

Employons le théorème d'addition (I, 25) qui fournit les deux équations

$$(9)\qquad \frac{p'(a+b)+p'a}{p(a+b)-pa} = \frac{p'(a+b)+p'b}{p(a+b)-pb} = \xi,$$

$$(10)\qquad p(a+b)+pa+pb = \tfrac{1}{4}\xi^2.$$

Soient donnés

$$pu = p(a+b) = A + iB,$$
$$p'u = p'(a+b) = A' + iB'.$$

Il s'agit de trouver pa et $p'a$, tous deux réels; pb et $p'b$, le premier réel, le second purement imaginaire. Prenons pour inconnue le rapport commun $\xi = x + iy$. En séparant le réel et l'imaginaire, nous tirons des deux rapports (9) les quatre équations

$$(11)\qquad A' + p'a = Ax - By - x\,pa,\quad B' + \frac{1}{i}p'b = Ay + Bx - y\,pb;$$

$$(12)\qquad B' = Ay + Bx - y\,pa,\quad A' = Ax - By - x\,pb.$$

Tirons pa et pb des deux dernières (12) et substituons dans (10), après y avoir mis $(x+iy)$ au lieu de ξ, puis séparons les parties réelles et les parties imaginaires. Nous aurons ainsi deux équations entre les inconnues x, y. Les voici :

$$3Axy + (B - \tfrac{1}{4}xy)(x^2 - y^2) - B'x - A'y = 0,$$
$$xy(B - \tfrac{1}{2}xy) = 0.$$

Rejetons la solution étrangère $xy = 0$; nous avons ainsi

$$xy = 2B,$$

et, en éliminant y, nous parvenons à la résolvante

$$x^4 - \frac{2B'}{B}x^3 + 12Ax^2 - 4A'x - 4B^2 = 0.$$

Le terme indépendant de x ayant le signe —, cette équation a des racines réelles; prenons-en une, nous aurons pour y la valeur réelle $\frac{2B}{x}$, puis pa, pb seront donnés sous forme réelle par les équations (12), ainsi que $p'a$ et $\frac{1}{i}p'b$ par les équations (11).

D'après l'étude faite précédemment, pa et $p'a$ étant réels, a sera réel, ou réel plus ω'; de même b sera ou purement imaginaire, ou bien purement imaginaire plus ω. Que les uns ou les autres de ces cas aient lieu, on aura trouvé un argument $u = a + b$, et le théorème est prouvé, car il n'en peut exister qu'un seul.

A posteriori, on peut se rendre compte de la raison pour laquelle la résolvante est du quatrième degré et reconnaître que ses quatre racines sont réelles. Nous avons exprimé que $\wp a$, $\wp b$, $\wp' a$ sont réels et $\wp' b$ purement imaginaire. L'argument u est unique (à des multiples près des périodes); soient $u = \alpha + i\beta$, α et β étant réels; le problème, tel que nous l'avons mis en équation, comporte les quatre solutions suivantes :

$$\begin{aligned} a &= \alpha, & b &= i\beta; \\ a &= \alpha + \omega', & b &= i\left(\beta - \frac{\omega'}{i}\right); \\ a &= \alpha - \omega, & b &= i\beta + \omega; \\ a &= \alpha + \omega' - \omega, & b &= i\left(\beta - \frac{\omega'}{i}\right) + \omega. \end{aligned}$$

A chacune de ces solutions correspond un couple différent de valeurs réelles pour x et y.

Sur les signes de $\wp' u$ ou de $\frac{\wp' u}{i}$ quand $\wp u$ est réel.

On rencontre à chaque instant, dans les applications, des arguments u qui correspondent à des valeurs réelles de $\wp u$, et il est nécessaire de n'avoir pas à rechercher chaque fois le signe de $\wp' u$ ou de $\frac{\wp' u}{i}$. Les formules d'addition des demi-périodes permettent aisément de trouver ces signes.

En premier lieu, pour un argument réel a, $\wp' a$ est négatif quand a est compris entre zéro et ω, et change de signe chaque fois que a, en variant, passe par un multiple de ω.

En second lieu, pour un argument purement imaginaire $i\alpha$, $\frac{\wp' i\alpha}{i}$ est, de même, négatif quand α est compris entre zéro et $\frac{\omega'}{i}$, et change de signe chaque fois que α, en variant, passe par un multiple de $\frac{\omega'}{i}$.

Ce sont là les conséquences immédiates des définitions ; ce sont aussi les réponses à la question quand pu est supérieur à e_1 pour le premier cas, inférieur à e_3 pour le second.

Soit maintenant $u = (2n+1)\omega' + a$, a étant réel, en sorte que pu est compris entre e_3 et e_2. On a

$$pu - e_3 = \frac{(e_1-e_3)(e_2-e_3)}{pa - e_2}, \quad p'u = -\frac{(e_1-e_3)(e_2-e_3)}{(pa-e_3)^2}p'a.$$

De là suit que $p'u$ a le signe opposé à celui de $p'a$. Ainsi $p'u$ est positif quand $u - (2n+1)\omega'$ est réel et compris entre zéro et ω.

Soit enfin $u = (2n+1)\omega + i\alpha$, α étant réel, par suite pu entre e_2 et e_1. On a

$$pu - e_1 = \frac{(e_1-e_2)(e_1-e_3)}{pi\alpha - e_1}, \quad \frac{1}{i}p'u = -\frac{(e_1-e_2)(e_1-e_3)}{(pi\alpha - e_1)^2}\frac{p'i\alpha}{i}.$$

Par suite, $\frac{p'u}{i}$ est positif quand $\frac{u-(2n+1)\omega}{i}$ est réel, compris entre zéro et $\frac{\omega'}{i}$.

Dégénérescence de pu.

On a vu, dans le Chapitre I, comment pu dégénère en fonction circulaire ou exponentielle suivant le signe de g_3. Le changement de g_3 en $-g_3$ n'altère pas le discriminant, qui devient nul quand la fonction dégénère. Donc $p(u; g_2, g_3)$ et $p(u; g_2, -g_3)$ dégénèrent en même temps, mais l'un en fonction circulaire, l'autre en fonction exponentielle. La définition que nous avons adoptée pour $p(a+i\alpha)$ entraîne ainsi avec elle une définition des fonctions circulaires et des fonctions exponentielles aux arguments imaginaires et un lien entre ces deux espèces de fonctions. Ces faits sont-ils conformes à ceux que l'on a précédemment introduits en Analyse et qui découlent de la formule d'Euler

$$\cos x + i \sin x = e^{ix}?$$

On va reconnaître qu'il en est bien ainsi. Prenons les formules du Chapitre I, en supposant, par exemple, $g_3 < 0$; nous aurons

$$\Delta = 0, \quad g_3 < 0, \quad v = u\sqrt{-\frac{9}{2}\frac{g_3}{g_2}}.$$

$$p(u; g_2, g_3) = \frac{3g_3}{g_2} - \frac{9}{2}\frac{g_3}{g_2}\left(\frac{e^v + e^{-v}}{e^v - e^{-v}}\right)^2,$$

$$p(u; g_2, -g_3) = \frac{3g_3}{2g_2} - \frac{9}{2}\frac{g_3}{g_2}\frac{1}{\sin^2 v}.$$

D'après la définition (4),

$$\mathfrak{p}(iu; g_2, g_3) = -\mathfrak{p}(u; g_2, -g_3),$$

nous aurons comme définition de e^{iv}, en substituant et supprimant le facteur commun,

$$\left(\frac{e^{iv}+e^{-iv}}{e^{iv}-e^{-iv}}\right)^2 = 1 - \frac{1}{\sin^2 v} = -\frac{\cos^2 v}{\sin^2 v}.$$

Extrayant la racine carrée, nous obtenons

$$e^{iv} = \cos v + i \sin v, \quad e^{-iv} = \cos v - i \sin v.$$

En faisant la supposition opposée $g_3 > 0$ ou bien changeant ici v en iv, nous aurons la définition de $\cos iv$ et $\sin iv$ pour v réel; puis, pour un argument complexe, les formules d'addition définissent de la manière la plus générale les fonctions circulaires et exponentielles, conformément, on le voit, à ce qui est d'usage.

Les fonctions $\operatorname{sn} u$, $\operatorname{cn} u$, $\operatorname{dn} u$ d'arguments imaginaires.

La fonction $\operatorname{sn} u$ a servi pour former $\mathfrak{p}\, u$ quand l'argument était réel. Inversement, $\mathfrak{p}\, u$, qui est maintenant connu pour les arguments imaginaires, va servir à définir $\operatorname{sn} u$ d'une manière générale.

Rappelons les relations suivantes, trouvées au Chapitre I :

$$(13) \quad \begin{cases} \lambda = \dfrac{1}{e_1 - e_3}, & k^2 = \dfrac{e_2 - e_3}{e_1 - e_3}, & k'^2 = \dfrac{e_1 - e_2}{e_1 - e_3}, \\[2ex] e_1 = \dfrac{2 - k^2}{3\lambda}, & e_2 = \dfrac{2k^2 - 1}{3\lambda}, & e_3 = -\dfrac{1 + k^2}{3\lambda}; \end{cases}$$

d'où résulte, par la définition (I, 20) de $\mathfrak{p}\, u$ et les relations (I, 4, 6) entre $\operatorname{sn}^2 u$, $\operatorname{cn}^2 u$, $\operatorname{dn}^2 u$,

$$\lambda(\mathfrak{p}\, u - e_3) = \frac{1}{\operatorname{sn}^2 \frac{u}{\sqrt{\lambda}}}, \quad \lambda(\mathfrak{p}\, u - e_1) = \frac{\operatorname{cn}^2 \frac{u}{\sqrt{\lambda}}}{\operatorname{sn}^2 \frac{u}{\sqrt{\lambda}}}, \quad \lambda(\mathfrak{p}\, u - e_2) = \frac{\operatorname{dn}^2 \frac{u}{\sqrt{\lambda}}}{\operatorname{sn}^2 \frac{u}{\sqrt{\lambda}}}.$$

En conséquence, nous avons

$$(14)\quad \left\{\begin{aligned} \operatorname{sn} u &= \sqrt{\frac{e_1 - e_3}{\wp v - e_3}},\\ \operatorname{cn} u &= \sqrt{\frac{\wp v - e_1}{\wp v - e_3}},\\ \operatorname{dn} u &= \sqrt{\frac{\wp v - e_2}{\wp v - e_3}},\end{aligned}\right.$$

$$v = u\sqrt{\lambda} = \frac{u}{\sqrt{e_1 - e_3}}, \qquad k = \sqrt{\frac{e_2 - e_3}{e_1 - e_3}}.$$

Il n'y a aucun obstacle à supposer, dans ces relations (14), que v soit imaginaire, et nous aurons ainsi la définition de $\operatorname{sn} u$, $\operatorname{cn} u$, $\operatorname{dn} u$ pour un argument imaginaire quelconque. Cependant une difficulté subsiste à l'égard du signe des radicaux. On trouvera, dans le Chapitre VI, par des moyens directs, la preuve que les trois radicaux $\sqrt{\wp v - e}$ peuvent être remplacés par des fonctions dépourvues de toute ambiguïté. Ici, au contraire, nous allons faire disparaître l'ambiguïté de $\operatorname{sn} u$, $\operatorname{cn} u$, $\operatorname{dn} u$ par ces fonctions elles-mêmes.

Pour abréger, employons la notation

$$\wp(u;\, g_2, -g_3) = \bar{\wp} u,$$

en sorte que, $\wp u$ se rapportant aux invariants g_2, g_3, $\bar{\wp} u$, surmonté d'un trait, se rapporte aux invariants g_2, $-g_3$. Rappelons-nous que, d'après (13), ainsi qu'on l'a déjà observé précédemment, l'échange de g_3 en $-g_3$ entraîne celui de k et k' sans changer λ. Nous aurons donc, suivant les équations (14), en mettant les modules en évidence,

$$\begin{aligned} \operatorname{sn}(u, k) &= \sqrt{\frac{e_1 - e_3}{\wp v - e_3}}, & \operatorname{sn}(u, k') &= \sqrt{\frac{e_1 - e_3}{\bar{\wp} v + e_1}};\\ \operatorname{cn}(u, k) &= \sqrt{\frac{\wp v - e_1}{\wp v - e_3}}, & \operatorname{cn}(u, k') &= \sqrt{\frac{\bar{\wp} v + e_1}{\bar{\wp} v + e_3}};\\ \operatorname{dn}(u, k) &= \sqrt{\frac{\wp v - e_2}{\wp v - e_3}}, & \operatorname{dn}(u, k') &= \sqrt{\frac{\bar{\wp} v + e_2}{\bar{\wp} v + e_1}}.\end{aligned}$$

Dans les premières, mettons iu au lieu de u, et rappelons-nous que $\wp(iv) = -\bar{\wp}v$; nous aurons

$$\operatorname{sn}(iu, k) = \sqrt{\frac{e_1 - e_3}{-\bar{\wp}v - e_3}} = \pm i \frac{\operatorname{sn}(u, k')}{\operatorname{cn}(u, k')},$$

$$\operatorname{cn}(iu, k) = \sqrt{\frac{\bar{\wp}v + e_1}{\bar{\wp}v + e_3}} = \pm \frac{1}{\operatorname{cn}(u, k')},$$

$$\operatorname{dn}(iu, k) = \sqrt{\frac{\bar{\wp}v + e_2}{\bar{\wp}v + e_3}} = \pm \frac{\operatorname{dn}(u, k')}{\operatorname{cn}(u, k')}.$$

Les trois fonctions d'argument iu doivent, pour la continuité, satisfaire, comme avec l'argument réel, aux conditions

$$\frac{\operatorname{sn} u}{u} = 1, \quad \operatorname{cn} u = 1, \quad \operatorname{dn} u = 1, \quad \text{pour } u = 0.$$

On voit que ces conditions exigent qu'on prenne les signes $+$. Nous écrirons donc

$$(15) \quad \left\{ \begin{aligned} \operatorname{sn}(iu, k) &= i \frac{\operatorname{sn}(u, k')}{\operatorname{cn}(u, k')}, \\ \operatorname{cn}(iu, k) &= \frac{1}{\operatorname{cn}(u, k')}, \\ \operatorname{dn}(iu, k) &= \frac{\operatorname{dn}(u, k')}{\operatorname{cn}(u, k')}. \end{aligned} \right.$$

Ce seront là les définitions des trois fonctions pour un argument purement imaginaire; puis les formules d'addition serviront à définir les trois fonctions pour un argument complexe. Ainsi, de même que $\wp u$, les trois fonctions $\operatorname{sn} u$, $\operatorname{cn} u$, $\operatorname{dn} u$ sont connues sans aucune ambiguïté pour un argument imaginaire quelconque.

Comme corollaire, nous concluons que les trois radicaux $\sqrt{\wp u - e}$ sont dépourvus d'ambiguïté :

$$(16) \quad \left\{ \begin{aligned} \sqrt{\wp v - e_3} &= \frac{\sqrt{e_1 - e_3}}{\operatorname{sn} u}, \\ \sqrt{\wp v - e_1} &= \sqrt{e_1 - e_3}\, \frac{\operatorname{cn} u}{\operatorname{sn} u}, \\ \sqrt{\wp v - e_2} &= \sqrt{e_1 - e_3}\, \frac{\operatorname{dn} u}{\operatorname{sn} u}; \end{aligned} \right.$$

$$u = v\sqrt{e_1 - e_3}, \quad k = \sqrt{\frac{e_2 - e_3}{e_1 - e_3}}.$$

Addition des demi-périodes.

Pour sn, cn, dn, les périodes sont $2K$, $2iK'$. On sait par les définitions du début (p. 5) que l'on a

$$\operatorname{sn}(u+2K) = -\operatorname{sn} u, \quad \operatorname{cn}(u+2K) = -\operatorname{cn} u, \quad \operatorname{dn}(u+2K) = \operatorname{dn} u.$$

Par les relations (15), on aura aussi

$$\operatorname{sn}(u+2iK') = \operatorname{sn} u, \quad \operatorname{cn}(u+2iK') = -\operatorname{cn} u, \quad \operatorname{dn}(u+2iK') = -\operatorname{dn} u.$$

Pour l'addition des demi-périodes, on a trouvé au début, en ce qui concerne K (I, 8, $8a$, $8b$),

$$(17)\quad \begin{cases} \operatorname{sn}(u+K) = \dfrac{\operatorname{cn} u}{\operatorname{dn} u}, \\ \operatorname{cn}(u+K) = -k'\dfrac{\operatorname{sn} u}{\operatorname{dn} u}, \\ \operatorname{dn}(u+K) = \dfrac{k'}{\operatorname{dn} u}. \end{cases}$$

On en déduit, par l'intermédiaire des relations (15),

$$\begin{cases} \operatorname{sn}(u+iK') = \dfrac{1}{k\operatorname{sn} u}, \\ \operatorname{cn}(u+iK') = \dfrac{\operatorname{dn} u}{ik\operatorname{sn} u}, \\ \operatorname{dn}(u+iK') = \dfrac{\operatorname{cn} u}{i\operatorname{sn} u}. \end{cases}$$

En combinant enfin les équations (17) et (18), on obtient

$$(19)\quad \begin{cases} \operatorname{sn}(u+K+iK') = \dfrac{\operatorname{dn} u}{k\operatorname{cn} u}, \\ \operatorname{cn}(u+K+iK') = \dfrac{k'}{ik}\,\dfrac{1}{\operatorname{cn} u}, \\ \operatorname{dn}(u+K+iK') = ik'\dfrac{\operatorname{sn} u}{\operatorname{cn} u}. \end{cases}$$

Zéros et infinis de $\operatorname{sn} u$, $\operatorname{cn} u$, $\operatorname{dn} u$.

Des relations (14) résulte que les trois fonctions sont infinies quand $p(u\sqrt{\lambda})$ est égal à e_3; ainsi les infinis de $\operatorname{sn} u$, $\operatorname{cn} u$, $\operatorname{dn} u$ sont

$$iK' + 2mK + 2m'iK'.$$

Les zéros de $\operatorname{sn} u$ correspondent aux infinis de $p(u\sqrt{\lambda})$; donc

$$\operatorname{sn}(2mK + 2m'iK') = 0.$$

Les zéros de $\operatorname{cn} u$ correspondent à $p(u\sqrt{\lambda}) = e_1$; donc

$$\operatorname{cn}(K + 2mK + 2m'iK') = 0.$$

Les zéros de $\operatorname{dn} u$ correspondent à $p(u\sqrt{\lambda}) = e_2$; donc

$$\operatorname{dn}(K + iK' + 2mK + 2m'iK') = 0.$$

Diverses valeurs de l'argument pour une même valeur de la fonction $\operatorname{sn} u$, ou $\operatorname{cn} u$, ou $\operatorname{dn} u$.

Soit à résoudre par rapport à l'inconnue v l'équation

$$\operatorname{sn} u = \operatorname{sn} v.$$

On en déduit

$$p(u\sqrt{\lambda}) = p(v\sqrt{\lambda});$$

donc

$$v\sqrt{\lambda} = \pm u\sqrt{\lambda} + 2m\omega + 2m'\omega',$$

c'est-à-dire,

$$v = \pm u + 2mK + 2m'iK'.$$

Mais, parmi les formes de v comprises dans cette égalité, deux donnent $\operatorname{sn} v = -\operatorname{sn} u$; ce sont les suivantes :

$$v = \quad u + (4n + 2)K + 2m'iK',$$
$$v = -u + 4nK + 2m'iK'.$$

Les deux autres donnent bien $\operatorname{sn} v = + \operatorname{sn} u$. Ce sont les seules solutions du problème. *Ainsi l'équation* $\operatorname{sn} v = \operatorname{sn} u$ *admet, pour solution générale,*

$$v = \begin{cases} u + 4mK + 2m'iK' \\ -u + (4m + 2)K + 2m'iK'. \end{cases}$$

De même l'équation $\operatorname{cn} v = \operatorname{cn} u$ *admet, pour solution générale,*

$$v = \pm u + 2(2m + n)K + 2(2m' + n)iK',$$

et $\operatorname{dn} v = \operatorname{dn} u$ *admet, pour solution générale,*

$$v = \pm u + 2mK + 4m'iK'.$$

Enfin il a été prouvé que $p u$ passe par toutes les valeurs imaginaires. *Donc aussi* $\operatorname{sn} u$, $\operatorname{cn} u$, $\operatorname{dn} u$ *passent par toutes les valeurs imaginaires.*

Les six modules conjugués.

Dans $p\,u$, les trois quantités e_1, e_2, e_3 jouent un rôle entièrement symétrique. Il est donc naturel de les permuter entre elles ; comme elles jouent un rôle dissymétrique pour la définition de sn, cn, dn, on aura par (14) la définition de ces fonctions pour divers modules, au nombre de six, qu'on pourra appeler *modules conjugués*. Deux seulement, k et k', sont compris entre zéro et l'unité positive. Les carrés des quatre autres sont réels, mais ou négatifs ou supérieurs à l'unité.

La liaison entre les fonctions à modules conjugués se déduit immédiatement de (14). Par exemple, si l'on permute e_1 et e_2, le nouveau module est $\sqrt{\frac{e_1-e_3}{e_2-e_3}}$, c'est-à-dire $\frac{1}{k}$; le nouveau multiplicateur est $\frac{1}{e_2-e_3}$, c'est-à-dire $\frac{\lambda}{k^2}$: on a donc

$$\operatorname{sn}\left(u, \frac{1}{k}\right) = \sqrt{\frac{e_2-e_3}{p\left(u\frac{\sqrt{\lambda}}{k}\right)-e_3}} = \sqrt{\frac{e_2-e_3}{e_1-e_3}}\sqrt{\frac{e_1-e_3}{p\left(u\frac{\sqrt{\lambda}}{k}\right)-e_3}} = k\operatorname{sn}\left(\frac{u}{k}, k\right)$$

et de même

$$\operatorname{cn}\left(u, \frac{1}{k}\right) = \operatorname{dn}\left(\frac{u}{k}, k\right),$$

$$\operatorname{dn}\left(u, \frac{1}{k}\right) = \operatorname{cn}\left(\frac{u}{k}, k\right).$$

Les formules (15) ont déjà exprimé la liaison entre les fonctions à module k' et celles à module k. En combinant les dernières avec (15), on a les quatre autres groupes de relations analogues ; mais il n'y a aucune utilité à les rapporter ici. Ces formules n'ont qu'un intérêt historique.

Quarts de périodes.

On a trouvé au début (p. 6)

$$\operatorname{sn}\frac{K}{2} = \frac{1}{\sqrt{1+k'}}, \quad \operatorname{cn}\frac{K}{2} = \sqrt{\frac{k'}{1+k'}}, \quad \operatorname{dn}\frac{K}{2} = \sqrt{k'},$$

Tenant compte des expressions (13),

$$k' = \sqrt{\frac{e_1-e_2}{e_1-e_3}}, \quad \lambda = \frac{1}{e_1-e_3};$$

on en déduit

$$(20)\qquad \left\{\begin{aligned} \wp\frac{\omega}{2} &= e_1 + \sqrt{(e_1-e_2)(e_1-e_3)},\\ \wp'\frac{\omega}{2} &= -2(e_1-e_3)\sqrt{e_1-e_2} - 2(e_1-e_2)\sqrt{e_1-e_3}. \end{aligned}\right.$$

On aura semblablement, par le changement de e_1, e_2, e_3 en $-e_1$, $-e_2$, $-e_3$,

$$\wp\frac{\omega'}{2i} = -e_3 + \sqrt{(e_2-e_3)(e_1-e_3)},$$

$$\wp'\frac{\omega'}{2i} = -2(e_1-e_3)\sqrt{e_2-e_3} - 2(e_2-e_3)\sqrt{e_1-e_3};$$

et, puisque

$$\wp\frac{u}{i} = -\wp u,\quad \wp'\frac{u}{i} = \frac{1}{i}\wp' u,$$

il en résulte

$$(21)\qquad \left\{\begin{aligned} \wp\frac{\omega'}{2} &= e_3 - \sqrt{(e_2-e_3)(e_1-e_3)},\\ \wp'\frac{\omega'}{2} &= -2i(e_1-e_3)\sqrt{e_2-e_3} - 2i(e_2-e_3)\sqrt{e_1-e_3}. \end{aligned}\right.$$

Dans ces formules (20) et (21), les radicaux, qui sont tous réels, sont, bien entendu, pris positivement.

Par suite de la symétrie, on peut affirmer d'avance que les diverses expressions analogues où les e seront permutés et les signes des radicaux changés, correspondront de même à d'autres quarts de période.

Les quarts de période sont (à des multiples près des périodes) les divers arguments $\frac{m\omega}{2} + \frac{m'\omega'}{2}$, où m et m' sont les nombres 0, 1, 2, 3, sans être à la fois pairs tous deux. Il y a donc douze semblables arguments, dont chacun correspond à un second de telle sorte que la somme soit une période; on peut donc les réduire à six paires, en adjoignant à chacun l'argument égal et de signe contraire. Ainsi à $\frac{\omega}{2}$ on adjoindra $-\frac{\omega}{2}$; à $\frac{\omega'}{2}$, $-\frac{\omega'}{2}$ par les formules

$$\wp(-u) = \wp(u),\quad \wp'(-u) = -\wp' u.$$

Les formules (20) et (21) peuvent donc être envisagées comme se rapportant à quatre arguments $\pm\frac{\omega}{2}$, $\pm\frac{\omega'}{2}$. Il reste à trouver quatre formules analogues. C'est ce que nous allons faire au moyen du théorème d'addition. Mais d'abord, par l'addition des demi-périodes, nous pouvons vérifier la forme commune aux expressions de p et p' pour tous ces arguments.

Soient α, β, γ les nombres 1, 2, 3 dans un ordre quelconque; posons

$$e_\beta - e_\gamma = a^2, \quad e_\gamma - e_\alpha = b^2, \quad e_\alpha - e_\beta = c^2,$$
$$a^2 + b^2 + c^2 = 0.$$

1° Si l'on prend

$$pu = e_\alpha + ibc,$$

u est un quart de période. Soit effectivement ω_α la demi-période qui correspond à e_α, c'est-à-dire $e_\alpha = p\omega_\alpha$. Nous avons (8)

$$p(u-\omega_\alpha) - e_\alpha = \frac{(e_\alpha - e_\beta)(e_\alpha - e_\gamma)}{pu - e_\alpha} = -\frac{b^2c^2}{ibc} = ibc.$$
$$p(u-\omega_\alpha) = pu.$$

Donc la somme ou la différence des deux arguments $(u-\omega_\alpha)$, u, est une période. Ce ne peut être la différence; donc

$$2u - \omega_\alpha = 2m\omega + 2m'\omega',$$
$$u = \frac{\omega_\alpha}{2} + m\omega + m'\omega'.$$

C'est ce qu'il fallait prouver.

2° Cherchons l'expression de $p'u$. Nous avons

$$pu - e_\alpha = ibc, \quad pu - e_\beta = c^2 + ibc, \quad pu - e_\gamma = -b^2 + ibc,$$
$$p'^2u = 4(pu - e_\alpha)(pu - e_\beta)(pu - e_\gamma) = -4b^2c^2(c+ib)^2,$$
$$p'u = \pm 2ibc(c+ib).$$

En remettant, dans ces formules, pour b, c, leurs expressions, nous voyons que les quarts de période sont caractérisés par les formules suivantes :

$$p\frac{\omega_\alpha}{2} = e_\alpha + \sqrt{e_\alpha - \beta}\sqrt{e_\alpha - e_\gamma};$$
$$p'\frac{\omega_\alpha}{2} = 2\sqrt{e_\alpha - e_\beta}\sqrt{e_\alpha - e_\gamma}\left[\sqrt{e_\alpha - e_\beta} + \sqrt{e_\alpha - e_\gamma}\right].$$

Dans ces formules, chaque radical est pris partout de la même manière. En variant les déterminations des deux radicaux, on obtient quatre couples de formules, quatre arguments différents :

ce sont les arguments dont les doubles reproduisent la demi-période ω_α, à des périodes près, par conséquent

$$\frac{\omega_\alpha}{2},\quad \frac{\omega_\alpha}{2}+\omega,\quad \frac{\omega_\alpha}{2}+\omega',\quad \frac{\omega_\alpha}{2}+\omega+\omega'.$$

Il nous faut maintenant, parmi ces quatre arguments, chercher auquel se rapporte chacune des quatre déterminations de p et p'. C'est ce que nous allons faire pour chacun des trois cas $\alpha=1$, $\alpha=3$, $\alpha=2$.

Au cas $\alpha=1$, nous avons déjà les formules (20). La seconde paire de formules sera

$$\begin{gathered} pu = e_1 - \sqrt{e_1-e_2}\sqrt{e_1-e_3}, \\ p'u = 2(e_1-e_3)\sqrt{e_1-e_2} - 2(e_1-e_2)\sqrt{e_1-e_3}, \end{gathered}$$

et il s'agit de savoir si u est égal à $\frac{\omega}{2}+\omega'$ ou bien à $-\left(\frac{\omega}{2}+\omega'\right)$. Or nous avons vu, dans ce Chapitre, qu'à un argument $(\omega'+a)$, où a est compris entre zéro et ω, répond une valeur positive de p'. L'expression écrite ici pour $p'u$ représente une quantité positive, les deux radicaux étant pris positivement; donc $u=\frac{\omega}{2}+\omega'$.

Pour $\alpha=3$, nous avons déjà les formules (21). La seconde paire de formules sera

$$\begin{gathered} pv = e_3 + \sqrt{e_1-e_3}\sqrt{e_2-e_3}, \\ p'v = 2i(e_1-e_3)\sqrt{e_2-e_3} - 2i(e_2-e_3)\sqrt{e_1-e_3}; \end{gathered}$$

v est égal à l'un ou l'autre des arguments $\pm\left(\frac{\omega'}{2}+\omega\right)$. Nous avons vu que $\frac{p'v}{i}$ est positif quand $\frac{v-\omega}{i}$ est compris entre zéro et $\frac{\omega'}{i}$; donc ici $v=\frac{\omega'}{2}+\omega$.

Il nous reste à examiner le groupe de formules répondant à $\alpha=2$. C'est pour ce but que nous allons appliquer le théorème général d'addition (I, 25).

Soient deux arguments u, v, moitié chacun d'une demi-période différente,

$$\begin{aligned} pu &= e_\alpha + ibc, & pv &= e_\beta + ica; \\ p'u &= 2ibc(c+ib), & p'v &= 2ica(a+ic). \end{aligned}$$

Formons d'abord le rapport $\frac{p'u-p'v}{pu-pv}=\xi$.

$$p'u-p'v = 2ic(bc+ib^2-a^2-ica).$$

On a identiquement

$$(1+i)(bc+ib^2-a^2-ica)=(a+b+c)[c+i(b-a)]-(a^2+b^2+c^2),$$

et, comme $(a^2+b^2+c^2)$ est ici nul,

$$\begin{aligned}p'u-p'v &= \frac{2ic}{1+i}(a+b+c)[c+i(b-a)]\\ &= (1+i)c(a+b+c)[c+i(b-a)].\end{aligned}$$

D'autre part, nous avons

$$pu-pv=e_\alpha-e_\beta+ic(b-a)=c[c+i(b-a)].$$

Donc le rapport cherché a pour expression simple

$$\xi=(1+i)(a+b+c).$$

Cherchons les fonctions p et p′ pour l'argument $w=-(u+v)$. Nous aurons d'abord

$$pw+pu+pv=\tfrac{1}{4}\xi^2=\frac{i}{2}(a+b+c)^2=i(ab+bc+ca),$$

$$pu+pv=e_\alpha+e_\beta+i(bc+ca)=-e_\gamma+i(bc+ca),$$

$$pw=e_\gamma+iab.$$

D'après le théorème d'addition, le rapport ξ reste inaltéré quand on permute u, v, w; d'autre part, pu, pv, pw se déduisent les uns des autres par permutation de a, b, c. Donc, sans recommencer le calcul de ξ, on peut écrire immédiatement

$$p'w=2iab(b+ia).$$

Nous avons donc ce groupe remarquable de formules pour les quarts de période

$$\begin{aligned}&pu=e_\alpha+ibc, && pv=e_\beta+ica, && pw=e_\gamma+iab;\\ &p'u=2ibc(c+ib), && p'v=2ica(a+ic), && p'w=2iab(b+ia);\\ &&& u+v+w=0.\end{aligned}$$

Par les changements des signes de i, a, b, c, ces formules conviennent à l'addition d'un quelconque des arguments $\frac{\omega_\alpha}{2}$ avec un quelconque des arguments $\frac{\omega_\beta}{2}$ ou $\frac{\omega_\gamma}{2}$.

Soient $\alpha=1$, $\beta=2$, $\gamma=3$, et choisissons les racines carrées a, b, c ainsi :

$$a=\sqrt{e_2-e_3},\quad b=i\sqrt{e_1-e_3},\quad c=-\sqrt{e_1-e_2}.$$

Nous aurons

$$\left.\begin{aligned} pu &= e_1 + \sqrt{e_1 - e_3}\sqrt{e_1 - e_2},\\ p'u &= -2\sqrt{e_1 - e_3}\sqrt{e_1 - e_2}(\sqrt{e_1 - e_3} + \sqrt{e_1 - e_2}),\end{aligned}\right\} \quad u = \frac{\omega}{2};$$

$$\left.\begin{aligned} pw &= e_3 - \sqrt{e_1 - e_3}\sqrt{e_2 - e_3},\\ p'w &= -2i\sqrt{e_2 - e_3}\sqrt{e_1 - e_3}(\sqrt{e_2 - e_3} + \sqrt{e_1 - e_3}),\end{aligned}\right\} \quad w = \frac{\omega'}{2};$$

et, par conséquent,

$$\left.\begin{aligned} pv &= e_2 - i\sqrt{e_2 - e_3}\sqrt{e_1 - e_2},\\ p'v &= -2i\sqrt{e_2 - e_3}\sqrt{e_1 - e_2}(\sqrt{e_2 - e_3} - i\sqrt{e_1 - e_2}),\end{aligned}\right\} \quad v = -\frac{\omega + \omega'}{2}.$$

Comme ω est réel et ω' purement imaginaire, on n'aura qu'à changer, dans ces dernières formules, i en $-i$ pour avoir les formules convenant à l'argument $-\frac{\omega - \omega'}{2}$. Le problème est entièrement résolu, et nous pouvons résumer la solution dans le tableau suivant, où tous les radicaux sont pris positivement :

$$(22)\quad \left\{\begin{aligned}
p\frac{\omega}{2} &= e_1 + \sqrt{e_1 - e_2}\sqrt{e_1 - e_3},\\
p'\frac{\omega}{2} &= -2(e_1 - e_3)\sqrt{e_1 - e_2} - 2(e_1 - e_2)\sqrt{e_1 - e_3};\\
p\left(\frac{\omega}{2} + \omega'\right) &= e_1 - \sqrt{e_1 - e_2}\sqrt{e_1 - e_3},\\
p'\left(\frac{\omega}{2} + \omega'\right) &= 2(e_1 - e_3)\sqrt{e_1 - e_2} - 2(e_1 - e_2)\sqrt{e_1 - e_3};\\
p\frac{\omega'}{2} &= e_3 - \sqrt{e_2 - e_3}\sqrt{e_1 - e_3},\\
p'\frac{\omega'}{2} &= -2i(e_1 - e_3)\sqrt{e_2 - e_3} - 2i(e_2 - e_3)\sqrt{e_1 - e_3};\\
p\left(\frac{\omega'}{2} + \omega\right) &= e_3 + \sqrt{e_2 - e_3}\sqrt{e_1 - e_3},\\
p'\left(\frac{\omega'}{2} + \omega\right) &= 2i(e_1 - e_3)\sqrt{e_2 - e_3} - 2i(e_2 - e_3)\sqrt{e_1 - e_3};\\
p\frac{\omega + \omega'}{2} &= e_2 - i\sqrt{e_2 - e_3}\sqrt{e_1 - e_2},\\
p'\frac{\omega + \omega'}{2} &= 2(e_1 - e_2)\sqrt{e_2 - e_3} + 2i(e_2 - e_3)\sqrt{e_1 - e_2};\\
p\frac{\omega - \omega'}{2} &= e_2 + i\sqrt{e_2 - e_3}\sqrt{e_1 - e_2},\\
p'\frac{\omega - \omega'}{2} &= 2(e_1 - e_2)\sqrt{e_2 - e_3} - 2i(e_2 - e_3)\sqrt{e_1 - e_2}.
\end{aligned}\right.$$

Définition directe de $p u$.

Sans passer par l'intermédiaire de $\operatorname{sn} u$, on peut envisager $p u$ comme uniquement défini par la relation

$$(23)\quad p'^2 u = 4p^3 u - g_2 p u - g_3 = 4(p u - e_1)(p u - e_2)(p u - e_3),$$

de la manière suivante. Les coefficients g_2, g_3 étant réels et e_1 désignant la plus grande racine réelle, envisageons l'intégrale définie

$$(24)\quad u = \int_{p u}^{\infty} \frac{dy}{\sqrt{4y^3 - g_2 y - g_3}},$$

dont nous appelons $p u$ la limite inférieure variable, et faisons décroître cette limite $p u$ de $+\infty$ à e_1. La fonction intégrée est toujours réelle et positive (le radical étant pris positivement), en sorte que u croît constamment. Appelons ω le maximum de u ou l'intégrale complète

$$\omega = \int_{e_1}^{\infty} \frac{dy}{\sqrt{4y^3 - g_2 y - g_3}} = \int_{e_1}^{\infty} \frac{dy}{2\sqrt{(y - e_1)(y - e_2)(y - e_3)}}.$$

De la sorte, $p u$ se trouve être inversement une fonction réelle de u, décroissant constamment de $+\infty$ à e_1 et, par conséquent, dépourvue d'ambiguïté. Elle est définie pour toutes les valeurs de u comprises entre zéro et ω.

En même temps, $p' u$ se trouve aussi défini, comme égal au radical, pris *négativement*, puisque $p u$ est une fonction décroissante.

Par ces définitions, $e_1 = p\omega$ est le minimum de $p u$ et $p'\omega$ est nul. On reconnaît facilement aussi (p. 71) que $\left(p u - \frac{1}{u^2}\right)$ devient nul avec u, a toutes ses dérivées finies pour $u = 0$ et que les dérivées d'ordre impair sont nulles. On aura donc une fonction continue et restant finie de $-\omega$ à $+\omega$, en convenant de prendre pour $\left(p u - \frac{1}{u^2}\right)$ une fonction paire; par conséquent, on étend naturellement la définition de $p u$ à l'intervalle $(-\omega, \omega)$ par la convention

$$(25)\quad p(-u) = p u,$$

qui entraîne celle-ci

$$p'(-u) = -p'u. \tag{26}$$

De cette manière, à chaque couple de valeurs pu, $p'u$, où pu est supérieur à e_1 et $p'u$ réel et quelconque, correspond un argument unique u, compris entre $-\omega$ et $+\omega$.

Pour prolonger maintenant la définition en dehors des limites $(-\omega, +\omega)$, observons les dérivées successives de pu, déduites de (23). On a successivement

$$\begin{aligned}
p''u &= 6p^2u - \tfrac{1}{2}g_2,\\
p'''u &= 12pu\,p'u,\\
p^{\text{IV}}u &= 12pu\,p''u + 12p'^2u = 12(10p^3u - \tfrac{3}{2}g_2\,pu - g_3),\\
&\ldots\ldots\ldots\ldots\ldots\ldots\ldots\ldots
\end{aligned}$$

Il est manifeste que les dérivées d'ordre pair sont des polynômes entiers en pu, tandis que les dérivées d'ordre impair sont de tels polynômes, multipliés par $p'u$. Comme $p'\omega$ est nul, il s'ensuit que les dérivées d'ordre impair sont toutes nulles pour $u = \omega$. La continuité exige donc que l'on prolonge la définition en posant

$$p(\omega + u) = p(\omega - u), \tag{27}$$

ce qui entraîne

$$p'(\omega + u) = -p'(\omega - u). \tag{28}$$

Ces deux relations, jointes à (25) et (26), donnent la propriété

$$p(2m\omega \pm u) = pu, \quad p'(2m\omega \pm u) = \pm p'u, \tag{29}$$

contenant à la fois les deux précédentes. Les fonctions p et p' se trouvent maintenant définies pour toutes les valeurs réelles de u; elles sont périodiques, leur période est 2ω.

Si, dans l'égalité (24), on fait

$$y = \mu Y, \quad g_2 = \mu^2 G_2, \quad g_3 = \mu^3 G_3, \quad u = \frac{U}{\sqrt{\mu}}, \quad pu = \mu P(U),$$

on obtient une égalité toute semblable

$$U = \int_{P(U)}^{\infty} \frac{dY}{\sqrt{4Y^3 - G_2Y - G_3}}.$$

De là découle la propriété relative à l'homogénéité ; car on a, en conséquence,

$$\mathrm{P}(\mathrm{U}) = \mathrm{p}(\mathrm{U};\, \mathrm{G}_2, \mathrm{G}_3),$$

$$(30)\qquad \mathrm{p}(u;\, g_2, g_3) = \mu\, \mathrm{p}\left(u\sqrt{\mu};\, \frac{g_2}{\mu^2}, \frac{g_3}{\mu^3}\right).$$

Ici intervient le théorème d'addition, dont nous donnerons tout à l'heure une démonstration directe et qu'on peut résumer en disant que $\mathrm{p}(u+v)$, $\mathrm{p}'(u+v)$ s'expriment par une fonction rationnelle de $\mathrm{p}u$, $\mathrm{p}'u$, $\mathrm{p}v$, $\mathrm{p}'v$.

En même temps que $\mathrm{p}u = \mathrm{p}(u;\, g_2, g_3)$, envisageons

$$\bar{\mathrm{p}}u = \mathrm{p}(u;\, g_2, -g_3),$$

fonction qui n'a pas besoin d'être définie de nouveau. Elle ne diffère de la précédente que par le changement de g_3 en $-g_3$. Le seul effet de ce changement est de changer aussi les signes des trois racines e_1, e_2, e_3, qui deviennent ainsi $-e_1$, $-e_2$, $-e_3$. Si les trois racines sont réelles, alors la plus grande est maintenant $-e_3$, l'ordre primitif étant supposé $e_3 < e_2 < e_1$. En conséquence, la demi-période de $\bar{\mathrm{p}}u$ est définie, comme ω, par une intégrale étendue de $-e_3$ à $+\infty$. La désignant par $\frac{\omega'}{i}$, on aura

$$\frac{\omega'}{i} = \int_{-e_3}^{+\infty} \frac{dy}{\sqrt{4y^3 - g_2 y + g_3}} = \int_{-e_3}^{+\infty} \frac{dy}{2\sqrt{(y+e_3)(y+e_2)(y+e_1)}}.$$

La formule d'homogénéité (30) conduit maintenant à prendre pour définition de $\mathrm{p}(iu)$, avec u réel,

$$\mathrm{p}(iu) = -\bar{\mathrm{p}}u,$$
$$\mathrm{p}'(iu) = i\,\bar{\mathrm{p}}'u ;$$

puis, pour définition de $\mathrm{p}(a+i\alpha)$, on adopte celle que donne le théorème d'addition, et l'on démontre que les fonctions $\mathrm{p}u$, $\mathrm{p}'u$, ainsi généralisées, jouissent de toutes les propriétés reconnues pour l'argument réel. C'est ce qui a été fait dans ce Chapitre.

On ne peut manquer d'observer que cette analyse résumée s'applique parfaitement au cas où les trois racines e_1, e_2, e_3 ne sont plus réelles, mais une réelle et deux imaginaires conjuguées. La seule différence consiste en ce que, dans ce nouveau cas, le changement du signe de g_3 ne substitue plus $-e_3$ à e_1, mais substitue à l'unique racine réelle cette même racine changée de signe. Cette circonstance amène quelques différences de détails, qui seront examinées dans le Chapitre III; mais on voit, dès à présent, qu'il n'existe pas de différence essentielle entre les deux cas, celui où les trois racines sont réelles, le discriminant positif, cas envisagé jusqu'à présent; et le cas nouveau où deux racines sont imaginaires conjuguées, la troisième réelle, le discriminant négatif, cas qui fera l'objet spécial du Chapitre III.

Nouvelle démonstration du théorème d'addition.

La démonstration suivante, qui fournit immédiatement le théorème d'addition sous la forme simple et élégante (I, 25) déjà envisagée, est un cas particulier de celle que nous reproduirons au Chapitre VII pour le théorème d'Abel.

Soit à déterminer u par l'équation

$$a\,\wp u + b = \wp' u,$$

où a et b sont des constantes données. Prenons pour inconnues

$$x = \wp u, \quad y = \wp' u. \tag{31}$$

Les équations du problème sont

$$ax + b = y, \quad y^2 = 4x^3 - g_2 x - g_3; \tag{32}$$

d'où résulte la résolvante en x

$$F(x) = 4x^3 - g_2 x - g_3 - (ax + b)^2 = 0, \tag{33}$$

qui a trois racines x_0, x_1, x_2, à chacune desquelles correspond un seul argument, sauf des multiples des périodes; soient u_0, u_1, u_2 ces trois arguments. Chaque groupe (x_r, y_r, u_r) varie avec a et b et dépend de ces deux variables suivant les relations (31), (32), (33), où il faut supposer chaque lettre x, y, u munie de l'indice r. Si l'on fait ainsi varier a, b, $F(x_r)$ sera identiquement nul et, par suite, sa différentielle totale sera nulle aussi. De là provient l'équation

$$F'(x_r)\,dx_r + \frac{\partial F(x_r)}{\partial a}\,da + \frac{\partial F(x_r)}{\partial b}\,db = 0.$$

Mettons pour les deux dernières dérivées leurs expressions explicites et remplaçons $(ax_r + b)$ par y_r, suivant (32) :

$$F'(x_r)\,dx_r - 2y_r(x_r\,da + db) = 0,$$

$$\frac{1}{2}\frac{dx_r}{y_r} = \frac{x_r}{F'(x_r)}\,da + \frac{1}{F'(x_r)}\,db.$$

D'après un théorème attribué à Euler, les deux sommes

$$\frac{x_0}{F'(x_0)} + \frac{x_1}{F'(x_1)} + \frac{x_2}{F'(x_2)}, \quad \frac{1}{F'(x_0)} + \frac{1}{F'(x_1)} + \frac{1}{F'(x_2)}$$

sont nulles [1]; donc on a

$$\frac{dx_0}{y_0} + \frac{dx_1}{y_1} + \frac{dx_2}{y_2} = 0,$$

ce qui, d'après (31), se change en

$$du_0 + du_1 + du_2 = 0,$$
$$u_0 + u_1 + u_2 = \text{const.}$$

Il suffit, pour déterminer cette constante, de supposer a et b infiniment grands, leur rapport ayant une limite finie quelconque. Alors une racine pu_0 devient infinie, les deux autres égales entre elles, et l'on a, sauf une période,

$$u_0 = 0, \quad u_1 = -u_2, \quad u_0 + u_1 + u_2 = \text{une période.}$$

Donc la somme des trois racines u est égale à une période. De la relation (32), en y substituant successivement u_0, u_1, u_2, on tire ensuite les formules (I, 25), comme on l'a fait au Chapitre I.

Sur la liaison entre les invariants et le module.

Nous avons, au Chapitre I, exprimé les liaisons entre les invariants et le module par l'intermédiaire des racines e_1, e_2, e_3. Il est

[1] En effet,

$$\frac{\alpha x + \beta}{F(x)} = \frac{\alpha x_0 + \beta}{(x - x_0)F'(x_0)} + \frac{\alpha x_1 + \beta}{(x - x_1)F'(x_1)} + \frac{\alpha x_2 + \beta}{(x - x_2)F'(x_2)}.$$

Multipliant par x aux deux membres et supposant x infini, on a

$$0 = \frac{\alpha x_0 + \beta}{F'(x_0)} + \frac{\alpha x_1 + \beta}{F'(x_1)} + \frac{\alpha x_2 + \beta}{F'(x_2)}.$$

intéressant de faire disparaître cet intermédiaire. Voici les relations obtenues :

$$3\lambda e_1 = 2 - k^2, \quad 3\lambda e_2 = 2k^2 - 1, \quad 3\lambda e_3 = -(1+k^2);$$
$$g_2 = -4(e_1e_2 + e_2e_3 + e_3e_1), \quad g_3 = 4e_1e_2e_3.$$

De là résultent ces expressions pour g_2 et g_3

$$\lambda^2 g_2 = \tfrac{4}{3}(1 - k^2 + k^4),$$
$$\lambda^3 g_3 = -\tfrac{4}{27}(1+k^2)(2-k^2)(1-2k^2);$$

puis la suivante, indépendante de λ,

$$\frac{g_2^3}{g_3^2} = 108\,\frac{(1-k^2+k^4)^3}{(1+k^2)^2(2-k^2)^2(1-2k^2)^2}.$$

C'est ici le lieu de faire connaître une propriété des deux polynômes formant les termes de cette fraction. On en peut former une combinaison linéaire qui soit un carré parfait, comme on le voit par l'identité

$$4(1-k^2+k^4)^3 - (1+k^2)^2(2-k^2)^2(1-2k^2)^2 = 27k^4(1-k^2)^2.$$

Pour vérifier cette identité, il suffit de remarquer que les deux membres sont, l'un et l'autre, des polynômes du quatrième degré en k^2 (les termes en k^{12} et k^{10} disparaissant au premier membre), et que ces deux polynômes sont égaux entre eux pour cinq valeurs de k^2, savoir $0, 1, -1, \frac{1}{2}, 2$.

Se rappelant la définition du discriminant Δ,

$$\Delta = g_2^3 - 27g_3^2,$$

on déduit de l'identité ci-dessus les rapports égaux

$$(34)\quad \frac{g_2^3}{4(1-k^2+k^4)^3} = \frac{27g_3^2}{(1+k^2)^2(2-k^2)^2(1-2k^2)^2} = \frac{\Delta}{27k^4(1-k^2)^2}.$$

Les rapports mutuels de g_2^3, g_3^2, Δ ne dépendent pas de λ, mais seulement de k^2 : ce sont des invariants *absolus*. Pour voir comment ils varient avec k^2, nous allons considérer leurs dérivées, dont les expressions sont fort remarquables. On va les trouver comme il suit.

Pour avoir plus de symétrie dans les calculs, prenons les trois polynômes

$$A = y^2 - xy + x^2,$$
$$B = (y+x)(2y-x)(y-2x),$$
$$C = xy(y-x),$$

qui coïncident avec les trois polynômes (34) si l'on suppose $y = 1$, $x = k^2$. Ils donnent lieu à l'identité qu'on vient d'établir

$$4A^3 - B^2 - 27C^2 = 0. \tag{35}$$

Dénotons par les indices 1 et 2 les dérivées partielles de ces polynômes par rapport à x et y; ainsi

$$A_1 = \frac{\partial A}{\partial x}, \quad A_2 = \frac{\partial A}{\partial y}, \quad B_1 = \frac{\partial B}{\partial x}, \quad \ldots.$$

En différentiant dans (35), on a

$$\begin{aligned} 12A^2A_1 - 2BB_1 - 54CC_1 &= 0, \\ 12A^2A_2 - 2BB_2 - 54CC_2 &= 0; \end{aligned}$$

d'où résulte

$$\frac{B_1C_2 - C_1B_2}{12A^2} = \frac{C_1A_2 - A_1C_2}{-2B} = \frac{A_1B_2 - B_1A_2}{-54C}.$$

Dans chacun de ces rapports, les deux termes sont d'un même degré, 4 pour le premier, 3 pour les deux autres. Les dénominateurs n'ont aucune racine commune; donc ces rapports sont égaux à une constante indépendante de x, y, et il suffit de supposer, par exemple, $x = y$, pour reconnaître que cette constante est égale à -1. Ainsi

$$\left\{\begin{aligned} B_1C_2 - C_1B_2 &= -12A^2, \\ C_1A_2 - A_1C_2 &= 2B, \\ A_1B_2 - B_1A_2 &= 54C. \end{aligned}\right. \tag{36}$$

A cause de l'homogénéité en x, y et des degrés de A, B, C, on a, en supposant maintenant $y = 1$,

$$A_2 + A_1x = 2A, \quad B_2 + B_1x = 3B, \quad C_2 + C_1x = 3C.$$

Substituons dans les relations (36) et, au lieu de A_1, B_1, C_1, mettons A', B', C', dérivées prises par rapport à la variable unique x; nous aurons ainsi

$$\begin{aligned} CB' - BC' &= -4A^2, \\ 2AC' - 3CA' &= 2B, \\ 3BA' - 2AB' &= 54C \end{aligned}$$

et, par conséquent,

$$\left(\frac{B}{C}\right)' = -\frac{4A^2}{C^2}, \quad \left(\frac{A^3}{C^2}\right)' = -\frac{2A^2B}{C^3}, \quad \left(\frac{B^2}{A^3}\right)' = -\frac{54CB}{A^4}.$$

Prenons, en particulier, la dernière de ces dérivées, d'où nous concluons

$$(37)\qquad \frac{d}{d(k^2)}\frac{g_3^2}{g_2^3} = -\frac{1}{2}\,\frac{k^2(1-k^2)(1+k^2)(2-k^2)(1-2k^2)}{(1-k^2+k^4)^4}.$$

Par cette relation, il est aisé de voir comment varie, avec k^2, le rapport $\frac{g_3^2}{g_2^3}$. Les valeurs extrêmes de k^2 sont o et $+1$; à toutes deux correspond, pour Δ, la valeur zéro, et, pour $\frac{g_3^2}{g_2^3}$, la valeur $\frac{1}{27}$. Quand k^2 varie de o à $\frac{1}{2}$, le second membre de (37) est négatif; il est positif, au contraire, quand k^2 varie de $\frac{1}{2}$ à 1. Donc, k^2 croissant de o à $\frac{1}{2}$, le rapport $\frac{27 g_3^2}{g_2^3}$ décroît de $+1$ à o; puis, k^2 croissant de $\frac{1}{2}$ à 1, ce même rapport croît de o à $+1$. Dans le premier intervalle, g_3 est positif; négatif dans le second. Si l'on suppose g_2 invariable, ce qui est permis, on peut conclure ainsi : k^2 croissant de o à $\frac{1}{2}$, g_3 décroît de $+\sqrt{\left(\frac{g_2}{3}\right)^3}$ à o; puis, k^2 croissant de $\frac{1}{2}$ à 1, g_3 décroît encore de o à $-\sqrt{\left(\frac{g_2}{3}\right)^3}$. En un mot, si g_2 reste fixe, g_3 décroît constamment pendant que k^2 croît.

Variation des périodes avec les invariants; rapport des périodes.

L'égalité

$$\frac{d\,\mathrm{am}\,u}{du} = \mathrm{dn}\,u,$$

où l'on remplace $\mathrm{am}\,u$ par φ et $\mathrm{dn}\,u$ par $\sqrt{1-k^2\sin^2\varphi}$, donne celle-ci

$$du = \frac{d\varphi}{\sqrt{1-k^2\sin^2\varphi}}.$$

Quand u est réel et compris entre zéro et K, il en résulte

$$u = \int_0^{\mathrm{am}\,u} \frac{d\varphi}{\sqrt{1-k^2\sin^2\varphi}}$$

et, si l'on prend la limite extrême de cette égalité,

$$\mathrm{K} = \int_0^{\frac{\pi}{2}} \frac{d\varphi}{\sqrt{1-k^2\sin^2\varphi}}.$$

Telle est l'expression de la demi-période K par une intégrale définie. Comme $k^2 \sin^2 \varphi$ est positif, l'intégrale est supérieure à $\int_0^{\frac{\pi}{2}} d\varphi$ ou $\frac{\pi}{2}$. Ainsi

$$K > \frac{\pi}{2}.$$

D'ailleurs K se rapproche d'autant plus de cette limite inférieure $\frac{\pi}{2}$ que k est plus petit. D'autre part, l'intégrale

$$\int_0^\alpha \frac{d\varphi}{\sqrt{1-\sin^2\varphi}} = \int_0^\alpha \frac{d\varphi}{\cos\varphi}$$

n'a une valeur finie que si α n'atteint pas $\frac{\pi}{2}$, et dépasse toute limite quand α se rapproche de $\frac{\pi}{2}$. Donc K croît au delà de toute limite aussi quand k se rapproche de l'unité. Ainsi, lorsque k varie de zéro à l'unité, K varie de $\frac{\pi}{2}$ à ∞.

La quantité analogue K′ joue, par rapport à k', le même rôle que K par rapport à k; c'est donc l'intégrale définie

$$K' = \int_0^{\frac{\pi}{2}} \frac{d\varphi}{\sqrt{1-k'^2 \sin^2\varphi}}.$$

Puisque k' varie de 1 à 0 quand k varie de 0 à 1, K′ va de $+\infty$ à $\frac{\pi}{2}$ en sens inverse de K. Le rapport $\frac{K'}{K}$ va donc en décroissant constamment de $+\infty$ à 0, tandis que k croît de 0 à 1. Il est égal à l'unité pour $k^2 = k'^2 = \frac{1}{2}$.

Les demi-périodes ω et ω' sont

$$\omega = K\sqrt{\lambda}, \quad \frac{\omega'}{i} = K'\sqrt{\lambda}; \qquad \frac{\omega'}{i\omega} = \frac{K'}{K}.$$

Nous venons de voir, dans le paragraphe précédent, que, si g_2 reste fixe, g_3 décroît constamment quand k^2 va croissant; donc :

Si g_2 reste fixe, le rapport $\frac{\omega'}{i\omega}$ varie toujours dans le même sens que g_3.

Les valeurs extrêmes et la valeur moyenne de ce rapport sont

$$(38)\quad \begin{cases} \text{Pour } g_3 = +\sqrt{\left(\frac{g_2}{3}\right)^3}, & \frac{\omega'}{i\omega} = +\infty; \\ \quad\text{»}\quad g_3 = 0, & \frac{\omega'}{i\omega} = 1; \\ \quad\text{»}\quad g_3 = -\sqrt{\left(\frac{g_2}{3}\right)^3}, & \frac{\omega'}{i\omega} = 0. \end{cases}$$

Cas où g_3 est nul.

Pour le cas particulier $g_3 = 0$, la valeur même de ω est remarquable. Elle est donnée par l'intégrale

$$\omega = \int_{e_1}^{\infty} \frac{dy}{\sqrt{4y^3 - g_2 y}},$$

où e_1 désigne la racine positive du dénominateur, $e_1 = \frac{1}{2}\sqrt{g_2}$. Changeant de variable en posant $y = e_1 x^{-2}$, on obtient

$$(39)\quad g_2^{\frac{1}{4}}\omega = \sqrt{2}\int_0^1 \frac{dx}{\sqrt{1-x^4}}.$$

L'intégrale définie que nous rencontrons ici a été calculée pour la première fois par Stirling; voici sa valeur numérique :

$$A = \int_0^1 \frac{dx}{\sqrt{1-x^4}} = 1,31102\,87771\,46059\,87\ldots.$$

C'est une intégrale eulérienne de première espèce : changeant x^4 en x, on a

$$\int_0^1 \frac{dx}{\sqrt{1-x^4}} = \frac{1}{4}\int_0^1 x^{-\left(1-\frac{1}{4}\right)}(1-x)^{-\left(1-\frac{1}{2}\right)}dx = \frac{1}{4}\,\frac{\Gamma(\frac{1}{4})\,\Gamma(\frac{1}{2})}{\Gamma(\frac{3}{4})}.$$

Expressions asymptotiques des périodes quand le discriminant devient nul (1).

Nous nous servirons ici d'une proposition appartenant au Calcul intégral et dont la démonstration, extrêmement facile, n'a pas besoin d'être rapportée. Cette proposition concerne les inté-

(1) Ce paragraphe peut être omis dans une étude sommaire.

grales définies, dans lesquelles la fonction intégrée dépend d'un paramètre variable, dont une valeur est considérée comme limite. Il consiste en ce que *la limite de l'intégrale est égale à l'intégrale de la limite,* pourvu que, dans tout le champ d'intégration, la fonction intégrée reste toujours finie quand le paramètre varie. Cette proposition s'applique même au cas où le champ d'intégration est infini, pourvu que l'intégrale ne cesse pas d'être finie.

Supposons que le discriminant Δ devienne nul ; une des racines e_1 ou e_3 converge alors vers e_2 ; admettons que ce soit e_1, cas dans lequel g_3 est négatif. Soient donc

$$e_1 = a + \varepsilon, \quad e_2 = a - \varepsilon, \quad e_3 = -2a,$$

ε étant infiniment petit. Nous avons d'abord (p. 57)

$$\frac{\omega'}{i} = \int_{2a}^{\infty} \frac{dy}{2\sqrt{(y-2a)(y+a+\varepsilon)(y+a-\varepsilon)}};$$

changeant de variable et prenant $y - 2a = t^2$, il nous vient

$$\frac{\omega'}{i} = \int_0^{\infty} \frac{dt}{\sqrt{(3a+t^2+\varepsilon)(3a+t^2-\varepsilon)}},$$

et, puisque la fonction intégrée reste finie quand ε converge vers zéro, on a

$$\lim \frac{\omega'}{i} = \int_0^{\infty} \frac{dt}{3a+t^2} = \frac{\pi}{2\sqrt{3a}}.$$

La demi-période ω devient infinie, et nous allons en chercher une expression asymptotique. En même temps que

$$\omega = \int_{e_1}^{\infty} \frac{dy}{2\sqrt{(y-e_1)(y-e_2)(y-e_3)}},$$

considérons cette autre intégrale

$$\rho = \frac{1}{\sqrt{e_1+2a}} \int_{e_1}^{\infty} \frac{dy}{2}\left(\frac{1}{\sqrt{(y-e_1)(y-e_2)}} - \frac{1}{y}\right).$$

Cette dernière se calcule aisément au moyen de l'intégrale indéfinie,

$$\int \frac{dy}{2}\left(\frac{1}{\sqrt{(y-e_1)(y-e_2)}} - \frac{1}{y}\right)$$
$$= \tfrac{1}{2}\log\left[\frac{y - \frac{e_1+e_2}{2} + \sqrt{(y-e_1)(y-e_2)}}{y}\right].$$

On a, par conséquent,

$$\rho = \frac{1}{2\sqrt{e_1+2a}} \log \frac{4e_1}{e_1-e_2} = \frac{1}{2\sqrt{e_1+2a}} \log \frac{2e_1}{\varepsilon}.$$

Cette quantité ρ, comme on le voit, devient infinie pour $\varepsilon = 0$; mais la différence $(\omega - \rho)$ reste finie. Nous allons le reconnaître et en trouver la limite.

Réunissant sous un même signe d'intégration les deux fonctions intégrées, nous avons

$$\omega - \rho = \int_{e_1}^{\infty} \frac{dy}{2} \left[\frac{1}{\sqrt{(y-e_1)(y-e_2)}} \left(\frac{1}{\sqrt{y+2a}} - \frac{1}{\sqrt{e_1+2a}} \right) + \frac{1}{\sqrt{e_1+2a}} \frac{1}{y} \right];$$

mais la fonction qu'on intègre ici peut être écrite

$$\frac{1}{2\sqrt{e_1+2a}} \left[\frac{1}{y} - \sqrt{\frac{y-e_1}{y-e_2}} \frac{1}{\sqrt{y+2a}(\sqrt{y+2a}+\sqrt{e_1+2a})} \right],$$

et l'on voit qu'elle reste finie, même à la limite inférieure $y = e_1$, quand e_2 et e_1 convergent l'un vers l'autre; donc, encore ici, la limite de l'intégrale est égale à l'intégrale de la limite, et nous avons

$$\lim(\omega - \rho) = \int_a^{\infty} \frac{dy}{2} \left[\frac{1}{y-a} \left(\frac{1}{\sqrt{y+2a}} - \frac{1}{\sqrt{3a}} \right) + \frac{1}{y\sqrt{3a}} \right].$$

Soit, pour un instant, $b > a$; on a

$$\int_b^{\infty} \frac{dy}{2} \frac{1}{(y-a)\sqrt{y+2a}}$$
$$= \int_{\sqrt{2a+b}}^{\infty} \frac{dt}{t^2-3a} = \frac{1}{2\sqrt{3a}} \log \frac{(\sqrt{2a+b}+\sqrt{3a})^2}{b-a},$$
$$\frac{1}{\sqrt{3a}} \int_b^{\infty} \frac{dy}{2} \left(\frac{1}{y} - \frac{1}{y-a} \right) = \frac{1}{2\sqrt{3a}} \log \frac{b-a}{b}.$$

En ajoutant membre à membre, nous concluons

$$\int_b^{\infty} \frac{dy}{2} \left[\frac{1}{y-a} \left(\frac{1}{\sqrt{y+2a}} - \frac{1}{\sqrt{3a}} \right) + \frac{1}{y\sqrt{3a}} \right]$$
$$= \frac{1}{2\sqrt{3a}} \log \frac{(\sqrt{2a+b}+\sqrt{3a})^2}{b}.$$

Supposons maintenant $b = a$, et concluons

$$\lim(\omega - \rho) = \frac{1}{2\sqrt{3a}} \log 12.$$

Nous avons trouvé pour ρ une expression qui diffère de $\frac{1}{2\sqrt{3a}} \log \frac{2a}{\varepsilon}$ seulement par un infiniment petit; donc enfin

$$\lim\left(\omega - \frac{1}{2\sqrt{3a}} \log \frac{24a}{\varepsilon}\right)_{\varepsilon=0} = 0.$$

Faisons disparaître de ces résultats a, ε; mettons en leur place les invariants g_2, g_3 et, avec eux, l'invariant absolu

$$J = \frac{g_2^3}{\Delta},$$

dont il sera plusieurs fois fait usage. D'après les expressions ci-dessus de e_1, e_2, e_3, et celles de g_2, g_3 par les racines, nous avons

$$g_2 = 4(3a^2 + \varepsilon^2), \quad g_3 = -8a(a^2 - \varepsilon^2);$$

$$\Delta = 2^6.3^4 a^4 \varepsilon^2, \quad J = \frac{a^2}{3\varepsilon^2}, \quad \frac{a}{\varepsilon} = \sqrt{3J}, \quad 2\sqrt{3a} = \lim(12 g_2)^{\frac{1}{4}}.$$

Nous pouvons, par conséquent, résumer nos résultats ainsi :

Quand le discriminant devient nul et que g_3 est négatif, on a

$$\Delta = 0, \quad g_3 < 0, \quad J = +\infty,$$

$$(40) \qquad \begin{cases} \lim \sqrt[4]{12 g_2}\, \dfrac{\omega'}{i} = \pi, \\ \lim\left[\sqrt[4]{12 g_2}\, \omega - \log(24\sqrt{3J})\right] = 0; \end{cases}$$

à quoi nous pouvons joindre, sous une autre forme,

$$(41) \qquad \lim \sqrt{3J}\, e^{-\pi \frac{i\omega}{\omega'}} = \tfrac{1}{24}.$$

Si maintenant nous voulons avoir les formules analogues pour le cas où g_3 est positif, nous n'avons qu'à échanger ω et $\frac{\omega'}{i}$; donc :

Quand le discriminant devient nul et que g_3 est positif, on a

$$\Delta = 0, \quad g_3 > 0, \quad J = +\infty;$$

$$(42) \qquad \begin{cases} \lim \sqrt[4]{12 g_2}\, \omega = \pi, \\ \lim\left[\sqrt[4]{12 g_2}\, \dfrac{\omega'}{i} - \log(24\sqrt{3J})\right] = 0; \end{cases}$$

$$(43) \qquad \lim \sqrt{3J}\, e^{-\pi \frac{\omega'}{i\omega}} = \tfrac{1}{24}.$$

Il est facile de compléter ces résultats en concluant les analogues pour K et K'. Dans le cas des formules (40), nous savons que l'on a (p. 63)

$$\frac{\omega'}{i} = \sqrt{\lambda}\,K', \quad \lim K' = \frac{\pi}{2};$$

donc

$$\sqrt{\lambda} = \frac{2}{\sqrt[4]{12 g_2}}.$$

D'autre part, d'après les égalités (34), nous avons à la limite, pour $k' = 0$,

$$J k'^4 = \tfrac{4}{27}, \quad k'^2 \sqrt{3J} = \tfrac{2}{3};$$

et, d'après $\omega = \sqrt{\lambda}\,K$, nous pouvons conclure ainsi :

Lorsque k' tend vers zéro, on a

$$(44) \qquad \left\{\begin{aligned} &\lim K' = \frac{\pi}{2}, \\ &\lim\left(K - \log\frac{4}{k'}\right) = 0 \end{aligned}\right\} \quad \lim \frac{e^{-\pi\frac{K}{K'}}}{k'^2} = \frac{1}{16}.$$

De même, pour le cas des formules (42) :

Lorsque k tend vers zéro, on a

$$(45) \qquad \left\{\begin{aligned} &\lim K = \frac{\pi}{2}, \\ &\lim\left(K' - \log\frac{4}{k}\right) = 0 \end{aligned}\right\} \quad \lim \frac{e^{-\pi\frac{K'}{K}}}{k^2} = \frac{1}{16}.$$

Dans le Chapitre VIII, on retrouvera ces expressions asymptotiques par d'autres moyens.

CHAPITRE III.

DISCRIMINANTS NÉGATIFS.

Définition de pu pour un argument réel. — Homogénéité. — Limite de $u^2 pu$ pour $u = 0$. — Addition des arguments. — Arguments purement imaginaires. Arguments complexes. — Périodes. — Les trois demi-périodes. — Infinis de la fonction pu. — La fonction pu passe par toutes les valeurs réelles ou imaginaires. — Variation des périodes avec les invariants : rapport des périodes. — Cas où g_2 est nul. — Cas où g_3 est nul. — Lemme sur les expressions asymptotiques de certaines intégrales définies. — Expressions asymptotiques des périodes quand le discriminant devient nul. — Dégénérescence de pu.

Définition de pu pour un argument réel.

On a déjà vu d'une manière sommaire, au Chap. II (*Définition directe de* pu) comment s'introduit la fonction pu quand le discriminant est négatif. Nous allons reprendre cette définition, montrer rapidement comment les propositions déjà connues s'appliquent à ce nouveau cas et insister seulement sur les différences qui s'y rencontrent.

Soit

(1) $$f(y) = 4y^3 - g_2 y - g_3 = 4(y - e_1)(y - e_2)(y - e_3)$$

un polynôme ayant *deux racines imaginaires conjuguées* e_1, e_3 et *une racine réelle* e_2. Cette circonstance est caractérisée par la condition que *le discriminant doit être négatif.*

$$\Delta = g_2^3 - 27 g_3^2 < 0.$$

L'intégrale définie

(2) $$u = \int_{pu}^{\infty} \frac{dy}{\sqrt{f(y)}},$$

où le radical est pris positivement et où la limite inférieure varie entre $+\infty$ et e_2, croît quand pu décroît. Soit ω_2 l'intégrale complète

(3) $$\omega_2 = \int_{e_2}^{\infty} \frac{dy}{\sqrt{f(y)}};$$

par le moyen de l'égalité (2), la fonction $\wp u$ se trouve définie sans aucune ambiguïté pour toutes les valeurs de u dans l'intervalle $(0, \omega_2)$. En même temps $\wp' u$ est défini comme égal au radical *pris négativement,* puisque $\wp u$ est une fonction décroissante.

Nous étendons maintenant la définition à toutes les valeurs réelles de u au moyen des relations

$$\wp(-u) = \wp u, \quad \wp(u + 2\omega_2) = \wp u,$$

entraînant celles-ci

$$\wp'(-u) = -\wp' u, \quad \wp'(u + 2\omega_2) = \wp' u$$

et se résumant ensemble par les égalités

$$(4) \qquad \wp(2m\omega_2 \pm u) = \wp u, \quad \wp'(2m\omega_2 \pm u) = \pm \wp' u.$$

Les fonctions $\wp u$ et $\wp' u$ sont continues, on l'établit comme il a été dit au Chap. II. Elles deviennent infinies quand u est un multiple, positif ou négatif, de $2\omega_2$. La première $\wp u$ est toujours supérieure à e_2, qui est son minimum, et l'on a

$$(5) \qquad \wp \omega_2 = e_2, \quad \wp' \omega_2 = 0;$$

la seconde $\wp' u$ prend toutes les valeurs réelles et change de signe en passant par zéro ou par l'infini, quand u passe par une valeur multiple de ω_2, multiple impair dans le premier cas, pair dans le second.

On conviendra de distinguer les deux racines imaginaires de $f(y)$, en prenant pour e_1 celle dont la partie imaginaire est positive. Soient

$$e_1 = -\alpha + i\beta, \quad e_3 = -\alpha - i\beta, \quad e_2 = 2\alpha; \quad \beta > 0.$$

Les relations entre g_2, g_3 et les racines sont les suivantes

$$(6) \qquad \begin{cases} g_2 = -4(e_1 e_2 + e_3 e_2 + e_1 e_3) = 4(3\alpha^2 - \beta^2), \\ g_3 = 4 e_1 e_2 e_3 = 8\alpha(\alpha^2 + \beta^2), \end{cases}$$

te l'on voit que g_3 a le même signe que e_2.

Homogénéité.

La définition (2) rend évidente, comme il a été expliqué au Chap. II, la relation (II, 30)

$$(7) \qquad \wp(u; g_2, g_3) = \mu \wp\left(u\sqrt{\mu}; \frac{g_2}{\mu^2}, \frac{g_3}{\mu^3}\right).$$

Limite de $u^2 pu$ pour $u = 0$.

D'après la définition (2), si pu est infiniment grand, la partie principale de u est

$$u = \int_{pu}^{\infty} \frac{dy}{\sqrt{4y^3}} = \frac{1}{\sqrt{pu}}.$$

Donc on a

$$\lim . u^2 pu = 1, \quad \text{pour } u = 0.$$

La partie principale de pu étant $\frac{1}{u^2}$, celle de $p'u$ est $-\frac{2}{u^3}$, et l'on a en même temps

$$\lim u^3 p'u = -2.$$

Addition des arguments.

La *démonstration directe*, donnée au Chap. II, s'applique ici sans modification. Nous en ajouterons cependant une autre comme il suit.

Soit

$$(8) \qquad F(u, v) = \frac{1}{4}\left(\frac{p'u - p'v}{pu - pv}\right)^2 - pu - pv.$$

Il a été prouvé, au cas du discriminant positif, que cette combinaison F est égale à $p(u+v)$. On a donc, pour ce cas,

$$(9) \qquad \frac{\partial F}{\partial u} = \frac{\partial F}{\partial v} = \pm\sqrt{4F^3 - g_2 F - g_3}.$$

Cette relation n'est pas une identité par elle-même, mais seulement en vertu des deux égalités

$$(10) \qquad \begin{cases} p'^2 u = 4p^3 u - g_2 pu - g_3, \\ p'^2 v = 4p^3 v - g_2 pv - g_3. \end{cases}$$

Comme ces égalités (10) ont lieu aussi pour les fonctions qu'on vient de définir au cas du discriminant négatif, les relations (9) ne cessent pas d'être exactes.

Comme F, $\frac{\partial F}{\partial u}$, $\frac{\partial F}{\partial v}$ sont réels, il suit de (9) que le radical est réel aussi. Donc F et le radical, pris avec le signe dont il est affecté dans (9), sont égaux respectivement à pU et $p'U$, U étant un certain argument dépendant de u et de v. Sa liaison avec u, v est exprimée par (9), sous forme d'équation différentielle, ainsi

$$\frac{\partial F}{\partial u} = \frac{\partial F}{\partial v} = \mathfrak{p}'U \frac{\partial U}{\partial u} = \mathfrak{p}'U \frac{\partial U}{\partial v} = \mathfrak{p}'U,$$

$$\frac{\partial U}{\partial u} = 1, \quad \frac{\partial U}{\partial v} = 1;$$

donc $U = u + v +$ const. Si l'on donne à F la forme (I, 23)

$$F(u, v) = \frac{2(\mathfrak{p}u\,\mathfrak{p}v - \frac{1}{4}g_2)(\mathfrak{p}u + \mathfrak{p}v) - g_3 - \mathfrak{p}'u\,\mathfrak{p}'v}{2(\mathfrak{p}u - \mathfrak{p}v)^2},$$

en voit, pour $v = 0$, F se réduire à $\mathfrak{p}u$. Ceci résulte de ce qui a été établi au paragraphe précédent. On a donc simplement

$$U = u + v,$$

$$F(u, v) = \mathfrak{p}(u + v). \tag{11}$$

C'est ce qu'il fallait prouver.

Arguments purement imaginaires.

En même temps que

$$\mathfrak{p}u = \mathfrak{p}(u; g_2, g_3),$$

considérons

$$\bar{\mathfrak{p}}u = \mathfrak{p}(u; g_2, -g_3), \tag{12}$$

qui a même définition que $\mathfrak{p}u$, et en diffère seulement par le signe de g_3, sans influence sur le signe du discriminant. La demi-période de $\bar{\mathfrak{p}}u$ sera désignée par $\frac{\omega'_2}{i}$, en sorte que ω'_2 sera une quantité purement imaginaire; sa définition sera

$$f_1(y) = 4y^3 - g_2 y + g_3 = 4(y + e_1)(y + e_3)(y + e_2),$$

$$\frac{\omega'_2}{i} = \int_{-e_2}^{+\infty} \frac{dy}{\sqrt{f_1(y)}}. \tag{13}$$

On passe de (g_2, g_3) à $(g_2, -g_3)$, en changeant les signes des trois racines. Pour conserver la convention relative au signe de la partie imaginaire dans e_1, il faudra, comme dans le cas où le discriminant est positif, changer e_1, e_2, e_3 respectivement, et dans cet ordre, en $-e_3$, $-e_2$, $-e_1$.

D'après la formule d'homogénéité (7), nous prenons comme définition de $\mathfrak{p}(iu)$, avec u réel, la relation

$$(14) \qquad \mathfrak{p}(iu) = -\bar{\mathfrak{p}}u,$$

qui entraîne cette autre

$$(15) \qquad \mathfrak{p}'(iu) = i\bar{\mathfrak{p}}'u.$$

On démontrera, exactement comme au Chap. II, que, pour un argument purement imaginaire, les fonctions ainsi définies vérifient les diverses relations établies jusqu'à présent pour un argument réel.

La fonction $\mathfrak{p}(iu)$, où u est réel, est elle-même réelle et comprise entre e_2 et $-\infty$; e_2 est son maximum et l'on a

$$(16) \qquad \mathfrak{p}\omega'_2 = e_2, \quad \mathfrak{p}'\omega'_2 = 0.$$

La fonction $\mathfrak{p}'(iu)$ est purement imaginaire, et $\frac{\mathfrak{p}'(iu)}{i}$ peut acquérir toutes les valeurs réelles.

Arguments complexes.

La définition de $\mathfrak{p}u$, pour $u = a + i\alpha$, se fait exactement comme au Chapitre II, par la formule d'addition, et l'on prouve que : 1° $\mathfrak{p}u$ a une dérivée $\mathfrak{p}'u$ satisfaisant à la relation

$$(17) \qquad \mathfrak{p}'^2 u = 4\mathfrak{p}^3 u - g_2 \mathfrak{p}u - g_3;$$

2° ces fonctions vérifient les formules d'addition, et aussi 3° les formules d'homogénéité.

Périodes.

Nous voici maintenant au point où apparaît une différence entre les deux cas distingués par le signe du discriminant. Les deux demi-périodes ω_2 et ω'_2 correspondent, d'après (5) et (16), à une même valeur pour $\mathfrak{p}$; on a

$$\mathfrak{p}\omega_2 = \mathfrak{p}\omega'_2 = e_2, \quad \mathfrak{p}'\omega_2 = \mathfrak{p}'\omega'_2 = 0.$$

Par le même calcul qu'au Chapitre II (*Addition des demi-périodes*), on a

$$p(u+\omega_2) = e_2 + \frac{(e_2-e_1)(e_2-e_3)}{pu-e_2},$$
$$p(u+\omega'_2) = e_2 + \frac{(e_2-e_1)(e_2-e_3)}{pu-e_2},$$
$$p(u+\omega_2) = p(u+\omega'_2).$$

Changeons dans cette dernière relation u en $(u-\omega'_2)$, ou en $(u+\omega'_2)$, et nous aurons

$$p(u+\omega_2-\omega'_2) = pu,$$
$$p(u+\omega_2+\omega'_2) = p(u+2\omega'_2) = pu.$$

Il n'existe donc pas seulement les périodes $2m\omega_2 + 2m'\omega'_2$, mais encore $(2m+1)\omega_2 + (2m'+1)\omega'_2$.

Considérons les trois demi-périodes

$$(18) \qquad \omega_1 = \frac{\omega_2-\omega'_2}{2}, \quad \omega_2, \quad \omega_3 = \frac{\omega_2+\omega'_2}{2},$$

dont les deux extrêmes sont imaginaires conjuguées; nous allons montrer qu'elles correspondent à e_1, e_2, e_3, exactement comme, dans le cas du discriminant positif, cela avait lieu pour ω, $\omega''=\omega+\omega'$ et ω'.

Les trois demi-périodes.

Soit posé, comme au Chapitre II (*Quarts de périodes*)

$$e_\beta - e_\gamma = a^2, \quad e_\gamma - e_\alpha = b^2, \quad e_\alpha - e_\beta = c^2,$$

et prenons $\alpha = 2$, $\beta = 3$, $\gamma = 1$, par conséquent,

$$b^2 = -(e_2-e_1), \quad c^2 = e_2 - e_3.$$

Nous avons déjà employé la notation

$$e_1 = -\alpha + i\beta, \quad e_3 = -\alpha - i\beta, \quad e_2 = 2\alpha, \quad \beta > 0.$$

Choisissons

$$(19) \qquad \sqrt{e_2-e_3} = \sqrt{3\alpha+i\beta} = p+iq; \quad p>0, \quad q>0,$$

par la condition que la partie réelle soit positive. En élevant au carré, on a

$$3\alpha + i\beta = p^2 - q^2 + 2ipq,$$

et, puisque β est positif, q a le même signe que p. C'est ce que nous venons de mettre en évidence dans (19).

Achevons maintenant de fixer b et c, en prenant

$$c = p + iq, \quad b = \varepsilon i(p - iq), \quad \varepsilon = \pm 1.$$

Soit maintenant

$$\wp u = e_2 + ibc = e_2 - \varepsilon(p^2 + q^2).$$

On voit que $\wp u$ est réel. Si $\varepsilon = -1$, $\wp u$ est supérieur à e_2; il y a donc des arguments réels u. Soit un de ces arguments; il donne lieu, comme on l'a vu au Chapitre II, et comme on le retrouve immédiatement, à l'égalité

$$\wp(u - \omega_2) = \wp u,$$

d'où résulte que $\frac{\omega_2}{2}$ est une des valeurs de u; donc

$$\wp \frac{\omega_2}{2} = e_2 + p^2 + q^2. \tag{20}$$

Soit maintenant $\varepsilon = +1$; $\wp u$ est moindre que e_2; il y correspond un argument purement imaginaire, et l'on a de même la conséquence

$$\wp \frac{\omega_2'}{2} = e_2 - p^2 - q^2. \tag{21}$$

En répétant le calcul fait au Chapitre II, on a en même temps

$$\pm \wp' u = 2ibc(c + ib) = -2\varepsilon(p^2 + q^2)[p + iq - \varepsilon(p - iq)],$$

quantité réelle ou purement imaginaire, comme il convient, suivant que $\varepsilon = -1$ ou $+1$.

Quant au signe à choisir, il résulte de ce que $\wp' \frac{\omega_2}{2}$ et $\frac{1}{i} \wp' \frac{\omega_2'}{2}$ doivent être négatifs. On a donc

$$\wp' \frac{\omega_2}{2} = -4p(p^2 + q^2), \tag{22}$$

$$\wp' \frac{\omega_2'}{2} = -4iq(p^2 + q^2). \tag{23}$$

De là résulte

$$\wp'\frac{\omega_2}{2}-\wp'\frac{\omega'_2}{2}=-4(p^2+q^2)(p-iq),$$

$$\wp\frac{\omega_2}{2}-\wp\frac{\omega'_2}{2}=2(p^2+q^2),\quad \wp\frac{\omega_2}{2}+\wp\frac{\omega'_2}{2}=2e_2,$$

$$\frac{\wp'\frac{\omega_2}{2}-\wp'\frac{\omega'_2}{2}}{\wp\frac{\omega_2}{2}-\wp\frac{\omega'_2}{2}}=-2(p-iq)=-2\sqrt{(e_2-e_1)}.$$

Et, d'après le théorème d'addition,

$$\wp\frac{\omega_2+\omega'_2}{2}=-\wp\frac{\omega_2}{2}-\wp\frac{\omega'_2}{2}+\frac{1}{4}\left(\frac{\wp'\frac{\omega_2}{2}-\wp'\frac{\omega'_2}{2}}{\wp\frac{\omega_2}{2}-\wp\frac{\omega'_2}{2}}\right)^2$$
$$=-2e_2+e_2-e_1=-(e_2+e_1)=e_3.$$

Ainsi, suivant la notation (18), nous trouvons

$$(24)\qquad \wp\omega_3=e_3,$$

et pour les quantités conjuguées, sans qu'il soit besoin de recommencer le calcul,

$$(25)\qquad \wp\omega_1=e_1.$$

Infinis de la fonction $\wp u$.

En supposant $u=a+i\alpha$, on a, d'après la formule d'addition qui sert de définition,

$$\wp u=\frac{2(\wp a\,\wp i\alpha-\frac{1}{4}g_2)(\wp a+\wp i\alpha)-g_3-\wp' a\,\wp' i\alpha}{2(\wp a-\wp i\alpha)^2}.$$

Les quantités $\wp a$, $\wp i\alpha$, $\wp' a$ sont réelles, $\wp' i\alpha$ est purement imaginaire. Comme a est réel, $\wp a$ est supérieur à e_2, et $\wp i\alpha$, de même, est inférieur à e_2.

Dans le cas du discriminant positif, on a vu, par l'emploi de la même formule, que $\wp u$ est infini dans le cas seulement où $\wp a$ et $\wp i\alpha$ sont infinis tous deux. Ici encore $\wp u$ est infini dans ce cas, et l'on a ainsi des infinis de la forme

$$u=2m\omega_2+2m'\omega'_2.$$

Mais, maintenant, il y en a d'autres. En effet, dans le cas du discriminant positif, $\text{p}a$ avait e_1 pour limite inférieure, $\text{p}i\alpha$ avait e_3 pour limite supérieure; ces deux limites étaient séparées par un intervalle infranchissable, en sorte que $\text{p}a - \text{p}i\alpha$ ne pouvait être nul. Ici, au contraire, les limites, inférieure pour $\text{p}a$, supérieure pour $\text{p}i\alpha$, coïncident. Donc $\text{p}u$ est infini encore dans le cas

$$\text{p}a = \text{p}i\alpha = e_2.$$

Alors

$$a = (2m+1)\omega_2, \quad i\alpha = (2m'+1)\omega'_2$$

par suite,

$$u = (2m+1)\omega_2 + (2m'+1)\omega'_2.$$

Donc *les infinis de* $\text{p}u$ *sont*

$$u = m\omega_2 + m'\omega'_2,$$

OU m ET m' SONT DE MÊME PARITÉ; ceci, par l'introduction de ω_1 et ω_3, peut s'écrire

$$u = 2m_1\omega_1 + 2m_3\omega_3,$$

et l'analogie avec le cas du discriminant positif est ainsi rétablie. On déduit de là, comme pour le cas précédent, que *les valeurs de u satisfaisant à l'équation* $\text{p}u = \text{p}v$ *sont toutes comprises dans la forme*

$$u = \pm v + 2m_1\omega_1 + 2m_3\omega_3.$$

Il a été prouvé, dans un précédent paragraphe de ce Chapitre, que $u^2\text{p}u$ a l'unité pour limite quand $\text{p}u$ converge vers zéro par des valeurs réelles. On peut vérifier qu'il en est de même quand u converge vers zéro par des valeurs quelconques. A cet effet, prenons la formule d'addition sous la forme (I, 23)

$$\text{p}(u-v) = \frac{2(\text{p}u\,\text{p}v - \frac{1}{4}g_2)(\text{p}u + \text{p}v) - g_3 + \text{p}'u\,\text{p}'v}{2(\text{p}u - \text{p}v)^2},$$

et supposons $u = v + z$, z étant infiniment petit. La partie principale du numérateur est

$$4(\text{p}^2 v - \tfrac{1}{4}g_2)\text{p}v - g_3 + \text{p}'^2 v = 2\text{p}'^2 v,$$

et celle du dénominateur est $2z^2\,\text{p}'^2 v$. La partie principale du second membre est ainsi $\frac{1}{z^2}$, et l'on a bien

$$\lim(z^2\,\text{p}z)_{z=0} = 1.$$

On en conclut immédiatement aussi

$$(26)\quad \lim(u - 2m_1\omega_1 - 2m_3\omega_3)^2\,pu = 1, \quad \text{pour } u = 2m_1\omega_1 + 2m_3\omega_3.$$

La fonction pu passe par toutes les valeurs réelles ou imaginaires.

Cette proposition s'établit ici par la même analyse exactement que dans le cas où le discriminant est positif (Chap. II, p. 41). La conclusion résulte de ce que la résolvante en x a des racines réelles.

Il y a cependant une légère modification dans la remarque placée (p. 42) à la suite de la solution. La résolvante n'a plus ses quatre racines réelles, mais deux réelles et deux imaginaires conjuguées. Ces racines correspondent aux quatre couples d'arguments

$$\begin{aligned} a &= \alpha, & b &= i\beta, \\ a &= \alpha + \omega_2, & b &= i\beta - \omega_2, \\ a &= \alpha + \omega_1, & b &= i\beta - \omega_1, \\ a &= \alpha + \omega_3, & b &= i\beta - \omega_3. \end{aligned}$$

On se rendra parfaitement compte de ces circonstances si l'on observe ce fait : en considérant a, b, A, B, A', B' comme des quantités quelconques, réelles ou imaginaires, on obtient par l'analyse employée (p. 41) la solution du problème suivant : *Étant donnés*

$$\begin{aligned} 2A &= p(a+b) + p(a-b), & 2iB &= p(a+b) - p(a-b), \\ 2A' &= p'(a+b) + p'(a-b), & 2iB' &= p'(a+b) - p'(a-b), \end{aligned}$$

trouver pa, $p'a$, pb, $p'b$. Ce problème n'est autre que celui de la division de l'argument par 2, posé d'une manière particulière. Le degré de la résolvante sera expliqué Chap. IV.

Variation des périodes avec les invariants. Rapport des périodes (¹).

La demi-période réelle ω_2 et la demi-période purement imaginaire ω'_2 ont pour définition les deux intégrales

$$(27)\quad \begin{aligned} \omega_2 &= \int_{e_2}^{\infty} \frac{dx}{\sqrt{4x^3 - g_2 x - g_3}}, \\ \frac{\omega'_2}{i} &= \int_{-e_2}^{\infty} \frac{dx}{\sqrt{4x^3 - g_2 x + g_3}}. \end{aligned}$$

(¹) Ce paragraphe et les suivants peuvent être omis dans une étude sommaire.

Si, dans la seconde, on change x en $(x - 2e_2)$, on obtient cette expression

$$(28) \qquad \frac{\omega'_2}{i} = \int_{e_2}^{\infty} \frac{dx}{\sqrt{4x^3 - g_2 x - g_3 - 24 e_2 (x - e_2)^2}}.$$

Pour reconnaître cette forme du polynôme sous le radical, on n'a qu'à tenir compte de la relation $4e_2^3 - g_2 e_2 - g_3 = 0$; car on a identiquement

$$\begin{aligned} &4(x - 2e_2)^3 - g_2(x - 2e_2) + g_3 \\ &\quad = 4x^3 - g_2 x - g_3 - 24 e_2 (x - e_2)^2 - 2(4e_2^3 - g_2 e_2 - g_3). \end{aligned}$$

Des expressions (27) et (28) résulte immédiatement la conséquence suivante : le rapport $\frac{\omega'_2}{i\omega_2}$ est supérieur, égal ou inférieur à l'unité suivant que e_2 est positif, nul ou négatif, suivant aussi, en d'autres termes, que g_3 est positif, nul ou négatif.

Voici encore une autre conséquence immédiate. Supposons d'abord $e_2 > 0$, et admettons que le discriminant, toujours négatif, converge vers zéro. Les deux racines conjuguées e_1 et e_3 convergent vers $-\frac{e_2}{2}$. Comme cette quantité, d'après l'hypothèse $e_2 > 0$, est en dehors des limites e_2 et $+\infty$, ω_2 conserve une valeur finie. Mais les racines $-e_1$ et $-e_3$ du polynôme soumis au radical dans la première expression de $\frac{\omega'_2}{i}$ convergent vers $\frac{e_2}{2}$, qui est dans les limites de l'intégration; par suite, $\frac{\omega'_2}{i}$ devient infini.

Les mêmes faits se passent en ordre inverse quand e_2 est négatif. Donc :

1° Quand g_3 est positif et que $\frac{g_2^3}{27 g_3^2}$ décroît de $+1$ à $-\infty$, $\frac{\omega'_2}{i\omega_2}$ varie de $+\infty$ à $+1$, sans que nous sachions encore si cette variation a lieu par continuel décroissement;

2° Quand g_3 est négatif et que $\frac{g_2^3}{27 g_3^2}$ décroît de $+1$ à $-\infty$, $\frac{\omega'_2}{i\omega_2}$ varie de zéro à $+1$, sans que nous sachions non plus si cette variation a lieu par accroissement continuel.

Pour faire disparaître cette lacune, mettons en évidence la racine

e_2, en écrivant

$$4x^3 - g_2x - g_3 = 4(x - e_2)\left(x^2 + e_2x + \frac{g_3}{4e_2}\right).$$

Changeons maintenant, dans (27) et (28), x en e_2x, et *faisons la supposition* $e_2 > 0$. Nous aurons alors

$$2\sqrt{e_2}\,\omega_2 = \int_1^\infty \frac{dx}{\sqrt{x(x^2-1) + \frac{g_3}{4e_2^3}(x-1)}},$$

$$2\sqrt{e_2}\,\frac{\omega_2'}{i} = \int_1^\infty \frac{dx}{\sqrt{x(x^2-1) + \frac{g_3}{4e_2^3}(x-1) - 6(x-1)^2}}.$$

Soient $-\frac{e_2}{2} \pm i\beta$ les deux racines imaginaires e_1, e_3. On a

$$\tfrac{1}{4}g_3 = e_1e_2e_3 = e_2\left(\frac{e_2^2}{4} + \beta^2\right), \quad \frac{g_3}{4e_2^3} = \frac{1}{4} + \frac{\beta^2}{e_2^2}.$$

La quantité $\frac{g_3}{4e_2^3}$ peut donc prendre toutes les valeurs depuis $\frac{1}{4}$ jusqu'à $+\infty$. Quand elle croît ainsi, les deux intégrales définies décroissent toutes deux; mais le décroissement relatif est moindre pour la première que pour la seconde, en sorte que $\frac{\omega_2'}{i\omega_2}$ décroît. Pour prouver ce fait important, faisons, dans les dernières intégrales, le changement de variable

$$x = 1 + \sqrt{2+\gamma}\,\mathrm{tang}^2\frac{\varphi}{2}, \quad \gamma = \frac{\beta^2}{e_2^2} + \frac{1}{4} = \frac{g_3}{4e_2^3}.$$

La substitution directe donne pour résultat

$$2\sqrt{e_2}\,\omega_2 = 2\sqrt[4]{2+\gamma}\int_0^\pi \frac{d\varphi}{\sqrt{2(2+\gamma)+3\sqrt{2+\gamma}+[2(2+\gamma)-3\sqrt{2+\gamma}]\cos^2\varphi}},$$

$$2\sqrt{e_2}\,\frac{\omega_2'}{i} = 2\sqrt[4]{2+\gamma}\int_0^\pi \frac{d\varphi}{\sqrt{2(2+\gamma)-3\sqrt{2+\gamma}+[2(2+\gamma)+3\sqrt{2+\gamma}]\cos^2\varphi}}.$$

La première peut s'écrire

$$2\sqrt{e_2}\,\omega_2 = \frac{2}{\sqrt[4]{2+\gamma}}\int_0^{\frac{\pi}{2}} \frac{d\varphi}{\sqrt{1-k_1^2\sin^2\varphi}};$$

on a posé

$$k_1^2 = \frac{2(2+\gamma) - 3\sqrt{2+\gamma}}{4(2+\gamma)}.$$

Cette quantité est plus petite que l'unité, comme il résulte des données d'après lesquelles le radical ne peut jamais devenir imaginaire pour des valeurs réelles de φ. On le vérifie d'ailleurs; car la condition $k_1^2 < 1$ donne justement $\gamma > \frac{1}{4}$. Elle est aussi positive.

Quant à la seconde intégrale, elle s'écrit de même

$$2\sqrt{e_2}\,\frac{\omega'_2}{i} = \frac{2}{\sqrt[4]{2+\gamma}}\int_0^{\frac{\pi}{2}} \frac{d\varphi}{\sqrt{1-k_1'^2\sin^2\varphi}};$$

on a posé

$$k_1'^2 = 1 - k_1^2 = \frac{2(2+\gamma) + 3\sqrt{2+\gamma}}{4(2+\gamma)}.$$

Par cette transformation, le rapport $\frac{\omega'_2}{i\omega_2}$ apparaît comme coïncidant avec le rapport $\frac{K'_1}{K_1}$ des périodes au cas du discriminant positif, avec un module k_1, dont le carré k_1^2 varie de o à $\frac{1}{2}$ quand γ croît de $\frac{1}{4}$ à $+\infty$. D'ailleurs k_1^2 est toujours croissant avec γ.

Dans la forme précédente, on voyait que $\sqrt{e_2}\,\omega_2$ et $\sqrt{e_2}\,\frac{\omega'_2}{i}$ décroissent quand γ croît; dans la forme actuelle on voit que $\sqrt{e_2}\,\sqrt[4]{2+\gamma}\,\omega_2$ croît avec γ, mais que $\sqrt{e_2}\,\sqrt[4]{2+\gamma}\,\frac{\omega'_2}{i}$ décroît. Il en résulte clairement que $\frac{\omega'_2}{i\omega_2}$ décroît quand γ croît.

D'après l'égalité

$$4e_2^3 - g_2 e_2 - g_3 = 0,$$

on peut écrire

$$\frac{g_2^3}{27 g_3^2} = \frac{4}{27}\,\frac{\left(1 - \frac{g_3}{4e_2^3}\right)^3}{\left(\frac{g_3}{4e_2^3}\right)^2}.$$

La fonction $\frac{(1-z)^3}{z^2}$ décroît continuellement de $\frac{27}{4}$ à $-\infty$, quand z croît de $\frac{1}{4}$ à $+\infty$. Donc $\frac{g_2^3}{27g_3^2}$ décroît constamment de $+1$ à $-\infty$, quand $\frac{g_3}{4e_2^3}$ croît à partir de $\frac{1}{4}$. Nous savons donc maintenant que :

g_3 étant positif et $\frac{g_2^3}{27g_3^2}$ décroissant de $+1$ à $-\infty$, $\frac{\omega'_2}{i\omega_2}$ décroît constamment de $+\infty$ à $+1$ (¹).

Comme il suffit de changer g_3 en $-g_3$ pour échanger ω_2 et $\frac{\omega'_2}{i}$, nous pouvons ajouter que

g_3 étant négatif et $\frac{g_2^3}{27g_3^2}$ décroissant de $+1$ à $-\infty$, $\frac{\omega'_2}{i\omega_2}$ croît constamment de zéro à $+1$.

Cas où g_2 est nul.

Il existe ici un cas particulier fort remarquable qui ne se présentait pas pour un discriminant positif; c'est le cas $g_2 = 0$, impossible dans l'hypothèse $g_2^3 - 27g_3^2 > 0$. Les formules précédentes exigeraient des transformations pour faire reconnaître la valeur simple du rapport des périodes en ce cas. Mais on y parvient tout naturellement ainsi :

Dans la formule d'homogénéité

$$p\left(\frac{u}{\mu};\ \mu^4 g_2,\ \mu^6 g_3\right) = \mu^2\, p(u;\ g_2,\ g_3),$$

supposons $g_2 = 0$, et prenons alors pour μ une racine cubique de l'unité. Soient

$$\alpha = -\tfrac{1}{2} + i\frac{\sqrt{3}}{2},\quad \alpha^2 = -\tfrac{1}{2} - i\frac{\sqrt{3}}{2}$$

les racines cubiques de l'unité; faisons $\mu = \alpha^2$, il vient, pour $g_2 = 0$,

$$p(\alpha u) = \alpha\, p u,$$

(¹) On peut éviter le calcul qui précède en se référant à l'égalité

$$\Delta \frac{\partial \frac{\omega'_2}{i\omega_2}}{\partial g_2} = -\frac{9}{2}\pi \frac{g_3}{\omega_2^2},$$

qui se trouvera démontrée au Chapitre IX. Ici Δ est le discriminant *négatif* $\Delta = g_2^3 - 27g_3^2$. Il résulte de cette égalité, g_3 étant positif et supposé constant, que la dérivée du rapport $\frac{\omega'_2}{i\omega_2}$, par rapport à g_2, est positive; donc ce rapport est croissant avec g_2, g_3 restant constant et positif. C'est ce qu'on vient de prouver par un calcul direct.

sans changement dans les invariants. Il suit de là que, si $2\bar{\omega}$ est une période quelconque, $2\alpha\bar{\omega}$ en est une aussi. Pour préciser davantage, observons que e_1, e_3 reproduisent e_2 multiplié par α et α^2.

Nous avons distingué e_1 comme ayant sa partie réelle positive; donc, *si e_2 est positif,* nous aurons

$$e_1 = \alpha e_2, \quad e_3 = \alpha^2 e_2.$$

Prenons ce cas, et faisons $u = \omega_2$; il en résulte

$$p(\alpha\omega_2) = \alpha e_2 \quad \text{ou} \quad p(\alpha\omega_2) = e_1 = p(\omega_1).$$

Par conséquent, m et m' étant deux entiers de la même parité,

$$\frac{\omega_2 - \omega'_2}{2} = \omega_1 = \pm\,\omega_2\left(-\tfrac{1}{2} + i\frac{\sqrt{3}}{2}\right) + m\,\omega_2 + m'\,\omega'_2.$$

Si le signe + convient, en séparant les parties réelles et les parties imaginaires, nous aurons

$$\tfrac{1}{2} = -\tfrac{1}{2} + m, \quad -(m' + \tfrac{1}{2})\,\omega'_2 = i\frac{\sqrt{3}}{2}\,\omega_2.$$

D'après la première égalité, m est l'unité, m' est donc impair, et

$$\frac{\omega'_2}{i\,\omega_2} = \frac{\sqrt{3}}{4n + 1}.$$

Mais ce rapport est supérieur à l'unité, on l'a prouvé dans le paragraphe précédent; il ne peut donc être égal qu'à $\sqrt{3}$.

Si le signe — convient, on a $m = 0$, et

$$(m' + \tfrac{1}{2})\,\omega'_2 = \frac{i\sqrt{3}}{2}\,\omega_2$$

avec m' pair. Là encore la conséquence est la même. Donc, pour $g_2 = 0$ et $g_3 > 0$,

$$\frac{\omega'_2}{i\,\omega_2} = \sqrt{3}.$$

L'inversion de ω_2 et $\frac{\omega'_2}{i}$ correspondant au changement du signe de g_3, on a aussi pour $g_2 = 0$, $g_3 < 0$,

$$\frac{\omega'_2}{i\,\omega_2} = \frac{1}{\sqrt{3}}.$$

En joignant ces résultats aux précédents, nous pouvons conclure ce qui suit :

$$(29)\quad \left\{\begin{array}{lr} g_3 > 0,\quad g_2 > 0, & \dfrac{\omega'_2}{i\omega_2} > \sqrt{3},\\ g_3 > 0,\quad g_2 = 0, & \dfrac{\omega'_2}{i\omega_2} = \sqrt{3},\\ g_3 > 0,\quad g_2 < 0, & 1 < \dfrac{\omega'_2}{i\omega_2} < \sqrt{3},\\ g_3 = 0, & \dfrac{\omega'_2}{i\omega_2} = 1,\\ g_3 < 0,\quad g_2 < 0, & \dfrac{1}{\sqrt{3}} < \dfrac{\omega'_2}{i\omega_2} < 1,\\ g_3 < 0,\quad g_2 = 0, & \dfrac{\omega'_2}{i\omega_2} = \dfrac{1}{\sqrt{3}},\\ g_3 < 0,\quad g_2 > 0, & \dfrac{\omega'_2}{i\omega_2} < \dfrac{1}{\sqrt{3}}. \end{array}\right.$$

Cas où g_3 est nul.

En ce cas, on a

$$\omega_2 = \frac{\omega'_2}{i} = \int_0^\infty \frac{dy}{\sqrt{4y^3 - g_2 y}},$$

et il faut observer que g_2 est négatif comme le discriminant, qui se réduit à g_2^3.

En mettant dans l'intégrale, au lieu de y,

$$y = \tfrac{1}{2}\sqrt{-g_2}\sqrt{t},$$

on obtient

$$2\sqrt{2}\sqrt[4]{-g_2}\,\omega_2 = \int_0^\infty \frac{dt}{t^{\frac{3}{4}}(t+1)^{\frac{1}{2}}}.$$

Suivant les notations des intégrales eulériennes, l'intégrale au second membre est

$$B(\tfrac{1}{4}, \tfrac{1}{4}) = \frac{\Gamma[(\frac{1}{4})]^2}{\Gamma(\frac{1}{2})} = \sqrt{2}\,\frac{\Gamma(\frac{1}{2})\,\Gamma(\frac{1}{4})}{\Gamma(\frac{3}{4})}.$$

Cette dernière transformation fait apparaître la transcendante numérique A, trouvée au Chapitre II (*Cas où g_3 est nul*),

$$A = \int_0^1 \frac{dx}{\sqrt{1 - x^4}} = 1,3110287771\ldots.$$

On a ainsi, dans ce cas particulier,

$$\omega_2 = \frac{\omega'_2}{i} = \frac{2A}{\sqrt[4]{-g_2}}.$$

Lemme sur les expressions asymptotiques de certaines intégrales définies.

Soit à trouver, pour ε infiniment petit, une expression asymptotique de l'intégrale

$$V = \int_B^C \frac{\psi(y)\,dy}{\sqrt{(y-a)^2+\varepsilon^2}}, \quad C > B,$$

où l'on suppose que a soit entre B et C, et que $\psi(a)$, $\psi'(a)$ aient des valeurs finies. Partageons V en deux intégrales U et U′, ayant pour étendue : la première, l'intervalle (B, a) ; la seconde, l'intervalle (a, C). De plus, pour pouvoir même supposer B ou C infinis, partageons encore U en deux autres U_1, U_2 dans les intervalles (B, b) et (b, a) ; et U′ en deux autres U'_2 et U'_1 dans les intervalles (a, c) et (c, C). Nous allons d'abord trouver une expression asymptotique de

$$U_2 = \int_b^a \frac{\psi(y)\,dy}{\sqrt{(y-a)^2+\varepsilon^2}}, \quad b < a.$$

Considérons l'intégrale

$$u = \int_b^a \frac{\psi(a)\,dy}{\sqrt{(y-a)^2+\varepsilon^2}} = \psi(a)\log\frac{\varepsilon}{\sqrt{(a-b)^2+\varepsilon^2}-(a-b)}.$$

Dans la différence

$$U_2 - u = \int_b^a \frac{\psi(y)-\psi(a)}{\sqrt{(y-a)^2+\varepsilon^2}}\,dy,$$

la fonction intégrée ne devient pas infinie quand ε est infiniment petit. Donc la limite de l'intégrale est égale à l'intégrale de la limite, c'est-à-dire

$$\lim_{\varepsilon=0}(U_2 - u) = \int_b^a \frac{\psi(y)-\psi(a)}{a-y}\,dy.$$

On remarquera qu'il faut mettre effectivement $(a-y)$ et non $(y-a)$ pour la limite de $\sqrt{(y-a)^2+\varepsilon^2}$, puisque ce radical est pris positivement et que y, dans l'intégrale, est moindre que a.

Cette dernière intégrale peut être considérée comme la limite de

$$\int_b^\alpha \frac{\psi(y)-\psi(a)}{a-y}\,dy$$

quand α tend vers a; précisons davantage en supposant encore $\alpha < a$. D'ailleurs

$$-\int_b^\alpha \frac{\psi(a)\,dy}{a-y} = \psi(a)\log\frac{a-\alpha}{a-b};$$

donc

$$\lim_{\varepsilon=0}(U_2-u) = \lim_{\alpha=a}\left[\int_b^\alpha \frac{\psi(y)\,dy}{a-y} + \psi(a)\log(a-\alpha)\right] - \psi(a)\log(a-b).$$

Substituons à u son expression finie et faisons passer le terme $\psi(a)\log(a-b)$ au premier membre; observons, en outre, l'égalité suivante, où ε est supposé infiniment petit :

$$-\psi(a)\log\frac{\varepsilon}{\sqrt{(a-b)^2+\varepsilon^2}-(a-b)} + \psi(a)\log(a-b)$$
$$= -\psi(a)\log\frac{\varepsilon}{(a-b)\left[\sqrt{(a-b)^2+\varepsilon^2}-(a-b)\right]} = -\psi(a)\log\frac{\varepsilon}{\frac{1}{2}\varepsilon^2}.$$

Nous pouvons maintenant conclure

$$\lim_{\varepsilon=0}\left[U_2-\psi(a)\log\frac{2}{\varepsilon}\right] = \lim_{\alpha=a}\left[\int_b^\alpha \frac{\psi(y)\,dy}{a-y} + \psi(a)\log(a-\alpha)\right], \quad \alpha < a.$$

D'ailleurs l'intégrale U_1, prise dans un intervalle qui ne contient pas a, converge, pour $\varepsilon = 0$, vers l'intégrale de la limite, c'est-à-dire vers

$$\int_B^b \frac{\psi(y)\,dy}{a-y}.$$

Donc, en ajoutant U_1 et U_2, on a

$$\lim_{\varepsilon=0}\left[U-\psi(a)\log\frac{2}{\varepsilon}\right] = \lim_{\alpha=a}\left[\int_B^\alpha \frac{\psi(y)\,dy}{a-y} + \psi(a)\log(a-\alpha)\right], \quad \alpha < a;$$

$$U = \int_B^a \frac{\psi(y)\,dy}{\sqrt{(y-a)^2+\varepsilon}}.$$

Pour l'intégrale U', prise dans l'intervalle (a, C), le calcul est analogue. Nous prenons à la fois

$$U'_2 = \int_a^c \frac{\psi(y)\,dy}{\sqrt{(y-a)^2+\varepsilon^2}},$$

$$u' = \int_a^{c'} \frac{\psi(a)\,dy}{\sqrt{(y-a)^2+\varepsilon^2}} = \psi(a)\log\frac{c-a+\sqrt{(c-a)^2+\varepsilon^2}}{\varepsilon}.$$

Par la même raison que précédemment

$$\lim_{\varepsilon=0}(U'_2-u') = \int_a^c \frac{\psi(y)-\psi(a)}{y-a}\,dy = \lim_{\alpha'=a}\int_{\alpha'}^c \frac{\psi(y)-\psi(a)}{y-a}\,dy;\quad (\alpha'>\alpha).$$

$$-\int_{\alpha'}^c \frac{\psi(a)\,dy}{y-a} = +\psi(a)\log\frac{\alpha'-a}{c-a},$$

$$\lim_{\varepsilon=0}\left(U'_2-\psi(a)\log\frac{2}{\varepsilon}\right) = \lim_{\alpha'=a}\left[\int_{\alpha'}^c \frac{\psi(y)\,dy}{y-a}+\psi(a)\log(\alpha'-a)\right],$$

$$\lim_{\varepsilon=0}\left(U'-\psi(a)\log\frac{2}{\varepsilon}\right) = \lim_{\alpha'=a}\left[\int_{\alpha'}^C \frac{\psi(y)\,dy}{y-a}+\psi(a)\log(\alpha'-a)\right],$$

$$U' = \int_a^C \frac{\psi(y)\,dy}{\sqrt{(y-a)^2+\varepsilon^2}}.$$

En ajoutant maintenant U et U′, nous avons le résultat cherché

$$\lim_{\varepsilon=0}\left(V-\psi(a)\log\frac{4}{\varepsilon^2}\right) = \lim_{\alpha=a}\left[\int_B^\alpha \frac{\psi(y)\,dy}{a-y}+\psi(a)\log(a-\alpha)\right]\ (\alpha<a),$$

$$+\lim_{\alpha'=a}\left[\int_{\alpha'}^C \frac{\psi(y)\,dy}{y-a}+\psi(a)\log(\alpha'-a)\right](\alpha'>a).$$

C'est en quoi consiste le lemme que nous avions en vue d'établir.

Appliquons ce résultat en supposant

$$\psi(y) = \frac{1}{2\sqrt{y+2a}},\quad a>0,\quad B=-2a,\quad C=+\infty.$$

Nous aurons

$$\int_B^\alpha \frac{\psi(y)\,dy}{a-y} = \int_{-2a}^\alpha \frac{dy}{2(a-y)\sqrt{y+2a}}$$

$$= \int_0^{\sqrt{2a+\alpha}} \frac{dt}{3a-t^2} = \frac{1}{2\sqrt{3a}}\log\frac{(\sqrt{3a}+\sqrt{2a+\alpha})^2}{a-\alpha},$$

$$\int_B^\alpha \frac{\psi(y)\,dy}{a-y}+\psi(a)\log(a-\alpha) = \frac{1}{2\sqrt{3a}}\log(\sqrt{3a}+\sqrt{2a+\alpha})^2.$$

Cette quantité, pour $\alpha = a$, prend la valeur $\frac{1}{2\sqrt{3a}}\log 12a$.

Nous avons de même

$$\int_{\alpha'}^{C} \frac{\psi(y)\,dy}{y-a} = \int_{\alpha'}^{\infty} \frac{dy}{2(y-a)\sqrt{y+2a}}$$

$$= \int_{\sqrt{2a+\alpha'}}^{\infty} \frac{dt}{t^2-3a} = \frac{1}{2\sqrt{3a}}\log\frac{(\sqrt{2a+\alpha'}+\sqrt{3a})^2}{\alpha'-a},$$

$$\int_{\alpha'}^{C} \frac{\psi(y)\,dy}{y-a} + \psi(a)\log(\alpha'-a) = \frac{1}{2\sqrt{3a}}\log(\sqrt{2a+\alpha'}+\sqrt{3a})^2,$$

dont la limite est aussi $\frac{1}{2\sqrt{3a}}\log 12a$.

Le résultat est donc

$$\lim_{\varepsilon=0}\left(\int_{-2a}^{\infty} \frac{dy}{2\sqrt{[(y-a)^2+\varepsilon^2](y+2a)}} - \frac{1}{2\sqrt{3a}}\log\left(\frac{24a}{\varepsilon}\right)^2\right] = 0; \quad a > 0$$

Expressions asymptotiques des périodes quand le discriminant devient nul.

Revenons maintenant aux périodes de la fonction elliptique. Supposons $e_2 > 0$ et e_1, e_3 convergeant l'un vers l'autre; en prenant $e_2 = 2a$, $e_1 = -a + i\varepsilon$, $e_3 = -a - i\varepsilon$, l'intégrale précédente n'est autre que $\frac{\omega'_2}{i}$, et nous avons

$$\lim_{\varepsilon=0}\left[\frac{\omega'_2}{i} - \frac{1}{2\sqrt{3a}}\log\left(\frac{24a}{\varepsilon}\right)^2\right] = 0.$$

En même temps, on a

$$\lim_{\varepsilon=0}\omega_2 = \int_{2a}^{\infty} \frac{dy}{2(y+a)\sqrt{y-2a}} = \int_0^{\infty} \frac{dt}{3a+t^2} = \frac{\pi}{2\sqrt{3a}}.$$

$$e^{-\pi\frac{\omega'_2}{i\omega_2}} = \left(\frac{\varepsilon}{24a}\right)^2.$$

Exprimons ces résultats par les invariants

$$g_2 = -4(e_1e_2 + e_1e_3 + e_2e_3) = 4(3a^2-\varepsilon^2),$$

$$g_3 = +4e_1e_2e_3 = 8a(a^2+\varepsilon^2);$$

$$\Delta = g_2^3 - 27g_3^2 = -2^6.3^4a^4\varepsilon^2\ldots;$$

$$J = \frac{g_2^3}{\Delta} = -\frac{a^2}{3\varepsilon^2}, \quad \left(\frac{a}{\varepsilon}\right)^2 = -3J, \quad \lim 2\sqrt{3a} = \sqrt{2\sqrt{3}\,g_2^{\frac{1}{2}}} = \sqrt[4]{12g_2} = \sqrt{6}\sqrt[6]{g_3}.$$

Voici maintenant la conclusion :

Quand le discriminant négatif tend vers zéro et que g_3 est positif, on a

$$(30)\quad \left\{\begin{array}{l} \Delta = 0, \quad g_3 > 0, \quad J = -\infty, \quad \sqrt[4]{12 g_2} = \sqrt{6}\sqrt[6]{g_3}, \\ \lim \sqrt[4]{12 g_2}\,\omega_2 = \pi, \\ \lim \left[\sqrt[4]{12 g_2}\,\dfrac{\omega'_2}{i} - \log\left(-\overline{12}^3 J\right)\right] = 0, \\ \lim J e^{-\pi\frac{\omega'_2}{i\omega_2}} = -\dfrac{1}{\overline{12}^3}. \end{array}\right.$$

Puis, changeant g_3 en $-g_3$ avec échange de ω_2 et $\dfrac{\omega'_2}{i}$:

Quand le discriminant négatif tend vers zéro et que g_3 est négatif, on a

$$(31)\quad \left\{\begin{array}{l} \Delta = 0, \quad g_3 < 0, \quad J = -\infty, \quad \sqrt[4]{12 g_2} = \sqrt{6}\sqrt[6]{-g_3}, \\ \lim \sqrt[4]{12 g_2}\,\dfrac{\omega'_2}{i} = \pi, \\ \lim \left[\sqrt[4]{12 g_2}\,\omega_2 - \log\left(-\overline{12}^3 J\right)\right] = 0, \\ \lim J e^{-\pi\frac{i\omega_2}{\omega'_2}} = -\dfrac{1}{\overline{12}^3}. \end{array}\right.$$

Dans ces formules, g_2 est positif, puisque $g_2^3 - 27 g_3^2$ est nul ; la racine $\sqrt[4]{12 g_2}$ est réelle et positive.

Dégénérescence de pu.

Cet examen des valeurs limites pour les périodes doit être complété par celui de la valeur limite pour la fonction pu.

En supposant, comme précédemment, que e_1 et e_3 convergent vers $-a$, e_2 vers $2a > 0$, la définition

$$u = \int_{pu}^{\infty} \frac{dy}{\sqrt{f(y)}}$$

donne, à la limite,

$$u = \int_{pu}^{\infty} \frac{dy}{2(y-a)\sqrt{y-2a}}.$$

Prenant une nouvelle variable d'intégration z, posons

$$y - 2a = 3az^2,$$
$$pu - 2a = 3aZ^2;$$

nous aurons

$$u\sqrt{3a} = \int_Z^\infty \frac{dz}{z^2+1} = \text{arc cot } Z.$$

Cet arc est compris entre o et $\frac{\pi}{2}$ si, comme on le suppose dans la définition par l'intégrale, pu est supérieur à e_2 et le radical positif. Nous avons donc

$$pu - 2a = 3a \cot^2 u\sqrt{3a}$$

ou encore

$$pu = -a + \frac{3a}{\sin^2 u\sqrt{3a}}.$$

Mettant ce résultat et les précédents sous une forme analogue à celle qui a été employée (Chap. I) pour le cas du discriminant positif, nous avons

$$e_1 = e_3 = -a, \quad e_2 = 2a, \quad g_2 = 12a^2, \quad g_3 = 8a^3;$$

$$\Delta = g_2^3 - 27g_3^2 = 0, \quad e_1 = e_3 = -\tfrac{1}{2}e_2 = -\frac{3g_3}{2g_2};$$

$$g_3 > 0, \quad pu = -\frac{3g_3}{2g_2} + \frac{9g_3}{2g_2}\,\frac{1}{\sin^2 u\sqrt{\frac{9g_3}{2g_2}}}, \quad \left(\frac{2\omega_2}{\pi}\right)^2 = \frac{2g_2}{9g_3}, \quad \omega_2' = \infty;$$

formules de tout point semblables à celles du Chapitre I, où le discriminant tendait vers zéro par des valeurs positives. A cause de ce fait, il est évident que les formules du même Chapitre, relatives au cas $g_3 < 0$, s'appliquent encore ici, sauf échange de e_2 et e_3.

CHAPITRE IV.

PROPRIÉTÉS COMMUNES AUX FONCTIONS ELLIPTIQUES, QUEL QUE SOIT LE SIGNE DU DISCRIMINANT. — MULTIPLICATION. — INVERSION.

Développement de pu suivant les puissances ascendantes de u. — Remarque sur la notation des périodes. — Multiplication de l'argument : multiplication par 2 — Multiplication par 3. — Multiplication par un nombre entier quelconque. — Calcul de la fonction $\psi_n(u)$. — La fonction γ_n : son calcul par une formule récurrente. — Cas où n est un nombre composé. — Théorème sur la fonction γ_n — Sur les racines de la fonction $p''u$. — Racines de $p''u$ quand le discriminant est positif. — Racines de $p''u$ quand le discriminant est négatif. — Sur l'équation $p'u = c$. — Sur une transformation de la quantité $\frac{p'u - p'v}{pu - pv}$. — Autre transformation de $\frac{p'u - p'v}{pu - pv}$. — Inversion des intégrales elliptiques. — Racines de l'équation du quatrième degré. — Caractères de réalité des racines. — Distinction des racines par ordre de grandeur. — Variation simultanée de la variable x et de l'argument u. — Cas où quatre racines sont réelles. — Cas où les quatre racines sont imaginaires. — Cas où deux racines sont réelles et deux imaginaires. — Inversion en quantités réelles. — Autre forme de l'inversion. — Cas où le polynôme est du troisième degré.

Développement de pu suivant les puissances ascendantes de u.

Ce développement ne peut pas être obtenu par la série de Maclaurin, puisque pu est infini pour $u = 0$. Nous avons vu, dans le Chapitre précédent (*Infinis de pu*), un moyen de trouver le premier terme de ce développement. Il consistait à employer la formule d'addition, exprimer $p(u - v)$ par pu et pv, à supposer dans cette formule $u = v + z$, et à développer, au second membre, le numérateur et le dénominateur suivant les puissances croissantes de z par la formule de Taylor. On s'est borné au premier terme, mais il est clair que cette méthode permettrait de trouver autant de termes qu'on voudrait. Les calculs seraient fort laborieux.

Cet aperçu montre toutefois qu'il existe, pour pu, un développement suivant les puissances de u, à exposants *entiers* et croissants, dont le premier est -2. Soit (à cause de la parité de pu)

$$(1)\qquad pu = \frac{1}{u^2} + c_1 + c_2 u^2 + c_3 u^4 + \ldots + c_\lambda u^{2\lambda-2} + \ldots$$

ce développement; cherchons les coefficients, par voie de récurrence, en nous fondant sur la propriété

$$(2)\qquad p'''u = 12\, pu\, p'u.$$

Il résulte de là

$$p'u = -\frac{2}{u^3} + 2c_2 u + 4c_3 u^3 + \ldots + (2\lambda-2)c_\lambda u^{2\lambda-3} + \ldots,$$

$$p''u = \frac{6}{u^4} + 2c_2 + 12c_3 u^2 + \ldots + (2\lambda-2)(2\lambda-3)c_\lambda u^{2\lambda-4} + \ldots,$$

$$p'''u = -\frac{24}{u^5} + 24c_3 u + \ldots + (2\lambda-2)(2\lambda-3)(2\lambda-4)c_\lambda u^{2\lambda-5} + \ldots$$

Substituons dans l'égalité envisagée, et égalons terme à terme, dans $p'''u$ et dans $12\, pu\, p'u$, les coefficients des puissances semblables de u. Les termes en $\frac{1}{u^5}$ ont même coefficient. L'absence du terme en $\frac{1}{u^3}$ dans $p'''u$ exige que l'on ait $c_1 = 0$. Cela étant, le terme en $\frac{1}{u}$ manque dans $12\, pu\, p'u$, quel que soit c_2, et enfin les termes en u sont égaux quel que soit c_3.

On trouve ensuite une formule récurrente entre les coefficients successifs : le terme en $u^{2\lambda-5}$ a pour coefficient, dans $p'''u$,

$$(2\lambda-2)(2\lambda-3)(2\lambda-4)c_\lambda$$

et, dans $12\, pu\, p'u$,

$$\begin{aligned}&24\big[(\lambda-1)c_\lambda + (\lambda-3)c_2 c_{\lambda-2} + (\lambda-4)c_3 c_{\lambda-3} + \ldots + c_{\lambda-2}c_2 - c_\lambda\big]\\ &\quad = 24(\lambda-2)c_\lambda + 12(\lambda-2)(c_2 c_{\lambda-2} + c_3 c_{\lambda-3} + c_4 c_{\lambda-4} + \ldots + c_{\lambda-2}c_2).\end{aligned}$$

D'ailleurs

$$(2\lambda-2)(2\lambda-3)(2\lambda-4) - 24(\lambda-2) = 4(\lambda-2)(\lambda-3)(2\lambda+1).$$

Par conséquent, voici la formule récurrente où λ *est expressément supposé supérieur à* 3 :

$$(3)\quad c_\lambda = \frac{3}{(\lambda-3)(2\lambda+1)}(c_2 c_{\lambda-2} + c_3 c_{\lambda-3} + c_4 c_{\lambda-4} + \ldots + c_{\lambda-3}c_3 + c_{\lambda-2}c_2).$$

Pour déterminer les coefficients c_2 et c_3, il faut recourir à la relation

$$\mathrm{p}'^2 u = 4\mathrm{p}^3 u - g_2 \mathrm{p} u - g_3.$$

C'est, en effet, l'intégrale seconde de l'équation différentielle (2). A ce point de vue, g_2 et g_3 sont deux constantes arbitraires, qui, dans la série précédente, sont remplacées par les constantes c_2 et c_3.

En poussant les développements jusqu'aux termes indépendants de u, on a

$$\begin{aligned}
4\mathrm{p}^3 u &= \frac{4}{u^6}(1 + 3c_2 u^4 + 3c_3 u^6 + \ldots),\\
-g_2 \mathrm{p} u &= \frac{4}{u^6}\left(\ldots - \frac{g_2}{4} u^4 \ldots\ldots\right),\\
-g_3 &= \frac{4}{u^6}\left(\ldots\ldots\ldots - \frac{g_3}{4} u^6\right),\\
\mathrm{p}'^2 u &= \frac{4}{u^6}(1 - 2c_2 u^4 - 4c_3 u^6 \ldots).
\end{aligned}$$

De là les deux équations

$$-2c_2 = 3c_2 - \frac{g_2}{4}, \qquad -4c_3 = 3c_3 - \frac{g_3}{4};$$

d'où résulte

$$c_2 = \frac{g_2}{20}, \quad c_3 = \frac{g_3}{28}.$$

La formule récurrente donne ensuite

$$\begin{gathered}
c_4 = \frac{g_2^2}{2^4.3.5^2}, \quad c_5 = \frac{3g_2 g_3}{2^4.5.7.11}, \quad c_6 = \frac{1}{2^4.13}\left(\frac{g_3^2}{7} + \frac{g_2^3}{2.3.5^3}\right),\\
c_7 = \frac{g_2^2 g_3}{2^5.3.5^2.7.11}, \quad c_8 = \frac{1}{17}\left(\frac{3g_2 g_3^2}{2^4.7^2.11.13} + \frac{g_2^4}{2^8.3.5^3.13}\right)\\
c_9 = \frac{1}{19}\left(\frac{29 g_2^3 g_3}{2^8.5^3.7.11.13} + \frac{g_3^3}{2^6.7^3.13}\right), \quad \ldots.
\end{gathered}$$

$$(4) \qquad \mathrm{p} u = \frac{1}{u^2} + \frac{g_2}{20} u^2 + \frac{g_3}{28} u^4 + \frac{g_2^2}{2^4.3.5^2} u^6 + \frac{3g_2 g_3}{2^4.5.7.11} u^8 + \ldots.$$

On ne manquera pas de remarquer que l'homogénéité est traduite dans ce développement par la forme des coefficients.

Quant à la convergence, il est clair que ce développement ne saurait, par sa forme seule, en faire trouver les limites. Mais le théorème de Cauchy, appliqué à la fonction $\mathrm{p} u$, fait connaître les limites de cette convergence; à savoir : *dans le cas du discriminant positif, la condition de convergence est que la valeur ab-*

solue ([1]) *de* u *soit inférieure à la plus petite des deux quantités* 2ω *ou* $\frac{2\omega'}{i}$, *et, dans le cas du discriminant négatif, à la plus petite des trois quantités* $2\omega_2$, $\frac{2\omega'_2}{i}$ et $\sqrt{\omega_2^2 + \left(\frac{\omega'_2}{i}\right)^2}$.

Ces propriétés si cachées, et que nous révèle seulement la connaissance acquise préalablement de la fonction pu, ne peuvent en aucune façon apparaître dans le développement lui-même. C'est pourquoi il ne saurait être question de prendre ce développement pour base d'une généralisation de la fonction pu. Des formes de développement bien différentes serviront à nous faire atteindre ce but. Pour le moment, il suffit de considérer le développement (4) comme on fait dans les éléments du Calcul différentiel; c'est une formule d'approximations successives de la fonction pu, quand u est suffisamment petit.

A ce point de vue, le développement (4) pourrait être envisagé comme permettant d'établir avec facilité une table des transcendantes pu et $p'u$ pour de petites valeurs de u. On passerait ensuite de là à toutes les valeurs de u par les formules d'addition, ou encore par la multiplication de l'argument. C'est cette dernière théorie qui va maintenant nous occuper.

Remarque sur la notation des périodes.

A partir du présent Chapitre, nos raisonnements porteront très souvent, à la fois, sur les deux cas, du discriminant positif ou négatif. Il en sera toujours ainsi quand le contraire ne sera pas mentionné. Dès lors, il y a lieu de s'entendre sur la manière de dénoter les périodes.

La coutume ne permet de renoncer ni à la notation (ω, ω') que nous avons employée pour les discriminants positifs, ni à la notation (ω_1, ω_3), dont nous avons fait usage pour les discriminants négatifs.

Nous conserverons ces deux notations, que nous emploierons, pour ainsi dire, indifféremment dans beaucoup de cas. Il est même utile de les entendre, dès à présent, d'une manière générale. Nous conviendrons donc, toutes les fois que le contraire ne sera pas dit

([1]) La *valeur absolue* d'une quantité imaginaire, c'est ce qu'on appelle communément son *module*.

expressément, de désigner par ω, ω' et $\omega'' = \omega + \omega'$, trois demi-périodes quelconques, que le discriminant soit positif ou négatif. Et l'on ne devra pas perdre de vue qu'*une demi-période est un argument qui rend nulle la fonction* $\wp'$.

Dans les cas où l'on voudra mettre en évidence les valeurs de $\wp$ pour chacune des demi-périodes, on emploiera de préférence la notation ω_1, ω_3, $\omega_2 = \omega_1 + \omega_3$, quel que soit le signe du discriminant.

Multiplication de l'argument; multiplication par 2 [1].

Puisque $\wp(u+v)$, ainsi que $\wp'(u+v)$, s'exprime en fonction rationnelle de $\wp u$, $\wp' u$, $\wp v$, $\wp' v$, la conséquence immédiate, relative à la multiplication de l'argument, consiste en ce que, *n étant un nombre entier*, $\wp(nu)$ s'exprime en fonction rationnelle de $\wp u$ et $\wp' u$.

C'est la composition de cette fonction rationnelle qu'il s'agit d'étudier.

Pour obtenir $\wp(2u)$, prenons la formule

$$\wp u + \wp v + \wp(u+v) = \frac{1}{4}\left(\frac{\wp' v - \wp' u}{\wp v - \wp u}\right)^2.$$

En y faisant converger v vers u, nous devons remplacer, au second membre, le rapport qui se présente sous la forme $\frac{0}{0}$ par le rapport des dérivées. Nous aurons donc

$$(5)\qquad 2\wp u + \wp(2u) = \frac{1}{4}\left(\frac{\wp'' u}{\wp' u}\right)^2 = \frac{1}{4}\left(\frac{6\wp^2 u - \frac{1}{2}g_2}{\wp' u}\right)^2.$$

De là résulte

$$(6)\qquad \wp(2u) = \frac{\wp^4 u + \frac{1}{2}g_2\wp^2 u + 2g_3\wp u + \frac{1}{16}g_2^2}{4\wp^3 u - g_2\wp u - g_3}.$$

Nous écrirons de préférence cette formule ainsi

$$\wp(2u) - \wp u = \frac{-3\wp^4 u + \frac{3}{2}g_2\wp^2 u + 3g_3\wp u + \frac{1}{16}g_2^2}{\wp'^2 u}.$$

Le polynôme numérateur, changé de signe, est le troisième d'une suite indéfinie que nous allons bientôt connaître; ces poly-

(1) *Voir* aussi Chapitres VI et IX.

nômes seront désignés par la notation $\psi(u)$ avec un indice marquant le rang de chacun d'eux.

Posons, dès à présent,

$$(7)\quad \begin{cases} \psi_1(u) = 1, \quad \psi_2(u) = -\,p'u, \\ \psi_3(u) = 3\,p^4 u - \frac{3}{2} g_2\, p^2 u - 3 g_3\, p u - \frac{1}{16} g_2^2, \end{cases}$$

et écrivons, d'après cette notation,

$$(8)\quad p(2u) - pu = -\,\frac{\psi_1 \psi_3}{\psi_2^2}.$$

Multiplication par 3.

Passons à $p(3u)$. Par la formule d'addition

$$p(u+v) + p(u-v) = \frac{2(pu\, pv - \frac{1}{4} g_2)(pu + pv) - g_3}{(pu - pv)^2},$$

nous obtenons, en faisant $v = 2u$ et substituant l'expression de $p(2u)$,

$$p(3u) + pu = \frac{2[(p^2 u - \frac{1}{4} g_2)\, p'^2 u - \psi_3\, pu\,](2\,pu\, p'^2 u - \psi_3) - g_3\, p'^4 u}{\psi_3^2}.$$

En retranchant $2\,pu$ aux deux membres, on voit apparaître, au numérateur du second membre, le facteur $p'^2 u$, et il vient

$$p(3u) - pu = \frac{p'^2 u\,(p'^4 u - \psi_3\, p'' u)}{\psi_3^2}.$$

Posant, suivant la même loi,

$$(9)\quad \begin{cases} \psi_4(u) = p'u\,(p'^4 u - \psi_3\, p'' u) \\ \qquad = p'u\,(-2\,p^6 u + \frac{5}{2} g_2\, p^4 u + 10 g_3\, p^3 u + \frac{5}{8} g_2^2\, p^2 u + \frac{1}{2} g_2 g_3\, pu + g_3^2 + \frac{1}{32} g_2^3), \end{cases}$$

nous écrirons

$$(10)\quad p(3u) - pu = -\,\frac{\psi_2 \psi_4}{\psi_3^2}.$$

Sans aller plus loin dans ces calculs directs, rendons compte de la composition des expressions trouvées pour $p(2u) - pu$ et $p(3u) - pu$.

Multiplication par un nombre entier quelconque.

En premier lieu, $p(nu)$, étant exprimable rationnellement par pu et $p'u$, aura la forme $A + B p'u$, où A et B seront rationnels en pu. Mais $p(nu)$ est une fonction paire de u, comme pu, tandis que $p'u$ est impaire. Donc le terme $Bp'u$ n'existe pas. Donc $p(nu)$ est une fonction rationnelle de pu seulement.

En second lieu, si l'on envisage $p(nu)$ comme une donnée, et pu comme une inconnue, il y aura pour cette dernière n^2 valeurs distinctes. En effet, soit $p(nu) = pa$. Il en résulte

$$nu = \pm a + 2m_1\omega_1 + 2m_3\omega_3;$$

d'où, pour u, les valeurs en nombre infini

$$u = \pm \frac{a}{n} + \frac{2m_1}{n}\omega_1 + \frac{2m_3}{n}\omega_3, \tag{11}$$

les entiers m_1 et m_3 étant arbitraires. Si l'on donne à m_1 et m_3 toutes les valeurs $0, 1, 2, \ldots (n-1)$, et qu'on prenne le signe $+$ devant $\frac{a}{n}$, on a ainsi des arguments en nombre n^2. Pour deux quelconques d'entre eux,

$$\left\{\begin{aligned} u &= \frac{a}{n} + \frac{2m_1}{n}\omega_1 + \frac{2m_3}{n}\omega_3, \\ u' &= \frac{a}{n} + \frac{2m'_1}{n}\omega_1 + \frac{2m'_3}{n}\omega_3, \end{aligned}\right. \tag{12}$$

ni la somme, ni la différence n'est une période : la somme, à cause de la présence de $\frac{2a}{n}$, qui est indéterminé; la différence, à cause de ce fait que $(m_1 - m'_1)$ et $(m_3 - m'_3)$ ne sont pas nuls tous deux, et qu'aucun d'eux, s'il n'est pas nul, n'est multiple de n, les quatre nombres m étant moindres que n.

Tout autre argument U, déterminé par la formule générale (11), donne lieu à la même détermination de pU que l'un des arguments u précédents. En effet, si d'abord on prend

$$U = -\frac{a}{n} + \frac{2M_1}{n}\omega_1 + \frac{2M_3}{n}\omega_3,$$

on peut trouver m_1 et m_3, compris entre zéro et $(n-1)$, de telle sorte que $M_1 + m_1$ et $M_3 + m_3$ soient tous deux divisibles par n. Cela étant, $U + u$ est une période. Donc $pU = pu$.

Si, en second lieu, on suppose

$$U = +\frac{a}{n} + \frac{2M_1}{n}\omega_1 + \frac{2M_3}{n}\omega_3,$$

on peut aussi trouver m_1 et m_3, compris entre zéro et $(n-1)$, de telle sorte que $M_1 - m_1$ et $M_3 - m_3$ soient tous deux divisibles par n. Alors $U - u$ est une période. Donc $pU = pu$.

Il est donc prouvé que, $p(nu)$ étant donnée, pu a n^2 valeurs distinctes, précisément.

La quantité $p(nu)$ est une fonction rationnelle en pu, $\frac{F(pu)}{\Phi(pu)}$. Soit $p(nu) = \mu$, donnée arbitraire. Il est établi que l'équation $F(x) - \mu\Phi(x) = 0$ a n^2 racines distinctes (réelles ou imaginaires). Aucune de ces racines n'est multiple, μ étant indéterminé. Au cas contraire, en effet, une telle racine appartiendrait à l'équation dérivée et, par suite, annulerait $F\Phi' - \Phi F'$ et serait indépendante de μ. Elle devrait donc annuler F et Φ, et la fraction $F : \Phi$ ne serait pas irréductible. Donc $F(x) - \mu\Phi(x)$ est du degré n^2.

Dans les deux exemples calculés ($n = 2$ et $n = 3$), on a trouvé effectivement un numérateur F du degré n^2; le dénominateur était de degré moindre; en outre, ce dénominateur, dans le cas $n = 2$, était $p'^2 u$; dans le cas $n = 3$, c'était le carré d'un polynôme du troisième degré. Ces circonstances s'expliquent aisément.

Si l'on suppose u infiniment petit, pu et $p(nu)$ sont infiniment grands, tous deux du second ordre. Donc $F : \Phi$ est infini du même ordre que pu; donc le degré de Φ est inférieur d'une unité à celui de F.

Les racines de $\Phi(x)$ correspondent aux autres infinis de $p(nu)$; ce sont les valeurs de u égales à un des arguments v suivants

$$v = \frac{2m_1\omega_1}{n} + \frac{2m_3\omega_3}{n} :$$

ce sont les $n^{\text{ièmes}}$ parties de périodes. Quand u est infiniment voisin de v, $p(nu)$ est infiniment grand du second ordre. Donc $\Phi(pu)$ est infiniment petit du second ordre. Comme $\Phi(pv)$ est nul, la partie principale de $\Phi(pu)$ serait $(u-v)\Phi'(pv)p'v$, si $\Phi(pu)$ devait être du premier ordre. Mais, puisque $\Phi(pu)$ est du second ordre, il faut que $\Phi'(pv)\,p'v$ soit nul. Le second facteur $p'v$ est nul si v est une demi-période. Dans le cas où n est un nombre pair, cette circonstance se présente en effet, si l'on prend pour m_1 et m_3 les nombres zéro ou $\frac{1}{2}n$; et Φ contient alors le facteur $p'^2 u$. Quant aux racines de $\frac{\Phi(pu)}{p'^2 u}$, en ce cas, ou aux racines de $\Phi(pu)$ dans le cas où n est impair, elles laissent $p'v$ différent de zéro. Donc $\Phi'(pv)$ est nul, et ces racines sont doubles. Donc, si n est pair, le dénominateur Φ est le produit de $p'^2 u$ par le carré d'un polynôme entier en pu; si n est impair, Φ est un tel carré.

On a vu tout à l'heure que $\Phi(pu)$ est du degré $n^2 - 1$. Si n est pair, la racine carrée de $\frac{\Phi}{p'^2 u}$ est alors du degré $\frac{n^2-4}{2}$; si n est impair, la racine carrée de Φ est du degré $\frac{n^2-1}{2}$.

Achevons de préciser ce polynôme, racine carrée de $\frac{\Phi}{p'^2 u}$ ou de Φ, en y fixant le coefficient de la plus haute puissance de pu, comme il suit :

$$\text{si } n \text{ est pair,} \qquad \Phi = p'^2 u\left[-\tfrac{1}{2}n(pu)^{\frac{n^2-4}{2}} + \ldots\right]^2,$$

$$\text{si } n \text{ est impair,} \qquad \Phi = \left[n(pu)^{\frac{n^2-1}{2}} + \ldots\right]^2.$$

Appelons $\psi_n(u)$ la racine carrée de Φ, ainsi déterminée :

$$(13) \qquad \begin{cases} n \text{ pair,} & \psi_n(u) = p'u\left[-\frac{1}{2}n(pu)^{\frac{n^2-4}{2}} + \ldots\right], \\ n \text{ impair,} & \psi_n(u) = \left[n(pu)^{\frac{n^2-1}{2}} + \ldots\right]. \end{cases}$$

Le choix du premier coefficient a pour effet, comme on voit, d'attribuer, dans les deux cas, à $\psi_n(u)$, quand u est infiniment petit, la partie principale $\frac{n}{u^{n^2-1}}$.

Voici donc établie l'existence et connue la nature d'une fonction $\psi_n(u)$ dont les racines u sont les $n^{\text{ièmes}}$ parties de périodes.

Si maintenant nous envisageons, au lieu de $p(nu)$, la différence $p(nu) - pu$, qui a, comme $p(nu)$, le dénominateur $\psi_n^2(u)$, la composition du numérateur apparaît immédiatement. Effectivement, pour que $p(nu) - pu$ soit nul, il faut et il suffit qu'on ait

$$nu = \pm u + 2m_1\omega_1 + 2m_3\omega_3,$$

c'est-à-dire l'un ou l'autre des deux cas

$$u = \frac{2m_1}{n+1}\omega_1 + \frac{2m_3}{n+1}\omega_3,$$

$$u = \frac{2m_1}{n-1}\omega_1 + \frac{2m_3}{n-1}\omega_3.$$

Les racines du numérateur correspondent donc aux $(n+1)^{\text{ièmes}}$ et aux $(n-1)^{\text{ièmes}}$ parties de périodes. Si n est un nombre pair, $(n+1)$ et $(n-1)$ sont premiers entre eux, et ces deux groupes de racines n'ont aucun terme commun. Donc le numérateur doit se composer du produit $\psi_{n+1}(u)\psi_{n-1}(u)$. Si n est un nombre impair, les demi-périodes appartiennent à la fois aux deux groupes; mais alors la dérivée de $\wp(nu)-\wp u$ s'évanouit quand u est une demi-période, et chacune de ces racines est double. Donc encore le numérateur contient le facteur $\psi_{n+1}(u)\psi_{n-1}(u)$. Dans le premier cas, ψ_{n+1} et ψ_{n-1} sont tous deux des polynômes entiers en $\wp u$; leurs degrés sont $\frac{(n+1)^2-1}{2}$ et $\frac{(n-1)^2-1}{2}$, dont la somme fait n^2. Dans le second cas, chacun d'eux contient le facteur $\wp' u$, et le produit est encore un polynôme entier en $\wp u$, ayant pour degré

$$\frac{(n+1)^2-4}{2}+\frac{(n-1)^2-4}{2}+3=n^2.$$

Comme n^2 est précisément le degré que doit avoir le numérateur, on voit que ce numérateur est $\psi_{n+1}(u)\psi_{n-1}(u)$, sauf un facteur constant.

En dernier lieu, ce facteur constant nous sera connu par l'hypothèse : *u infiniment petit*. La partie principale de $\wp(nu)-\wp u$ est $\left(\frac{1}{n^2}-1\right)\frac{1}{u^2}$. Celle de $\psi_n^2(u)$ est $\frac{n^2}{u^{2(n^2-1)}}$, celle de $\psi_{n+1}(u)\psi_{n-1}(u)$ est $\frac{n+1}{u^{(n+1)^2-1}}\frac{n-1}{u^{(n-1)^2-1}}=\frac{n^2-1}{u^{2n^2}}$. La partie principale de $\frac{\psi_{n+1}\psi_{n-1}}{\psi_n^2}$ est donc $\frac{n^2-1}{n^2}\frac{1}{u^2}=-\left(\frac{1}{n^2}-1\right)\frac{1}{u^2}$. Donc le coefficient est égal à -1, et l'on a généralement

$$\wp(nu)-\wp u=-\frac{\psi_{n+1}(u)\psi_{n-1}(u)}{\psi_n^2(u)}. \tag{14}$$

Calcul de la fonction $\psi_n(u)$.

Pour avoir entièrement épuisé la question, il reste maintenant à calculer la seule fonction $\psi_n(u)$, dont nous connaissons déjà l'expression jusqu'à $n=4$.

Dans la formule d'addition déjà employée pour calculer $\wp(3u)$, savoir

$$\wp(u+v)+\wp(u-v)=\frac{2(\wp u\,\wp v-\frac{1}{4}g_2)(\wp u+\wp v)-g_3}{(\wp u-\wp v)^2},$$

remplaçons u par mu et v par nu. Supposons maintenant qu'on mette pour les fonctions leurs expressions en pu, alors le premier membre a pour dénominateur $\psi_{m+n}^2\psi_{m-n}^2$. Quant au second membre, son dénominateur est $(\psi_{m+1}\psi_{m-1}\psi_n^2 - \psi_{n+1}\psi_{n-1}\psi_m^2)^2$. Il doit donc y avoir proportionnalité entre ces deux polynômes, dont, nous allons le reconnaître, les degrés coïncident. Cependant, pour pouvoir l'affirmer ainsi, il faudrait examiner avec soin s'il n'existe pas de réduction dans les deux termes de la fraction. Nous éviterons cet examen en comparant directement les deux fonctions

$$\psi_{m+n}\psi_{m-n} \quad \text{et} \quad \psi_{m+1}\psi_{m-1}\psi_n^2 - \psi_{n+1}\psi_{n-1}\psi_m^2.$$

Ce sont d'abord deux polynômes entiers en pu. En effet, pour le premier, $(m+n)$ et $(m-n)$ sont de la même parité; pour le second, $m+1$, $m-1$ sont de même parité, ainsi que $(n+1)$ et $(n-1)$; par conséquent, $p'u$ ne figure ici qu'au carré et disparaît.

En second lieu, le terme du plus haut degré est, pour le premier, $(m^2-n^2)(pu)^{m^2+n^2-1}$. Le terme correspondant est

Pour $\psi_{m+1}\psi_{m-1}\psi_n^2$ .... $(m^2-1)\,n^2(pu)^{m^2+n^2-1}$,
» $\psi_{n+1}\psi_{n-1}\psi_m^2$........ $(n^2-1)m^2(pu)^{m^2+n^2-1}$,

et, pour le second polynôme, $(m^2-n^2)(pu)^{m^2+n^2-1}$ comme pour le premier. Il suffit maintenant de reconnaître que ces deux polynômes ont les mêmes racines pour reconnaître leur égalité. Or le premier s'évanouit quand $(m \pm n)u$ est une période. Quand il en est ainsi, on a $nu \equiv \pm mu$ [1] et par conséquent $\psi_n^2 = \psi_m^2$; on a, de plus, $\psi_{n+1} = \psi_{m+1}$ et $\psi_{n-1} = \psi_{m-1}$ si $nu \equiv mu$; si, au contraire, on a $nu \equiv -mu$, il en résulte $\psi_{n-1} = \psi_{m+1}$, $\psi_{n+1} = \psi_{m-1}$. Donc le second polynôme a toutes les racines du premier.

Si m et n sont impairs, les demi-périodes appartiennent aux deux groupes à la fois; mais il y correspond des racines simples pour le polynôme en pu. D'autres racines, appartenant aux deux groupes à la fois, existent si $(m+n)$ et $(m-n)$ ont un facteur commun, c'est-à-dire si m et n sont multiples d'un même nombre ν : une telle racine correspond à une $\nu^{\text{ième}}$ partie de période. Elle est double dans le premier polynôme, mais elle l'est aussi dans le second; car ψ_m^2 et ψ_n^2 sont tous deux divisibles par ψ_ν^2.

(1) Cette notation $a \equiv b$, empruntée à l'Arithmétique, et qui s'énonce *a congru* ou *équivalent* à b, exprime l'*égalité à des périodes près*.

Le second polynôme ayant toutes les racines du premier, ayant pour racines doubles celles qui sont doubles pour le premier, ayant le même degré et le même premier terme, coïncide avec lui. On a donc cette égalité

$$(15) \qquad \psi_{m+n}\psi_{m-n} = \psi_{m+1}\psi_{m-1}\psi_n^2 - \psi_{n+1}\psi_{n-1}\psi_m^2.$$

Soit, dans cette égalité, $m = n+1$, et nous aurons, à cause de $\psi_1 = 1$,

$$(16) \qquad \psi_{2n+1} = \psi_{n+2}\psi_n^3 - \psi_{n-1}\psi_{n+1}^3;$$

changeons m en $n+1$ et n en $n-1$, et nous aurons, à cause de $\psi_2 = -p'u$,

$$(17) \qquad \psi_{2n} = -\frac{\psi_n}{p'u}(\psi_{n+2}\psi_{n-1}^2 - \psi_{n-2}\psi_{n+1}^2).$$

Nous avons par (16) et (17) deux formules récurrentes extrêmement simples pour le calcul successif des fonctions ψ_n; elles peuvent servir à partir de ψ_5. Ainsi la première, avec $n = 2$, donne

$$\psi_5 = \psi_4\psi_2^3 - \psi_1\psi_3^3 = -p'^3u\,\psi_4 - \psi_3^3 = -p'^4u\left(\frac{\psi_4}{p'u}\right) - \psi_3^3.$$

La seconde, avec $n = 3$, donne

$$\psi_6 = -\frac{\psi_3}{p'u}(\psi_5\psi_2^2 - \psi_1\psi_4^2) = -p'u\,\psi_3\left[\psi_5 - \left(\frac{\psi_4}{p'u}\right)^2\right],$$

où il faut se rappeler que $\frac{\psi_4}{p'u}$ est un polynôme entier en pu donné précédemment. Les autres fonctions ψ_n se calculent successivement sans difficulté.

La fonction γ_n : son calcul par une formule récurrente.

On peut condenser le calcul en substituant aux fonctions ψ_n certaines combinaisons qui, d'ailleurs, interviennent naturellement dans plusieurs applications. Posons

$$(18) \qquad \gamma_n = \psi_n\psi_2^{-\frac{n^2-1}{3}};$$

on a ainsi $\gamma_1 = 1$, $\gamma_2 = 1$. La formule (15) s'applique aussi à γ comme à ψ,

$$(19) \qquad \gamma_{m+n}\gamma_{m-n} = \gamma_{m+1}\gamma_{m-1}\gamma_n^2 - \gamma_{n+1}\gamma_{n-1}\gamma_m^2,$$

et, par conséquent, on a aussi

$$(20)\qquad \left\{\begin{aligned} \gamma_{2n+1} &= \gamma_{n+2}\gamma_n^3 - \gamma_{n-1}\gamma_{n+1}^3,\\ \gamma_{2n} &= \gamma_n(\gamma_{n+2}\gamma_{n-1}^2 - \gamma_{n-2}\gamma_{n+1}^2).\end{aligned}\right.$$

Si l'on fait maintenant

$$x = \gamma_3^3, \qquad y = \gamma_4,$$

on aura successivement

$$(21)\qquad \left\{\begin{aligned} \gamma_5 &= y - x,\\ \gamma_6 &= x^{\frac{1}{3}}(y - x - y^2),\\ \gamma_7 &= (y - x)x - y^3,\\ \gamma_8 &= y[(y - x)(2x - y) - xy^2],\\ \gamma_9 &= x^{\frac{1}{3}}[y^3(y - x - y^2) - (y - x)^3],\\ \gamma_{10} &= (y - x)[y^2(xy - x^2 - y^3) - x(y - x - y^2)^2],\\ \gamma_{11} &= (xy - x^2 - y^3)(y - x)^3 - xy(y - x - y^2)^3.\end{aligned}\right.$$

Généralement, si n n'est pas divisible par 3, γ_n est un polynôme entier en x, y; si n est divisible par 3, γ_n est le produit de $x^{\frac{1}{3}}$ par un tel polynôme. C'est ce qu'on voit par les formules récurrentes, d'après lesquelles γ_n est entier en $x^{\frac{1}{3}}$ et y, et d'après la forme (18) de γ_n, qui est ou rationnelle si n est premier avec 3, ou rationnelle, sauf le facteur $\psi_2^{\frac{1}{3}}$, si n est divisible par 3.

La considération de γ_n fait, en dernière analyse, disparaître entièrement les fonctions elliptiques, et l'on a le résultat suivant:

Avec les valeurs initiales $\gamma_1 = \gamma_2 = 1$, $\gamma_3 = x^{\frac{1}{3}}$, $\gamma_4 = y$, si l'on calcule par les formules (20) une suite indéfinie de fonctions γ_n : 1° ces fonctions sont des polynômes entiers en x et y, sauf le facteur $x^{\frac{1}{3}}$ quand n est divisible par 3; 2° si n est divisible par ν, γ_n est divisible par γ_ν; 3° elles satisfont à la formule (19).

Il y a même des formules plus générales que (19) et qui s'en peuvent déduire tant pour les fonctions ψ_n que pour γ_n.

On peut écrire cette égalité (19) sous cette forme

$$\frac{\gamma_{m+n}\gamma_{m-n}}{\gamma_m^2\gamma_n^2} = \frac{\gamma_{m+1}\gamma_{m-1}}{\gamma_m^2} - \frac{\gamma_{n+1}\gamma_{n-1}}{\gamma_n^2} = \mathrm{M} - \mathrm{N}.$$

Les quantités M et N contiennent : la première, le seul nombre m;

la seconde, le seul nombre n. Si donc on considère une suite d'indices $m, n, p, q, \ldots$, il y aura, entre les fonctions, telles que $\frac{\gamma_{m+n}\gamma_{m-n}}{\gamma_m^2\gamma_n^2}$ avec ces divers indices, des relations correspondant aux identités entre les différences composées avec M, N, P, Q, ... Par exemple, avec trois indices, l'identité

$$(M - N) + (N - P) + (P - M) = 0$$

donne la relation

$$\gamma_{m+n}\gamma_{m-n}\gamma_p^2 + \gamma_{n-p}\gamma_{n+p}\gamma_m^2 + \gamma_{p-m}\gamma_{p+m}\gamma_n^2 = 0, \tag{22}$$

dont (19) est le cas particulier $p = 1$.

Avec quatre indices, l'identité

$$(M - N)(P - Q) + (N - P)(M - Q) + (P - M)(N - Q) = 0$$

donne la relation

$$\left\{\begin{array}{l} \gamma_{m+n}\gamma_{m-n}\gamma_{p+q}\gamma_{p-q} \\ \quad + \gamma_{n+p}\gamma_{n-p}\gamma_{m+q}\gamma_{m-q} + \gamma_{p+m}\gamma_{p-m}\gamma_{n+q}\gamma_{n-q} = 0, \end{array}\right. \tag{23}$$

dont la précédente (22) est le cas particulier $q = 0$. L'identité

$$(M - N) + (N - P) + (P - Q) + (Q - M) = 0$$

donne aussi

$$\left\{\begin{array}{l} \gamma_{m+n}\gamma_{m-n}\gamma_p^2\gamma_q^2 + \gamma_{n-p}\gamma_{n+p}\gamma_q^2\gamma_m^2 \\ \quad + \gamma_{p-q}\gamma_{p+q}\gamma_m^2\gamma_n^2 + \gamma_{q-m}\gamma_{q+m}\gamma_n^2\gamma_p^2 = 0, \end{array}\right. \tag{24}$$

Cette dernière peut se déduire d'ailleurs de (22).

Cas où n est un nombre composé.

Ces formules fournissent divers moyens d'abréger le calcul quand on veut parvenir à une fonction γ d'indice donné sans passer par toutes les précédentes. Par exemple, si l'indice est composé de plusieurs facteurs, on peut mettre facilement en évidence les facteurs correspondants de γ. En supposant dans (22) $m = a\alpha$, $n = b\alpha$, $p = b\alpha - (a + b)\beta$, on aura

$$\begin{aligned} &\frac{\gamma_{(a-b)\alpha}}{\gamma_\alpha}\frac{\gamma_{(a+b)\alpha}}{\gamma_{a+b}\gamma_\alpha}\gamma_{b\alpha-(a+b)\beta}^2 \\ &\quad = \frac{\gamma_{(a+b)(\alpha-\beta)}}{\gamma_{a+b}}\left(\frac{\gamma_{b\alpha}}{\gamma_\alpha}\right)^2\gamma_{(a-b)\alpha+(a+b)\beta} - \frac{\gamma_{(a+b)\beta}}{\gamma_{a+b}}\left(\frac{\gamma_{a\alpha}}{\gamma_a}\right)^2\gamma_{2b\alpha-(a+b)\beta}. \end{aligned}$$

Par exemple

$$a = 3, \quad b = 2, \quad \alpha = 3, \quad \beta = 1;$$

$$\frac{\gamma_{15}}{\gamma_5 \gamma_3} = \frac{\gamma_{10}}{\gamma_5}\left(\frac{\gamma_6}{\gamma_3}\right)^2 \gamma_8 - \left(\frac{\gamma_9}{\gamma_3}\right)^2 \gamma_7,$$

$$\begin{aligned}\gamma_{15} = x^{\frac{1}{3}}(y - x)\{ & [y^2(xy - x^2 - y^3) - x(y - x - y^2)^2] \\ & \times [(y - x)(2x - y) - xy^2](y - x - y^2)^2 \\ & - [y^3(y - x - y^2) - (y - x)^3]^2 (xy - x^2 - y^3)\},\end{aligned}$$

tandis que la formule (20) donne, sans mettre en évidence le facteur $(y - x)$,

$$\begin{aligned}\gamma_{15} = x^{\frac{1}{3}}\{ & (xy - x^2 - y^3)^3 [y^3(y - x - y^2) - (y - x)^3] \\ & - (y - x - y^2)[(y - x)(2x - y) - xy^2]^3 y^3\}.\end{aligned}$$

Théorème sur la fonction γ_n.

Il y a manifestement un autre moyen de calculer les fonctions d'indice composé; car, pour obtenir $p(nmu)$, on peut employer la multiplication par n, appliquée à l'argument mu. Il résulte de là une relation entre $\psi_n(mu)$ et $\psi_{mn}(u)$. Afin d'obtenir explicitement cette relation, observons d'abord que $\psi_n(mu)$, exprimé en fonction de pu, exige, pour être ramené à la forme entière, d'être multiplié par $\psi_m(u)^{n^2-1}$. Le polynôme ainsi obtenu a pour racines les fonctions p des $nm^{\text{ièmes}}$ parties des périodes; mais les $m^{\text{ièmes}}$ parties de périodes sont par là éliminées. Le produit ne donne donc pas $\psi_{mn}(u)$, mais cette fonction débarrassée du facteur $\psi_m(u)$. En restituant ce facteur et comparant les termes du plus haut degré de part et d'autre, on obtient la relation

$$(25) \qquad \psi_{mn}(u) = \psi_n(mu)\,\psi_m(u)^{n^2}.$$

Mais la considération des fonctions γ permet de conclure plus nettement encore.

Le caractère commun aux formules (22), (23), (24) et à toutes les analogues consiste en une double homogénéité. Il y a d'abord homogénéité par rapport aux fonctions γ, puis homogénéité par rapport aux carrés des indices; car, dans une même formule, le nombre des fonctions γ et la somme des carrés des indices ne varient pas d'un terme à l'autre. Les formules subsistent donc si l'on y remplace les fonctions par des combinaisons présentant ces mêmes homogénéités.

Formons la combinaison

$$(26) \qquad \delta_n = \gamma_{pn}\gamma_p^{\frac{n^2-4}{3}}\gamma_{2p}^{-\frac{n^2-1}{3}},$$

qui est du degré zéro pour l'une et l'autre des deux homogénéités.

Considérons les deux cas particuliers δ_3 et δ_4, et posons

$$\xi = \delta_3^3, \qquad \eta = \delta_4.$$

Remarquons, en outre, que l'on a $\delta_1 = \delta_2 = 1$. Dans la formule (22), par exemple, supposons remplacés m et n par mp et np, et mettons les δ au lieu des fonctions γ. La formule subsiste et devient

$$\delta_{m+n}\delta_{m-n} + \delta_{n-1}\delta_{n+1}\delta_m^2 - \delta_{m-1}\delta_{m+1}\delta_n^2 = 0,$$

en tout semblable à la formule (19), sauf changement des lettres. D'ailleurs, les valeurs initiales sont les mêmes pour les δ que pour les γ. Donc :

Si, dans l'expression de γ_n par x et y, on remplace x et y par ξ et η, savoir

$$(27) \qquad \xi = \frac{\gamma_{3p}^3\gamma_p^5}{\gamma_{2p}^8}, \qquad \eta = \frac{\gamma_{4p}\gamma_p^4}{\gamma_{2p}^5},$$

cette expression se change en celle de

$$\delta_n = \gamma_{np}\gamma_p^{\frac{n^2-4}{3}}\gamma_{2p}^{-\frac{n^2-1}{3}}.$$

On remarquera les expressions de ξ, η, δ_n en fonction des ψ, savoir

$$\delta_n = \psi_{np}\psi_p^{\frac{n^2-4}{3}}\psi_{2p}^{-\frac{n^2-1}{3}}, \qquad \xi = \frac{\psi_{3p}^3\psi_p^5}{\psi_{2p}^8}, \qquad \eta = \frac{\psi_{4p}\psi_p^4}{\psi_{2p}^5}:$$

elles ne diffèrent des précédentes (26) et (27) que par le changement des lettres.

Sur les racines de la fonction $\wp'' u$.

D'après l'expression de $\wp'' u$

$$\wp'' u = 6\wp^2 u - \tfrac{1}{2}g_2,$$

on voit que les valeurs de $\wp u$, correspondant aux racines de $\wp'' u$, sont

$$\pm\frac{1}{2}\sqrt{\frac{g_2}{3}}.$$

L'étude de ces racines et de plusieurs questions connexes est utile pour les applications; nous allons la faire. Le lecteur désireux de connaître d'abord la théorie générale pourra, dans le Chapitre actuel, laisser provisoirement de côté tout ce qui va suivre.

Racines de $\wp'' u$ quand le discriminant est positif ([1]).

D'après $\Delta = g_2^3 - 27 g_3^2 > 0$, on voit que g_2 est positif; les deux valeurs de $\wp u$ sont réelles; posons

$$(28) \qquad \wp v_0 = \frac{1}{2}\sqrt{\frac{g_2}{3}}, \qquad \wp v_1 = -\frac{1}{2}\sqrt{\frac{g_2}{3}}.$$

Il en résulte

$$(\wp' v_0)^2 = -\frac{g_2}{3}\sqrt{\frac{g_2}{3}} - g_3, \qquad (\wp' v_1)^2 = +\frac{g_2}{3}\sqrt{\frac{g_2}{3}} - g_3,$$

$$(\wp' v_0 . \wp' v_1)^2 = -\frac{1}{27}\Delta < 0.$$

Le produit de $(\wp' v_0)^2$ et de $(\wp' v_1)^2$ étant négatif, il s'ensuit que $(\wp' v_1)^2$ est positif, $(\wp' v_0)^2$ négatif; donc $\wp' v_1$ est réel et $\wp' v_0$ purement imaginaire. Mais $\wp v_1$ est négatif et $\wp v_0$ positif. Donc $\wp v_1$ est dans l'intervalle (e_3, e_2) et $\wp v_0$ dans l'intervalle (e_2, e_1); v_1 est de la forme $a + \omega'$, a étant réel, et v_0 de la forme $i\alpha + \omega$, α étant aussi réel, le tout, bien entendu, à des périodes près.

D'après le théorème d'addition (I, 25), on a

$$(29) \qquad \frac{\wp' u + \wp' 2u}{\wp u - \wp 2u} = \lim_{\varepsilon = 0} \frac{\wp'(u + \varepsilon) - \wp' u}{\wp(u + \varepsilon) - \wp u} = \frac{\wp'' u}{\wp' u}.$$

Si l'on y suppose $u = v_0$ ou $= v_1$, le dernier membre étant nul, on aura

$$\wp' 2 v_0 = -\wp' v_0, \qquad \wp' 2 v_1 = -\wp' v_1.$$

Cette propriété nous conduit à examiner de plus près la duplication de ces arguments particuliers. Pour calculer $\wp 2 v$, au lieu de recourir à la formule générale, ce qui n'offrirait d'ailleurs aucune difficulté, prenons cette même égalité (29) dont les numéra-

([1]) Dans ce paragraphe et les suivants, où la distinction est faite entre les deux signes du discriminant, la notation des périodes est celle des Chap. I, II, III. Ainsi, pour $\Delta > 0$, ω et $\frac{\omega'}{i}$ sont réels; pour $\Delta < 0$, ω_2 et $\frac{\omega'_2}{i}$ sont réels.

teurs, aux deux membres, deviennent nuls quand u converge vers v_0 ou vers v_1. Il y a donc, à ces limites, égalité entre les deux membres, si l'on remplace les numérateurs par leurs dérivées

$$\frac{p''v + 2p''2v}{pv - p2v} = \frac{p'''v}{p'v} = 12pv,$$

et, puisque $p''v = 0$, on obtient, en mettant, au lieu de $2p''2v$, $12p^2(2v) - g_2$,

$$12p^2 2v - g_2 = 12p^2 v - 12pv\,p2v,$$

mais

$$12p^2 v = g_2;$$

on peut donc écrire

$$0 = 12p^2 2v + 12pv.p2v - 24p^2 v = 12(p2v + 2pv)(p2v - pv).$$

Le dernier facteur n'étant pas nul, il s'ensuit

$$p2v_0 = -2pv_0 = -\sqrt{\frac{g_2}{3}},$$

$$p2v_1 = -2pv_1 = +\sqrt{\frac{g_2}{3}}.$$

Nous pouvons maintenant préciser v_0 et v_1.

Ayant $v_1 = a + \omega'$, avec a réel, nous concluons de ce qui précède

$$(30)\qquad p2a = +\sqrt{\frac{g_2}{3}}, \qquad p'2a = -p'v_1 = -\sqrt{\frac{g_2}{3}\sqrt{\frac{g_2}{3}} - g_3}.$$

Le signe de $p'v_1$ est arbitraire; prenons-le positif; alors $p'2a$ est négatif, et $2a$ peut être choisi moindre que ω. Ainsi, *en prenant* $p'v_1 > 0$, *on aura* $v_1 = a + \omega'$ *avec* a *réel et moindre que* $\frac{1}{2}\omega$. Bien entendu, il y a, pour l'équation $p''u = 0$, la seconde racine $u = -v_1$, le tout à des périodes près.

De même, $v_0 = i\alpha + \omega$ donne

$$(31)\qquad p2i\alpha = -\sqrt{\frac{g_2}{3}}, \qquad p'2i\alpha = -p'v_0 = -i\sqrt{\frac{g_2}{3}\sqrt{\frac{g_2}{3}} + g_3}.$$

D'où la conclusion analogue : *en prenant* $\frac{1}{i}p'v_0 > 0$, *on aura* $v_0 = i\alpha + \omega$, *avec* α *réel et moindre que* $\frac{1}{2}\frac{\omega'}{i}$.

Racines de $p''u$, quand le discriminant est négatif.

Les calculs précédents s'appliquent encore, mais les conclusions sont différentes.

En premier lieu, au cas $g_2 < 0$, v_0 et v_1 sont des imaginaires conjuguées.

Au cas $g_2 > 0$, le produit $(p'v_0 p'v_1)^2$, étant égal à $-\frac{1}{27}\Delta$, est positif; les deux facteurs ont donc un même signe. Il est manifeste que ce signe est contraire à celui de g_3.

Supposons $g_2 > 0$, $g_3 < 0$. En ce cas, v_0 et v_1 sont, tous deux, réels. Nous pouvons prendre v_0 et v_1 entre zéro et ω_2; alors $p'v_0$ et $p'v_1$ sont négatifs, et $p'2v_0$, $p'2v_1$ sont positifs : donc $2v_0$, $2v_1$ sont supérieurs à ω_2. On a donc

$$\tfrac{1}{2}\omega_2 < v_0 < v_1 < \omega_2.$$

Nous pouvons encore préciser en considérant la fonction $\psi_3(u)$ pour les deux arguments v_0 et v_1. D'après la relation

$$p2u - pu = -\frac{\psi_3(u)}{p'^2u},$$

jointe à $p2v = -2pv$, nous concluons

$$\psi_3(v) = 3\,pv\,p'^2v.$$

Comme p'^2v_0 et p'^2v_1 sont de même signe, et pv_0, pv_1 de signes opposés, on voit que $\psi_3(u)$ change de signe quand u croît de v_0 à v_1. Les racines réelles de $\psi_3(u)$ sont de la forme $\frac{2m\omega_2}{3}$. La racine $\frac{2\omega_2}{3}$ se trouve donc dans l'intervalle v_0, v_1 :

$$v_0 < \tfrac{2}{3}\omega_2 < v_1.$$

Supposons maintenant

$$g_2 > 0, \qquad g_3 > 0.$$

On passe du cas précédent à celui-ci par l'échange de u en iu; les conclusions sont donc les suivantes : Les racines v_0 et v_1 sont purement imaginaires, et on peut les prendre ainsi

$$\frac{1}{2}\frac{\omega'_2}{i} < \frac{v_0}{i} < \frac{2}{3}\frac{\omega'_2}{i} < \frac{v_1}{i} < \frac{\omega'_2}{i}.$$

Sur l'équation $p'u = c$.

Cette équation joue un rôle dans diverses applications; nous allons étudier ses racines. Les valeurs de pu sont fournies par l'équation

$$(32) \qquad 4p^3u - g_2 pu - (g_3 + c^2) = 0,$$

dont le discriminant est $g_2^3 - 27(g_3 + c^2)^2$. Si ce discriminant est positif, les trois valeurs de pu sont réelles; s'il est négatif, une seule est réelle. Examinons les divers cas en distinguant suivant le signe de Δ.

Soit d'abord

$$\Delta = g_2^3 - 27 g_3^2 > 0.$$

1° Supposons

$$(33) \qquad g_2^3 - 27(g_3 + c^2)^2 < 0.$$

La constante c est supposée réelle, en sorte que c^2 ne peut être inférieur à $\left[-\frac{g_2}{3}\sqrt{\frac{g_2}{3}} - g_3\right]$, qui est négatif, comme on l'a reconnu dans l'avant-dernier paragraphe. La condition (33) se change donc uniquement en celle-ci

$$c^2 > \frac{g_2}{3}\sqrt{\frac{g_2}{3}} - g_3 = (p'v_1)^2.$$

Cet argument v_1 est la racine de $p''u$, pour laquelle pu est compris entre e_2, e_3; par conséquent $(p'v_1)^2$ est le maximum de $(p'u)^2$ dans cet intervalle; puisque c est supérieur à ce maximum, l'unique racine réelle pu_0 de (32) est extérieure à cet intervalle et, $p'u_0 = c$ étant réel, pu_0 est supérieur à e_1. Nous avons donc une racine réelle u_0 (à des périodes près), et deux racines imaginaires conjuguées u_1, u_2.

Quand pu croît depuis e_1 jusqu'à $+\infty$, $p'u$ croît toujours, puisque $p''u$ ne s'annule pas. En considérant la partie réelle a de $v_1 (v_1 = a + \omega')$, nous avons ici, d'après (30),

$$p'^2 u_0 = c^2 > p'^2 2a.$$

Donc $\pm u_0$ (suivant le signe de c) est moindre que $2a$.

La somme des trois racines u_0, u_1, u_2 fait une période, comme il résulte de la proposition générale (I, 25).

Comme u_1 et u_2 doivent être imaginaires conjuguées, et que la somme $u_0 + u_1 + u_2$ doit faire une période, on est assuré que la partie réelle, commune à u_1 et u_2, doit être, ou bien $-\frac{u_0}{2}$, ou bien $-\frac{u_0}{2} + \omega$.

A cause de la continuité, on peut voir lequel des deux cas a lieu en supposant c^2 infiniment voisin de $\wp'^2(2a)$. Quand il en est ainsi, les deux racines u_1 et u_2 sont infiniment peu différentes. Si c est négatif, c est infiniment voisin de $\wp' 2a$, u_0 de $2a$. A cause de la relation (30)

$$\wp' v_1 = -\wp' 2a,$$

on voit que u_1 et u_2 sont infiniment voisins de $-v_1 = -a + \omega'$. Donc, quand c est négatif, u_1 et u_2 ont la forme $-\frac{u_0}{2} \pm iz$.

Si, au contraire, c est positif, u_0 est infiniment voisin, non pas de $2a$, mais de $-2a$, et la conclusion est la même.

Voici donc la conclusion pour ce cas :

Le discriminant étant positif, quand on a

$$c^2 > \frac{g_2}{3}\sqrt{\frac{g_2}{3}} - g_3, \tag{34}$$

l'équation $\wp' u = c$ *admet :* 1° *une racine réelle* u_0 (à des périodes près), *qui, étant prise entre* $-\omega$ *et* $+\omega$, *est, en valeur absolue, moindre que* $2a$ (30); 2° *deux racines imaginaires conjuguées, de la forme* $-\frac{1}{2}u_0 \pm iz$. Ces deux dernières coïncident (à la période $2\omega'$ près) entre elles, et avec $\pm v_1$ (28) quand l'inégalité (34) se change en égalité. En ce cas, z devient égal à $\frac{\omega'}{i}$.

2° Supposons, au contraire, le discriminant étant encore positif,

$$c^2 < \frac{g_2}{3}\sqrt{\frac{g_2}{3}} - g_3. \tag{35}$$

D'après l'allure de la fonction $\wp'^2 u$, rappelée tout à l'heure, il est manifeste que deux racines de (32) sont entre e_3 et e_2, et une troisième supérieure à e_1. Donc, *dans le cas de l'inégalité* (35), *l'équation* $\wp' u = c$ *admet une racine réelle* u_0, *qui, étant prise entre* $-\omega$ *et* $+\omega$, *est, en valeur absolue, supérieure à* $2a$;

2° *deux racines* $u_1 = \omega' + z_1$, $u_2 = \omega' + z_2$, *où* z_1 *et* z_2 *sont réels.*

On peut ajouter que z_1 et z_2 ont pour somme $-u_0$, comprennent entre elles $\pm a$ (suivant le signe de c) et deviennent égales à $\pm a = -\frac{1}{2}u_0$, quand l'inégalité (35) se change en égalité.

Soit, maintenant,

$$\Delta = g_2^3 - 27g_3^2 < 0.$$

1° $g_2 < 0$. La quantité $g_2^3 - 27(g_3 + c^2)^2$ est toujours négative. *L'équation* $\wp' u = c$ *admet une racine réelle* u_0 *et deux imaginaires, de la forme* $-\frac{u_0}{2} + iz$. Il n'y a pas lieu de distinguer ici entre cette forme $-\frac{u_0}{2} + iz$ et cette autre $-\frac{u_0}{2} + \omega_2 + iz$; car $\omega_2 + \omega_2'$ est une période, et l'une des formes coïncide avec l'autre par le changement de z, puisque ω_2' est purement imaginaire.

2° $g_2 > 0$, $g_3 > 0$. En ce cas, $\wp'' u$ ne s'annule pour aucune valeur réelle de $\wp u$. Donc $\wp' u$ croît constamment quand $\wp u$ varie de e_2 à $+\infty$. Il ne saurait donc exister qu'une seule racine réelle $\wp u$ de l'équation (32). Effectivement, g_3 étant positif, la condition $g_2^3 - 27(g_2 + c^2)^2 > 0$ est incompatible avec $\Delta < 0$. Donc, en ce cas encore, *l'équation* $\wp' u = c$ *admet une racine réelle* u_0 *et deux imaginaires de la forme* $-\frac{u_0}{2} + iz$.

3° $g_2 > 0$, $g_3 < 0$. En ce cas, $\wp'' u$, comme on l'a vu, devient nul pour deux valeurs de $\wp u$ qui répondent à des arguments réels v_0, v_1 ($v_0 < v_1$). Quand $\wp u$ croît de e_2 à $+\infty$, $\wp'^2 u$ croît de zéro à $\wp'^2 v_1$, puis décroît jusqu'à $\wp'^2 v_0$, et croît ensuite jusqu'à $+\infty$. Si donc c^2 est compris entre $\wp'^2 v_0$ et $\wp'^2 v_1$, il y a trois racines réelles u. Si, au contraire, c^2 est moindre que $\wp'^2 v_0$ ou plus grand que $\wp'^2 v_1$, il n'y a qu'une seule racine $\wp u$ réelle pour (32); elle est supérieure à $\wp v_0$ dans le premier cas, inférieure à $\wp v_1$ dans le second. Voici donc les conclusions :

Si l'on a $g_2^3 - 27(g_3 + c^2)^2 > 0$, *l'équation* $\wp' u = c$ *admet trois racines réelles. Prises entre* $-\omega_2$ *et* $+\omega_2$, *ces trois racines sont, en valeur absolue, séparées par* v_1 *et* v_0; *la plus grande, en valeur absolue, est moindre que* $2(\omega_2 - v_0)$; *la plus petite est supérieure à* $2(\omega_2 - v_1)$, *toujours en valeur absolue.*

Si, au contraire, on a $g_2^3 - 27(g_3 + c^2)^2 < 0$, *une seule racine* u_0 *est réelle. Prise entre* $-\omega_2$ *et* $+\omega_2$, *elle est, en valeur absolue, ou supérieure à* $2(\omega_2 - v_0)$, *ou inférieure à* $2(\omega_2 - v_1)$. *Le premier cas a lieu pour* $c^2 < -\frac{g_2}{3}\sqrt{\frac{g_2}{3}} - g_3$; *le second, pour* $c^2 > \frac{g_2}{3}\sqrt{\frac{g_2}{3}} - g_3$. *Les deux autres racines ont la forme* $-\frac{u_0}{2} + iz$.

Nous rencontrerons, dans une application, l'équation $p'u = ic$, où c sera réel. La discussion n'exige aucune nouvelle recherche. Il suffit de changer, dans tout ce qui vient d'être dit, g_3 en $-g_3$ et de multiplier les arguments par i.

Sur une transformation de la quantité $\frac{p'u - p'v}{pu - pv}$.

Supposons que v soit une racine de l'équation $p'u = c$. La somme des trois racines fait une période; on peut donc prendre pour deux des autres racines

$$u_0 = -\frac{v}{2} + z, \qquad u_1 = -\frac{v}{2} - z.$$

On a ainsi un argument unique z,

$$(36) \qquad z = u_0 + \frac{v}{2} = -\left(u_1 + \frac{v}{2}\right),$$

pour lequel nous allons calculer l'expression de la fonction pz. En vertu des deux relations supposées

$$p'u_0 = p'u_1 = p'v,$$

on aura par le théorème d'addition et de deux manières, d'après (36), la quantité pz,

$$(37) \quad \begin{cases} pz + pu_0 + p\frac{v}{2} = \frac{1}{4}\left(\dfrac{p'u_0 - p'\frac{v}{2}}{pu_0 - p\frac{v}{2}}\right)^2 = \frac{1}{4}\left(\dfrac{p'v - p'\frac{v}{2}}{pu_0 - p\frac{v}{2}}\right)^2, \\ pz + pu_1 + p\frac{v}{2} = \frac{1}{4}\left(\dfrac{p'u_1 - p'\frac{v}{2}}{pu_1 - p\frac{v}{2}}\right)^2 = \frac{1}{4}\left(\dfrac{p'v - p'\frac{v}{2}}{pu_1 - p\frac{v}{2}}\right)^2. \end{cases}$$

Après suppression du facteur $(\wp u - \wp v)$, l'équation $\wp'^2 u = \wp'^2 v$, où l'on exprime les deux fonctions $\wp'$ par les fonctions $\wp$, se réduit à une équation du second degré

$$x^2 + ax + a^2 - \frac{g_2}{4} = 0, \qquad x = \wp u, \qquad a = \wp v,$$

dont les deux racines sont $x_0 = \wp u_0$, $x_1 = \wp u_1$. En ajoutant membre à membre les deux égalités (37), nous aurons $\wp z$ en fonction symétrique de ces deux racines

$$(38)\quad \left\{\begin{aligned} & x_0 + x_1 + 2\wp z + 2\wp\frac{v}{2} = \frac{1}{4}\frac{\left(\wp' v - \wp'\frac{v}{2}\right)^2}{(x_0 - b)^2 (x - b)^2}[x_0^2 + x_1^2 - 2b(x_0 + x_1) + 2b^2] \\ & b = \wp\frac{v}{2}. \end{aligned}\right.$$

Voici les expressions des fonctions symétriques :

$$x_0^2 + x_1^2 = a^2 - 2\left(a^2 - \frac{g_2}{4}\right), \qquad x_0 + x_1 = -a.$$

Quant au premier facteur du second membre, dans (38), on le trouve sous une forme très simple en retranchant, membre à membre, les équations (37), qui donnent

$$x_0 - x_1 = \frac{1}{4}\frac{\left(\wp' v - \wp'\frac{v}{2}\right)^2}{(x_0 - b)^2 (x_1 - b)^2}(x_0 - x_1)(2b - x_0 - x_1),$$

$$\frac{1}{4}\frac{\left(\wp' v - \wp'\frac{v}{2}\right)^2}{(x_0 - b)^2 (x_1 - b)^2} = \frac{1}{2b + a} = \frac{1}{\wp v + 2\wp\frac{v}{2}}.$$

On obtient finalement

$$(39)\qquad \wp z = \frac{\frac{1}{2}g_2 + 2\wp v\,\wp\frac{v}{2} - 2\wp^2\frac{v}{2}}{2\left(\wp v + 2\wp\frac{v}{2}\right)},$$

et cette formule fournit la solution de l'équation $\wp'\left(t - \frac{v}{2}\right) = \wp' v$, qui a deux racines t égales à $\pm z$, et, en outre, la racine $\frac{3}{2}v$, le tout, bien entendu, à des périodes près.

Au moyen de cet argument z, qui dépend de v suivant la relation (39), nous allons parvenir maintenant à la transformation de l'expression

$$(40)\qquad 2y = \frac{\wp' u - \wp' v}{\wp u - \wp v},$$

où u désigne un argument quelconque, comme v. Au lieu de u, prenons un autre augument t en posant

$$(41)\qquad u = -\frac{v}{2} + t.$$

Remarquons maintenant que, d'après le théorème d'addition (I, 25), les trois arguments v, $\left(-\frac{v}{2}+t\right)$, $\left(-\frac{v}{2}-t\right)$ ayant une somme nulle, on a

$$(42)\qquad 2y = \frac{p'\left(-\frac{v}{2}+t\right) - p'v}{p\left(-\frac{v}{2}+t\right) - pv} = \frac{p'\left(-\frac{v}{2}-t\right) - p'v}{p\left(-\frac{v}{2}-t\right) - pv}.$$

On voit donc que y est une fonction paire de t. Si l'on développait $p\left(-\frac{v}{2}+t\right)$ et $p'\left(-\frac{v}{2}+t\right)$ d'après les formules d'addition, on obtiendrait pour y une fraction dont le numérateur, ainsi que le dénominateur, aurait la forme $A + B\,p't$, A et B étant fonctions entières de pt; mais, puisque y est une fonction paire de t, les termes $B\,p't$ doivent manquer, et la fraction ne contiendra que pt.

Nous allons maintenant écrire cette fraction sans calcul en cherchant les racines de son numérateur et de son dénominateur.

Dans la première forme (40) de y, on reconnaît que y ne devient infini que pour $u = 0$ et $u = -v$, le tout à des périodes près, et nul pour $u = u_0$ et $u = u_1$. D'après (41), les infinis de y sont donc $t = \pm\frac{v}{2}$ et les zéros $t = \pm z$. Le numérateur n'a donc pas d'autre racine que pz, et le dénominateur pas d'autre racine que $p\frac{v}{2}$; par conséquent, on a

$$2y = C\,\frac{pt - pz}{pt - p\frac{v}{2}},$$

avec un coefficient C indépendant de t, qu'il faut encore déterminer. Pour ce but, on fera $t = 0$, ce qui rend pt infini et réduit y à C. D'autre part, l'égalité (42) fournit l'expression de y en ce cas, et nous avons finalement

$$(43)\qquad 2y = \frac{p'v + p'\frac{v}{2}}{pv - p\frac{v}{2}} \frac{pt - pz}{pt - p\frac{v}{2}}.$$

Le premier facteur au second membre peut s'écrire sous une autre forme déjà employée (29). Employant cette forme et remettant u au lieu de t, nous pouvons écrire la formule

$$(44)\qquad \frac{p'u - p'v}{pu - pv} = -\frac{p''\frac{v}{2}}{p'\frac{v}{2}} \frac{p\left(u + \frac{v}{2}\right) - pz}{p\left(u + \frac{v}{2}\right) - p\frac{v}{2}},$$

où pz a l'expression (39). On observera que cette formule (44) elle-même fournit d'autres expressions de pz, dont plusieurs sont remarquables ([1]). Par exemple, en supposant u infiniment petit et prenant la partie principale aux deux membres, on obtient

$$-\frac{2}{u} = -\frac{p''\frac{v}{2}}{p'\frac{v}{2}} \frac{p\frac{v}{2} - pz}{u\, p'\frac{v}{2}},$$

$$(45)\qquad pz = p\frac{v}{2} - 2\frac{p'^2\frac{v}{2}}{p''\frac{v}{2}}.$$

On peut généraliser la formule (44) en ajoutant à y une quantité c indépendante de u. Alors $(y + c)$ se change en une fraction du premier degré par rapport à $p\left(u + \frac{v}{2}\right)$. Observant ensuite que, pour $u = 0$, la partie principale de $(y + c)$ est la même que celle de y, on a la formule

$$(46)\qquad \frac{p'u - p'v}{pu - pv} + c = 2\frac{p'\frac{v}{2}}{pa - p\frac{v}{2}} \frac{p\left(u + \frac{v}{2}\right) - pa}{p\left(u + \frac{v}{2}\right) - p\frac{v}{2}},$$

([1]) Nous recommandons, comme exercice propre à familiariser avec les formules, de faire la vérification directe de l'égalité (44) et de contrôler aussi la concordance des deux expressions de pz.

dans laquelle a désigne un argument qui, mis à la place de $\left(u+\frac{v}{2}\right)$, rend nul le premier membre.

Ces transformations, fondées sur la considération des racines et dont nous avons déjà fait usage pour la multiplication, seront développées d'une manière générale dans le Chapitre VII.

Autre transformation de $\frac{p'u - p'v}{pu - pv}$.

Considérons la fonction

$$y_1 = 2(pu - pv)[p(u+v) - pv],$$

où u est envisagé comme variable. Le premier facteur est infini du second ordre pour $u = 0$, mais le second facteur est alors infiniment petit du premier ordre; de même le second est infini du second ordre, mais le premier infiniment petit du premier ordre pour $u = -v$, en sorte que y_1 devient infiniment grand du premier ordre pour $u = 0$ et pour $u = -v$. En outre, y_1 devient nul pour $u = v$ et pour $u = -2v$. Si l'on fait la substitution (41), y_1 prend la forme

$$y_1 = 2\left[p\left(\frac{v}{2} - t\right) - pv\right]\left[p\left(\frac{v}{2} + t\right) - pv\right].$$

C'est donc une fonction paire de t, par conséquent une fonction rationnelle de pt seulement; elle devient nulle pour

$$u = v, \qquad u = -2v; \qquad t = \pm\frac{3v}{2},$$

et infinie pour

$$u = 0, \qquad u = -v; \qquad t = \pm\frac{v}{2}.$$

La fraction est donc du premier degré. Elle n'est pas de la forme (46), mais en diffère seulement par un facteur indépendant de u, que l'on aperçoit immédiatement par la considération de la partie principale de y_1 pour u infiniment petit. Cette partie principale est $\frac{2p'v}{u}$, au lieu de $-\frac{2}{u}$ comme dans la fonction (46). On a donc, au lieu de l'égalité (46),

$$-p'v\frac{p'u - p'v}{pu - pv} + c = 2(pu - pv)[p(u+v) - pu],$$

et il reste à connaître c, quantité indépendante de u. Il suffit, pour trouver c, de faire $u = v$, hypothèse qui doit rendre nul le premier membre. D'ailleurs

$$\left(\frac{\wp' u - \wp' v}{\wp u - \wp v}\right)_{u=v} = \frac{\wp'' v}{\wp' v};$$

par conséquent $c = \wp'' v$, et voici la formule que nous voulions obtenir :

$$(47) \qquad \frac{\wp' u - \wp' v}{\wp u - \wp v} = \frac{\wp'' v}{\wp' v} - \frac{2}{\wp' v}(\wp u - \wp v)[\wp(u+v) - \wp v].$$

On peut facilement la vérifier par un calcul direct au moyen de la formule d'addition.

Inversion des intégrales elliptiques.

Soit X un polynôme du quatrième degré par rapport à une variable x. Le problème que nous allons traiter consiste à *exprimer à la fois* $\sqrt{X}$ *et* x *sans ambiguïté par des fonctions elliptiques d'un même argument* u. On verra plus loin pour quelle raison ce problème porte le nom placé en titre de ce paragraphe.

Considérons, comme précédemment (40), la fonction

$$(48) \qquad 2y = \frac{\wp' u - \wp' v}{\wp u - \wp v}.$$

La formule d'addition

$$\wp u + \wp v + \wp(u+v) = \frac{1}{4}\left(\frac{\wp' u - \wp' v}{\wp u - \wp v}\right)^2$$

peut être écrite ainsi

$$(48a) \qquad y^2 - 3\wp v = [\wp(u+v) - \wp v] + (\wp u - \wp v),$$

et la formule (47) de cette manière

$$(48b) \qquad \wp'' v - 2y\wp' v = 2[\wp(u+v) - \wp v](\wp u - \wp v).$$

De là on tire l'expression du carré $[\wp(u+v) - \wp u]^2$ sous la forme d'un polynôme Y du quatrième degré en y,

$$(49) \qquad Y = (y^2 - 3\wp v)^2 + 2(2y\wp' v - \wp'' v) = [\wp(u+v) - \wp u)]^2.$$

Nous avons de la sorte une variable y et la racine carrée d'un polynôme du quatrième degré Y exprimés comme on le désire, savoir y par (48) et $\sqrt{Y}$ par la formule

$$\sqrt{Y} = pu - p(u+v).$$

Mais le polynôme Y n'est pas quelconque, il manque du second terme. En développant la formule (49) et remplaçant $p''v$ par $6p^2v - \frac{1}{2}g_2$, on a

$$(50) \qquad Y = y^4 - 6y^2\,pv + 4y\,p'v + g_2 - 3\,p^2v.$$

Il est facile de modifier les formules pour les appliquer à un polynôme du quatrième degré tout à fait arbitraire. Soit un tel polynôme

$$(51) \qquad X = a_0x^4 + 4a_1x^3 + 6a_2x^2 + 4a_3x + a_4.$$

Prenons ses deux invariants

$$(52) \qquad \begin{cases} S = a_0a_4 - 4a_1a_3 + 3a_2^2, \\ T = a_0a_2a_4 + 2a_1a_2a_3 - a_2^3 - a_0a_3^2 - a_1^2a_4. \end{cases}$$

On sait, par les éléments d'Algèbre, et l'on vérifie sans peine que, si l'on fait une substitution $x = y + h$, les quantités telles que S et T, composées avec les coefficients du polynôme transformé en y, reproduisent S et T. C'est une partie de la propriété d'invariance. Choisissons h de manière à faire disparaître le second terme. Soit donc

$$X = a_0(y^4 + 6\alpha_2y^2 + 4\alpha_3y + \alpha_4),$$

résultat de la substitution $x = -\dfrac{a_1}{a_0} + y$; on aura

$$S = a_0^2(\alpha_4 + 3\alpha_2^2),$$
$$T = a_0^3(\alpha_2\alpha_4 - \alpha_2^3 - \alpha_3^2).$$

Pour identifier le polynôme Y (50) avec le nouveau polynôme, nous n'avons qu'à égaler de part et d'autre les coefficients de y^2 et les invariants. Or, pour Y, on a les invariants

$$S_1 = (g_2 - 3\,p^2v) + 3\,p^2v = g_2,$$
$$T_1 = -pv(g_2 - 3\,p^2v) + p^3v - p'^2v = g_3.$$

Si donc on choisit les invariants de la fonction elliptique ainsi :

$$(53) \qquad g_2 = \frac{S}{a_0^2}, \qquad g_3 = \frac{T}{a_0^3},$$

S et T étant les invariants (52) de X; puis l'argument constant v par les deux relations concordantes

$$pv = -\alpha_2, \qquad p'v = \alpha_3,$$

on aura $X = a_0 Y$. Remplaçant α_2 et α_3 par leurs expressions au moyen des coefficients primitifs, nous avons le résultat suivant :

Soit X *un polynôme du quatrième degré, quelconque,*

$$X = a_0 x^4 + 4 a_1 x^3 + 6 a_2 x^2 + 4 a_3 x + a_4;$$

soient S *et* T *les deux combinaisons (invariants)*

$$\begin{aligned} S &= a_0 a_4 - 4 a_1 a_3 + 3 a_2^2, \\ T &= a_0 a_2 a_4 + 2 a_1 a_2 a_3 - a_2^3 - a_0 a_3^2 - a_1^2 a_4. \end{aligned}$$

Si l'on prend les fonctions elliptiques ayant les invariants

$$g_2 = \frac{S}{a_0^2}, \qquad g_3 = \frac{T}{a_0^3},$$

et un argument constant v par les relations simultanées et concordantes

$$(54) \qquad pv = \frac{a_1^2 - a_0 a_2}{a_0^2}, \qquad p'v = \frac{a_3 a_0^2 - 3 a_0 a_1 a_2 + 2 a_1^3}{a_0^3},$$

et qu'on désigne par u un argument variable, on aura, à la fois,

$$(55) \qquad \begin{cases} x = -\dfrac{a_1}{a_0} + \dfrac{1}{2} \dfrac{p'u - p'v}{pu - pv}, \\ \sqrt{X} = \sqrt{a_0}[pu - p(u+v)]. \end{cases}$$

On a déjà eu l'occasion d'observer, pour le théorème d'addition, la forme suivante (p. 30) :

$$pu - p(u+v) = \frac{1}{2} \frac{d}{du} \frac{p'u - p'v}{pu - pv}.$$

D'après (55), nous aurons ainsi

$$\sqrt{X} = \sqrt{a_0} \frac{dx}{du}$$

et, par conséquent,

$$(56) \qquad \frac{1}{\sqrt{a_0}} du = \frac{dx}{\sqrt{X}}, \qquad \frac{u}{\sqrt{a_0}} = \int \frac{dx}{\sqrt{X}}.$$

C'est de là que vient au problème actuel le nom d'*inversion des intégrales elliptiques*. Cette intégrale $\int \frac{dx}{\sqrt{X}}$ est un des types des *intégrales elliptiques*, dont nous parlerons au Chapitre VII. L'*inversion* consiste en ce que, par les formules (55), la variable x est explicitement exprimée en fonction de l'intégrale.

Racines de l'équation du quatrième degré.

Le procédé qui vient d'être exposé pour effectuer l'inversion n'exige pas la résolution préalable de l'équation $X = 0$. Tout au contraire, il fournit les racines de X et peut être envisagé comme une résolution de l'équation du quatrième degré par les fonctions elliptiques. En effet, d'après la seconde égalité (55), les racines de X correspondent aux valeurs de u, fournies par l'équation

$$u + v = \pm u + \text{une période},$$

c'est-à-dire

$$u = -\frac{v}{2} + m_1\omega_1 + m_3\omega_3,$$

m_1 et m_3 étant des entiers quelconques. On aura par là quatre valeurs pour x, en prenant les couples m_1, m_3 ainsi : (0,0), (0,1), (1,0), (1,1).

Suivant une relation déjà employée (29), on a

$$\frac{p'\frac{v}{2} + p'v}{p\frac{v}{2} - pv} = \frac{p''\frac{v}{2}}{p'\frac{v}{2}}.$$

A l'argument $u = -\frac{v}{2}$ répond donc, d'après (55), cette valeur de x

$$x = -\frac{a_1}{a_0} - \frac{1}{2}\frac{p''\frac{v}{2}}{p'\frac{v}{2}},$$

C'est une racine de X. D'ailleurs, par les relations (54), v n'est déterminé qu'à des périodes près. Donc *les racines du polynôme* X *sont comprises dans la formule unique*

$$(57) \qquad x = -\frac{a_1}{a_0} - \frac{1}{2}\frac{p''\left(\frac{v}{2} + m_1\omega_1 + m_3\omega_3\right)}{p'\left(\frac{v}{2} + m_1\omega_1 + m_3\omega_3\right)},$$

où m_1 et m_3 sont des entiers quelconques (auxquels il suffit de donner les valeurs 0,0; 0,1; 1,0; 1,1, pour avoir les quatre racines).

Caractères de réalité des racines.

La formule (57) met facilement en évidence les caractères distinctifs des trois cas : 4 racines réelles; 4 racines imaginaires; 2 racines réelles et 2 imaginaires.

1° $\Delta = g_2^3 - 27 g_3^2 = \frac{1}{a_0^6}(S^3 - 27T^2) < 0$. — Puisque pv et $p'v$ sont réels, l'argument v est lui-même réel, en sorte que $\frac{1}{2}v$ et $\frac{1}{2}v + \omega_1 + \omega_3 = \frac{1}{2}v + \omega_2$ sont réels, tandis que $\frac{1}{2}v + \omega_1$ et $\frac{1}{2}v + \omega_3$ sont imaginaires conjugués; donc, quand le discriminant $S^3 - 27T^2$ est négatif, le polynôme X (à coefficients réels) a deux racines réelles et deux racines imaginaires conjuguées.

2° $\Delta > 0$. — La réalité de pv et de $p'v$ n'entraîne pas celle de v. Nous savons que v est réel dans le cas seulement où pv surpasse e_1, tandis que $p'v$ est réel encore quand pv est compris entre e_2 et e_3 : en ce cas, v a la forme $a + \omega'$, a étant réel.

Ces deux cas se distinguent très facilement par les signes de pv et de $p''v$. Pour le montrer, considérons les valeurs de pv qui font évanouir $p''v$; soit donc (28)

$$pv_0 = +\frac{1}{2}\sqrt{\frac{g_2}{3}}, \qquad pv_1 = -\frac{1}{2}\sqrt{\frac{g_2}{3}}.$$

Nous avons vu que pv_0 est dans l'intervalle (e_2, e_1), pv_1 dans l'intervalle (e_3, e_2). La fonction $p''v$ est positive quand pv est moindre que $-\frac{1}{2}\sqrt{\frac{g_2}{3}}$, négative quand pv est entre $-\frac{1}{2}\sqrt{\frac{g_2}{3}}$ et $+\frac{1}{2}\sqrt{\frac{g_2}{3}}$, positive au delà de $\frac{1}{2}\sqrt{\frac{g_2}{3}}$.

Puisque $pv_0 = \frac{1}{2}\sqrt{\frac{g_2}{3}}$ est dans l'intervalle (e_2, e_1) et que e_1 est positif, on voit que, si v est réel, pv et $p''v$ sont positifs.

Si v est de la forme $a + \omega'$, pv est dans l'intervalle (e_3, e_2). Si pv est moindre que $-\frac{1}{2}\sqrt{\frac{g_2}{3}}$, $p''v$ est positif, mais pv est négatif. Si pv est supérieur à $-\frac{1}{2}\sqrt{\frac{g_2}{3}}$, $p''v$ est négatif. Donc, si v est de la forme $a + \omega'$, l'une au moins des deux quantités $p v$ et $p'' v$ est négative.

Ainsi, quand le discriminant est positif et que $p v$, $p' v$ sont réels, il faut et il suffit, pour la réalité de v, que $p v$ et $p'' v$ soient positifs. Dans les cas opposés, v est une quantité réelle, augmentée de la demi-période ω' purement imaginaire.

Si v est réel, les quatre arguments $\frac{v}{2}$, $\frac{v}{2} + \omega$, $\frac{v}{2} + \omega'$, $\frac{v}{2} + \omega + \omega'$ sont ou réels, ou réels sauf la demi-période ω'; p et p' sont réels pour chacun d'eux. Donc, *quand le discriminant est positif et, en outre,*

$$(58) \qquad a_1^2 - a_0 a_2 > 0, \qquad 12(a_1^2 - a_0 a_2)^2 - S a_0^2 > 0,$$

les quatre racines de X *sont réelles.*

Si v est de la forme $a + \omega'$, les quatre arguments $\frac{v}{2} + m\omega + n\omega'$ sont imaginaires, et les fonctions p'', p' le sont aussi. Donc, *quand les deux conditions* (58) *ne sont pas satisfaites, les quatre racines de* X *sont imaginaires.*

Pour ce dernier cas, on pourrait craindre l'existence de valeurs particulières de v, imaginaires et rendant néanmoins une racine réelle. Voici comment on écarte cette petite difficulté. Soit

$$\bar\omega = m\omega + m'\omega'$$

une demi-période. Pour toute racine, u a la forme $-\frac{v}{2} + \bar\omega$, et l'on a alors

$$p(u + v) = p u = p\left(\frac{v}{2} + \bar\omega\right).$$

La formule (48 a) devient, en ce cas,

$$(59) \qquad y^2 - 3 p v = 2\left[p\left(\frac{v}{2} + \bar\omega\right) - p v\right];$$

elle montre que, si x et par suite y aussi sont réels, $p\left(\frac{v}{2} + \bar\omega\right)$ doit être réel; donc ou bien l'un des arguments $\frac{v}{2}$, $\frac{v}{2} - \omega'$ est réel, ou bien l'un des arguments $\frac{v}{2}$, $\frac{v}{2} - \omega$ est purement imaginaire. Aucun de ces cas n'a lieu si $(v - \omega')$ est réel, ce qui se présente quand, $p v$ et $p' v$ étant réels, v n'est pas lui-même réel. L'argument v, bien entendu, est toujours envisagé ici comme déterminé à des périodes près.

La formule (57) nous présente toujours les quatre racines de X comme différentes entre elles. Il n'y a pas de valeurs de v qui rendent deux racines égales entre elles; on le voit nettement par la formule (59). Il ne faut pas s'en étonner: la condition pour l'existence d'une racine double, c'est que le discriminant de X, $S^3 - 27T^2$, soit nul. S'il en est ainsi, le discriminant Δ des fonctions elliptiques est nul aussi, et les fonctions elliptiques disparaissent. Elles dégénèrent en fonctions circulaires (ou exponentielles).

Distinction des racines par ordre de grandeur.

Il est utile, au point de vue des applications, de savoir distinguer les racines réelles de X, dans la formule (57), quant à leurs grandeurs relatives. Pour ce but, nous fondant sur ce que deux racines ne deviennent jamais égales entre elles, nous substituerons à v une valeur particulière : nous aurons soin de choisir cette valeur particulière v_0, de telle sorte qu'un argument variable v' puisse aller de v_0 à v sans que, dans l'intervalle, aucune racine (57) devienne infinie. Il est alors certain que chaque racine varie, dans cet intervalle, d'une manière continue, et que l'ordre des quatre racines se conserve inaltéré.

Prenons le cas où les quatre racines sont réelles (le discriminant est alors positif). L'argument réel v peut être choisi entre zéro et 2ω. Choisissons $v_0 = 0$, et faisons varier v' de zéro à v. Examinons d'abord les racines pour l'hypothèse : v' voisin de zéro. Elles sont contenues dans la formule (57), que nous reproduisons ici :

$$x = -\frac{a_1}{a_0} - \frac{1}{2}\,\frac{\wp''\left(\frac{v'}{2}+\bar{\omega}\right)}{\wp'\left(\frac{v'}{2}+\bar{\omega}\right)}. \tag{60}$$

Nous les distinguerons par des indices 0, 1, 2, 3, correspondant aux quatre valeurs de $\bar{\omega}$.

1° $\bar{\omega} = 0$. — L'argument v' étant infiniment petit, $\wp''\frac{v'}{2}$ et $\wp'\frac{v'}{2}$

sont infiniment grands; leurs parties principales sont

$$p'\left(\frac{v'}{2}\right) = -\frac{2}{\left(\frac{v'}{2}\right)^3}\cdots, \qquad p''\left(\frac{v'}{2}\right) = \frac{6}{\left(\frac{v'}{2}\right)^4}\cdots;$$

donc la racine est infiniment grande; elle a pour partie principale

$$x_0 = \frac{3}{v'}.$$

2° $\varpi = \omega_\alpha$ (α étant égal à 1, 2 ou 3, et $\omega_1 = \omega$, $\omega_3 = \omega'$, $\omega_2 = \omega''$). — Rappelons la formation des dérivées successives de p:

$$p''' = 12pp', \qquad p^{\text{IV}} = 12pp'' + 12p'^2.$$

Comme $p'\omega_\alpha$ est nul, on aura

$$p'''\omega_\alpha = 0, \qquad p^{\text{IV}}\omega_\alpha = 12p\omega_\alpha p''\omega_\alpha = 12e_\alpha p''\omega_\alpha.$$

De là résultent, pour les premiers termes des développements du numérateur et du dénominateur au second membre de (60), d'après la formule de Taylor,

$$p''\left(\omega_\alpha + \frac{v'}{2}\right) = p''\omega_\alpha\left[1 + 6e_\alpha\left(\frac{v'}{2}\right)^2\cdots\right],$$
$$p'\left(\omega_\alpha + \frac{v'}{2}\right) = \frac{v'}{2}p''\omega_\alpha\left[1 + 2e_\alpha\left(\frac{v'}{2}\right)^2\cdots\right];$$

puis, pour le quotient,

$$\frac{p''\left(\omega_\alpha + \frac{v'}{2}\right)}{p'\left(\omega_\alpha + \frac{v'}{2}\right)} = \frac{2}{v'}[1 + e_\alpha v'^2 + \ldots];$$

enfin, pour les racines,

$$x_\alpha + \frac{a_1}{a_0} = -\frac{1}{v'}[1 + e_\alpha v'^2 + \ldots].$$

Comme v' est supposé positif (variant de zéro à v qui est positif), on voit que x_0 est la plus grande des racines, et que les trois autres sont rangées dans l'ordre opposé à celui des quantités e_α

$$x_0 > x_3 > x_2 > x_1.$$

Il est d'ailleurs visible, la limite supérieure de $\frac{v'}{2}$ étant inférieure à la demi-période ω_1, que les numérateurs p'' ne deviennent pas infinis, ni les numérateurs p' nuls pour d'autre valeur de v' que la valeur zéro. L'ordre des racines est donc le même pour $v'=0$ et pour $v'=v$. Ainsi, *quand les quatre racines sont réelles, et qu'on a choisi v entre zéro et $2\omega_1$, ces quatre racines étant désignées par la notation*

$$x_\alpha = -\frac{a_1}{a_0} - \frac{1}{2}\frac{p''\left(\frac{v}{2}+\omega_\alpha\right)}{p'\left(\frac{v}{2}+\omega_\alpha\right)},$$

$$\alpha = 0,\ 1,\ 2,\ 3, \qquad \omega_0 = 0,$$

elles sont ainsi rangées

$$x_0 > x_3 > x_2 > x_1.$$

On préfère souvent choisir v entre $-\omega_1$ et $+\omega_1$; alors on a l'ordre précédent si v est positif, et l'ordre opposé

$$x_1 > x_2 > x_3 > x_0$$

si v est négatif. On le voit par la démonstration précédente où v' doit être supposé négatif.

Quand deux racines seulement sont réelles et qu'on a choisi v entre zéro et $2\omega_2$ (le discriminant est alors négatif), *on a, suivant la même notation,*

$$x_0 > x_2.$$

La démonstration précédente s'applique à ce cas où x_1 et x_3 doivent être laissés de côté comme imaginaires. Ici encore, si l'on prend v entre $-\omega_2$ et $+\omega_2$, on a

$$x_0 > x_2 \quad \text{ou} \quad x_2 > x_0,$$

suivant que v est positif ou négatif.

Variation simultanée de la variable x et de l'argument u.

Une discussion facile, mais nécessaire, va nous montrer comment varie l'argument u, quand x passe successivement par toutes les valeurs réelles. La liaison entre ces deux variables est celle que donne la relation (55)

$$(61)\qquad x + \frac{a_1}{a_0} = y = \frac{1}{2}\frac{p'u - p'v}{pu - pv}.$$

Pour chaque valeur de x, il y a, aux périodes près, deux valeurs de u, la solution $u = v$ étant rejetée de l'équation (61). D'après le théorème d'addition (I, 25), la somme des deux arguments u est égale à $-v$.

Nous allons reconnaître aisément quels sont ces arguments u suivant la grandeur de x. La discussion sera fondée sur l'expression déjà trouvée pour la dérivée de x par rapport à u (56)

$$(62)\qquad \frac{dx}{du} = \wp u - \wp(u+v).$$

Cette dérivée diffère de X seulement par le facteur constant $\sqrt{a_0}$; elle est nulle dans le cas unique où x devient égal à une racine de X. Rappelons-nous que ces racines correspondent aux valeurs de u ayant la forme $u = -\frac{v}{2} + \omega_\alpha$.

Cas où les quatre racines sont réelles.

Prenons d'abord le cas le plus compliqué, celui où *les quatre racines de* X *sont réelles* (discriminant positif); v est réel, nous choisissons cet argument entre zéro et $2\omega_1$. Rappelons que les racines de X sont

$$x_0 > x_3 > x_2 > x_1.$$

Soit, en premier lieu, $u = -\frac{v}{2} + t$, et prenons t réel, croissant de zéro à $\frac{v}{2}$. La valeur initiale de x est la racine x_0, la plus grande des quatre. D'après (62), nous avons

$$(63)\qquad \frac{dx}{dt} = \wp\left(\frac{v}{2} - t\right) - \wp\left(\frac{v}{2} + t\right).$$

Cette dérivée ne devient pas nulle; effectivement ses racines sont les demi-périodes, la limite supérieure de t est $\frac{v}{2} < \omega_1$, et l'on voit que $\frac{dx}{dt}$ est nul au début pour $t = 0$, mais ne l'est plus ensuite. Elle ne devient pas infinie non plus, sauf à l'extrémité $t = \frac{v}{2}$. Son signe est donc invariable, et toujours positif; car, $\frac{v}{2}$ étant moindre que ω_1, $\wp' \frac{v}{2}$ est négatif. Donc x croît avec t. Aux mêmes valeurs de x correspondent en même temps les secondes racines de (61); les premières croissent de $-\frac{v}{2}$ à zéro, les secondes décroissent de $-\frac{v}{2}$ à $-v$. Voici donc un premier résultat :

Quand x croît de x_0 à $+\infty$, u croît de $-\frac{v}{2}$ à zéro, ou décroît de $-\frac{v}{2}$ à $-v$.

Faisons croître maintenant t de $\frac{v}{2}$ à ω_1. Dans cet intervalle $\frac{dx}{dt}$ ne devient pas nul; il a passé par l'infini, mais sans changer de signe. Il est donc positif, et x croît constamment de la valeur initiale $-\infty$ à la valeur finale x_1. Prenons en même temps la seconde racine u de (61), et concluons que :

Quand x croît de $-\infty$ à x_1, u croît de zéro à $-\frac{v}{2}+\omega_1$, ou décroît de $-v$ à $-\left(\frac{v}{2}+\omega_1\right)$.

Soit maintenant $t = is$, s étant réel et croissant de zéro à $\frac{\omega_3}{i}$. On aura

$$\frac{dx}{ds} = i\frac{dx}{dt} = i\left[p\left(\frac{v}{2}-t\right) - p\left(\frac{v}{2}+t\right)\right].$$

Le signe de cette dérivée est encore invariable, dans l'intervalle considéré, et, $p'\frac{v}{2}$ étant négatif, ce signe concorde avec celui de $it = -s$; c'est le signe *moins*. Donc x décroît depuis la valeur initiale x_0 jusqu'à la valeur finale x_3. Donc :

Quand x croît de x_3 à x_0, $u+\frac{v}{2}$ est purement imaginaire, et $\frac{1}{i}\left(u+\frac{v}{2}\right)$ décroît de $\frac{\omega_3}{i}$ à zéro ou croît de $-\frac{\omega_3}{i}$ à zéro.

Faisons $t = \omega_1 + t_1$, nous pouvons écrire

$$\frac{dx}{dt} = \frac{dx}{dt_1} = p\left(\frac{v}{2} - \omega_1 - t_1\right) - p\left(\frac{v}{2} + \omega_1 + t_1\right)$$

sous la forme

$$\frac{dx}{dt} = \frac{dx}{dt_1} = p\left(\omega_1 - \frac{v}{2} + t_1\right) - p\left(\omega_1 - \frac{v}{2} - t_1\right),$$

qui coïncide avec la forme (63), sauf le signe et le changement de v

en $(2\omega_1 - v)$. Ce second argument est, comme v, entre les limites zéro et ω_1.

Si nous supposons maintenant $t_1 = is$, et que s varie comme tout à l'heure, $\frac{dx}{ds}$ sera positif; donc :

Quand x croît de x_1 à x_2, $u + \frac{v}{2} - \omega_1$ est purement imaginaire; son quotient par i croît de zéro à $\frac{\omega_3}{i}$ ou décroît de zéro à $-\frac{\omega_3}{i}$.

Il ne reste plus à examiner, pour x, que l'intervalle (x_2, x_3). On obtient ces valeurs de x en supposant

$$u = -\frac{v}{2} + \omega_3 + t$$

et faisant croître la variable réelle t de zéro à ω_1. Nous aurons alors

$$\frac{dx}{dt} = p\left(\frac{v}{2} + \omega_3 - t\right) - p\left(\frac{v}{2} + \omega_3 + t\right),$$

quantité dont le signe est encore invariable dans l'intervalle assigné à t. Ce signe est opposé à celui de $p'\left(\omega_3 + \frac{v}{2}\right)$, et nous savons (p. 43) que c'est le signe *moins*, $\frac{v}{2}$ étant moindre que ω_1. Donc x décroît; en conséquence :

Quand x croît de x_2 à x_3, $u + \frac{v}{2} - \omega_3$ est réel et décroît de ω_1 à zéro, ou croît de $-\omega_1$ à zéro.

Cas où les quatre racines sont imaginaires.

Ce cas est bien plus simple; on sait que $\frac{dx}{du}$ ne devient jamais nul, et que $(v - \omega_3)$ est réel. Choisissons ce dernier argument entre *zéro* et $2\omega_1$.

Si l'on prend u réel, x est toujours réel, et $\frac{dx}{du}$ positif. La seconde valeur de u est alors une quantité réelle, à la demi-période ω_3 près. En conséquence :

Quand x croît de $-\infty$ à $+\infty$, u est réel et croît de zéro à $2\omega_1$, ou bien $(u + \omega_3)$ est réel et décroît de $2\omega_1 - (v - \omega_3)$ à $-(v - \omega_3)$.

Cas où deux racines sont réelles et deux imaginaires.

Le discriminant est alors négatif, v est réel. On prend cet argument entre zéro et $2\omega_2$. Les racines de X sont x_0, x_2 et l'on a $x_0 > x_2$.

Les raisonnements faits pour les trois premiers cas dans l'avant-dernier paragraphe s'appliquent ici sans modification. Il n'y a qu'un changement dans la notation, et voici les conclusions :

Quand x croît de x_0 à $+\infty$, u croît de $-\frac{v}{2}$ à zéro, ou décroît de $-\frac{v}{2}$ à $-v$.

Quand x croît de $-\infty$ à x_2, u croît de zéro à $-\frac{v}{2}+\omega_2$, ou décroît de $-v$ à $-\left(\frac{v}{2}+\omega_2\right)$.

Quand x croît de x_2 à x_0, $u+\frac{v}{2}$ est purement imaginaire, et $\frac{1}{i}\left(u+\frac{v}{2}\right)$ décroît de $\frac{\omega_2'}{i}$ à zéro ou croît de $-\frac{\omega_2'}{i}$ à zéro.

Inversion en quantités réelles.

L'inversion en quantités réelles consiste à faire varier u de telle sorte que, non seulement x, mais encore $\sqrt{X}$, soit réel. Nous venons de voir comment varie u quand x est réel. La seconde condition n'offre aucune difficulté.

Quand les quatre racines de X sont réelles, on doit prendre u réel ou bien $u-\omega_3$ réel, si a_0 est positif; $u+\frac{v}{2}$ ou bien $u+\frac{v}{2}-\omega_1$ purement imaginaire, si a_0 est négatif.

En effet, x est ainsi dans l'un des intervalles où $\frac{X}{a_0}$ est positif dans le premier cas, négatif dans le second.

Quand les quatre racines de X sont imaginaires, on doit prendre u ou bien $u+\omega_3$ réel, si a_0 est positif. Si a_0 était négatif, le problème serait impossible, $\sqrt{X}$ étant toujours imaginaire.

Quand deux racines de X sont réelles et deux imaginaires, on doit prendre u réel, si a_0 est positif; $u+\frac{v}{2}$ purement imaginaire, si a_0 est négatif.

Autre forme de l'inversion.

D'après la relation (46), on peut, pour chaque racine x_α, mettre la différence $(x - x_\alpha)$ sous la forme

$$x - x_\alpha = \frac{p'\frac{v}{2}}{pa - p\frac{v}{2}} \frac{p\left(u + \frac{v}{2}\right) - pa}{p\left(u + \frac{v}{2}\right) - p\frac{v}{2}},$$

et a est un argument qui, mis à la place de $\left(u + \frac{v}{2}\right)$, doit rendre nul le premier membre. C'est donc ω_α.

Écrivons, pour abréger, $u + \frac{v}{2} = t$, et nous avons cette formule

$$x - x_\alpha = -\frac{p'\frac{v}{2}}{p\frac{v}{2} - p\omega_\alpha} \frac{pt - p\omega_\alpha}{pt - p\frac{v}{2}} \qquad (\alpha = 0, 1, 2, 3).$$

Mais il y faut distinguer des trois autres celle qui correspond à $\alpha = 0$, $\omega_\alpha = 0$. Nous avons ainsi deux formules distinctes

$$x - x_0 = -\frac{p'\frac{v}{2}}{pt - p\frac{v}{2}},$$

$$x - x_\alpha = -\frac{p'\frac{v}{2}}{p\frac{v}{2} - e_\alpha} \frac{pt - e_\alpha}{pt - p\frac{v}{2}} \qquad (\alpha = 1, 2, 3).$$

De là résulte

$$(64) \qquad \left\{\begin{aligned} x_\alpha - x_0 &= \frac{p'\frac{v}{2}}{p\frac{v}{2} - e_\alpha} \\ x_\alpha - x_\beta &= \frac{(e_\alpha - e_\beta)p'\frac{v}{2}}{\left(p\frac{v}{2} - e_\alpha\right)\left(p\frac{v}{2} - e_\beta\right)} \end{aligned}\right\} \qquad \left(\begin{matrix}\alpha \\ \beta\end{matrix}\right\} = 1, 2, 3\right),$$

$$(65) \qquad \frac{(x_1 - x_0)(x_2 - x_3)}{(x_2 - x_0)(x_1 - x_3)} = \frac{e_2 - e_3}{e_1 - e_3}.$$

Par cette égalité (65) se trouve déterminée une quantité équivalente à l'invariant absolu $\frac{g_2^3}{g_3^2}$; c'est précisément le *module* k qu'on a envisagé quand le discriminant est positif. On connaît donc, par là, l'invariant absolu des fonctions elliptiques à employer, exprimé au moyen des racines de X. On peut de même déterminer v par l'égalité, déduite de (64),

$$(66) \qquad \frac{x_\alpha - x_0}{x_\alpha - x_\beta} = \frac{p\frac{v}{2} - e_\beta}{e_\alpha - e_\beta}.$$

Cette dernière donne $p\frac{v}{2}$, puis l'une des égalités (64) fixe $p'\frac{v}{2}$.

Cette forme de l'inversion doit être employée de préférence dans les applications, assez rares, où les racines de X sont mises en évidence. Par un calcul facile, on peut retrouver les formules propres à cette solution sans passer par l'intermédiaire de la solution précédente. C'est ce que nous allons faire; mais il importait de bien montrer que les deux solutions diffèrent par la forme seulement, non par le fond.

Nous mettrons, dans ce calcul direct, w au lieu de $\frac{v}{2}$, et nous introduirons, en outre, une constante arbitraire A. Ainsi nous posons immédiatement

$$(67) \qquad \begin{cases} x - x_0 = \dfrac{A^2}{pt - pw}, \\ x - x_\alpha = \dfrac{A(pt - e_\alpha)}{(pw - e_\alpha)(pt - pw)}, \end{cases} \qquad \alpha = 1, 2, 3,$$

et nous en déduisons, comme précédemment, $\frac{e_2 - e_3}{e_1 - e_3}$ par l'égalité (65) et $pw = p\frac{v}{2}$ par l'égalité (66). Il s'agit de retrouver maintenant l'expression de $\sqrt{X}$. C'est ce qui a lieu par le calcul suivant, où le symbole Π désigne le produit de plusieurs facteurs analogues :

$$\begin{aligned} X &= a_0(x - x_0)\prod_\alpha (x - x_\alpha) \\ &= \frac{a_0 A^4}{(pt - pw)^4}\prod_\alpha \frac{pt - e_\alpha}{pw - e_\alpha} = \frac{a_0 A^4}{(pt - pw)^4}\,\frac{p'^2 t}{p'^2 w}. \end{aligned}$$

$$(68) \qquad \begin{cases} \pm\sqrt{X} = \sqrt{a_0}\,\dfrac{A^2 p't}{p'w(pt - pw)^2}, \\ \dfrac{dx}{dt} = -\dfrac{A p't}{(pt - pw)^2}, \\ \pm\sqrt{X} = -\dfrac{A\sqrt{a_0}}{p'w}\,\dfrac{dx}{dt}. \end{cases}$$

Cas où le polynôme est du troisième degré.

Pour passer de là au cas d'un polynôme X du troisième degré, il suffira de supposer $\wp w$ infini et A du même ordre que $\wp^2 w$. Mais il est évident de soi que, si X est un polynôme du troisième degré, il suffit de poser

$$x = c + \wp u,$$

en choisissant c égal à la moyenne des racines de X, pour que $\sqrt{X}$, à un facteur constant près, se change en $\wp' u$.

CHAPITRE V.

LA FONCTION ζu.

Définition de ζu pour les arguments réels. — Développement de ζu suivant les puissances ascendantes de u. — Homogénéité. — La constante η. — Addition des arguments. — Un corollaire. — Arguments purement imaginaires. — Arguments complexes. — Infinis de la fonction ζu. — Dégénérescence de ζu. — Remarques sur l'intégration de la fonction $p(u-v)$. — Relation entre η, η', ω, ω' quand le discriminant est positif. — Relation entre η, η', ω, ω', quand le discriminant est négatif. — Etude de la fonction

$$\Phi(a, \alpha) = \int_0^\alpha [\zeta(a+i\alpha) + \zeta(a-i\alpha)]d\alpha;$$

première propriété. — Addition d'une période au premier argument de $\Phi(a, \alpha)$. — Expression de $\Phi(a, \alpha)$ quand l'un des arguments est une demi-période. — Addition d'une période au second argument de $\Phi(a, \alpha)$. — Généralisation des propriétés précédentes. — Addition simultanée des deux demi-périodes, dans le cas du discriminant négatif. — Valeurs limites de $\Phi(a, \alpha)$ quand les arguments convergent vers des périodes. — Propriétés de la fonction $\Psi(a, \alpha) = e^{\frac{i}{2}\Phi(a, \alpha)}$.

Définition de ζu pour les arguments réels.

Nous allons introduire une nouvelle fonction, l'intégrale de pu. Considérons d'abord les valeurs réelles de u.

Désignons par 2ω la période réelle, quel que soit d'ailleurs le signe du discriminant. Les valeurs de u, multiples de 2ω, forment obstacle à l'intégration de pu. Mais, quand u converge vers un quelconque $2m\omega$ de ces multiples, la différence

$$pu - \frac{1}{(u-2m\omega)^2}$$

reste finie. Le même fait se produit pour la fonction trigonométrique $\left(\frac{\pi}{2\omega \sin\frac{\pi u}{2\omega}}\right)^2$. Prenons donc la fonction

$$f(u) = -pu + \left(\frac{\pi}{2\omega \sin\frac{\pi u}{2\omega}}\right)^2. \tag{1}$$

Cette dernière reste toujours finie, quelle que soit la valeur de l'argument réel u, et on peut l'intégrer entre des limites quelconques. Elle a d'ailleurs, comme $p u$, les deux propriétés

$$(2)\qquad f(-u)=f(u),\qquad f(\omega+u)=f(\omega-u).$$

Soit maintenant $F(u)$ son intégrale, et posons

$$(3)\qquad F(u)=\int_0^u f(u)\,du,$$

$$(4)\qquad \eta=F(\omega)=\int_0^\omega f(u)\,du.$$

La fonction $F(u)$ est définie sans ambiguïté par la relation (3); d'après les relations (2), elle a aussi les propriétés

$$(5)\qquad \left\{\begin{aligned} &F(-u)=-F(u),\\ &F(\omega+u)+F(\omega-u)=2\eta,\\ &F(u+2\omega)=F(u)+2\eta.\end{aligned}\right.$$

Comme $F(u)$ a été composée en introduisant un terme trigonométrique étranger, il convient maintenant d'en retrancher l'intégrale de ce terme, et voici la nouvelle fonction $\zeta(u)$ que nous introduisons

$$(6)\qquad \zeta u=\frac{\pi}{2\omega}\cot\frac{\pi u}{2\omega}+\int_0^u\left[\left(\frac{\pi}{2\omega\sin\dfrac{\pi u}{2\omega}}\right)^2-p u\right]du.$$

Elle a les propriétés suivantes :

$$(7)\qquad \left\{\begin{aligned} &\frac{d}{du}\zeta u=\zeta' u=-p u,\\ &\zeta(-u)=-\zeta u,\\ &\zeta(u+2\omega)=\zeta u+2\eta,\\ &\zeta(\omega+u)+\zeta(\omega-u)=2\eta,\\ &\eta=\zeta\omega.\end{aligned}\right.$$

Comme $F(u)$ est toujours finie, ζu devient infinie avec le terme trigonométrique. Donc ζu est infinie pour $u=2m\omega$, m étant un entier quelconque. D'après (6), on a

$$(8)\qquad \lim_{u=0}\left(\zeta u-\frac{1}{u}\right)=0$$

et, d'après la troisième égalité (7),

$$(9) \qquad \lim_{u=2m\omega}\left(\zeta u - \frac{1}{u-2m\omega}\right) = 2m\eta.$$

C'est, au surplus, une fonction bien définie, sans aucune ambiguïté.

Développement de ζu suivant les puissances ascendantes de u.

A l'égalité (6) on peut en substituer d'autres plus simples, où les termes trigonométriques sont remplacés par des termes algébriques, par exemple

$$(10) \qquad \zeta u = \frac{1}{u} + \int_0^u \left(\frac{1}{u^2} - pu\right) du.$$

Il faut remarquer d'abord que le second membre n'a de sens que si l'intégrale reste finie. Cette égalité (10) exige donc la condition

$$-2\omega < u < 2\omega.$$

Sous cette réserve, l'égalité (10) a lieu effectivement; car $\left(\zeta u - \frac{1}{u}\right)$ et l'intégrale ont même dérivée $\left(\frac{1}{u^2} - pu\right)$, d'après (7), et même valeur pour $u = 0$, d'après (8).

On peut employer cette formule (10) pour développer ζu suivant les puissances ascendantes de u. Nous avons trouvé (IV, 4)

$$pu = \frac{1}{u^2} + \frac{g_2}{20}u^2 + \frac{g_3}{28}u^4 + \frac{g_2^2}{2^4.3.5^2}u^6 + \frac{3g_2g_3}{2^4.5.7.11}u^8 + \ldots$$

et nous en pouvons conclure

$$(11) \qquad \zeta u = \frac{1}{u} - \frac{g_2}{20}\frac{u^3}{3} - \frac{g_3}{28}\frac{u^5}{5} - \frac{g_2^2}{2^4.3.5^2}\frac{u^7}{7} - \frac{3g_2g_3}{2^4.5.7.11}\frac{u^9}{9} \cdots$$

Un théorème général ([1]) nous enseigne que cette série ζu converge dans la même étendue que la précédente pu; mais nous ne ferons pas usage de cette série (11) pour généraliser la fonction ζ. Remarquons seulement que l'homogénéité de pu se traduit dans

([1]) Pour une série procédant suivant les puissances d'une variable, à exposants entiers, croissants et positifs, le *cercle de convergence* est commun à la série et à la série des dérivées.

la série pu par ce fait : dans chaque terme la somme des indices des lettres g, diminuée de la moitié de l'exposant de u, est toujours égale à $+1$. Dans la série ζu, cette même somme algébrique est égale à $\frac{1}{2}$.

Homogénéité.

Ce caractère de la série (11) se traduit par la relation d'homogénéité

$$\zeta\left(\frac{u}{\sqrt{\mu}}; g_2\mu^2, g_3\mu^3\right) = \sqrt{\mu}\,\zeta(u; g_2, g_3), \tag{12}$$

qu'on peut aussi déduire de la définition (6). Il suffit, à cet effet, de se rappeler que, changeant u, g_2, g_3 en $\frac{u}{\sqrt{\mu}}$, $g_2\mu^2$, $g_3\mu^3$, il faut aussi changer ω en $\frac{\omega}{\sqrt{\mu}}$, et que ces changements transforment p en μp.

La constante η.

Nous avons déjà introduit cette constante $\eta = \zeta\omega$. On peut la définir par l'égalité (10) :

$$\eta = \frac{1}{\omega} + \int_0^{\omega}\left(\frac{1}{u^2} - pu\right)du. \tag{13}$$

Remarquons que $\eta\omega$ est, au point de vue de l'homogénéité, une quantité de degré zéro. Quand on remplace g_2 et g_3 par $g_2\mu^2$ et $g_3\mu^3$, il faut remplacer η par $\eta\sqrt{\mu}$, comme ζ par $\zeta\sqrt{\mu}$.

Addition des arguments.

La formule d'addition de pu sous la forme (I, 24), qui a été utilisée au Chapitre IV (*Inversion des intégrales elliptiques*),

$$pu - p(u+v) = \frac{1}{2}\frac{d}{du}\frac{p'u - p'v}{pu - pv},$$

conduit à l'addition des arguments pour ζu. Écrivons-la comme il suit

$$\frac{d}{du}[\zeta(u+v) - \zeta u] = \frac{d}{du}\frac{1}{2}\frac{p'u - p'v}{pu - pv},$$

et concluons que les deux fonctions, dont les dérivées sont ainsi égales, diffèrent seulement par un terme indépendant de u.

Pour trouver ce terme, développons chacune des deux fonctions suivant les puissances ascendantes de u

$$\zeta(u+v)=\zeta v+u\zeta' v\ldots=\zeta v-u\,\mathrm{p}v\ldots,$$

$$-\zeta u=-\frac{1}{u}+\frac{g_2}{20}\frac{u^3}{3}\cdots.$$

En nous bornant aux trois premiers termes, nous avons donc

$$(14)\qquad \zeta(u+v)-\zeta u-\zeta v=-\frac{1}{u}-u\,\mathrm{p}v+\ldots.$$

D'autre part,

$$\tfrac{1}{2}(\mathrm{p}'u-\mathrm{p}'v)=-\frac{1}{u^3}-\tfrac{1}{2}\mathrm{p}'v+\ldots,$$

$$\mathrm{p}u-\mathrm{p}v=\frac{1}{u^2}-\mathrm{p}v+\ldots,$$

$$(14a)\qquad \frac{1}{2}\frac{\mathrm{p}'u-\mathrm{p}'v}{\mathrm{p}u-\mathrm{p}v}=-\frac{1}{u}-u\,\mathrm{p}v+\ldots.$$

La comparaison des termes aux seconds membres, dans (14) et (14a), permet donc de conclure la formule d'addition

$$(15)\qquad \zeta(u+v)=\zeta u+\zeta v+\frac{1}{2}\frac{\mathrm{p}'u-\mathrm{p}'v}{\mathrm{p}u-\mathrm{p}v}.$$

Voici une conséquence dont nous aurons à faire un fréquent usage. Changeant v en $-v$ et ajoutant membre à membre, on voit disparaître ζv dans la somme $\zeta v+\zeta(-v)=\zeta v-\zeta v=0$, et il reste

$$(16)\qquad \zeta(u+v)+\zeta(u-v)-2\zeta u=\frac{\mathrm{p}'u}{\mathrm{p}u-\mathrm{p}v},$$

ou, par un simple changement des lettres,

$$(16a)\qquad \zeta(u+v)-\zeta(u-v)-2\zeta v=-\frac{\mathrm{p}'v}{\mathrm{p}u-\mathrm{p}v}.$$

Un corollaire.

Le corollaire suivant, relatif à la seule fonction p, est curieux en lui-même et, de plus, va bientôt nous être utile. Pour abréger, écrivons

$$(17)\qquad \frac{1}{2}\frac{\mathrm{p}'u-\mathrm{p}'v}{\mathrm{p}u-\mathrm{p}v}=(u,\ v).$$

Prenons quatre arguments u, v, u_1, v_1. Nous avons, d'après (15),

$$\zeta(u+v+u_1+v_1)-\zeta(u+v)-\zeta(u_1+v_1)=(u+v,\quad u_1+v_1),$$
$$\zeta(u+v+u_1+v_1)-\zeta(u+u_1)-\zeta(v+v_1)=(u+u_1,\quad v+v_1),$$

et, en retranchant ces équations membre à membre,

$$(18)\qquad \left\{\begin{aligned}&\zeta(u+u_1)+\zeta(v+v_1)-\zeta(u+v)-\zeta(u_1+v_1)\\&\quad=(u+v,\ u_1+v_1)-(u+u_1,\ v+v_1).\end{aligned}\right.$$

Mais, toujours d'après (15), on a

$$\begin{aligned}\zeta(u+u_1)&=\quad\zeta u+\zeta u_1+(u,\ u_1),\\ \zeta(v+v_1)&=\quad\zeta v+\zeta v_1+(v,\ v_1),\\ -\zeta(u+v)&=-\zeta u-\zeta v-(u,\ v),\\ -\zeta(u_1+v_1)&=-\zeta u_1-\zeta v_1-(u_1,v_1).\end{aligned}$$

Ajoutant ensemble ces dernières égalités, comparant le premier membre à celui de (18) et observant qu'au second membre les quatre symboles ζ disparaissent, nous avons le corollaire en question

$$(19)\quad (u,u_1)+(v,v_1)+(u+u_1,v+v_1)=(u,v)+(u_1,v_1)+(u+v,u_1+v_1).$$

Dans cette égalité (19), les symboles ont la signification (17). C'est là une identité qui se trouve prouvée pour le cas où les quatre arguments sont réels, hypothèse introduite dans notre analyse par la considération de la fonction ζ, que nous connaissons seulement pour les arguments réels; mais aucun doute ne peut exister sur la généralité de la formule (19), qui s'étend certainement à tous les cas, que les arguments soient réels ou complexes. On s'en convainc par un raisonnement pareil à celui qui a été employé au Chap. II pour des cas analogues. Au surplus, une vérification directe s'offre d'elle-même. Rappelons-nous que (u, v) a pour dérivée, par rapport à u, $\mathrm{p}u-\mathrm{p}(u+v)$. Nous voyons alors que chacun des deux membres de (19) a, par rapport à u, pour dérivée

$$\mathrm{p}u-\mathrm{p}(u+u_1+v+v_1).$$

Les dérivées des deux membres, par rapport à u, sont égales entre elles; et il en va de même pour les dérivées par rapport à chacun des autres arguments. Les deux membres diffèrent donc seulement par une quantité indépendante de ces quatre arguments. Mais ils sont identiques entre eux quand, par exemple, $u_1=v$. Ils sont donc constamment égaux.

Arguments purement imaginaires.

En même temps que

$$(20)\qquad \zeta u = \zeta(u;\, g_2,\, g_3),$$

envisageons la seconde fonction

$$(21)\qquad \bar{\zeta} u = \zeta(u;\, g_2,\, -g_3),$$

comme déjà nous avons considéré à la fois

$$pu = p(u;\, g_2,\, g_3) \quad \text{et} \quad \bar{p}u = p(u;\, g_2,\, -g_3).$$

De même que la demi-période réelle $\bar{\omega}$ de $\bar{p}u$ a été désignée par $\frac{\omega'}{i}$, de même la constante $\bar{\eta}$ relative à $\bar{\zeta}u$ sera désignée par $i\eta'$. Ainsi, suivant (13),

$$(22)\qquad \bar{\eta} = i\eta' = \frac{1}{\bar{\omega}} + \int_0^{\bar{\omega}} \left(\frac{1}{u^2} - \bar{p}u\right) du = \bar{\zeta}\bar{\omega} = \bar{\zeta}\left(\frac{\omega'}{i}\right).$$

Pour définition de ζ *avec un argument purement imaginaire, nous prenons l'égalité suivante*, suggérée par la relation d'homogénéité (12),

$$(23)\qquad \zeta(iu) = -i\bar{\zeta}u.$$

Conformément à cette définition, on a

$$(24)\qquad \zeta\omega' = -i\bar{\zeta}\left(\frac{\omega'}{i}\right) = -i^2\eta' = \eta'.$$

Cette nouvelle fonction ζv, où l'argument $v = iu$ est purement imaginaire, jouit des propriétés reconnues déjà pour ζu avec l'argument réel, sauf changement de η, ω en η', ω'. En effet,

$$v = iu, \qquad \frac{d}{dv}\zeta v = \frac{1}{i}\,\frac{d}{du}(-i\bar{\zeta}u) = -\frac{d}{du}\bar{\zeta}u = \bar{p}u = -pv,$$

$$\zeta(-v) = -i\bar{\zeta}(-u) = i\bar{\zeta}u = -\zeta v,$$

$$(25)\qquad \zeta(v + 2\omega') = -i\bar{\zeta}(u + 2\bar{\omega}) = -i(\bar{\zeta}u + 2\bar{\eta}) = \zeta v + 2\eta'.$$

Ce sont les analogues des relations (7). On établit de même la relation analogue à (8). D'une manière générale et sans calcul, on voit que toute relation établie entre les fonctions ζ, p, p' avec un ou plusieurs arguments réels ou purement imaginaires subsiste quand on y multiplie chaque argument par i. En effet, l'homogénéité exige que cette relation reste inaltérée si l'on y multiplie chaque argument par $\sqrt{\mu}$ et qu'on y remplace ζ, $\wp$, $\wp'$, en même temps, par $\frac{1}{\sqrt{\mu}}\zeta$, $\frac{1}{\mu}\wp$, $\frac{1}{\mu\sqrt{\mu}}\wp'$. Ceci doit avoir lieu quelle que soit la quantité réelle $\sqrt{\mu}$, et subsistera nécessairement si l'on suppose $\sqrt{\mu} = i$.

Il est évident par là que la relation d'homogénéité et le théorème d'addition ont lieu pour les arguments purement imaginaires comme pour les arguments réels.

Arguments complexes.

Désignant par a, α deux quantités réelles quelconques, nous connaissons, pleinement et sans ambiguïté, ζa et $\zeta i\alpha$. Définissons maintenant $\zeta(a+i\alpha)$ par la formule que suggère le théorème d'addition

$$\zeta(a+i\alpha) = \zeta a + \zeta i\alpha + \frac{1}{2}\,\frac{\wp' a - \wp' i\alpha}{\wp a - \wp i\alpha}. \tag{26}$$

On vérifie immédiatement, par cette définition, l'exactitude des relations suivantes :

$$\left.\begin{aligned} &\zeta(-u) = -\zeta u, \\ &\zeta(u + 2m\omega + 2m'\omega') = \zeta u + 2m\eta + 2m'\eta' \\ &\lim_{u=0}\left(\zeta u - \frac{1}{u}\right) = 0 \end{aligned}\right\} \quad (u = a + i\alpha), \tag{27}$$

$$\frac{\partial}{\partial a}\zeta(a+i\alpha) = \frac{\partial}{\partial(i\alpha)}\zeta(a+i\alpha) = -\wp(a+i\alpha) = \frac{d\zeta(a+i\alpha)}{d(a+i\alpha)}.$$

Cette dernière prouve que ζu a une dérivée, quand u est une quantité complexe, et l'on a

$$\frac{d}{du}\zeta u = \zeta' u = -\wp u. \tag{28}$$

La relation d'homogénéité et le cas particulier (23) sont exacts aussi, quel que soit u. Le théorème d'addition (15) a lieu également, quels que soient u, v. Pour le vérifier, remontons à la définition (26), en employant la notation abrégée (17). Soient

$$u = a + i\alpha, \qquad v = b + i\beta.$$

La définition (26) de $\zeta(u+v)$ est la suivante :

$$\zeta(u+v)=\zeta(a+b)+\zeta(i\alpha+i\beta)+(a+b,\ i\alpha+i\beta).$$

En y employant le théorème d'addition (15) démontré pour les arguments réels a, b et pour les arguments purement imaginaires $i\alpha$, $i\beta$, nous pourrons l'écrire ainsi

$$(29)\quad \begin{cases} \zeta(u+v)=\zeta a+\zeta b+\zeta i\alpha+\zeta i\beta \\ \qquad +(a,\ b)+(i\alpha,\ i\beta)+(a+b,\ i\alpha+i\beta). \end{cases}$$

D'autre part, le second membre de la formule (15), dont nous voulons vérifier la coïncidence avec l'expression (29), est ici

$$\zeta(a+i\alpha)+\zeta(b+i\beta)+(a+i\alpha,\ b+i\beta).$$

Suivant la définition (26), ceci est égal à

$$\zeta a+\zeta i\alpha+\zeta b+\zeta i\beta+(a,\ i\alpha)+(b,\ i\beta)+(a+i\alpha,\ b+i\beta).$$

En comparant cette quantité au second membre de (29), nous voyons que la différence est égale à

$$\begin{aligned}&(a,\ b)+(i\alpha,\ i\beta)\\ &\quad+(a+b,\ i\alpha+i\beta)-[(a,\ i\alpha)+(b,\ i\beta)+(a+i\alpha,\ b+i\beta)].\end{aligned}$$

Cette différence est nulle d'après le corollaire (19), où l'on change les notations en y mettant $u=a$, $u_1=b$, $v=i\alpha$, $v_1=i\beta$. Donc, *le théorème d'addition* (15) *et ses conséquences* (16) *et* (16 *a*) *sont exacts pour les arguments complexes.*

Infinis de la fonction ζu.

Jusqu'à présent, tous nos résultats s'appliquent quel que soit le signe du discriminant. Voici maintenant une question où va s'accuser une différence entre les deux cas que présente le signe de Δ.

Nous avons reconnu que ζa, où a est réel, est infini pour les valeurs de a multiples de 2ω, et non autrement; et de même $\zeta i\alpha$, où α est réel, est infini pour les valeurs de $i\alpha$, multiples de $2\omega'$, et non autrement.

Quelles sont les valeurs complexes de $u=a+i\alpha$ qui rendent infini ζu?

La définition (26) répond à cette question, et l'on rencontre la circonstance déjà remarquée au Chapitre III (*Infinis de* pu) : quand le discriminant est positif, la quantité

$$(a, i\alpha) = \frac{1}{2}\,\frac{p'a - p'i\alpha}{pa - pi\alpha}$$

ne devient infinie qu'avec pa ou $pi\alpha$. En même temps ζa ou $\zeta i\alpha$ devient infini. Donc, en ce cas, les seuls infinis de ζu sont les périodes $2m\omega + 2m'\omega'$.

Mais, si le discriminant est négatif, $(a, i\alpha)$ devient infini pour $pa = pi\alpha = e_2$, et il correspond pour u les valeurs

$$u = (2m+1)\omega_2 + (2m'+1)\omega'_2.$$

En conséquence, ζu devient infini pour les valeurs

$$u = m\omega_2 + m'\omega'_2,$$

où m et m' sont des entiers d'une même parité. C'est le fait que nous avons trouvé, au Chapitre III, pour pu. Introduisant alors les demi-périodes imaginaires conjuguées ω_1, ω_3,

$$\omega_1 = \frac{\omega_2 - \omega'_2}{2}, \qquad \omega_3 = \frac{\omega_2 + \omega'_2}{2},$$

nous avons rétabli l'harmonie en mettant les infinis de pu sous la forme $(2m_1\omega_1 + 2m_3\omega_3)$. Ce sont aussi les infinis de ζu. Il reste à montrer que ω_1 et ω_3 jouent aussi le rôle de demi-périodes par rapport à ζu; ainsi, comme cela se produit pour ω et ω', *quand on ajoute* $2\omega_1$ *ou* $2\omega_3$ *à l'argument, la fonction* ζ *se reproduit augmentée d'une constante.*

Dans la formule (16a) supposons $v = \omega_1$, et rappelons-nous que $p'\omega_1$ est nul. Nous aurons

$$\zeta(u + \omega_1) - \zeta(u - \omega_1) = 2\zeta\omega_1,$$

ou, changeant u en $(u + \omega_1)$,

$$\zeta(u + 2\omega_1) = \zeta u + 2\zeta\omega_1.$$

C'est, pour la période $2\omega_1$, l'expression de la propriété dont il s'agit.

La nouvelle constante $\zeta\omega_1 = \eta_1$ s'exprime par les précédentes η_2 et η'_2 (nous rétablissons ici les indices 2, pour le cas du discriminant négatif, à l'égard de η, η', comme à l'égard de ω, ω').

Supposons, à cet effet, $u = \omega'_2$ dans la dernière relation; elle devient

$$\zeta\omega_2 - \zeta\omega'_2 = 2\zeta\omega_1,$$

c'est-à-dire

$$\eta_1 = \frac{\eta_2 - \eta'_2}{2}.$$

Reproduisant le même calcul en supposant, dans ($16a$), $v = \omega_3$, nous aurons pareillement

$$\zeta(u + \omega_3) - \zeta(u - \omega_3) = 2\zeta\omega_3 = 2\eta_3,$$
$$\zeta(u + 2\omega_3) = \zeta u + 2\eta_3;$$

puis, supposant $u = -\omega'_2$,

$$\eta_3 = \frac{\eta_2 + \eta'_2}{2}.$$

Ainsi, en résumé, les deux périodes ω_1 et ω_3 jouent, par rapport à ζu, absolument le même rôle, quand le discriminant est négatif, que ω et ω', quand le discriminant est positif. Les constantes η_1 et η_3, qui correspondent à ces demi-périodes, sont liées à η_2 et η'_2 par les mêmes relations qui lient ω_1 et ω_3 à ω_2 et ω'_2 :

(30) $$\begin{cases} 2\omega_1 = \omega_2 - \omega'_2, & 2\omega_3 = \omega_2 + \omega'_2, \\ 2\eta_1 = \eta_2 - \eta'_2, & 2\eta_3 = \eta_2 + \eta'_2. \end{cases}$$

De ces relations (30) résulte

(31) $$\eta_1\omega_3 - \eta_3\omega_1 = \tfrac{1}{2}(\eta_2\omega'_2 - \eta'_2\omega_2).$$

On va, dans un paragraphe suivant, comprendre la signification de cette formule.

Dégénérescence de ζu.

Nous avons trouvé, aux Chapitres II et III, de quelle manière dégénère pu quand le discriminant, positif ou négatif, tend vers zéro. Prenons la formule commune à ces deux cas, dans l'hypothèse où g_3 est positif. C'est

$$\lim\left(\frac{2\omega}{\pi}\right)^2 = \frac{2g_2}{9g_3}, \qquad \lim pu = -\frac{3g_3}{2g_2} + \frac{9g_3}{2g_2}\,\frac{1}{\sin^2 u\sqrt{\dfrac{9g_3}{2g_2}}},$$

et l'on peut écrire cette dernière sous la forme

$$\lim pu = -\frac{3g_3}{2g_2} + \left(\frac{\pi}{2\omega}\right)^2 \frac{1}{\sin^2\dfrac{\pi u}{2\omega}}.$$

La fonction (1) $f(u)$ se réduit alors à une constante, et nous avons ainsi les formules de dégénérescence

$$(32)\quad \begin{cases} \Delta = 0, \quad g_3 > 0, \quad \zeta u = \dfrac{3g_3}{2g_2}u + \dfrac{\pi}{2\omega}\cot\dfrac{\pi u}{2\omega}, \\ \eta = \dfrac{3g_3}{2g_2}\omega, \\ \eta\omega = \dfrac{\pi^2}{12}. \end{cases}$$

Bien entendu, on doit mettre là η_2 et ω_2, au lieu de η et ω, quand Δ est supposé négatif.

De même, quand g_3 est négatif, en substituant, dans $f(u)$, à pu sa limite, on trouve, par une quadrature facile,

$$(33)\quad \begin{cases} \Delta = 0, \quad g_3 < 0, \quad \zeta u = \dfrac{3g_3}{2g_2}u - \dfrac{\pi i}{2\omega'}\dfrac{e^{-\pi v} + e^{\pi v}}{e^{-\pi v} - e^{\pi v}}, \quad v = \dfrac{iu}{2\omega'}, \\ \eta' = \dfrac{3g_3}{2g_2}\omega', \\ \eta'\omega' = \dfrac{\pi^2}{12}. \end{cases}$$

Ces formules sont établies ici pour un argument réel. Elles s'appliquent naturellement à tous les cas : après tant de détails déjà donnés sur le mode de raisonnement qu'il convient d'employer en pareil cas, la démonstration n'a pas besoin d'être reproduite.

Remarques sur l'intégration de la fonction $p(u-v)$.

Supposons v quelconque, mais u réel, et considérons l'intégrale $\int_0^u p(u-v)\,du$. Elle n'a un sens précis que s'il ne se trouve aucune période parmi les quantités $(t-v)$, t étant une variable réelle qui parcourt toutes les valeurs de zéro à u. C'est ce qui aura lieu si, par exemple, v est complexe et que sa partie imaginaire ne coïncide pas avec un multiple de $2\omega'$, si Δ est positif, ou de ω'_2, si Δ est négatif.

Supposons qu'il en soit ainsi, en sorte que l'intégrale ait une valeur finie, quelle que soit la variable réelle u. On aura, en ce cas,

$$(34)\qquad \zeta(u-v) + \zeta v = -\int_0^u p(u-v)\,du.$$

Les deux membres ont tous deux, en effet, pour dérivée

$$-p(u-v),$$

et sont nuls, tous deux, pour $u = 0$.

Cette égalité (34) exige, avons-nous dit, que, parmi les quantités $(t-v)$, il n'y ait aucune période. S'il s'en trouve, nous pouvons remplacer la formule (34) par une autre, comme nous l'avons fait, par exemple, en employant l'égalité (10).

Soient w, w_1, ... ces périodes : nous écrirons

$$(35)\quad \left\{\begin{aligned} \zeta(u-v)+\zeta v &= \frac{1}{u-v-w}+\frac{1}{v+w}+\frac{1}{u-v-w_1}+\frac{1}{v+w_1}+\dots \\ &+\int_0^u\left[\frac{1}{(u-v-w_1)^2}+\frac{1}{(u-v-w_2)^2}+\dots-p(u-v)\right]du. \end{aligned}\right.$$

L'intégrale reste toujours finie, les deux membres ont encore même dérivée $-p(u-v)$ et même valeur initiale zéro pour $u=0$.

Mais ici, comme dans la formule (10), il faut que u soit limité; car, s'il en était autrement, $w+2m\omega$, $w_1+2m\omega$, ... seraient encore des périodes à éviter; leur nombre, tant que u resterait indéterminé, serait indéfini, et la formule (35) ne pourrait subsister : il la faudrait changer en une autre, analogue à l'égalité (6). Voici un exemple, où v est supposé purement imaginaire et, comme tel, remplacé par $i\alpha$:

$$\zeta(u-i\alpha)+\zeta i\alpha = \frac{1}{u-i\alpha}+\frac{1}{i\alpha}+\int_0^u\left[\frac{1}{(u-i\alpha)^2}-p(u-i\alpha)\right]du.$$

On y suppose

$$(36)\qquad -\frac{2\omega'}{i}<\alpha<\frac{2\omega'}{i};$$

ces inégalités ne doivent pas d'ailleurs se changer en égalités, et l'on veut, bien entendu, pouvoir y faire varier α dans ces limites. Quelle est alors la limite supérieure de u ?

On a tenu compte de la période zéro, mais non pas d'autre. Si donc le discriminant Δ est positif, on devra supposer en même temps

$$(37)\qquad -2\omega<u<2\omega.$$

Si Δ est négatif, il faudra éviter les périodes $2\omega_1$ et $2\omega_3$, et alors, mettant en évidence dans (36) l'indice 2 caractéristique, les conditions simultanées seront

$$(38)\qquad -\frac{2\omega'_2}{i}<\alpha<\frac{2\omega'_2}{i},\qquad -\omega_2<u<\omega_2.$$

Évidemment la formule serait encore exacte si l'on faisait la supposition inverse

$$(38\,a)\qquad -\frac{\omega'_2}{i}<\alpha<\frac{\omega'_2}{i},\qquad -2\omega_2<u<2\omega_2.$$

Sous ces réserves, la formule est ainsi exacte. Changeons-y α en $-\alpha$, elle reste exacte dans les mêmes conditions; ajoutons les deux égalités membre à membre, et nous obtenons cette autre

$$(39)\quad \begin{cases} \zeta(u+i\alpha)+\zeta(u-i\alpha) \\ \quad =\dfrac{2u}{u^2+\alpha^2}+\displaystyle\int^u\left[\frac{1}{(u-i\alpha)^2}+\frac{1}{(u+i\alpha)^2}-p(u-i\alpha)-p(u+i\alpha)\right]du, \end{cases}$$

qui a lieu sous les conditions (36) et (37) pour $\Delta>0$; sous les conditions (38) ou (38a) pour $\Delta<0$. Les deux membres y sont réels.

Si l'on voulait composer une formule analogue, pour $\Delta<0$, de manière à laisser pour α et u toute l'étendue marquée par les inégalités (36) et (37), il faudrait mettre en évidence, outre zéro, les quatre périodes $\pm 2\omega_1$ et $\pm 2\omega_3$.

Nous allons faire usage d'une égalité plus simple dans laquelle les limites seront

$$(40)\qquad -\frac{\omega'_2}{i}<\alpha<\frac{2\omega'_2}{i},\qquad -\omega_2<u<2\omega_2.$$

Conformément à la règle générale (35), nous écrirons la formule pour $\zeta(u-i\alpha)$, l'analogue pour $\zeta(u+i\alpha)$ et nous ajouterons membre à membre. En ce qui concerne $\zeta(u-i\alpha)$, il faut mettre en évidence la période $2\omega_1=\omega_2-\omega'_2$, et l'on a, en dehors du signe d'intégration, les termes

$$\frac{1}{u-i\alpha}+\frac{1}{i\alpha}+\frac{1}{u-i\alpha-\omega_2+\omega'_2}+\frac{1}{i\alpha-\omega'_2+\omega_2}.$$

A l'égard de $\zeta(u+i\alpha)$, la période conjuguée $2\omega_3$ intervient avec les termes conjugués

$$\frac{1}{u+i\alpha}-\frac{1}{i\alpha}+\frac{1}{u+i\alpha-\omega_2-\omega'_2}-\frac{1}{i\alpha-\omega'_2-\omega_2}.$$

Mettons, pour abréger,

$$(41)\quad \begin{cases} \varphi(u, \alpha) = \dfrac{1}{(u - i\alpha)^2} + \dfrac{1}{(u + i\alpha)^2} \\ \qquad + \dfrac{1}{(u - i\alpha - \omega_2 + \omega'_2)^2} + \dfrac{1}{(u + i\alpha - \omega_2 - \omega'_2)^2}; \end{cases}$$

nous aurons

$$(42)\quad \begin{cases} \zeta(u + i\alpha) + \zeta(u - i\alpha) \\ \quad = \dfrac{2u}{u^2 + \alpha^2} + \dfrac{2(u - \omega_2)}{(u - \omega_2)^2 + \left(\alpha - \dfrac{\omega'_2}{i}\right)^2} + \dfrac{2\omega_2}{\omega_2^2 + \left(\alpha - \dfrac{\omega'_2}{i}\right)^2} \\ \quad + \displaystyle\int_0^u [\varphi(u, \alpha) - p(u + i\alpha) - p(u - i\alpha)]\, du, \end{cases}$$

formule exacte sous les conditions (40) et convenant au cas $\Delta < 0$.

Relation entre η, η', ω, ω' quand le discriminant est positif.

Dans la formule (39) supposons $u = \omega$, qui est bien entre les limites (37). Le premier membre devient

$$\zeta(\omega + i\alpha) + \zeta(\omega - i\alpha) = 2\eta$$

Au second membre, la partie extérieure au signe d'intégration devient $\dfrac{2\omega}{\omega^2 + \alpha^2}$, et l'intégrale a pour limite supérieure ω. Intégrons maintenant aux deux membres, par rapport à α, de zéro à $\dfrac{\omega'}{i}$, qui est aussi entre les limites (36).

Portons notre attention sur la première partie du second membre, qui devient

$$(43)\quad \int_0^{\frac{\omega'}{i}} \frac{2\omega}{\omega^2 + \alpha^2}\, d\alpha = 2 \operatorname{arc\,tang} \frac{\omega'}{i\omega} = 2 \operatorname{arc\,tang} \tau, \qquad \tau = \frac{\omega'}{i\omega}.$$

Cette quantité réelle et positive τ assigne à l'arc, qui figure ici, une valeur précise, comprise entre zéro et $\dfrac{\pi}{2}$. C'est là un point tout à fait élémentaire de Calcul intégral; mais il est bon, pour la suite, de le rappeler ici d'une manière nette. On a généralement

$$\int_0^b \frac{a}{a^2 + \alpha^2}\, d\alpha = \int^{\frac{b}{a}} \frac{dx}{1 + x^2} = \operatorname{arc\,tang} \frac{b}{a}.$$

Cet arc est parfaitement déterminé. En effet, x varie directement de zéro à $\frac{b}{a}$ sans devenir infini dans l'intervalle : c'est la définition même de l'intégrale. L'arc variable, dont la tangente est x, part de zéro et aboutit à sa valeur finale sans passer, par conséquent, par $\pm\frac{\pi}{2}$. L'arc égal à l'intégrale est donc compris entre $-\frac{\pi}{2}$ et $+\frac{\pi}{2}$; il a d'ailleurs le signe de $\frac{b}{a}$.

Revenant à notre objet, nous avons maintenant l'égalité

$$(44)\quad \left\{\begin{aligned} &2\eta\frac{\omega'}{i} = 2\operatorname{arc\,tang}\tau \\ &\quad+\int_0^{\frac{\omega'}{i}} d\alpha \int_0^{\omega} du\left[\frac{1}{(u-i\alpha)^2}+\frac{1}{(u+i\alpha)^2}-p(u-i\alpha)-p(u+i\alpha)\right].\end{aligned}\right.$$

Dans cette relation (44), changeons g_3 en $-g_3$, ce qui entraîne le changement de $\frac{\omega'}{i}$ en ω et de ω en $\frac{\omega'}{i}$, ainsi que de η en $i\eta'$. Échangeons en même temps les lettres u et α dans l'intégrale, et nous aurons

$$\begin{aligned} &2i\eta'\omega = 2\operatorname{arc\,tang}\frac{1}{\tau} \\ &\quad+\int_0^{\omega} du \int_0^{\frac{\omega'}{i}} d\alpha\left[\frac{1}{(\alpha-iu)^2}+\frac{1}{(\alpha+iu)^2}-\bar{p}(\alpha-iu)-\bar{p}(\alpha+iu)\right].\end{aligned}$$

Mais les relations

$$\frac{1}{(\alpha-iu)^2} = -\frac{1}{(u+i\alpha)^2},\qquad \frac{1}{(\alpha+iu)^2} = -\frac{1}{(u-i\alpha)^2},$$
$$\bar{p}(\alpha-iu) = -p(u+i\alpha),\qquad \bar{p}(\alpha+iu) = -p(u-i\alpha)$$

permettent d'écrire le résultat sous cette autre forme

$$(45)\quad \left\{\begin{aligned} &2i\eta'\omega = 2\operatorname{arc\,tang}\frac{1}{\tau} \\ &\quad-\int_0^{\omega} du \int_0^{\frac{\omega'}{i}} d\alpha\left[\frac{1}{(u-i\alpha)^2}+\frac{1}{(u+i\alpha)^2}-p(u-i\alpha)-p(u+i\alpha)\right].\end{aligned}\right.$$

Si l'on compare les deux intégrales qui figurent dans (44) et (45), on reconnaît que les quantités intégrées coïncident entre elles; la différence porte seulement sur l'ordre des intégrations.

Mais la quantité intégrée étant toujours finie dans le champ des intégrations, l'ordre est indifférent, et ces deux intégrales n'en font qu'une. Elles disparaissent donc si l'on ajoute les deux égalités membre à membre; d'ailleurs

$$\operatorname{arc\,tang} \tau + \operatorname{arc\,tang} \frac{1}{\tau} = \frac{\pi}{2},$$

à cause de la manière dont sont déterminés les deux arcs. On a, par conséquent, la relation

$$i\eta'\omega + \eta \frac{\omega'}{i} = \frac{\pi}{2},$$

ou, sous sa forme définitive,

$$(46) \qquad \eta\omega' - \eta'\omega = \frac{i\pi}{2}.$$

C'est la relation qu'il s'agissait d'obtenir.

Relation entre η, η', ω, ω' dans le cas où le discriminant est négatif.

L'analyse est la même que pour le cas précédent, mais se fonde sur la formule (42). On a d'abord

$$\int^{\frac{\omega'_2}{i}} \frac{2\omega_2\,d\alpha}{\omega_2^2 + \left(\alpha - \frac{\omega'_2}{i}\right)^2} = \int_0^{\frac{\omega'_2}{i}} \frac{2\omega_2\,d\alpha}{\omega_2^2 + \alpha^2} = 2 \operatorname{arc\,tang} \tau_2, \qquad \tau_2 = \frac{\omega'_2}{i\omega_2};$$

par conséquent, au lieu de l'égalité (44), on obtient celle-ci

$$(47) \qquad \left\{ \begin{aligned} 2\eta_2 \frac{\omega'_2}{i} &= 4 \operatorname{arc\,tang} \tau_2 \\ &+ \int_0^{\frac{\omega'_2}{i}} d\alpha \int_0^{\omega_2} du [\varphi(u, \alpha) - p(u + i\alpha) - p(u - i\alpha)]\,d\alpha; \end{aligned} \right.$$

et, au lieu de (45), cette autre

$$(48) \qquad \left\{ \begin{aligned} 2i\eta'_2\omega_2 &= 4 \operatorname{arc\,tang} \frac{1}{\tau_2} \\ &- \int_0^{\omega_2} du \int_0^{\frac{\omega'_2}{i}} d\alpha [\varphi(u, \alpha) - p(u + i\alpha) - p(u - i\alpha)]\,d\alpha. \end{aligned} \right.$$

La conclusion est donc

$$(49) \qquad \eta_2 \omega'_2 - \eta'_2 \omega_2 = i\pi;$$

on trouve ici une constante double, $i\pi$ au lieu de $\frac{i\pi}{2}$. Mais, d'après (31), nous tirons de là

$$(50) \qquad \eta_1 \omega_3 - \eta_3 \omega_1 = \frac{i\pi}{2}.$$

Ici encore, on le voit, les demi-périodes ω_1, ω_3, avec $\Delta < 0$, jouent le même rôle que ω, ω' avec $\Delta > 0$.

Étude de la fonction $\Phi(a, \alpha) = \int_0^\alpha [\zeta(a + i\alpha) + \zeta(a - i\alpha)] d\alpha$.

Première propriété.

L'analyse précédente s'étend immédiatement. Considérons la fonction suivante

$$(51) \qquad \Phi(a, \alpha) = \int_0^\alpha [\zeta(a + i\alpha) + \zeta(a - i\alpha)] d\alpha;$$

c'est, comme on voit, une fonction réelle de a et de α. En mettant, pour abréger,

$$(52) \qquad \psi(a, \alpha) = \frac{1}{(a - i\alpha)^2} + \frac{1}{(a + i\alpha)^2} - p(a - i\alpha) - p(a + i\alpha),$$

nous pouvons exprimer Φ par une intégrale double d'où a disparu ζ. Ce sera, d'après (39),

$$\Phi(a, \alpha) = \int_0^\alpha \frac{2a\, d\alpha}{a^2 + \alpha^2} + \int_0^\alpha d\alpha \int_0^a da\, \psi(a, \alpha),$$

ou bien, en changeant la variable d'intégration dans l'intégrale simple,

$$(53) \qquad \Phi(a, \alpha) = \int_0^{\frac{\alpha}{a}} \frac{2\, dx}{1 + x^2} + \int_0^\alpha d\alpha \int_0^a da\, \psi(a, \alpha).$$

C'est à dessein que nous laissons subsister l'intégrale simple.

Il est essentiel de se rappeler les limites imposées à a et α; ce sont les mêmes que pour u et α dans (39), savoir :

Si $\Delta > 0$,

$$(54)\qquad -\frac{2\omega'}{i} < \alpha < \frac{2\omega'}{i}, \qquad -2\omega < a < 2\omega;$$

Si $\Delta < 0$,

$$(55)\qquad -\frac{2\omega'_2}{i} < \alpha < \frac{2\omega_2}{i}, \qquad -\omega_2 < a < \omega_2,$$

$$(55\,a)\qquad -\frac{\omega'_2}{i} < \alpha < \frac{\omega'_2}{i}, \qquad -2\omega_2 < a < 2\omega_2.$$

Pour le cas du discriminant négatif, on a le choix entre les limites (55) ou (55 a).

Considérons, en même temps, la fonction Φ_1, semblable à Φ, mais obtenue par le changement de g_3 en $-g_3$, et échangeons-y les lettres a, α; en conséquence,

$$(56)\qquad \Phi_1(\alpha, a) = \int_0^a \left[\bar{\zeta}(\alpha + ia) + \bar{\zeta}(\alpha - ia)\right] da.$$

Sous le bénéfice des restrictions (54) ou (55), on aura aussi

$$(57)\qquad \Phi_1(\alpha, a) = \int_0^{\frac{a}{\alpha}} \frac{2\,dy}{1+y^2} + \int_0^a da \int_0^\alpha d\alpha\, \psi_1(\alpha, a),$$

$$\psi_1(\alpha, a) = \frac{1}{(\alpha - ia)^2} + \frac{1}{(\alpha + ia)^2} - \bar{\wp}(\alpha - ia) - \bar{\wp}(\alpha + ia) = -\psi(a, \alpha).$$

Par conséquent, on conclut, comme dans les deux paragraphes précédents,

$$\Phi(a, \alpha) + \Phi_1(\alpha, a) = 2\int_0^{\frac{\alpha}{a}} \frac{dx}{1+x^2} + 2\int_0^{\frac{a}{\alpha}} \frac{dy}{1+y^2}.$$

Mais on a, en faisant $y = \frac{1}{x}$,

$$\int_0^{\frac{a}{\alpha}} \frac{dy}{1+y^2} = \int_{\frac{\alpha}{a}}^{\pm\infty} \frac{dx}{1+x^2},$$

et le signe de la limite supérieure coïncide avec celui de $\frac{a}{\alpha}$. Réunissons les deux intégrales, nous obtenons

$$\int_0^{\frac{\alpha}{a}} \frac{dx}{1+x^2} + \int_{\frac{\alpha}{a}}^{\pm\infty} \frac{dx}{1+x^2} = \int_0^{\pm\infty} \frac{dx}{1+x^2} = \pm\frac{\pi}{2}.$$

Voici donc la propriété que nous trouvons

$$\Phi(a, \alpha) + \Phi_1(\alpha, a) = \pm \pi; \tag{58}$$

le signe du second membre coïncide avec celui de $\frac{a}{\alpha}$, *et* a, α *sont renfermés dans les limites* (54), (55) *ou* (55 a).

La somme (58) est donc une fonction discontinue, passant brusquement de $+\pi$ à $-\pi$ quand une des variables passe par zéro. On peut de plus observer que, d'après la définition (51), $\Phi(a, \alpha)$ est égale à zéro quand un quelconque des deux arguments est nul; ainsi

$$\Phi(0, \alpha) = 0, \quad \Phi(a, 0) = 0. \tag{59}$$

La somme (58) passe, disons-nous, brusquement de $+\pi$ à $-\pi$. Au moment du passage, elle a la valeur moyenne zéro.

Cette discontinuité ne doit pas surprendre. Elle ne tient pas à la nature des fonctions elliptiques, mais elle est dans l'essence même des intégrales définies. On a vu qu'elle se trouve également dans la somme

$$\int_0^{\frac{\alpha}{a}} \frac{dx}{1+x^2} + \int_0^{\frac{a}{\alpha}} \frac{dy}{1+y^2} = \pm \frac{\pi}{2}.$$

Nous allons procéder à une étude de la fonction Φ, en nous proposant de reconnaître comment elle varie quand a et $i\alpha$ s'augmentent des périodes, et comment aussi la relation (58) doit être modifiée quand a et α sortent des limites (54) ou (55), (55 a).

Remarquons, comme conséquence immédiate de la définition (51), les deux égalités

$$\left\{\begin{array}{l} \Phi(-a, \alpha) = -\Phi(a, \alpha), \\ \Phi(a, -\alpha) = -\Phi(a, \alpha). \end{array}\right. \tag{60}$$

Addition d'une période au premier argument de $\Phi(a, \alpha)$.

La relation (27),

$$\zeta(a + 2m\omega) = \zeta a + 2m\eta$$

donne immédiatement, d'après la définition (51),

$$\Phi(a + 2m\omega, \alpha) = \int_0^{\alpha} [4m\eta + \zeta(a + i\alpha) + \zeta(a - i\alpha)]\, d\alpha,$$

$$\Phi(a + 2m\omega, \alpha) = 4m\eta\alpha + \Phi(a, \alpha), \tag{61}$$

formule par l'emploi de laquelle le premier argument peut être ramené entre les limites $(-\omega, +\omega)$, ou plus généralement entre deux limites distantes d'une période 2ω.

Expression de $\Phi(a, \alpha)$ quand l'un des arguments est une demi-période.

D'après la relation

$$\zeta(\omega + i\alpha) + \zeta(\omega - i\alpha) = 2\eta,$$

on conclut de la définition (51)

$$\Phi(\omega, \alpha) = 2\eta\alpha. \tag{62}$$

Semblablement, pour la fonction Φ_1, obtenue par le changement de g_3 en $-g_3$, changement qui entraîne celui de ω, η en $\frac{\omega'}{i}$, $i\eta'$, on a

$$\Phi_1\left(\frac{\omega'}{i}, a\right) = 2i\eta' a. \tag{62 a}$$

On ne saurait trop rappeler que ω' et η' sont purement imaginaires; par conséquent, $\frac{\omega'}{i}$ et $i\eta'$ sont réels.

Pour obtenir maintenant $\Phi\left(a, \frac{\omega'}{i}\right)$, recourons à la formule (58). En supposant, comme cette formule l'exige, a entre les limites (54) ou (55), suivant le signe de Δ, nous pouvons l'écrire ainsi, en y faisant $\alpha = \frac{\omega'}{i}$,

$$\Phi\left(a, \frac{\omega'}{i}\right) + \Phi_1\left(\frac{\omega'}{i}, a\right) = \varepsilon\pi.$$

La quantité ε sera l'unité positive ou négative suivant que a sera positif ou négatif. En outre, il faudra supposer $\varepsilon = 0$ quand a est nul lui-même, puisque les deux fonctions Φ et Φ_1 sont alors nulles; mais, c'est là un trait essentiel dans ces discontinuités, ε doit être considéré comme égal à ± 1 quand a est, non pas nul, mais infiniment petit. Cette définition de ε est rappelée par les relations

$$\varepsilon = \pm 1, \quad \varepsilon a > 0; \quad \varepsilon = 0 \text{ si } a = 0.$$

Ceci entendu, nous concluons de la dernière égalité et de (62 a)

$$\Phi\left(a, \frac{\omega'}{i}\right) = \varepsilon\pi - 2i\eta' a.$$

Mais ici a est limité, comme nous l'avons dit. Pour affranchir a de ses limites, substituons cette expression de $\Phi\left(a, \frac{\omega'}{i}\right)$ au second membre de (61), où nous prendrons $x = \frac{\omega'}{i}$. Nous aurons ainsi

$$(63)\qquad \Phi\left(a + 2m\omega, \frac{\omega'}{i}\right) = 4m\eta\frac{\omega'}{i} - 2i\eta' a + \varepsilon\pi.$$

Soit $a + 2m\omega = b$, les conditions (54) ou (55) deviennent respectivement

$$\begin{aligned} 2(m-1)\omega &< b < 2(m+1)\omega, &&\text{si } \Delta > 0,\\ (2m-1)\omega_2 &< b < (2m+1)\omega_2, &&\text{si } \Delta < 0. \end{aligned}$$

La définition de ε devient

$$\varepsilon = \pm 1,\quad \varepsilon(b - 2m\omega) > 0;\qquad \varepsilon = 0 \text{ si } b = 2m\omega;$$

et l'égalité (63) s'écrit sous la forme

$$\Phi\left(b, \frac{\omega'}{i}\right) = 4m\eta\frac{\omega'}{i} - 2i\eta'(b - 2m\omega) + \varepsilon\pi = 4m\frac{\eta\omega' - \eta'\omega}{i} - 2i\eta' b - \varepsilon\pi.$$

Remplaçons maintenant $\frac{\eta\omega' - \eta'\omega}{i}$ par $\frac{\pi}{2}$ ou par π, suivant le signe de Δ, et distinguons les deux cas. Pour celui où Δ est positif, on pourra limiter b dans un intervalle de grandeur 2ω, au lieu de 4ω, comme cela a lieu dans la formule ci-dessus. La quantité ε n'aura alors que les valeurs $+1$ ou zéro. Mettons, en outre, a au lieu de b, et résumons le résultat :

$$(64)\qquad \left\{\begin{aligned} &\Delta > 0, \quad 2m\omega \leqq a < 2(m+1)\omega,\\ &\qquad \Phi\left(a, \frac{\omega'}{i}\right) = -2i\eta' a + (2m+\varepsilon)\pi,\\ &\varepsilon = 1, \quad \text{sauf au cas } a = 2m\omega \text{ où } \varepsilon = 0. \end{aligned}\right.$$

$$(65)\qquad \left\{\begin{aligned} &\Delta < 0, \quad (2m-1)\omega_2 < a < (2m+1)\omega_2,\\ &\qquad \Phi\left(a, \frac{\omega'_2}{i}\right) = -2i\eta'_2 a + (4m+\varepsilon)\pi,\\ &\varepsilon = -1 \quad \text{si } (2m-1)\omega_2 < a < 2m\omega_2,\\ &\varepsilon = 0 \quad \text{si } a = 2m\omega_2,\\ &\varepsilon = +1 \quad \text{si } 2m\omega_2 < a < (2m+1)\omega_2. \end{aligned}\right.$$

A ces dernières formules il convient d'en joindre encore une, relative au cas où a est de la forme $(2m+1)\omega_2$. D'après (61) et (62), on a

$$(66)\quad \Phi\left[(2m+1)\omega_2, \frac{\omega'_2}{i}\right] = 4m\eta_2\frac{\omega'_2}{i} + 2\eta_2\frac{\omega'_2}{i} = 2(2m+1)\eta_2\frac{\omega'_2}{i}.$$

On peut écrire sous une autre forme

$$(66\,a)\quad \begin{cases} \Phi\left[(2m+1)\omega_2, \frac{\omega'_2}{i}\right] = 2(2m+1)\left(\frac{\eta_2\omega'_2 - \eta'_2\omega_2}{i} + \frac{\eta'_2\omega_2}{i}\right) \\ \qquad = -2(2m+1)i\eta'_2\omega_2 + (4m+2)\pi. \end{cases}$$

D'après la formule (65), quand a passe, en croissant, par la valeur $(2m+1)\omega_2$, la fonction $\Phi\left(a, \frac{\omega'_2}{i}\right) + 2i\eta'_2 a$ subit un changement brusque, de $(4m+1)\pi$ à $(4m+3)\pi$. On voit, par (66 a), qu'au moment du passage elle acquiert la valeur moyenne $(4m+2)\pi$. Le même fait a lieu, quel que soit le signe de Δ, quand a passe par les valeurs $2m\omega$, comme on le voit immédiatement dans les formules (64) et (65).

Addition d'une période au second argument de $\Phi(a, \alpha)$.

Considérons l'intégrale

$$I_m = \int_{m\frac{\omega'}{i}}^{(m+1)\frac{\omega'}{i}} [\zeta(a+i\alpha) + \zeta(a-i\alpha)]\,d\alpha.$$

Si m est pair, changeons α en $\alpha + m\frac{\omega'}{i}$; la relation

$$(m \text{ pair})\qquad \zeta\left(u \pm m\frac{\omega'}{i}\right) = \zeta u \pm m\eta'$$

donne immédiatement $I_m = I_0 = \Phi\left(a, \frac{\omega'}{i}\right)$.

Si m est impair, changeons α en $(m+1)\frac{\omega'}{i} - \alpha$; la même relation donne encore $I_m = I_0$. Ajoutons ensemble $I_0, I_1, \ldots, I_{m-1}$. La somme est égale à mI_0; mais c'est aussi l'intégrale prise depuis zéro jusqu'à $m\frac{\omega'}{i}$, c'est-à-dire $\Phi\left(a, m\frac{\omega'}{i}\right)$. Donc

$$(67)\qquad \Phi\left(a, m\frac{\omega'}{i}\right) = m\Phi\left(a, \frac{\omega'}{i}\right).$$

Prenons maintenant l'intégrale

$$\int_{2n\frac{\omega'}{i}}^{2n\frac{\omega'}{i}+\alpha} [\zeta(a+i\beta)+\zeta(a-i\beta)]d\beta;$$

par le changement de β en $2n\frac{\omega'}{i}+\beta$, et en vertu de la relation

$$\zeta(u\pm 2n\omega')=\zeta u\pm 2n\eta',$$

elle devient

$$\int_0^\alpha [\zeta(a+i\beta)+\zeta(a-i\beta)]d\beta=\Phi(a,\alpha).$$

Ajoutons-la à la somme $I_0+I_1+\ldots+I_{2n-1}$. Nous aurons ainsi une intégrale, prise depuis zéro jusqu'à $2n\frac{\omega'}{i}+\alpha$; par conséquent

$$\Phi\left(a,\alpha+2n\frac{\omega'}{i}\right)=2n\Phi\left(a,\frac{\omega'}{i}\right)+\Phi(a,\alpha).$$

La démonstration que nous venons de faire pour cette formule suppose n positif, mais il suffit de l'intervertir ainsi

$$\Phi(a,\alpha)=-2n\Phi\left(a,\frac{\omega'}{i}\right)+\Phi\left(a,\alpha+2n\frac{\omega'}{i}\right)$$

pour reconnaître qu'elle s'applique également au cas où n est négatif. Prenons cette dernière forme en y remplaçant n par $-n$,

$$\Phi(a,\alpha)=2n\Phi\left(a,\frac{\omega'}{i}\right)+\Phi\left(a,\alpha-2n\frac{\omega'}{i}\right). \tag{68}$$

Généralisation des propriétés précédentes.

Employons maintenant les égalités (61), (64), (65) et (68) pour réduire explicitement les deux arguments à être compris dans l'intervalle d'une période.

Dans le cas $\Delta>0$, supposons α compris entre $2n\frac{\omega'}{i}$ et $2(n+1)\frac{\omega'}{i}$, et a, comme dans (64), entre $2m\omega$ et $2(m+1)\omega$. Transformons le dernier terme de (68), d'après (61), en écrivant

$$\Phi\left(a,\alpha-2n\frac{\omega'}{i}\right)=4m\eta\left(\alpha-2n\frac{\omega'}{i}\right)+\Phi\left(a-2m\omega,\alpha-2n\frac{\omega'}{i}\right),$$

et remplaçons aussi $\Phi\left(a, \frac{\omega'}{i}\right)$ par son expression (64). Les termes du second membre, outre la fonction Φ, sont les suivants :

$$4m\eta_1\left(\alpha - 2n\frac{\omega'}{i}\right) + 2n[-2i\eta_1' a + (2m + \varepsilon)\pi].$$

Nous les mettrons sous la forme la plus symétrique en remplaçant $2\eta_1\omega'$ par la quantité égale $\eta_1\omega' + \eta_1'\omega + \frac{i\pi}{2}$, et nous aurons la formule suivante :

$$(69)\quad \left\{\begin{array}{l} \Delta > 0, \quad 2m\omega \leqq a < 2(m+1)\omega, \\ \qquad 2n\frac{\omega'}{i} \leqq \alpha < 2(n+1)\frac{\omega'}{i}, \\ \Phi(a, \alpha) = 4m\eta_1\alpha - 4ni\eta_1' a + 4mni(\eta_1\omega' + \eta_1'\omega) \\ \qquad + 2n(m + \varepsilon)\pi + \Phi\left(a - 2m\omega,\ \alpha - 2n\frac{\omega'}{i}\right), \\ \varepsilon = 1, \quad \text{sauf au cas} \quad a = 2m\omega, \quad \text{où} \quad \varepsilon = 0. \end{array}\right.$$

Nous pouvons maintenant généraliser la relation (58). Changeons g_3 en $-g_3$, par conséquent

$$\omega, \quad \eta_1, \quad \omega', \quad \eta_1'$$

en

$$\frac{\omega'}{i}, \quad i\eta_1', \quad i\omega, \quad \frac{\eta_1}{i},$$

et, en même temps, échangeons a, α par conséquent aussi m, n ; nous aurons

$$(69a)\quad \left\{\begin{array}{l} \Phi_1(a, \alpha) = 4ni\eta_1' a - 4m\eta_1\alpha - 4mni(\eta_1'\omega + \eta_1\omega') \\ \qquad + 2m(n + \varepsilon')\pi + \Phi_1\left(\alpha - 2n\frac{\omega'}{i},\ a - 2m\omega\right). \end{array}\right.$$

La quantité ε' a, par rapport à α, même signification que ε par rapport à a.

Dans les deux fonctions Φ et Φ_1, qui sont aux seconds membres de (69) et (69 a), les deux arguments sont entre les limites $(0, 2\omega)$ $\left(0, \frac{2\omega'}{i}\right)$. On peut donc leur appliquer la formule (58), et leur somme est zéro ou $\pm\pi$, suivant les cas, que l'on peut réunir en représentant cette somme par $\varepsilon\varepsilon'\pi$. Ajoutons membre à membre (69) et (69 a), et voici la formule cherchée :

$$(70)\quad \begin{cases} \Delta > 0, & 2m\omega \leqq a < 2(m+1)\omega, \\ & 2n\dfrac{\omega'}{i} \leqq \alpha < 2(n+1)\dfrac{\omega'}{i}, \\ \Phi(a, \alpha) + \Phi_1(\alpha, a) = (2m+\varepsilon)(2n+\varepsilon')\pi, \\ \varepsilon = 1, \quad \text{sauf au cas} \quad a = 2m\omega, & \text{où} \quad \varepsilon = 0, \\ \varepsilon' = 1, \quad \text{sauf au cas} \quad \alpha = 2n\dfrac{\omega'}{i}, & \text{où} \quad \varepsilon' = 0. \end{cases}$$

Dans le cas $\Delta < 0$, voici comment se fait le même calcul

Supposant a dans les mêmes limites qu'aux formules (65) et aussi α entre $(2n-1)\frac{\omega'_2}{i}$ et $(2n+1)\frac{\omega'_2}{i}$, nous remplaçons au second membre de (68), comme tout à l'heure,

$$\Phi\left(a, \alpha - 2n\frac{\omega'_2}{i}\right) \quad \text{par} \quad 4m\eta_2\left(\alpha - 2n\frac{\omega'_2}{i}\right) + \Phi\left(a - 2m\omega_2,\ \alpha - 2n\frac{\omega'_2}{i}\right)$$

et, suivant (65),

$$2n\Phi\left(a, \frac{\omega'_2}{i}\right) \quad \text{par} \quad 2n[-2i\eta'_2 a + (4m+\varepsilon)\pi].$$

Nous mettrons, en outre, au lieu de $2\eta_2\omega'_2$, la quantité égale $\eta_2\omega'_2 + \eta'_2\omega_2 + i\pi$, et nous obtiendrons une formule qui différera de (69) par un seul terme

$$(71)\quad \begin{cases} \Delta < 0, & (2m-1)\omega_2 < a < (2m+1)\omega_2, \\ & (2n-1)\dfrac{\omega'_2}{i} < \alpha < (2n+1)\dfrac{\omega'_2}{i}, \\ \Phi(a, \alpha) = 4m\eta_2\alpha - 4ni\eta'_2 a + 4mni(\eta_2\omega'_2 + \eta'_2\omega_2) \\ \qquad + 2n(2m+\varepsilon)\pi + \Phi\left(a - 2m\omega_2,\ \alpha - 2n\dfrac{\omega'_2}{i}\right), \\ \varepsilon = -1, & (2m-1)\omega_2 < a < 2m\omega_2, \\ \varepsilon = 0, & a = 2m\omega_2, \\ \varepsilon = +1, & 2m\omega_2 < a < (2m+1)\omega_2. \end{cases}$$

Prenons ensuite, comme tout à l'heure, l'expression analogue de $\Phi_1(\alpha, a)$ et remplaçons la somme des deux fonctions Φ du second membre suivant la formule (58). Leur somme sera $\varepsilon\varepsilon'\pi$, car les deux arguments sont l'un entre $-\omega_2$ et $+\omega_2$, l'autre entre $-\frac{\omega'_2}{i}$ et $+\frac{\omega'_2}{i}$. On aura donc

$$(72)\quad \left\{\begin{array}{ll} \Delta<0, & (2m-1)\,\omega_2<a<(2m+1)\,\omega_2, \\ & (2n-1)\,\frac{\omega'_2}{i}<\alpha<(2n+1)\,\frac{\omega'_2}{i}, \\ \multicolumn{2}{l}{\Phi(a,\alpha)+\Phi_1(\alpha,a)=[(2m+\varepsilon)(2n+\varepsilon')+4mn]\pi,} \\ \varepsilon=-1, & (2m-1)\,\omega_2<a<2m\omega_2, \\ \varepsilon'=-1, & (2n-1)\,\frac{\omega'_2}{i}<\alpha<2n\,\frac{\omega'_2}{i}, \\ \varepsilon=0, & a=2m\omega_2, \\ \varepsilon'=0, & \alpha=2n\,\frac{\omega'_2}{i}, \\ \varepsilon=+1, & 2m\omega_2<a<(2m+1)\,\omega_2, \\ \varepsilon'=+1, & 2n\,\frac{\omega'_2}{i}<\alpha<(2n+1)\,\frac{\omega'_2}{i}. \end{array}\right.$$

Ces formules (71) et (72) ne conviennent pas quand a ou α atteint une demi-période. Suivant l'observation faite à la suite de la formule (66), si a devient égal à $(2m-1)\omega_2$, $\Phi\left(a, \frac{\omega'_2}{i}\right)$ subit une diminution brusque, égale à π. Il faut donc diminuer le second membre, dans (71), de $2n\pi$. L'analyse se poursuit sans obstacle, car la formule (58) permet à *un* des arguments de devenir égal à une demi-période; on déduit donc immédiatement de la formule (72) les deux suivantes :

$$(72a)\quad \left\{\begin{array}{l} \Phi(a,\alpha)+\Phi_1(\alpha,a)=[(2m-1)(2n+\varepsilon')+4mn-2n]\pi, \\ a=(2m-1)\omega_2; \end{array}\right.$$

$$(72b)\quad \left\{\begin{array}{l} \Phi(a,\alpha)+\Phi_1(\alpha,a)=[(2m+\varepsilon)(2n-1)+4mn-2m]\pi, \\ \alpha=(2n-1)\,\frac{\omega'_2}{i}. \end{array}\right.$$

Mais, quand a et α sont à la fois des demi-périodes, il faut encore prendre une nouvelle formule, d'ailleurs fort aisée à construire. Nous avons, d'après (67),

$$\Phi\left[(2m-1)\omega_2, (2n-1)\frac{\omega'_2}{i}\right]=(2n-1)\Phi\left[(2m-1)\omega_2, \frac{\omega'_2}{i}\right],$$

et, d'après (61) et (62),

$$\Phi\left[(2m-1)\omega_2, \frac{\omega'_2}{i}\right]=(4m-2)\eta_2\frac{\omega_2}{i};$$

d'où résulte

$$\Phi\left[(2m-1)\omega_2, (2n-1)\frac{\omega'_2}{i}\right] = 2(2n-1)(2m-1)\frac{\eta_2\omega'_2}{i}$$
$$= (2n-1)(2m-1)\left[\frac{\eta_2\omega'_2 + \eta'_2\omega_2}{i} + \pi\right].$$

$$(72c)\quad \begin{cases} a = (2m-1)\omega_2, \quad \alpha = (2n-1)\dfrac{\omega'_2}{i}, \\ \Phi(a, \alpha) + \Phi_1(\alpha, a) = 2(2n-1)(2m-1)\pi. \end{cases}$$

Addition simultanée des deux demi-périodes, dans le cas du discriminant négatif.

Prenons l'identité

$$a + \omega_2 \pm i\alpha = \omega_2 \pm \omega'_2 + a \pm i\left(\alpha - \frac{\omega'_2}{i}\right);$$

puisque $\omega_2 \pm \omega'_2$ est une période, nous avons

$$\zeta(a + \omega_2 \pm i\alpha) = \eta_2 \pm \eta'_2 + \zeta\left[a \pm i\left(\alpha - \frac{\omega'_2}{i}\right)\right].$$

De la définition (51) on peut donc déduire

$$\Phi(a + \omega_2, \alpha) = \int_0^\alpha [\zeta(a + \omega_2 + \alpha) + \zeta(a + \omega_2 - \alpha)]\,d\alpha$$
$$= 2\eta_2\alpha + \int_0^\alpha \left\{\zeta\left[a + i\left(\alpha - \frac{\omega'_2}{i}\right)\right] + \zeta\left[a - i\left(\alpha - \frac{\omega'_2}{i}\right)\right]\right\}d\alpha$$
$$= 2\eta_2\alpha + \int_{-\frac{\omega'_2}{i}}^{\alpha - \frac{\omega'_2}{i}} [\zeta(a + i\beta) + \zeta(a - i\beta)]\,d\beta.$$

Séparant la dernière intégrale en deux autres, ayant toutes deux une limite égale à zéro, on conclut

$$\Phi(a + \omega_2, \alpha) = 2\eta_2\alpha + \Phi\left(a, \frac{\omega'_2}{i}\right) + \Phi\left(a, \alpha - \frac{\omega'_2}{i}\right).$$

Changeons α en $\alpha + \dfrac{\omega'_2}{i}$, remplaçons $\Phi\left(a, \dfrac{\omega'_2}{i}\right)$ par son expression (65), et nous avons la formule cherchée

$$(73)\quad \begin{cases} \Phi\left(a + \omega_2, \alpha + \dfrac{\omega'_2}{i}\right) \\ \quad = 2\eta_2\alpha - 2i\eta'_2 a + 2\eta_2\dfrac{\omega'_2}{i} + (4m + \varepsilon)\pi + \Phi(a, \alpha), \end{cases}$$

dans laquelle m et ε ont la même signification que pour la formule (65).

Valeurs limites de $\Phi(a, \alpha)$ quand les arguments convergent vers des périodes.

Nous savons déjà (59) que Φ est nul quand un des arguments est nul. Mais il n'en est pas de même quand un argument est infiniment petit; c'est là un des caractères de discontinuité.

1° Quand α tend seul vers zéro, la définition (51) montre que $\Phi(a, \alpha)$ tend aussi vers zéro. Il n'y a là aucune discontinuité. Ainsi

$$(74) \qquad \lim_{\alpha=0} \Phi(a, \alpha) = 0.$$

2° Quand a tend seul vers zéro, on voit dans les formules (70) ou (72) et (72 b) le terme $\Phi_1(\alpha, a)$ tendre vers zéro, comme on vient de le reconnaître, tandis que le second membre présente une discontinuité; donc $\Phi(a, \alpha)$ est discontinu quand a tend vers zéro; sa valeur limite n'est pas la même quand l'infiniment petit a est positif ou quand il est négatif. Effectivement, l'égalité (53)

$$\Phi(a, \alpha) = \int_0^{\frac{\alpha}{a}} \frac{2\,dx}{1+x^2} + \int_0^{\alpha} d\alpha \int_0^{a} da\, \psi(a, \alpha),$$

dans laquelle α est supposé entre $-\frac{2\omega'}{i}$ et $+\frac{2\omega'}{i}$, et dans laquelle aussi $\psi(a, \alpha)$ conserve toujours une valeur finie, fait voir que $\Phi(a, \alpha)$ se réduit à la première intégrale : celle-ci devient $\pm\pi$, suivant le signe de $\frac{\alpha}{a}$. Nous avons donc

$$(75) \qquad \begin{cases} \lim\limits_{a=0} \Phi(a, \alpha) = \varepsilon\varepsilon'\pi, & \varepsilon a > 0, \quad \varepsilon'\alpha > 0, \\ -\frac{2\omega'}{i} < \alpha < \frac{2\omega'}{i}, & \varepsilon = \pm 1, \quad \varepsilon' = \pm 1. \end{cases}$$

3° Si a et α tendent ensemble vers zéro, la même égalité (53) fait voir que $\Phi(a, \alpha)$ est indéterminé; sa valeur limite

$$(76) \qquad \lim_{a=0,\ \alpha=0} \Phi(a, \alpha) = 2 \operatorname{arc\,tang} \frac{\alpha}{a}$$

dépend de la manière dont a et α tendent ensemble vers zéro; c'est un arc quelconque, compris entre $-\pi$ et $+\pi$.

On pourra, sans aucune difficulté, passer ensuite à l'examen des discontinuités qui s'offrent quand les arguments tendent vers des périodes. Les formules des paragraphes précédents, qui donnent le résultat de l'addition des périodes en fournissent le moyen. Nous laisserons ce calcul, comme inutile.

Ce qu'il importe beaucoup plus de savoir, c'est s'il n'existe pas d'autres discontinuités. A cette question, la formule (53) répond par la négative, dans les limites où elle s'applique; puis, au cas $\Delta > 0$, l'égalité (69) enseigne que les discontinuités ne peuvent pas se présenter autrement. Au cas $\Delta < 0$, l'égalité équivalente (71) montre que les discontinuités se produisent seulement quand a ou α converge vers des périodes ou des demi-périodes. Mais, à l'égard des demi-périodes, la formule (53) fait encore voir que les discontinuités s'offrent seulement si a et α tendent, à la fois, vers ces demi-périodes.

Pour ce cas, les égalités (73) et (76) nous donnent

$$(77)\quad \begin{cases} \lim\limits_{a=0,\,\alpha=0} \Phi\left(a+\omega_2,\ \alpha+\dfrac{\omega_2'}{i}\right) = \varepsilon\pi + 2\operatorname{arctang}\dfrac{\alpha}{a} + 2\eta_2\dfrac{\omega_2'}{i}, \\ \varepsilon a > 0, \qquad \varepsilon = \pm 1. \end{cases}$$

Propriétés de la fonction $\Psi(a, \alpha) = e^{\frac{i}{2}\Phi(a,\alpha)}$.

C'est cette combinaison

$$(78)\qquad \Psi(a, \alpha) = e^{\frac{i}{2}\Phi(a,\alpha)} = \cos\tfrac{1}{2}\Phi + i\sin\tfrac{1}{2}\Phi$$

qui jouera, dans le Chapitre VI, un rôle considérable, en nous conduisant à la connaissance de la fonction dans laquelle se résume toute la théorie. Les propriétés qu'on vient de reconnaître à la fonction Φ se traduisent en propriétés correspondantes, qui appartiennent à Ψ. Pour en obtenir les expressions explicites, nous n'avons à faire, pour ainsi dire, qu'une transcription des formules. Mais, à cet égard, il y aura lieu à quelque simplification : l'intégrale $\Phi(a, \alpha)$ se rencontre dans les applications, et il était utile de développer, pour elle, les formules sans qu'il s'y présentât aucune restriction. Mais Ψ n'est qu'un intermédiaire; nous ne prendrons pour cette fonction que les formules dont nous aurons besoin au Chapitre VI. Ainsi nous ne supposerons pas que les arguments puissent être égaux à des périodes, mais seulement qu'ils puissent converger vers des périodes.

Nous transcrirons d'abord les formules qui s'appliquent, quel que soit le signe du discriminant, puis celles qui sont propres au discriminant positif, enfin au discriminant négatif.

I. $\Delta \gtrless 0$.

Conséquence de (60).

$$(79)\quad \left\{ \begin{array}{l} \Psi(-a, \alpha)\,\Psi(a, \alpha) = 1; \\ \Psi(a, -\alpha)\,\Psi(a, \alpha) = 1; \\ \Psi(-a, -\alpha) = \Psi(a, \alpha). \end{array} \right.$$

Conséquence de (61).

$$(80)\quad \Psi(a + 2\omega, \alpha) = \Psi(a, \alpha)\,e^{2\eta i\alpha}.$$

Conséquence de (74).

$$(81)\quad \lim_{\alpha=0} \Psi(a, \alpha) = 1.$$

Conséquence de (75).

$$(82)\quad \left\{ \begin{array}{l} \lim\limits_{a=0} \Psi(a, \alpha) = \varepsilon\varepsilon' i, \\ \varepsilon = \pm 1, \qquad \varepsilon' = \pm 1, \\ \varepsilon a > 0, \qquad \varepsilon'\alpha > 0, \\ -\dfrac{2\omega'}{i} < \alpha < \dfrac{2\omega'}{i}. \end{array} \right.$$

La forme du second membre, $\varepsilon\varepsilon' i$, résulte de ce que $e^{\pm i\frac{\pi}{2}}$ est égal à $\pm i$.

Conséquence de (76).

Si θ est l'arc dont la tangente est $\frac{\alpha}{a}$, Ψ converge vers $\cos\theta + i\sin\theta$. Cet arc, à cause de sa définition, est, on l'a déjà vu, compris entre $-\frac{\pi}{2}$ et $+\frac{\pi}{2}$; son cosinus est donc positif. La partie réelle de Ψ est donc positive, et l'on a

$$(83)\quad \left\{ \begin{array}{l} \lim\limits_{a=0,\,\alpha=0} \Psi(a, \alpha) = \lim \varepsilon \dfrac{a + i\alpha}{\sqrt{a^2 + \alpha^2}}, \\ \varepsilon = \pm 1, \qquad \varepsilon a > 0, \qquad \sqrt{a^2 + \alpha^2} > 0. \end{array} \right.$$

II. $\Delta > 0$.

Conséquence de (68).

Prenant, dans (68), $n=1$, et remplaçant $\Phi\left(a, \frac{\omega'}{i}\right)$ par son expression (64), on obtient

$$\Phi\left(a, \alpha+\frac{2\omega'}{i}\right)-\Phi(a, \alpha)=-4i\eta' a+(2\varepsilon+4m)\pi.$$

Comme il a été convenu de ne pas considérer maintenant les cas où les arguments sont égaux à des périodes, ε doit être pris égal à 1. De là l'égalité

$$\Psi\left(a, \alpha+\frac{2\omega'}{i}\right)=-\Psi(a, \alpha)e^{2\eta' a}, \tag{84}$$

résultant de ce que $e^{i\pi}=-1$.

Conséquence de (70).

Il faut y supposer aussi $\varepsilon=1$, $\varepsilon'=1$. On a

$$e^{(2m+1)(2n+1)\frac{i\pi}{2}}=(-1)^{m+n}i,$$

et la conséquence cherchée s'exprime ainsi

$$(85)\quad \begin{cases} \Psi(a, \alpha)\Psi_1(\alpha, a)=(-1)^{m+n}i; \\ 2m\omega < a < 2(m+1)\omega, \qquad 2n\frac{\omega'}{i} < \alpha < 2(n+1)\frac{\omega'}{i}. \end{cases}$$

La quantité $\Psi_1(\alpha, a)$ est, bien entendu, celle qu'on déduit de Φ_1, comme Ψ est déduit de Φ :

$$\Psi_1(\alpha, a)=e^{\frac{i}{2}\Phi_1(\alpha, a)}.$$

C'est, par conséquent, la fonction Ψ où l'on a changé g_3 en $-g_3$, et échangé les lettres a, α.

III. $\Delta < 0$.

Conséquence de (68).

En faisant dans (68) $n=1$ et remplaçant $\Phi(a, \omega')$ par son expression (65), nous aurons

$$\Phi\left(a, \alpha + \frac{2\omega'_2}{i}\right) - \Phi(a, \alpha) = -4i\eta'_2 a + (2\varepsilon + 8m)\pi.$$

On doit prendre $\varepsilon = \pm 1$, tant que a n'est pas une demi-période. Mais, comme il a été expliqué à la suite de l'égalité (72), on doit diminuer le second membre de 2π si a est une demi-période; donc

$$\Psi\left(a, \alpha + 2\frac{\omega'_2}{i}\right) = \mp \Psi(a, \alpha) e^{2\eta'_2 a}, \tag{86}$$

égalité où il faut prendre le signe *moins*, sauf au cas $a = (2m-1)\omega_2$.

Conséquences de (72), (72 *a*), (72 *b*).

$$(87) \quad \left\{ \begin{array}{lll} \Psi(a, \alpha)\Psi_1(\alpha, a) = \left\{ \begin{array}{ll} (-1)^{m+n}\varepsilon\varepsilon' i, & \\ (-1)^m \varepsilon' i & \text{si } a = (2m+1)\omega_2, \\ (-1)^n \varepsilon i & \text{si } \alpha = (2n+1)\frac{\omega'_2}{i}; \end{array} \right. \\ \varepsilon = -1 \quad \text{si } (2m-1)\omega_2 < a < 2m\omega_2, \\ \varepsilon = +1 \quad \text{si } \quad 2m\omega_2 < a < (2m+1)\omega_2; \\ \varepsilon' = -1 \quad \text{si } (2n-1)\frac{\omega'_2}{i} < \alpha < 2n\frac{\omega'_2}{i}, \\ \varepsilon' = +1 \quad \text{si } \quad 2n\frac{\omega'_2}{i} < \alpha < (2n+1)\frac{\omega'_2}{i}. \end{array} \right.$$

Nous ne transcrirons pas la conséquence de (72 *c*), qui serait semblable aux précédentes avec -1 au second membre; car nous n'aurons pas à employer le cas dans lequel a et α sont *égaux* à la fois à des demi-périodes, mais seulement celui où ils convergent à la fois vers ces demi-périodes, comme il a déjà été dit (p. 164).

Conséquence de (73).

$$\Psi\left(a + \omega_2, \alpha + \frac{\omega'_2}{i}\right) = \Psi(a, \alpha)\varepsilon i e^{\eta_2 i\alpha + \eta'_2 a + \eta_2\omega'_2}, \tag{88}$$

formule où ε a la même signification que pour la précédente (87); εi doit être remplacé par -1 quand $a = (2m+1)\omega_2$.

Conséquence de (77).

En raisonnant comme on l'a fait pour la formule (83), on voit que le terme 2 arctang $\frac{\alpha}{a}$ amène le facteur ε: mais le terme $\varepsilon\pi$ donne l'exponentielle $e^{\varepsilon\frac{i\pi}{2}} = \varepsilon i$, en sorte que ε disparaît, son carré étant toujours $+1$; donc

$$(89)\quad \left\{ \begin{aligned} &\lim_{a=0,\,\alpha=0} \Psi\left(a + \omega_2,\ \alpha + \frac{\omega'_2}{i}\right) \\ &\qquad = ie^{\eta_2\omega'_2} = -ie^{\eta'_2\omega_2} = -e^{\frac{1}{2}(\eta_2\omega'_2+\eta'_2\omega_2)}. \end{aligned} \right.$$

CHAPITRE VI.

LA FONCTION σu.

Définition de σu pour les arguments réels. — Homogénéité. — Dérivée. — Addition de la période. — Racines réelles de σu. — Formule fondamentale. — Arguments purement imaginaires. — Arguments complexes. — Imparité. — Changement de u en iu. — Dérivée. — Addition des périodes. — Addition de la période $2\omega_3 (\Delta < 0)$. — Continuité de σu. — Dégénérescence de σu. — Lacune que présente le développement de σu. — Propriétés caractéristiques de σu. — Équation à trois termes. — Les fonctions $\sigma_1 u$, $\sigma_2 u$, $\sigma_3 u$. — Expression des quantités $\sqrt{pu - e_\alpha}$ par les σ. — Diverses expressions de $\sqrt{e_1 - e_2}$, de $\sqrt[4]{e_1 - e_2}\,\sqrt[4]{e_1 - e_3}$ et des quantités analogues. — Addition des demi-périodes dans les fonctions σ. — Expression de $p'u$ par les σ. — Multiplication de l'argument dans σu. — Intégrale complète de la fonction ζ.

Définition de σu pour les arguments réels.

L'intégration de ζu est l'origine de la fonction que nous avons encore à introduire. Soit w une période : quand u converge vers w, ζu devient infini à la manière de $\frac{1}{u - w}$, et son intégrale devient, elle aussi, infinie, mais à la manière de $\log(u - w)$. Pour éviter cette singularité, on prend pour nouvelle fonction une exponentielle, dont l'exposant est l'intégrale de ζu.

En définissant ζu, nous avons considéré (V, 3) la fonction

$$(1) \quad \left\{ \begin{aligned} \zeta u - \frac{\pi}{2\omega} \cot \frac{\pi u}{2\omega} &= \mathrm{F}(u) = \int_0^u f(u)\,du \\ &= \int_0^u \left[\left(\frac{\pi}{2\omega \sin \frac{\pi u}{2\omega}} \right)^2 - pu \right] du. \end{aligned} \right.$$

Elle est finie et continue pour toutes les valeurs (réelles) de u. La même propriété appartient à son intégrale $\mathfrak{F}(u)$

$$(2) \quad \mathfrak{F}(u) = \int_0^u \mathrm{F}(u)\,du = \int_0^u du \int_0^u du \left[\left(\frac{\pi}{2\omega \sin \frac{\pi u}{2\omega}} \right)^2 - pu \right].$$

La nouvelle fonction σu sera définie par l'égalité

$$(3) \qquad \sigma u = \frac{2\omega}{\pi} \sin \frac{\pi u}{2\omega} e^{\mathfrak{F}(u)}.$$

C'est une fonction impaire comme le sinus; car $F(u)$ est impaire et, par conséquent, $\mathfrak{F}(u)$ paire :

$$(4) \qquad \sigma(-u) = -\sigma u.$$

Homogénéité.

Les relations d'homogénéité établies successivement pour $p'u$, pu, ζu font apparaître toutes ces fonctions comme homogènes et des degrés respectifs -3, -2, -1, quand on y envisage u, ω, ω' comme étant du degré 1, et g_2, g_3 comme étant des degrés -4, -6. La combinaison $F(u)$ est, comme ζu, homogène et du degré -1, et son intégrale $\mathfrak{F}(u)$ est homogène et du degré zéro; par conséquent, σu est homogène et du degré 1 :

$$(5) \qquad \sigma\left(\frac{u}{\sqrt{\mu}}; g_2\mu^2, g_3\mu^3\right) = \frac{1}{\sqrt{\mu}} \sigma(u; g_2, g_3).$$

Cette relation (5) comprend la précédente (4) comme un cas particulier.

Dérivée.

Par la définition (3), on obtient

$$(6) \qquad \left\{ \begin{aligned} &\frac{d}{du} \log \sigma u = \frac{\pi}{2\omega} \cot \frac{\pi u}{2\omega} + F(u) = \zeta u, \\ &\frac{\sigma' u}{\sigma u} = \zeta u. \end{aligned} \right.$$

Addition de la période.

D'après l'égalité (V, 5)

$$F(u + 2\omega) = F(u) + 2\eta,$$

on obtient, en intégrant de zéro à u,

$$\mathfrak{F}(u + 2\omega) - \mathfrak{F}(2\omega) = \mathfrak{F}u + 2\eta u.$$

Faisant $u = -\omega$, nous voyons, dans cette relation, se détruire les deux termes $\mathcal{F}(u+2\omega)$ du premier membre, et $\mathcal{F}(u)$ du second membre, la fonction $\mathcal{F}$ étant paire; donc

$$\mathcal{F}(2\omega) = 2\eta\omega,$$
$$\mathcal{F}(u+2\omega) = \mathcal{F}(u) + 2\eta(u+\omega).$$

D'autre part, $\sin\frac{\pi u}{2\omega}$ se reproduit, changé de signe, quand on change u en $(u+2\omega)$. Donc, d'après la définition (3),

$$\sigma(u+2\omega) = -\sigma u . e^{2\eta(u+\omega)}, \tag{7}$$

ce qu'on peut écrire aussi

$$\frac{\sigma(\omega+u)}{\sigma(\omega-u)} = e^{2\eta u}. \tag{8}$$

Pour l'addition de $2m\omega$, on déduit de (7)

$$\frac{\sigma(u+2m\omega)}{\sigma[u+2(m-1)\omega]} = -e^{2\eta[u+(2m-1)\omega]},$$
$$\frac{\sigma[u+2(m-1)\omega]}{\sigma[u+2(m-2)\omega]} = -e^{2\eta[u+(2m-3)\omega]},$$
$$\cdots\cdots\cdots\cdots\cdots\cdots\cdots\cdots\cdots$$
$$\frac{\sigma(u+2\omega)}{\sigma u} = -e^{2\eta(u+\omega)}.$$

Multipliant ces égalités membre à membre, et tenant compte, pour composer l'exponentielle, de la relation

$$1+3+5+\ldots+(2m-1) = m^2,$$

on obtient la relation générale

$$\frac{\sigma(u+2m\omega)}{\sigma u} = (-1)^m e^{2m\eta(u+m\omega)}, \tag{9}$$

qui, démontrée ainsi dans l'hypothèse m positif, est vraie aussi, quand m est entier et négatif. C'est ce qu'on voit par le changement de u en $-u$ dans cette relation (9) elle-même.

Racines réelles de σu.

L'exponentielle $e^{\mathcal{F}(u)}$ est toujours positive, sans devenir jamais nulle; donc, suivant (3), σu a toutes les racines du sinus, sans en avoir d'autres. Les deux fonctions ont toujours même signe. Les racines sont de la forme $u = 2m\omega$.

D'après (2), $\mathfrak{F}(0)$ est égal à zéro, $e^{\mathfrak{F}(0)}$ à l'unité. Puisque le rapport du sinus à l'arc tend vers l'unité quand l'arc tend vers zéro, on a, suivant la définition (3),

$$\lim_{u=0} \frac{\sigma u}{u} = 1; \tag{10}$$

de là, suivant la relation (9), on déduit

$$\lim_{u=0} \frac{\sigma(u+2m\omega)}{u} = (-1)^m e^{2m^2\eta\omega}. \tag{11}$$

Formule fondamentale.

L'égalité (V, 16)

$$\zeta(u+v)+\zeta(u-v)-2\zeta u = \frac{p'u}{pu-pv}$$

peut être écrite sous la forme

$$\frac{d}{du}\log\frac{\sigma(u+v)\,\sigma(u-v)}{\sigma^2 u} = \frac{d}{du}\log(pu-pv).$$

Les deux fonctions, dont les dérivées logarithmiques sont ainsi égales, ont donc entre elles un rapport indépendant de u. Pour connaître ce rapport, il suffit de supposer $u=0$. D'après (10), la partie principale de $\frac{\sigma(u+v)\sigma(u-v)}{\sigma^2 u}$ est égale à $\frac{\sigma v\,\sigma(-v)}{u^2}$ ou, d'après (4), $-\frac{\sigma^2 v}{u^2}$. La partie principale de $(pu-pv)$ est $\frac{1}{u^2}$. Le rapport est donc égal à $-\sigma^2 v$. Voici donc la formule obtenue :

$$\frac{\sigma(u+v)\,\sigma(u-v)}{\sigma^2 u\,\sigma^2 v} = pv-pu. \tag{12}$$

On verra bientôt, dans le présent Chapitre, que cette formule (12) renferme, pour ainsi dire, toute la théorie. Il n'existe pas de théorème d'addition pour la fonction σ; la proposition (12) en tient lieu.

Arguments purement imaginaires.

En même temps que

$$\sigma u = \sigma(u;\, g_2,\, g_3),$$

considérons aussi

$$\sigma u = \sigma(u;\, g_2,\, -g_3), \tag{13}$$

comme nous avons déjà envisagé $\bar{p}u$ et $\bar{\zeta}u$. Rappelons qu'à l'égard de $\bar{\zeta}u$ les constantes remplaçant η, ω, η', ω' sont

$$(14)\qquad \bar{\eta} = i\eta', \qquad \bar{\omega} = \frac{\omega'}{i}, \qquad \bar{\eta}' = \frac{\eta}{i}, \qquad \bar{\omega}' = i\omega.$$

Conformément à la relation d'homogénéité (5), nous prenons, pour définition de $\sigma(iu)$ avec u réel, l'égalité

$$(15)\qquad \sigma(iu) = i\,\bar{\sigma}u.$$

La fonction σv, dans laquelle $v = iu$ est purement imaginaire, satisfait, comme l'homogénéité le rend évident, aux relations déjà établies pour σu; mais, dans les relations où figurent η, ω, ces constantes sont remplacées par η', ω'. Ainsi, au lieu de (8), on a

$$(16)\qquad \frac{\sigma(\omega' + v)}{\sigma(\omega' - v)} = e^{2\eta' v};$$

au lieu de (9),

$$(17)\qquad \frac{\sigma(v + 2m\omega')}{\sigma v} = (-1)^m e^{2m\eta'(v+m\omega')};$$

au lieu de (11),

$$(18)\qquad \lim_{v=0} \frac{\sigma(v + 2m\omega')}{\sigma v} = (-1)^m e^{2m^2\eta'\omega'}.$$

Arguments complexes.

N'ayant pas de théorème d'addition pour σ, c'est à la formule (12) que nous devons demander la définition de σ avec un argument complexe. Elle peut nous servir à définir le produit des deux imaginaires conjuguées $\sigma(a + i\alpha)$, $\sigma(a - i\alpha)$. Posons donc d'abord

$$\sigma(a + i\alpha)\,\sigma(a - i\alpha) = \sigma^2 a\,\sigma^2 i\alpha(p\,i\alpha - p\,a).$$

Mais il faut maintenant une seconde relation; c'est à quoi va servir la fonction Ψ du Chapitre précédent (V, 78), et nous poserons en même temps

$$\frac{\sigma(a + i\alpha)}{\sigma(a - i\alpha)} = \Psi^2(a, \alpha).$$

Ces deux relations donnent bien pour $\sigma(a + i\alpha)$ et $\sigma(a - i\alpha)$ deux imaginaires conjuguées; leur produit, en effet, est réel, et leur rapport est une exponentielle à exposant purement imaginaire:

c'est ce qui doit avoir lieu pour le produit et le rapport de deux quantités conjuguées $\rho e^{i\theta}$, $\rho e^{-i\theta}$.

En multipliant membre à membre les deux égalités que nous venons d'écrire, nous aurons $\sigma^2(a+i\alpha)$. Extrayons la racine carrée aux deux membres, et précisons entièrement cette racine carrée; $\sigma(a+i\alpha)$ sera alors bien défini. Nous aurons ensuite à reconnaître ses propriétés.

Il y aura lieu de distinguer ici le signe du discriminant, ce que nous n'avons pas eu à faire jusqu'à présent dans ce Chapitre.

$$(19)\quad \left\{\begin{aligned} &\Delta > 0,\\ &\sigma(a+i\alpha) = (-1)^{n+1} i\,\sigma a\,\sigma i\alpha \sqrt{pa - pi\alpha}\,\Psi(a,\alpha),\\ &2n\frac{\omega'}{i} < \alpha < 2(n+1)\frac{\omega'}{i}.\end{aligned}\right.$$

Le radical $\sqrt{pa - pi\alpha}$, toujours réel puisque l'on a

$$pi\alpha < e_3 < e_1 < pa,$$

est pris *positivement*.

Quand a est un multiple de 2ω ou $i\alpha$ un multiple de $2\omega'$, $pa - pi\alpha$ est infiniment grand, n'a point de sens. Mais σa ou $\sigma i\alpha$ est alors nul. On prendra pour définition de $\sigma(a+i\alpha)$ la limite vers laquelle converge le second membre quand a ou $i\alpha$ converge vers ce multiple de 2ω ou de $2\omega'$. On verra plus loin quelle est cette limite.

Dans le cas du discriminant négatif, voici la formule analogue :

$$(20)\quad \left\{\begin{aligned} &\Delta < 0,\\ &\sigma(a+i\alpha) = (-1)^{\nu} i\,\sigma a\,\sigma i\alpha\sqrt{pa - pi\alpha}\,\Psi(a,\alpha)\\ &(-1)^{\nu} = \begin{cases} (-1)^{n+1}\varepsilon' & \text{en général},\\ -\varepsilon' & \text{si } a = (2m+1)\omega_2,\end{cases}\\ &\varepsilon' = -1 \quad \text{si } (2n-1)\frac{\omega'_2}{i} < \alpha < 2n\frac{\omega'_2}{i},\\ &\varepsilon' = +1 \quad \text{si } 2n\frac{\omega'_2}{i} < \alpha \leqq (2n+1)\frac{\omega'_2}{i}.\end{aligned}\right.$$

Le radical est pris *positivement;* il est toujours réel, puisque l'on a

$$pi\alpha < e_2 < pa.$$

Pour les valeurs de a et de $i\alpha$, multiples de $2\omega_2$ ou de $2\omega'_2$, mêmes observations qu'à la formule (19). On peut remarquer que le facteur $(-1)^{n+1}\varepsilon'$ change son signe quand $i\alpha$ passe par un multiple de $2\omega_2'$: la formule (20), par suite, dans le cas où a n'a pas la forme $(2m+1)\omega_2$, est identique à la formule (19). C'est seulement ce cas particulier $a=(2m+1)\omega_2$ qui oblige à séparer les formules propres au discriminant négatif.

Voilà donc $\sigma(a+i\alpha)$ bien défini, sans aucune ambiguïté. Nous devons démontrer que cette fonction possède les propriétés déjà reconnues pour les cas où l'argument est ou purement imaginaire ou réel.

En premier lieu, l'équation d'homogénéité (5) est vérifiée ; car Ψ est homogène et du degré zéro, $\sqrt{pa-pi\alpha}$ du degré -1, et $\sigma a\,\sigma i\alpha$ du degré 2. Il faut cependant observer que nous supposons ainsi implicitement $\sqrt{\mu}$ positif, supposition sans laquelle il deviendrait nécessaire d'examiner le facteur ± 1 des formules (19), (20). Aussi allons-nous le faire à part pour le cas $\sqrt{\mu}=-1$.

Imparité.

1° Dans la formule (19), nous pouvons écrire

$$2(-n-1)\frac{\omega'}{i} < -\alpha < 2(-n)\frac{\omega'}{i}.$$

Donc au nombre n se rapportant à α correspond le nombre $-(n+1)$ se rapportant à $-\alpha$; par conséquent, on a

$$\sigma(-a-i\alpha)=(-1)^n i\,\sigma(-a)\,\sigma(-ia)\sqrt{pa-pi\alpha}\,\Psi(-a,-\alpha).$$

Mais, d'après (4) et (V, 79),

$$\sigma(-a)=-\sigma a,\qquad \sigma(-i\alpha)=-\sigma i\alpha,\qquad \Psi(-a,-\alpha)=\Psi(a,\alpha).$$

Donc

$$\sigma(-a-i\alpha)=(-1)^n i\,\sigma a\,\sigma i\alpha\sqrt{pa-pi\alpha}\,\Psi(a,\alpha),$$
$$\sigma(-a-i\alpha)=-\sigma(a+i\alpha).$$

2° Dans la formule (20), si l'on a

$$(2n-1)\frac{\omega_2'}{i} < \alpha < 2n\frac{\omega_2'}{i},$$

on en conclura

$$-2n\frac{\omega_2'}{i} < -\alpha < (-2n+1)\frac{\omega_2'}{i}.$$

Avec l'argument α, on avait à considérer le nombre n, et ε' était égal à -1; avec l'argument $-\alpha$, n est remplacé par $-n$, et ε' devient égal à $+1$. On voit donc que $(-1)^\nu$ est remplacé par $(-1)^{\nu+1}$ quand α est changé en $-\alpha$.

Il n'est pas nécessaire d'examiner le second cas qui se déduit du précédent par l'échange de α et $-\alpha$.

Il n'y a pas lieu non plus de considérer le cas

$$a = (2m+1)\omega_2, \qquad \alpha = (2n+1)\frac{\omega'_2}{i},$$

dans lequel on a

$$pa = pi\alpha = e_2, \qquad \sigma u = 0.$$

Donc, en toute généralité,

$$\sigma(-u) = -\sigma u.$$

Changement de u en iu.

La relation (15) doit aussi être vérifiée. On peut l'écrire ainsi

$$\sigma(a+i\alpha) = i\bar\sigma(\alpha - ia). \tag{21}$$

Nous venons de reconnaître comment se changent les nombres n, ε' quand on change α en $-\alpha$. Prenons les nombres analogues m, ε relativement à a et ω, au lieu de α et $\frac{\omega'}{i}$, et faisons-y les mêmes changements. Nous aurons, de cette manière, $\bar\sigma(\alpha - ia)$.

Ainsi : 1° pour $\Delta < 0$, soit

$$2m\omega < a < 2(m+1)\omega,$$

nous aurons

$$\bar\sigma(\alpha - ia) = (-1)^m i\,\bar\sigma\alpha\,\bar\sigma(-ia)\sqrt{\bar p\alpha - \bar p ia}\,\Psi_1(\alpha, -a).$$

D'ailleurs,

$$\left\{\begin{array}{ll} i\,\bar\sigma\alpha = \sigma i\alpha, & \sigma(-ia) = -i\,\sigma a, \\ \bar p\alpha = -pi\alpha, & \bar p ia = -pa \end{array}\right. \tag{22}$$

et, d'après (V, 79),

$$\Psi_1(\alpha, -a) = \frac{1}{\Psi_1(\alpha, a)}. \tag{23}$$

En conséquence,

$$\sigma(\alpha - ia) = (-1)^{m+1} i\,\sigma a\,\sigma i\alpha\sqrt{pa - pi\alpha}\,\frac{1}{\Psi_1(\alpha, a)}.$$

Divisons membre à membre l'égalité (19) et cette dernière, pour en déduire

$$\frac{\sigma(a+i\alpha)}{\bar{\sigma}(\alpha-ia)} = (-1)^{m+n}\,\Psi(a,\alpha)\,\Psi_1(\alpha,a).$$

Mais la relation (V, 85)

$$\Psi(a,\alpha)\,\Psi_1(\alpha,a) = (-1)^{m+n}\,i$$

transforme précisément notre dernière égalité en celle (21) qu'il fallait vérifier.

2° Pour $\Delta < 0$, soient

$$\begin{array}{lll} \varepsilon = -1 & \text{si } (2m-1)\omega_2 < a < 2m\omega_2, \\ \varepsilon = +1 & \text{si } \quad 2m\omega_2 < a \leqq (2m+1)\omega_2. \end{array}$$

Comme il a été expliqué au paragraphe précédent pour le changement du signe dans le second argument, on aura, conformément à la définition (20),

$$\bar{\sigma}(\alpha - ia) = (-1)^{\mu+1}\,\bar{\sigma}\alpha\,\bar{\sigma}ia\sqrt{\bar{p}\alpha - \bar{p}ia}\,\Psi_1(\alpha,-a),$$

$$(-1)^{\mu} = \begin{cases} (-1)^{m}\varepsilon & \text{en général,} \\ \quad +\varepsilon & \text{si } \alpha = (2n+1)\dfrac{\omega_2'}{i}. \end{cases}$$

De là se conclut, comme précédemment, par les égalités (22), (23),

$$\frac{\sigma(a+i\alpha)}{\bar{\sigma}(\alpha-ia)}\,\frac{1}{\Psi(a,\alpha)\,\Psi_1(\alpha,a)} = \begin{cases} (-1)^{m+n}\varepsilon\varepsilon' & \text{en général,} \\ (-1)^{m}\varepsilon' & \text{si } \ a = (2m+1)\omega_2, \\ (-1)^{n}\varepsilon & \text{si } i\alpha = (2n+1)\omega_2'. \end{cases}$$

Dans chacun des trois cas, le second membre est précisément égal, d'après la relation (V, 87), à $\dfrac{i}{\Psi\Psi_1}$. L'égalité (21) est donc pleinement prouvée.

Dérivée.

D'après les définitions (V, 51, 78) de $\Phi(a,\alpha)$ et de $\Psi(a,\alpha)$, on a

$$\frac{\partial}{\partial\alpha}\log\Psi(a,\alpha) = \frac{i}{2}\,\frac{\partial}{\partial\alpha}\,\Phi(a,\alpha) = \frac{i}{2}[\zeta(a+i\alpha)+\zeta(a-i\alpha)].$$

On conclut donc aussi bien de (20) que de (19)

$$\begin{aligned}&\frac{\partial}{\partial(i\alpha)}\log\sigma(a+i\alpha)\\&=\tfrac{1}{2}\left[2\zeta i\alpha+\zeta(a+i\alpha)+\zeta(a-i\alpha)-\frac{\wp' i\alpha}{\wp a-\wp i\alpha}\right].\end{aligned}$$

Mais, suivant le théorème d'addition (V, 16a) pour la fonction ζ,

$$2\zeta i\alpha+\zeta(a-i\alpha)-\frac{\wp' i\alpha}{\wp a-\wp i\alpha}=\zeta(a+i\alpha).$$

Il reste donc simplement

$$\frac{\partial}{\partial(i\alpha)}\log\sigma(a+i\alpha)=\zeta(a+i\alpha).$$

Nous aurons semblablement, changeant a en α, α en $-a$ et g_3 en $-g_3$,

$$\frac{\partial}{\partial(ia)}\log\bar{\sigma}(\alpha-ia)=-\bar{\zeta}(\alpha-ia).$$

D'après (21), le premier membre équivaut à $\frac{1}{i}\frac{\partial}{\partial a}\log\sigma(a+i\alpha)$. Quant au second membre, il peut être écrit aussi $\frac{1}{i}\zeta(a+i\alpha)$; donc

$$\frac{\partial}{\partial a}\log\sigma(a+i\alpha)=\zeta(a+i\alpha),$$

$$(24)\qquad \frac{\partial}{\partial(i\alpha)}\log\sigma(a+i\alpha)=\frac{\partial}{\partial a}\log\sigma(a+i\alpha)=\zeta(a+i\alpha)=\frac{d\log\sigma(a+i\alpha)}{d(a+i\alpha)}.$$

Ainsi l'égalité (6) a lieu quand u est une quantité complexe.

Addition des périodes.

Si, dans la définition (19) ou (20), on change a en $(a+2\omega)$, deux des facteurs du second membre changent seuls : 1° le facteur σa qui, d'après (7), se reproduit multiplié par $-e^{2\eta(a+\omega)}$; 2° le facteur $\Psi(a,\alpha)$ qui, d'après (V, 80), se reproduit multiplié par $e^{2\eta i\alpha}$. Donc

$$(25)\qquad \sigma(a+i\alpha+2\omega)=-\sigma(a+i\alpha)e^{2\eta(a+i\alpha+\omega)},$$

C'est la complète généralisation de la relation (7).

On peut de même obtenir la relation analogue pour l'addition de $2\omega'$ au moyen des formules (V, 84 et 86), ou encore déduire de (25), par le même changement de lettres qu'au paragraphe précédent,

$$\sigma\left(\alpha - ia + \frac{2\omega'}{i}\right) = -\sigma(\alpha - ia)e^{2i\eta'\left(\alpha - ia + \frac{\omega'}{i}\right)},$$

c'est-à-dire

$$(26) \qquad \sigma(a + i\alpha + 2\omega') = -\sigma(a + i\alpha)e^{2\eta'(a + i\alpha + \omega')},$$

généralisation de la formule (17), avec $m = 1$.

Addition de la période $2\omega_3 (\Delta < 0)$.

L'addition de la période $\omega_2 + \omega'_- = 2\omega_3$ $(\Delta < 0)$ exige un peu plus d'attention.

Tirons d'abord de la relation (12) avec arguments réels (elle n'est encore établie que pour ce cas ou celui des arguments purement imaginaires) une formule particulière, en supposant $u = \omega_2$, $v = a$,

$$\frac{\sigma(\omega_2 + a)\,\sigma(\omega_2 - a)}{\sigma^2\omega_2 . \sigma^2 a} = p a - e_2$$

ou, d'après (8),

$$p a - e_2 = \left[e^{-\eta_2 a}\frac{\sigma(\omega_2 + a)}{\sigma\omega_2 . \sigma a}\right]^2.$$

Nous allons extraire la racine carrée, prise avec le signe *plus*. A cet effet, il faut observer que $\sigma(\omega_2 + a)$ est positif quand a est entre $-\omega_2$ et $+\omega_2$, puis change de signe chaque fois que a passe par un multiple impair de ω_2.

Au contraire, σa change de signe quand a passe par un multiple pair, et a le signe *plus* quand a se trouve compris entre zéro et $2\omega_2$. Si donc, comme précédemment, on suppose

$$(27) \qquad \begin{cases} \varepsilon = -1 & \text{quand } (2m - 1)\omega_2 < a < 2m\omega_2, \\ \varepsilon = +1 & \text{quand } \quad 2m\omega_2 < a < (2m + 1)\omega_2, \end{cases}$$

le quotient $\dfrac{\sigma(\omega_2 + a)}{\sigma a}$ a le même signe que ε. *Pour avoir le radical positif,* nous écrirons donc

$$(28) \qquad \sqrt{p a - e_2} = \varepsilon e^{-\eta_2 a}\frac{\sigma(\omega_2 + a)}{\sigma\omega_2 . \sigma a}.$$

Semblablement, en supposant

$$(29)\quad \begin{cases} \varepsilon' = -1 & \text{quand } (2n-1)\dfrac{\omega'_2}{i} < \alpha < 2n\dfrac{\omega'_2}{i}, \\ \varepsilon' = +1 & \text{quand } \quad 2n\dfrac{\omega'_2}{i} < \alpha < (2n+1)\dfrac{\omega'_2}{i}, \end{cases}$$

on aura un radical positif si l'on prend

$$(30)\quad \sqrt{e_2 - p\,i\alpha} = \varepsilon' e^{-\eta'_2 i\alpha}\frac{i\,\sigma(\omega'_2 + i\alpha)}{\sigma\omega'_2 . \sigma i\alpha}.$$

En second lieu, la formule d'addition de la demi-période

$$p(a+\omega_2) - e_2 = \frac{(e_2-e_1)(e_2-e_3)}{pa - e_2},$$

$$e_2 - p(i\alpha + \omega'_2) = \frac{(e_2-e_1)(e_2-e_3)}{e_2 - p\,i\alpha}$$

nous donne

$$\sqrt{p(a+\omega_2) - p(i\alpha+\omega'_2)} = \frac{\sqrt{(e_2-e_1)(e_2-e_3)}}{\sqrt{pa-e_2}\sqrt{e_2-p\,i\alpha}}\sqrt{pa - p\,i\alpha},$$

et tous les radicaux sont pris là positivement. On observe, à ce sujet, que $(e_2-e_1)(e_2-e_3)$ est le produit de deux imaginaires conjuguées, donc positif. Par le moyen de (28) et (30), nous avons de la sorte

$$\frac{\sqrt{p(a+\omega_2) - p(i\alpha+\omega'_2)}\;\sigma(\omega_2+a)\,\sigma(\omega'_2+i\alpha)}{\sqrt{pa - p\,i\alpha}\;\sigma a\;\sigma i\alpha}$$

$$= \sigma\omega_2 . \sigma\omega'_2 \sqrt{(e_2-e_1)(e_2-e_3)}\,\frac{\varepsilon\varepsilon'}{i}\,e^{\eta_2 a + \eta'_2 i\alpha} = A.$$

Reprenons maintenant l'égalité (20), changeons-y a et $i\alpha$ en $(a+\omega_2)$ et $(i\alpha+\omega'_2)$, et soit ν' le nombre qui remplace alors ν. Nous concluons

$$\frac{\sigma(a+i\alpha+\omega_2+\omega'_2)}{\sigma(a+i\alpha)} = (-1)^{\nu+\nu'} A\,\frac{\Psi\left(a+\omega_2, \alpha+\dfrac{\omega'_2}{i}\right)}{\Psi(a,\alpha)}.$$

Mais, d'après l'égalité (V, 88), le dernier rapport est égal à

$$\varepsilon i e^{\eta_2 i\alpha + \eta'_2 a + \eta_2\omega'_2}.$$

Posons

$$C = \sigma\omega_2 . \sigma\omega'_2\sqrt{(e_2-e_1)(e_2-e_3)}\,e^{\eta_2\omega'_2};$$

nous avons donc

$$(31)\qquad \frac{\sigma(a+i\alpha+\omega_2+\omega'_2)}{\sigma(a+i\alpha)} = C(-1)^{\nu+\nu'}\varepsilon' e^{(\eta_2+\eta'_2)(a+i\alpha)}.$$

Il nous reste à examiner le facteur de discontinuité $(-1)^{\nu+\nu'}\varepsilon'$. Prenons le cas général où a, $a+\omega_2$ ne sont pas multiples impairs de ω_2. On a, d'après (20), $(-1)^{\nu}=(-1)^{n+1}\varepsilon'$; désignant par n', ε'' les nombres analogues à n, ε', mais relatifs à $\left(\alpha+\frac{\omega'_2}{i}\right)$, on aura de même $(-1)^{\nu'}=(-1)^{n'+1}\varepsilon''$. Le facteur qu'il faut examiner est donc $(-1)^{n+n'}\varepsilon''$. Or $(-1)^n$ change de signe quand $i\alpha$ passe par un multiple impair de ω'_2. On a déjà remarqué que $(-1)^n\varepsilon'$ change de signe seulement quand $i\alpha$ passe par un multiple pair; donc, de même, $(-1)^{n'}\varepsilon''$ change de signe seulement quand $(i\alpha+\omega'_2)$ passe par un tel multiple, c'est-à-dire quand $i\alpha$ passe par un multiple impair, exactement comme $(-1)^n$; donc le produit ne change jamais son signe et n'est pas discontinu. On voit d'ailleurs immédiatement qu'il est égal à $+1$.

Ceci observé, on peut facilement déterminer C en supposant, dans (31),

$$a=-\tfrac{1}{2}\omega_2, \qquad \alpha=-\tfrac{1}{2}\omega'_2,$$

par quoi le premier membre devient -1, et la formule (31)

$$(32)\qquad \sigma(u+\omega_2+\omega'_2)=-\sigma u.e^{(\eta_2+\eta'_2)\left(u+\frac{\omega_2+\omega'_2}{2}\right)};$$

y changeant u en $(u-2\omega'_2)$, on en déduit, par le moyen de (17),

$$(33)\qquad \sigma(u+\omega_2-\omega'_2)=-\sigma u.e^{(\eta_2-\eta'_2)\left(u+\frac{\omega_2-\omega'_2}{2}\right)}.$$

Ces deux égalités, conformément aux notations introduites (V, 30), s'écrivent

$$(34)\qquad \sigma(u+2\omega_3)=-\sigma u.\,e^{2\eta_3(u+\omega_3)},$$

$$(35)\qquad \sigma(u+2\omega_1)=-\sigma u.\,e^{2\eta_1(u+\omega_1)}.$$

Elles complètent l'analogie qui existe entre les périodes $2\omega_1$, $2\omega_3$ $(\Delta<0)$ et les périodes 2ω, $2\omega'(\Delta>0)$.

Continuité de σu.

1° Supposons, dans les formules (19) ou (20), α infiniment petit; il s'agit de s'assurer que $\sigma(a+i\alpha)$ a pour limite σa.

Dans la relation (19), le produit des facteurs au second membre, le radical réservé, a pour partie principale $(-1)^n \alpha \sigma a$, comme il résulte de (10) et (V, 81). Le radical a pour partie principale $\pm \frac{1}{\alpha}$, quantité positive. D'ailleurs n est ici -1 ou 0, suivant que α est négatif ou positif. La partie principale du radical est donc $(-1)^n \frac{1}{\alpha}$, et le second membre a pour limite σa.

Dans l'égalité (20), le raisonnement est tout semblable : le nombre n est ici égal à zéro, et le signe de α concorde avec celui de ε'; le radical a donc pour partie principale $\frac{\varepsilon'}{\alpha}$; le produit des autres facteurs, $\varepsilon' \alpha \sigma a$. La limite est σa.

2° Si a est infiniment petit, il n'est plus nécessaire de recourir aux formules. La limite est $\sigma i\alpha$ comme on le déduit du résultat précédent en mettant $\bar{\sigma}$, α, $-a$, au lieu de σ, a, α, puis revenant à σ par le moyen de la relation (15). C'est un procédé que nous avons déjà employé.

3° Supposons a et α infiniment petits à la fois. Soient

$$\varepsilon = \pm 1, \qquad \varepsilon a > 0,$$
$$\varepsilon' = \pm 1, \qquad \varepsilon' \alpha > 0.$$

La partie principale de $\sqrt{pa - pi\alpha}$ coïncide avec celle de $\sqrt{\frac{1}{a^2} + \frac{1}{\alpha^2}}$, radical positif que l'on peut écrire sous cette forme $\frac{\sqrt{a^2+\alpha^2}}{\varepsilon\varepsilon' a \alpha}$, $\sqrt{a^2+\alpha^2}$ étant pris positivement. Les égalités (19), (20) donnent toutes deux

$$\text{Partie principale de } \sigma(a+i\alpha) = \varepsilon' a \alpha \frac{\sqrt{a^2+\alpha^2}}{\varepsilon\varepsilon' a \alpha} \Psi(a, \alpha).$$

D'après (V, 83), $\Psi(a, \alpha)$ a, pour partie principale, celle de $\varepsilon \frac{a+i\alpha}{\sqrt{a^2+\alpha^2}}$; donc

$$\lim_{a=0,\, \alpha=0} \frac{\sigma(a+i\alpha)}{a+i\alpha} = 1. \tag{36}$$

C'est la généralisation de l'égalité (10).

Les formules (9) et (17) ont leurs analogues (34) et (35) dans le cas où le discriminant est négatif. Employons maintenant la notation $2\omega_1$, $2\omega_3$ pour les périodes, quel que soit le signe de Δ. Nos deux formules sont donc

$$\frac{\sigma(u+2m_1\omega_1)}{\sigma u} = (-1)^{m_1} e^{2m_1\eta_1(u+m_1\omega_1)},$$
$$\frac{\sigma(u+2m_3\omega_3)}{\sigma u} = (-1)^{m_3} e^{2m_3\eta_3(u+m_3\omega_3)},$$

où, bien entendu, l'argument u est une quantité complexe quelconque. On peut réunir ces deux formules en une seule. Changeant, dans la seconde, u en $u+2m_1\omega_1$ et multipliant membre à membre avec la première, nous aurons

$$\begin{aligned}&\frac{\sigma(u+2m_1\omega_1+2m_3\omega_3)}{\sigma u}\\ &\quad= (-1)^{m_1+m_3} e^{2(m_1\eta_1+m_3\eta_3)(u+m_1\omega_1+m_3\omega_3)-2m_1m_3(\eta_1\omega_3-\eta_3\omega_1)}.\end{aligned}$$

Mais $\eta_1\omega_3-\eta_3\omega_1$ est égal à $\frac{i\pi}{2}$, en sorte qu'on peut écrire cette formule ainsi

$$(37)\qquad \left\{\begin{aligned}&\bar\omega = m_1\omega_1+m_3\omega_3, \qquad \bar\eta = m_1\eta_1+m_3\eta_3,\\ &\frac{\sigma(u+2\bar\omega)}{\sigma u} = -(-1)^{(m_1+1)(m_3+1)} e^{2\bar\eta(u+\bar\omega)}.\end{aligned}\right.$$

Elle ne diffère de la formule (7), relative à la période 2ω, que par le signe du second membre; ce signe peut être *plus*. Mais cette circonstance se présente seulement quand m_1 et m_3 sont tous deux pairs, et alors $\bar\omega$ est *une période*. Ainsi, toutes les fois que $\bar\omega$ est une demi-période quelconque, on a toujours, pour l'addition de $2\bar\omega$, une formule absolument semblable à (7). La constante η est seulement remplacée par $\bar\eta$.

La formule générale (37) montre que deux fonctions σ, dont les arguments diffèrent seulement par une période, diffèrent elles-mêmes seulement par un facteur exponentiel du premier degré. Ce qu'il est essentiel d'observer, c'est que ce facteur est une fonction continue et ne contient aucun des signes ambigus ± 1 qui se présentent dans la définition de σu. Au commencement de ce paragraphe, nous avons démontré que $\sigma u = \sigma(a+i\alpha)$ est une fonction continue : 1° quand α tend vers zéro; 2° quand a tend vers zéro; 3° quand $u = a + i\alpha$ tend vers zéro. Il est maintenant prouvé, au moyen de (37), que $\sigma u = \sigma(a + i\alpha)$ est continu: 1° quand $i\alpha$ converge vers une période; 2° quand a converge vers une période; 3° quand u converge vers une période; 4° quand (Δ étant négatif) a converge vers un multiple impair de ω_2, ou $i\alpha$ vers un multiple impair de ω'_2. Mais les formules (19) et (20) n'offrent aucune discontinuité *apparente*, hormis celles qu'on vient de passer en revue. Donc la fonction σu est toujours finie et continue; en outre, suivant (36) et (37), elle a pour racines les périodes. Elle n'a pas d'autre racine, c'est ce qui résulte des définitions (19) et (20) où l'on connaît les racines de tous les facteurs aux seconds membres. Le facteur Ψ n'a aucune racine, puisque, par définition, c'est une exponentielle $e^{i\theta}$, où θ est réel.

Il reste encore à s'assurer que la fonction σu satisfait, dans tous les cas, à la relation (12). Maintenant que cette fonction nous est connue, nous pouvons lui appliquer, pour démontrer cette relation, la même démonstration, absolument, qui a été faite d'abord pour un argument réel. La relation (12) est donc exacte.

Dégénérescence de σu.

Les formules (V, 32 et 33), qui font connaître les dégénérescences de ζu, donnent immédiatement les dégénérescences de σu, pour les arguments réels ou purement imaginaires d'abord, puis pour les arguments quelconques. Il suffit d'appliquer les définitions de σu. On trouve ainsi

$$(38)\quad \left\{\begin{aligned} &\Delta = 0,\quad g_3 > 0,\qquad \sigma u = \frac{2\omega}{\pi}\sin\frac{\pi u}{2\omega}\, e^{\frac{1}{6}\left(\frac{\pi u}{2\omega}\right)^2} = \frac{2\omega}{\pi}\sin\frac{\pi u}{2\omega}\, e^{\frac{3g_3}{4g_2}u^2};\\ &\qquad\qquad\qquad\qquad \sigma(iu) = \frac{2\omega}{\pi}\,\frac{e^{-\frac{\pi u}{2\omega}} - e^{\frac{\pi u}{2\omega}}}{2i}\, e^{-\frac{1}{6}\left(\frac{\pi}{2\omega}\right)^2 u^2},\end{aligned}\right.$$

$$(39)\quad \left\{\begin{aligned} &\Delta = 0,\quad g_3 < 0,\qquad \sigma u = \frac{2\omega'}{i\pi}\,\frac{e^{\frac{\pi i u}{2\omega'}} - e^{-\frac{\pi i u}{2\omega'}}}{2}\, e^{-\frac{1}{6}\left(\frac{\pi i u}{2\omega}\right)^2},\\ &\qquad\qquad\qquad\qquad \sigma(iu) = \frac{2\omega'}{\pi}\sin\frac{\pi i u}{2\omega'}\, e^{-\frac{1}{6}\left(\frac{\pi i u}{2\omega'}\right)^2}.\end{aligned}\right.$$

Lacune que présente le développement de σu.

Développée suivant les puissances croissantes de u^2, la fonction paire $\frac{\sigma u}{u}$ présente une *lacune* au second terme, en sorte qu'on a

$$\sigma u = u(1 + A u^4 + B u^6 + \ldots).$$

Cette propriété importante résulte immédiatement du développement de pu (IV, 4). Soit, en effet, à supposer que cette lacune n'existe pas,

$$\sigma u = u(1 + a u^2 + A u^4 + B u^6 + \ldots);$$

il en résulte

$$\zeta u = \frac{\sigma' u}{\sigma u} = \frac{1}{u} + 2au + (4A - 2a^2)u^3 + \ldots,$$

$$pu = -\zeta' u = \frac{1}{u^2} - 2a + (6a^2 - 12A)u^2 + \ldots.$$

Mais le développement de pu (IV, 4) a la forme suivante :

$$pu = \frac{1}{u^2} + \frac{g_2}{20} u^2 + \ldots;$$

nous en concluons

$$a = 0, \quad A = -\frac{g_2}{240},$$

$$(40) \qquad \sigma u = u\left(1 - \frac{g_2}{240} u^4 + \ldots\right).$$

Au Chapitre IX, on apprendra à former rapidement tant de termes qu'on voudra dans ce développement.

Propriétés caractéristiques de σu.

La nature et les propriétés de la fonction σu se résument ainsi : c'est une fonction définie sans ambiguïté pour toutes les valeurs réelles ou imaginaires de u, toujours finie, impaire, ayant pour racines toutes les quantités $2m\omega_1 + 2n\omega_3$, m et n étant des entiers; elle est développable en la forme

$$\sigma u = u(1 + A u^4 + B u^6 + \ldots),$$

avec une *lacune* du terme en u^2 dans la parenthèse, elle se reproduit multipliée par un facteur de la forme e^{au+b}, quand on ajoute à u des multiples quelconques de $2\omega_1$ et $2\omega_3$; elle jouit enfin de la propriété suivante, traduction de la relation (12),

$$(41)\qquad \frac{\sigma(u+v)\,\sigma(u-v)}{\sigma^2 u\,\sigma^2 v} = \frac{d^2}{du^2}\log\sigma u - \frac{d^2}{dv^2}\log\sigma v.$$

Ces éléments résument toute la théorie. Nous allons le montrer.

Si l'on pose

$$\frac{d}{du}\log\sigma u = \zeta u, \qquad -\frac{d}{du}\zeta u = \mathrm{p} u,$$

on reconnaît d'abord, comme conséquences immédiates, la nature de ζu et de $\mathrm{p}u$, la double périodicité de cette dernière. Les formules d'addition se concluent de (41), par ces conséquences, obtenues en dérivant par rapport à u et v :

$$\zeta(u+v)+\zeta(u-v)-2\zeta u = \frac{\mathrm{p}'u}{\mathrm{p}u-\mathrm{p}v},$$

$$\zeta(u+v)-\zeta(u-v)-2\zeta v = \frac{\mathrm{p}'v}{\mathrm{p}v-\mathrm{p}u};$$

en dérivant de nouveau par rapport à u, on en déduit

$$\mathrm{p}(u+v)+\mathrm{p}(u-v)-2\mathrm{p}u = -\frac{\partial}{\partial u}\frac{\mathrm{p}'u}{\mathrm{p}u-\mathrm{p}v},$$

$$\mathrm{p}(u+v)-\mathrm{p}(u-v) = \frac{\partial}{\partial u}\frac{\mathrm{p}'v}{\mathrm{p}u-\mathrm{p}v},$$

et, par conséquent,

$$\mathrm{p}(u+v) = 2\mathrm{p}u - \frac{\partial}{\partial u}\frac{\mathrm{p}'u-\mathrm{p}'v}{\mathrm{p}u-\mathrm{p}v}.$$

C'est une formule d'addition, mais dans laquelle figurent $\mathrm{p}u$, $\mathrm{p}'u$, $\mathrm{p}''u$; il faut pouvoir en faire disparaître $\mathrm{p}''u$ et, pour cela, connaître la relation qui lie $\mathrm{p}'u$ et $\mathrm{p}u$. Or, en dérivant par rapport à v, on a de même

$$\mathrm{p}(u+v) = 2\mathrm{p}v - \frac{\partial}{\partial v}\frac{\mathrm{p}'u-\mathrm{p}'v}{\mathrm{p}u-\mathrm{p}v}$$

et, par conséquent,

$$2\mathrm{p}u - \frac{\partial}{\partial u}\frac{\mathrm{p}'u-\mathrm{p}'v}{\mathrm{p}u-\mathrm{p}v} = 2\mathrm{p}v - \frac{\partial}{\partial v}\frac{\mathrm{p}'u-\mathrm{p}'v}{\mathrm{p}u-\mathrm{p}v}.$$

Mettant à part, dans le premier membre, le terme

$$\frac{\partial}{\partial u}\frac{\mathrm{p}'v}{\mathrm{p}u-\mathrm{p}v} = -\frac{\mathrm{p}'u\,\mathrm{p}'v}{(\mathrm{p}u-\mathrm{p}v)^2},$$

on lui trouve son analogue, qui le détruit, dans le second membre, en sorte qu'on peut écrire

$$2(pu - pv) - \frac{\partial}{\partial u}\frac{p'u}{pu - pv} = \frac{p''v}{pu - pv} + \frac{p'^2 v}{(pu - pv)^2},$$

ou, en mettant $p'u \dfrac{d}{d(pu)}$ au lieu de $\dfrac{\partial}{\partial u}$ et divisant par $(pu - pv)$,

$$2\frac{p'u}{pu - pv}\frac{d}{d(pu)}\frac{p'u}{pu - pv} = 4 - 2\frac{p''v}{(pu - pv)^2} - 2\frac{p'^2 v}{(pu - pv)^3}.$$

Intégrant les deux membres par rapport à la variable pu, et désignant par a une constante encore inconnue, nous aurons

$$\left(\frac{p'u}{pu - pv}\right)^2 = 4(pu + a) + \frac{2p''v}{pu - pv} + \frac{p'^2 v}{(pu - pv)^2}$$

ou bien, en chassant le dénominateur,

$$p'^2 u = 4(pu - pv)^2(pu + a) + 2p''v(pu - pv) + p'^2 v.$$

Ici v est une arbitraire. On voit donc que $p'^2 u$ est exprimable par un polynôme du troisième degré en pu. Pour préciser ce polynôme, on observera que l'une des propriétes de σu donne, pour u infiniment petit, les développements

$$\zeta u = \frac{1}{u} + 4\,A\,u^3 + \ldots,$$

$$pu = \frac{1}{u^2} - 12\,A\,u^2 + \ldots,$$

$$p'u = -\frac{2}{u^3} - 24\,A\,u + \ldots,$$

$$p'^2 u = \frac{4}{u^6} + 96\,A\,\frac{1}{u^2} + \ldots,$$

$$4p^3 u = \frac{4}{u^6} - 36\,A\,\frac{1}{u^2} + \ldots,$$

$$p^2 u = \frac{1}{u^4} + \ldots,$$

d'où résulte que le terme en $p^2 u$ doit manquer dans le polynôme du troisième degré. Ainsi les propriétés, que nous venons de résumer pour σu, conduisent non seulement aux formules d'addition, mais encore à la formule $p'^2 u = 4p^3 u - g_2 pu - g_3$. Toute la théorie en découle donc avec la plus grande facilité.

Équation à trois termes.

La formule, que nous venons de reconnaître caractéristique,

$$(42)\quad \frac{\sigma(a+b)\,\sigma(a-b)}{\sigma^2 a.\,\sigma^2 b} = \frac{d^2}{da^2}\log\sigma a - \frac{d^2}{db^2}\log\sigma b = \varphi(a)-\varphi(b)$$

entraîne, ainsi qu'on l'a déjà reconnu pour un autre exemple entièrement analogue (IV, 23), la conséquence

$$(43)\quad \left\{\begin{aligned} &\sigma(a-b)\,\sigma(a+b)\,\sigma(c-d)\,\sigma(c+d)\\ &+\sigma(b-c)\,\sigma(b+c)\,\sigma(a-d)\,\sigma(a+d)\\ &+\sigma(c-a)\,\sigma(c+a)\,\sigma(b-d)\,\sigma(b+d)=0.\end{aligned}\right.$$

On obtient cette dernière, rappelons-le, en ajoutant membre à membre les produits deux à deux des termes de six équations semblables à l'équation (42); elle résulte de l'identité

$$(A-B)(C-D)+(B-C)(A-D)+(C-A)(B-D)=0.$$

Inversement la relation (43) permet de conclure la précédente (42), moyennant la simple hypothèse $\sigma'0=1$. Qu'on y suppose, à cet effet, d infiniment peu différent de c, on voit d'abord que σ est une fonction impaire; car la première ligne représente une quantité nulle, et les deux autres se réduisent ensemble à

$$\sigma(b-c)\,\sigma(b+c)\,\sigma(a+c)[\sigma(a-c)+\sigma(c-a)],$$

qui doit être nul. Ceci admis, l'hypothèse d infiniment voisin de c donne une conséquence nouvelle si l'on égale à zéro la dérivée prise par rapport à d et qu'on y fasse ensuite $d=c$. Désignant par ζu la dérivée logarithmique de σu, nous aurons ainsi

$$\begin{aligned} &-\sigma(a-b)\,\sigma(a+b)\,\sigma(2c)\\ &+\sigma(b-c)\,\sigma(b+c)\,\sigma(a-c)\,\sigma(a+c)[-\zeta(a-c)+\zeta(a+c)]\\ &+\sigma(c-a)\,\sigma(c+a)\,\sigma(b-c)\,\sigma(b+c)[-\zeta(b-c)+\zeta(b+c)]=0,\end{aligned}$$

ou bien

$$\begin{aligned}&\frac{\sigma(a+b)\,\sigma(a-b)}{\sigma(a+c)\,\sigma(a-c)\,\sigma(b+c)\,\sigma(b-c)}\\ &\quad=\frac{1}{\sigma(2c)}[\zeta(a+c)-\zeta(a-c)+\zeta(b-c)-\zeta(b+c)].\end{aligned}$$

Faisant maintenant converger c vers zéro, on a

$$\lim \frac{\zeta(a+c)-\zeta(a-c)}{\sigma(2c)} = \frac{2\zeta' a}{2\sigma' 0} = \zeta' a = \frac{d^2}{da^2}\log \sigma a,$$

$$\lim \frac{\zeta(b+c)-\zeta(b-c)}{\sigma(2c)} = \frac{d^2}{db^2}\log \sigma b.$$

Donc

$$\frac{\sigma(a+b)\sigma(a-b)}{\sigma^2 a.\sigma^2 b} = \frac{d^2}{da^2}\log \sigma a - \frac{d^2}{db^2}\log \sigma b.$$

Ainsi la belle propriété qu'exprime la relation (43), connue sous le nom d'*équation à trois termes*, caractérise la fonction σu et permet de remonter à la définition de pu. Nous ferons bientôt usage de ce fait si important (Chapitre VIII).

Les fonctions $\sigma_1 u$, $\sigma_2 u$, $\sigma_3 u$.

Soient p, q deux entiers, dont l'un au moins est impair, et posons

$$\tilde{\omega} = p\omega + q\omega', \qquad \tilde{\eta} = p\eta + q\eta';$$

ω, ω', η, η', dans le cas $\Delta < 0$, seront remplacés par ω_1, ω_3, η_1, η_3. La relation (37) devient ici

$$\frac{\sigma(u+\tilde{\omega})}{\sigma u} = -(-1)^{(p+1)(q+1)} e^{2\tilde{\eta}(u+\tilde{\omega})} = -e^{2\tilde{\eta}(u+\tilde{\omega})}.$$

Par le changement de u en $(u-\tilde{\omega})$, on peut l'écrire

$$\frac{\sigma(\tilde{\omega}+u)}{\sigma(\tilde{\omega}-u)} = e^{2\tilde{\eta}u}, \qquad e^{-\tilde{\eta}u}\sigma(\tilde{\omega}+u) = e^{\tilde{\eta}u}\sigma(\tilde{\omega}-u).$$

Pour déduire de là une fonction dont la valeur correspondant à $u=0$ soit purement numérique, il convient de diviser par $\sigma\tilde{\omega}$. Ainsi s'introduit la fonction

$$\sigma_\alpha u = e^{-\tilde{\eta}u}\frac{\sigma(\tilde{\omega}+u)}{\sigma\tilde{\omega}} = e^{\tilde{\eta}u}\frac{\sigma(\tilde{\omega}-u)}{\sigma\tilde{\omega}},$$

fonction paire, égale à $+1$ pour $u=0$. Il y a en tout trois fonctions différentes comprises dans cette définition : c'est ce que nous allons reconnaître.

Soit $\tilde{\omega}_1$ une autre demi-période, déterminée par deux autres entiers p_1 et q_1, mais p_1 de même parité que p, q_1 de même parité que q. Soient

$$p - p_1 = 2p_2, \qquad q - q_1 = 2q_2,$$
$$\tilde{\omega}_1 = p_1\omega + q_1\omega', \qquad \tilde{\eta}_1 = p_1\eta + q_1\eta',$$
$$\tilde{\omega} - \tilde{\omega}_1 = 2\tilde{\omega}_2 = 2(p_2\omega + q_2\omega'), \qquad \tilde{\eta} - \tilde{\eta}_1 = 2\tilde{\eta}_2 = 2(p_2\eta + q_2\eta').$$

On aura

$$\sigma(\tilde{\omega} + u) = \sigma(\tilde{\omega}_1 + u + 2\tilde{\omega}_2) = \pm\,\sigma(\tilde{\omega}_1 + u)e^{2\tilde{\eta}_2(\tilde{\omega}_1+u+\tilde{\omega}_2)}.$$

Le signe $\pm$ a été mis pour $(-1)^{p_2+q_2+p_2q_2}$. Faisant $u = 0$, on a de même

$$\sigma\tilde{\omega} = \pm\,\sigma\tilde{\omega}_1\, e^{2\tilde{\eta}_2(\tilde{\omega}_1+\tilde{\omega}_2)}.$$

Divisant membre à membre les deux dernières égalités, on obtient

$$\frac{\sigma(\tilde{\omega} + u)}{\sigma\tilde{\omega}} = \frac{\sigma(\tilde{\omega}_1 + u)}{\sigma\tilde{\omega}_1}\, e^{2\tilde{\eta}_2 u}.$$

D'ailleurs

$$e^{2\tilde{\eta}_2 u} = e^{\tilde{\eta} u - \tilde{\eta}_1 u}.$$

Donc

$$e^{-\tilde{\eta} u}\,\frac{\sigma(\tilde{\omega} + u)}{\sigma\tilde{\omega}} = e^{-\tilde{\eta}_1 u}\,\frac{\sigma(\tilde{\omega}_1 + u)}{\sigma\tilde{\omega}_1}.$$

On voit donc que $\sigma_\alpha u$ ne dépend pas des valeurs absolues des deux nombres p, q, mais seulement de leurs parités. Il y a donc en tout trois fonctions $\sigma_\alpha u$, savoir

$$\sigma_1 u = \frac{\sigma(\omega + u)}{\sigma\omega}\, e^{-\eta u} = \sigma_\alpha u$$

quand p est impair, q pair;

$$\sigma_2 u = \frac{\sigma(\omega + \omega' + u)}{\sigma(\omega + \omega')}\, e^{-(\eta+\eta')u} = \sigma_\alpha u$$

quand p et q sont impairs;

$$\sigma_3 u = \frac{\sigma(\omega' + u)}{\sigma\omega'}\, e^{-\eta' u} = \sigma_\alpha u$$

quand p est pair, q impair.

Ce sont trois fonctions paires, se réduisant à l'unité pour $u = 0$.

Expression des quantités $\sqrt{pu - e_\alpha}$ par les σ.

La formule suivante, déduite de (12) par la supposition $v = \bar{\omega}$,

$$pu - p\bar{\omega} = \frac{\sigma(\bar{\omega} + u)\sigma(\bar{\omega} - u)}{\sigma^2 u . \sigma^2 \bar{\omega}} = \frac{e^{-\bar{\eta} u}\sigma(\bar{\omega} + u) e^{\bar{\eta} u}\sigma(\bar{\omega} - u)}{\sigma^2 u . \sigma^2 \omega},$$

peut être écrite

$$pu - p\bar{\omega} = \left(\frac{\sigma_\alpha u}{\sigma u}\right)^2.$$

Convenons de désigner aussi par e_α l'une quelconque des trois constantes e_1, e_2, e_3, avec le même choix de l'indice que pour $\sigma_\alpha u$, et nous aurons, en extrayant la racine carrée

$$\sqrt{pu - e_\alpha} = \frac{\sigma_\alpha u}{\sigma u}.$$

Les trois radicaux $\sqrt{pu - e_\alpha}$ s'offrent donc comme dépourvus d'ambiguïté, avec un signe toujours déterminé.

Prenons, par exemple, le cas du discriminant positif, et supposons u réel. Alors $\sigma_2 u$ et $\sigma_3 u$ ne deviennent jamais nuls; ces fonctions sont donc toujours positives, puisqu'elles sont égales à $+1$ pour $u = 0$.

Pour $\sigma_1 u$, il y a, au contraire, les racines $u = (2m + 1)\omega$, en sorte que $\sigma_1 u$ est positive entre $-\omega$ et $+\omega$, négative entre ω et 3ω, ... Quant à σu, cette fonction est positive entre zéro et 2ω, négative entre -2ω et zéro, entre 2ω et 4ω, ...

Les racines carrées $\sqrt{e_1 - e_3}$, $\sqrt{e_2 - e_3}$ étant extraites positivement, nous aurons ainsi (Chap. II, p. 45)

$$\left.\begin{aligned}
\operatorname{sn}(u\sqrt{e_1 - e_3}) &= \sqrt{e_1 - e_3}\,\frac{\sigma u}{\sigma_3 u}\\
\operatorname{cn}(u\sqrt{e_1 - e_3}) &= \frac{\sigma_1 u}{\sigma_3 u}\\
\operatorname{dn}(u\sqrt{e_1 - e_3}) &= \frac{\sigma_2 u}{\sigma_3 u}
\end{aligned}\right\}\left(\operatorname{mod} k = \frac{\sqrt{e_2 - e_3}}{\sqrt{e_1 - e_3}}\right).$$

Diverses expressions des quantités $\sqrt{e_1 - e_2}$ et $\sqrt[4]{e_1 - e_2}\sqrt[4]{e_1 - e_3}$.

Considérons les trois radicaux $\sqrt{pu - e_\alpha}$, désormais dépourvus d'ambiguïté

$$\left.\begin{aligned}
\sqrt{pu-e_1} &= \frac{\sigma_1 u}{\sigma u} = \frac{e^{-\eta u}\,\sigma(\omega+u)}{\sigma\omega.\,\sigma u} = \frac{e^{\eta u}\,\sigma(\omega-u)}{\sigma\omega.\,\sigma u}\\
\sqrt{pu-e_2} &= \frac{\sigma_2 u}{\sigma u} = \frac{e^{-\eta'' u}\,\sigma(\omega''+u)}{\sigma\omega''.\,\sigma u} = \frac{e^{\eta'' u}\,\sigma(\omega''-u)}{\sigma\omega''.\,\sigma u}\\
\sqrt{pu-e_3} &= \frac{\sigma_3 u}{\sigma u} = \frac{e^{-\eta' u}\,\sigma(\omega'+u)}{\sigma\omega'.\,\sigma u} = \frac{e^{\eta' u}\,\sigma(\omega'-u)}{\sigma\omega'.\,\sigma u}
\end{aligned}\right\}\quad \begin{aligned}\omega'' &= \omega+\omega',\\ \eta'' &= \eta+\eta'.\end{aligned}$$

Prenons successivement pour u les trois demi-périodes, en laissant de côté dans chacune des relations la demi-période qui rend nul le premier membre. Nous aurons ainsi :

1° En faisant $u = \omega$ dans les deux dernières,

$$\sqrt{e_1-e_2} = \frac{\sigma_2\omega}{\sigma\omega} = \frac{e^{\eta''\omega}\,\sigma\omega'}{\sigma\omega''.\,\sigma\omega},$$

$$\sqrt{e_1-e_3} = \frac{\sigma_3\omega}{\sigma\omega} = \frac{e^{-\eta'\omega}\,\sigma\omega''}{\sigma\omega'.\,\sigma\omega},$$

et de là, en multipliant membre à membre et extrayant la racine carrée,

$$\sqrt[4]{e_1-e_2}\,\sqrt[4]{e_1-e_3} = \frac{e^{\frac{1}{2}\eta\omega}}{\sigma\omega};$$

2° En faisant $u = \omega''$ dans la troisième et la première ou, si nous voulons, en permutant circulairement les indices 1, 2, 3 et les accents 0, II, I,

$$\sqrt{e_2-e_3} = \frac{\sigma_3\omega''}{\sigma\omega''} = -\frac{e^{\eta'\omega''}\,\sigma\omega}{\sigma\omega'.\,\sigma\omega''},$$

$$\sqrt{e_2-e_1} = \frac{\sigma_1\omega''}{\sigma\omega''} = -\frac{e^{\eta\omega''}\,\sigma\omega'}{\sigma\omega.\,\sigma\omega''},$$

$$\sqrt[4]{e_2-e_3}\,\sqrt[4]{e_2-e_1} = \frac{e^{\frac{1}{2}\eta''\omega''}}{\sigma\omega''};$$

3° En faisant $u = \omega'$ dans les deux premières,

$$\sqrt{e_3-e_1} = \frac{\sigma_1\omega'}{\sigma\omega'} = \frac{e^{-\eta\omega'}\,\sigma\omega''}{\sigma\omega.\,\sigma\omega'},$$

$$\sqrt{e_3-e_2} = \frac{\sigma_2\omega'}{\sigma\omega'} = \frac{e^{\eta''\omega'}\,\sigma\omega}{\sigma\omega''.\,\sigma\omega'},$$

$$\sqrt[4]{e_3-e_1}\,\sqrt[4]{e_3-e_2} = \frac{e^{\frac{1}{2}\eta'\omega'}}{\sigma\omega'}.$$

En comparant les deux déterminations qui s'offrent ici pour deux radicaux, tels, par exemple, que $\sqrt{e_1 - e_2}$ et $\sqrt{e_2 - e_1}$, nous voyons qu'elles sont reliées ainsi

$$\frac{\sqrt{e_1 - e_2}}{\sqrt{e_2 - e_1}} = - e^{\eta''\omega - \eta\omega''} = - e^{\eta'\omega - \eta\omega'} = i; \qquad \sqrt{e_1 - e_2} = + i\sqrt{e_2 - e_1}.$$

$$\frac{\sqrt{e_2 - e_3}}{\sqrt{e_3 - e_2}} = - e^{\eta'\omega'' - \eta''\omega'} = - e^{\eta'\omega - \eta\omega'} = i; \qquad \sqrt{e_2 - e_3} = + i\sqrt{e_3 - e_2}.$$

$$\frac{\sqrt{e_1 - e_3}}{\sqrt{e_3 - e_1}} = + e^{\eta\omega' - \eta'\omega} = i; \qquad \sqrt{e_1 - e_3} = + i\sqrt{e_3 - e_1}.$$

Les six radicaux sont ainsi ramenés sans ambiguïté aux trois premiers $\sqrt{e_1 - e_2}$, $\sqrt{e_2 - e_3}$, $\sqrt{e_1 - e_3}$, qui sont réels et positifs, dans le cas où le discriminant est positif.

Les racines quatrièmes qui interviennent ici peuvent aussi se ramener à trois d'entre elles. Que l'on en prenne une avec une des deux déterminations qui résultent de la racine carrée correspondante, et l'on pourra préciser les autres. Dans le cas du discriminant positif, par exemple, que l'on prenne $\sqrt[4]{e_1 - e_2}$ positivement, alors $\sqrt[4]{e_1 - e_3}$ est pris positif aussi, et ces deux racines donnent

$$\text{(44)} \qquad \sqrt[4]{e_1 - e_2}\,\sqrt[4]{e_1 - e_3} = \frac{e^{\frac{1}{2}\eta\omega}}{\sigma\omega}.$$

On a ensuite, dans la seconde série, en remplaçant $\sqrt{e_2 - e_1}$ par $\frac{1}{i}\sqrt{e_1 - e_2}$,

$$\text{(45)} \qquad \sqrt[4]{e_2 - e_3}\,\sqrt[4]{e_1 - e_2} = \sqrt{i}\,\frac{e^{\frac{1}{2}\eta''\omega''}}{\sigma\omega''}.$$

On précise ainsi $\sqrt[4]{e_2 - e_3}$ si l'on précise aussi $\sqrt{i}$; prenons

$$\sqrt{i} = e^{\frac{i\pi}{4}} = \frac{1 + i}{\sqrt{2}}.$$

S'il en est ainsi, on peut voir que $\sqrt[4]{e_2 - e_3}$ est positif quand le discriminant l'est aussi.

En effet, observons d'abord une circonstance qui s'offre à chaque instant dans les applications, c'est que, t étant réel, la quantité

$$\sigma(\omega + it)\,e^{-\eta it}$$

est réelle et positive. C'est, au facteur $\sigma\omega$ près, $\sigma_1(it)$. Comme σ_1 est une fonction paire, $\sigma_1(it)$ est réelle; de plus positive, car elle l'est pour $t = 0$, et ne s'annule pour aucune valeur réelle de t. En supposant $it = \omega'$, on voit que $\sigma\omega''$ est le produit d'une quantité positive par l'exponentielle $e^{\eta\omega'}$. Par suite, à un facteur positif près, le second membre de (45), abstraction faite du facteur $\sqrt{i}$, se réduit à une exponentielle dont l'exposant est

$$\begin{aligned}\tfrac{1}{2}(\eta''\omega'' - 2\eta\omega') &= \tfrac{1}{2}[(\eta + \eta')(\omega + \omega') - 2\eta\omega'] \\ &= \tfrac{1}{2}(\eta\omega + \eta'\omega') - \tfrac{1}{2}(\eta\omega' - \eta'\omega) = \tfrac{1}{2}(\eta\omega + \eta'\omega') - \frac{i\pi}{4}.\end{aligned}$$

D'ailleurs $\eta\omega$ et $\eta'\omega'$ sont réels, donc $e^{\frac{1}{2}(\eta\omega + \eta'\omega')}$ est réel et positif. Le second membre de (45) est donc le produit d'un facteur positif par $\sqrt{i}$ et par $e^{-\frac{i\pi}{4}}$. Il est donc réel et positif si l'on prend $\sqrt{i} = e^{\frac{i\pi}{4}}$.

Dans la troisième série, nous aurons de même

$$(46) \qquad \sqrt[4]{e_1 - e_3}\,\sqrt[4]{e_2 - e_3} = i\,\frac{e^{\frac{1}{2}\eta'\omega'}}{\sigma\omega'},$$

et le signe du second membre est déterminé d'accord avec les formules précédentes et celles qui donnent les racines carrées. Effectivement, si l'on multiplie membre à membre les relations (44), (46) et qu'on divise les deux membres par ceux de la relation (45), on obtient

$$\sqrt{e_1 - e_3} = e^{\frac{i\pi}{4}}\,\frac{\sigma\omega''}{\sigma\omega . \sigma\omega'}\,e^{\frac{1}{2}(\eta\omega + \eta'\omega' - \eta''\omega'')}.$$

Nous venons justement de prouver qu'on a

$$\tfrac{1}{2}(\eta\omega + \eta'\omega' - \eta''\omega'') = -\eta\omega' + \frac{i\pi}{4} = -\eta'\omega - \frac{i\pi}{2} + \frac{i\pi}{4} = -\eta'\omega - \frac{i\pi}{4}.$$

L'exposant de e se trouve ainsi être $-\eta'\omega$, comme il convient.

Les relations (44), (45), (46) doivent ici être considérées comme nous fournissant l'expression des trois constantes

$$e^{-\frac{1}{2}\bar{\omega}\bar{\eta}}\sigma\bar{\omega},$$

en fonction de e_1, e_2, e_3. Dans le Chap. VIII, nous les considérerons d'un point de vue justement opposé.

Ces mêmes relations entraînent une conséquence qu'il faut remarquer. Si l'on considère l'identité

$$\frac{1}{(e_1-e_2)(e_1-e_3)} = \frac{e_2-e_3}{(e_1-e_2)(e_1-e_3)(e_2-e_3)}$$

et les deux analogues, on conclut

$$\frac{1}{(e_1-e_2)(e_1-e_3)} + \frac{1}{(e_2-e_3)(e_2-e_1)} + \frac{1}{(e_3-e_1)(e_3-e_2)} = 0,$$

par conséquent,

$$(47) \qquad \left(e^{-\frac{1}{2}\eta\omega}\,\sigma\omega\right)^4 + \left(e^{-\frac{1}{2}\eta'\omega'}\,\sigma\omega'\right)^4 + \left(e^{-\frac{1}{2}\eta''\omega''}\,\sigma\omega''\right)^4 = 0.$$

Les trois formules

$$(48) \qquad \begin{cases} \sqrt[4]{e_1-e_2}\,\sqrt[4]{e_1-e_3} = \dfrac{e^{\frac{1}{2}\eta\omega}}{\sigma\omega} = \dfrac{1}{\mathrm{U}}, \\ \sqrt[4]{e_2-e_3}\,\sqrt[4]{e_1-e_2} = e^{\frac{i\pi}{4}}\,\dfrac{e^{\frac{1}{2}\eta''\omega''}}{\sigma\omega''} = \dfrac{e^{\frac{i\pi}{4}}}{\mathrm{U}''}, \\ \sqrt[4]{e_1-e_3}\,\sqrt[4]{e_2-e_3} = i\,\dfrac{e^{\frac{1}{2}\eta'\omega'}}{\sigma\omega'} = \dfrac{i}{\mathrm{U}'} \end{cases}$$

donnent les trois produits des racines quatrièmes exprimés par ces trois quantités U, U′, U″. On peut, par ces mêmes quantités, exprimer les trois racines carrées. Il sera aisé, en effet, de vérifier la concordance des formules suivantes avec celles qui ont été données d'abord

$$(48\,a) \qquad \begin{cases} \sqrt{e_1-e_2} = e^{-\frac{i\pi}{4}}\,\dfrac{\mathrm{U}'}{\mathrm{U}\mathrm{U}''}, \\ \sqrt{e_2-e_3} = -\,e^{-\frac{i\pi}{4}}\,\dfrac{\mathrm{U}}{\mathrm{U}'\mathrm{U}''}, \\ \sqrt{e_1-e_3} = e^{+\frac{i\pi}{4}}\,\dfrac{\mathrm{U}''}{\mathrm{U}\mathrm{U}'}. \end{cases}$$

Addition des demi-périodes dans les fonctions σ.

On est souvent amené à introduire dans les calculs les fonctions σ_α, et il est commode de n'avoir pas à rechercher chaque fois les formules fort simples, relatives à l'addition des demi-périodes pour ces fonctions. Il y a quatre fonctions σ et trois demi-périodes, donc douze formules ; mais nous les résumerons toutes dans trois seulement. A cet effet, nous désignerons par ω_α, ω_β, ω_γ trois demi-périodes, ayant zéro pour somme

$$\omega_\alpha + \omega_\beta + \omega_\gamma = 0.$$

Nous poserons, en outre,

$$U_\alpha = \sigma\omega_\alpha . e^{-\frac{1}{2}\eta_\alpha\omega_\alpha},$$

et de même U_β et U_γ désigneront des quantités analogues ; par la définition de $\sigma_\alpha u$, on peut écrire les deux formules suivantes :

$$\sigma(u \pm \omega_\alpha) = \pm e^{\pm\eta_\alpha\left(u\pm\frac{1}{2}\omega_\alpha\right)} U_\alpha \sigma_\alpha u,$$

$$\sigma_\alpha(u \pm \omega_\alpha) = \mp e^{\pm\eta_\alpha\left(u\pm\frac{1}{2}\omega_\alpha\right)} \frac{1}{U_\alpha} \sigma u.$$

Dans l'égalité

$$\sigma(u + \omega_\beta) = e^{\eta_\beta u} \sigma\omega_\beta \sigma_\beta u,$$

qui définit σ_β, changeons u en $u + \omega_\alpha$, et remplaçons $\omega_\alpha + \omega_\beta$ par $-\omega_\gamma$, $\sigma\omega_\beta$ par son expression au moyen de U_β ; il viendra

$$\sigma(u - \omega_\gamma) = e^{\eta_\beta(u+\omega_\alpha)} e^{\frac{1}{2}\eta_\beta\omega_\beta} \sigma_\beta(u + \omega_\alpha) U_\beta.$$

Comparant cette dernière égalité à la première ci-dessus, où l'on changera α en γ, on aura successivement

$$\sigma(u - \omega_\gamma) = - e^{-\eta_\gamma\left(u-\frac{1}{2}\omega_\gamma\right)} U_\gamma \sigma_\gamma u,$$

$$\frac{U_\beta \sigma_\beta(u + \omega_\alpha)}{U_\gamma \sigma_\gamma u} e^{-\eta_\alpha\left(u+\frac{1}{2}\omega_\alpha\right)} = - e^{-\frac{1}{2}\eta_\alpha\omega_\alpha - \eta_\beta\omega_\alpha - \frac{1}{2}\eta_\beta\omega_\beta + \frac{1}{2}\eta_\gamma\omega_\gamma},$$

En vertu des égalités

$$\omega_\alpha + \omega_\beta + \omega_\gamma = 0, \qquad \eta_\alpha + \eta_\beta + \eta_\gamma = 0,$$

l'exposant de e, au second membre, se réduit à $\frac{1}{2}(\eta_\alpha\omega_\beta - \eta_\beta\omega_\alpha)$. Soient

$$\omega_\alpha = p_\alpha\omega + q_\alpha\omega', \qquad \omega_\beta = p_\beta\omega + q_\beta\omega',$$
$$\eta_\alpha = p_\alpha\eta + q_\alpha\eta', \qquad \eta_\beta = p_\beta\eta + q_\beta\omega';$$

on en conclut

$$\eta_\alpha\omega_\beta - \eta_\beta\omega_\alpha = (p_\alpha q_\beta - p_\beta q_\alpha)(\eta\omega' - \eta'\omega) = (p_\alpha q_\beta - p_\beta q_\alpha)\frac{i\pi}{2}.$$

Soit, pour abréger

$$(\alpha\beta) = p_\alpha q_\beta - p_\beta q_\alpha.$$

Les trois formules d'addition des demi-périodes s'écriront ainsi

$$(49)\quad \left\{\begin{aligned} \sigma(u \pm \omega_\alpha) &= \pm\, e^{\pm\eta_\alpha\left(u \pm \frac{1}{2}\omega_\alpha\right)}\, \mathrm{U}_\alpha\, \sigma_\alpha u, \\ \sigma_\alpha(u \pm \omega_\alpha) &= \mp\, e^{\pm\eta_\alpha\left(u \pm \frac{1}{2}\omega_\alpha\right)}\, \frac{1}{\mathrm{U}_\alpha}\, \sigma u, \\ \sigma_\beta(u \pm \omega_\alpha) &= -\, e^{\pm\eta_\alpha\left(u \pm \frac{1}{2}\omega_\alpha\right)}\, \frac{\mathrm{U}_\gamma}{\mathrm{U}_\beta}\, \sigma_\gamma u \,.\, e^{(\alpha\beta)\frac{i\pi}{4}}. \end{aligned}\right.$$

Par l'échange des indices α, β, γ, ces trois formules donnent toutes les autres. On doit remarquer que les six nombres entiers tels que (α, β) se réduisent à deux, égaux et de signes contraires, parce que les trois entiers p ont zéro pour somme, comme aussi les trois entiers q. De là résulte

$$(\alpha\beta) = (\beta\gamma) = (\gamma\alpha) = -(\beta\alpha) = -(\gamma\beta) = -(\alpha\gamma).$$

Si, de plus, comme on doit le supposer, les trois demi-périodes sont différentes (aux périodes près), l'un, au moins, des deux entiers p, q, dans chaque couple, doit être impair, et $(\alpha\beta)$ est un nombre impair. Cet entier $(\alpha\beta)$ est égal à ± 1, si les trois demi-périodes, aux signes près, sont ω, ω', ω''.

Expression de $\wp' u$ par les σ.

La fonction $\wp' u$ a une expression remarquable par les fonctions σ. D'après la relation

$$\wp' u = \pm 2\sqrt{(\wp u - e_1)(\wp u - e_2)(\wp u - e_3)},$$

il apparaît que $\wp' u$ est le double produit des trois quantités $\frac{\sigma_\alpha u}{\sigma u}$, mais avec quel signe ? Il suffit de considérer la valeur $u = 0$, pour reconnaître que ce signe est négatif. Ainsi

$$(50)\qquad \wp' u = -2\, \frac{\sigma_1 u \,.\, \sigma_2 u \,.\, \sigma_3 u}{\sigma^3 u}.$$

Multiplication de l'argument dans σu.

Si, dans la formule (12),

$$(51)\qquad \wp u - \wp v = \frac{\sigma(v + u)\,\sigma(v - u)}{\sigma^2 u \,.\, \sigma^2 v},$$

on fait tendre v vers u, après avoir pris les dérivées dans les deux membres par rapport à v, on obtient

$$(52)\qquad p'u = -\frac{\sigma(2u)}{\sigma^4 u}.$$

Ce résultat, comparé au précédent (50), donne cet autre

$$(53)\qquad \sigma(2u) = 2\sigma_1 u\, \sigma_2 u\, \sigma_3 u\, \sigma u.$$

Si l'on remplace $\sigma_1 u$, $\sigma_2 u$, $\sigma_3 u$, par leurs expressions convenablement choisies, on peut encore écrire

$$(53a)\qquad \sigma(2u) = \frac{2\sigma(u-\omega)\,\sigma(u+\omega'+\omega)\,\sigma(u-\omega')\,\sigma u}{\sigma\omega\,\sigma(\omega+\omega')\,\sigma\omega'};$$

les exponentielles disparaissent quand on prend ainsi les trois demi-périodes, de façon que leur somme soit nulle.

Cette formule de duplication de l'argument dans σu peut être aisément généralisée et étendue à la multiplication par un entier quelconque. Dans (51) faisons $v = nu$, nous aurons

$$p(nu) - pu = -\frac{\sigma(n+1)u\,\sigma(n-1)u}{\sigma^2(nu)\,\sigma^2 u},$$

résultat que nous écrirons ainsi

$$(54)\qquad p(nu) - pu = -\frac{\sigma(n+1)u}{(\sigma u)^{(n+1)^2}}\,\frac{\sigma(n-1)u}{(\sigma u)^{(n-1)^2}}\left[\frac{(\sigma u)^{n^2}}{\sigma nu}\right]^2.$$

Si nous le comparons à la formule de multiplication (IV, 14)

$$(54a)\qquad pnu - pu = -\frac{\psi_{n+1}\,\psi_{n-1}}{\psi_n^2}$$

nous ne pouvons manquer d'être frappés de la ressemblance des deux formules : elles coïncident si l'on assimile l'une à l'autre les deux fonctions

$$\psi_n(u) \quad \text{et} \quad \frac{\sigma(nu)}{(\sigma u)^{n^2}}.$$

Or les valeurs initiales, pour l'une et l'autre, sont les suivantes (52 et IV, 7) :

$$\psi_1(u) = 1, \qquad \frac{\sigma u}{\sigma u} = 1.$$

$$\psi_2(u) = -p'u, \qquad \frac{\sigma(2u)}{\sigma^4 u} = -p'u.$$

Les deux fonctions coïncident donc pour les indices 1 et 2. Si, dans les formules (54) et (54 a), on suppose $n = 2$, on en conclut que les fonctions coïncident pour l'indice 3; en supposant ensuite $n = 3$, on voit qu'elles coïncident pour l'indice 4, etc... Donc, généralement,

$$\psi_n(u) = \frac{\sigma(nu)}{(\sigma u)^{n^2}}. \tag{55}$$

Supposons d'abord n un nombre impair. Les $n^{\text{ièmes}}$ parties de périodes sont en nombre $(n^2 - 1)$, distinctes entre elles, à des périodes près. On peut les partager en deux groupes; chacun des groupes est composé des éléments de l'autre groupe changés de signes. Alors $a, a_1, \ldots$ étant les éléments d'un de ces groupes en nombre $\frac{1}{2}(n^2 - 1)$, la fonction $\psi_n(u)$ est un polynôme entier en pu, savoir (IV, 13) :

$$\psi_n(u) = n(pu - pa)(pu - pa_1)\ldots.$$

ce que nous pouvons écrire, à cause de (51),

$$\psi_n(u) = n\frac{\sigma(u+a)}{\sigma a}\frac{\sigma(u-a)}{\sigma(-a)}\frac{\sigma(u+a_1)}{\sigma a_1}\frac{\sigma(u-a_1)}{\sigma(-a_1)}\cdots\frac{1}{(\sigma u)^{n^2-1}} = \frac{\sigma(nu)}{(\sigma u)^{n^2}}.$$

Nous avons donc

$$\sigma(nu) = n\,\sigma u\frac{\sigma(u+a)}{\sigma a}\frac{\sigma(u-a)}{\sigma(-a)}\frac{\sigma(u+a_1)}{\sigma(a_1)}\frac{\sigma(u-a_1)}{\sigma(-a_1)}\cdots.$$

Si nous modifions chaque terme $\frac{\sigma(u+b)}{\sigma b}$ en remplaçant b par $b + 2\bar{\omega}$, ce terme se reproduit multiplié par l'exponentielle $e^{2\bar{\eta}u}$. Si nous choisissons les divers $\bar{\omega}$ de façon que leur somme soit nulle, la somme des $\bar{\eta}$ correspondants sera nulle aussi. On peut donc généralement écrire

$$\sigma(nu) = n\,\sigma u\,\frac{\sigma(u+a)}{\sigma a}\frac{\sigma(u+a_1)}{\sigma a_1}\cdots; \tag{56}$$

$a, a_1, \ldots$ reproduisent, à des périodes près, les $n^{\text{ièmes}}$ parties de période, en nombre $(n^2 - 1)$, et sont choisies de façon que leur somme soit nulle.

En second lieu, si n est un nombre pair, $\frac{-2\psi_n(u)}{p'u}$ est encore un polynôme analogue, du degré $\frac{n^2-4}{2}$, en pu. Par les mêmes considérations, on peut écrire ce polynôme sous la forme

$$n\,\sigma u \frac{\sigma(u+a)}{\sigma a}\,\frac{\sigma(u+a_1)}{\sigma a_1}\cdots\frac{1}{(\sigma u)^{n^2-4}}.$$

En le multipliant par

$$-\frac{p'u}{2} = \frac{\sigma(u-\omega)}{\sigma(-\omega)}\,\frac{\sigma(u+\omega+\omega')}{\sigma(\omega+\omega')}\,\frac{\sigma(u-\omega')}{\sigma(-\omega')}\,\frac{1}{(\sigma u)^3},$$

on obtient en définitive, pour ce cas encore, la formule (56), démontrée ainsi en toute généralité.

Intégrale complète de la fonction ζ [1].

On rencontre fréquemment, dans les applications, les deux intégrales définies

$$\int_0^{2\omega} \zeta(u+v)\,du, \qquad \int_0^{\frac{2\omega'}{i}} \zeta(iu+v)\,du,$$

dans lesquelles v est quelconque, réel ou imaginaire. Au cas $\Delta < 0$, ω, ω' désignent ω_2 et ω'_2. Nous avons actuellement les éléments nécessaires pour déterminer avec précision ces intégrales, qu'on appelle *complètes* parce qu'elles sont étendues à une période entière.

Considérons la seconde. L'intégrale *indéfinie* nous est connue, c'est $\frac{1}{i}\log\sigma(iu+v)$. L'intégrale définie est donc

$$\frac{1}{i}\log\frac{\sigma(2\omega'+v)}{\sigma v} = \frac{1}{i}\log[-e^{2\eta'(v+\omega')}]$$

mais elle comporte une indétermination qui est dans la nature du logarithme, en sorte qu'on a

$$\int_0^{\frac{2\omega'}{i}} \zeta(iu+v)\,du = -2i\eta'(v+\omega') + (2n+1)\pi;$$

le nombre entier n est à trouver. A cet effet, prenons la quantité

[1] Voir la même question, sous une autre forme, traitée par M. Hermite : *Sur l'intégrale elliptique de troisième espèce* (*Comptes rendus des séances de l'Académie des Sciences*, t. XCIV, 1882, p. 901).

conjuguée : supposons $v = a + i\alpha$; en ajoutant les deux conjuguées, nous aurons ($i\eta'$ étant réel)

$$\int_0^{\frac{2\omega'}{i}} [\zeta(a + i\alpha + iu) + \zeta(a - i\alpha - iu)]\,du = -4i\eta' a + 2(2n+1)\pi.$$

Changeons la variable sous le signe d'intégration, en posant $\alpha + u = \beta$; il vient

$$\int_\alpha^{\alpha+\frac{2\omega'}{i}} [\zeta(a + i\beta) + \zeta(a - i\beta)]\,d\beta = -4i\eta' a + 2(2n+1)\pi.$$

Le premier membre est, suivant les notations du Chapitre V,

$$\Phi\left(a, \alpha + \frac{2\omega'}{i}\right) - \Phi(a, \alpha),$$

et c'est une quantité dont l'expression explicite a été trouvée.

$1°\ \Delta > 0.$

Faisant dans (V, 68) $n = 1$ et remplaçant $\Phi(a, \omega')$ par son expression (V, 64), on a

$$\Phi\left(a, \alpha + \frac{2\omega'}{i}\right) - \Phi(a, \alpha) = -4i\eta' a + 2(2m+1)\pi,$$
$$2m\omega < a < 2(m+1)\omega;$$

nous excluons le cas où a serait une période, car alors l'intégrale que nous considérons n'aurait pas une valeur finie.

Voici donc l'intégrale demandée

$$(57)\quad \left\{\begin{array}{l} \displaystyle\int_0^{\frac{2\omega'}{i}} \zeta(iu + v)\,du = -2i\eta'(v + \omega') + (2m+1)\pi \\ v = a + i\alpha, \qquad 2m\omega < a < 2(m+1)\omega \end{array}\right\} \Delta > 0.$$

L'autre intégrale se déduit aisément de celle-là. Prenons la conjuguée, et mettons en évidence la fonction $\bar\zeta$ au lieu de ζ, avec les constantes qui s'y rapportent, savoir

$$\omega' = i\bar\omega, \qquad i\eta' = \bar\eta, \qquad \zeta(u) = i\bar\zeta(iu).$$

Nous déduirons ainsi de (57)

$$\int_0^{2\bar\omega} \bar\zeta(u + \alpha + ia)\,du = 2\bar\eta(\alpha + \bar\omega + ia) - (2m+1)i\pi.$$

Revenant maintenant à ζ, échangeant a et α, nous avons la formule

$$(58)\quad \left\{\begin{array}{l} \displaystyle\int_0^{2\omega} \zeta(u+v)\,du = 2\eta(v+\omega)-(2m+1)i\pi \\ v = a+i\alpha,\qquad 2m\dfrac{\omega'}{i} < \alpha < 2(m+1)\dfrac{\omega'}{i} \end{array}\right\}\ \Delta > 0.$$

2° $\Delta < 0$.

La seule différence qu'il y ait entre ce cas et le précédent provient de la différence entre les expressions (64) et (65), obtenues (Chap. V) pour $\Phi\left(a, \frac{\omega'}{i}\right)$. On voit donc immédiatement l'exactitude des résultats suivants :

$$(59)\quad \left\{\begin{array}{llll} \displaystyle\int_0^{\frac{2\omega'_2}{i}} \zeta(iu+v)\,du = -2i\eta'_2(v+\omega'_2)-(4m+\varepsilon)\pi & & & \\ v = a+i\alpha, & \varepsilon = -1 & \text{si} & (2m-1)\omega_2 < a < 2m\omega_2 \\ & \varepsilon = +1 & \text{si} & 2m\omega_2 < a < (2m+1)\omega_2 \end{array}\right\}\ \Delta < 0,$$

$$(60)\quad \left\{\begin{array}{llll} \displaystyle\int_0^{2\omega_2} \zeta(u+v)\,du = 2\eta_2(v+\omega_2)-(4m+\varepsilon)i\pi & & & \\ v = a+i\alpha & \varepsilon = -1 & \text{si} & (2m-1)\dfrac{\omega'_2}{i} < \alpha < 2m\dfrac{\omega'_2}{i} \\ & \varepsilon = +1 & \text{si} & 2m\dfrac{\omega'_2}{i} < \alpha < (2m+1)\dfrac{\omega'_2}{i} \end{array}\right\}\ \Delta < 0.$$

CHAPITRE VII.

DÉCOMPOSITIONS EN ÉLÉMENTS SIMPLES ET EN FACTEURS.

Préambule. — Décomposition des fonctions elliptiques en éléments simples. — Coefficients de la formule de décomposition. Résidus. — Intégration. — Intégrales elliptiques. — Expression des fonctions elliptiques en produits de fonctions σ. — Proposition réciproque. — Théorème d'Abel. — Addition d'arguments en nombre quelconque. — Expression de $\psi_n(u)$ sous forme de déterminant. — Fonctions analogues à $\operatorname{sn} u$, $\operatorname{cn} u$, $\operatorname{dn} u$. — Relation générale entre des produits de fonctions σ. — Fonctions doublement périodiques de seconde espèce. — Multiplicateurs. — Décomposition en éléments simples. — Exemple de décomposition. — Développement des fonctions de seconde espèce. — Autre exemple de décomposition. — Cas singulier des fonctions de seconde espèce. — Cas où les multiplicateurs sont des racines de l'unité. — Deuxième méthode pour le développement des fonctions de seconde espèce. — Développement de

$$\frac{\sigma(u+v)}{\sigma v} e^{-u\zeta v}$$

suivant les puissances ascendantes de u. — Développement de $\sigma_\alpha u$.

Préambule.

On a vu, dans le Chapitre précédent, la théorie des fonctions elliptiques s'élargir tout à coup et se simplifier singulièrement : c'est l'intervention de la fonction σu, qui produit ce changement soudain. En un petit nombre de propriétés simples et frappantes et une seule formule (VI, 12), toute la théorie se résume. Le Chapitre actuel mettra mieux encore en évidence la force de ces éléments fondamentaux. On y verra, pour toutes les formules, leur raison d'être ; on y apprendra, en quelques pages, ce qu'il importe le plus de bien savoir pour faire facilement les applications.

Décomposition des fonctions elliptiques en éléments simples.

Le but de la décomposition est d'abord de mettre les fonctions rationnelles de pu et $p'u$ sous une forme propre à l'intégration. Mais on s'apercevra que cette décomposition a, par elle-même, une importance considérable, comme il arrive, en Algèbre, pour la décomposition des fractions rationnelles en fractions simples.

A cause de la relation $p'^2 u = 4p^3 u - g_2 p u - g_3$, toute fonction rationnelle de $p u$ et $p' u$ peut être réduite à la forme $A + Bp' u$, dans laquelle A et B ne contiennent que $p u$.

En considérant $p u$ comme une variable ordinaire, on peut décomposer A et B en éléments simples, ainsi qu'on le sait faire pour toute fraction rationnelle. Les éléments simples se composent de termes entiers dont la forme générale est $a(p u)^n$, et de termes fractionnaires ayant la forme $\frac{a}{(p u - \alpha)^n}$; les coefficients tels que α, a sont des constantes, les nombres tels que n des entiers positifs.

La fonction $B p' u$ est immédiatement intégrale; car, si l'on suppose $B = F(p u)$, et que $\mathfrak{F}(x)$ soit l'intégrale indéfinie de $F(x)$, l'intégrale, par rapport à u, de $p' u F(p u)$ est $\mathfrak{F}(p u)$. Cependant nous ne conserverons pas cette forme.

Considérons d'abord les parties entières des deux fractions A et B. Nous allons les réunir en une somme de termes, tous de même forme, constituant une première partie des éléments simples de la fonction $A + Bp' u$.

Par les relations successives

$$\begin{aligned}
p'^2 &= 4p^3 - g_2 p - g_3,\\
p'' &= 6p^2 - \tfrac{1}{2} g_2,\\
p''' &= 12 p p',\\
p^{\text{IV}} &= 12(p p'' + p'^2) = 12(10 p^3 - \tfrac{3}{2} g_2 p - g_3),\\
p^{\text{V}} &= 36(10 p^2 - \tfrac{1}{2} g_2) p',\\
p^{\text{VI}} &= 36(140 p^4 - 28 g_2 p^2 - 20 g_3 p + \tfrac{1}{4} g_2^2) \dots,
\end{aligned}$$

on peut exprimer toute puissance de $p u$, d'exposant entier positif, en fonction linéaire de $p u$, $p'' u$, $p^{\text{IV}} u$, $p^{\text{VI}} u$, ...; ainsi

$$\begin{aligned}
p^2 &= \frac{1}{6}\left(p'' + \frac{1}{2} g_2\right),\\
p^3 &= \frac{1}{10}\left(\frac{p^{\text{IV}}}{12} + \frac{3}{2} g_2 p + g_3\right),\\
p^4 &= \frac{1}{140}\left(\frac{p^{\text{VI}}}{36} + \frac{14}{3} g_2 p'' + 20 g_3 p + \frac{25}{12} g_2^2\right),\\
&\dots\dots\dots\dots\dots\dots\dots\dots\dots\dots\dots\dots
\end{aligned}$$

On peut aussi exprimer les produits de ces puissances par $p' u$, en fonction linéaire de $\wp' u$, $\wp''' u$, $\wp^{\text{v}} u, \ldots$; ainsi,

$$\wp \wp' = \frac{1}{12} \wp''',$$

$$\wp^2 \wp' = \frac{1}{360} \wp^{\text{v}} + \frac{1}{20} g_2 \wp',$$

$$\cdots\cdots\cdots\cdots\cdots\cdots$$

D'après ces relations, les termes entiers de $B\wp' u$ prendront la forme d'une somme de termes tels que $\beta\, \wp^{(2\nu+1)}(u)$. De même, les termes entiers de A prennent la forme d'une somme de termes $\alpha\, \wp^{(2\nu)}(u)$. Ainsi, dans la fonction rationnelle $A + B\wp' u$, sans distinction des deux parties A et $B\wp' u$, nous avons d'abord une somme de termes $c\wp^{(\nu)}(u)$

$$C = c_0 + c_1 \wp u + c_2 \wp' u + c_3 \wp'' u + c_4 \wp''' u + \ldots.$$

Envisageons maintenant dans B et dans A les fractions à dénominateurs du premier degré $\dfrac{a}{\wp u - \alpha}$. Comme il existe toujours, on l'a vu Chapitre II et III, des arguments v répondant à $\wp v = \alpha$, on peut écrire cette fraction sous la forme $\dfrac{a}{\wp u - \wp v}$. D'après les relations (p. 138)

$$(1) \quad \begin{cases} \zeta(u+v) + \zeta(u-v) - 2\zeta u = \dfrac{\wp' u}{\wp u - \wp v}, \\ \zeta(u+v) - \zeta(u-v) - 2\zeta v = \dfrac{-\wp' v}{\wp u - \wp v}, \end{cases}$$

nous pouvons écrire, pour A, tous les termes analogues sous la forme d'une somme de termes tels que $l_0 + l[\zeta(u+v) - \zeta(u-v)]$, v variant d'un terme à l'autre; d'ailleurs l_0 peut être réuni à c_0, et il ne reste que des termes $l\zeta(u+v) - l\zeta(u-v)$. Pour $B\wp' u$, nous aurons des termes tels que $l'\zeta(u+v') + l'\zeta(u-v') - 2l'\zeta u$. Tous les termes analogues de A et de $B\wp' u$, étant réunis, fournissent une somme L, dont la forme est

$$L = l_1 \zeta(u - v_1) + l_2 \zeta(u - v_2) + l_3 \zeta(u - v_3) \ldots,$$

et où la somme des coefficients est nulle

$$l_1 + l_2 + l_3 + \ldots = 0,$$

comme cela a lieu pour chacune des parties $l\zeta(u+v) - l\zeta(u-v)$ et $l'\zeta(u+v') + l'\zeta(u-v') - 2l'\zeta u$, provenant de A et de $B\wp' u$.

En différentiant, par rapport à v, l'une et l'autre des relations (1), on obtient

$$(2)\quad \begin{cases} \dfrac{p'v\,p'u}{(pu-pv)^2} = p(u-v) - p(u+v), \\ \dfrac{p'^2v}{(pu-pv)^2} = p(u+v) + p(u-v) + 2pv - \dfrac{p''v}{pu-pv}. \end{cases}$$

Il en résulte que les fractions, à dénominateurs du second degré, dans $Bp'u$ et dans A, fournissent des termes

$$M = m_1\,p(u-v_1) + m_2\,p(u-v_2) + \ldots,$$

avec d'autres qui viennent se réunir, soit à la somme C, soit à la somme L.

En différentiant encore les relations (2), par rapport à v, il est visible qu'on obtient, pour les fractions à dénominateurs du troisième degré, des termes

$$N = n_1 p'(u-v_1) + n_2 p'(u-v_2) + \ldots,$$

avec d'autres qui se réunissent aux précédents, et ainsi de suite. Si l'on observe maintenant que les termes de C peuvent être réunis avec ceux de M, de N, ... en supposant dans ces derniers $v_1 = 0, \ldots$ on voit qu'en définitive :

Théorème I. — *La décomposition d'une fonction rationnelle de pu et $p'u$ peut être faite sous la forme d'une somme de termes* $L + P$

$$(3)\quad \begin{cases} L = l_1\,\zeta(u-v_1) + l_2\,\zeta(u-v_2) + l_3\,\zeta(u-v_3)\ldots \\ \qquad\qquad (l_1 + l_2 + l_3 \ldots = 0), \\ P = c + \Sigma\, m\, p^{(\nu)}(u-v). \end{cases}$$

Il existe une exception à l'analyse précédente, sans qu'elle empêche la généralité du résultat. Cette exception provient des fractions à dénominateur $pu - e_\lambda$; car, si l'on fait $pv = e_\lambda$, $p'v$ sera nul, et plusieurs des formules tombent en défaut. Mais la relation

$$p(u-\omega_\lambda) - e_\lambda = \frac{(e_\lambda - e_\mu)(e_\lambda - e_\nu)}{pu - e_\lambda} \qquad (\lambda, \mu, \nu = 1, 2, 3)$$

permet de remplacer immédiatement ces fractions par une partie entière dans A, en sorte qu'elles viennent se réunir aux termes P. Quant à celles qui sont dans B, l'analyse précédente s'y applique pour celles dont les dénominateurs sont du premier degré. Pour les autres, on a

$$\begin{aligned}\frac{p'u}{(pu-e_\lambda)^n} &= \frac{-1}{n-1}\,\frac{d}{du}\,\frac{1}{(pu-e_\lambda)^{n-1}}\\ &= -\frac{1}{n-1}\,\frac{1}{[(e_\lambda-e_\mu)(e_\lambda-e_\nu)]^{n-1}}\,\frac{d}{du}[p(u-\omega_\lambda)-e_\lambda]^{n-1}.\end{aligned}$$

Elles viennent donc encore fournir des termes de P.

La proposition réciproque est presque évidente. Elle n'est à prouver que pour la fonction L : *Une somme telle que* L, *dans laquelle les coefficients l ont zéro pour total, est une fonction rationnelle de* pu *et* $p'u$. On a, en effet, d'après (1),

$$\zeta(u-v)=\zeta u-\zeta v+\frac{1}{2}\,\frac{p'u+p'v}{pu-pv}.$$

Puisque la somme des coefficients l est nulle, on voit disparaître ζu dans la substitution, qui fournit cette expression de L, fonction rationnelle de pu et de $p'u$:

$$L=l_1\left(\frac{1}{2}\,\frac{p'u+p'v_1}{pu-pv_1}-\zeta v_1\right)+l_2\left(\frac{1}{2}\,\frac{p'u+p'v_2}{pu-pv_2}-\zeta v_2\right)+\ldots.$$

Coefficients de la formule de décompositions. Résidus.

C'est seulement pour la démonstration qu'il a fallu successivement préparer les diverses parties de la fonction rationnelle. Mais, pour effectuer la décomposition, le moyen est bien plus simple, et l'on peut déterminer directement chaque coefficient, *pourvu que l'on connaisse les constantes* v : ces constantes sont les *infinis* de la fonction. Prenons, dans L, le terme $l\zeta(u-v)$ et, dans P, tous ceux qui contiennent ce même argument v ; nous composons ainsi la somme

$$(4)\quad \left\{\begin{aligned}& m_s p^{(s)}(u-v)+m_{s-1}p^{(s-1)}(u-v)+m_{s-2}p^{(s-2)}(u-v)+\ldots\\ &\quad+m_1p'(u-v)+m_0p(u-v)+l\zeta(u-v).\end{aligned}\right.$$

Si on la développe suivant les puissances ascendantes de $(u-v)$ on y trouve d'abord une partie où les exposants sont négatifs. A cette partie, chaque terme de (4) fournit un seul terme, et elle se compose ainsi

$$(5)\quad \left\{\begin{aligned} &(-1)^s \frac{(s+1)!\, m_s}{(u-v)^{s+2}} + (-1)^{s-1} \frac{s!\, m_{s-1}}{(u-v)^{s+1}} \\ &+ (-1)^{s-2} \frac{(s-1)!\, m_{s-2}}{(u-v)^s} + \ldots - \frac{2m_1}{(u-v)^3} + \frac{m_0}{(u-v)^2} + \frac{l}{u-v}. \end{aligned}\right.$$

Les autres parties de L et de P, développées aussi suivant les puissances ascendantes de $(u-v)$, ne fournissent que des termes à exposants positifs. Si donc on développe la fonction proposée suivant ces mêmes puissances, et qu'on y retienne seulement les termes à exposants négatifs, ces termes composeront l'ensemble (5) et l'on aura, par leur moyen, tous les coefficients $l, m_0, m_1, \ldots m_s$, afférents à l'*infini* (ou *pôle*) v.

Le coefficient l de la fraction du premier degré est le *résidu* relatif à l'infini v. *La somme des résidus relatifs à tous les infinis est nulle,* comme on l'a vu. Il faut avoir soin de ne jamais considérer comme différents deux infinis v, v_1 dont la différence est une période. D'une manière générale, les arguments sont considérés *aux périodes près*.

Le nombre $(s+2)$ est l'*ordre de multiplicité* de l'infini (ou pôle) v : cet infini est *simple* quand l'ordre est l'unité : en ce cas, il n'existe, pour ce pôle, aucun terme dans P, mais le seul terme $l\zeta(u-v)$. Le résidu l de la fonction F est alors la limite de $(u-v)$F pour $u=v$.

Intégration.

L'intégrale indéfinie de chaque terme, dans la formule de décomposition (3), nous est connue. On peut donc intégrer une fonction rationnelle quelconque de $\wp u$ et $\wp' u$. Pour les termes (4), l'intégrale indéfinie est

$$(6)\quad \left\{\begin{aligned} &m_s \wp^{(s-1)}(u-v) + m_{s-1}\wp^{(s-2)}(u-v) + \ldots \\ &+ m_1 \wp(u-v) - m_0\zeta(u-v) + l \log\sigma(u-v). \end{aligned}\right.$$

Outre que cette fonction présente des transcendantes logarithmiques, elle diffère encore, en général, de la fonction dérivée par l'absence de la double périodicité. Quand on ajoute une période à l'argument u, elle se reproduit augmentée d'une constante. Effectivement, soit $2\bar{\omega}$ cette période : le terme $-m_0\zeta(u-v)$ se reproduit augmenté de $-2m_0\bar{\eta}$. En outre, $\sigma(u-v)$ se reproduit multiplié par $-e^{2\bar{\eta}(u-v+\bar{\omega})}$; donc $l\log\sigma(u-v)$ se reproduit augmenté de $l\log(-1)+2l\bar{\eta}(u-v+\bar{\omega})$. La somme des termes analogues, puisque les l ont zéro pour total, se reproduit augmentée de $-2\bar{\eta}(l_1v_1+l_2v_2\ldots)$. Donc enfin l'augmentation de la fonction est le produit de $2\bar{\eta}$ par une quantité dépendant de la fonction seule, non de la période choisie. Si cette dernière quantité est nulle, la fonction est doublement périodique, mais les transcendantes logarithmiques la distinguent encore de la fonction dérivée. Si, en outre, ces transcendantes disparaissent, alors l'intégrale est, elle aussi, une fonction rationnelle de $\mathrm{p}u$ et $\mathrm{p}'u$. Les conditions pour qu'il en soit ainsi consistent en ce que les résidus soient nuls, et que les coefficients m_0 aient une somme nulle.

Intégrales elliptiques.

On désigne sous ce nom les intégrales de fonctions rationnelles de x et de $\sqrt{X}$, X étant un polynôme du quatrième degré en x.

Nous avons vu, au Chap. IV, que x et $\sqrt{X}$ sont exprimables, à la fois, en fonction rationnelle de $\mathrm{p}u$ et $\mathrm{p}'u$. Si donc on prend u pour variable, au lieu de x, la différentielle $F(x,\sqrt{X})dx$ se change en $\mathcal{F}(\mathrm{p}u,\mathrm{p}'u)du$, et la fonction $\mathcal{F}$ est rationnelle comme F. Donc les intégrales elliptiques sont explicitement exprimables, sous la forme que nous venons d'étudier, par des *fonctions* elliptiques de la variable u.

Dans tous les anciens Traités, on procède à une réduction des intégrales elliptiques, pour les ramener à trois *espèces* caractéristiques. Ces considérations ont de l'intérêt pour l'histoire des fonctions elliptiques, mais, dans notre mode d'exposition, elles sont dénuées d'utilité, tant pour la théorie que pour les applications et nous n'en parlerons pas.

Dans le cas particulier, signalé à la fin du paragraphe précédent où l'intégrale de $\mathcal{F}$ est, elle aussi, une fonction rationnelle de $\mathrm{p}u$ et $\mathrm{p}'u$, on la peut mettre sous la forme d'une fonction rationnelle de x et de $\sqrt{X}$. L'intégrale, en ce cas, n'est plus, à proprement parler, elliptique; elle s'exprime algébriquement. Les éléments du Calcul intégral fournissent, on le sait, des moyens simples pour reconnaître ces cas. Nous n'avons pas à en parler ici ; il importe seulement de savoir que l'intervention des fonctions elliptiques, loin de masquer ces cas particuliers, ne pourra manquer de les faire découvrir quand ils s'offriront.

Un autre cas, bien plus intéressant, existe encore où l'intégrale peut s'exprimer sans le secours des fonctions elliptiques. C'est celui où d'abord les coefficients m_0 ont une somme nulle, et dans lequel, en outre, la fonction soumise au signe logarithme est, elle-même, rationnelle en $pu, p'u$. Dans la somme des quantités analogues à (6), la partie logarithmique est $\log[\sigma(u-v)]^{l}\,[\sigma(u-v_1)]^{l_1}\ldots$. C'est un produit de fonctions σ, avec des exposants quelconques. L'étude des cas où ces produits sont des fonctions rationnelles de pu et $p'u$ s'impose donc. Mais ce n'est pas seulement pour les intégrales elliptiques qu'elle importe [1]. Nous allons y trouver un autre mode caractéristique d'expression pour les fonctions elliptiques, aussi important que la décomposition en somme d'éléments simples : c'est la décomposition en *facteurs*.

Expression des fonctions elliptiques en produits de fonctions σ.

D'après la formule fondamentale (VI, 12),

$$pu - pv = -\frac{\sigma(u+v)\,\sigma(u-v)}{\sigma^2 u \,.\, \sigma^2 v},$$

tout polynôme entier en pu, étant le produit de facteurs $pu - pv_1$, $pu - pv_2$, ..., peut être mis sous la forme du quotient d'autant de facteurs $\sigma(u+v)\,\sigma(u-v)$ et de $(\sigma u)^{2n}$, le tout à un facteur près, indépendant de u. Le quotient de deux polynômes entiers en pu, c'est-à-dire toute fonction rationnelle en pu, peut donc être transformé en fraction de la forme

$$A\,\frac{\sigma(u+v_1)\,\sigma(u-v_1)\,\sigma(u+v_2)\,\sigma(u-v_2)\ldots}{\sigma(u+v'_1)\,\sigma(u-v'_1)\,\sigma(u+v'_2)\,\sigma(u-v'_2)\ldots}.$$

Il peut y avoir des zéros parmi les $v_1, v_2, \ldots, v'_1, v'_2, \ldots$. Il y a autant de facteurs au numérateur qu'au dénominateur.

[1] Dans le second volume de cet Ouvrage, on parlera plus amplement de ces intégrales, nommées *pseudo-elliptiques*.

La fonction $\wp' u$ a déjà été représentée sous une forme analogue (VI, 50)

$$\wp' u = -\frac{2}{\sigma\omega . \sigma\omega' . \sigma(\omega+\omega')} \frac{\sigma(u-\omega)\sigma(u+\omega+\omega') . \sigma(u-\omega')}{\sigma u . \sigma u . \sigma u}.$$

Ici il y a trois fonctions σ à chaque terme; à chacune $\sigma(u+v)$ ne correspond pas, comme dans la formule précédente, la conjuguée $\sigma(u-v)$. Mais les trois arguments, tels que v, au numérateur, sont ω, ω', $-(\omega+\omega')$, et leur somme est nulle.

En multipliant par $\wp' u$ une fonction rationnelle de $\wp u$ seulement, on obtient donc aussi le quotient de deux produits de fonction σ. Ces deux formes sont, toutes deux, des cas particuliers de la forme générale suivante

$$f(u) = \mathrm{A}\frac{\sigma(u-v_1)\sigma(u-v_2)\ldots\sigma(u-v_n)}{\sigma(u-v'_1)\sigma(u-v'_2)\ldots\sigma(u-v'_n)},$$

comprenant autant de fonctions σ en numérateur qu'en dénominateur, avec cette condition, en outre, que la somme des zéros est égale à la somme des infinis

$$v_1 + v_2 \ldots + v_n = v'_1 + v'_2 + \ldots + v'_n.$$

Grâce à cette dernière condition, la fonction $f(u)$ est doublement périodique. En effet, si l'on change u en $u+2\bar{\omega}$, chaque σ se reproduit, multiplié par le facteur $\pm e^{2\bar{\eta}(u-v+\bar{\omega})}$. La fonction $f(u)$ se reproduit donc multipliée par une exponentielle dont l'exposant est

$$2\bar{\eta}\begin{bmatrix} u-v_1+\bar{\omega} + u-v_2+\bar{\omega} + \ldots + u-v_n+\bar{\omega} \\ -(u-v'_1-\bar{\omega})-(u-v'_2+\bar{\omega})-\ldots-(u-v'_n+\bar{\omega}) \end{bmatrix} = 0.$$

Il est naturel de rechercher si $f(u)$ n'est pas une des formes par lesquelles on peut représenter toute fonction rationnelle en $\wp u$ et $\wp' u$ à la fois. C'est ce qui a lieu, comme nous allons le montrer.

Considérons d'abord un polynôme entier en $\wp u$ et $\wp' u$. Il peut être mis, on l'a vu dans ce Chapitre, sous la forme

$$\mathrm{F}(u) = c_0 + c_1 \wp u + c_2 \wp' u + \ldots + c_n \wp^{(n-1)}(u).$$

Envisageons la fonction $\frac{\mathrm{F}'(u)}{\mathrm{F}(u)}$. Elle devient infinie, soit pour $\mathrm{F}(u) = 0$, soit pour $u = 0$. A l'égard de ce dernier infini, les parties principales de $\mathrm{F}'(u)$ et de $\mathrm{F}(u)$, pour u infiniment petit, sont respectivement celles de $c\,p^{(n)}(u)$ et de $c\,p^{(n-1)}(u)$. Le résidu est donc le même que si l'on bornait $F(u)$ au terme $p^{(n-1)}(u)$ ou, plus simplement, si l'on prenait, au lieu de $F(u)$, la fonction $\frac{1}{u^{n+1}}$. Le résidu est donc $-(n+1)$. Quant aux racines de $F(u)$, il en est ici comme si $F(u)$ était une fraction rationnelle; chaque résidu est égal à l'ordre de multiplicité de la racine, et chaque infini est simple. Si donc $v_1, v_2, \ldots$ sont les racines de $F(u)$, distinctes, à des périodes près, avec les ordres de multiplicité $\mu_1, \mu_2, \ldots$, les résidus sont $\mu_1, \mu_2, \ldots$.

En appliquant à $\frac{F'(u)}{F(u)}$ le théorème de décomposition en éléments simples, on a donc

$$(6)\qquad \frac{F'(u)}{F(u)} = c + \mu_1\zeta(u-v_1) + \mu_2\zeta(u-v_2) + \ldots - (n+1)\zeta u;$$

d'où l'on voit d'abord que la somme $\mu_1 + \mu_2 \ldots$ est égale à $(n+1$ puisque la somme des résidus doit être nulle :

$$(7)\qquad \mu_1 + \mu_2 + \ldots = n+1.$$

En prenant les fonctions

$$\log F(u)$$

et

$$c + \mu_1 \log \sigma(u-v_1) + \mu_2 \log \sigma(u-v_2) + \ldots - (n+1)\log \sigma u,$$

dont les dérivées reproduisent les deux membres de (6) respectivement, puis, passant des logarithmes aux quantités, on obtient l'égalité

$$(8)\qquad F(u) = A\,e^{cu}\,\frac{[\sigma(u-v_1)]^{\mu_1}[\sigma(u-v_2)]^{\mu_2}\ldots}{(\sigma u)^{n+1}},$$

où A est une constante. Mais la double périodicité de $F(u)$ va nous permettre d'établir que c est nul et que $v_1, v_2, \ldots$ sont liés par une relation.

En effet, si l'on change u en $u + 2\omega$, suivant un calcul déjà fait plus haut et d'après la relation (7), le second membre se reproduit, multiplié par une exponentielle dont l'exposant est

$$\rho = 2c\omega - 2\eta(\mu_1 v_1 + \mu_2 v_2 + \ldots).$$

Cette exponentielle se réduit à l'unité, puisque $F(u)$ a la période

2ω; l'exposant est donc un multiple entier de $2i\pi$; ainsi, m étant un nombre entier, on a

$$2c\omega - 2(\mu_1 v_1 + \mu_2 v_2 + \ldots)\eta = 2mi\pi.$$

Semblablement, avec l'autre période, on aura

$$2c\omega' - 2(\mu_1 v_1 + \mu_2 v_2 + \ldots)\eta' = 2m'i\pi.$$

Multipliant la première égalité, aux deux membres, par $-\omega'$, la seconde par ω, puis ajoutant et remplaçant $\eta\omega' - \eta'\omega$ par $\frac{i\pi}{2}$, divisant enfin par $i\pi$, on obtient

$$\mu_1 v_1 + \mu_2 v_2 + \ldots = 2m'\omega - 2m\omega'.$$

Cette relation exprime que la somme des racines de $F(u)$, chacune comptée autant de fois qu'il y a d'unités dans son ordre de multiplicité, est égale à une période, ou, en d'autres termes, est égale à zéro, sauf une période.

Chaque racine $v_1, v_2, \ldots$ n'est déterminée qu'à des périodes près; altérons l'une d'elles d'une période de manière à réduire la somme des nouvelles racines à zéro. Par exemple, écrivons, au lieu du numérateur du second membre de (8),

$$\sigma(u - v_1 - 2m\omega' + 2m'\omega)[\sigma(u - v_1)]^{\mu_1-1}[\sigma(u - v_2)]^{\mu_2}\ldots.$$

A cette altération des racines correspond simplement un changement des constantes c, A, puisque l'on a

$$\sigma(u - v_1 - 2m\omega' + 2m'\omega) = \pm\sigma(u - v_1)e^{(2m'\eta - 2m\eta')(u - v_1 + m'\omega - m\omega')}.$$

Il est donc établi que l'on peut supposer dans (8) la relation

$$\mu_1 v_1 + \mu_2 v_2 + \ldots = 0.$$

Mais, s'il en est ainsi, les deux relations trouvées tout à l'heure se réduisent, pour la nouvelle constante c, à

$$2c\omega = 2mi\pi,$$
$$2c\omega' = 2m'i\pi;$$

et leur simultanéité exige que c soit nul, ω' et ω ne pouvant être proportionnels à deux nombres entiers, puisque leur rapport est imaginaire. Ainsi (en mettant n, au lieu de $n + 1$):

THÉORÈME II. — *Toute fonction entière de* pu *et* $p'u$ *peut être écrite sous la forme*

$$F(u) = A\,\frac{\sigma(u-v_1)\,\sigma(u-v_2)\ldots\sigma(u-v_n)}{(\sigma u)^n}; \tag{9}$$

le nombre des fonctions σ *au numérateur est égal au degré* n *du dénominateur, et la somme* $v_1 + v_2 + \ldots + v_n$ *des racines est égale à zéro. Quelques-unes de ces racines* $v_1, v_2, \ldots$ *peuvent être égales entre elles.*

Prenons maintenant une autre fonction entière analogue $F_1(u)$

$$F_1(u) = A_1\,\frac{\sigma(u-v'_1)\,\sigma(u-v'_2)\ldots\sigma(u-v'_m)}{(\sigma u)^m}.$$

Il peut se faire que quelques v' reproduisent quelques v et disparaissent dans le quotient $\frac{F(u)}{F_1(u)}$. De même aussi, les dénominateurs σu disparaîtront ou subsisteront, soit en numérateur, soit en dénominateur, suivant la grandeur de la différence $(m-n)$. Quoi qu'il arrive, le résultat sera toujours conforme à l'énoncé suivant :

THÉORÈME III. — *Toute fonction rationnelle de* pu *et* $p'u$ *peut être écrite sous la forme*

$$\Phi(u) = A\,\frac{\sigma(u-v_1)\,\sigma(u-v_2)\ldots\sigma(u-v_n)}{\sigma(u-v'_1)\,\sigma(u-v'_2)\ldots\sigma(u-v'_n)}, \tag{10}$$

le nombre des fonctions σ *en numérateur est égal au nombre des fonctions* σ *en dénominateur, et la somme des zéros est égale à la somme des infinis*

$$v_1 + v_2 + \ldots + v_n = v'_1 + v'_2 + \ldots + v'_n.$$

Il peut, bien entendu, y avoir égalité entre quelques racines v, égalité entre quelques infinis v'; il peut, parmi les uns ou les autres, s'en trouver qui soient égaux à zéro.

Proposition réciproque.

Cette proposition admet une réciproque : *Toute fonction, telle que* $\Phi(u)$ (10), *est rationnellement exprimable par* pu *et* $p'u$.

Pour le démontrer, envisageons d'abord

$$\varphi(u) = \frac{\sigma(u - v_1)\,\sigma(u - v_2)\ldots\sigma(u - v_n)}{(\sigma u)^n},$$

avec l'hypothèse

$$v_1 + v_2 + \ldots + v_n = 0.$$

Prenons d'autre part, avec des coefficients indéterminés,

$$\psi(u) = c_0 + c_1 p u + c_2 p' u + \ldots + c_{n-1} p^{(n-2)}(u).$$

On peut déterminer les rapports de ces coefficients, de telle sorte que $\psi(u)$ ait les racines $v_1, v_2, \ldots, v_n$. Effectivement, écrivons, en laissant de côté une des racines,

$$\psi(v_1) = 0, \qquad \psi(v_2) = 0, \qquad \ldots, \qquad \psi(v_{n-1}) = 0.$$

Ces $(n - 1)$ équations du premier degré vont déterminer les rapports mutuels des n coefficients c, si toutefois elles ne se réduisent pas à moins de $(n - 1)$ distinctes. Si ce dernier fait se produisait, il faudrait seulement conclure que quelques-uns de ces rapports peuvent être pris arbitrairement. De toutes manières, on peut les résoudre sans que les coefficients c soient tous nuls. Cela étant, $\psi(u)$, qui a un seul infini, multiple d'ordre n, a n racines, donc une encore, outre $v_1, \ldots, v_{n-1}$. Comme aussi la somme de toutes les racines doit reproduire une période, la dernière racine est v_n. Il existe donc bien un polynôme $\psi(u)$ ayant les n racines de $\varphi(u)$. Quant à l'indétermination de ce polynôme, elle ne peut exister; car, si l'on avait deux pareils polynômes, on pourrait en déduire un troisième qui ne contiendrait plus $p^{(n-2)}(u)$, et aurait ainsi moins de n infinis. Il ne saurait donc avoir n racines. Donc $\psi(u)$, à un facteur constant près, est entièrement déterminé. Maintenant $\psi(u)$ sera exprimable sous une forme telle que $\varphi(u)$, et, les zéros étant les mêmes, on aura, à un facteur constant près, $\psi(u) = \varphi(u)$.

Prenons maintenant $\Phi(u)$ sous la forme (10), avec la condition

$$v_1 + v_2 + \ldots + v_n = v'_1 + v'_2 + \ldots + v'_n = V.$$

Déterminons deux polynômes, tels que $\psi(u)$, d'ordre $(n + 1)$ tous deux, par la méthode qui précède, savoir

$$\psi(u) = \frac{\sigma(u - v_1)\,\sigma(u - v_2)\ldots\sigma(u - v_n)\,\sigma(u + V)}{(\sigma u)^{n+1}},$$

$$\psi_1(u) = \frac{\sigma(u - v'_1)\,\sigma(u - v'_2)\ldots\sigma(u - v'_n)\,\sigma(u + V)}{(\sigma u)^{n+1}};$$

et nous aurons

$$\Phi(u) = A\frac{\psi(u)}{\psi_1(u)} = A\frac{c_0 + c_1\,pu + c_2\,p'u + \ldots + c_n\,p^{(n-1)}u}{c'_0 + c'_1\,pu + c'_2\,p'u + \ldots + c'_n\,p^{(n-1)}u}.$$

C'est ce qu'il fallait prouver.

Il y a là une remarque à faire. La forme en produit est beaucoup plus parfaite que la forme rationnelle en pu, $p'u$; elle met en évidence les zéros et les infinis sans aucun facteur étranger. Pour passer à la forme rationnelle, il faut introduire un facteur étranger, qu'on ne saurait éviter.

Théorème d'Abel.

Dans les énoncés des théorèmes I et III, il y a une partie qu'il faut surtout remarquer, c'est d'abord (théorème I) :

La somme des résidus d'une fonction rationnelle de pu *et* $p'u$ *est toujours égale à zéro;*

Et, dans le théorème III :

La somme des racines est toujours égale à la somme des infinis (à des périodes près).

Ce second énoncé, dans sa forme générale, se déduit d'ailleurs immédiatement de l'énoncé spécial, partie du théorème II :

La somme des racines d'une fonction entière de pu *et* $p'u$ *est égale à zéro* (à des périodes près).

C'est en cela que consiste, non pas le *théorème d'Abel*, mais le cas particulier de ce célèbre théorème concernant les intégrales elliptiques. En voici la démonstration directe, que nous avons déjà employée dans un cas simple (Chap. II), telle, sauf un changement de langage, qu'Abel l'a donnée d'abord.

Soient M et N deux polynômes entiers par rapport à $x = pu$; la forme générale d'une fonction entière de pu et $p'u$ est $M + Np'u$. Nous désignerons par m et n les degrés respectifs de M et de N. Les racines sont fournies par l'équation

$$M + Np'u = 0, \tag{11}$$

qui, rendue entière par rapport à $x = pu$, devient

$$F(x) = M^2 - N^2(4x^3 - g_2x - g_3) = 0. \tag{12}$$

Le degré q de cette dernière est le plus grand des deux nombres $2m$, $2n+3$. Supposons maintenant variables les coefficients de M et N. Les racines x de l'équation (12) et, par suite, les racines u de la fonction proposée, varient en même temps, et la différentielle totale de $F(x)$ est nulle. Désignons par δM et δN les différentielles totales de M, N, où on laisse x constant, c'est-à-dire ces polynômes mêmes où seulement chaque coefficient est remplacé par sa différentielle. Cela étant, et dx, du désignant les différentielles totales de x et de u, on a

$$F'(x)\,dx + 2M\,\delta M - 2N\,\delta N(4x^3 - g_2x - g_3) = 0,$$
$$dx = p'\,u\,du,$$
$$4x^3 - g_2x - g_3 = p'^2\,u.$$

De là se conclut d'abord

$$F'(x)p'\,u\,du + 2M\,\delta M - 2N\,\delta N\,p'^2\,u = 0. \tag{13}$$

Mais, suivant (11),

$$M = -N\,p'u, \qquad N\,p'^2u = -M\,p'u.$$

Remplaçant, au second terme de (13) M et, au troisième terme, $N\,p'^2\,u$, par les deux expressions qu'on vient de mettre en évidence, puis supprimant le facteur commun $p'u$ et divisant par $F'(x)$, on obtient

$$du = 2\,\frac{N\,\delta M - M\,\delta N}{F'(x)}.$$

Chaque racine x de (12) donne lieu à une pareille égalité. Désignant par U la somme des arguments-racines u, on aura donc

$$dU = 2\sum\frac{N\,\delta M - M\,\delta N}{F'(x)}, \tag{14}$$

et la sommation, au second membre, s'applique à toutes les racines x de l'équation (12). Cette somme est nulle, d'après le théorème d'Euler, classique dans la théorie de la décomposition des fractions rationnelles en fractions simples : *si le degré du polynôme* $\Phi(x)$ *est inférieur de deux unités au moins à celui du polynôme* $F(x)$, *la somme des quantités* $\Phi(x) : F'(x)$ *est nulle quand on y met successivement pour* x *toutes les racines de* $F(x)$, *supposé n'avoir que des racines simples* [1]. D'abord $F(x)$ n'a pas de racine

[1] Rappelons la démonstration : suivant les hypothèses, la fraction $\Phi(x) : F(x)$

multiple tant que les coefficients de M, N restent indéterminés. Quant au degré de $N\delta M - M\delta N$, c'est $m+n$, tandis que le degré q de F est le plus grand des deux nombres $2m$, $2n+3$. Or on peut écrire, en premier lieu,

$$m+n=2n+1-(n-m+1).$$

Si $2n+3$ est supérieur à $2m$, on a $2m \leqq 2n+2$, par conséquent $n-m+1 \geqq 0$; donc $m+n \leqq q-2$. En second lieu, écrivons aussi

$$m+n=2m-2-(m-n-2).$$

Si $2m$ est supérieur à $2n+3$, on a $2m \geqq 2n+4$, par conséquent $m-n-2 \geqq 0$; donc $m+n \leqq q-2$. Ainsi le degré de $N\delta M - M\delta N$ est au plus égal, dans tous les cas, à $q-2$, et la somme (14) est nulle. Donc U est une constante ne dépendant pas des valeurs particulières qu'ont actuellement les coefficients de M et N. Si, par exemple, on suppose M réduit à l'unité et N à zéro, toutes les racines x deviennent infinies, les arguments u se réduisent à zéro (sauf des périodes), et la somme U est alors nulle. Elle est donc toujours nulle ou mieux, toujours égale à une période.

On voit que cette démonstration ne se modifie, pour ainsi dire, en aucune façon, si l'on remplace $\sqrt{4x^3-g_2x-g_3}$ par la racine carrée d'un polynôme entier quelconque; en ce cas le théorème vise des transcendantes plus élevées que les transcendantes elliptiques. Mais Abel ne s'est pas borné à cette généralisation, et son théorème s'étend encore aux transcendantes abéliennes (ainsi nommées par Jacobi), qui naissent de l'intégration d'une fonction algébrique quelconque. Nous n'avons pas à donner ici plus de détails sur ce sujet.

Une remarque doit être faite dans la démonstration qui précède : le nombre des racines x est égal à q, c'est aussi le nombre des racines u. D'après une partie des théorèmes II ou III, *le nombre*

se décompose en fractions simples sous la forme $\frac{\Phi(x)}{F(x)} = \sum \frac{\Phi(x_1)}{F'(x_1)(x-x_1)}$, x_1 étant une racine quelconque de F. Multipliant par x aux deux membres, et supposant x infiniment grand, on a zéro pour limite du premier membre, et

$$\sum \frac{\Phi(x_1)}{F'(x_1)}$$

pour limite du second.

des racines est égal au nombre des infinis. Il faut donc reconnaître que l'ordre de multiplicité de l'unique infini $u=0$, pour la fonction $M+N\,\wp' u$, est égal à q. Or cela est visible : car, pour M, cet ordre est $2m$, puisque pour $\wp u$ l'ordre est égal à 2 ; pour N, cet ordre est $2n+3$, puisque pour $\wp' u$ l'ordre est égal à 3. L'ordre de multiplicité est donc le plus grand des deux nombres $2m$, $2n+3$, c'est-à-dire le degré q.

Addition d'arguments en nombre quelconque.

Soient $u_1, u_2, \ldots, u_n$ des arguments quelconques.

On peut construire une fonction entière en $\wp u$ et $\wp' u$, qui admette ces arguments pour racines. On prendra pour cette fonction

$$f(u)=A_0+A_1\wp u+A_2\wp' u+\ldots+A_n\wp^{(n-1)}u,$$

et l'on déterminera les rapports mutuels des coefficients par les conditions

$$f(u_1)=0,\qquad f(u_2)=0,\qquad \ldots.\qquad f(u_n)=0.$$

La fonction est donc ainsi déterminée, à un facteur constant près. Elle a pour expression, sauf un facteur constant et arbitraire,

$$(15)\qquad \varphi_n(u,u_1,u_2,\ldots,u_n)=\begin{vmatrix} 1 & \wp u & \wp' u & \ldots & \wp^{(n-1)}u \\ 1 & \wp u_1 & \wp' u_1 & \ldots & \wp^{(n-1)}u_1 \\ 1 & \wp u_2 & \wp' u_2 & \ldots & \wp^{(n-1)}u_2 \\ \cdot & \cdots & \cdots & \ldots & \cdots\cdots \\ 1 & \wp u_n & \wp' u_n & \ldots & \wp^{(n-1)}u_n \end{vmatrix}.$$

D'après le théorème d'Abel, elle a encore la racine

$$-(u_1+u_2+\ldots+u_n).$$

Donc *le déterminant* (15) *est nul quand la somme*

$$u+u_1+u_2+\ldots+u_n$$

est nulle. C'est là, comme on voit, un théorème d'addition très général, et que nous connaissons, depuis le Chapitre II, pour le cas $n=2$.

Nous pousserons plus avant dans l'étude du déterminant (15), et l'exprimerons complètement par un produit de fonctions σ. L'envisageant comme fonction de u et connaissant ses racines, nous pouvons écrire immédiatement

(16) $$\varphi_n(u, u_1, u_2, \ldots, u_n) = c_n \frac{\sigma(u_1 - u)\,\sigma(u_2 - u)\ldots\sigma(u_n - u)\,\sigma(u + u_1 + u_2 + \ldots + u_n)}{(\sigma u)^{n+1}},$$

et c_n ne dépend pas de u. Pour déterminer cette constante, prenons, aux deux membres de l'égalité (16), la partie principale quand u est infiniment petit.

Pour φ_n, on obtient sa partie principale, dans l'expression (15), par le seul terme $p^{(n-1)}u = \frac{(-1)^{n-1}n!}{u^{n+1}} + \ldots$, qui se trouve multiplié par un déterminant mineur. Ce dernier se déduit du déterminant (15) par la suppression de la première ligne et de la dernière colonne; c'est le déterminant analogue à φ_n, mais avec un argument u en moins. C'est donc $\varphi_{n-1}(u_1, u_2, \ldots, u_n)$. De plus il est affecté, quant au signe, du facteur $(-1)^n$. En mettant pour φ_{n-1} une expression analogue à (16), nous avons donc, comme partie principale de φ_n, $u^{-(n+1)}$, multiplié par le coefficient

$$-n!\,c_{n-1} \frac{\sigma(u_2 - u_1)\,\sigma(u_3 - u_1)\ldots\sigma(u_1 + u_2 + \ldots + u_n)}{(\sigma u_1)^n}.$$

Quant à la partie principale du second membre de (16), σu ayant u pour partie principale (VI, 10), ce sera $u^{-(n+1)}$, multiplié par

$$c_n\,\sigma u_1\,\sigma u_2\ldots\sigma u_n\,\sigma(u_1 + u_2 + \ldots + u_n).$$

Égalant entre eux ces deux coefficients, nous obtenons

$$c_n = -n! \frac{\sigma(u_1 - u_2)\,\sigma(u_1 - u_3)\ldots\sigma(u_1 - u_n)}{(\sigma u_1)^{n+1}\,\sigma u_2\,\sigma u_3\ldots\sigma u_n} c_{n-1}.$$

De même

$$c_{n-1} = -(n-1)! \frac{\sigma(u_2 - u_3)\,\sigma(u_2 - u_4)\ldots\sigma(u_2 - u_n)}{(\sigma u_2)^n\,\sigma u_3\,\sigma u_4\ldots\sigma u_n} c_{n-2},$$

....,

$$c_1 = -\frac{\sigma(u_{n-1} - u_n)}{(\sigma u_{n-1})^2\,\sigma u_n} c_0.$$

Il est visible que c_0 est l'unité. Multipliant ces égalités membre à membre, on en déduit c_n, et l'on conclut

(17) $$\begin{cases} \varphi_n(u, u_1, u_2, \ldots, u_n) = (-1)^n\, 2!\,3!\ldots n! \dfrac{\sigma(u + u_1 + u_2 + \ldots + u_n)\,\Pi\,\sigma(u_\alpha - u_\beta)}{(\sigma u\,\sigma u_1\,\sigma u_2\ldots\sigma u_n)^{n+1}}, \\ \alpha > \beta, \qquad \alpha, \beta = 0, 1, 2, \ldots n. \end{cases}$$

Le symbole Π, dans cette formule, comme dans les suivantes, indique le produit de divers facteurs analogues.

Expression de $\psi_n(u)$ sous forme de déterminant.

Examinons comment se modifie cette égalité (17) quand quelques-uns des arguments deviennent égaux entre eux. Supposons

$$u_n - u_{n-1} = h$$

infiniment petit. Remplaçons, dans le déterminant (15), les éléments de la dernière ligne par leurs différences avec les éléments correspondants dans la ligne précédente. Comme h est infiniment petit, $\mathrm{p}u_n - \mathrm{p}u_{n-1}$ converge vers $h\,\mathrm{p}'u_{n-1}$, et ainsi des autres. La partie principale de φ_n est donc le produit de h et d'un déterminant qui diffère de (15) par la dernière ligne seulement. Dans ce nouveau déterminant $\varphi_{n,1}$ la dernière ligne est

$$0,\quad \mathrm{p}'u_{n-1},\quad \mathrm{p}''u_{n-1},\quad \ldots,\quad \mathrm{p}^{(n)}u_{n-1}.$$

Dans le second membre de (17), le facteur $\sigma(u_n - u_{n-1})$ a pour partie principale h.

Égalant les parties principales, on a

$$(18)\quad \begin{cases} \varphi_{n,1} = (-1)^n\, 2!\, 3! \ldots n!\, \dfrac{\sigma(u + u_1 + u_2 + \ldots + 2u_{n-1})\,\Pi\,\sigma(u_\alpha - u_\beta)\,[\Pi\,\sigma(u_{n-1} - u_\chi)]^2}{(\sigma u\, \sigma u_1\, \sigma u_2 \ldots \sigma^2 u_{n-1})^{n+1}}, \\ \alpha > \beta, \qquad \alpha, \beta = 0, 1, 2, \ldots (n-2). \end{cases}$$

Supposons maintenant $u_{n-1} - u_{n-2} = h_1$ infiniment petit. On obtient la partie principale de $\varphi_{n,1}$, en combinant les éléments des trois dernières lignes, et cette partie principale est le produit de $\frac{1}{2}h_1^2$ par un nouveau déterminant $\varphi_{n,2}$, différent de φ_n par les deux dernières lignes qui sont

$$\begin{array}{lllll} 0, & \mathrm{p}'u_{n-2}, & \mathrm{p}''u_{n-2}, & \ldots, & \mathrm{p}^{(n)}u_{n-2}, \\ 0, & \mathrm{p}''u_{n-2}, & \mathrm{p}'''u_{n-2}, & \ldots, & \mathrm{p}^{(n+1)}u_{n-2}. \end{array}$$

Prenant de même la partie principale au second membre de (18), on voit qu'elle est formée par le facteur $[\sigma(u_{n-1} - u_{n-2})]^2$, et l'on a

$$(19)\quad \begin{cases} \varphi_{n,2} = (-1)^n\, (2!)^2\, 3! \ldots n!\, \dfrac{\sigma(u + u_1 + u_2 + \ldots + 3u_{n-2})\,\Pi\,\sigma(u_\alpha - u_\beta)\,[\Pi\,\sigma(u_{n-2} - u_\chi)]^3}{(\sigma u\, \sigma u_1\, \sigma u_2 \ldots \sigma^3 u_{n-1})^{n+1}} \\ \alpha > \beta, \qquad \alpha, \beta = 0, 1, 2, \ldots (n-3). \end{cases}$$

On voit clairement qu'on peut continuer ce mode d'analyse et supposer finalement tous les arguments égaux entre eux. Mais il est mieux d'obtenir ce résultat final d'un seul coup au moyen d'un petit théorème, souvent utile dans les applications des déterminants au Calcul infinitésimal.

Soient $f_1, f_2, \ldots, f_m$ des fonctions d'une variable u. Envisageons le déterminant D composé avec les m^2 éléments $f_p(u+a_q)$, où p, q sont les entiers $1, 2, \ldots, m$. Dans une même ligne, celle de rang q, la lettre f a les divers indices $1, 2, \ldots, m$, et la lettre a le seul indice q; dans une même colonne, celle de rang p, la lettre f a le seul indice p, et la lettre a, les indices $1, 2, \ldots, m$. Le théorème dont il s'agit donne l'expression de la partie principale de ce déterminant D, quand $a_1, a_2, \ldots, a_m$ sont infiniment petits. Voici comment. Prenons pour chaque fonction les m premiers termes de son développement par la série de Taylor sous cette forme

$$f_p(u+a_q) = \left[f_p(u) + \frac{a_q}{1} f'_p(u) + \frac{a_q^2}{1.2} f''_p(u) + \ldots + \frac{a_q^{m-1}}{1.2\ldots(m-1)} f^{(m-1)}(u)\right](1+\varepsilon_{p,q}),$$

en sorte que $\varepsilon_{p,q}$ est un infiniment petit. Abréviativement

$$f_p(u+a_q) = A_{p,q}(1+\varepsilon_{p,q}).$$

Soit D_1 le déterminant des quantités $A_{p,q}$. Il est manifeste que le rapport $D : D_1$ converge vers l'unité quand les ε sont infiniment petits. On peut donc substituer D_1 à D dans cette question. Mais D_1, d'après la règle pour la multiplication, est le produit de deux déterminants; l'un d'eux D' est composé des éléments $f_p^{(q)}(u)$, l'autre D'' des éléments $\frac{a_q^p}{p!}$. Pour ce dernier, on connaît son expression explicite; aux factorielles près, c'est le produit de toutes les différences $(a_q - a_{q'})$, où l'on prend partout $q > q'$.

Appliquons cette proposition au déterminant $\varphi_{n-1}(u_1, u_2, \ldots, u_n)$, en y supposant $u_1 = u + a_1$, $u_2 = u + a_2$, $\ldots$, $u_n = u + a_n$ et

$$f_1 = 1, \qquad f_2 = \mathrm{p}, \qquad f_3 = \mathrm{p}', \qquad \ldots, \qquad f_n = \mathrm{p}^{(n-2)}.$$

Les dérivées de f_1 étant nulles, le déterminant D' se réduit à un mineur de $(n-1)^2$ éléments. La partie principale de

$$\varphi_{n-1}(u_1, u_2, \ldots, u_n)$$

est donc

$$\frac{1}{2!\,3!\ldots(n-1)!}\prod(a_q - a_{q'})D',$$

et ce déterminant D′ a ici l'expression suivante :

$$(19)\qquad \theta_n(u) = \begin{vmatrix} p'u & p''u & \dots & p^{(n-1)}u \\ p''u & p'''u & \dots & p^{(n)}u \\ \dots & \dots & \dots & \dots \\ p^{(n-1)}u & p^{(n)}u & \dots & p^{(2n-3)}u \end{vmatrix} = D'.$$

Mais, d'autre part, d'après la formule (17) où l'on change n en $(n-1)$, u en u_1, u_1 en u_2, ..., la partie principale de φ_{n-1} est aussi

$$(-1)^{n-1}\, 2!\, 3! \dots (n-1)!\, \frac{\sigma(nu)}{(\sigma u)^{n^2}} \prod (u_q - u_{q'}).$$

D'ailleurs $u_q - u_{q'} = a_q - a_{q'}$, d'après la supposition $u_q = u + a_q$. Nous avons donc ainsi la formule

$$(20)\qquad \frac{\sigma(nu)}{(\sigma u)^{n^2}} = \frac{(-1)^{n-1}}{[2!\, 3! \dots (n-1)!]^2}\, \theta_n(u).$$

Il faut se rappeler qu'on a prouvé (VI, 55) l'égalité

$$\psi_n(u) = \frac{\sigma(nu)}{(\sigma u)^{n^2}},$$

$\psi_n(u)$ étant l'importante fonction qui sert de base à la théorie de la multiplication de l'argument. Au Chapitre IV, on a vu comment cette fonction se calcule par voie de récurrence. Nous en trouvons ici une expression sous forme de déterminant. Cette dernière, pour le calcul effectif, n'est d'ailleurs pas d'un emploi pratique. Mais elle offre un grand intérêt au point de vue théorique. Elle se rattache notamment à la théorie des fractions continues d'une manière curieuse, comme on le verra dans une application.

Fonctions analogues à sn u, cn u, dn u.

Voici une autre forme de l'analyse qui précède, propre à mettre en lumière des circonstances nouvelles. Désignant par m un entier positif, considérons la fonction

$$(21)\qquad \chi(u) = \frac{[\sigma(u-v)]^m\, \sigma(u+mv)}{(\sigma u)^{m+1}\, (\sigma v)^{m(m+1)}}.$$

D'après la proposition réciproque du théorème III, c'est une fonction entière de pu, $p'u$; comme l'infini $u = 0$ est multiple d'ordre $(m+1)$, on pourra la mettre sous la forme

$$(22)\qquad \chi(u) = a_0 + a_1\,\mathrm{p}u + a_2\,\mathrm{p}'u + a_3\,\mathrm{p}''u + \ldots + a_m\,\mathrm{p}^{(m-1)}u.$$

Si l'on veut déterminer les coefficients a, la méthode générale pour la décomposition en éléments simples nous indique le procédé qu'on doit suivre : développer $\chi(u)$ suivant les puissances ascendantes de u. Bornons-nous à prendre le premier terme de ce développement; c'est, d'après (21), le produit de $u^{-(m+1)}$ par

$$[(\sigma u)^{m+1}\chi(u)]_{u=0} = (-1)^m \frac{\sigma(mv)}{(\sigma v)^{m^2}} = (-1)^m \psi_m(v).$$

D'autre part, dans le polynôme (22), le coefficient de $u^{-(m+1)}$ est $(-1)^{m-1}\,2.3.\ldots m a_m$. On a donc immédiatement a_m :

$$(23)\qquad a_m = -\frac{1}{m!}\psi_m(v).$$

Nous pouvons encore déterminer les coefficients a, en développant les deux membres de (22) suivant les puissances ascendantes de $(u-v)$. D'après (21), les m premiers termes doivent manquer. Quant à celui de rang $(m+1)$, qui contient $(u-v)^m$ en facteur, son coefficient, d'après (21), est

$$\left\{\frac{1}{[\sigma(u-v)]^m}\chi^{(u)}\right\}_{u=v} = \frac{\sigma(m+1)v}{(\sigma v)^{m^2+2m+1}} = \psi_{m+1}(v).$$

Voici donc $(m+1)$ équations qui déterminent les coefficients a :

$$\begin{array}{llllll}
a_0 + a_1\,\mathrm{p}v & + a_2\,\mathrm{p}'v & + a_3\,\mathrm{p}''v & + \ldots + a_m\,\mathrm{p}^{(m-1)}v & = 0, \\
\quad a_1\,\mathrm{p}'v & + a_2\,\mathrm{p}''v & + a_3\,\mathrm{p}'''v & + \ldots + a_m\,\mathrm{p}^{(m)}v & = 0, \\
\quad a_1\,\mathrm{p}''v & + a_2\,\mathrm{p}'''v & + a_3\,\mathrm{p}^{\mathrm{IV}}v & + \ldots + a_m\,\mathrm{p}^{(m+1)}v & = 0, \\
\ldots\ldots & \ldots\ldots & \ldots\ldots & \ldots\ldots & \ldots, \\
\quad a_1\,\mathrm{p}^{(m-1)}v & + a_2\,\mathrm{p}^{(m)}v & + a_3\,\mathrm{p}^{(m+1)}v & + \ldots + a_m\,\mathrm{p}^{(2m-2)}v & = 0, \\
\quad a_1\,\mathrm{p}^{(m)}v & + a_2\,\mathrm{p}^{(m+1)}v & + a_3\,\mathrm{p}^{(m+2)}v & + \ldots + a_m\,\mathrm{p}^{(2m-1)}v & = m!\,\psi_{m+1}(v).
\end{array}$$

Le dénominateur, commun aux expressions des inconnues a, est le déterminant trouvé tout à l'heure (19), sauf un changement des lettres : c'est $\theta_{m+1}(v)$. Prenons maintenant le numérateur pour l'expression de a_m; d'après la théorie générale des équations du premier degré, on forme ce numérateur ici, en remplaçant, dans le déterminant précédent, les éléments de la dernière colonne par les seconds membres. On voit par là que ce numérateur est

$$m!\,\psi_{m+1}(v)\,\theta_m(v).$$

Nous avons donc, avec (23), cette double expression de a_m

$$a_m = -\frac{1}{m!}\psi_m(v) = \frac{m!\,\psi_{m+1}(v).\,\theta_m(v)}{\theta_{m+1}(v)}.$$

La relation

$$\frac{\psi_n(v)}{\psi_{n-1}(v)} = -\frac{1}{(n!)^2}\frac{\theta_n(v)}{\theta_{n-1}(v)},$$

qui se déduit de là, et les valeurs initiales $\psi_2(v) = -\theta_2(v) = -p'v$, conduisent immédiatement à l'égalité (20).

Les circonstances nouvelles, dont nous avons parlé au début de ce paragraphe, concernent le cas où mv est une période. Soit $mv = 2\tilde{\omega}$, on aura

$$\sigma(u + mv) = \pm\,\sigma u.\,e^{2\tilde{\eta}(u+\tilde{\omega})},$$

$$\chi(u) = \pm\left[\frac{\sigma(u-v)}{\sigma u(\sigma v)^{m+1}}\,e^{\frac{2\tilde{\eta}}{m}(u+\tilde{\omega})}\right]^m.$$

En faisant abstraction d'un facteur indépendant de u, on voit s'introduire ici la puissance $m^{\text{ième}}$ d'une fonction $f(u)$ fort remarquable

(24) $$f(u) = \frac{\sigma(u-v)e^{su}}{\sigma u\,\sigma v},\qquad v = \frac{2\tilde{\omega}}{m},\qquad s = \frac{2\tilde{\eta}}{m}.$$

Nous allons bientôt envisager de telles fonctions pour le cas où v et s seront des constantes quelconques. Ici v est la $m^{\text{ième}}$ partie d'une période, et s la $m^{\text{ième}}$ partie de la constante $2\tilde{\eta}$, qui correspond à cette période. D'après notre analyse, *cette fonction* (24) *$f(u)$ est la racine $m^{\text{ième}}$ d'un polynôme entier en pu et $p'u$.* (On observera que, pour ce cas, a_m est nul.)

Dans le cas particulier $m = 2$, nous avons déjà, au Chap. VI, envisagé trois fonctions (24), et nous avons vu qu'elles sont égales aux trois racines carrées $\sqrt{pu - e_\alpha}$. Dans le cas général, ces fonctions (24), pour lesquelles on peut aisément trouver des expressions analogues, jouent, comme nous le verrons, un grand rôle dans la théorie de la *division* et de la *transformation*.

Relation générale entre des produits de fonctions σ.

Soit une fonction $F(u)$, composée ainsi :

(25) $$F(u) = \frac{\sigma(u-v_1)\,\sigma(u-v_2)\ldots\sigma(u-v_n)}{\sigma(u-v'_1)\,\sigma(u-v'_2)\ldots\sigma(u-v'_n)},$$

(26) $$v_1 + v_2 + \ldots + v_n = v'_1 + v'_2 + \ldots + v'_n.$$

Le nombre des facteurs au numérateur est égal à celui des facteurs au dénominateur, et la relation (26) exprime que la somme des racines est égale à la somme des infinis. D'après la réciproque du théorème III, $\mathrm{F}(u)$ est une fonction rationnelle de pu et $p'u$ donc la somme des résidus est nulle, ce qui s'exprime par la relation

$$\sum_{m=1}^{m=n} \frac{\sigma(v'_m - v_1)\,\sigma(v'_m - v_2)\ldots\sigma(v'_m - v_n)}{\sigma(v'_m - v'_1)\,\sigma(v'_m - v'_2)\ldots\sigma(v'_m - v'_{m-1})\,\sigma(v'_m - v'_{m+1})\ldots\sigma(v'_m - v'_n)} = 0. \tag{27}$$

La relation (27) *a lieu entre* $2n$ *arguments quelconques, liés seulement par l'égalité* (26).

Pour qu'on se fasse une idée de la généralité que comporte cette relation (27), montrons qu'un de ses cas particuliers, le plus simple, consiste en la belle *équation à trois termes* que nous avons vue au Chap. VI (VI, 43). Supposons $m = 3$, et chassons les dénominateurs, nous aurons

$$\left.\begin{array}{l}\sigma(v'_1 - v_1)\,\sigma(v'_1 - v_2)\,\sigma(v'_1 - v_3)\,\sigma(v'_2 - v'_3)\\ +\,\sigma(v'_2 - v_1)\,\sigma(v'_2 - v_2)\,\sigma(v'_2 - v_3)\,\sigma(v'_3 - v'_1)\\ +\,\sigma(v'_3 - v_1)\,\sigma(v'_3 - v_2)\,\sigma(v'_3 - v_3)\,\sigma(v'_1 - v'_2) = 0\end{array}\right\}\quad v_1 + v_2 + v_3 = v'_1 + v'_2 + v_3.$$

Cette relation se change en l'équation à trois termes, si l'on prend

$$2a = 2v'_1 - v_1 - v_2, \qquad 2b = 2v'_2 - v_1 - v_2,$$
$$2c = 2v'_3 - v_1 - v_2, \qquad 2d = v_1 - v_2.$$

Fonctions doublement périodiques de seconde espèce.

Remplaçons, dans (27), v_n et v'_n par $(v_n - u)$ et $(v'_n - u)$, ce qui laisse subsister l'égalité (26). Posons aussi

$$v'_n - v_1 = a_1, \qquad v'_n - v_2 = a_2, \qquad \ldots, \qquad v'_n - v_{n-1} = a_{n-1},$$
$$v'_n - v'_1 = b_1, \qquad v'_n - v'_2 = b_2, \qquad \ldots, \qquad v'_n - v'_{n-1} = b_{n-1}.$$

Ces notations amènent une dissymétrie pour un terme de la relation (27), le dernier, celui où l'indice m est égal à n. Ce terme s'écrit alors ainsi

$$\frac{\sigma(a_1 - u)\,\sigma(a_2 - u)\ldots\sigma(a_{n-1} - u)\,\sigma(v'_n - v_n)}{\sigma(b_1 - u)\,\sigma(b_2 - u)\ldots\sigma(b_{n-1} - u)}.$$

Quant aux autres termes, ceux où l'indice m est égal à

$$1, \quad 2, \quad \ldots, \quad (n-1),$$

ils prennent la forme commune

$$\frac{\sigma(a_1-b_m)\,\sigma(a_2-b_m)\ldots\sigma(a_{n-1}-b_m)\,\sigma(v'_n-v_n-b_m+u)}{\sigma(b_1-b_m)\,\sigma(b_2-b_m)\ldots\sigma(b_{m-1}-b_m)\,\sigma(b_{m+1}-b_m)\ldots\sigma(b_{n-1}-b_m)\,\sigma(u-b_m)}.$$

Pour mettre en pleine lumière la relation (27) dans cette nouvelle forme, soient encore

$$(28)\qquad \begin{cases} a_1+a_2+\ldots+a_{n-1}=\mathrm{A}, \\ b_1+b_2+\ldots+b_{n-1}=\mathrm{B}; \end{cases}$$

d'où résulte, d'après (26), $v'_n-v_n=\mathrm{B}-\mathrm{A}$. Nous pourrons dès lors écrire notre égalité comme il suit :

$$(29)\qquad \begin{cases} \dfrac{\sigma(u-a_1)\,\sigma(u-a_2)\ldots\sigma(u-a_{n-1})}{\sigma(u-b_1)\,\sigma(u-b_2)\ldots\sigma(u-b_{n-1})} \\ \quad = \displaystyle\sum_{m=1}^{m=n-1} \frac{\sigma(b_m-a_1)\,\sigma(b_m-a_2)\ldots\sigma(b_m-a_{m-1})\,\sigma(b_m-a_{m+1})\ldots\sigma(b_m-a_{n-1})}{\sigma(b_m-b_1)\,\sigma(b_m-b_2)\ldots\sigma(b_m-b_{m-1})\,\sigma(b_m-b_{m+1})\ldots\sigma(b_m-b_{n-1})} \\ \quad \times \dfrac{\sigma(b_m-a_m)}{\sigma(\mathrm{B}-\mathrm{A})}\,\dfrac{\sigma(u-b_m+\mathrm{B}-\mathrm{A})}{\sigma(u-b_m)}. \end{cases}$$

Dans cette égalité (29), tous les arguments sont quelconques, et A, B désignent, comme l'indiquent les relations (28), les sommes respectives des a et des b. Considérons tous ces arguments comme des constantes, u seulement comme variable. Nous voyons alors au premier membre de (29) une fonction de u, composée par le quotient de deux produits, chacun comprenant pareil nombre, mais quelconque, de fonction σ. Au second membre, apparaît une somme de termes, dont chacun, sauf un facteur indépendant de u, contient seulement le quotient de deux fonctions σ. C'est donc une véritable formule de décomposition en éléments simples. Il convient de s'y arrêter pour bien reconnaître la nature du premier membre, et la composition du second membre.

La fonction qui figure au premier membre n'est pas exprimable rationnellement en pu et $p'u$; il lui manque, pour qu'il en soit ainsi, l'égalité entre les deux sommes A et B. On voit même immédiatement comment, au cas où A deviendrait égal à B, la formule dégénérerait en celle (3) qui fournit la décomposition des fonctions rationnelles, car tous les termes du second membre contenant, en dénominateur, le facteur évanouissant $\sigma(B - A)$, il est certain que ce second membre doit s'offrir sous la forme $\frac{0}{0}$; il sera donc remplacé, en chacun de ses termes, par le rapport des dérivées prises relativement à $(B - A)$, et l'élément simple se changera en $\zeta(u - b_m)$. La même circonstance aurait lieu si $B - A$ était une période.

Le premier membre de (29) n'est pas doublement périodique. Si l'on change u en $(u + 2\bar{\omega})$, il se reproduit, multiplié par la quantité $e^{2\bar{\eta}(B-A)}$, indépendante de u. C'est aussi par cette même constante que se multiplie, en même temps, chaque terme du second membre (29).

On le voit, la quantité $(B - A)$ caractérise assez le premier membre, quel que soit le nombre de ses facteurs, pour qu'on puisse immédiatement en déduire la fonction analogue, mais composée d'un seul facteur

$$\varphi(u) = \frac{\sigma(u + B - A)}{\sigma(B - A)\,\sigma u},$$

de telle sorte que le premier membre pourra s'exprimer par la somme

$$R_1\varphi(u - b_1) + R_2\varphi(u - b_2) + \ldots + R_{n-1}\varphi(u - b_{n-1}).$$

Dans cette somme, chaque terme reproduit un des infinis de la fonction proposée. Le coefficient R correspondant est le *résidu*, relatif à cet infini ; c'est effectivement ce qu'on voit d'après la forme du coefficient dans (29), mais aussi ce qui est évident par ce fait que $\varphi(u)$, pour $u = 0$, a l'unité pour résidu, c'est-à-dire

$$\lim[u\varphi(u)]_{u=0} = 1.$$

Multiplicateurs.

La propriété qui consiste à se reproduire multiplié par un facteur constant quand la variable s'augmente d'une période appartient à des fonctions un peu plus générales, dont voici le type :

$$(30) \qquad F(u) = \frac{\sigma(u - a_1)\,\sigma(u - a_2)\ldots\sigma(u - a_{n-1})}{\sigma(u - b_1)\,\sigma(u - b_2)\ldots\sigma(u - b_{n-1})}\,e^{\rho u}.$$

Elles ont, de plus que les précédentes, le facteur $e^{\rho u}$. Les *multiplicateurs* ou facteurs constants par lesquels cette fonction se multiplie quand on augmente u des deux périodes distinctes 2ω, $2\omega'$ sont

$$(31)\qquad \mu = e^{2\eta(B-A)+2\rho\omega}, \qquad \mu' = e^{2\eta'(B-A)+2\rho\omega'}.$$

Introduites dans l'analyse par M. Hermite, ces fonctions ont reçu de lui le nom de *fonctions doublement périodiques de seconde espèce.*

Les deux multiplicateurs sont quelconques; on peut trouver des fonctions pour lesquelles ces multiplicateurs soient à volonté. Effectivement, si μ et μ' sont donnés, les équations (31) feront connaître $(B - A)$ et ρ; ce sont deux équations du premier degré, où le dénominateur commun est $\eta\omega' - \eta'\omega = i\frac{\pi}{2}$, et voici la solution :

$$(32)\qquad i\pi\rho = \eta \log\mu' - \eta' \log\mu, \qquad i\pi(B - A) = \omega' \log\mu - \omega \log\mu'.$$

Il faut avoir soin de noter à part le cas où $B - A$ serait une période $(2m\omega + 2m'\omega')$. Ce cas aurait lieu si $(\log\mu - 2m'i\pi)$ et $(\log\mu' + 2mi\pi)$ étaient proportionnels à ω et ω'. A cause de l'indétermination de la fonction logarithmique, c'est en un mot le cas où *les multiplicateurs ont des logarithmes proportionnels aux périodes qui leur correspondent.* La fonction $F(u)$, ainsi qu'on l'a vu tout à l'heure, est simplement alors le produit d'une exponentielle par une fonction doublement périodique ordinaire.

Décomposition en éléments simples.

Laissons de côté ce cas particulier, et, $(B - A)$ n'étant pas une période, prenons l'élément simple $\varphi(u)$, modifié par le facteur exponentiel

$$(32)\qquad \Phi(u) = \frac{\sigma(u + B - A)}{\sigma(B - A)\,\sigma u} e^{\rho u}.$$

D'après l'égalité (29), nous aurons

$$(33)\quad F(u) = R_1\,\Phi(u - b_1) + R_2\,\Phi(u - b_2) + \ldots + R_{n-1}\,\Phi(u - b_{n-1}).$$

Il s'agit de reconnaître comment cette décomposition en éléments simples se modifie, quand les infinis b ne sont pas tous distincts, quand, par conséquent, il s'en trouve qui soient multiples.

Supposons que $b_1, b_2, \ldots, b_\mu$ dépendent d'une variable x, atteignent, pour $x = 0$, la valeur commune b, et que leurs dérivées aient, à cette limite, des valeurs finies toutes différentes entre elles. Chacun des résidus $R_1, R_2, \ldots, R_\mu$, comme on le voit dans (29), contient en dénominateur $(\mu - 1)$ facteurs σ, dont les arguments sont des différences de ces quantités b. D'après nos suppositions, chacun de ces résidus, pour x évanouissant, est infiniment petit de l'ordre $(\mu - 1)$, x étant l'infiniment petit principal. Tous les autres termes de l'égalité (33) conservent des valeurs finies; il en est donc de même de la somme des μ termes considérés. Cette somme s'offre donc sous forme indéterminée. Son dénominateur commun est infiniment petit de l'ordre $(\mu - 1)$; sa valeur limite s'obtient donc en remplaçant le numérateur et le dénominateur, chacun par sa dérivée d'ordre $(\mu - 1)$. Cette somme, au point de vue de la quantité u, est linéaire par rapport aux μ quantités $\Phi(u - b_k)$. La dérivée d'ordre $(\mu - 1)$ de $\Phi(u - b_k)$ est composée linéairement avec cette quantité elle-même et ses $(\mu - 1)$ premières dérivées $\Phi', \Phi'', \ldots, \Phi^{(\mu-1)}$. Puisqu'enfin $b_1, b_2, \ldots, b_\mu$ ont la limite commune b, l'expression limite de la somme est une fonction linéaire de $\Phi(u - b), \Phi'(u - b), \ldots, \Phi^{(\mu-1)}(u - b)$. Donc la formule générale de décomposition peut être écrite ainsi

$$(34)\quad F(u) = \Sigma[S_{\mu-1}\,\Phi^{(\mu-1)}(u - b) + S_{\mu-2}\,\Phi^{(\mu-2)}(u - b) + \ldots + S_1\,\Phi'(u - b) + R\,\Phi(u - b)].$$

Le signe sommatoire s'applique aux divers infinis b de la fonction $F(u)$, et la lettre μ représente l'ordre de multiplicité de cet infini.

Quant à la manière dont on pourra déterminer directement les coefficients, elle est, de tout point, semblable à celle qu'on a expliquée précédemment pour les fonctions doublement périodiques ordinaires; c'est aussi la même que pour les fonctions rationnelles algébriques. Effectivement, chacun des termes mis en évidence au second membre de (34), étant développé suivant les puissances ascendantes de $(u - b)$, fournit un seul terme à exposant négatif, tandis que toute la partie relative aux autres infinis fournit seulement des termes à exposants positifs. Le développement de $F(u)$ suivant les puissances ascendantes de $(u - b)$ contient donc, pour seule partie fractionnaire, l'ensemble

$$(35)\quad F(u) = (-1)^{\mu-1}\left[\frac{(\mu-1)!}{u^{\mu}}S_{\mu-1} - \frac{(\mu-2)!}{u^{\mu-1}}S_{\mu-2} + \ldots + (-1)^{\mu}\frac{1}{u^2}S_1 + (-1)^{\mu-1}\frac{1}{u}R\right] + \ldots$$

En formant directement ces termes, on aura les coefficients. Le dernier R est le *résidu*.

Exemple de décomposition.

Voici un exemple où il se trouve un seul infini, mais double :

$$F(u) = \frac{\sigma(u-a_1)\,\sigma(u-a_2)}{\sigma^2 u} e^{\rho u},$$

$$\sigma(u-a_1) = -\sigma a_1(1 - u\zeta a_1 + \ldots),$$

$$\sigma(u-a_2) = -\sigma a_2(1 - u\zeta a_2 + \ldots),$$

$$\sigma u = u\left(1 - \frac{g_2}{240}u^4 + \ldots\right),$$

$$\frac{1}{(\sigma u)^2} = \frac{1}{u^2}\left(1 + \frac{g_2}{120}u^4 + \ldots\right),$$

$$e^{\rho u} = 1 + \rho u + \ldots.$$

$$F(u) = \sigma a_1\,\sigma a_2\left[\frac{1}{u^2} + (\rho - \zeta a_1 - \zeta a_2)\frac{1}{u} + \ldots\right],$$

$$\frac{1}{\sigma a_1\,\sigma a_2}F(u) = -\Phi'(u) + (\rho - \zeta a_1 - \zeta a_2)\,\Phi(u),$$

$$\Phi(u) = -\frac{\sigma(u - a_1 - a_2)}{\sigma(a_1 + a_2)\,\sigma u} e^{\rho u}.$$

En particulier, si l'on prend $\rho = \zeta a_1 + \zeta a_2$, on a cette formule, qui se présente dans des applications,

$$(36)\qquad \frac{\sigma(a_1+a_2)}{\sigma a_1\,\sigma a_2}\,\frac{\sigma(u-a_1)\,\sigma(u-a_2)}{(\sigma u)^2}\,e^{(\zeta a_1 + \zeta a_2)u} = \frac{d}{du}\left[\frac{\sigma(u - a_1 - a_2)}{\sigma u}e^{(\zeta a_1+\zeta a_2)u}\right].$$

Développement des fonctions de seconde espèce.

Les développements qu'il faut employer pour déterminer les coefficients de la formule (34) s'offrent sous une forme très incommode; la présence des dérivées successives de σ y serait fort gênante dans les applications. Voici comment on peut, à leur place, amener dans les coefficients les fonctions $\wp$ et $\wp'$.

Prenons d'abord la fonction, un peu moins générale que Φ,

$$\varphi(u) = \frac{\sigma(u+v)}{\sigma v\,\sigma u} e^{-u\zeta v},$$

dont la dérivée logarithmique

$$\frac{\varphi'(u)}{\varphi(u)} = \zeta(u+v) - \zeta u - \zeta v$$

se développe ainsi (*voir* le développement de ζu : V, 11)

$$\frac{\varphi'(u)}{\varphi(u)} = -\frac{1}{u} - u\,\wp v - u^2\frac{\wp' v}{2} - u^3\left(\frac{\wp'' v}{6} - \frac{g_2}{60}\right)\cdots$$
$$= -\frac{1}{u} + A_2\frac{u}{1} + A_3\frac{u^2}{1.2} + A_4\frac{u^3}{1.2.3} + \cdots.$$

Intégrant aux deux membres, observant que $[u\varphi(u)]_{u=0}$ est l'unité et posant

$$f(u) = A_2\frac{u^2}{1.2} + A_3\frac{u^3}{1.2.3} + A_4\frac{u^4}{1.2.3.4} + \ldots,$$

on conclut

$$\varphi(u) = \frac{1}{u}e^{f(u)} = \frac{1}{u}\left(1 + P_2\frac{u^2}{1.2} + P_3\frac{u^3}{1.2.3} + P_4\frac{u^4}{1.2.3.4} + \ldots\right),$$
$$P_2 = A_2, \qquad P_3 = A_3, \qquad P_4 = A_4 + 3A_2^2,$$
$$P_5 = A_5 + 10A_2A_3, \qquad P_6 = A_6 + 15A_2A_4 + 10A_3^2 + 15A_2^3,$$

et ainsi de suite. Nous avons, d'autre part,

$$A_2 = -\wp v, \qquad A_3 = -\wp' v, \qquad A_4 = -\wp'' v + \frac{g_2}{10},$$
$$A_5 = -\wp''' v, \qquad A_6 = -\wp^{\text{IV}} v + \frac{6g_3}{7}, \qquad \ldots.$$

Réduisant les coefficients P à ne contenir que $\wp v$ et $\wp' v$, nous trouverons successivement

$$(37)\qquad \begin{cases} P_2 = -\wp v, \qquad P_3 = -\wp' v, \qquad P_4 = -3\wp^2 v + \frac{3}{5}g_2, \\ P_5 = -2\wp v\,\wp' v, \qquad P_6 = -5\wp^3 v - g_2\wp v + \frac{20}{7}g_3, \qquad \ldots. \end{cases}$$

Ce calcul direct est un peu laborieux; on trouvera, à la fin de ce Chapitre, un moyen de le rendre plus facile. Le point important, c'est que les coefficients P sont, on le voit, des fonctions entières de $\wp v$ et $\wp' v$.

Prenons maintenant la fonction Φ quelconque, et mettons le coefficient ρ de l'exposant sous la forme $x - \zeta v$, nous aurons

$$(38)\qquad \begin{cases} \dfrac{\sigma(u+v)}{\sigma v\,\sigma u}e^{(x-\zeta v)u} = \dfrac{1}{u} + x + (x^2 + P_2)\dfrac{u}{2} + (x^3 + 3P_2x + P_3)\dfrac{u^2}{2.3} \\ \qquad + (x^4 + 6P_2x^2 + 4P_3x + P_4)\dfrac{u^3}{2.3.4} \\ \qquad + (x^5 + 10P_2x^3 + 10P_3x^2 + 5P_4x + P_5)\dfrac{u^4}{2.3.4.5} \\ \qquad + (x^6 + 15P_2x^4 + 20P_3x^3 + 15P_4x^2 + 6P_5x + P_6)\dfrac{u^5}{2.3.4.5.6} \\ \qquad + \ldots\ldots\ldots\ldots \end{cases}$$

Le coefficient de $\frac{u^{m-1}}{m!}$ se représente symboliquement par

$$(x+P)^m;$$

les exposants de P sont remplacés par des indices, et la première puissance de P par zéro.

Autre exemple de décomposition.

Soit à décomposer

$$F(u) = \frac{\sigma(u-a_1)\sigma(u-a_2)\sigma(u-a_3)}{(\sigma u)^3} e^{(\zeta a_1+\zeta a_2+\zeta a_3)u}.$$

En prenant successivement, pour v, $-a_1$, $-a_2$, $-a_3$, on aura

$$\frac{\sigma(u+v)}{\sigma v\,\sigma u} e^{-u\zeta v} = \frac{1}{u} - \frac{u}{2}pv + \ldots.$$

Multipliant les trois premiers membres ainsi obtenus et, en même temps, les seconds membres, on obtient

$$\frac{F(u)}{\sigma a_1\,\sigma a_2\,\sigma a_3} = -\frac{1}{u^3} + \frac{1}{2u}(pa_1+pa_2+pa_3)+\ldots,$$

$$\frac{2F(u)}{\sigma a_1\,\sigma a_2\,\sigma a_3} = \Phi''(u) - (pa_1+pa_2+pa_3)\Phi(u),$$

$$\Phi(u) = \frac{\sigma(u-a_1-a_2-a_3)}{\sigma(a_1+a_2+a_3)\,\sigma u} e^{(\zeta a_1+\zeta a_2+\zeta a_3)u}.$$

On peut, dans la formule (36), comme aussi dans cette dernière, supposer égaux entre eux les arguments a, et l'on voit que toutes les puissances, à exposants entiers, des fonctions de seconde espèce, s'expriment linéairement par des fonctions de cette nature et leurs dérivées.

Cas singulier des fonctions de seconde espèce.

Le cas singulier (¹), où les logarithmes des multiplicateurs sont proportionnels aux périodes correspondantes, n'offre pas de fonction nouvelle au point de vue théorique. Chaque fonction, dans le cas singulier, est simplement le produit d'une exponentielle $e^{\rho u}$

(¹) Signalé à l'attention par M. Mittag-Leffler (*Comptes rendus de l'Académie des Sciences*, t. XC, 1880, p. 178).

par une fonction rationnelle de pu et $p'u$. Il est néanmoins utile, pour certaines applications, de mettre, pour ces fonctions, la formule de décomposition en éléments simples sous une forme en rapport direct avec leur nature.

Soit $f(u)$ une fonction rationnelle de pu et $p'u$, décomposée en éléments simples conformément à la formule (3) :

$$f(u) = L + P,$$
$$L = l_1\,\zeta(u - v_1) + l_2\,\zeta(u - v_2) + l_3\,\zeta(u - v_3) + \ldots,$$
$$l_1 + l_2 + l_3 + \ldots = 0,$$
$$P = c + \Sigma\, m\, p^{(\nu)}(u - v).$$

En multipliant les deux membres par $e^{\rho u}$, nous aurons l'expression d'une quelconque de ces fonctions singulières. Prenons maintenant pour élément simple, au lieu de ζ, son produit par la même exponentielle :

$$\varphi(u) = e^{\rho u}\,\zeta u.$$

On aura généralement

$$e^{\rho u}\,\zeta^{(n)}(u) = \varphi^{(n)}(u) - \frac{n}{1}\rho\,\varphi^{(n-1)}(u) + \frac{n(n-1)}{1.2}\rho^2\,\varphi^{(n-2)}(u) - \ldots;$$

par conséquent, la formule de décomposition pourra s'écrire ainsi

$$f(u) = ce^{\rho u} + \Sigma\, A_{n,\nu}\,\varphi^{(\nu)}(u - v_n). \tag{39}$$

Sous le signe sommatoire figurent successivement tous les infinis v_n de $f(u)$, et les dérivées $\varphi^{(\nu)}$ jusqu'à l'ordre immédiatement inférieur au degré de multiplicité de cet infini.

Il va de soi que, dans cette formule (39), les coefficients se déterminent, comme dans le cas général, par la partie fractionnaire du développement de $f(u)$ suivant les puissances de $(u - v_n)$. Seul, le premier coefficient c doit être calculé à part. Mais il faut surtout remarquer que les coefficients A sont liés par une relation, traduisant l'égalité primitive

$$l_1 + l_2 + l_3 + \ldots = 0.$$

Pour avoir cette relation, revenons de la formule (39) à la formule primitive, ce que nous ferons au moyen de la relation

$$\varphi^{\nu}(u) = e^{\rho u}\left(\rho^{\nu}\,\zeta u + \frac{\nu}{1}\rho^{\nu-1}\,\zeta' u + \ldots\right).$$

On voit par là que le terme $A_{n,\nu}\,\varphi^{(\nu)}(u - v_n)$ fournit à la somme

L le terme $A_{n,\nu}\rho^\nu \zeta(u - v_n)e^{-\rho v_n}$. *Il existe donc entre les coefficients la relation*

$$\Sigma A_{n,\nu}\rho^\nu e^{-\rho v_n} = 0. \tag{40}$$

Cette relation (40) est d'ailleurs nécessaire pour que le second membre de (39) soit doublement périodique de seconde espèce. En effet, d'après la définition de $\varphi(u)$, nous avons

$$\varphi(u + 2\bar{\omega}) = (\zeta u + 2\bar{\eta})e^{\rho(u+2\bar{\omega})},$$
$$e^{-2\bar{\omega}\rho}\varphi(u + 2\bar{\omega}) = \varphi(u) + 2\bar{\eta}e^{\rho u},$$
$$e^{-2\bar{\omega}\rho}\varphi^{(\nu)}(u + 2\bar{\omega} - v_n) = \varphi^{(\nu)}(u - v_n) + 2\bar{\eta}e^{\rho u}\rho^\nu e^{-\rho v_n}.$$

Par conséquent, la fonction (39) donne lieu à la relation

$$e^{-2\bar{\omega}\rho}f(u + 2\bar{\omega}) = f(u) + 2\bar{\eta}e^{\rho u}\Sigma A_{n,\nu}\rho^\nu e^{-\rho v_n}.$$

L'égalité (40) est donc exigée pour que $f(u + 2\bar{\omega})$ reproduise $f(u)$, multipliée par le multiplicateur $e^{2\bar{\omega}\rho}$.

Cas où les multiplicateurs sont des racines de l'unité.

Ces cas n'offrent aucune exception à la théorie générale, mais l'élément simple est particulièrement intéressant. C'est celui que nous avons déjà rencontré (24).

Soient

$$\left\{\begin{aligned} v &= \frac{2n\omega + 2n'\omega'}{m}, \qquad s = \frac{2n\eta + 2n'\eta'}{m}, \\ f(u) &= \frac{\sigma(u - v)e^{su}}{\sigma v \sigma u}, \end{aligned}\right. \tag{41}$$

n et n' étant des nombres entiers. Nous avons déjà vu que la puissance $m^{\text{ième}}$ de $f(u)$ est doublement périodique ordinaire. La fonction $f(u)$ doit donc avoir pour multiplicateurs des racines $m^{\text{ièmes}}$ de l'unité. Effectivement, prenons une période quelconque

$$2\bar{\omega} = 2p\omega + 2p'\omega'.$$

Le multiplicateur correspondant, c'est l'exponentielle ayant pour exposant

$$2(s\bar{\omega} - v\bar{\eta}) = \frac{4}{m}(np' - n'p)(\eta\omega' - \eta'\omega) = \frac{np' - n'p}{m}2i\pi.$$

Ainsi le multiplicateur μ a pour expression

$$\mu = e^{2\frac{np' - n'p}{m}i\pi};$$

c'est une racine $m^{\text{ième}}$ de l'unité. Nous avons déjà observé que ces fonctions particulières comprennent les trois radicaux $\sqrt{pu - e_\alpha}$ et généralisent, par conséquent, les fonctions anciennes $\operatorname{sn} u$, $\operatorname{cn} u$, $\operatorname{dn} u$. A l'égard de ces dernières, on a vu (Chap. II) qu'aucune d'elles n'a les périodes 2ω et $2\omega'$, mais que toutes se reproduisent multipliées par ± 1, quand l'argument s'augmente d'une période. Ces faits concordent bien avec ceux que nous rencontrons maintenant.

Deuxième méthode pour le développement des fonctions de seconde espèce.

Reprenons la fonction de seconde espèce

$$\varphi(u) = \frac{\sigma(u+v)}{\sigma u \, \sigma v} e^{-u\zeta v},$$

et considérons sa dérivée logarithmique

$$\frac{\varphi'(u)}{\varphi(u)} = \zeta(u+v) - \zeta u - \zeta v, \tag{42}$$

qui, d'après la formule (V, 15) d'addition pour ζ, peut s'écrire

$$\frac{\varphi'(u)}{\varphi(u)} = \frac{1}{2} \frac{p'u - p'v}{pu - pv}.$$

Conformément au théorème fondamental d'addition (p. 29), on a donc

$$\left[\frac{\varphi'(u)}{\varphi(u)}\right]^2 = p(u+v) + pu + pv. \tag{43}$$

Mais, en prenant la dérivée dans les deux membres de (42), on a aussi

$$\frac{\varphi''(u)}{\varphi(u)} - \left[\frac{\varphi'(u)}{\varphi(u)}\right]^2 = pu - p(u+v).$$

Ajoutant cette dernière égalité, membre à membre, avec (43) et chassant le dénominateur, on obtient

$$\varphi''(u) = (2pu + pv)\varphi(u). \tag{44}$$

Cette équation, où l'on considérerait $\varphi(u)$ comme une inconnue, serait différentielle linéaire et du second ordre. C'est un cas d'une équation très importante, à laquelle est attaché le nom de Lamé; nous y reviendrons dans les applications. Nous voulons en faire usage ici pour indiquer un procédé propre à former plus rapidement les coefficients successifs du développement de $\varphi(u)$.

Soit, comme précédemment,

$$\varphi(u) = \frac{1}{u}\left[1 + P_2 \frac{u^2}{1.2} + P_3 \frac{u^3}{1.2.3} + \ldots + P_n \frac{u^n}{1.2.3\ldots n} + \ldots\right].$$

Soit aussi, comme au Chapitre IV (p. 93),

$$pu = \frac{1}{u^2} + c_2 u^2 + c_3 u^4 + \ldots + c_\lambda u^{2\lambda-2} + \ldots.$$

La substitution de ces développements dans (44) conduit aux équations successives que voici :

$$P_2 + pv = 0,$$

$$\frac{P_3}{3} = \frac{P_3}{3},$$

$$\frac{P_4}{3.4} + \frac{P_2}{2} pv + 2c_2 = \frac{P_4}{4},$$

$$\frac{P_5}{3.4.5} + \frac{P_3}{2.3} pv = \frac{P_5}{2.5},$$

$$\frac{P_6}{3.4.5.6} + \frac{P_4}{2.3.4} pv + P_2 c_2 + 2c_3 = \frac{P_6}{2.3.6},$$

$$\ldots\ldots\ldots\ldots\ldots\ldots\ldots\ldots,$$

$$2\frac{P_n}{n!} + pv\frac{P_{n-2}}{(n-2)!} + 2c_2\frac{P_{n-4}}{(n-4)!} + 2c_3\frac{P_{n-6}}{(n-6)!} + \ldots = \frac{P_n}{n!}(n-1)(n-2).$$

Il est à remarquer que cette méthode laisse indéterminé le coefficient P_3 et, par suite, tous ceux d'indice impair. Ce fait provient de ce que l'équation (44) reste inaltérée si l'on change u en $-u$. Comme nous avons précédemment trouvé P_3 (37), il n'y a là aucune difficulté.

Le calcul devient encore compliqué assez rapidement, mais il est cependant bien plus simple que par l'autre méthode. Pour faire suite aux formules (37), voici quelques autres coefficients : nous mettons simplement p, p' au lieu de pv, $p'v$.

$$(45)\quad \begin{cases} P_7 = -3p'(p^2 + g_2), \\ P_8 = -7p^4 - 2.7g_2p^2 - 2^5g_3p + \dfrac{3.7}{5}g_2^2, \\ P_9 = -4p'(p_3 + \frac{19}{5}g_2p + 2^2.5g_3), \\ P_{10} = -9p^5 - 2.3^3g_2p^3 - 2^3.3^2.7g_3p^2 - 3^2.5g_2^2p + \dfrac{2^4.3^2.5.13}{7.11}g_2g_3, \\ P_{11} = -p'(5p^4 + 2.13g_2p^2 + 5.2^7g_3p + 3^2.17g_2^2). \end{cases}$$

Ce développement a une très grande importance pour une des plus belles et des plus récentes applications des fonctions elliptiques. Il serait à désirer qu'on pût le former par des procédés plus simples.

Développement de $\frac{\sigma(u+v)}{\sigma v} e^{-u\zeta v}$ suivant les puissances ascendantes de u.

Ce nouveau développement a de l'analogie avec le précédent, mais il est beaucoup plus simple. Soit

$$z = \frac{\sigma(u+v)}{\sigma v} e^{-u\zeta v}.$$

En prenant les dérivées par rapport à u et v, on obtient

$$(46)\qquad \left\{\begin{aligned} &\frac{1}{z}\frac{\partial z}{\partial u} = \zeta(u+v) - \zeta v, \\ &\frac{1}{z}\frac{\partial z}{\partial v} = \zeta(u+v) - \zeta v + u\,\mathrm{p}v, \\ &\frac{\partial z}{\partial u} - \frac{\partial z}{\partial v} + uz\,\mathrm{p}v = 0. \end{aligned}\right.$$

Si l'on pose ensuite

$$z = 1 + A_1 u + A_2 \frac{u^2}{1.2} + \ldots + A_n \frac{u^n}{1.2\ldots n} + \ldots,$$

on a immédiatement l'équation récurrente

$$(47)\qquad A_n = \frac{dA_{n-1}}{dv} - (n-1)A_{n-2}\,\mathrm{p}v,$$

par où les coefficients se déterminent très facilement :

$$(48)\qquad \left\{\begin{aligned} &A_1 = 0, \quad A_2 = -\mathrm{p}v, \quad A_3 = -\mathrm{p}'v, \\ &A_4 = -\mathrm{p}''v + 3\mathrm{p}^2v = -3\mathrm{p}^2v + \tfrac{1}{2}g_2, \\ &A_5 = -2\mathrm{p}v\,\mathrm{p}'v, \qquad A_6 = -5\mathrm{p}^3v + \tfrac{1}{2}g_2\mathrm{p}v + 2g_3, \\ &A_7 = -\mathrm{p}'v(3\mathrm{p}^2v - \tfrac{1}{2}g_2), \\ &A_8 = -7\mathrm{p}^4v + 7g_2\mathrm{p}^2v - 8g_3\mathrm{p}v - \tfrac{1}{4}g_2^2, \\ &A_9 = -\mathrm{p}'v(4\mathrm{p}^3v - 8g_2\mathrm{p}v + 8g_3), \\ &\ldots\ldots\ldots\ldots\ldots\ldots\ldots\ldots \end{aligned}\right.$$

Développement de $\sigma_\alpha u$.

Si l'on suppose pour v une demi-période, la fonction σ qu'on vient d'envisager se change en l'une des trois fonctions $\sigma_\alpha u$. On a ainsi le développement de cette dernière. Les coefficients d'indice impair sont alors nuls; dans ceux d'indice pair, il faut remplacer $\wp v$ par e_α. Les coefficients sont ainsi des fonctions entières de g_2, g_3 et de la racine e_α, dont on peut d'ailleurs rabaisser les exposants au-dessous de 3. On a, de cetté manière,

$$(49)\quad \left\{\begin{array}{l} \sigma_\alpha u = 1 + \mathrm{B}_1 \dfrac{u^2}{1.2} + \mathrm{B}_2 \dfrac{u^4}{1.2.3.4} + \mathrm{B}_3 \dfrac{u^6}{1.2.3.4.5.6} + \ldots \\ \mathrm{B}_1 = -e_\alpha, \qquad \mathrm{B}_2 = -3e_\alpha^2 + \frac{1}{2} g_2, \\ \mathrm{B}_3 = -\frac{3}{4} g_2 e_\alpha + \frac{3}{4} g_3, \qquad \mathrm{B}_4 = \frac{21}{4} g_2 e_\alpha^2 - \frac{39}{4} g_3 e_\alpha - \frac{1}{4} g_2^2, \quad \ldots. \end{array}\right.$$

On verra, au Chapitre IX, un procédé meilleur pour calculer les coefficients de ce développement.

CHAPITRE VIII.

LES SÉRIES $\mathfrak{S}$.

Avertissement. — Recherche d'une série ayant les mêmes propriétés que σu relativement à la périodicité. — Convergence; choix des périodes. — Démonstration directe de l'équation à trois termes. — Identification de la série avec σu. — La série $\mathfrak{S}_1$. Expression de $\eta\omega$ et de σu. — La série $\mathfrak{S}_2$. Expression de $\sigma_1 u$. — La série $\mathfrak{S}_0$. Expression de $\sigma_3 u$. — La série $\mathfrak{S}_3$. Expression de $\sigma_2 u$. — Résumé des relations entre les $\mathfrak{S}$ et les σ. — Observations sur les séries $\mathfrak{S}$. Diverses notations usitées. — Addition des demi-périodes et des périodes dans les $\mathfrak{S}$. — Séries $\mathfrak{S}$ avec l'argument zéro. — Expression des trois quantités $e^{-\frac{1}{2}\eta\omega}\sigma\omega$ par les $\mathfrak{S}$. Première identité. — Première expression de e_1, e_2, e_3 par les $\mathfrak{S}$. Seconde identité. — Seconde expression de e_1, e_2, e_3. Expression du discriminant. — Expression des $\mathfrak{S}$ par les σ. — Changement des périodes : équivalence. — Échange des indices de e_1, e_2, e_3. — Changement des périodes dans les fonctions $\mathfrak{S}$. — Résumé des formules pour le calcul des fonctions σ. — Calcul de q. Cas $\Delta > 0$. — Calcul de u, connaissant pu. Cas $\Delta > 0$. — Calcul de q. Cas $\Delta < 0$. — Calcul de u, connaissant pu. Cas $\Delta < 0$. — Observations sur les cas particuliers où q a les valeurs $e^{-\pi}$, $ie^{-\frac{1}{2}\pi}$, $ie^{-\frac{1}{2}\pi\sqrt{3}}$. — Expression de g_2 par les fonctions $\mathfrak{S}$. Remarques. — Fonctions elliptiques à invariants imaginaires. — Manière dont varient les fonctions $\mathfrak{S}$ d'arguments réels.

Avertissement.

On trouvera, dans ce Chapitre, la représentation des fonctions elliptiques par les belles séries dont Jacobi doit être considéré comme l'inventeur, séries éminemment utiles pour les applications. Elles ne doivent être, en général, introduites qu'à la fin des calculs. Pour cette raison, les formules nombreuses et un peu compliquées qui vont être développées sont destinées à être consultées seulement. Il serait inutile de les retenir de mémoire; il suffit d'en bien connaître la nature.

Recherche d'une série ayant les mêmes propriétés que σu relativement à la périodicité.

La fonction σu, à laquelle nous sommes parvenus en avançant progressivement dans l'étude des fonctions elliptiques, offre sur les précédentes ζu et $\wp u$ l'avantage de rester toujours finie, quelle que soit la valeur attribuée à la variable. Aussi doit-on espérer pouvoir la développer en série plus aisément que les autres. Nous verrons bientôt comment elle se développe suivant la série de Mac-laurin. Mais on doit désirer surtout un mode de développement qui fasse apparaître la propriété caractéristique

$$\sigma(u+2\omega) = -\sigma u\, e^{2\eta(u+\omega)}, \qquad \sigma(u+2\omega') = -\sigma u\, e^{2\eta'(u+\omega')}.$$

A cet effet, prenons la combinaison

$$(1) \qquad f(u) = e^{-\frac{1}{2}\frac{\eta u^2}{\omega}}\sigma u;$$

on aura

$$(2) \quad f(u+2\omega) = -f(u), \qquad f(u+2\omega') = -f(u)e^{2(u+\omega')\frac{\eta'\omega-\eta\omega'}{\omega}}.$$

A cause de la relation

$$\eta\omega' - \eta'\omega = \frac{i\pi}{2},$$

l'exposant de la dernière exponentielle pourra s'écrire

$$-\frac{i\pi}{\omega}(u+\omega'),$$

et l'on aura

$$f(u+2\omega') = -f(u)e^{-\frac{i\pi u}{\omega}}e^{-\frac{i\pi\omega'}{\omega}}.$$

Le dernier facteur va dorénavant jouer un rôle important; nous poserons

$$(3) \qquad q = e^{-\frac{\pi\omega'}{i\omega}} = e^{+\frac{\pi i\omega'}{\omega}}.$$

Si nous écrivons aussi

$$(4) \qquad z = e^{\frac{i\pi u}{2\omega}},$$

nous avons

$$(5) \qquad f(u+2\omega) = -f(u), \qquad f(u+2\omega') = -\frac{1}{qz^2}f(u).$$

Si nous remplaçons aussi, dans $f(u)$, la variable u par la variable z, en écrivant

$$f(u) = \varphi(z),$$

ces deux équations deviennent

$$(6) \qquad \varphi(z) = -\varphi(-z), \qquad \varphi(qz) = -\frac{1}{qz^2}\varphi(z).$$

La dernière de ces équations éloigne, pour $\varphi(z)$, toute idée de développement à la manière de la série de Maclaurin. Elle fait naître, au contraire, la pensée de développer $\varphi(z)$ en une série double comprenant à la fois les puissances à exposants entiers *positifs* et *négatifs* de z. D'ailleurs, d'après la première relation (6), la fonction est impaire, et l'on ne devra envisager que des exposants impairs. On doit donc essayer de trouver un développement tel que celui-ci :

$$\varphi(z) = \begin{cases} c_1 z + c_3 z^3 + c_5 z^5 + \ldots + c_{2n+1} z^{2n+1} + \ldots \\ + c'_1 \dfrac{1}{z} + c'_3 \dfrac{1}{z^3} + c'_5 \dfrac{1}{z^5} + \ldots + c'_{2n+1} \dfrac{1}{z^{2n+1}} + \ldots. \end{cases}$$

Il nous donne

$$\varphi(qz) = \begin{cases} c_1 qz + c_3 q^3 z^3 + c_5 q^5 z^5 + \ldots + c_{2n+1} q^{2n+1} z^{2n+1} + \ldots \\ + c'_1 \dfrac{1}{qz} + c'_3 \dfrac{1}{q^3 z^3} + c'_5 \dfrac{1}{q^5 z^5} + \ldots + c'_{2n+1} \dfrac{1}{q^{2n+1} z^{2n+1}} + \ldots, \end{cases}$$

$$\frac{1}{qz^2}\varphi(z) = \begin{cases} c_3 \dfrac{z}{q} + c_5 \dfrac{z^3}{q} + c_7 \dfrac{z^5}{q} + \ldots + c_{2n+3} \dfrac{z^{2n+1}}{q} + \ldots \\ + c_1 \dfrac{1}{qz} + c'_1 \dfrac{1}{qz^3} + c'_3 \dfrac{1}{qz^5} + \ldots + c'_{2n-1} \dfrac{1}{qz^{2n+1}} + \ldots \end{cases}$$

Par conséquent, la seconde relation (6) impose les conditions

$$\begin{array}{lllll} c_3 = -c_1 q^2, & c_5 = -c_3 q^4, & c_7 = -c_5 q^6, & \ldots, & c_{2n+3} = -c_{2n+1} q^{2(n+1)}, \\ c'_1 = -c_1, & c'_3 = -c'_1 q^2, & c'_5 = -c'_3 q^4, & \ldots, & c'_{2n+1} = -c'_{2n-1} q^{2n}. \end{array}$$

De là se conclut

$$\begin{aligned} c'_1 &= -c_1, \\ c'_3 &= -c_3 = c_1 q^2, \\ c'_5 &= -c_5 = -c_1 q^6, \\ &\ldots\ldots\ldots\ldots\ldots\ldots, \\ c'_{2n+1} &= -c_{2n+1} = (-1)^{n-1} c_1 q^{n(n+1)}. \end{aligned}$$

Nous trouvons donc, comme satisfaisant aux deux conditions (6), la série

$$(7)\quad \begin{cases} \varphi(z) = c_1\left[\left(z - \frac{1}{z}\right) - q^2\left(z^3 - \frac{1}{z^3}\right) + q^6\left(z^5 - \frac{1}{z^5}\right)\cdots \right. \\ \left. \qquad + (-1)^n q^{n(n+1)}\left(z^{2n+1} - \frac{1}{z^{2n+1}}\right)\cdots\right]. \end{cases}$$

En remettant pour z son expression en u, invoquant la formule d'Euler

$$e^{ia} - e^{-ia} = 2i\sin a,$$

et changeant la notation du coefficient arbitraire c_1, nous avons cette autre forme

$$(8)\quad \begin{cases} f(u) = C\left[\sin\frac{\pi u}{2\omega} - q^2\sin\frac{3\pi u}{2\omega} + q^6\sin\frac{5\pi u}{2\omega} + \cdots \right. \\ \left. \qquad + (-1)^n q^{n(n+1)}\sin\frac{(2n+1)\pi u}{2\omega}\cdots\right] \end{cases}$$

s'offrant pour vérifier les deux relations (2).

Convergence; choix des périodes.

Il faut toutefois s'assurer que ces séries convergent. Or leur caractère de convergence est immédiatement visible. En considérant séparément les deux séries ayant pour terme général l'une

$$\pm\, q^{n(n+1)} z^{2n+1};$$

l'autre

$$\mp\, q^{n(n+1)}\frac{1}{z^{2n+1}},$$

ou une seule d'entre elles, comme on peut le faire par le changement de z en $\frac{1}{z}$, on a

$$\sqrt[n]{q^{n(n+1)}z^{2n}} = q^n q z^2.$$

Le facteur qz^2 est indépendant du rang n; le premier facteur est ou infiniment petit ou infiniment grand, quand n est infiniment grand. Il faut et il suffit, pour la convergence, qu'il soit infiniment petit. Ce caractère, indépendant de z, s'applique aux deux séries en lesquelles nous venons de décomposer $\varphi(z)$; donc la condition nécessaire et suffisante à la convergence de $\varphi(z)$, c'est que la valeur absolue (module) de q soit moindre que l'unité.

Cette condition satisfaite, la série converge très rapidement, quelle que soit la valeur de z. Est-elle satisfaite par la valeur (3) qu'il nous faut ici assigner à q?

Si le discriminant est positif, il y a un couple de demi-périodes où ω et $\frac{\omega'}{i}$ sont réelles et positives. Pour ce couple, l'exposant $-\frac{\pi\omega'}{i\omega}$ est réel et négatif; q est réel, moindre que l'unité.

Si le discriminant est négatif, on peut prendre

$$\omega = \omega_2, \qquad \omega' = \frac{\omega_2 + \omega'_2}{2},$$

et l'on a, en ce cas,

$$q = e^{\frac{i\pi}{2}\left(1+\frac{\omega'_2}{\omega_2}\right)} = ie^{\frac{i\pi\omega'_2}{2\omega_2}}.$$

On voit que $\frac{q}{i}$ est réel, moindre que l'unité. Par ces choix, la série convergera, et de plus, ne contenant que les puissances paires de q, elle sera réelle quand u sera réel aussi.

Il y a une infinité d'autres manières de choisir ω et ω' pour rendre la valeur absolue de q inférieure à l'unité; nous y reviendrons. Pour le moment, fixons les idées en faisant le choix dont nous venons de parler dans le cas où le discriminant est positif. Mais, dans le cas opposé, prenons

$$\omega = \omega_1 = \tfrac{1}{2}(\omega_2 - \omega'_2), \qquad \omega' = \omega_3 = \tfrac{1}{2}(\omega_2 + \omega'_2),$$

$$q = e^{i\pi\frac{\omega_2+\omega'_2}{\omega_2-\omega'_2}} = e^{i\pi\frac{\omega_2^2+\omega'^2_2}{\omega_2^2-\omega'^2_2}}\, e^{2i\pi\frac{\omega_2\omega'_2}{\omega_2^2-\omega'^2_2}}.$$

Comme ω_2 et $\frac{\omega'_2}{i}$ sont réels et positifs, on voit que la valeur absolue de q est égale au dernier facteur, dont l'exposant est réel et négatif; elle est donc moindre que l'unité.

De cette manière, il sera entendu, dans les deux cas du discriminant, que les indices des e correspondent à ω, ω', ω'' comme nous l'avons toujours supposé jusqu'ici

$$e_1 = p\,\omega, \qquad e_2 = p\,\omega'' = p(\omega + \omega'), \qquad e_3 = p\,\omega'.$$

En choisissant q comme nous venons de le dire, nous avons trouvé une série convergente $f(u)$, qui possède, en commun avec la fonction (1), les propriétés (2). Ces deux fonctions coïncidentelles en effet, sauf le choix du coefficient C, indépendant de u? Voilà ce qu'il faut savoir.

Pour montrer la coïncidence des deux fonctions, nous prendrons la série elle-même, et, par elle seule, nous remonterons à la définition de pu.

Démonstration directe de l'équation à trois termes.

Pour la commodité du calcul, modifions un peu les notations dans $\varphi(z)$. Écrivons

$$q = x^{4}, \qquad e^{\frac{i\pi}{2\omega}} = y, \qquad z = y^{u},$$

et prenons la fonction $\frac{x}{c_1}\varphi(z)$, que nous pouvons écrire ainsi

$$F(u) = \sum (-1)^{\frac{m-1}{2}} x^{m^2} y^{mu}, \tag{9}$$

le signe sommatoire s'étendant à *tous les nombres impairs positifs ou négatifs,* mis à la place de m. Effectivement $xq^{n(n+1)}$ devient une puissance de x, dont l'exposant est

$$4n(n+1)+1 = (2n+1)^2 = m^2.$$

La série $F(u)$ est absolument convergente, sous la seule hypothèse que la valeur absolue de x soit inférieure à l'unité. Nous faisons cette hypothèse, celle-là seulement, nécessaire à l'existence de $F(u)$. Avec cette unique définition de $F(u)$, nous allons vérifier l'exactitude de la relation fondamentale, reconnue déjà pour σu (VI, 43).

$$\left\{\begin{aligned} &F(a-b)F(a+b)F(c-d)F(c+d)\\ &+F(b-c)F(b+c)F(a-d)F(a+d)\\ &+F(c-a)F(c+a)F(b-d)F(b+d)=0. \end{aligned}\right. \tag{10}$$

Considérant les trois produits

$$\begin{aligned} A &= F(b-c)F(b+c)F(a-d)F(a+d),\\ B &= F(c-a)F(c+a)F(b-d)F(b+d),\\ C &= F(a-b)F(a+b)F(c-d)F(c+d), \end{aligned}$$

nous allons, dans chacun d'eux, effectuer la multiplication des séries qui représentent les fonctions F, et reconnaître que tous les termes se détruisent dans la somme $S = A + B + C$.

En désignant par m, m', m'', m''' quatre nombres impairs positifs ou négatifs, nous avons, pour un terme quelconque de A, cette expression

$$(11)\quad \begin{cases} (A) = (-1)^{\mu} x^{M} y^{\alpha}, \\ \mu = \frac{1}{2}(m + m' + m'' + m'''), \qquad M = m^2 + m'^2 + m''^2 + m'''^2, \\ \alpha = m(b-c) + m'(b+c) + m''(a-d) + m'''(a+d) \\ \quad = (m'' + m''')a + (m + m')b + (m' - m)c + (m''' - m'')d. \end{cases}$$

Nous distinguerons les termes où μ est pair et ceux où μ est impair, en écrivant

$$(A) = (A_0) \text{ si } \mu \text{ est pair}; \qquad (A) = -(A_1) \text{ si } \mu \text{ est impair}.$$

De cette façon, on aura

$$A = \Sigma(A_0) - \Sigma(A_1).$$

Faisons de même pour B :

$$(12)\quad \begin{cases} (B) = (-1)^{\nu} x^{N} y^{\beta}, \\ \nu = \frac{1}{2}(n + n' + n'' + n'''), \qquad N = n^2 + n'^2 + n''^2 + n'''^2, \\ \beta = (n'' + n''')b + (n + n')c + (n' - n)a + (n''' - n'')d. \end{cases}$$

$$(B) = (B_0), \text{ si } \nu \text{ est pair}; \qquad (B) = -(B_1), \text{ si } \nu \text{ est impair}.$$

$$B = \Sigma(B_0) - \Sigma(B_1).$$

Faisons encore de même pour C :

$$(13)\quad \begin{cases} (C) = (-1)^{\pi} x^{P} y^{\gamma}, \\ \pi = \frac{1}{2}(p + p' + p'' + p'''), \qquad P = p^2 + p'^2 + p''^2 + p'''^2, \\ \gamma = (p'' + p''')c + (p + p')a + (p' - p)b + (p''' - p'')d. \end{cases}$$

$$(C) = (C_0) \text{ si } \pi \text{ est pair}; \qquad (C) = -(C_1) \text{ si } \pi \text{ est impair}.$$

$$C = \Sigma(C_0) - \Sigma(C_1).$$

Les lettres m, n, p désignent des nombres entiers impairs quelconques, positifs ou négatifs. Prenons un terme arbitraire (A), et voyons s'il existe un terme (B) pour lequel l'exposant β soit identiquement égal à α, quels que soient a, b, c, d. A cet effet, on devra poser

$$(14)\quad \begin{cases} n' - n = m'' + m''', \qquad n'' + n''' = m + m', \\ n + n' = m' - m, \qquad n''' - n'' = m''' - m''. \end{cases}$$

Ces équations résolues donnent

$$\begin{aligned} n &= \tfrac{1}{2}(-m + m' - m'' - m''') = -\mu + m', \\ n' &= \tfrac{1}{2}(-m + m' + m'' + m''') = +\mu - m, \\ n'' &= \tfrac{1}{2}(\ \ m + m' + m'' - m''') = +\mu - m''', \\ n''' &= \tfrac{1}{2}(\ \ m + m' - m'' + m''') = +\mu - m''. \end{aligned}$$

On voit d'abord que ces nombres n, effectivement entiers, ne sont impairs que si μ est pair. Ainsi le terme (A) considéré doit appartenir au type (A_0), sans quoi l'identification serait impossible. Ayant donc pris un terme (A_0), nous trouvons les quatre nombres n impairs, et, par conséquent, un terme (B), pour lequel on a $\beta = \alpha$. D'ailleurs, d'après (14),

$$n + n' + n'' + n''' = 2m', \qquad \nu = m'.$$

Le nombre ν est donc impair, et ce terme (B) appartient au type $-(B_1)$. Enfin, élevant au carré les deux membres dans chacune des équations (14) et faisant la somme, nous avons

$$n^2 + n'^2 + n''^2 + n'''^2 = m^2 + m'^2 + m''^2 + m'''^2,$$
$$N = M.$$

Donc le terme (B) considéré est égal, sauf le signe, au terme (A), et le détruit. Donc, dans la somme $A + B$, la partie $\Sigma(A_0)$ est entièrement détruite par $-\Sigma(B_1)$.

Réciproquement, en résolvant les équations (14) par rapport aux m, on voit que $-\Sigma(B_1)$ est entièrement détruit par $\Sigma(A_0)$.

On déduit A, B, C les uns des autres par permutation circulaire de a, b, c; donc de même $\Sigma(B_0)$ et $-\Sigma(C_1)$ se détruisent, et $\Sigma(C_0)$, $-\Sigma(A_1)$ se détruisent. Donc la somme $A + B + C$ se réduit à zéro; c'est ce qu'il fallait démontrer.

Identification de la série avec σu.

La relation (10) reste inaltérée si l'on y remplace la fonction F par une autre qui en diffère seulement d'une exponentielle paire du second degré; en d'autres termes, elle a lieu pour toute fonction $\psi(u)$ de la forme

$$\psi(u) = e^{gu^2+h} F(u).$$

Ce fait tient à ce que le premier membre de (10) est doublement homogène : 1° par rapport aux fonctions F, circonstance qui fait disparaître le facteur e^h ; 2° par rapport aux carrés des arguments, dont la somme est $2(a^2+b^2+c^2+d^2)$ pour chaque terme ; circonstance qui fait disparaître le facteur e^{gu^2}.

Si donc, en désignant par η une constante encore indéterminée, nous définissons σu par la relation

$$e^{-\frac{1}{2}\frac{\eta u^2}{\omega}}\sigma u = f(u) = \varphi(z) = 2iCq^{-\frac{1}{4}}F(u),$$

cette fonction σu, dont nous n'avons pas encore prouvé l'identité avec celle qui nous est déjà connue, cette fonction σu, outre les propriétés de périodicité, a encore celle de satisfaire à la relation (10).

Pour la rapprocher de la précédente fonction σu, choisissons la constante η de manière que le développement, suivant les puissances ascendantes de u, manque du second terme. A cet effet, il faudra prendre

$$-\frac{1}{2}\frac{\eta}{\omega} = -C\sum_{n=0}^{n=\infty}\frac{(-1)^n}{6}q^{n(n+1)}\left[\frac{(2n+1)\pi}{2\omega}\right]^3,$$

ce qui détermine η par une série convergente. Choisissons aussi la constante C de façon que la limite de $\frac{\sigma u}{u}$ soit l'unité pour $u=0$; par conséquent,

$$\frac{1}{C} = \frac{\pi}{2\omega}[1-3q^2+5q^6+\ldots+(-1)^n(2n+1)q^{n(n+1)}+\ldots].$$

Cela étant, la fonction σu ainsi définie a toutes les propriétés signalées comme caractéristiques au Chap. VI ; on peut avec elle remonter à pu. La légitimité du développement se trouve donc bien établie.

La série $\Im_1$. Expression de $\eta\omega$ et de σu.

La série qui vient de s'offrir sera employée sous la forme introduite en dernier lieu : on multiplie tous ses termes par $2q^{\frac{1}{4}}$. On la désigne par la lettre $\Im$ avec l'indice 1,

$$(15)\quad \Im_1(v) = 2q^{\frac{1}{4}}\sin v\pi - 2q^{\frac{9}{4}}\sin 3v\pi + \ldots + (-1)^n 2q^{\frac{(2n+1)^2}{4}}\sin(2n+1)v\pi + \ldots$$

ou bien, en mettant les exponentielles au lieu des sinus et faisant

$$(16) \qquad z = e^{i\pi v},$$

on peut l'écrire aussi

$$(17) \qquad \mathfrak{S}_1(v) = \frac{1}{i}\sum(-1)^n q^{\frac{(2n+1)^2}{4}} z^{2n+1},$$

et le signe sommatoire comprend tous les entiers *positifs et négatifs n*.

En mettant

$$(18) \qquad v = \frac{u}{2\omega},$$

on a, pour z, la même signification que précédemment, et

$$(19) \qquad e^{-\frac{1}{2}\frac{\eta u^2}{\omega}} \sigma u = 2\omega \frac{\mathfrak{S}_1(v)}{\mathfrak{S}'_1(0)}.$$

Sous la forme précédente, ceci est la même chose que

$$e^{-\frac{1}{2}\frac{\eta u^2}{\omega}} \sigma u = \frac{2\omega}{\pi A_0}\left[\sin\frac{\pi u}{2\omega} - q^2 \sin\frac{3\pi u}{2\omega} + \ldots + (-1)^n q^{n(n+1)} \sin\frac{(2n+1)\pi u}{2\omega} + \ldots\right]$$

$$A_0 = 1 - 3q^2 + \ldots + (-1)^n(2n+1)q^{n(n+1)}\ldots = \frac{1}{2\pi q^{\frac{1}{4}}}\mathfrak{S}'_1(0).$$

En outre, comme on l'a vu tout à l'heure,

$$(20) \quad \eta\omega = \frac{\pi^2}{12 A_0}[1 - 27q^2 + \ldots + (-1)^n(2n+1)^3 q^{n(n+1)} + \ldots] = -\frac{1}{12}\frac{\mathfrak{S}'''_1(0)}{\mathfrak{S}'_1(0)}.$$

En faisant $u = \omega$, on a

$$(21) \qquad e^{-\frac{1}{2}\eta\omega} \sigma\omega = 2\omega\frac{\mathfrak{S}_1(\frac{1}{2})}{\mathfrak{S}'_1(0)} = \frac{2\omega}{\pi}\frac{A_1}{A_0},$$

$$A_1 = 1 + q^2 + \ldots + q^{n(n+1)}\ldots = \frac{1}{2q^{\frac{1}{4}}}\mathfrak{S}_1(\tfrac{1}{2}).$$

La série $\mathfrak{S}_2$. Expression de $\sigma_1 u$.

Il est d'usage de désigner par $\mathfrak{S}_2(v)$ la fonction $\mathfrak{S}_1(\frac{1}{2} - v)$; ainsi

$$(22) \quad \begin{cases} \mathfrak{S}_2(v) = \mathfrak{S}_1(\frac{1}{2} - v) \\ \qquad = 2q^{\frac{1}{4}}\cos v\pi + 2q^{\frac{9}{4}}\cos 3v\pi + \ldots + 2q^{\frac{(2n+1)^2}{4}}\cos(2n+1)v\pi\ldots, \\ z = e^{i\pi v}, \qquad \mathfrak{S}_2(v) = \Sigma q^{\frac{(2n+1)^2}{4}} z^{2n+1}. \end{cases}$$

Changeant u en $(\omega - u)$ dans (19), par conséquent v en $(\frac{1}{2} - v)$, et divisant membre à membre l'égalité obtenue et l'égalité (21), on a

$$(23) \qquad e^{-\frac{1}{2}\frac{\eta u^2}{\omega}} \frac{\sigma(\omega - u)e^{\eta u}}{\sigma\omega} = e^{-\frac{1}{2}\frac{\eta u^2}{\omega}} \sigma_1 u = \frac{\mathfrak{S}_1(\frac{1}{2} - v)}{\mathfrak{S}_1(\frac{1}{2})} = \frac{\mathfrak{S}_2 v}{\mathfrak{S}_2 0},$$

ou, sous une autre forme,

$$e^{-\frac{1}{2}\frac{\eta u^2}{\omega}} \sigma_1 u = \frac{1}{A_1}[\cos v\pi + q^2 \cos 3v\pi + \ldots + q^{n(n+1)} \cos(2n+1)v\pi + \ldots].$$

La série $\mathfrak{S}_0$. Expression de $\sigma_3 u$.

Il y a lieu de mettre sous une forme analogue $\sigma(\omega' + u)$. En posant

$$(24) \qquad \frac{\omega'}{\omega} = \tau,$$

d'où résulte

$$(25) \qquad q = e^{i\pi\tau},$$

on voit que le changement de $z = e^{i\pi v}$ en $q^{-\frac{1}{2}} z$ revient au changement de v en $(v - \frac{1}{2}\tau)$. On a donc

$$\begin{aligned} \mathfrak{S}_1(v - \tfrac{1}{2}\tau) &= \frac{1}{i}\sum(-1)^n q^{\frac{(2n+1)^2}{4} - \frac{2n+1}{2}} z^{2n+1} \\ &= \frac{1}{i}\sum(-1)^n q^{n^2 - \frac{1}{4}} z^{2n+1} = \frac{z}{iq^{\frac{1}{4}}}\sum(-1)^n q^{n^2} z^{2n}. \end{aligned}$$

On désigne par $\mathfrak{S}_0(v)$ la nouvelle série

$$(26) \quad \left\{ \begin{aligned} z &= e^{i\pi v}, \\ \mathfrak{S}_0(v) &= \Sigma(-1)^n q^{n^2} z^{2n} \\ &= 1 - 2q\cos 2v\pi + 2q^4 \cos 4v\pi + \ldots + (-1)^n 2q^{n^2} \cos 2nv\pi + \ldots. \end{aligned} \right.$$

La relation d'où nous venons de la conclure s'écrit donc

$$(27) \qquad \mathfrak{S}_0 v = iq^{\frac{1}{4}} e^{-i\pi v} \mathfrak{S}_1(v - \tfrac{1}{2}\tau)$$

ou bien, changeant v en $-v$, comme $\mathfrak{S}_0$ est paire et $\mathfrak{S}_1$ impaire,

$$(27a) \qquad \mathfrak{S}_0 v = -iq^{\frac{1}{4}} e^{i\pi v} \mathfrak{S}_1(v + \tfrac{1}{2}\tau).$$

En faisant $u = \omega'$ dans (19), par conséquent $v = \frac{1}{2}\tau$, nous avons maintenant

$$(28)\qquad e^{-\frac{1}{2}\frac{\eta\omega'^2}{\omega}}\sigma\omega' = 2\omega\frac{\mathfrak{I}_1(\frac{1}{2}\tau)}{\mathfrak{I}'_1(0)} = 2\omega i q^{-\frac{1}{4}}\frac{\mathfrak{I}_0(0)}{\mathfrak{I}'_1(0)}.$$

D'ailleurs on a

$$e^{-\frac{1}{2}\frac{\eta\omega'^2}{\omega}} = e^{-\frac{1}{2}\frac{\omega'}{\omega}\eta\omega'} = e^{-\frac{1}{2}\frac{\omega'}{\omega}\left(\eta'\omega+\frac{i\pi}{2}\right)} = q^{-\frac{1}{4}}e^{-\frac{1}{2}\eta'\omega}.$$

On peut donc écrire

$$(29)\qquad e^{-\frac{1}{2}\eta'\omega'}\sigma\omega' = 2\omega i\frac{\mathfrak{I}_0(0)}{\mathfrak{I}'_1(0)}.$$

Changeant ensuite, dans (19), u en $(\omega' + u)$, par conséquent v en $v + \frac{1}{2}\tau$, puis divisant membre à membre avec (28), on a

$$e^{-\frac{1}{2}\frac{\eta u^2}{\omega}}e^{-\frac{\eta\omega'}{\omega}u}\frac{\sigma(u+\omega')}{\sigma\omega'} = \frac{q^{\frac{1}{4}}}{i}\frac{\mathfrak{I}_1(v+\frac{1}{2}\tau)}{\mathfrak{I}_0(0)} = e^{-i\pi v}\frac{\mathfrak{I}_0(v)}{\mathfrak{I}_0(0)};$$

puis, en remplaçant, dans $e^{-\frac{\eta\omega'}{\omega}u}$, l'exposant par $-\frac{u}{\omega}\left(\eta'\omega + \frac{i\pi}{2}\right)$, par conséquent l'exponentielle par $e^{-\eta' u}e^{-\frac{i\pi u}{2\omega}} = e^{-\eta' u}e^{-i\pi v}$,

$$(30)\qquad e^{-\frac{1}{2}\frac{\eta u^2}{\omega}}\frac{\sigma(u+\omega')}{\sigma\omega'}e^{-\eta' u} = e^{-\frac{1}{2}\frac{\eta u^2}{\omega}}\sigma_3 u = \frac{\mathfrak{I}_0(v)}{\mathfrak{I}_0(0)}.$$

En faisant $u = \omega$, par conséquent $v = \frac{1}{2}$, on a

$$(31)\qquad e^{-\frac{1}{2}\eta\omega-\eta'\omega}\frac{\sigma\omega''}{\sigma\omega'} = \frac{\mathfrak{I}_0(\frac{1}{2})}{\mathfrak{I}_0(0)};$$

multipliant membre à membre avec (29) et observant l'égalité

$$-\tfrac{1}{2}\eta\omega - \eta'\omega - \tfrac{1}{2}\eta'\omega' = \frac{i\pi}{4} - \tfrac{1}{2}\eta''\omega'',$$

nous en déduisons

$$(32)\qquad e^{-\frac{1}{2}\eta''\omega''}\sigma\omega'' = 2\omega e^{\frac{i\pi}{4}}\frac{\mathfrak{I}_0(\frac{1}{2})}{\mathfrak{I}'_1(0)}.$$

La série $\mathfrak{S}_3$. Expression de $\sigma_2 u$.

En dernier lieu, l'on désigne par $\mathfrak{S}_3(v)$ la fonction $\mathfrak{S}_0(v+\frac{1}{2})$; ainsi

$$(33)\quad \begin{cases} \mathfrak{S}_3(v) = 1 + 2q\cos 2v\pi + 2q^4\cos 4v\pi + \ldots + 2q^{n^2}\cos 2nv\pi + \ldots, \\ z = e^{i\pi v}, \qquad \mathfrak{S}_3(v) = \Sigma q^{n^2} z^{2n}. \end{cases}$$

Changeons, dans (30), u en $(u+\omega)$, partant v en $(v+\frac{1}{2})$, et divisons membre à membre avec (31); nous aurons

$$(34)\quad e^{-\frac{1}{2}\frac{\eta u^2}{\omega}} \frac{\sigma(u+\omega'')}{\sigma\omega''} e^{-\eta'' u} = e^{-\frac{1}{2}\frac{\eta u^2}{\omega}} \sigma_2 u = \frac{\mathfrak{S}_3(v)}{\mathfrak{S}_3(0)}.$$

Résumé des relations entre les $\mathfrak{S}$ et les σ.

On remarquera qu'il est aisé de se rappeler la manière dont sont distribués les indices dans les quatre fonctions $\mathfrak{S}$. Chacune de ces fonctions correspond à une fonction σ, et les indices pour les $\mathfrak{S}$ dépassent chaque fois d'une unité l'indice correspondant de σ; les prenant d'ailleurs aux multiples de 4 près, on remplace l'indice 4 par l'indice zéro.

Les quatre formules étant rapprochées, nous avons

$$(35)\quad \begin{cases} e^{-\frac{1}{2}\frac{\eta u^2}{\omega}} \sigma u = 2\omega \dfrac{\mathfrak{S}_1(v)}{\mathfrak{S}'_1(0)}, \qquad v = \dfrac{u}{2\omega}, \\ e^{-\frac{1}{2}\frac{\eta u^2}{\omega}} \sigma_1 u = \dfrac{\mathfrak{S}_2(v)}{\mathfrak{S}_2(0)}, \\ e^{-\frac{1}{2}\frac{\eta u^2}{\omega}} \sigma_3 u = \dfrac{\mathfrak{S}_0(v)}{\mathfrak{S}_0(0)}, \\ e^{-\frac{1}{2}\frac{\eta u^2}{\omega}} \sigma_2 u = \dfrac{\mathfrak{S}_3(v)}{\mathfrak{S}_3(0)}. \end{cases}$$

Il n'y a d'ailleurs d'essentiel à retenir que $\mathfrak{S}_1$ et $\mathfrak{S}_0$, les deux autres s'en déduisant par le changement de v en $(v+\frac{1}{2})$.

Observations sur les séries $\mathfrak{S}$. Diverses notations usitées.

Les fonctions employées jusqu'ici pu, ζu, σu dépendaient de *trois* quantités, u et les invariants, mais étaient homogènes; les fonctions antérieures $\operatorname{sn} u$, $\operatorname{cn} u$, $\operatorname{dn} u$ dépendaient de deux quantités, l'argument et le module. Les séries $\mathfrak{S}$, elles aussi, dépendent de deux quantités. En premier lieu, on y voit figurer un argument v, ou une variable z, suivant la forme trigonométrique ou en série de puissances qu'on emploie; en second lieu, une quantité q, à laquelle se trouve liée une autre quantité τ : il est plus ou moins commode, suivant les cas, de mettre en évidence τ ou q. Dans les séries, c'est q qui apparaît, mais dans la théorie de la transformation, ce sera toujours τ, rapport de deux périodes.

On emploie la simple notation $\mathfrak{S}_\alpha v$ ou $\mathfrak{S}_\alpha(v)$, avec ou sans parenthèses, quand on n'a pas besoin de mettre en évidence la seconde quantité q ou τ. Dans le cas opposé, nous ferons usage de la notation $\mathfrak{S}_\alpha(v, q)$ ou $\mathfrak{S}_\alpha(v|\tau)$.

Voici un résumé de ces notations :

$$
(36)\quad \left\{
\begin{aligned}
& z = e^{i\pi v}, \qquad q = e^{i\pi\tau}; \\
& \mathfrak{S}_\alpha v = \mathfrak{S}_\alpha(v, q) = \mathfrak{S}_\alpha(v \mid \tau), \qquad \alpha = 1, 2, 3, 0; \\
& \mathfrak{S}_1 v = 2\Sigma_m(-1)^{m+1} q^{\frac{1}{4}(2m-1)^2} \sin(2m-1)\pi v = \frac{1}{i}\Sigma_n(-1)^n q^{\frac{1}{4}(2n+1)^2} z^{2n+1}, \\
& \mathfrak{S}_2 v = 2\Sigma_m q^{\frac{1}{4}(2m-1)^2} \cos(2m-1)\pi v = \Sigma_n q^{\frac{1}{4}(2n+1)^2} z^{2n+1}, \\
& \mathfrak{S}_3 v = 1 + 2\Sigma_m q^{m^2} \cos 2m\pi v = \Sigma_n q^{n^2} z^{2n}, \\
& \mathfrak{S}_0 v = 1 + 2\Sigma_m(-1)^m q^{m^2} \cos 2m\pi v = \Sigma_n(-1)^n q^{n^2} z^{2n}; \\
& m = 1, 2, 3, \ldots, +\infty, \qquad n = 0, \pm 1, \pm 2, \ldots, \pm\infty.
\end{aligned}
\right.
$$

La première $\mathfrak{S}_1 v$ est une fonction impaire, comme σu; les autres sont paires, comme les autres $\sigma_\alpha u$. Les développements mettent en évidence la propriété suivante, qui appartient en commun à ces quatre fonctions et à toutes leurs dérivées (par rapport à v),

$$
(37)\qquad \frac{\partial^2 \mathfrak{S}}{\partial v^2} = -4\pi^2 \frac{\partial \mathfrak{S}}{\partial(\log q)} = 4i\pi \frac{\partial \mathfrak{S}}{\partial \tau}.
$$

Cette propriété, que nous déduirons directement, au Chapitre IX, de la fonction σ, y fournira un nouveau moyen de trouver les séries $\mathfrak{S}$.

Les notations adoptées ici sont conformes à celles qui sont employées par M. Weierstrass ([1]). Jacobi, dans ses Leçons ([2]), a fait usage de notations peu différentes : $\vartheta_\alpha(x, q)$ au lieu de ce que nous désignerions ici par $\vartheta_\alpha\left(\frac{x}{\pi}, q\right)$; en outre, l'indice zéro est supprimé, ϑ_0 étant écrit simplement ϑ. Dans la *Théorie des fonctions elliptiques* de MM. Briot et Bouquet, est employée la notation $\theta_\alpha(z)$, qui équivaut à ce que nous désignerions par $\vartheta_\alpha\left(\frac{z}{2\omega}\right)$; en outre, comme dans les Leçons de Jacobi, l'indice zéro est supprimé. Dans les *Fundamenta nova theoriæ functionum ellipticarum*, Jacobi avait adopté d'abord d'autres notations, et $\Theta(2\mathrm{K}x)$, $\mathrm{H}(2\mathrm{K}x)$ y représentent ce que nous dénoterions par $\vartheta_0 x$, $\vartheta_2 x$. On y a joint ensuite les notations $\Theta_1(2\mathrm{K}x)$, $\mathrm{H}_1(2\mathrm{K}x)$ équivalentes à $\vartheta_3 x$ et $\vartheta_1 x$. Ces désignations, mises en faveur par le succès des *Fundamenta*, se trouvent dans nombre de Mémoires et d'Ouvrages, notamment dans la plupart des travaux de M. Hermite.

Quand il y a lieu de prendre les dérivées des séries ϑ, c'est le plus souvent par rapport à l'argument v, et nous dénoterons ordinairement ces dérivées par des accents : $\vartheta' v$, $\vartheta'' v$, etc.

Addition des demi-périodes et des périodes dans les ϑ.

D'après la liaison $u = 2\omega v$ entre les arguments u de σ, et v de ϑ, d'après aussi la définition de τ, rapport de ω' à ω, on voit que, pour les ϑ, les périodes sont 1 et τ, au lieu de 2ω et $2\omega'$. Les formules d'addition des demi-périodes et des périodes résultent immédiatement de l'analyse qui précède; elles sont contenues dans les égalités (2), (22), (27) et la définition de $\vartheta_3 v$. Nous avons besoin seulement de les résumer. On les retrouve d'ailleurs facilement comme conséquences des égalités (35), en employant la définition de $\sigma_\alpha u$:

$$\sigma_\alpha u = \frac{\sigma(u + \omega_\alpha)}{\sigma\omega_\alpha} e^{-\eta_\alpha u}, \quad \alpha = 1, 2, 3,$$

([1]) *Formeln und Lehrsätze zum Gebrauche der elliptischen Functionen.* M. Weierstrass emploie seulement la lettre h, au lieu de q, que nous avons cru devoir conserver d'après Jacobi.

([2]) *C.-G.-J. Jacobi's gesammelte Werke* (t. I, p. 497).

et la propriété générale, où $\bar\omega$ est une demi-période,

$$\sigma(u+2\bar\omega) = -\sigma u . e^{2\bar\eta(u+\bar\omega)}.$$

Les voici, ordonnées en trois groupes :

$$(38\,\text{A})\quad \begin{cases} \mathfrak{S}_0(v+\frac{1}{2}) = \mathfrak{S}_3 v, & \mathfrak{S}_0(v+1) = \mathfrak{S}_0 v,\\ \mathfrak{S}_1(v+\frac{1}{2}) = \mathfrak{S}_2 v, & \mathfrak{S}_1(v+1) = -\mathfrak{S}_1 v,\\ \mathfrak{S}_2(v+\frac{1}{2}) = -\mathfrak{S}_1 v, & \mathfrak{S}_2(v+1) = -\mathfrak{S}_2 v,\\ \mathfrak{S}_3(v+\frac{1}{2}) = \mathfrak{S}_0 v; & \mathfrak{S}_3(v+1) = \mathfrak{S}_3 v; \end{cases}$$

$$(38\,\text{B})\quad \begin{cases} \mathfrak{S}_0(v+\frac{1}{2}\tau) = iq^{-\frac{1}{4}}e^{-i\pi v}\mathfrak{S}_1 v, & \mathfrak{S}_0(v+\tau) = -q^{-1}e^{-2i\pi v}\mathfrak{S}_0 v,\\ \mathfrak{S}_1(v+\frac{1}{2}\tau) = iq^{-\frac{1}{4}}e^{-i\pi v}\mathfrak{S}_0 v, & \mathfrak{S}_1(v+\tau) = -q^{-1}e^{-2i\pi v}\mathfrak{S}_1 v,\\ \mathfrak{S}_2(v+\frac{1}{2}\tau) = q^{-\frac{1}{4}}e^{-i\pi v}\mathfrak{S}_3 v, & \mathfrak{S}_2(v+\tau) = q^{-1}e^{-2i\pi v}\mathfrak{S}_2 v,\\ \mathfrak{S}_3(v+\frac{1}{2}\tau) = q^{-\frac{1}{4}}e^{-i\pi v}\mathfrak{S}_2 v; & \mathfrak{S}_3(v+\tau) = q^{-1}e^{-2i\pi v}\mathfrak{S}_3 v; \end{cases}$$

$$(38\,\text{C})\quad \begin{cases} \mathfrak{S}_0(v+\frac{1}{2}+\frac{1}{2}\tau) = q^{-\frac{1}{4}}e^{-i\pi v}\mathfrak{S}_2 v, & \mathfrak{S}_0(v+1+\tau) = -q^{-1}e^{-2i\pi v}\mathfrak{S}_0 v,\\ \mathfrak{S}_1(v+\frac{1}{2}+\frac{1}{2}\tau) = q^{-\frac{1}{4}}e^{-i\pi v}\mathfrak{S}_3 v, & \mathfrak{S}_1(v+1+\tau) = q^{-1}e^{-2i\pi v}\mathfrak{S}_1 v,\\ \mathfrak{S}_2(v+\frac{1}{2}+\frac{1}{2}\tau) = -iq^{-\frac{1}{4}}e^{-i\pi v}\mathfrak{S}_0 v, & \mathfrak{S}_2(v+1+\tau) = -q^{-1}e^{-2i\pi v}\mathfrak{S}_2 v,\\ \mathfrak{S}_3(v+\frac{1}{2}+\frac{1}{2}\tau) = iq^{-\frac{1}{4}}e^{-i\pi v}\mathfrak{S}_1 v; & \mathfrak{S}_3(v+1+\tau) = q^{-1}e^{-2i\pi v}\mathfrak{S}_3 v; \end{cases}$$

$$q^{-\frac{1}{4}} = e^{-\frac{1}{4}i\pi\tau}.$$

Nous recommandons vivement au lecteur de ne faire aucun effort pour fixer ces formules dans sa mémoire.

Série $\mathfrak{S}$ avec l'argument zéro.

Dans les égalités où ne figure pas l'argument, mais seulement les invariants ou les quantités qui en tiennent lieu, interviennent les $\mathfrak{S}$ ou leurs dérivées avec l'argument $v = 0$, et nous allons, dans un instant, envisager de telles égalités. Nous écrirons simplement alors $\mathfrak{S}_\alpha$, en sous-entendant l'argument zéro. Pour cet argument, $\mathfrak{S}_1$ et ses dérivées d'ordre pair sont nulles, les dérivées d'ordre impair des autres $\mathfrak{S}_\alpha$ sont nulles. Ces quantités dépendent d'une seule variable q, et s'expriment toutes, conformément à la relation (37), par les dérivées prises par rapport à $\log q$.

Voici leurs expressions, déduites des égalités (36) :

$$
(39)\quad
\begin{cases}
v = 0, \qquad m = 1, 2, 3, \ldots + \infty, \\
\mathfrak{S}'_1 = 2\pi \sum_m (-1)^{m+1}(2m-1) q^{\frac{1}{4}(2m-1)^2} \\
\quad = 2\pi q^{\frac{1}{4}}(1 - 3q^2 + 5q^6 - 7q^{12} + \ldots), \\
\mathfrak{S}'''_1 = -2\pi^3 \sum_m (-1)^{m+1}(2m-1)^3 q^{\frac{1}{4}(2m+1)^2} \\
\quad = 2\pi^3 q^{\frac{1}{4}}(1 - 3^3 q^2 + 5^3 q^6 - 7^3 q^{12} + \ldots), \\
\qquad \mathfrak{S}_1^{(2n+1)} = (-4\pi^2)^n \dfrac{d^n \mathfrak{S}'_1}{(d \log q)^n}, \\
\mathfrak{S}_2 = 2 \sum_m q^{\frac{1}{4}(2m-1)^2} = 2q^{\frac{1}{4}}(1 + q^2 + q^6 + q^{12} + \ldots), \\
\mathfrak{S}''_2 = -2\pi^2 \sum_m (2m-1)^2 q^{\frac{1}{4}(2m-1)^2} \\
\quad = -2\pi^2 q^{\frac{1}{4}}(1 + 3^2 q^2 + 5^2 q^6 + 7^2 q^{12} + \ldots), \\
\mathfrak{S}_3 = 1 + 2 \sum_m q^{m^2} = 1 + 2q + 2q^4 + 2q^9 + \ldots, \\
\mathfrak{S}''_3 = -2\pi^2 \sum_m (2m)^2 q^{m^2} = -8\pi^2(q + 4q^4 + 9q^9 + \ldots), \\
\mathfrak{S}_0 = 1 + 2 \sum_m (-1)^m q^{m^2} = 1 - 2q + 2q^4 - 2q^9 + \ldots, \\
\mathfrak{S}''_0 = -2\pi^2 \sum_m (-1)^m (2m)^2 q^{m^2} = +8\pi^2(q - 4q^4 + 9q^9 - \ldots), \\
\qquad \mathfrak{S}_\alpha^{(2n)} = (-4\pi^2)^n \dfrac{d^n \mathfrak{S}_\alpha}{(d \log q)^n}.
\end{cases}
$$

Les quatre fonctions $\mathfrak{S}'_1$, $\mathfrak{S}_2$, $\mathfrak{S}_3$, $\mathfrak{S}_0$, qui dépendent de la seule variable q, sont naturellement liées par trois relations qu'on doit supposer transcendantes. Mais, comme on va le voir dans un instant, deux de ces relations sont algébriques et fort simples. Écrivons-les immédiatement pour qu'on les trouve ici réunies avec les formules (39). Les voici :

$$
(40)\quad
\begin{cases}
\mathfrak{S}_2^4 + \mathfrak{S}_0^4 = \mathfrak{S}_3^4, \\
\mathfrak{S}'_1 = \pi \mathfrak{S}_0 \mathfrak{S}_2 \mathfrak{S}_3.
\end{cases}
$$

Ce sont deux identités extrêmement remarquables, qui vont être démontrées, et sur lesquelles nous aurons à revenir dans les *applications à la théorie des nombres*. Elles sont, toutes deux, dues à Jacobi.

Expression des trois quantités $e^{-\frac{1}{2}\eta\omega}\sigma\omega$ par les $\mathfrak{S}$.
Première identité.

Réunissons les trois relations, trouvées précédemment, (21), (29) et (32),

$$(41)\qquad \left\{\begin{aligned} e^{-\frac{1}{2}\eta_1\omega}\sigma\omega &= 2\omega\frac{\mathfrak{S}_2}{\mathfrak{S}'_1},\\ e^{-\frac{1}{2}\eta'\omega'}\sigma\omega' &= 2\omega i\frac{\mathfrak{S}_0}{\mathfrak{S}'_1},\qquad v=0,\\ e^{-\frac{1}{2}\eta''\omega''}\sigma\omega'' &= 2\omega e^{\frac{i\pi}{4}}\frac{\mathfrak{S}_3}{\mathfrak{S}'_1}.\end{aligned}\right.$$

Rappelons-nous maintenant l'égalité (VI, 47), suivant laquelle la somme des puissances quatrièmes des trois premiers membres est nulle. Nous en déduirons

$$(41\,a)\qquad \mathfrak{S}_2^4+\mathfrak{S}_0^4-\mathfrak{S}_3^4=0,$$

ce qui est la preuve de la première identité (40).

Première expression de e_1, e_2, e_3 par les $\mathfrak{S}$. Seconde identité (¹).

Nous avons successivement

$$\begin{aligned} pu &= -\frac{d^2}{du^2}\log\sigma u,\\ p(u+\omega_\alpha) &= -\frac{d^2}{du^2}\log\sigma(u+\omega_\alpha)\\ &= -\frac{d^2}{du^2}\log(\sigma\omega_\alpha e^{\eta_\alpha u}\sigma_\alpha u] = -\frac{d^2}{du^2}\log\sigma_\alpha u.\end{aligned}$$

D'après les formules (35), en remplaçant l'indice 4 par zéro, on peut écrire d'un seul coup trois formules ainsi

$$p(u+\omega_\alpha) = -\frac{1}{(2\omega)^2}\left(4\eta_1\omega+\frac{d^2}{dv^2}\log\mathfrak{S}_{\alpha+1}v\right);\qquad \alpha=1,\ 2,\ 3.$$

(¹) Voir dans les *Œuvres de Jacobi*, t. I, p. 515, une démonstration de cette identité, extrêmement intéressante, et tout à fait dissemblable de celle qu'on trouvera ici.

Faisons $u = 0$, remplaçons $\eta\omega$ par l'expression déjà trouvée (20)

$$4\eta\omega = -\frac{1}{3}\frac{\mathfrak{S}'''_1}{\mathfrak{S}'_1},$$

observons en outre que l'on a

$$\frac{d^2}{dv^2}\log\mathfrak{S}v = \frac{\mathfrak{S}''v}{\mathfrak{S}v} - \left(\frac{\mathfrak{S}'v}{\mathfrak{S}v}\right)^2,$$

et que, pour $u = 0$, $v = 0$, $\mathfrak{S}'$, avec les indices 2, 3, 0, est nul ; nous obtiendrons de la sorte

$$(42)\quad e_\alpha = -\frac{1}{(2\omega)^2}\left(\frac{\mathfrak{S}''_{\alpha+1}}{\mathfrak{S}_{\alpha+1}} - \frac{1}{3}\frac{\mathfrak{S}'''_1}{\mathfrak{S}'_1}\right), \quad v = 0, \quad \alpha = 1, 2, 3, \quad (\mathfrak{S}_4 = \mathfrak{S}_0).$$

D'après les relations (39), nous avons

$$-4\pi^2\frac{d\log\mathfrak{S}_{\alpha+1}}{d\log q} = \frac{\mathfrak{S}''_{\alpha+1}}{\mathfrak{S}_{\alpha+1}},$$

$$-4\pi^2\frac{d\log\mathfrak{S}'_1}{d\log q} = \frac{\mathfrak{S}'''_1}{\mathfrak{S}'_1},$$

et la formule (42) peut s'écrire

$$(42a)\quad 3e_\alpha = \left(\frac{\pi}{\omega}\right)^2\frac{d\log\mathfrak{S}^3_{\alpha+1}\mathfrak{S}'^{-1}_1}{d\log q}.$$

Mais la somme des trois quantités e_α est nulle; nous avons donc l'identité

$$\frac{d}{d\log q}\log(\mathfrak{S}^3_2\mathfrak{S}^3_3\mathfrak{S}^3_0\mathfrak{S}'^{-3}_1) = 0.$$

Par conséquent, $\frac{\mathfrak{S}_2\mathfrak{S}_3\mathfrak{S}_0}{\mathfrak{S}'_1}$ est une constante indépendante de q. Reportons-nous aux formules (39) en y supposant $q = 0$; nous voyons que $\frac{\mathfrak{S}'_1}{\mathfrak{S}_2}$ a pour limite π, $\mathfrak{S}_3$ et $\mathfrak{S}_0$ devenant égales à l'unité. La constante est donc inverse de π, et nous obtenons la seconde identité (40)

$$(43)\quad \mathfrak{S}'_1 = \pi\mathfrak{S}_2\mathfrak{S}_3\mathfrak{S}_0 \quad (v = 0).$$

Seconde expression de e_1, e_2, e_3. Expression du discriminant.

Les trois quantités $e^{-\frac{1}{2}\eta\omega}\sigma\omega$, qui figurent aux premiers membres des relations (41), sont celles qu'au Chapitre VI (48) on a dénotées par U, U′, U″. D'après l'identité (43), on peut les écrire aussi sous la forme

$$(44)\qquad U = \frac{2\omega}{\pi}\frac{1}{\mathfrak{S}_3\mathfrak{S}_0},\qquad U' = \frac{2\omega}{\pi}\frac{i}{\mathfrak{S}_2\mathfrak{S}_3},\qquad U'' = \frac{2\omega}{\pi}\frac{e^{\frac{i\pi}{4}}}{\mathfrak{S}_0\mathfrak{S}_2},\qquad (v = 0).$$

Les racines carrées telles que $\sqrt{e_1 - e_2}$ s'expriment très simplement en fonction des trois quantités U, suivant des formules (VI, 48 *a*) qui nous donnent maintenant

$$\left.\begin{aligned}
\sqrt{e_1 - e_2} &= e^{-\frac{i\pi}{4}}\frac{U'}{UU''} = \frac{\pi}{2\omega}\mathfrak{S}_0^2\\
\sqrt{e_2 - e_3} &= e^{-\frac{i\pi}{4}}\frac{U}{U'U''} = \frac{\pi}{2\omega}\mathfrak{S}_2^2\\
\sqrt{e_1 - e_3} &= e^{\frac{i\pi}{4}}\frac{U''}{UU'} = \frac{\pi}{2\omega}\mathfrak{S}_3^2
\end{aligned}\right\}\ (v = 0).$$

En premier lieu, élevant au carré les deux membres dans chacune de ces relations, nous avons immédiatement e_1, e_2, e_3, dont la somme est nulle,

$$(45)\qquad \left\{\begin{aligned}
&3e_1 = \left(\frac{\pi}{2\omega}\right)^2(\mathfrak{S}_0^4 + \mathfrak{S}_3^4),\qquad 3e_2 = \left(\frac{\pi}{2\omega}\right)^2(\mathfrak{S}_2^4 - \mathfrak{S}_0^4),\\
&3e_3 = -\left(\frac{\pi}{2\omega}\right)^4(\mathfrak{S}_3^4 + \mathfrak{S}_2^4),\qquad (v = 0).
\end{aligned}\right.$$

Extrayant, au contraire, les racines carrées, nous avons

$$(46)\qquad \left\{\begin{aligned}
&\sqrt[4]{e_1 - e_2} = \sqrt{\frac{\pi}{2\omega}}\,\mathfrak{S}_0,\qquad \sqrt[4]{e_2 - e_3} = \sqrt{\frac{\pi}{2\omega}}\,\mathfrak{S}_2,\\
&\sqrt[4]{e_1 - e_3} = \sqrt{\frac{\pi}{2\omega}}\,\mathfrak{S}_3,\qquad (v = 0).
\end{aligned}\right.$$

Dans ces trois dernières égalités, $\sqrt{\frac{\pi}{2\omega}}$ a partout la même détermination; c'est, par exemple, la racine positive si ω est la demi-période réelle. Si nous prenons les produits, deux à deux, des trois premiers membres, que nous les comparions aux formules (44) et à celles du Chapitre VI (VI, 44, 45, 46), nous reconnaissons immédiatement qu'ici et au Chapitre VI les quantités $\sqrt[4]{e_1 - e_2}$ et les deux analogues sont déterminées de la même manière.

Nous avons adopté (Chap. I et III) pour le discriminant Δ, quant au facteur numérique ([1]), l'expression

$$\Delta = 16(e_1 - e_2)^2(e_2 - e_3)^2(e_1 - e_2)^2.$$

D'après les relations (46), nous en déduisons cette expression de Δ

$$\sqrt[8]{\Delta} = \sqrt{2}\sqrt{\left(\frac{\pi}{2\omega}\right)^3}\vartheta_0\vartheta_2\vartheta_3,$$

ce qui se transforme par l'identité (43) en la relation

$$(47)\qquad \sqrt[8]{\Delta} = \frac{1}{2\omega}\sqrt{\frac{\pi}{\omega}}\vartheta'_1, \qquad (v = 0)$$

ou, sous une autre forme,

$$(47\,a)\qquad \sqrt[8]{\Delta\omega^{12}} = \tfrac{1}{2}\sqrt{\pi}\,\vartheta'_1.$$

L'expression (20) de $\eta\omega$ peut subir par là une transformation

$$(48)\qquad \eta\omega = -\frac{1}{12}\frac{\vartheta'''_1}{\vartheta'_1} = \frac{1}{3}\pi^2\frac{d\log\vartheta'_1}{d\log q} = \frac{1}{24}\pi^2\frac{d\log\Delta\omega^{12}}{d\log q}.$$

C'est une relation que nous retrouverons, par une voie toute différente, au Chapitre IX.

Expression des ϑ par les σ.

Les formules (35), jointes à celle (20) qui exprime $\eta\omega$, doivent être envisagées comme fournissant les fonctions σ par le moyen des fonctions ϑ. Nous pouvons maintenant donner les formules inverses : il suffit, à cet effet, dans (35), de remplacer les constantes ϑ'_1, ϑ_2, ϑ_3, ϑ_0, d'argument $v = 0$, par les constantes équivalentes,

([1]) M. Weierstrass emploie, pour désigner le discriminant, la lettre G et cette lettre représente, non pas Δ, mais $\frac{1}{16}\Delta$.

suivant (47) et (46). Nous avons, de la sorte,

$$(49)\quad \begin{cases} v = \dfrac{u}{2\omega}, \\ \vartheta_1 v = \sqrt{\dfrac{\omega}{\pi}}\sqrt[8]{\Delta}\,\sigma u . e^{-\frac{1}{2}\frac{\eta u^2}{\omega}}, \\ \vartheta_2 v = \sqrt{\dfrac{2\omega}{\pi}}\sqrt[4]{e_2 - e_3}\,\sigma_1 u . e^{-\frac{1}{2}\frac{\eta u^2}{\omega}}, \\ \vartheta_3 v = \sqrt{\dfrac{2\omega}{\pi}}\sqrt[4]{e_1 - e_3}\,\sigma_2 u . e^{-\frac{1}{2}\frac{\eta u^2}{\omega}}, \\ \vartheta_0 v = \sqrt{\dfrac{2\omega}{\pi}}\sqrt[4]{e_1 - e_2}\,\sigma_3 u . e^{-\frac{1}{2}\frac{\eta u^2}{\omega}}. \end{cases}$$

Changement des périodes : équivalence.

Nous avons reconnu, au second paragraphe de ce Chapitre, la possibilité de choisir à volonté, pour composer la quantité q, deux demi-périodes quelconques ω, ω', pourvu que la valeur absolue de $q = e^{i\pi\frac{\omega'}{\omega}}$ soit inférieur à l'unité. En outre, dès le début de ce Chapitre, nous avons admis que ces demi-périodes satisfassent à la relation

$$\eta\omega' - \eta'\omega = \frac{i\pi}{2}.$$

Il est clair que tout couple (ω, ω') satisfaisant à cette double condition laisse à notre analyse toute son exactitude et exigera seulement quelque interversion dans l'ordre des indices pour e_1, e_2, e_3. Nous avons à examiner quels sont ces couples (ω, ω'). Soient

$$\bar\omega = a\omega + b\omega',$$
$$\bar\omega' = a'\omega + b'\omega'$$

deux demi-périodes composant un tel couple. Nous avons, en même temps,

$$\bar\eta = a\eta + b\eta',$$
$$\bar\eta' = a'\eta + b'\eta',$$

et par conséquent

$$\bar\eta\bar\omega' - \bar\eta'\bar\omega = (ab' - ba')(\eta\omega' - \eta'\omega) = (ab' - ba')\frac{i\pi}{2}.$$

La seconde condition est donc satisfaite si les *entiers* a, a', b, b' vérifient la relation

$$(50)\qquad ab' - ba' = 1.$$

De plus, cette dernière relation exige que a et b', ou b et a' soient à la fois impairs, et $\tilde\omega$, $\tilde\omega'$ seront effectivement des demi-périodes.

A l'égard de la première condition, supposons ω et ω' des quantités imaginaires quelconques, et soient

$$\omega = \Omega + i\Omega_1, \qquad \omega' = \Omega' + i\Omega'_1.$$

Il en résulte

$$(51) \qquad \frac{\omega'}{i\omega} = \frac{\Omega\Omega' - \Omega_1\Omega' - i(\Omega\Omega' - \Omega_1\Omega'_1)}{\Omega^2 + \Omega_1^2} = \alpha + i\beta,$$

$$q = e^{-i\pi\beta}\,e^{-\pi\alpha}.$$

La valeur absolue (module) de q est $e^{-\pi\alpha}$, moindre que l'unité si α est une quantité positive. Ainsi la première condition se traduit en ces termes : *la partie réelle de* $\frac{\omega'}{i\omega}$ *doit être positive*. Supposons qu'il en soit ainsi, ce qui avait lieu effectivement pour les choix faits précédemment.

Prenons maintenant $\tilde\omega$ et $\tilde\omega'$. En supposant encore

$$\tilde\omega = \tilde\Omega + i\tilde\Omega_1, \qquad \tilde\omega' = \tilde\Omega' + i\tilde\Omega'_1,$$

nous aurons

$$\tilde\Omega = a\Omega + b\Omega', \qquad \tilde\Omega' = a'\Omega + b'\Omega',$$

$$\tilde\Omega_1 = a\Omega_1 + b\Omega'_1, \qquad \tilde\Omega'_1 = a'\Omega_1 + b'\Omega'_1,$$

$$\tilde\Omega_1\tilde\Omega' - \tilde\Omega\tilde\Omega'_1 = (ab' - ba')(\Omega_1\Omega' - \Omega\Omega'_1),$$

et, d'après la condition (50),

$$\tilde\Omega\tilde\Omega'_1 - \tilde\Omega_1\tilde\Omega' = \Omega\Omega'_1 - \Omega_1\Omega'.$$

D'après (51), ces deux derniers déterminants ne diffèrent l'un et l'autre des parties réelles de $\frac{\omega'}{i\omega}$ et de $\frac{\tilde\omega'}{i\tilde\omega}$ que par des facteurs positifs $\Omega^2 + \Omega_1^2$ et $\tilde\Omega^2 + \tilde\Omega_1^2$. Le premier étant positif, le second l'est aussi. Donc la condition (50) est la seule à laquelle on soit assujetti pour le choix de $\tilde\omega$ et $\tilde\omega'$. Sous le bénéfice de cette condition (50), le couple $\tilde\omega$, $\tilde\omega'$ est dit *équivalent* au couple ω, ω'.

Échange des indices de e_1, e_2, e_3.

Prenant maintenant $\tilde\omega$ et $\tilde\omega'$ de cette manière, comment devons-nous modifier les indices de e_1, e_2, e_3 ? A cette question la réponse est immédiate ; nous devons mettre partout

$$p\tilde\omega, \quad p\tilde\omega', \quad p(\tilde\omega + \tilde\omega'),$$

au lieu de

$$e_1, \quad e_3, \quad e_2.$$

En posant

$$p\bar{\omega} = e_\lambda, \qquad p(\bar{\omega} + \bar{\omega}') = e_\mu, \qquad p\bar{\omega}' = e_\nu,$$

nous aurons en tout six cas distincts, résumés dans le Tableau suivant. Le nombre 1 indique que le coefficient a ou a', etc., au-dessous duquel il est placé, est impair; le nombre 0 indique, au contraire, que ce coefficient est pair. Les colonnes l, m, n donnent une indication qui sera bientôt expliquée.

(52)

	a.	b.	a'.	b'.	λ.	μ.	ν.	l.	m.	n.
I........	1	0	0	1	1	2	3	1	2	3
II.......	1	0	1	1	1	3	2	1	3	2
III......	1	1	0	1	2	1	3	2	1	3
IV......	1	1	1	0	2	3	1	3	1	2
V.......	0	1	1	0	3	2	1	3	2	1
VI......	0	1	1	1	3	1	2	2	3	1

Ces six cas correspondent aux six permutations des trois indices 1, 2, 3.

Les six permutations peuvent être obtenues par la combinaison de deux opérations simples; de même aussi les substitutions, en nombre infini $\begin{pmatrix} a & b \\ a' & b' \end{pmatrix}$ [1], dérivent toutes de deux d'entre elles, par exemple des deux suivantes $\begin{pmatrix} 1 & 0 \\ 1 & 1 \end{pmatrix}$ et $\begin{pmatrix} 0 & 1 \\ -1 & 0 \end{pmatrix}$, appartenant aux cas II et V. C'est, au reste, un sujet sur lequel nous reviendrons avec soin dans la théorie de la *transformation*.

Changement des périodes dans les fonctions $\mathfrak{S}$.

Ce changement des périodes ω, ω' en d'autres *équivalentes* $\bar{\omega}$, $\bar{\omega}'$ entraîne une propriété très importante pour les fonctions $\mathfrak{S}$.

Mettons en évidence les périodes en écrivant, au lieu de $\mathfrak{S}(v)$, $\mathfrak{S}(v|\tau)$. Ayant à la fois posé

$$(53) \qquad \begin{cases} \tau = \dfrac{\omega'}{\omega}, & \tau_1 = \dfrac{\bar{\omega}'}{\bar{\omega}}, \qquad q = e^{i\pi\tau}, \qquad q_1 = e^{i\pi\tau_1}, \\[2ex] v = \dfrac{u}{2\omega}, & v_1 = \dfrac{u}{2\bar{\omega}}, \end{cases}$$

et observant que Δ n'est pas changé par l'échange des indices, mais

(1) Cette notation abrégée rappelle l'opération qui consiste à remplacer deux quantités ω, ω' respectivement par $a\omega + b\omega'$ et $a'\omega + b'\omega'$.

que la racine huitième peut l'être, nous aurons d'après (49), en désignant par ε une racine huitième de l'unité,

$$(54)\qquad \frac{1}{\sqrt{\pi}}\sqrt[8]{\Delta}\,\sigma u = \frac{1}{\sqrt{\omega}}e^{2\eta\omega v^2}\mathfrak{S}_1(v|\tau) = \varepsilon\frac{1}{\sqrt{\overline{\omega}}}e^{2\overline{\eta}\overline{\omega}v_1^2}\mathfrak{S}_1(v_1|\tau_1).$$

On aura, de même, une double expression pour les autres σ :

$$(55)\qquad \begin{cases} \dfrac{2}{\sqrt{\pi}}\sqrt[4]{e_2-e_3}\,\sigma_1 u = \dfrac{1}{\sqrt{\omega}}e^{2\eta\omega v^2}\mathfrak{S}_2(v|\tau) = \varepsilon_1\dfrac{1}{\sqrt{\overline{\omega}}}e^{2\overline{\eta}\overline{\omega}v_1^2}\mathfrak{S}_{l+1}(v_1|\tau_1),\\[2ex] \dfrac{2}{\sqrt{\pi}}\sqrt[4]{e_1-e_2}\,\sigma_3 u = \dfrac{1}{\sqrt{\omega}}e^{2\eta\omega v^2}\mathfrak{S}_0(v|\tau) = \varepsilon_3\dfrac{1}{\sqrt{\overline{\omega}}}e^{2\overline{\eta}\overline{\omega}v_1^2}\mathfrak{S}_{n+1}(v_1|\tau_1),\\[2ex] \dfrac{2}{\sqrt{\pi}}\sqrt[4]{e_1-e_3}\,\sigma_2 u = \dfrac{1}{\sqrt{\omega}}e^{2\eta\omega v^2}\mathfrak{S}_3(v|\tau) = e_2\dfrac{1}{\sqrt{\overline{\omega}}}e^{2\overline{\eta}\overline{\omega}v_1^2}\mathfrak{S}_{m+1}(v_1|\tau_1). \end{cases}$$

Les indices $l+1$, $m+1$, $n+1$, donnés par le Tableau (52), doivent être pris aux multiples près de 4 et réduits à 0, 2, 3. Les lettres ε_1, ε_2, ε_3 désignent, comme ε, des racines huitièmes de l'unité, dont la détermination précise exigerait une étude qui serait inutile ici. On les fixe très aisément dans chaque cas particulier. Il suffit d'ailleurs, au point de vue de la théorie, de les fixer pour les deux substitutions particulières dont nous avons parlé tout à l'heure, et dont toutes les autres dérivent. C'est ce que nous allons faire.

La première substitution consiste à remplacer ω et ω' par ω et $\omega+\omega'$. On a donc

$$v_1 = v,\qquad \tau_1 = \tau+1,\qquad q_1 = -q.$$

Qu'on se remette sous les yeux les développements $\mathfrak{S}$, savoir

$$\left.\begin{aligned} \mathfrak{S}_1(v|\tau) &= 2\Sigma(-1)^{n+1}q^{\frac{(2n-1)^2}{4}}\sin(2n-1)\pi v,\\ \mathfrak{S}_2(v|\tau) &= 2\Sigma q^{\frac{(2n-1)^2}{4}}\cos(2n-1)v\pi,\\ \mathfrak{S}_3(v|\tau) &= 1+2\Sigma q^{n^2}\cos 2nv\pi,\\ \mathfrak{S}_0(v|\tau) &= 1+2\Sigma(-1)^n q^{n^2}\cos 2nv\pi, \end{aligned}\right\}\qquad \begin{aligned} q &= e^{i\pi\tau},\\ n &= 1, 2, \ldots +\infty, \end{aligned}$$

et l'on reconnaît immédiatement l'exactitude des résultats suivants, relatifs à ce cas :

$$(56)\qquad \begin{cases} \mathfrak{S}_1(v|\tau) = e^{-\frac{i\pi}{4}}\mathfrak{S}_1(v|\tau+1),\\ \mathfrak{S}_2(v|\tau) = e^{-\frac{i\pi}{4}}\mathfrak{S}_2(v|\tau+1),\\ \mathfrak{S}_3(v|\tau) = \mathfrak{S}_0(v|\tau+1),\\ \mathfrak{S}_0(v|\tau) = \mathfrak{S}_3(v|\tau+1). \end{cases}$$

La seconde substitution consiste à remplacer ω par ω' et ω' par $-\omega$; c'est celle dont nous avons déjà parlé maintes fois, et qui provient du changement de g_3 en $-g_3$. On a, en ce cas,

$$\tau_1 = -\frac{1}{\tau}, \quad v_1 = \frac{v}{\tau}, \quad q = e^{i\pi\tau}, \quad q_1 = e^{-\frac{i\pi}{\tau}}, \quad \tau = \frac{\omega'}{\omega}, \quad \tau_1 = -\frac{\omega}{\omega'},$$

$$2\eta_1'\omega' v_1^2 - 2\eta_1\omega v^2 = \frac{2}{\tau} v^2(\eta_1'\omega - \eta_1\omega') = -\frac{i\pi v^2}{\tau}, \qquad \sqrt{\frac{\omega}{\omega'}} = \sqrt{\frac{1}{\tau}}.$$

En déterminant, comme nous allons l'expliquer, les multiplicateurs ε, on obtient les formules suivantes :

$$(57)\quad \begin{cases} \vartheta_1(v|\tau) = i\sqrt{\dfrac{i}{\tau}}\, e^{-\frac{i\pi v^2}{\tau}}\, \vartheta_1\left(\dfrac{v}{\tau}\middle| -\dfrac{1}{\tau}\right), \\ \vartheta_2(v|\tau) = \sqrt{\dfrac{i}{\tau}}\, e^{-\frac{i\pi v^2}{\tau}}\, \vartheta_0\left(\dfrac{v}{\tau}\middle| -\dfrac{1}{\tau}\right), \\ \vartheta_3(v|\tau) = \sqrt{\dfrac{i}{\tau}}\, e^{-\frac{i\pi v^2}{\tau}}\, \vartheta_3\left(\dfrac{v}{\tau}\middle| -\dfrac{1}{\tau}\right), \\ \vartheta_0(v|\tau) = \sqrt{\dfrac{i}{\tau}}\, e^{-\frac{i\pi v^2}{\tau}}\, \vartheta_2\left(\dfrac{v}{\tau}\middle| -\dfrac{1}{\tau}\right). \end{cases}$$

Pour vérifier l'exactitude du coefficient, envisageons la formule qui relie les deux fonctions ϑ_3, et observons d'abord que ces deux fonctions deviennent identiques pour $v = 0$, si l'on suppose la valeur particulière $\tau = i$. Remarquons que la supposition indispensable sur le signe de la partie réelle de $\frac{\omega'}{i\omega}$ entraîne pour τ la condition que sa partie imaginaire soit positive; on peut donc bien supposer le cas $\tau = i$, et l'on ne pourrait pas supposer $\tau = -i$. On voit donc bien que le coefficient est $\sqrt{\frac{i}{\tau}}$, dont il faut seulement préciser le signe.

Puisque la partie imaginaire de τ est positive, la partie réelle de $\frac{i}{\tau}$ l'est aussi. Comme cette partie réelle ne peut jamais passer par zéro, sans que la convergence des séries cesse, car alors la valeur absolue de q passerait par l'unité, il en sera tout autant pour $\sqrt{\frac{i}{\tau}}$ dont, par conséquent, la partie réelle conserve toujours un même signe. Or, pour $\tau = i$, les deux membres (si $v = 0$) sont identiques et $\sqrt{\frac{i}{\tau}}$ doit être pris égal à $+1$. Donc dans la troisième formule *on doit prendre pour* $\sqrt{\frac{i}{\tau}}$ *la détermination dans laquelle la partie réelle est positive*. Il en est de même dans les autres formules, qui se déduisent de celle-là par le moyen des formules (38 A, B, C).

Au point de vue théorique, ces dernières relations ont une importance très grande pour la *transformation*. Ici, au point de vue du développement des fonctions elliptiques en séries, l'importance n'est pas moindre, à cause de la facilité qu'elles nous fournissent pour choisir les séries réelles les plus convergentes. C'est ce qu'on va comprendre immédiatement par le résumé que nous allons faire.

Résumé des formules pour le calcul des fonctions σ.

I. Discriminant positif. — Nous désignerons par ω_1 la demi-période réelle, par ω_3 la demi-période purement imaginaire. Voici la première représentation réelle des constantes elliptiques par les deux quantités *réelles et positives* ω_1 et q, puis celle des fonctions par ces quantités et un argument. La quantité q est moindre que l'unité.

$$(58\,\text{A})\quad \left\{\begin{aligned}
&\tau = \frac{i}{\pi}\log\text{nat}\left(\frac{1}{q}\right), \qquad \omega_3 = \omega_1\tau,\\
&\eta_1\omega_1 = \frac{\pi^2}{12}\,\frac{1-3^3q^2+5^3q^6-7^3q^{12}\ldots}{1-3q^2+5q^6-7q^{12}\ldots},\\
&\eta_1\omega_3-\omega_1\eta_3 = \frac{i\pi}{2};\\
&\sqrt{\frac{2\omega_1}{\pi}}\sqrt[4]{e_2-e_3} = 2\sqrt[4]{q}(1+q^2+q^6+q^{12}+\ldots),\\
&\sqrt{\frac{2\omega_1}{\pi}}\sqrt[4]{e_1-e_3} = 1+2q+2q^4+2q^9+\ldots,\\
&\sqrt{\frac{2\omega_1}{\pi}}\sqrt[4]{e_1-e_2} = 1-2q+2q^4-2q^9+\ldots,\\
&\sqrt{\left(\frac{\omega_1}{\pi}\right)^3}\sqrt[8]{\Delta} = \sqrt[4]{q}(1-3q^2+5q^6-7q^{12}+\ldots).
\end{aligned}\right.$$

Toutes ces racines sont réelles et positives.

$$(59\,A)\quad\left\{\begin{aligned}
&u = 2\omega_1 v,\\
&\sqrt{\frac{\omega_1}{\pi}}\sqrt[8]{\Delta}\,\sigma u = e^{2\eta_1\omega_1 v^2}\,\mathfrak{I}_1(v, q),\\
&\sqrt{\frac{2\omega_1}{\pi}}\sqrt[4]{e_2 - e_3}\,\sigma_1 u = e^{2\eta_1\omega_1 v^2}\,\mathfrak{I}_2(v, q),\\
&\sqrt{\frac{2\omega_1}{\pi}}\sqrt[4]{e_1 - e_3}\,\sigma_2 u = e^{2\eta_1\omega_1 v^2}\,\mathfrak{I}_3(v, q),\\
&\sqrt{\frac{2\omega_1}{\pi}}\sqrt[4]{e_1 - e_2}\,\sigma_3 u = e^{2\eta_1\omega_1 v^2}\,\mathfrak{I}_0(v, q).
\end{aligned}\right.$$

Il est bon de se remettre ici sous les yeux les expressions explicites des fonctions $\mathfrak{I}$:

$$\mathfrak{I}_1(v, q) = 2\sqrt[4]{q}\,(\sin v\pi - q^2 \sin 3v\pi + q^6 \sin 5v\pi - q^{12} \sin 7v\pi \ldots),$$
$$\mathfrak{I}_2(v, q) = 2\sqrt[4]{q}\,(\cos v\pi + q^2 \cos 3v\pi + q^6 \cos 5v\pi + q^{12} \cos 7v\pi \ldots);$$
$$\mathfrak{I}_3(v, q) = 1 + 2q \cos 2v\pi + 2q^4 \cos 4v\pi + 2q^9 \cos 6v\pi + 2q^{16} \cos 8v\pi \ldots,$$
$$\mathfrak{I}_0(v, q) = 1 - 2q \cos 2v\pi + 2q^4 \cos 4v\pi - 2q^9 \cos 6v\pi + 2q^{16} \cos 8v\pi \ldots.$$

L'emploi de ces formules est à recommander dans le cas où g_3 est positif. On a vu (Chapitre II) qu'alors $\frac{\omega_3}{i}$ est supérieur à ω_1. En ce cas, $\frac{\tau}{i}$ est supérieur à l'unité, et q moindre que $e^{-\pi} = 0,04321\ldots.$ La convergence des développements est alors extrêmement rapide.

Voici maintenant le second mode, à recommander pour le cas où g_3 est négatif. Les développements ont lieu suivant les puissances à exposants croissants de q_1

$$q_1 = e^{-\frac{i\pi}{\tau}},$$

qui, en ce cas, est, à son tour, réel, positif, moindre que $e^{-\pi}$.

$$(58\,B)\quad\left\{\begin{aligned}
&\eta_3\omega_3 = \frac{\pi^2}{12}\,\frac{1 - 3^3 q_1^2 + 5^3 q_1^6 - 7^3 q_1^{12}\ldots}{1 - 3q_1^2 + 5q_1^6 - 7q_1^{12}\ldots}, \qquad \eta_1\omega_3 - \eta_3\omega_1 = \frac{i\pi}{2};\\
&\sqrt{\frac{2\omega_3}{i\pi}}\sqrt[4]{e_1 - e_2} = 2\sqrt[4]{q_1}\,(1 + q_1^2 + q_1^6 + q_1^{12} + \ldots),\\
&\sqrt{\frac{2\omega_3}{i\pi}}\sqrt[4]{e_1 - e_3} = 1 + 2q_1 + 2q_1^4 + 2q_1^9 + \ldots,\\
&\sqrt{\frac{2\omega_3}{i\pi}}\sqrt[4]{e_2 - e_3} = 1 - 2q_1 + 2q_1^4 - 2q_1^9 + \ldots,\\
&\sqrt{\left(\frac{\omega_3}{i\pi}\right)^3}\sqrt[8]{\Delta} \quad = \sqrt[4]{q_1}\,(1 - 3q_1^2 + 5q_1^6 - 7q_1^{12} + \ldots).
\end{aligned}\right.$$

Ici encore, toutes les racines sont réelles et positives. En posant ensuite

$$u = 2\omega_3 v_1,$$

on aura les formules

$$(59\,\text{B})\quad \begin{cases} \sqrt{\dfrac{\omega_3}{i\pi}}\sqrt[8]{\Delta}\,\sigma u = ie^{2\eta_3\omega_3 v_1^2}\mathfrak{I}_1(v_1, q_1), \\ \sqrt{\dfrac{2\omega_3}{i\pi}}\sqrt[4]{e_2 - e_3}\,\sigma_1 u = e^{2\eta_3\omega_3 v_1^2}\mathfrak{I}_0(v_1, q_1), \\ \sqrt{\dfrac{2\omega_3}{i\pi}}\sqrt[4]{e_1 - e_3}\,\sigma_2 u = e^{2\eta_3\omega_3 v_1^2}\mathfrak{I}_3(v_1, q_1), \\ \sqrt{\dfrac{2\omega_3}{i\pi}}\sqrt[4]{e_1 - e_2}\,\sigma_3 u = e^{2\eta_3\omega_3 v_1^2}\mathfrak{I}_2(v_1, q_1). \end{cases}$$

On remarquera que, u étant réel, v_1 est purement imaginaire; les seconds membres perdent alors l'aspect trigonométrique; les sinus et cosinus se remplacent par des exponentielles réelles. Ils reprennent, au contraire, la forme trigonométrique quand u est purement imaginaire. Pour les formules (A), les faits se passent dans l'ordre inverse. Dans les applications où, sans avoir égard à la rapidité de la convergence, on veut mettre en évidence une période, on prendra l'un ou l'autre mode de développement suivant que u sera réel ou purement imaginaire.

II. Discriminant négatif. — Nous désignons, comme auparavant, par ω_2 la demi-période réelle, par ω'_2 la demi-période purement imaginaire. On se rappellera que nous avons posé

$$\omega_1 = \tfrac{1}{2}(\omega_2 - \omega'_2), \qquad \omega_3 = \tfrac{1}{2}(\omega_2 + \omega'_2).$$

Il ne convient pas, dans les applications, de prendre pour τ le rapport $\omega_3 : \omega_1$; car q ne serait ni réel, ni purement imaginaire.

Nous prendrons deux modes de représentation; dans le premier, on aura

$$\omega = \omega_2 = \omega_1 + \omega_3, \qquad \omega' = \tfrac{1}{2}(\omega_2 + \omega'_2) = \omega_3.$$

Il appartient, comme on voit, au cas III du Tableau (52)

$$l = 2, \qquad m = 1, \qquad n = 3.$$

On aura alors

$$\tau_2 = \frac{\omega'}{\omega} = \frac{1}{2} + \frac{1}{2}\,\frac{\omega'_2}{\omega_2}.$$

En faisant

$$\tau' = \frac{\omega'_2}{\omega_2}, \qquad q' = e^{i\pi\tau'},$$

on voit que la quantité q correspondante sera

$$q_2 = e^{\pi i\left(\frac{1}{2}+\frac{1}{2}\frac{\omega'_2}{\omega_2}\right)} = i\sqrt{q'},$$

et q' est réelle et positive, inférieure à l'unité. Quand g_3 est positif, q' est moindre que $e^{-\pi}$ (Chap. III).

On se rappellera que e_2 est réel, e_1 et e_3 imaginaires conjuguées, et que e_1 a sa partie imaginaire positive. Voici, d'après nos formules générales, la représentation des constantes et des fonctions, au moyen des données ω_2, q', quantités réelles et positives, la seconde inférieure à l'unité.

$$(58\,C)\quad \left\{\begin{array}{ll} \tau' = \frac{i}{\pi}\log\text{nat}\left(\frac{1}{q'}\right), & \omega'_2 = \omega_2\tau', \\ \omega_1 = \frac{1}{2}(\omega_2 - \omega'_2), & \omega_3 = \frac{1}{2}(\omega_2 + \omega'_2), \\ q_2 = i\sqrt{q'}, & \eta_2\omega_2 = \frac{\pi^2}{12}\,\frac{1+3^3q'-5^3q'^3-7^3q'^6\ldots}{1+3q'-5q'^3-7q'^6\ldots}, \\ \eta_2\omega'_2 - \eta'_2\omega_2 = i\pi, & \eta_1 = \frac{1}{2}(\eta_2-\eta'_2), \quad \eta_3 = \frac{1}{2}(\eta_2+\eta'_2), \\ \multicolumn{2}{c}{\sqrt{\frac{2\omega_2}{\pi}}\sqrt[4]{(e_3-e_1)i} = 2\sqrt[8]{q'}(1-q'-q'^3+q'^6+\ldots),} \end{array}\right.$$

Dans cette dernière formule les deux membres sont réels et positifs. Pour les deux autres analogues, nous ferons les deux combinaisons réelles suivantes :

$$(58\,C)\quad \left\{\begin{array}{l} \frac{1}{2}\sqrt{\frac{2\omega_2}{\pi}}\left(\sqrt[4]{e_2-e_3}+\sqrt[4]{e_2-e_1}\right) = 1+2q'^2+2q'^8+2q'^{32}+\ldots, \\ \frac{1}{2i}\sqrt{\frac{2\omega_2}{\pi}}\left(\sqrt[4]{e_2-e_3}-\sqrt[4]{e_2-e_1}\right) = 2\sqrt{q'}(1+q'^4+q'^{12}+q'^{24}+\ldots), \\ \sqrt{\left(\frac{\omega_2}{\pi}\right)^3}\sqrt[8]{-\Delta} = \sqrt[8]{q'}(1+3q'-5q'^3-7q'^6+\ldots). \end{array}\right.$$

$$(59\,C)\quad \left\{\begin{array}{l} u = 2\omega_2 v, \qquad q_2^{\frac{1}{4}} = e^{\frac{i\pi}{8}}\sqrt[8]{q'}, \\ \sqrt{\frac{\omega_2}{\pi}}\sqrt[8]{-\Delta}\,\sigma u = e^{2\eta_2\omega_2 v^2}e^{-\frac{i\pi}{8}}\,\Im_1(v, q_2), \\ \sqrt{\frac{2\omega_2}{\pi}}\sqrt[4]{(e_3-e_1)i}\,\sigma_2 u = e^{2\eta_2\omega_2 v^2}e^{-\frac{i\pi}{8}}\,\Im_2(v, q_2), \\ \sqrt{\frac{2\omega_2}{\pi}}\sqrt[4]{e_2-e_3}\quad \sigma_1 u = e^{2\eta_2\omega_2 v^2}\,\Im_3(v, q_2), \\ \sqrt{\frac{2\omega_2}{\pi}}\sqrt[4]{e_2-e_1}\quad \sigma_3 u = e^{2\eta_2\omega_2 v^2}\,\Im_0(v, q_2). \end{array}\right.$$

Pour ces fonctions $\mathfrak{S}$, la quantité analogue à τ est $\tau_2 = \frac{1}{2}(1 + \tau')$. Dans le second mode de représentation, on prendra

$$\omega = \omega'_2 = \omega_3 - \omega_1, \qquad \omega' = -\omega_1 = \tfrac{1}{2}(\omega'_2 - \omega_2).$$

Il appartient, comme on voit, au cas IV du Tableau; l'ordre est

$$l = 3, \qquad m = 1, \qquad n = 2;$$

$$q'' = e^{-\frac{i\pi}{\tau}}, \qquad q'_2 = i\sqrt{q''};$$

(58 D)
$$\left\{\begin{aligned}
&\eta'_2\omega'_2 = \frac{\pi^2}{12}\,\frac{1 + 3^3 q'' - 5^3 q''^3 - 7^3 q''^6 \ldots}{1 + 3q'' - 5q''^3 - 7q''^6\ldots},\\
&\sqrt{\frac{2\omega'_2}{i\pi}}\sqrt[4]{(e_3 - e_1)i} = 2\sqrt[8]{q''}(1 - q'' - q''^3 + q''^6 + \ldots),\\
&\frac{1}{2}\sqrt{\frac{2\omega'_2}{i\pi}}\left(\sqrt[4]{e_1 - e_2} + \sqrt[4]{e_3 - e_2}\right) = 1 + 2q''^2 + 2q''^8 + 2q''^{32} + \ldots,\\
&\frac{1}{2i}\sqrt{\frac{2\omega'_2}{i\pi}}\left(\sqrt[4]{e_1 - e_2} - \sqrt[4]{e_3 - e_2}\right) = 2\sqrt{q''}(1 + q''^4 + q''^{12} + q''^{24} + \ldots),\\
&\sqrt{\left(\frac{2\omega'_2}{i\pi}\right)^3}\sqrt[8]{-\Delta} = \sqrt[8]{q''}(1 + 3q'' - 5q''^3 - 7q''^6 + \ldots).
\end{aligned}\right.$$

(59 D)
$$\left\{\begin{aligned}
&u = 2\omega'_2 v', \qquad q'^{\frac{1}{4}}_2 = e^{\frac{i\pi}{8}}\sqrt[8]{q''},\\
&\sqrt{\frac{\omega'_2}{i\pi}}\;\sqrt{-\Delta}\,\sigma u = ie^{2\eta'_2\omega'_2 v'^2}e^{-\frac{i\pi}{8}}\mathfrak{S}_1(v', q'_2),\\
&\sqrt{\frac{2\omega'_2}{i\pi}}\sqrt[4]{(e_3 - e_1)i}\,\sigma_2 u = e^{2\eta'_2\omega'_2 v'^2}e^{-\frac{i\pi}{8}}\mathfrak{S}_1(v', q'_2),\\
&\sqrt{\frac{2\omega'_2}{i\pi}}\sqrt[4]{e_1 - e_2}\quad \sigma_3 u = e^{2\eta'_2\omega'_2 v'^2}\mathfrak{S}_3(v', q'_2),\\
&\sqrt{\frac{2\omega'_2}{i\pi}}\sqrt[4]{e_3 - e_2}\quad \sigma_1 u = e^{2\eta'_2\omega'_2 v'^2}\mathfrak{S}_0(v', q'_2).
\end{aligned}\right.$$

Au sujet de la réalité de u, v, v', les observations sont ici les mêmes que pour le cas du discriminant positif. Les radicaux sont choisis comme il suit: 1° $\sqrt[8]{-\Delta}$ et $\sqrt[4]{(e_3 - e_1)i}$, qui sont réels, sont pris positivement; 2° posant $e_2 - e_3 = \rho e^{i\psi}$, $e_2 - e_1 = \rho e^{-i\psi}$, on choisit ψ entre zéro et π, conformément à la convention que e_1 ait sa partie imaginaire positive, et l'on prend

$$\sqrt[4]{e_2 - e_3} = \sqrt[4]{\rho}\,e^{\frac{i\psi}{4}}, \qquad \sqrt[4]{e_2 - e_1} = \sqrt[4]{\rho}\,e^{-\frac{i\psi}{4}},$$

dans les formules (C); tandis que l'on doit prendre

$$\sqrt[4]{e_3-e_2}=\sqrt[4]{\rho}\,e^{i\frac{\psi-\pi}{4}},\qquad \sqrt[4]{e_1-e_2}=\sqrt[4]{\rho}\,e^{-i\frac{\psi-\pi}{4}},$$

dans les formules (D).

Calcul de q. Cas $\Delta > 0$.

Dans les applications où l'on doit faire des calculs numériques, il arrive d'ordinaire que les données sont e_1, e_2, e_3 ou des quantités équivalentes, et, en outre, la valeur numérique de $\wp$ pour quelques arguments; puis ces arguments interviennent ensuite d'une manière quelconque dans les formules. On a donc besoin de calculer : 1° q et une période ; 2° les arguments u donnés par la valeur numérique de $\wp u$.

Les formules qui précèdent fournissent, à cet effet, des moyens dont l'usage est très commode. Nous allons raisonner sur le cas (A) où le discriminant est positif, ainsi que g_3; par conséquent $e_2 < 0$. Les conclusions s'étendront facilement aux trois autres cas.

Pour le calcul de q, prenons les deux formules

$$\sqrt{\frac{2\omega_1}{\pi}}\sqrt[4]{e_1-e_3}=1+2q+2q^4+2q^9+\ldots,$$

$$\sqrt{\frac{2\omega_1}{\pi}}\sqrt[4]{e_1-e_2}=1-2q+2q^4-2q^9+\ldots,$$

et concluons

$$(60)\qquad \frac{1}{2}l=\frac{1}{2}\,\frac{\sqrt[4]{e_1-e_3}-\sqrt[4]{e_1-e_2}}{\sqrt[4]{e_1-e_3}+\sqrt[4]{e_1-e_2}}=\frac{q+q^9+q^{25}+\ldots}{1+2q^4+2q^{16}+\ldots},$$

$$(61)\qquad q=\frac{l}{2}+l(q^4+q^{16}+\ldots)-(q^9+q^{25}+\ldots).$$

On peut de là tirer par voie de récurrence le développement de q suivant les puissances ascendantes de $\left(\frac{l}{2}\right)$. Il ne contient que les exposants multiples de 4, plus 1, et les coefficients sont des nombres entiers. On peut démontrer que ce développement converge quand l est inférieur à l'unité en valeur absolue; mais nous ne considérerons pas la convergence de cette série, que nous envisagerons seulement comme une formule d'approximation. En effet, nous savons déjà que q est inférieur à $e^{-\pi}=0{,}04321\ldots$, et la formule (61) elle-même permet d'assigner à $\left(\frac{l}{2}\right)$ une limite voisine.

Mais, indépendamment de cette formule, nous voyons que l'on a

$$\frac{e_1 - e_3}{e_1 - e_2} < 2;$$

car, à cause de $e_1 + e_2 + e_3 = 0$, cette inégalité se réduit à la supposition $e_2 < 0$; par conséquent, on a aussi

$$l < \frac{\sqrt[4]{2} - 1}{\sqrt[4]{2} + 1} = 0{,}0864\ldots.$$

Il en résulte que, dans les cas les plus défavorables, c'est-à-dire ceux où l est voisin de cette limite, on aura déjà q avec une erreur moindre que $\frac{1}{10^{11}}$ en prenant, comme approximation de q, la racine x de l'équation

$$x = \frac{l}{2} + l x^4,$$

dont le développement, d'après la série de Lagrange, est

$$\begin{aligned} x = \frac{l}{2} + 2\left(\frac{l}{2}\right)^5 + 16\left(\frac{l}{2}\right)^9 + \ldots \\ + 2^n \frac{4n(4n-1)(4n-2)\ldots(4n-n+2)}{1.2.3\ldots n}\left(\frac{l}{2}\right)^{4n+1} + \ldots. \end{aligned}$$

Le développement de q lui-même diffère de celui de x à partir du troisième terme inclusivement. On voit effectivement par la formule (61) que le coefficient de ce terme sera diminué d'une unité. Les quatre premiers termes sont

(62) $$q = \frac{l}{2} + 2\left(\frac{l}{2}\right)^5 + 15\left(\frac{l}{2}\right)^9 + 150\left(\frac{l}{2}\right)^{13} + \ldots$$

Ayant calculé q, on calcule ω_1 par la formule

(63) $$\sqrt{\frac{\omega_1}{2\pi}} = \frac{1 + 2q^4 + 2q^{16} + \ldots}{\sqrt[4]{e_1 - e_3} + \sqrt[4]{e_1 - e_2}}.$$

Pour le cas (B), où g_3 est négatif, on n'a qu'à changer ici e_1, e_2, e_3 en $-e_3$, $-e_2$, $-e_1$, et ω_1 en $\frac{\omega_3}{i}$.

Calcul de u, connaissant pu. Cas $\Delta > 0$.

Il s'agit maintenant de calculer u connaissant pu. Nous supposerons, comme cela se présente dans les applications, pu réel. Il y aura lieu de distinguer quatre cas suivant la place de pu dans les intervalles marqués par les nombres $-\infty$, e_3, e_2, e_1, $+\infty$.

1° $pu > e_1$. — Nous avons, d'après les formules (59 A)

$$(64)\qquad \left\{\begin{aligned} &\frac{1}{2}\,\frac{\sqrt[4]{e_1-e_3}\,\sigma_2 u - \sqrt[4]{e_1-e_2}\,\sigma_3 u}{\sqrt[4]{e_1-e_3}\,\sigma_3 u + \sqrt[4]{e_1-e_2}\,\sigma_3 u} \\ &= \frac{q\cos 2v\pi + q^9\cos 6v\pi + \ldots}{1 + 2q^4\cos 4v\pi + 2q^{16}\cos 8v\pi + \ldots} = Q. \end{aligned}\right.$$

Le premier membre s'exprime immédiatement par les données, et si l'on pose

$$(65)\qquad s = \frac{1}{2}\,\frac{\sqrt[4]{e_1-e_3}\sqrt{pu-e_2} - \sqrt[4]{e_1-e_2}\sqrt{pu-e_3}}{\sqrt[4]{e_1-e_3}\sqrt{pu-e_2} + \sqrt[4]{e_1-e_2}\sqrt{pu-e_3}},$$

on a l'équation $s = Q$.

Il existe des valeurs réelles de u, donc aussi des valeurs réelles de v. Les cosinus qui figurent dans Q sont donc moindres que l'unité, en valeur absolue. A cause de la petitesse de q, on a déjà $\cos 2v\pi$, avec une erreur relative moindre que $\frac{1}{100000}$, en prenant

$$\cos 2v\pi = \frac{s}{q}.$$

Il sera aisé d'obtenir ensuite autant d'approximation qu'on pourra le désirer. Ayant calculé v, on aura les valeurs de u

$$u = \pm 2\omega_1 v + 2m\omega_1 + 2n\omega_3,$$

m et n étant des entiers arbitraires.

2° $e_3 < pu < e_2$. — Nous traitons maintenant ce cas, comme étant plus semblable au précédent. On y emploiera encore la formule (64), mais en remplaçant u par $u - \omega_3$. Nous avons

$$p(u-\omega_3) = e_3 + \frac{(e_1-e_3)(e_2-e_3)}{pu-e_3},$$

par conséquent,

$$p(u-\omega_3) - e_2 = \frac{(e_2-e_3)(e_1-pu)}{pu-e_3}.$$

En faisant donc

$$(66) \qquad s' = \frac{1}{2} \frac{\sqrt{e_1 - pu} - \sqrt[4]{e_1 - e_2}\sqrt[4]{e_1 - e_3}}{\sqrt{e_1 - pu} + \sqrt[4]{e_1 - e_2}\sqrt[4]{e_1 - e_3}},$$

on aura, pour déterminer v, l'équation $s' = Q$, d'où v se tirera comme précédemment. En effet, pu étant entre e_2 et e_3, il existe, pour $(u - \omega_3)$, des valeurs réelles. On aura ensuite

$$u = \pm 2\omega_1 v + 2m\omega_1 + (2n + 1)\omega_3.$$

3° $pu < e_3$. — On se servira encore de l'égalité (64), mais on aura soin de changer, dans s, $\sqrt{pu - e_2}$, $\sqrt{pu - e_3}$ en $\sqrt{e_2 - pu}$, $\sqrt{e_3 - pu}$. Ici l'équation $s = Q$ doit donner pour v des valeurs purement imaginaires. Les cosinus se changent en des cosinus hyperboliques. Si l'on fait $v = iv'$, on aura à remplacer partout, dans Q,

$$\cos 2nv\pi \quad \text{par} \quad \frac{e^{2n\pi v'} + e^{-2n\pi v'}}{2}.$$

Parmi les déterminations de $\frac{u}{i}$, il en est une qui est réelle et, en valeur absolue, moindre que $\frac{\omega_3}{i}$. Le maximum de $\cos 2nv\pi$ est ainsi $\frac{1}{2}\left(\frac{1}{q^n} + q^n\right)$. La première approximation de $\cos 2v\pi$, c'est-à-dire $\frac{s}{q}$, dans les cas les plus défavorables, où pu se trouve peu inférieur à e_3, donne ainsi une erreur relative sensiblement égale à $2q^4 \cos 4v\pi$ ou q^2, moindre que $\frac{1}{500}$. Mais, en ce cas, on peut employer s' au lieu de s, de manière que $\frac{u - \omega_3}{i}$ soit compris entre zéro et $\frac{\omega_3}{2i}$, et $\cos 4v\pi$ moindre que $\frac{1}{2}\left(\frac{1}{q} + q\right)$. La première approximation donne alors une erreur relative moindre que $\frac{1}{10000}$.

Ainsi, dans ce cas $pu < e_3$, il conviendra d'employer l'une ou l'autre des équations $s = Q$ ou $s' = Q$, suivant que $\frac{u}{i}$, compté dans l'intervalle $\left(0, \frac{\omega_3}{i}\right)$, sera dans la première ou la seconde moitié de cet intervalle. Si l'on procède ainsi, la première approximation donne toujours une erreur relative inférieure à $\frac{1}{10000}$.

4° $e_2 < pu < e_1$. — On emploiera encore la formule (64), mais en y remplaçant u par $(u-\omega_1)$ ou par $(u-\omega_2)$. Pour la première substitution, on a

$$p(u-\omega_1)=e_1+\frac{(e_1-e_2)(e_1-e_3)}{pu-e_1}=e_1-\frac{(e_1-e_2)(e_1-e_3)}{e_1-pu},$$

$$e_2-p(u-\omega_1)=\frac{(e_1-e_2)(pu-e_3)}{e_1-pu},$$

$$e_3-p(u-\omega_1)=\frac{(e_1-e_3)(pu-e_2)}{e_1-pu}.$$

On voit par là que s se reproduit changé de signe, et l'équation à résoudre par rapport à v est $s=-Q$.

Pour la seconde substitution, on a

$$p(u-\omega_2)=e_2-\frac{(e_1-e_2)(e_2-e_3)}{pu-e_2},$$

$$e_3-p(u-\omega_2)=\frac{(e_2-e_3)(e_1-pu)}{pu-e_2},$$

et l'on voit que s se change en $-s'$. L'équation est donc $s'=-Q$.

Parmi les valeurs de $(u-\omega_1)$, il en est qui sont purement imaginaires. Considérant celles-là, on peut renfermer $\frac{u-\omega_1}{i}$ dans l'intervalle $\left(0, \frac{\omega_3}{i}\right)$. Si $\frac{u-\omega_1}{i}$ est dans la première moitié de cet intervalle, alors v est purement imaginaire; comme tout à l'heure, on voit que $\cos 4v\pi$ est inférieur à $\frac{1}{2}\left(q+\frac{1}{q}\right)$, si l'on prend l'équation $s=-Q$. Dans le cas, au contraire, où $\frac{u-\omega_1}{i}$ est dans le second intervalle, il sera mieux de prendre l'équation $s=-Q'$; v sera encore purement imaginaire, et $\cos 4v\pi$ inférieur à $\frac{1}{2}\left(q+\frac{1}{q}\right)$. Dans l'un et l'autre cas, l'erreur relative, dans la première approximation, est inférieure à $\frac{1}{10000}$.

Dans le cas (B), où le discriminant est encore positif, mais g_3 négatif, tout ce que nous venons de dire pour le cas (A) subsiste, sauf changement, dans toutes les formules, de e_1, e_2, e_3, pu, q, en $-e_3$, $-e_2$, $-e_1$, $-pu$ et q_1, avec l'échange des périodes $2\omega_1$ et $2\omega_3$.

Calcul de q. Cas $\Delta<0$.

Pour le discriminant négatif, on procédera d'une manière analogue au moyen des formules (C) ou (D). On doit seulement remarquer que les circonstances peuvent s'y trouver moins favorables au calcul. Les quantités q', q'' ont, comme q et q_1, $e^{-\pi}$ pour maximum; mais ce sont leurs racines carrées qui remplacent q et q_1. La base des calculs d'approximation est donc ici

$$e^{-\frac{1}{2}\pi} = 0,2078795\ldots,$$

et non plus

$$e^{-\pi} = 0,04321\ldots.$$

L'autre part, la quantité l', qui remplace l, a pour expression, dans le cas des formules (C),

$$(67)\qquad l' = \frac{1}{i}\,\frac{\sqrt[4]{e_2-e_3}-\sqrt[4]{e_2-e_1}}{\sqrt[4]{e_2-e_3}+\sqrt[4]{e_2-e_1}} = \operatorname{tang}\frac{\psi}{4}.$$

L'angle ψ, compris entre zéro et π, est l'argument de la quantité complexe (e_2-e_3). Comme la somme $(e_1+e_2+e_3)$ est nulle, la partie réelle commune à e_1 et à e_3, est $-\frac{1}{2}e_2$ en sorte que $\rho\cos\psi$, partie réelle de (e_2-e_3), est $\frac{3}{2}e_2$. Elle est donc positive ou négative suivant que e_2 est positif ou négatif, et ψ est compris entre zéro et $\frac{\pi}{2}$ dans le premier cas, entre $\frac{\pi}{2}$ et π, dans le second. C'est dans le premier cas qu'on emploie de préférence les formules (C), et l' a pour maximum $\operatorname{tang}\frac{\pi}{8}$, c'est-à-dire $\sqrt{2}-1 = 0,41421\ldots$. Dans le cas des formules (D), on emploie la quantité l'',

$$(67\,a)\qquad l'' = \frac{1}{i}\,\frac{\sqrt[4]{e_1-e_2}-\sqrt[4]{e_3-e_2}}{\sqrt[4]{e_1-e_2}+\sqrt[4]{e_3-e_2}} = \operatorname{tang}\frac{\pi-\psi}{4},$$

déduite de l' par le changement de e_1, e_2, e_3, en $-e_3, -e_2, -e_1$; elle a aussi, quand e_2 est supposé négatif, pour maximum $\sqrt{2}-1$.

On voit que, dans l'application des formules (C), (D), les quantités à employer peuvent être moins petites que pour le cas du discriminant positif; mais elles sont encore assez petites pour assurer le succès du calcul par l'emploi de la formule (62), dans laquelle l est remplacé par l' ou l'', et q par $\sqrt{q'}$ ou $\sqrt{q''}$.

On peut d'ailleurs, en appliquant les formules (A) et (B) au cas du discriminant négatif, retrouver pour le calcul les mêmes avantages. Mais on opère alors sur des quantités complexes. C'est ce que nous allons expliquer.

Raisonnons sur le cas où e_2 est positif. Les trois quantités e_1, e_2, e_3 étant représentées sur le plan par trois points de même nom (*fig.* 5), l'angle ψ est le demi-angle en e_2, dans le triangle isoscèle formé par ces trois points. Il est inférieur ou supérieur à $\frac{\pi}{6}$ suivant que le côté $\overline{e_1 e_3}$ est inférieur ou supérieur aux côtés égaux

Fig. 5.

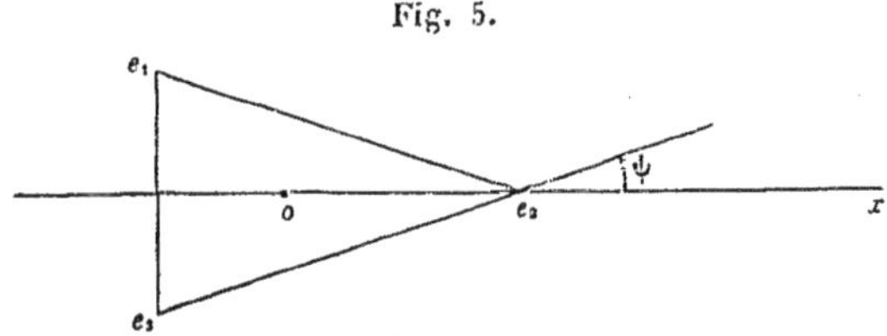

$\overline{e_2 e_1}$, $\overline{e_2 e_3}$. Le carré de la longueur $\overline{e_2 e_1}$ ou $\overline{e_2 e_3}$, c'est le produit des deux quantités conjuguées $(e_2 - e_1)(e_2 - e_3)$. Le carré de la longueur $\overline{e_1 e_3}$, c'est $-(e_1 - e_3)^2$. On a donc

$$\psi \lessgtr \frac{\pi}{6} \quad \text{en même temps que} \quad (e_2 - e_1)(e_2 - e_3) + (e_1 - e_3)^2 \gtrless 0.$$

D'ailleurs

$$(e_2 - e_1)(e_2 - e_3) + (e_1 - e_3)^2 = e_1^2 + e_2^2 + e_3^2 - (e_1 e_2 + e_1 e_3 + e_2 e_3)$$
$$= \tfrac{1}{2} g_2 + \tfrac{1}{4} g_2 = \tfrac{3}{4} g_2;$$

donc ψ est inférieur ou supérieur à $\frac{\pi}{6}$ suivant que g_2 est positif ou négatif.

Dans le cas où nous raisonnons actuellement, $e_2 > 0$, c'est-à-dire $g_3 > 0$, si g_2 croît à partir de zéro, nous savons déjà (Chapitre III) que $\frac{\omega'_2}{i\omega_2}$ croît à partir de $\sqrt{3}$; par suite, nous avons en même temps

$$g_2 \geqq 0, \qquad q' \leqq e^{-\pi\sqrt{3}}, \qquad \psi \leqq \frac{\pi}{6},$$

$$l' \leqq \operatorname{tang} \frac{\pi}{24} = 2\sqrt{2 + \sqrt{3}} - 2 - \sqrt{3} = 0,131\ldots.$$

Les maxima de $\sqrt{q'}$ et de l' sont encore supérieurs à ceux qu'on avait pour q et l dans les cas du discriminant positif; mais ils sont sensiblement inférieurs à ceux que nous considérions tout à l'heure.

Si maintenant g_2 est négatif, on va voir qu'en prenant les formules (A), on aura pour q et pour l, en valeur absolue, des quantités moindres aussi que $e^{-\frac{1}{2}\pi\sqrt{3}}$ et $\operatorname{tang}\frac{\pi}{24}$.

Soit $\tau' = i\alpha$ le rapport $\omega'_2 : \omega_2$, nous avons

$$i\pi\frac{\omega_3}{\omega_1} = i\pi\frac{1+i\alpha}{1-i\alpha} = -i\pi\frac{\alpha^2-1}{\alpha^2+1} - 2\pi\frac{\alpha}{\alpha^2+1}, \qquad q = e^{-i\pi\frac{\alpha^2-1}{\alpha^2+1}}e^{-2\pi\frac{\alpha}{\alpha^2+1}}.$$

La valeur absolue (module) de q est $e^{-2\pi\frac{\alpha}{\alpha^2+1}}$. La quantité $\frac{\alpha}{\alpha^2+1}$ décroît constamment quand α croît à partir de l'unité. Or nous savons que, dans ce cas $g_3 > 0$, si g_2 est négatif, le rapport $\frac{\omega'_2}{i\omega_2} = \alpha$ est compris entre 1 et $\sqrt{3}$ (Chapitre III); à ces deux limites extrêmes correspondent pour $\frac{2\alpha}{\alpha^2+1}$ les deux limites 1 et $\frac{1}{2}\sqrt{3}$. Donc la valeur absolue de q est comprise entre $e^{-\pi}$ et $e^{-\frac{1}{2}\pi\sqrt{3}}$.

Pour calculer alors q par la formule (60), il faudra seulement savoir de quelle manière prendre $\sqrt[4]{e_1-e_3}$ et $\sqrt[4]{e_1-e_2}$. Or la formule nous l'apprend elle-même, car on en tire

$$\frac{\sqrt[4]{e_1-e_3}}{\sqrt[4]{e_1-e_2}} = 1 + 4q + \ldots.$$

A cause de la petitesse de q, la partie réelle du premier membre, peu différent de $1+4q$, est positive, et la partie imaginaire est négative. Effectivement, $\frac{\alpha^2-1}{\alpha^2+1}$ étant compris entre zéro et $\frac{1}{2}$, l'argument de q, savoir $-\pi\frac{\alpha^2-1}{\alpha^2+1}$, est lui-même entre zéro et $-\frac{\pi}{2}$. On voit par là qu'après avoir choisi $\frac{\pi-\psi}{4}$, comme précédemment, pour l'argument de $\sqrt[4]{e_1-e_2}$, il faudra prendre $\frac{\pi}{8}$ pour celui de $\sqrt[4]{e_1-e_3}$.

Pour le cas où, au contraire, e_2 est négatif, on voit par le changement de e_1, e_2, e_3 en $-e_3$, $-e_2$, $-e_1$, que les formules (D) donneront q'' limité à $e^{-\frac{1}{2}\pi\sqrt{3}}$ quand g_2 sera positif. Si maintenant g_2 est négatif, on pourra employer les formules (B) dans lesquelles alors q_1 sera imaginaire et, en valeur absolue, compris entre $e^{-\pi}$ et $e^{-\frac{1}{2}\pi\sqrt{3}}$.

Calcul de u, connaissant pu. Cas de $\Delta < 0$.

Le calcul est analogue à celui qui a été indiqué pour le discriminant positif. Raisonnons dans l'hypothèse $g_3 > 0$, cas où l'on doit employer les formules (C). Nous ferons usage de la formule suivante, tirée de (59 C)

$$(68)\quad \left\{\begin{aligned} &\frac{1}{2i}\,\frac{\sqrt[4]{e_2-e_3}\,\sigma_1 u - \sqrt[4]{e_2-e_1}\,\sigma_3 u}{\sqrt[4]{e_2-e_3}\,\sigma_1 u + \sqrt[4]{e_2-e_1}\,\sigma_3 u} \\ &\quad = \frac{\sqrt{q'}\cos 2v\pi + \sqrt{q'^9}\cos 6v\pi + \ldots}{1 + 2q'^4\cos 4v\pi + 2q'^{16}\cos 8v\pi + \ldots} = Q'. \end{aligned}\right.$$

Soit maintenant

$$(69)\qquad s = \frac{1}{2i}\,\frac{\sqrt[4]{e_2-e_3}\sqrt{pu-e_1} - \sqrt[4]{e_2-e_1}\sqrt{pu-e_3}}{\sqrt[4]{e_2-e_3}\sqrt{pu-e_1} + \sqrt[4]{e_2-e_1}\sqrt{pu-e_3}};$$

c'est une quantité réelle, quand on a eu soin d'y prendre, comme on le doit, pour $\sqrt[4]{e_2-e_3}$ et $\sqrt[4]{e_2-e_1}$, pour $\sqrt{pu-e_1}$ et $\sqrt{pu-e_3}$, des déterminations conjuguées.

Si pu est supérieur à e_2, il y a pour u et, par conséquent, pour v, des déterminations réelles. L'équation $s = Q'$ servira à déterminer la quantité v, et la première approximation $\cos 2v\pi = \frac{s}{\sqrt{q'}}$ comporte une erreur relative inférieure à $2q'^2$ dont le maximum, correspondant à $q' = e^{-\pi} = 0{,}043\ldots$, est moindre que $0{,}004$. Ayant une valeur de v, on aura

$$u = \pm 2\omega_2 v + 2m\omega_1 + 2n\omega_3.$$

Si pu est inférieur à e_2, il y a pour u et pour v des déterminations purement imaginaires. Il est nécessaire de distinguer deux cas, comme il a été utile de le faire pour le discriminant positif.

La quantité Q', où nous mettrons en évidence l'argument v, a pour expression

$$Q'(v) = \frac{1}{2i}\,\frac{\vartheta_3 v - \vartheta_0 v}{\vartheta_3 v + \vartheta_0 v}.$$

La période τ_2 des fonctions $\mathfrak{S}$, comme on l'a vu aux formules (C), est

$$\tau_2 = \frac{1}{2} + \frac{1}{2}\frac{\omega'_2}{\omega_2}.$$

Prenons un second argument v', lié à v par la relation

$$v + v' = \tau_2 - \tfrac{1}{2}.$$

D'après les formules (38), nous aurons, $\mathfrak{S}_3$ et $\mathfrak{S}_0$ étant des fonctions paires,

$$\frac{\mathfrak{S}_3 v'}{\mathfrak{S}_0 v'} = \frac{\mathfrak{S}_3(v - \tau_2 + \frac{1}{2})}{\mathfrak{S}_0(v - \tau_2 + \frac{1}{2})} = \frac{\mathfrak{S}_0(v - \tau_2)}{\mathfrak{S}_3(v - \tau_2)} = -\frac{\mathfrak{S}_0 v}{\mathfrak{S}_3 v},$$

$$2iQ'(v') = \frac{\mathfrak{S}_3 v' - \mathfrak{S}_0 v'}{\mathfrak{S}_3 v' + \mathfrak{S}_0 v'} = \frac{\mathfrak{S}_0 v + \mathfrak{S}_3 v}{\mathfrak{S}_0 v - \mathfrak{S}_3 v} = -\frac{1}{2iQ'(v)}$$

$$Q'(v')Q'(v) = \tfrac{1}{4}.$$

La fonction $Q'(v)$ atteint donc la valeur $\frac{1}{2}$, pour

$$v = v' = \tfrac{1}{2}(\tau_2 - \tfrac{1}{2});$$

et, par conséquent, s atteint aussi la valeur $\frac{1}{2}$ pour

$$u = 2\omega_2 \tfrac{1}{2}(\tau_2 - \tfrac{1}{2}) = \tfrac{1}{2}\omega'_2.$$

Il est d'ailleurs aisé de voir que c'est là le seul argument u, purement imaginaire, compris entre zéro et ω'_2 en valeur absolue, pour lequel s atteigne la valeur $\frac{1}{2}$. Si l'on veut, en effet, que s soit égal à $\frac{1}{2}$, il faudra, dans la relation (69), que les deux quantités

$$\sqrt[4]{e_2 - e_3}\sqrt{pu - e_1} \quad \text{et} \quad \sqrt[4]{e_2 - e_1}\sqrt{pu - e_3}$$

soient proportionnelles à $1 + i$ et $1 - i$, dont la somme des carrés est nulle. De là l'équation

$$\sqrt{e_2 - e_3}(pu - e_1) + \sqrt{e_2 - e_1}(pu - e_3) = 0,$$

dont la solution

$$pu = e_2 - \sqrt{e_2 - e_1}\sqrt{e_2 - e_3}$$

nous fait retrouver $p\frac{\omega'_2}{2}$, tel que nous l'avons obtenu au Chapitre III (p. 75).

La fonction s se réduit à $\frac{1}{2}l'$ pour $u = 0$; elle est alors moindre que $\frac{1}{2}$. Elle est donc moindre que $\frac{1}{2}$ quand u est compris entre zéro et $\frac{1}{2}\frac{\omega'_2}{i}$, supérieure à $\frac{1}{2}$ quand u est compris entre $\frac{1}{2}\frac{\omega'_2}{i}$ et $\frac{\omega'_2}{i}$.

Il est facile maintenant de fixer le mode de calcul de u, quand pu est donné, inférieur à e_2.

Si s (69) est moindre que $\frac{1}{2}$, on calculera v par l'équation $s = Q'$. Il y a une valeur de $\frac{u}{i}$, comprise entre zéro et $\frac{1}{2}\frac{\omega'_2}{i}$; donc une valeur de $\frac{v}{i}$ comprise entre zéro et $\frac{1}{4}\frac{\omega'_2}{i\omega_2} = \frac{1}{4}\frac{\tau'}{i}$. On a donc (58 C)

$$e^{-2niv\pi} < e^{\frac{n\pi}{2}\frac{\tau'}{i}} = \left(\frac{1}{\sqrt{q'}}\right)^n.$$

Dans l'expression de Q' les cosinus sont hyperboliques, et le maximum des $\cos 2nv\pi$ est sensiblement $\left(\frac{1}{\sqrt{q'}}\right)^n$. On voit donc que la première approximation $\cos 2v\pi = \frac{s}{\sqrt{q'}}$ sera soumise à une erreur relative, qu'on peut comparer, dans les cas défavorables, à q', dont le maximum est $e^{-\pi} = 0{,}043\ldots$. Ayant v, on en conclura

$$u = \pm 2\omega_2 v + 2m\omega_1 + 2n\omega_3.$$

Si s est supérieur à $\frac{1}{2}$, on calculera, non pas v, mais v', par l'équation $s = \frac{1}{4Q'(v')}$, où l'on rencontrera les mêmes circonstances pour l'approximation; ayant v', on en conclura

$$u = \pm 2\omega_2 v' + \omega'_2 + 2m\omega_1 + 2n\omega_3.$$

Dans les applications, on trouvera toujours quelque moyen de rendre l'approximation plus rapide. Par exemple, quand u est purement imaginaire, voisin de $\frac{1}{2}\omega'_2$, ce qui est le cas le plus défavorable, on pourra, par les formules de multiplication, faire porter le calcul sur l'argument $4u$, voisin d'une période; on se trouve alors dans le cas le plus favorable, les cosinus hyperboliques étant voisins de l'unité.

Nous avons raisonné dans l'hypothèse $g_3 > 0$. Pour le cas $g_3 < 0$, on changera, dans ce qui précède, e_1, e_2, e_3, q', pu en $-e_3$, $-e_2$, $-e_1$, q'', $-pu$, conformément aux formules (D).

Observations sur les cas particuliers où q a les valeurs
$$e^{-\pi},\quad ie^{-\frac{1}{2}\pi},\quad ie^{-\frac{1}{2}\pi\sqrt{3}}.$$

Il n'est guère possible de ne pas s'arrêter un instant pour signaler les cas particuliers que nous venons de rencontrer, et réunir les formules où la transcendante numérique $e^{-\pi}$ joue un rôle si curieux. C'est l'égalité (60)

$$\frac{1}{2}l = \frac{q+q^9+q^{25}+\ldots+q^{(2n+1)^2}+\ldots}{1+2q^4+2q^{16}+\ldots+2q^{4n^2}+\ldots},$$

qui se recommande d'abord à notre attention. Nous avons trouvé qu'elle est vérifiée de ces trois manières

1° $\quad l = \dfrac{\sqrt[4]{2}-1}{\sqrt[4]{2}+1}\quad$ avec $\quad q = e^{-\pi}$;

2° $\quad l = i(\sqrt{2}-1)\quad$ avec $\quad q = ie^{-\frac{1}{2}\pi}$;

3° $\quad l = i\left(2\sqrt{2+\sqrt{3}}-2-\sqrt{3}\right)\quad$ avec $\quad q = ie^{-\frac{1}{2}\pi\sqrt{3}}$.

La formule

$$\eta\omega = \frac{\pi^2}{12}\,\frac{1-3^3q^2+5^3q^6-7^3q^{12}+\ldots+(-1)^m(2m+1)^3q^{m(m+1)}\ldots}{1-3q^2+5q^6-7q^{12}+\ldots+(-1)^m(2m+1)q^{m(m+1)}\ldots}$$

n'est pas moins intéressante dans ces cas particuliers. Dans le premier, on a

$$\omega' = i\omega,\qquad \eta' = \frac{1}{i}\eta,\qquad \eta\omega' = -\eta'\omega,\qquad \eta\omega'-\eta'\omega = 2i\eta\omega = \frac{i\pi}{2};$$

par conséquent

1° $\quad \eta\omega = \dfrac{\pi}{4}\quad$ avec $\quad q = e^{-\pi}$.

Dans le second, nous aurons de même

$$\omega'_2 = i\omega_2,\qquad \eta'_2 = \frac{1}{i}\eta_2,\qquad \eta_2\omega'_2 = -\eta'_2\omega_2,\qquad \eta_2\omega'_2-\eta'_2\omega_2 = 2i\eta_2\omega_2 = i\pi;$$

par conséquent

2° $\quad \eta\omega = \dfrac{\pi}{2}\quad$ avec $\quad q = ie^{-\frac{1}{2}\pi}$.

Dans le troisième cas, ainsi qu'on l'a déjà vu au Chapitre III

(p. 83), en désignant par θ une racine cubique de l'unité

$$\theta = \frac{-1 + i\sqrt{3}}{2},$$

on a d'abord

$$\omega_2' = i\omega_2\sqrt{3}, \qquad \omega_1 = -\theta\omega_2, \qquad \omega_3 = -\theta^2\omega_2.$$

Les relations d'homogénéité, en ce cas particulier, donnent, sans changement des invariants (g_2 étant nul),

$$\zeta u = \theta\zeta(\theta u), \qquad \eta_1 = \zeta\omega_1 = -\zeta(\theta\omega_2) = -\theta^2\zeta\omega_2 = -\theta^2\eta_2,$$
$$\eta_3 = \zeta\omega_3 = -\zeta(\theta^2\omega_2) = -\theta\zeta\omega_2 = -\theta\eta_2,$$
$$\eta_1\omega_3 = \theta\eta_2\omega_2, \qquad \eta_3\omega_1 = \theta^2\eta_2\omega_2,$$
$$\frac{i\pi}{2} = \eta_1\omega_3 - \eta_3\omega_1 = (\theta - \theta^2)\eta_2\omega_2 = i\sqrt{3}\,\eta_2\omega_2;$$

donc

3° $$\eta\omega = \frac{\pi}{2\sqrt{3}} \qquad \text{avec} \qquad q = ie^{-\frac{1}{2}\pi\sqrt{3}}.$$

Il faut remarquer enfin, avec cette dernière valeur de q, la formule analogue à (63), donnant la période ω_2. Nous avons ici

$$\sqrt[4]{e_2 - e_3} = \sqrt[4]{\rho}\,e^{\frac{i\pi}{24}}, \qquad \sqrt[4]{e_2 - e_1} = \sqrt[4]{\rho}\,e^{-\frac{i\pi}{24}}$$
$$\sqrt[4]{e_2 - e_3} + \sqrt[4]{e_2 - e_1} = 2\sqrt[4]{\rho}\cos\frac{\pi}{24}.$$

Ici ρ désigne la longueur $e_1 e_3$ (*fig.* 5, p. 276), côté du triangle $e_1 e_2 e_3$, équilatéral en ce cas particulier. On a donc, pour la hauteur de ce triangle, l'expression

$$\frac{3}{2}e_2 = \frac{\sqrt{3}}{2}\rho, \qquad \rho = e_2\sqrt{3};$$

et par conséquent (58 C)

$$\sqrt{\frac{\omega_2}{2\pi}} = \frac{1 + 2q'^2 + 2q'^8 + \ldots}{2\sqrt[8]{3}\sqrt[4]{e_2}\cos\frac{\pi}{24}}.$$

Prenons $g_3 = 4$, avec $g_2 = 0$; alors (e_2 étant égal à l'unité) on a

$$\omega_2 = \frac{1}{2}\int_1^\infty \frac{dx}{\sqrt{x^3 - 1}},$$

$$2\sqrt[8]{3}\cos\frac{\pi}{24}\cdot\sqrt{\frac{\omega_2}{2\pi}} = 1 + 2q'^2 + 2q'^8 + \ldots + 2q'^{2n^2} + \ldots \qquad (q' = e^{-\pi\sqrt{3}}).$$

Comme $e^{-\pi\sqrt{3}}$ est égal à 0,0042..., on a déjà l'intégrale définie ω_2 avec une erreur relative moindre que $\frac{1}{10000}$ en négligeant tous les termes du second membre, sauf le premier, et prenant

$$\omega_2 = \frac{\pi}{2\sqrt[4]{3}\cos^2\frac{\pi}{24}}.$$

Expression de g_2 par les fonctions $\mathfrak{S}$. Remarques.

Nous avons employé, dans les calculs, les racines e_1, e_2, e_3, et non les invariants. Mais on pourrait aussi se servir de ces derniers. Déjà nous avons obtenu l'expression de Δ. Pour obtenir g_2, prenons la formule déjà utilisée (p. 276)

$$\tfrac{3}{4}g_2 = (e_2 - e_1)(e_2 - e_3) + (e_1 - e_3)^2.$$

Par le moyen des expressions (46), nous en déduisons

$$\tfrac{3}{4}g_2 = \left(\frac{\pi}{2\omega}\right)^4(-\mathfrak{S}_0^4\mathfrak{S}_2^4 + \mathfrak{S}_3^8).$$

Mais la première identité (40), ses deux membres étant élevés au carré, donne

$$\mathfrak{S}_2^8 + \mathfrak{S}_0^8 + 2\mathfrak{S}_2^4\mathfrak{S}_0^4 = \mathfrak{S}_3^8.$$

Éliminant le produit $\mathfrak{S}_2^4\mathfrak{S}_0^4$, nous concluons

$$(70)\qquad \tfrac{3}{2}g_2 = \left(\frac{\pi}{2\omega}\right)^4(\mathfrak{S}_0^8 + \mathfrak{S}_3^8 + \mathfrak{S}_2^8).$$

On doit observer que, par sa nature, g_2 reste inaltéré quand on échange les indices des racines e_α; en conséquence, l'expression de g_2 par les $\mathfrak{S}$ doit rester inaltérée quand on change les périodes. C'est, en effet, ce qu'on vérifie immédiatement sur l'expression (70) : les égalités (55) font voir que, dans ces changements, les trois quantités $\frac{\mathfrak{S}^8}{\omega^4}$ se reproduisent, sauf l'ordre. Leur somme reste donc inaltérée. Même observation sur l'expression trouvée déjà pour le discriminant Δ, et que nous reproduisons ici

$$(71)\qquad \sqrt[8]{\Delta} = \frac{1}{2\omega}\sqrt{\frac{\pi}{\omega}}\,\mathfrak{S}'_1.$$

Voici maintenant la remarque que ces égalités (70), (71) suggèrent. Elles nous présentent les coefficients d'une équation du troisième degré exprimés en fonction explicite et *non ambiguë*, d'un paramètre q et d'un facteur d'homogénéité ω. En même temps, les égalités (45) nous donnent les racines de l'équation exprimées aussi en fonction explicite et *non ambiguë* de ce paramètre q et du facteur d'homogénéité. Comme on l'a vu au Chapitre IV, on obtiendrait maintenant des faits tout pareils pour une équation du quatrième degré, avec l'introduction d'un paramètre de plus, l'argument v. Ce sont là, en Algèbre, des faits nouveaux, analogues cependant à la résolution trigonométrique de l'équation du troisième degré. Nous en verrons encore de semblables dans les applications géométriques et dans la théorie de la transformation.

Fonctions elliptiques à invariants imaginaires.

Nous n'avons jusqu'à présent considéré les fonctions elliptiques que dans le cas où les invariants sont réels. Dans le présent Chapitre, ce cas est caractérisé par l'existence de deux demi-périodes, l'une réelle, l'autre purement imaginaire. Mais, pour ces cas mêmes, nous avons été conduits à envisager les fonctions $\mathfrak{S}$ formées avec d'autres demi-périodes. Rien ne s'oppose à une généralisation complète. Prenons deux quantités quelconques ω, ω' *dont le rapport soit imaginaire*, et, observant que les parties réelles de $\frac{\omega'}{i\omega}$ et de $\frac{\omega}{i\omega'}$ sont de signes opposés, prenons-les dans l'ordre tel que $\frac{\omega'}{i\omega}$ ait sa partie réelle positive. On formera, par leur moyen, une quantité q dont la valeur absolue sera inférieure à l'unité, et des séries $\mathfrak{S}$ convergentes. Par les formules ci-dessus, on déterminera les constantes η, η', e_1, e_2, e_3, et la fonction σu. Cette dernière vérifiera l'équation à trois termes, et l'on en déduira une fonction pu, qui, sauf les propriétés relatives à la réalité, jouira de toutes les autres propriétés reconnues jusqu'à présent. Nous pourrons donc, dorénavant, raisonner sur ces fonctions plus générales; néanmoins nous aurons encore à relever des détails de calcul particuliers au cas où les invariants sont réels. Ce cas se présente uniquement dans presque toutes les applications. Nous allons encore étudier une question très simple où les invariants sont essentiellement réels.

Manière dont varient les fonctions $\Im$ d'arguments réels.

Nous supposerons l'un ou l'autre des deux cas qui correspondent aux invariants réels; ainsi q sera réel ou purement imaginaire.

Premier cas : *q réel.* — Envisageons les égalités

$$\frac{d^2}{du^2}\log\sigma u = -pu,$$
$$\frac{d^2}{du^2}\log\sigma_\lambda u = -p(u+\omega_\lambda) = -e_\lambda - \frac{(e_\lambda - e_\mu)(e_\lambda - e_\nu)}{pu - e_\lambda},$$
$$(\lambda,\ \mu,\ \nu = 1,\ 2,\ 3).$$

Faisons croître u depuis zéro jusqu'à ω_1 ; pu décroît constamment de $+\infty$ à e_1 ; par conséquent, chacune des quatre dérivées secondes envisagées ici varie constamment dans un même sens, à savoir $\frac{d^2}{du^2}\log\sigma u$ et $\frac{d^2}{du^2}\log\sigma_2 u$, la première comme $-pu$, la seconde comme $\frac{1}{pu}$, c'est-à-dire en croissant; les deux autres comme $-\frac{1}{pu}$, c'est-à-dire en décroissant. Prenons maintenant l'égalité suivante, déduite de (59 A),

$$\frac{d^2}{du^2}\log\sigma_\lambda u = \frac{1}{(2\omega_1)^2}\left[4\eta_1\omega_1 + \frac{d^2}{dv^2}\log\Im_{\lambda+1} v\right],$$
$$\lambda = 0,\ 1,\ 2,\ 3, \qquad v = \frac{u}{2\omega_1},$$

où, bien entendu, l'indice zéro pour σ doit être supprimé, et l'indice 4, pour $\Im$, remplacé par zéro. Concluons que, v croissant de zéro à $\frac{1}{2}$, $\frac{d^2}{dv^2}\log\Im_1 v$, $\frac{d^2}{dv^2}\log\Im_3 v$ croissent constamment, et les deux autres décroissent. D'ailleurs

$$\frac{d^2}{dv^2}\log\Im_1 v = \frac{d}{dv}\left(\frac{\Im'_1 v}{\Im_1 v}\right) = \frac{\Im''_1 v}{\Im_1 v} - \left(\frac{\Im'_1 v}{\Im_1 v}\right)^2.$$

La dérivée $\Im'_1 v$, dont le développement ne contient que des cosinus de multiples impairs de πv, est nulle pour $v = \frac{1}{2}$; en même temps

$$\Im_1\left(\tfrac{1}{2}\right) = \quad 2\sqrt[4]{q}\ \ (1 + q^2 \ + q^6 \ \ + q^{12} \ \ + \ldots),$$
$$\Im''_1\left(\tfrac{1}{2}\right) = -2\pi^2\sqrt[4]{q}\,(1 + 9q^2 + 25q^6 + 49q^{12} + \ldots)$$

ont tous leurs termes, le premier, positifs; le second, négatifs. Donc $\frac{d^2}{dv^2}\log\mathfrak{S}_1 v$ est négatif pour $v=\frac{1}{2}$, où il parvient en croissant. Donc cette fonction est constamment négative. Donc $\frac{\mathfrak{S}'_1 v}{\mathfrak{S}_1 v}$ est constamment décroissante; mais sa dernière valeur est zéro; cette fonction est donc positive. D'ailleurs $\mathfrak{S}_1 v$, comme σu, dont elle diffère par un facteur positif, est positive; donc $\mathfrak{S}'_1 v$ est positive; donc $\mathfrak{S}_1 v$ est constamment croissante. A cause de la relation (38 A)

$$\mathfrak{S}_1(v+1) = -\mathfrak{S}_1 v$$

et de la circonstance que $\mathfrak{S}'_1 v$ est nul pour $v=\frac{1}{2}$, on voit que la fonction $\mathfrak{S}_1 v$ varie d'une manière tout à fait analogue à celle de la fonction $\sin v\pi$. En même temps, la fonction $\mathfrak{S}_2 v = \mathfrak{S}_1(v+\frac{1}{2})$ varie absolument comme $\cos v\pi$.

La fonction $\mathfrak{S}_3 v$, comme $\sigma_2 u$, ne devient jamais nulle pour des valeurs réelles de l'argument et reste toujours positive. Sa dérivée, dont tous les termes contiennent des sinus de multiples pairs de $v\pi$, est nulle pour $v=0$ et $v=\frac{1}{2}$. Donc, v variant de zéro à $\frac{1}{2}$, $\frac{\mathfrak{S}'_3 v}{\mathfrak{S}_3 v}$ part de zéro et y revient, passant par un ou plusieurs maxima ou minima. Mais sa dérivée $\frac{d^2}{dv^2}\log\mathfrak{S}_3 v$ croît constamment; donc la fonction passe par un seul minimum, sans aucun maximum. Donc $\mathfrak{S}'_3 v$ est négative; donc $\mathfrak{S}_3 v$ est décroissante. Cette fonction a un maximum pour $v=0$, un minimum pour $v=\frac{1}{2}$; elle est analogue, entre ces deux valeurs, à un arc de sinusoïde, et se reproduit ensuite de part et d'autre, comme le montrent les égalités $\mathfrak{S}_3(v+1)=\mathfrak{S}_3 v$ et $\mathfrak{S}_3(-v)=\mathfrak{S}_3 v$.

La fonction $\mathfrak{S}_0 v = \mathfrak{S}_3(v+\frac{1}{2})$ suit la marche inverse.

On voit que l'allure de ces deux dernières fonctions est semblable à celle des deux fonctions $1 \pm 2q\cos 2v\pi$, où q serait supposé compris entre zéro et $\frac{1}{2}$. Cette circonstance est d'autant plus remarquable que la quantité q, dans les séries $\mathfrak{S}$, peut recevoir toutes les valeurs de zéro à l'unité; pour les valeurs de q supérieures à $\frac{1}{2}$, la forme même des séries laisserait difficilement apercevoir la régularité des fonctions.

Deuxième cas : *q purement imaginaire.* — Il faut ici considérer, non plus $\mathfrak{S}_1 v$, mais son quotient par $\sqrt[4]{q}$, qui ne contient plus que des puissances paires de q, et se trouve ainsi réel; ou encore $e^{-\frac{i\pi}{8}}\mathfrak{S}_1 v$, qui diffère de σu par un facteur positif (59 C). Quand v varie entre zéro et $\frac{1}{2}$, u varie de zéro à ω_2, σu part de zéro en restant positif, et de même $e^{-\frac{\pi i}{8}}\mathfrak{S}_1 v$; pour $v = \frac{1}{2}$, la dérivée est nulle, un maximum ou un minimum est atteint. Prenons la dérivée seconde en posant, comme dans les formules (C), $q = i\sqrt{q'}$, et égalons-la à zéro. Mettons alors x au lieu de q', et nous avons l'équation

$$(72)\quad 1 - 9x - 25x^3 + 49x^6 + 81x^{10} + \ldots + (2n+1)^2(-x)^{\frac{n(n+1)}{2}} \ldots = 0.$$

Cette équation a une et une seule racine x, comprise entre zéro et l'unité, ce qui sera prouvé en toute rigueur au Chapitre XIII, et la forme (72) permet de la calculer avec six décimales exactes au moyen des quatre premiers termes seulement; on trouve

$$(73)\qquad x = 0,107653\ldots.$$

Ayant d'ailleurs

$$e^{-\frac{\pi i}{8}}\mathfrak{S}_1''\left(\tfrac{1}{2}\right) = -2\pi^2\sqrt[8]{q'}(1 - 9q' - 25q'^3 + 49q'^6 \ldots),$$

nous voyons que cette quantité est négative quand q' est moindre que x, positive dans le cas opposé. Dans le premier cas, la conclusion est la même que pour q réel : $\frac{d^2}{dv^2}\log\mathfrak{S}_1 v$ parvient, en croissant toujours, à sa valeur finale qui est négative; cette quantité est donc toujours négative; $\frac{\mathfrak{S}_1' v}{\mathfrak{S}_1 v}$ décroît, et, sa dernière valeur étant zéro, cette fonction est positive. Donc $e^{-\frac{\pi i}{8}}\mathfrak{S}_1 v$ croît constamment. Mais, dans le second cas, quand q' surpasse x, les faits sont très différents : $\frac{d^2}{dv^2}\log\mathfrak{S}_1 v$ croît, comme précédemment, depuis $-\infty$; sa valeur finale étant positive, cette fonction passe par zéro pour une certaine valeur de v; soit v_1 cet argument. Alors $\frac{\mathfrak{S}_1' v}{\mathfrak{S}_1 v}$ décroît de $v = 0$ à $v = v_1$, puis croît de $v = v_1$ à $v = \frac{1}{2}$. Comme la valeur finale de cette fonction est zéro, la valeur initiale $+\infty$, $\frac{\mathfrak{S}_1' v}{\mathfrak{S}_1 v}$ passe par zéro pour une valeur de $v = v_2$ inférieure à v_1. Donc enfin $e^{-\frac{i\pi}{8}}\vartheta_1 v$ croît de $v = 0$ à $v = v_2$, puis décroît de $v = v_2$ à $v = \frac{1}{2}$. La fonction $e^{-\frac{i\pi}{8}}\vartheta_2 v$ suit la marche opposée.

Nous ne devons pas envisager les fonctions $\vartheta_3 v$ et $\vartheta_0 v$, qui sont imaginaires conjuguées, mais leur somme et leur différence. Or il suffit de jeter un coup d'œil sur les expressions de ces fonctions pour constater l'exactitude des deux relations suivantes, qui jouent un rôle dans la théorie de la transformation :

$$(74)\qquad \begin{cases} \vartheta_3(v,\ q) + \vartheta_0(v,\ q) = 2\vartheta_3(2v,\ q^4), \\ \vartheta_3(v,\ q) - \vartheta_0(v,\ q) = 2\vartheta_2(2v,\ q^4). \end{cases}$$

Ayant ici remplacé q par $i\sqrt{q'}$ et observant que $\vartheta_2(v,\ q)$ contient le facteur $\sqrt[4]{q}$, nous concluons

$$\vartheta_3 v + \vartheta_0 v = 2\vartheta_3(2v,\ q'^2),$$
$$\frac{1}{i}(\vartheta_3 v - \vartheta_0 v) = 2\vartheta_2(2v,\ q'^2).$$

Comme q'^2 est réel, la marche des fonctions nous est connue : la première décroît constamment de $v = 0$ à $v = \frac{1}{4}$, puis croît de $v = \frac{1}{4}$ à $v = \frac{1}{2}$; la seconde décroît constamment de $v = 0$ à $v = \frac{1}{2}$.

Dégénérescence des fonctions elliptiques.

Les formules qui viennent d'être développées fournissent très facilement les expressions limites des fonctions et des invariants quand le discriminant tend vers zéro. C'est ce qui a été annoncé à la fin du Chapitre II.

On obtient les cas de dégénérescence en supposant infinie une des périodes; c'est alors que les fonctions elliptiques se changent en fonctions circulaires ou exponentielles. La dégénérescence est plus complète encore si les deux périodes deviennent toutes deux infinies; c'est alors que pu se réduit simplement à $\frac{1}{u^2}$ (p. 28).

Examinons d'abord le premier mode de dégénérescence. Il n'y a plus lieu de distinguer ici plusieurs cas suivant les signes des invariants, et nous pouvons même envisager le cas le plus général, celui où les invariants sont imaginaires.

Le premier mode de dégénérescence répond à l'hypothèse $q = 0$. Relativement aux périodes, ceci suppose que, $\tilde{\omega}$ et $\tilde{\omega}'$ étant les demi-périodes choisies pour composer q, la partie réelle de $\frac{\tilde{\omega}'}{i\tilde{\omega}}$ soit infiniment grande. Mais, pour avoir effectivement le premier mode de dégénérescence, non le second, on doit ajouter que $\tilde{\omega}$ est une quantité finie (différente de zéro).

Prenons les deux groupes de formules (58 A) et (59 A), en y remplaçant ω_1 par $\tilde{\omega}$ et e_1, e_2, e_3 par e_λ, e_μ, e_ν, comme il a été expliqué pour le Tableau (52). Employons aussi la formule (70), qui donne l'expression de l'invariant g_2. Nous aurons immédiatement les résultats suivants, où, pour simplifier, nous mettons η, ω, au lieu de $\tilde{\eta}$, $\tilde{\omega}$:

$$(75)\quad \begin{cases} q = 0, \\ \eta\omega = \dfrac{\pi^2}{12}, \\ e_\mu = e_\nu, \qquad e_\lambda - e_\mu = e_\lambda - e_\nu = \dfrac{9g_3}{2g_2} = \left(\dfrac{\pi}{2\omega}\right)^2, \qquad \Delta = 0, \\ g_2 = \dfrac{4}{3}\left(\dfrac{\pi}{2\omega}\right)^4, \qquad g_3 = \dfrac{8}{27}\left(\dfrac{\pi}{2\omega}\right)^6, \\ \lim \dfrac{\Delta}{q^2} = \left(\dfrac{\pi}{\omega}\right)^{12}, \qquad \lim q\sqrt[3]{J} = \dfrac{1}{24}, \qquad \left(J = \dfrac{g_2^3}{\Delta}\right), \\ \sigma u = e^{\frac{1}{6}\left(\frac{\pi u}{2\omega}\right)^2} \dfrac{2\omega}{\pi} \sin \dfrac{\pi u}{2\omega}, \\ \sigma_\lambda u = e^{\frac{1}{6}\left(\frac{\pi u}{2\omega}\right)^2} \cos \dfrac{\pi u}{2\omega}, \\ \sigma_\mu u = \sigma_\nu u = e^{\frac{1}{6}\left(\frac{\pi u}{2\omega}\right)^2}. \end{cases}$$

Le second mode de dégénérescence suppose les deux périodes infiniment grandes; leur rapport peut être quelconque. On ne doit pas toutefois supposer infiniment petite la partie réelle du rapport $\frac{\tilde{\omega}'}{i\tilde{\omega}}$.

Si cette partie réelle est infiniment grande, on déduit immédiatement les résultats ci-après des dernières formules (75), en y supposant ω infini. Si, au contraire, elle a une valeur finie, alors q n'est pas nul. Mais, dans les formules (59 A), on voit disparaître les séries $\mathfrak{I}$, parce que l'argument v s'y réduit à zéro

$$(76)\quad \begin{cases} \omega = \infty, \quad \omega' = \infty, \quad \eta = \eta' = 0, \\ e_1 = e_2 = e_3 = 0, \quad g_2 = 0, \quad g_3 = 0, \\ \sigma u = u, \quad \sigma_1 u = \sigma_2 u = \sigma_3 u = 1. \end{cases}$$

Nous avons omis, dans ces formules (75) et (76), les fonctions ζu et $p u$, comme se déduisant immédiatement de σu. Il faut faire attention que u, dans ces formules, est supposé représenter une quantité *finie*.

CHAPITRE IX [1].

DÉRIVÉES PAR RAPPORT AUX INVARIANTS ET AUX PÉRIODES.

Dérivées de pu par rapport aux invariants. — Calcul direct des dérivées de pu par rapport aux invariants. — Dérivées de ζu par rapport aux invariants. — Dérivées de σu par rapport aux invariants. Équation aux dérivées partielles. Développement de σu. — Remarques sur l'opération $D = 12 g_3 \frac{\partial}{\partial g_2} + \frac{2}{3} g_2^2 \frac{\partial}{\partial g_3}$. — Dérivées de $\sigma_1 u$, $\sigma_2 u$, $\sigma_3 u$ par rapport aux invariants. Équation aux dérivées partielles. Développement suivant les puissances ascendantes de u (seconde méthode). — Dérivées des périodes par rapport aux invariants. — Dérivées de η par rapport aux invariants. — Observations sur les équations aux dérivées partielles qui sont vérifiées par les fonctions σ. — Équations hypergéométriques avec l'invariant absolu pris pour variable indépendante. — Applications : limite de $\frac{\eta}{\omega}$ quand le discriminant tend vers zéro; variation de $\frac{\eta}{\omega}$ quand le discriminant est positif. Exercice. — Dérivées par rapport aux périodes. — Dérivées par rapport à $\log q$. — Équation aux dérivées partielles vérifiée par les fonctions $\mathfrak{S}$. — Expression des fonctions $\mathfrak{S}$ par les fonctions σ. — Équation aux dérivées partielles pour le calcul de la fonction $\psi_n(u)$. — Sur un système d'équations différentielles.

Dérivées de pu par rapport aux invariants.

La fonction pu dépend de trois variables u, g_2, g_3. Jusqu'ici nous avons envisagé seulement sa dérivée par rapport à u. Nous allons considérer maintenant ses dérivées par rapport aux deux autres variables. L'homogénéité permet d'écrire immédiatement une relation entre les trois dérivées. En effet, pu est homogène, du degré 2, quand on considère u comme du degré -1, g_2 et g_3 des degrés 4 et 6. Le théorème des fonctions homogènes fournit donc l'égalité

$$(1) \qquad -u \frac{\partial pu}{\partial u} + 4 g_2 \frac{\partial pu}{\partial g_2} + 6 g_3 \frac{\partial pu}{\partial g_3} = 2 pu.$$

[1] Le sujet de ce Chapitre offre le plus grand intérêt au point de vue de l'analyse. Il est cependant de peu d'usage pour les applications, sauf toutefois les formules (37) et (39).

Par l'emploi d'un artifice très simple, nous trouverons une seconde relation entre ces dérivées, et le problème sera résolu. Néanmoins, comme le calcul direct de ces dérivées offre un des meilleurs exemples de la méthode d'intégration expliquée au Chapitre VII, nous ferons ensuite ce calcul direct à titre d'exercice.

Le point de départ est fourni par l'équation fondamentale

$$\wp'^2 u = \left(\frac{\partial \wp u}{\partial u}\right)^2 = 4\wp^3 u - g_2 \wp u - g_3.$$

En dérivant par rapport à chacune des variables g_2, g_3, on obtient

$$(2)\quad \begin{cases} 2\wp' u \dfrac{\partial^2 \wp u}{\partial u\, \partial g_3} = (12\wp^2 u - g_2)\dfrac{\partial \wp u}{\partial g_3} - 1 \ = 2\wp'' u \dfrac{\partial \wp u}{\partial g_3} - 1, \\ 2\wp' u \dfrac{\partial^2 \wp u}{\partial u\, \partial g_2} = (12\wp^2 u - g_2)\dfrac{\partial \wp u}{\partial g_2} - \wp u = 2\wp'' u \dfrac{\partial \wp u}{\partial g_2} - \wp u. \end{cases}$$

Observons maintenant l'égalité

$$\frac{\partial}{\partial u}\left(\frac{1}{\wp' u}\frac{\partial \wp u}{\partial g}\right) = \frac{1}{\wp' u}\frac{\partial^2 \wp u}{\partial u\, \partial g} - \frac{\wp'' u}{\wp'^2 u}\frac{\partial \wp u}{\partial g};$$

divisons, dans chacune des égalités (2), les deux membres par $2\wp'^2 u$, et nous obtenons

$$(3)\quad \begin{cases} \dfrac{\partial}{\partial u}\left(\dfrac{1}{\wp' u}\dfrac{\partial \wp u}{\partial g_3}\right) = -\dfrac{1}{2\wp'^2 u}, \\ \dfrac{\partial}{\partial u}\left(\dfrac{1}{\wp' u}\dfrac{\partial \wp u}{\partial g_2}\right) = -\dfrac{\wp u}{2\wp'^2 u}. \end{cases}$$

Le problème consiste donc à intégrer, par rapport à u, les seconds membres des égalités (3). C'est une question pour laquelle, au Chapitre VII, nous avons étudié la méthode à suivre.

Vérifions d'abord la relation d'homogénéité (1) par le moyen des égalités (3). La relation (1) fait voir quelle est la dérivée à considérer; c'est la suivante :

$$\frac{\partial}{\partial u}\left(2\frac{\wp u}{\wp' u} + u\right) = 3 - 2\frac{\wp u\, \wp'' u}{\wp'^2 u} = -\frac{2 g_2 \wp u + 3 g_3}{\wp'^2 u}.$$

De là et des égalités (3) on déduit

$$\begin{aligned} \frac{\partial}{\partial u}\left(2\frac{\wp u}{\wp' u} + u\right) &= 4 g_2 \frac{\partial}{\partial u}\left(\frac{1}{\wp' u}\frac{\partial \wp u}{\partial g_2}\right) + 6 g_3 \frac{\partial}{\partial u}\left(\frac{1}{\wp' u}\frac{\partial \wp u}{\partial g_3}\right) \\ &= \frac{\partial}{\partial u}\frac{1}{\wp' u}\left(4 g_2 \frac{\partial \wp u}{\partial g_2} + 6 g_3 \frac{\partial \wp u}{\partial g_3}\right). \end{aligned}$$

Ces deux fonctions, ayant même dérivée par rapport à u, ne diffèrent que par une constante. Il semble d'abord qu'il y ait quelque embarras à déterminer cette constante par l'emploi de la valeur particulière $u = 0$, qui rend infini pu. Mais on doit se rappeler que $\left(pu - \frac{1}{u^2}\right)$ conserve une valeur finie quand u tend vers zéro, de sorte que les dérivées de pu par rapport à g_2 et g_3 restent alors finies. On voit donc que les deux fonctions s'évanouissent pour $u = 0$. Donc

$$2\frac{pu}{p'u} + u = \frac{1}{p'u}\left(4g_2\frac{\partial pu}{\partial g_2} + 6g_3\frac{\partial pu}{\partial g_3}\right).$$

C'est la relation (1), qui se trouve ainsi vérifiée. Faisons un calcul analogue en prenant cette autre dérivée

$$\frac{\partial}{\partial u}\left(\zeta u + \frac{6p^2u - g_2}{3p'u}\right) = -pu + \frac{12pu\,p'u}{3p'u} - \frac{(6p^2u - g_2)p''u}{3p'^2u}.$$

Remplaçant $p''u$ par $(6p^2u - \frac{1}{2}g_2)$ et réduisant au même dénominateur, on obtient

$$\frac{\partial}{\partial u}\left(\zeta u + \frac{6p^2u - g_2}{3p'u}\right) = -\frac{3g_3pu + \frac{1}{6}g_2^2}{p'^2u}.$$

D'après les relations (3), nous concluons

$$(4)\qquad \frac{\partial}{\partial u}\left(\zeta u + \frac{6p^2u - g_2}{3p'u}\right) = \frac{\partial}{\partial u}\frac{1}{p'u}\left(6g_3\frac{\partial pu}{\partial g_2} + \frac{1}{3}g_2^2\frac{\partial pu}{\partial g_3}\right).$$

Pour u infiniment petit, on a

$$\lim_{u=0}\left(\zeta u - \frac{1}{u}\right) = 0, \qquad \lim_{u=0}\left(\frac{6p^2u - g_2}{3p'u} + \frac{1}{u}\right) = 0.$$

La fonction, dont le premier membre de (4) contient la dérivée, se réduit donc à zéro avec u; il en est de même pour celle qui figure au second membre. Donc, en multipliant par 2 à chaque membre, on conclut

$$(5)\qquad 12g_3\frac{\partial pu}{\partial g_2} + \frac{2}{3}g_2^2\frac{\partial pu}{\partial g_3} = 2p'u\,\zeta u + 4p^2u - \frac{2}{3}g_2.$$

Cette relation (5), jointe à la relation d'homogénéité (1), fait connaître les deux dérivées demandées.

La combinaison de dérivées partielles, qui figure au premier membre de (5) avec les dérivées de pu, jouera dans ce Chapitre un rôle important avec d'autres dérivées. Il conviendra de désigner par une seule lettre D cette opération

$$(6)\qquad D = 12g_3\frac{\partial}{\partial g_2} + \frac{2}{3}g_2^2\frac{\partial}{\partial g_3}.$$

Ainsi, pour une fonction quelconque de g_2, g_3, le symbole Df signifiera

$$Df = 12g_3\frac{\partial f}{\partial g_2} + \frac{2}{3}g_2^2\frac{\partial f}{\partial g_3}.$$

Il est évident que l'opération D et celle de dérivation par rapport à une variable indépendante de g_2, g_3 sont *commutatives*, c'est-à-dire qu'on a

$$\frac{\partial}{\partial u}Df = D\frac{\partial f}{\partial u}.$$

Ainsi, en différentiant successivement dans l'égalité (5), nous obtenons

$$(7)\qquad \begin{cases} D\,pu = 2p'u\,\zeta u + 4p^2u - \frac{2}{3}g_2, \\ D\,p'u = 2p''u\,\zeta u + 6p'u\,pu, \\ D\,p''u = 2p'''u\,\zeta u + 48p^3u - 8g_2pu - 6g_3, \quad \ldots. \end{cases}$$

De même, en différentiant l'équation d'homogénéité (1), on obtient la relation générale, évidente d'elle-même,

$$(8)\qquad 4g_2\frac{\partial p^{(n)}u}{\partial g_2} + 6g_3\frac{\partial p^{(n)}u}{\partial g_3} = (n+2)p^{(n)}u + u\,p^{(n+1)}u.$$

On connaît ainsi les dérivées de pu, $p'u$, $p''u$, ... par rapport à g_2, g_3. On voit que les dérivées de $p^{(n)}u$, outre une partie entière en pu, $p'u$, contiennent un terme $up^{(n+1)}u$ et un autre $\zeta u\,p^{(n+1)}u$, qui ne sont pas doublement périodiques.

Calcul direct des dérivées de pu par rapport aux invariants.

Comme nous l'avons annoncé au début du paragraphe précédent, nous allons calculer directement les dérivées de pu, en intégrant les seconds membres des équations (3). A cet effet, nous devons

(Chap. VII) les décomposer en éléments simples. Dans chacune des formules ci-après, il y aura trois termes semblables; nous en écrirons un seul, les deux autres seront à déduire par permutation des indices :

$$\frac{4}{p'^2 u} = \frac{1}{(pu - e_1)(pu - e_2)(pu - e_3)} = \frac{1}{(e_1 - e_2)(e_1 - e_3)} \frac{1}{pu - e_1} + \ldots,$$

$$\frac{4pu}{p'^2 u} = \frac{pu}{(pu - e_1)(pu - e_2)(pu - e_3)} = \frac{e_1}{(e_1 - e_2)(e_1 - e_3)} \frac{1}{pu - e_1} + \ldots,$$

$$\frac{1}{pu - e_1} = \frac{1}{(e_1 - e_2)(e_1 - e_3)} [p(u + \omega_1) - e_1].$$

Soient

$$(9) \quad \begin{cases} \dfrac{1}{[(e_1 - e_2)(e_1 - e_3)]^2} = a_1, \\ \dfrac{e_1}{[(e_1 - e_2)(e_1 - e_3)]^2} = b_1, \\ \dfrac{e_1^2}{[(e_1 - e_2)(e_1 - e_3)]^2} = c_1, \end{cases}$$

et, de même a_2, a_3, b_2, b_3, c_2, c_3, par permutation des indices. Nous avons

$$\frac{4}{p'^2 u} = a_1 p(u + \omega_1) - b_1 + \ldots = -\frac{\partial}{\partial u} [(a_1 \zeta(u + \omega_1) + b_1 u] \ldots,$$

$$\frac{4pu}{p'^2 u} = b_1 p(u + \omega_1) - c_1 + \ldots = -\frac{\partial}{\partial u} [(b_1 \zeta(u + \omega_1) + c_1 u] \ldots.$$

Les seconds membres des égalités (3) sont ainsi sous forme de dérivées par rapport à u. Intégrons et observons, comme précédemment, que les fonctions, dans les nouveaux premiers membres, s'évanouissent pour $u = 0$. Le résultat sera donc

$$\frac{8}{p'u} \frac{\partial pu}{\partial g_3} = a_1 \zeta(u + \omega_1) - a_1 \zeta\omega_1 + b_1 u + \ldots,$$

$$\frac{8}{p'u} \frac{\partial pu}{\partial g_2} = b_1 \zeta(u + \omega_1) - b_1 \zeta\omega_1 + c_1 u + \ldots.$$

D'après la formule d'addition (V, 15),

$$\zeta(u + v) - \zeta v = \zeta u + \frac{1}{2} \frac{p'u - p'v}{pu - pv};$$

en y faisant $v = \omega_1$, on a

$$\zeta(u+\omega_1) - \zeta\omega_1 = \zeta u + \frac{1}{2}\,\frac{p'u}{pu - e_1}. \tag{10}$$

Soient, pour abréger,

$$a_1 + a_2 + a_3 = a, \qquad b_1 + b_2 + b_3 = b, \qquad c_1 + c_2 + c_3 = c. \tag{11}$$

Substituant l'expression (10) dans les dérivées précédentes, nous les pouvons écrire

$$\frac{8}{p'u}\,\frac{\partial pu}{\partial g_3} = a\zeta u + bu + \tfrac{1}{2}p'u\left(\frac{a_1}{pu-e_1} + \frac{a_2}{pu-e_2} + \frac{a_3}{pu-e_3}\right),$$
$$\frac{8}{p'u}\,\frac{\partial pu}{\partial g_2} = b\zeta u + cu + \tfrac{1}{2}p'u\left(\frac{b_1}{pu-e_1} + \frac{b_2}{pu-e_2} + \frac{b_3}{pu-e_3}\right).$$

Réduisons au même dénominateur les termes dans chacune des deux parenthèses. Le dénominateur commun est $\frac{1}{4}\,p'^2 u$. Quant aux numérateurs, c'est d'abord, pour la première,

$$a_1 p^2 u - a_1(e_2+e_3)\,pu + a_1 e_2 e_3 + \ldots = a_1 p^2 u + a_1 e_1\, pu + a_1 e_2 e_3 + \ldots$$

ou, sous une autre forme, à cause de $e_2 e_3 = e_1^2 - \frac{1}{4}g_2$,

$$a_1 p^2 u + b_1 pu + c_1 - \tfrac{1}{4}g_2 a_1 + \ldots.$$

On a donc de cette manière

$$\frac{8}{p'u}\,\frac{\partial pu}{\partial g_3} = a\zeta u + bu + \frac{2}{p'u}\left(a p^2 u + b pu + c - \tfrac{1}{4}g_2 a\right). \tag{12}$$

Semblablement le numérateur dans la seconde formule est

$$\begin{aligned} b_1 p^2 u - b_1(e_2+e_3)\,pu + b_1 e_2 e_3 + \ldots &= b_1 p^2 u + b_1 e_1\, pu + a_1 e_1 e_2 e_3 + \ldots \\ &= b_1 p^2 u + c_1 pu \quad + \tfrac{1}{4}g_3 a_1 \quad + \ldots. \end{aligned}$$

Par conséquent

$$\frac{8}{p'u}\,\frac{\partial pu}{\partial g_2} = b\zeta u + cu + \frac{2}{p'u}\left(b p^2 u + c pu + \tfrac{1}{4}g_3 a\right). \tag{13}$$

Il reste seulement à calculer, en fonction de g_2, g_3, les trois fonctions symétriques a, b, c, définies par les relations (9) et (11). C'est une question élémentaire d'Algèbre, qui se résout le plus facilement par la méthode des coefficients indéterminés. Le dénominateur, commun à a, b, c, est le discriminant

$$\Delta = g_2^3 - 27 g_3^2 = 16(e_1 - e_2)^2 (e_2 - e_3)^2 (e_3 - e_1)^2,$$

et l'homogénéité enseigne que, sauf des coefficients *numériques* α, β, γ, on a

$$\Delta a = \alpha g_2, \qquad \Delta b = \beta g_3, \qquad \Delta c = \gamma g_2^2.$$

Le calcul se fait donc avec un exemple numérique :

$$4y^3 - g_2 y - g_3 = 4y^3 - 3y - 1 = (y-1)(2y+1)^2,$$

$$g_2 = 3, \qquad g_3 = 1, \qquad e_1 = 1, \qquad e_2 = e_3 = -\tfrac{1}{2},$$

$$\Sigma(e_2 - e_3)^2 = \tfrac{9}{2} = \tfrac{3}{2} g_2, \qquad a = \frac{\frac{3}{2} g_2}{\frac{1}{16}\Delta} = 24 \frac{g_2}{\Delta},$$

$$\Sigma e_1 (e_2 - e_3)^2 = -\tfrac{9}{4} = -\tfrac{9}{4} g_3, \qquad b = \frac{-\frac{9}{4} g_3}{\frac{1}{16}\Delta} = -36 \frac{g_3}{\Delta},$$

$$\Sigma e_1^2 (e_2 - e_3)^2 = \tfrac{9}{8} = \tfrac{1}{8} g_2^2, \qquad c = \frac{\frac{1}{8} g_2^2}{\frac{1}{16}\Delta} = 2 \frac{g_2^2}{\Delta},$$

$$c - \tfrac{1}{4} g_2 a = -4 \frac{g_2^2}{\Delta}.$$

Observons les relations

$$ac - b^2 = 2^4.3 \frac{g_2^3 - 27 g_3^2}{\Delta^2} = 2^4.3 \frac{1}{\Delta},$$

$$c(c - \tfrac{1}{4} g_2 a) - \tfrac{1}{4} g_3 ab = -2^3 g_2 \frac{g_2^3 - 27 g_3^2}{\Delta^2} = -2^3 \frac{g_2}{\Delta},$$

et concluons de (12), (13)

$$\frac{8}{p'u}\left(c \frac{\partial\, pu}{\partial g_3} - b \frac{\partial\, pu}{\partial g_2}\right) = \frac{2^4.3}{\Delta}\left(\zeta u + 2 \frac{p^2 u}{p'u}\right) - \frac{2^4}{\Delta} g_2.$$

Remplaçant c, b par leurs expressions, supprimant le dénominateur commun Δ, multipliant aussi par $\frac{1}{24} p'u$ aux deux membres, nous obtenons

$$\tfrac{2}{3} g_2^2 \frac{\partial\, pu}{\partial g_3} + 12 g_3 \frac{\partial\, pu}{\partial g_2} = 2 \zeta u p'u + 4 p^2 u - \tfrac{2}{3} g_2;$$

c'est la relation (5). On a aussi

$$\tfrac{1}{4} g_3 a^2 - b(c - \tfrac{1}{4} g_2 a) = 0;$$

d'où se déduit

$$\frac{8}{p'u}\left(a\frac{\partial pu}{\partial g_2}-b\frac{\partial pu}{\partial g_3}\right)=\frac{2^4.3}{\Delta}\left(u+2\frac{pu}{p'u}\right),$$

$$4g_2\frac{\partial pu}{\partial g_2}+6g_3\frac{\partial pu}{\partial g_3}=up'u+2pu;$$

c'est la relation d'homogénéité (1).

Les formules (12) et (13) fournissent donc le résultat de la résolution des égalités (1) et (5) par rapport aux deux dérivées. En y substituant les expressions de a, b, c, nous aurons les formules définitives

$$(14)\quad\left\{\begin{aligned}\Delta\frac{\partial pu}{\partial g_3}&=p'u(3g_2\zeta u-\tfrac{9}{2}g_3u)+6g_2p^2u-9g_3pu-g_2^2,\\ \Delta\frac{\partial pu}{\partial g_2}&=p'u(-\tfrac{9}{2}g_3\zeta u+\tfrac{1}{4}g_2^2u)-9g_3p^2u+\tfrac{1}{2}g_2^2pu+\tfrac{3}{2}g_2g_3.\end{aligned}\right.$$

En prenant, pour chaque terme des seconds membres, le développement suivant les puissances ascendantes de u (IV, 4 et V, 11), on vérifiera que les deux dérivées se réduisent à zéro avec u, comme cela doit être d'après le développement de pu.

Dérivées de ζu par rapport aux invariants.

On obtiendra ces dérivées en intégrant, par rapport à u, les dérivées de pu; c'est ce qui résulte des égalités

$$pu=-\frac{\partial\zeta u}{\partial u},\qquad \frac{\partial pu}{\partial g}=-\frac{\partial}{\partial u}\frac{\partial\zeta}{\partial g}.$$

Le calcul est immédiat si l'on prend pour point de départ la première égalité (7) après l'avoir écrite ainsi

$$Dpu=2(p'u\zeta u-p^2u)+6p^2u-\tfrac{2}{3}g_2=2\frac{\partial}{\partial u}(pu\zeta u)+p''u-\tfrac{1}{6}g_2,$$

$$-\frac{\partial}{\partial u}D\zeta u=\frac{\partial}{\partial u}(2pu\zeta u+p'u-\tfrac{1}{6}g_2u).$$

La fonction, dont la dérivée figure ici au second membre, s'évanouit avec u, en sorte qu'on a

$$(15)\qquad D\zeta u=-2pu\zeta u-p'u+\tfrac{1}{6}g_2u,$$

à quoi il faut joindre l'équation d'homogénéité

$$4g_2\frac{\partial\zeta u}{\partial g_2}+6g_3\frac{\partial\zeta u}{\partial g_3}=\zeta u-u\,\mathrm{p}u. \tag{16}$$

Ces deux équations, résolues par rapport aux deux dérivées, donnent

$$\left\{\begin{aligned}\Delta\frac{\partial\zeta u}{\partial g_3}&=-3\zeta u(g_2\mathrm{p}u+\tfrac{3}{2}g_3)+\tfrac{1}{2}u(9g_3\mathrm{p}u+\tfrac{1}{2}g_2^2)-\tfrac{3}{2}g_2\mathrm{p}'u,\\ \Delta\frac{\partial\zeta u}{\partial g_2}&=\tfrac{1}{2}\zeta u(9g_3\mathrm{p}u+\tfrac{1}{2}g_2^2)-\tfrac{1}{2}g_2u(\tfrac{1}{2}g_2\mathrm{p}u+\tfrac{3}{4}g_3)+\tfrac{9}{4}g_3\mathrm{p}'u.\end{aligned}\right. \tag{17}$$

On pourrait aisément déduire ces deux dernières, par intégration directe, des relations (14).

Dérivées de σu par rapport aux invariants. Équation aux dérivées partielles. Développement de σu.

Écrivons l'équation (15) sous la forme

$$\frac{\partial}{\partial u}\mathrm{D}\log\sigma u=\frac{\partial}{\partial u}(\zeta^2u-\mathrm{p}u+\tfrac{1}{12}g_2u^2).$$

La fonction qui est dérivée au second membre s'évanouit avec u, en sorte qu'on a

$$\mathrm{D}\log\sigma u=\zeta^2u-\mathrm{p}u+\tfrac{1}{12}g_2u^2.$$

Il convient de modifier le second membre par la relation

$$-\mathrm{p}u=\frac{\partial^2}{\partial u^2}\log\sigma u=\frac{\sigma''u}{\sigma u}-\zeta^2u,$$

et le premier, en mettant à sa place

$$\mathrm{D}\log\sigma u=\frac{1}{\sigma u}\mathrm{D}\sigma u.$$

Le dénominateur σu étant alors chassé, on obtient

$$\mathrm{D}\sigma u=\sigma''u+\tfrac{1}{12}g_2u^2\sigma u=\frac{\partial^2\sigma u}{\partial u^2}+\tfrac{1}{12}g_2u^2\sigma u. \tag{18}$$

Joignons à cette relation celle d'homogénéité

$$4g_2\frac{\partial\sigma u}{\partial g_2}+6g_3\frac{\partial\sigma u}{\partial g_3}=-\sigma u+u\frac{\partial\sigma u}{\partial u}, \tag{19}$$

et nous aurons ainsi les deux nouvelles dérivées de σu,

$$\left\{\begin{aligned} \Delta\frac{\partial\sigma u}{\partial g_3}&=\tfrac{3}{2}g_2\frac{\partial^2\sigma u}{\partial u^2}+\tfrac{9}{2}g_3\sigma u+\tfrac{1}{8}g_2^2u^2\sigma u-\tfrac{9}{2}g_3u\frac{\partial\sigma u}{\partial u},\\ \Delta\frac{\partial\sigma u}{\partial g_2}&=-\tfrac{9}{4}g_3\frac{\partial^2\sigma u}{\partial u^2}-\tfrac{1}{4}g_2^2\sigma u-\tfrac{3}{16}g_2g_3u^2\sigma u+\tfrac{1}{4}g_2^2u\frac{\partial\sigma u}{\partial u}.\end{aligned}\right. \tag{20}$$

La relation (18) constitue une équation aux dérivées partielles, *linéaire;* remettons pour le symbole D son expression explicite, et nous aurons cette équation

$$\frac{\partial^2\sigma u}{\partial u^2}-12g_3\frac{\partial\sigma u}{\partial g_2}-\tfrac{2}{3}g_2^2\frac{\partial\sigma u}{\partial g_3}+\tfrac{1}{12}g_2u^2\sigma u=0. \tag{21}$$

Elle fournit une équation récurrente très commode pour le développement de σu suivant les puissances ascendantes de u

$$\left\{\begin{aligned} \sigma u&=u+b_2\frac{u^5}{5!}+b_3\frac{u^7}{7!}+\ldots+b_n\frac{u^{2n+1}}{(2n+1)!}+\ldots,\\ b_n&=12g_3\frac{\partial b_{n-1}}{\partial g_2}+\tfrac{2}{3}g_2^2\frac{\partial b_{n-1}}{\partial g_3}-\frac{(2n-1)(n-1)}{6}g_2b_{n-2}.\end{aligned}\right. \tag{22}$$

Il y a une simplification dans les coefficients numériques avec un changement de notation :

$$\left\{\begin{aligned} &g_2=2h_2, \qquad g_3=\tfrac{2}{3}h_3,\\ &b_n=4\left(h_3\frac{\partial b_{n-1}}{\partial h_2}+h_2^2\frac{\partial b_{n-1}}{\partial h_3}\right)-\frac{(2n-1)(n-1)}{3}h_2b_{n-2},\\ &b_2=-h_2, \qquad b_3=-4h_3, \qquad b_4=-9h_2^2,\\ &b_5=-24h_2h_3, \qquad b_6=-3.2^5h_3^2+3.23h_2^3,\\ &b_7=2^2.3^2.19h_2^2h_3, \qquad b_8=3h_2(2^7.23h_3^2+107h_2^3), \qquad \ldots\end{aligned}\right. \tag{23}$$

Remarques sur l'opération $D=12g_3\dfrac{\partial}{\partial g_2}+\tfrac{2}{3}g_2^2\dfrac{\partial}{\partial g_3}$.

Parmi les fonctions de g_2 et g_3, se trouvent le discriminant Δ et les racines e_1, e_2, e_3; et nous allons avoir besoin de connaître le résultat de l'opération D sur ces quantités. D'abord, et c'est la cause de l'importance qu'il faut attribuer à cette opération, on trouve immédiatement

$$(24)\qquad D\Delta = D(g_2^3 - 27g_3^2) = 0.$$

Pour les racines e_α, le calcul direct est facile; car on a

$$4e_\alpha^3 - g_2 e_\alpha - g_3 = 0, \qquad (12e_\alpha^2 - g_2)\frac{\partial e_\alpha}{\partial g_3} = 1, \qquad (12e_\alpha^2 - g_2)\frac{\partial e_\alpha}{\partial g_2} = e_\alpha.$$

Employant ces deux dérivées, formant D, on obtient une fonction rationnelle de la racine e_α, fonction que l'on rendra entière par des procédés algébriques bien connus. Mais nous avons ici un moyen bien plus rapide de parvenir au résultat sous sa forme la plus simple.

Supposons u, non plus quelconque, mais égal à une fonction donnée v de g_2 et g_3; d'après le théorème des dérivées pour les fonctions composées, on aura

$$D\,p\,v = (D\,p\,u)_{u=v} + p'v\,Dv.$$

Soit maintenant $v = \omega_\alpha$, alors $p'v$ est nul. Donc l'opération se fera comme si u était quelconque. Donc, d'après (7),

$$(25)\qquad De_\alpha = 4e_\alpha^2 - \tfrac{2}{3}g_2 \qquad (\alpha = 1, 2, 3).$$

Les considérations analogues sur les autres égalités (7) seront développées plus loin. Voici d'autres combinaisons que nous allons utiliser. D'après (25), nous avons

$$D(e_\alpha - e_\beta) = 4(e_\alpha^2 - e_\beta^2),$$

et, en divisant par $(e_\alpha - e_\beta)$ aux deux membres et tenant compte de ce que $(e_1 + e_2 + e_3)$ est nul,

$$(26)\qquad D\log(e_\alpha - e_\beta) = -4e_\gamma, \qquad (\alpha, \beta, \gamma = 1, 2, 3)$$

$$(27)\qquad D\log(e_\alpha - e_\beta)(e_\alpha - e_\gamma) = 4e_\alpha.$$

Dérivées de $\sigma_1 u$, $\sigma_2 u$, $\sigma_3 u$ par rapport aux invariants. Équation aux dérivées partielles. Développement suivant les puissances ascendantes de u [seconde méthode (¹)].

D'après les égalités (7) et (25), nous avons

$$D(pu - e_\alpha) = 2p'u\,\zeta u + 4p^2 u - 4e_\alpha^2,$$

et par conséquent

$$D \log\sqrt{pu - e_\alpha} = \frac{1}{2(pu - e_\alpha)} D(pu - e_\alpha) = \zeta u \frac{p'u}{pu - e_\alpha} + 2(pu + e_\alpha).$$

Ajoutons cette égalité membre à membre avec celle-ci, obtenue précédemment,

$$D \log \sigma u = \zeta^2 u - pu + \tfrac{1}{12} g_2 u^2,$$

et rappelons-nous la relation (p. 190)

$$\sqrt{pu - e_\alpha} = \frac{\sigma_\alpha u}{\sigma u},$$

d'où résulte

$$\log\sqrt{pu - e_\alpha} + \log \sigma u = \log \sigma_\alpha u,$$

pour conclure

$$(28) \qquad D \log \sigma_\alpha u = \zeta^2 u + \zeta u \frac{p'u}{pu - e_\alpha} + pu + 2e_\alpha + \tfrac{1}{12} g_2 u^2.$$

Mais le second membre peut être transformé par le calcul suivant. L'égalité (V, 15)

$$\zeta(u + \omega_\alpha) - \zeta\omega_\alpha = \zeta u + \frac{1}{2}\frac{p'u}{pu - e_\alpha},$$

ses deux membres étant élevés au carré, donne

$$[\zeta(u + \omega_\alpha) - \zeta\omega_\alpha]^2 - \frac{1}{4}\left(\frac{p'u}{pu - e_\alpha}\right)^2 = \zeta^2 u + \zeta u \frac{p'u}{pu - e_\alpha}.$$

(¹) Voir la première méthode à la fin du Chapitre VII.

Par définition (p. 189), nous avons

$$\sigma_\alpha u = \frac{\sigma(u+\omega_\alpha)}{\sigma\omega_\alpha} e^{-\eta_\alpha u}, \qquad \zeta\omega_\alpha = \eta_\alpha,$$

$$\frac{\sigma'_\alpha u}{\sigma_\alpha u} = \zeta(u+\omega_\alpha) - \eta_\alpha = \zeta(u+\omega_\alpha) - \zeta\omega_\alpha,$$

en sorte que la relation (28) peut s'écrire

$$(28\,a) \quad \mathrm{D}\log\sigma_\alpha u = \left(\frac{\sigma'_\alpha u}{\sigma_\alpha u}\right)^2 - \frac{1}{4}\left(\frac{\mathrm{p}'u}{\mathrm{p}u - e_\alpha}\right)^2 + \mathrm{p}u + 2e_\alpha + \tfrac{1}{12}g_2u^2.$$

Nous avons, d'autre part (à cause de $e_\alpha + e_\beta + e_\gamma = 0$),

$$-\frac{1}{4}\left(\frac{\mathrm{p}'u}{\mathrm{p}u - e_\alpha}\right)^2 + \mathrm{p}u + 2e_\alpha = -\frac{(\mathrm{p}u - e_\beta)(\mathrm{p}u - e_\gamma)}{\mathrm{p}u - e_\alpha} + \mathrm{p}u + 2e_\alpha = -\frac{2e_\alpha^2 + e_\beta e_\gamma}{\mathrm{p}u - e_\alpha}$$

$$= -\frac{(e_\alpha - e_\beta)(e_\alpha - e_\gamma)}{\mathrm{p}u - e_\alpha} = -[\mathrm{p}(u+\omega_\alpha) - e_\alpha].$$

Il suit de là, au lieu de (28 a), cette autre forme

$$(28\,b) \qquad \mathrm{D}\log\sigma_\alpha u = \left(\frac{\sigma'_\alpha u}{\sigma_\alpha u}\right)^2 - \mathrm{p}(u+\omega_\alpha) + e_\alpha + \tfrac{1}{12}g_2u^2,$$

ressemblant extrêmement à celle qui a été obtenue d'abord pour $\mathrm{D}\log\sigma u$. Pour obtenir la forme définitive analogue à (18), observons la relation

$$-\mathrm{p}(u+\omega_\alpha) = \frac{\partial^2}{\partial u^2}\log\sigma(u+\omega_\alpha) = \frac{\partial^2}{\partial u^2}\log\sigma_\alpha u = \frac{\frac{\partial^2\sigma_\alpha u}{\partial u^2}}{\sigma_\alpha u} - \left(\frac{\sigma'_\alpha u}{\sigma_\alpha u}\right)^2.$$

Donc enfin, en chassant le dénominateur, nous obtenons

$$(29) \qquad \mathrm{D}\sigma_\alpha u = \frac{\partial^2\sigma_\alpha u}{\partial u^2} + (e_\alpha + \tfrac{1}{12}g_2u^2)\sigma_\alpha u, \qquad (\alpha = 1, 2, 3).$$

Nous devons joindre l'équation d'homogénéité, à savoir, comme $\sigma_\alpha u$ est du degré zéro,

$$(30) \qquad 4g_2\frac{\partial\sigma_\alpha u}{\partial g_2} + 6g_3\frac{\partial\sigma_\alpha u}{\partial g_3} = u\frac{\partial\sigma_\alpha u}{\partial u}.$$

La relation (29) constitue une équation aux dérivées partielles, *linéaire*, qui diffère, par un seul terme, de l'équation (21),

$$(31)\quad \frac{\partial^2 \sigma_\alpha u}{\partial u^2} - 12 g_3 \frac{\partial \sigma_\alpha u}{\partial g_2} - \tfrac{2}{3} g_2^2 \frac{\partial \sigma_\alpha u}{\partial g_3} + (e_\alpha + \tfrac{1}{12} g_2 u^2)\, \sigma_\alpha u = 0$$
$$\alpha = 1,\ 2,\ 3.$$

Comme il y figure, outre g_2 et g_3, encore la quantité e_α, on peut mettre cette dernière en évidence dans les deux termes du milieu en écrivant, d'après (25),

$$(31\,a)\quad \left\{ \begin{aligned} &\frac{\partial^2 \sigma_\alpha u}{\partial u^2} - 12 g_3 \frac{\partial \sigma_\alpha u}{\partial g_2} - \tfrac{2}{3} g_2^2 \frac{\partial \sigma_\alpha u}{\partial g_3} \\ &\qquad - (4 e_\alpha^2 - \tfrac{2}{3} g_2) \frac{\partial \sigma_\alpha u}{\partial e_\alpha} + (e_\alpha + \tfrac{1}{12} g_2 u^2)\, \sigma_\alpha u = 0. \end{aligned} \right.$$

Nous avons par là une équation récurrente fort simple pour le développement de $\sigma_\alpha u$ suivant les puissances ascendantes de u :

$$\sigma_\alpha u = 1 + s_1 \frac{u^2}{2} + s_2 \frac{u^4}{4!} + \ldots + s_n \frac{u^{2n}}{(2n)!} + \ldots$$
$$\begin{aligned} s_n = {} & 12 g_3 \frac{\partial s_{n-1}}{\partial g_2} + \tfrac{2}{3} g_2^2 \frac{\partial s_{n-1}}{\partial g_3} \\ & + (4 e_\alpha^2 - \tfrac{2}{3} g_2) \frac{\partial s_{n-1}}{\partial e_\alpha} - e_\alpha s_{n-1} - \frac{(n-1)(2n-3)}{6} g_2 s_{n-2}. \end{aligned}$$

Si l'on veut abaisser au-dessous de 3 les exposants de e_α dans les coefficients, il sera commode d'approprier la formule récurrente à cette exigence, en posant

$$s_n = A_n e_\alpha^2 + B_n e_\alpha + C_n.$$

On aura ainsi

$$\begin{aligned} &(4 e_\alpha^2 - \tfrac{2}{3} g_2) \frac{\partial s_n}{\partial e_\alpha} - e_\alpha s_n \\ &\quad = (4 e_\alpha^2 - \tfrac{2}{3} g_2)(2 A_n e_\alpha + B_n) - (A_n e_\alpha^2 + B_n e_\alpha + C_n) e_\alpha \\ &\quad = 7 A_n e_\alpha^3 + 3 B_n e_\alpha^2 - (\tfrac{4}{3} g_2 A_n + C_n) e_\alpha - \tfrac{2}{3} g_2 B_n \\ &\quad = 3 B_n e_\alpha^2 + (\tfrac{5}{12} g_2 A_n - C_n) e_\alpha + \tfrac{7}{4} g_3 A_n - \tfrac{2}{3} g_2 B_n. \end{aligned}$$

La formule récurrente se décompose alors en ces trois autres

$$A_n = 12 g_3 \frac{\partial A_{n-1}}{\partial g_2} + \tfrac{2}{3} g_2^2 \frac{\partial A_{n-1}}{\partial g_3} - \frac{(n-1)(2n-3)}{6} g_2 A_{n-2} + 3 B_{n-1},$$

$$B_n = 12 g_3 \frac{\partial B_{n-1}}{\partial g_2} + \tfrac{2}{3} g_2^2 \frac{\partial B_{n-1}}{\partial g_3} - \frac{(n-1)(2n-3)}{6} g_2 B_{n-2} + \tfrac{5}{12} g_2 A_{n-1} - C_{n-1},$$

$$C_n = 12 g_3 \frac{\partial C_{n-1}}{\partial g_2} + \tfrac{2}{3} g_2^2 \frac{\partial C_{n-1}}{\partial g_3} - \frac{(n-1)(2n-3)}{6} g_2 C_{n-2} + \tfrac{7}{4} g_3 A_{n-1} - \tfrac{2}{3} g_2 B_{n-1}.$$

Voici quelques-uns de ces coefficients, dont les premiers ont déjà été trouvés autrement (VII, 49) :

n.	A.	B.	C.
0	0	0	1
1	0	-1	0
2	-3	0	$\frac{1}{2}g_2$
3	0	$-\frac{3}{4}g_2$	$\frac{3}{4}g_3$
4	$\frac{21}{4}g_2$	$-\frac{39}{4}g_3$	$-\frac{1}{4}g_2^2$
5	$\frac{135}{4}g_3$	$-\frac{9}{16}g_2^2$	$\frac{99}{16}g_2g_3$

Voici maintenant une autre voie pour parvenir à l'équation (31 a). Nous allons la déduire de l'analogue (21), qui a été établie pour σu. D'après cette dernière (21), la fonction $y = \sigma(u+v)$, où v est indépendant de g_2, g_3, vérifie la relation

$$\frac{\partial^2 y}{\partial u^2} - \mathrm{D}y + \frac{1}{12}g_2(u+v)^2 y = 0.$$

Changeons de variable et prenons z, au lieu de y, en posant

$$y = z\,\sigma v\, e^{u\zeta v}.$$

La transformée sera l'équation suivante :

$$\frac{\partial^2 z}{\partial u^2} - \mathrm{D}z + \frac{1}{12}g_2 u^2 z + 2\zeta v\frac{\partial z}{\partial u}$$
$$+ z(\zeta^2 v - \mathrm{D}\log\sigma v - u\mathrm{D}\zeta v + \tfrac{1}{12}g_2 v^2 + \tfrac{1}{6}g_2 uv) = 0.$$

Nous avons d'ailleurs, comme il a été prouvé précédemment,

$$\zeta^2 v - \mathrm{D}\log\sigma v + \tfrac{1}{12}g_2 v^2 = \wp v,$$
$$-\mathrm{D}\zeta v + \tfrac{1}{6}g_2 v = 2\wp v\,\zeta v + \wp' v,$$

en sorte que notre équation devient

$$(32)\quad \frac{\partial^2 z}{\partial u^2} - \mathrm{D}z + (\tfrac{1}{12}g_2 u^2 + \wp v + u\wp' v)z + \left[2u\wp v\,\zeta v z + 2\zeta v\frac{\partial z}{\partial u}\right] = 0.$$

Le dernier terme est séparé à dessein, comme devant disparaître. Voici comment. Nous savons que, comme fonction de v, z s'exprime sous forme entière, dans son développement (VII, 48), par $\wp v$ et $\wp' v$. Mettons en évidence ces deux quantités dans l'opération

D, qui affecte ici z, et traitons g_2, g_3, pv, $p'v$ comme des variables indépendantes. D'après les égalités (7), nous devrons écrire alors, au lieu de Dz,

$$Dz + \frac{\partial z}{\partial pv}(2p'v\zeta v + 4p^2v - \tfrac{2}{3}g_2) + \frac{\partial z}{\partial p'v}(2p''v\zeta v + 6p'v\,pv).$$

Ici, bien entendu, l'opération D ne portera plus sur pv et $p'v$. Dans cette dernière quantité, deux termes peuvent se réunir ainsi

$$2\frac{\partial z}{\partial pv}p'v\zeta v + 2\frac{\partial z}{\partial p'v}p''v\zeta v = 2\zeta v\frac{\partial z}{\partial v};$$

joints au terme entre crochets dans (32), ils donnent

$$2\zeta v\left[\frac{\partial z}{\partial u} - \frac{\partial z}{\partial v} + u\,pv z\right],$$

quantité nulle, comme on l'a déjà vu (VII, 46), et comme cela doit être, puisque z ne dépend que de pv, $p'v$, non de ζv, c'est-à-dire est une fonction doublement périodique de v.

Remettant maintenant pour le symbole D son expression, il nous reste, à la place de l'équation (32), cette transformée définitive

$$(33)\quad \left\{\begin{aligned}&\frac{\partial^2 z}{\partial u^2} - 12g_3\frac{\partial z}{\partial g_2} - \tfrac{2}{3}g_2^2\frac{\partial z}{\partial g_3} - (4p^2v - \tfrac{2}{3}g_2)\frac{\partial z}{\partial pv}\\ &\quad - 6p'v\,pv\frac{\partial z}{\partial p'v} + (\tfrac{1}{12}g_2u^2 + pv + u\,p'v)z = 0,\end{aligned}\right.$$

dans laquelle, répétons-le, u, g_2, g_3, pv, $p'v$ sont considérées comme des variables indépendantes. Cette transformée est vérifiée par la fonction

$$(34)\quad z = \frac{\sigma(u+v)}{\sigma v}e^{-u\zeta v}.$$

On pourrait s'en servir pour former le développement de z suivant les puissances ascendantes de u; mais ce serait plus compliqué que par le procédé suivi au Chapitre VII. Seulement la nature des opérations que l'équation (33) renferme sur pv et $p'v$ permet d'attribuer à v la valeur particulière $v = \omega_\alpha$, d'où résulte $pv = e_\alpha$, $p'v = 0$. Par ces suppositions, l'équation (33) reproduit l'équation (31 a), comme z reproduit $\sigma_\alpha u$.

Dérivées des périodes par rapport aux invariants.

Nous avons précédemment observé que, si v est une fonction de g_2, g_3, on a

$$(35) \qquad \mathrm{D}\,p^{(n)} v = (\mathrm{D}\,p^{(n)} u)_{u=v} + p^{(n+1)} v\, \mathrm{D}v,$$

et nous avons déjà utilisé cette relation, dans l'hypothèse $v = \omega_\alpha$, n étant supposé nul (25). Semblablement, pour tout nombre *pair* n, on retrouve de la sorte une égalité équivalente à celle qu'on obtient avec $n = 0$; par exemple, pour $n = 2$, on a, d'après (7),

$$\mathrm{D}\,p''\omega_\alpha = \mathrm{D}(6e_\alpha^2 - \tfrac{1}{2}g_2) = 48e_\alpha^3 - 8g_2 e_\alpha - 6g_3,$$

ce qui concorde avec la relation (25), nous donnant

$$\mathrm{D}(6e_\alpha^2 - \tfrac{1}{2}g_2) = 12e_\alpha(4e_\alpha^2 - \tfrac{2}{3}g_2) - 6g_3.$$

Mais, si n est impair, le terme $p^{(n+1)}v$, dans (35), ne disparaît pas quand v est une demi-période, et l'on obtient ainsi le résultat de l'opération D sur cette demi-période. Prenons le cas $n = 1$ et mettons simplement ω pour cette demi-période qui sera quelconque : $p'v$ étant alors nul, $\mathrm{D}\,p'v$ l'est aussi, et nous avons, en écrivant η au lieu de $\zeta\omega$,

$$0 = 2p''\omega.\eta + p''\omega\,\mathrm{D}\omega.$$

Telle est l'expression très simple que nous trouvons

$$(36) \qquad \mathrm{D}\omega = 12g_3\frac{\partial\omega}{\partial g_2} + \tfrac{2}{3}g_2^2\frac{\partial\omega}{\partial g_3} = -2\eta.$$

Avec l'équation d'homogénéité, ω étant du degré -1, comme σu,

$$4g_2\frac{\partial\omega}{\partial g_2} + 6g_3\frac{\partial\omega}{\partial g_3} = -\omega,$$

nous avons les deux dérivées de ω, savoir

$$(37) \qquad \begin{cases} \Delta\dfrac{\partial\omega}{\partial g_3} = \tfrac{9}{2}g_3\omega - 3g_2\eta, \\ \Delta\dfrac{\partial\omega}{\partial g_2} = -\tfrac{1}{4}g_2^2\omega + \tfrac{9}{2}g_3\eta. \end{cases}$$

On peut encore obtenir l'égalité (36) d'une autre manière par la première relation (7). En supposant toujours u indépendant de g_2, g_3, nous aurons, à cause de la périodicité de $\wp u$,

$$D\,\wp(u+2\omega) = D\,\wp u.$$

Mais, d'autre part, on obtiendra $D\,\wp(u+2\omega)$ en faisant l'opération D comme si l'argument était indépendant de g_2, g_3 et ajoutant au résultat $2\wp'(u+2\omega)D\omega$.

Donc, suivant (7),

$$D\,\wp u = 2\wp'(u+2\omega)\,\zeta(u+2\omega) + 4\wp^2(u+2\omega) - \tfrac{2}{3}g_2 + 2\wp'(u+2\omega)\,D\omega.$$

Comparons à (7), et observons que $\wp(u+2\omega)$, $\wp'(u+2\omega)$, reproduisent $\wp u$ et $\wp' u$, mais que $\zeta(u+2\omega) = \zeta u + 2\eta$, et nous avons

$$4\wp' u\,\eta + 2\wp' u\,D\omega = 0,$$

retrouvant ainsi l'égalité (36).

Dérivées de η par rapport aux invariants.

Nous obtiendrons ces dérivées en opérant sur l'égalité (15) comme nous venons de le faire sur les égalités (7). D'après (15), nous aurons généralement, à cause de $\zeta' v = -\wp v$,

$$D\,\zeta v = -2\wp v\,\zeta v - \wp' v + \tfrac{1}{6}g_2 v - \wp v\,D v.$$

Supposons $v = \omega$, et employant l'expression (36) de $D\omega$, on conclut

$$D\eta = -2\wp\omega.\eta + \tfrac{1}{6}g_2\omega + 2\wp\omega.\eta = \tfrac{1}{6}g_2\omega.$$

Avec la relation d'homogénéité, ceci nous donne

$$(38)\qquad \begin{cases} D\eta = 12 g_3 \dfrac{\partial\eta}{\partial g_2} + \tfrac{2}{3} g_2^2 \dfrac{\partial\eta}{\partial g_3} = \tfrac{1}{6} g_2\omega \\[2mm] 4 g_2 \dfrac{\partial\eta}{\partial g_2} + 6 g_3 \dfrac{\partial\eta}{\partial g_3} = \eta; \end{cases}$$

$$(39)\qquad \begin{cases} \Delta \dfrac{\partial\eta}{\partial g_3} = \tfrac{1}{4} g_2^2\omega - \tfrac{9}{2} g_3\eta, \\[2mm] \Delta \dfrac{\partial\eta}{\partial g_2} = -\tfrac{3}{8} g_2 g_3\omega + \tfrac{1}{4} g_2^2\eta. \end{cases}$$

Voici quelques conséquences qu'il convient de remarquer. Prenons deux demi-périodes distinctes ω, ω', et les quantités correspondantes η, η'. Considérons, en premier lieu, la quantité $\eta\omega' - \eta'\omega$. D'après (36) et (38), nous avons

$$D\eta\omega' = \eta D\omega' + \omega' D\eta = -2\eta\eta' + \tfrac{1}{6} g_2 \omega\omega', \qquad D\eta'\omega = -2\eta\eta' + \tfrac{1}{6} g_2 \omega\omega',$$
$$D(\eta\omega' - \eta'\omega) = 0.$$

L'opération $4g_2 \frac{\partial}{\partial g_2} + 6g_3 \frac{\partial}{\partial g_3}$ donne aussi zéro pour résultat sur cette quantité, qui est du degré zéro; donc, comme on peut le vérifier aussi par (37) et (39), les deux dérivées de $\eta\omega' - \eta'\omega$ sont nulles. Cette quantité est donc une constante numérique. Nous savons, en effet, qu'on a toujours (p. 260)

$$\eta\omega' - \eta'\omega = mi\frac{\pi}{2}, \tag{40}$$

m étant un nombre entier, qui est l'unité si ω et ω' sont convenablement choisies. On trouve aussi par (36),

$$\left\{\begin{aligned} &\omega D\omega' - \omega' D\omega = 2(\eta\omega' - \eta'\omega) = mi\pi, \\ &D\frac{\omega'}{i\omega} = m\frac{\pi}{\omega^2}. \end{aligned}\right. \tag{41}$$

De même, comme conséquence de (38),

$$\left\{\begin{aligned} &\eta D\eta' - \eta' D\eta = \tfrac{1}{6} g_2(\eta\omega' - \eta'\omega) = \frac{mi\pi}{12} g_2, \\ &D\frac{\eta'}{i\eta} = \frac{m\pi}{12}\frac{g_2}{\eta^2}. \end{aligned}\right. \tag{42}$$

Notons encore cette dernière égalité

$$D\eta\omega = \eta D\omega + \omega D\eta = -2\eta^2 + \tfrac{1}{6} g_2 \omega^2. \tag{43}$$

Observations sur les équations aux dérivées partielles qui sont vérifiées par les fonctions σ.

Reprenons les deux équations (21) et (31) en mettant des lettres quelconques pour les *inconnues :*

$$\frac{\partial^2 y}{\partial u^2} - Dy + \tfrac{1}{12} g_2 u^2 y = 0, \tag{44}$$

$$\frac{\partial^2 z}{\partial u^2} - Dz + (\tfrac{1}{12} g_2 u^2 + e_\alpha) z = 0. \tag{45}$$

$$D = 12 g_3 \frac{\partial}{\partial g_2} + \tfrac{2}{3} g_2^2 \frac{\partial}{\partial g_3}.$$

Voilà deux équations à trois variables indépendantes g_2, g_3, u qui s'offrent dans cette théorie. Il est manifeste que l'une est une transformée fort simple de l'autre. Si l'on pose $z = \mu Y$, pour changer d'inconnue dans la seconde, et que μ soit indépendant de u, la transformée sera

$$\frac{\partial^2 Y}{\partial u^2} - Dy + \left(\tfrac{1}{12} g_2 u^2 + e_\alpha - D\log\mu\right) Y = 0.$$

Cette transformée coïncidera avec (44) si l'on choisit pour μ une solution de l'équation

$$D\log\mu = e_\alpha.$$

Or, d'après la relation (27),

$$D\log(e_\alpha - e_\beta)(e_\alpha - e_\gamma) = 4e_\alpha,$$

on a une telle solution en prenant

$$\mu = \sqrt[4]{(e_\alpha - e_\beta)(e_\alpha - e_\gamma)}.$$

On peut donc se borner à considérer l'équation (44), et nous voyons que *l'équation (44) est vérifiée par les quatre fonctions suivantes, mises à la place de y,*

$$\sigma u, \quad \frac{1}{\sqrt[4]{(e_1 - e_2)(e_1 - e_3)}} \sigma_1 u,$$
$$\frac{1}{\sqrt[4]{(e_2 - e_3)(e_2 - e_1)}} \sigma_2 u, \quad \frac{1}{\sqrt[4]{(e_3 - e_1)(e_3 - e_2)}} \sigma_3 u.$$

Nous pouvons même multiplier ces quantités par des fonctions arbitraires de Δ; les produits sont encore des solutions, puisque, d'après l'égalité (24), l'opération D, faite sur Δ, donne zéro pour résultat. On peut aller plus loin encore, et nous allons faire connaître un changement d'inconnue qui transforme l'équation (44) en elle-même. Soit

$$y = f(u; g_2, g_3)$$

une solution de l'équation (44). Considérons la fonction

$$y_1 = f(u + n\omega; g_2, g_3),$$

où n sera supposé représenter une arbitraire, indépendante de u,

g_2, g_3; un *nombre*, si l'on veut. Voyons d'abord quelle est la transformée de (44) pour y_1. Deux changements doivent être faits dans cette équation : le premier consiste à remplacer, au dernier terme, u^2 par $(u+n\omega)^2$; le second se rapporte à l'opération D, qui est faite dans (44) en supposant u indépendant de g_2, g_3. Il est manifeste que, mettant dans f, après l'opération, $u+n\omega$ au lieu de u, on aura, d'après l'égalité (36),

$$\mathrm{D}y_1 = \mathrm{D}f + n\frac{\partial f}{\partial u}\mathrm{D}\omega = \mathrm{D}f - 2n\eta\frac{\partial f}{\partial u} = \mathrm{D}f - 2n\eta\frac{\partial y_1}{\partial u};$$

par conséquent, la transformée en y_1 est

$$(46)\qquad \frac{\partial^2 y_1}{\partial u^2} - 2n\eta\frac{\partial y_1}{\partial u} - \mathrm{D}y_1 + \tfrac{1}{12}g_2(u+n\omega)^2 y_1 = 0.$$

Changeons maintenant l'inconnue en posant

$$y_1 = \mathrm{Y}e^{n\eta u + \frac{1}{2}n^2\eta\omega}.$$

On aura

$$\begin{aligned}
\frac{1}{y_1}\frac{\partial^2 y_1}{\partial u^2} &= \frac{1}{\mathrm{Y}}\frac{\partial^2 \mathrm{Y}}{\partial u^2} + 2n\eta\frac{1}{\mathrm{Y}}\frac{\partial \mathrm{Y}}{\partial u} + n^2\eta^2,\\
\frac{1}{y_1}\frac{\partial y_1}{\partial u} &= \frac{1}{\mathrm{Y}}\frac{\partial \mathrm{Y}}{\partial u} + n\eta,\\
\frac{1}{y_1}\mathrm{D}y_1 &= \frac{1}{\mathrm{Y}}\mathrm{DY} + nu\,\mathrm{D}\eta + \tfrac{1}{2}n^2\mathrm{D}\eta\omega.
\end{aligned}$$

Cette dernière égalité, d'après (38) et (43), se change en

$$\frac{1}{y_1}\mathrm{D}y_1 = \frac{1}{\mathrm{Y}}\mathrm{DY} + \tfrac{1}{6}ng_2\omega u - n^2(\eta^2 - \tfrac{1}{12}g_2\omega^2).$$

Substituons dans (46), et, réductions faites, nous trouvons

$$\frac{\partial^2 \mathrm{Y}}{\partial u^2} - \mathrm{DY} + \tfrac{1}{12}g_2 u^2 \mathrm{Y} = 0,$$

c'est-à-dire l'équation (44) elle-même. Ainsi, ayant une solution $y = f(u;\, g_2, g_3)$, nous en déduisons cette autre

$$(47)\qquad y = f(u+n\omega;\, g_2, g_3)e^{-n\eta u - \frac{1}{2}n^2\eta\omega},$$

dans laquelle n est une quantité numérique à volonté. En particulier, prenons $n = 1$, et nous aurons pour cette solution, en partant de σu,

$$y = \sigma(u+\omega)e^{-\eta u - \frac{1}{2}\eta\omega} = \sigma_1 u \, \sigma\omega \, e^{-\frac{1}{2}\eta\omega},$$

ou, d'après une relation déjà établie (VI, 48),

$$y = \frac{\sigma_1 u}{\sqrt[4]{(e_1-e_2)(e_1-e_3)}}.$$

C'est là, on le voit, une nouvelle manière de démontrer que la fonction $\sigma_\alpha u$ vérifie l'équation (45).

Au point de vue de l'équation (44) elle-même, si l'on change encore, dans (47), u en $u+n'\omega'$, en multipliant par le facteur $e^{-n'\eta'(u+n\omega)-\frac{1}{2}n'^2\eta'\omega'}$, on voit que cette équation admet la solution

$$y = \sigma(u+n\omega+n'\omega')e^{-(n\eta+n'\eta')u-\frac{1}{2}(n\eta+n'\eta')(n\omega+n'\omega')},$$

où n, n' sont des quantités arbitraires. On peut, en outre, multiplier y par une fonction arbitraire de n, n', Δ, intégrer ou différentier le produit par rapport à n, n', et l'on a encore des solutions. Par exemple, $(\omega\sigma' u - \eta u \sigma u)$ est une solution de l'équation (44), obtenue en différentiant, dans (47), par rapport à n, et faisant $n = 0$.

Équations hypergéométriques avec l'invariant absolu pris pour variable indépendante.

Si l'on considère une fonction de g_2, g_3, homogène comme les précédentes, mais de degré zéro, on peut envisager cette fonction comme dépendant d'une seule variable, l'*invariant absolu* J,

$$(48) \qquad J = \frac{g_2^3}{\Delta}, \qquad J-1 = \frac{27g_3^2}{\Delta}, \qquad \Delta = g_2^3 - 27g_3^2.$$

Comme $D\Delta$ est nul (24), on a

$$DJ = \frac{3J}{g_2}12g_3 = \frac{2(J-1)}{g_3}\frac{2}{3}g_2^2 = 4\sqrt{3}(J-1)^{\frac{1}{2}}J^{\frac{2}{3}}\Delta^{\frac{1}{6}}.$$

Soit z la fonction considérée; elle aura une dérivée par rapport à J, et, si l'on connaît Dz, on en conclura

$$Dz = \frac{dz}{dJ} DJ = 4\sqrt{3}(J-1)^{\frac{1}{2}} J^{\frac{2}{3}} \Delta^{\frac{1}{6}} \frac{dz}{dJ}.$$

Prenons, comme de telles fonctions z, homogènes et du degré zéro, les deux suivantes x, y' :

$$(49) \qquad x = \omega \Delta^{\frac{1}{12}}, \qquad y' = \eta \Delta^{-\frac{1}{12}}.$$

Suivant (36), nous aurons alors

$$(50) \qquad \frac{dx}{dJ} = -\frac{1}{4\sqrt{3}}(J-1)^{-\frac{1}{2}} J^{-\frac{2}{3}} \Delta^{-\frac{1}{12}} 2\eta = -\frac{1}{2\sqrt{3}}(J-1)^{-\frac{1}{2}} J^{-\frac{2}{3}} y'$$

et, suivant (38),

$$\frac{dy'}{dJ} = \frac{1}{4\sqrt{3}}(J-1)^{-\frac{1}{2}} J^{-\frac{2}{3}} \Delta^{-\frac{1}{4}} \times \frac{1}{6} g_2 \omega = \frac{1}{24\sqrt{3}}(J-1)^{-\frac{1}{2}} J^{-\frac{2}{3}} \Delta^{-\frac{1}{4}} (\Delta J)^{\frac{1}{3}} \omega,$$

$$(51) \qquad \frac{dy'}{dJ} = \frac{1}{24\sqrt{3}}(J-1)^{-\frac{1}{2}} J^{-\frac{1}{3}} x.$$

Conservons la quantité x; mais, au lieu de y', prenons y,

$$(52) \qquad y = \frac{1}{2\sqrt{3}}(J-1)^{-\frac{1}{2}} J^{-\frac{2}{3}} y',$$

et les deux relations (50) et (51) s'écrivent

$$(53) \qquad \begin{cases} \dfrac{dx}{dJ} = -y, \\ 144 J(J-1)\dfrac{dy}{dJ} + 24(7J-4)y - x = 0; \end{cases}$$

d'où l'on peut tirer une équation séparée, soit pour x, soit pour y,

$$(54) \qquad J(1-J)\frac{d^2x}{dJ^2} + \frac{1}{6}(4-7J)\frac{dx}{dJ} - \frac{1}{144}x = 0,$$

$$(55) \qquad J(1-J)\frac{d^2y}{dJ^2} + \frac{1}{6}(5-19J)\frac{dy}{dJ} - \frac{53}{48}y = 0.$$

Ces équations appartiennent au type *hypergéométrique* ou *équation de Gauss*, et nous y reviendrons dans le Chapitre suivant. Elles déterminent les quantités ω, η en fonction des invariants (¹).

Applications : Limite de $\frac{\eta}{\omega}$ quand le discriminant tend vers zéro ; variation de $\frac{\eta}{\omega}$ quand le discriminant est positif ; exercice.

Les formules qui donnent les dérivées de η et de ω par rapport aux invariants sont souvent utiles. Nous allons, à titre d'exercice, en donner ici trois applications, où les invariants seront supposés réels.

Première application. — *Démontrer que, le discriminant tendant vers zéro, le rapport $\frac{\bar\eta}{\bar\omega}$ tend vers la limite $\frac{3g_3}{2g_2}$,* comme on l'a déjà reconnu (V, 32 et 33).

Prenons l'égalité

$$\Delta\frac{\partial\omega}{\partial g_3} = \tfrac{9}{2}g_3\omega - 3g_2\eta, \tag{56}$$

en y entendant par ω la demi-période unique qui reste finie et continue quand Δ tend vers zéro. On se rappelle qu'il y en a toujours une dans ce cas (*voir* Chap. II et III) : deux demi-périodes différentes jouent tour à tour ce rôle, suivant que g_3 est positif ou négatif. Ce sont la demi-période réelle et la demi-période purement imaginaire. Le premier membre de l'égalité (56) devient donc nul, et l'on a effectivement, à la limite, $\frac{\eta}{\omega} = \frac{3g_3}{2g_2}$. Mais, si l'on prend maintenant une autre demi-période, on aura

$$\frac{\bar\eta}{\bar\omega} - \frac{\eta}{\omega} = \frac{ni\pi}{\omega\bar\omega}.$$

Le second membre est infiniment petit, car $\bar\omega$ est infini. Donc $\frac{\bar\eta}{\bar\omega}$ a la même limite que $\frac{\eta}{\omega}$.

(¹) L'équation (54) a été découverte par M. Bruns : *Ueber die Perioden der elliptischen Integrale erster und zweiter Gattung* (Dorpater Festschrift, 1875) ; elle a été reproduite par M. Félix Klein dans son premier Mémoire sur la théorie de la transformation : *Ueber die Transformation der elliptischen Functionen und die Auflösung der Gleichungen fünften Grades* (*Math. Ann.* t. XIV, p. 124).

DEUXIÈME APPLICATION. — *Quand g_2 reste fixe et positif et que g_3 croît depuis* $-\sqrt{\left(\frac{g_2}{3}\right)^3}$ *jusqu'à* $+\sqrt{\left(\frac{g_2}{3}\right)^3}$ (en sorte que le discriminant reste positif), $\frac{\eta}{\omega}$ *croît constamment depuis* $-\frac{1}{2}\sqrt{\frac{g_2}{3}}$ *jusqu'à* $+\frac{1}{2}\sqrt{\frac{g_2}{3}}$; ω *désignant la demi-période réelle ou la demi-période purement imaginaire.*

Par les relations (37) et (39), nous avons

$$4\Delta\left(\omega\frac{\partial\eta}{\partial g_3}-\eta\frac{\partial\omega}{\partial g_3}\right)=12g_2\eta^2-36g_3\omega\eta+g_2^2\omega^2$$
$$=12g_2\left(\eta-\frac{3}{2}\frac{g_3}{g_2}\omega\right)^2+\frac{\Delta}{g_2}\omega^2;$$
$$\frac{\partial\frac{\eta}{\omega}}{\partial g_3}=\frac{3g_2}{\Delta}\left(\frac{\eta}{\omega}-\frac{3}{2}\frac{g_3}{g_2}\right)^2+\frac{1}{4g_2}.$$

On voit que, g_2 et Δ étant positifs, le second membre est toujours positif. Donc $\frac{\eta}{\omega}$ est constamment croissant. Pour les valeurs extrêmes de g_3, le discriminant est nul, et les valeurs extrêmes de $\frac{\eta}{\omega}$ sont $\frac{3g_3}{2g_2}=\pm\frac{1}{2}\sqrt{\frac{g_2}{3}}$.

TROISIÈME APPLICATION. — *Le discriminant étant positif, établir que la fonction $f(\xi)$*

$$f(\xi)=\omega\xi^2-\eta\xi-\tfrac{1}{6}g_2\omega$$

(où ω désigne la demi-période réelle) *est négative pour $\xi=e$ et pour $\xi=e_2$, et qu'elle est positive pour $\xi=e_3$.*

Cette application, un peu plus compliquée, est utile pour la théorie du pendule, comme on le verra dans le tome II.

Formons la dérivée de $f(\xi)$ par rapport à g_3, en y supposant que ξ soit e_1, e_2 ou e_3. Envisageons d'abord la quantité

$$(57)\qquad \Delta\left[\left(\xi^2-\tfrac{1}{6}g_2\right)\frac{\partial\omega}{\partial g_3}-\xi\frac{\partial\eta}{\partial g_3}\right]=P\omega+Q\eta.$$

Les coefficients P et Q s'obtiennent par la substitution, dans cette égalité, des expressions trouvées pour $\frac{\partial\omega}{\partial g_3}$ et $\frac{\partial\eta}{\partial g_3}$,

$$P=\tfrac{9}{2}g_3\xi^2-\tfrac{1}{4}g_2^2\xi-\tfrac{3}{4}g_2g_3,$$
$$Q=-3g_2\xi^2+\tfrac{9}{2}g_3\xi+\tfrac{1}{4}g_2^2.$$

Formons ensuite les produits $Q\xi$ et $Q\xi^2$, en y faisant disparaître ξ^3, par le moyen de

$$(58)\qquad 4\xi^3 - g_2\xi - g_3 = 0.$$

Nous trouvons ainsi

$$Q\xi = P,$$
$$Q\xi^2 = -\tfrac{1}{4} g_2^2 \xi^2 + \tfrac{3}{8} g_2 g_3 \xi + \tfrac{9}{8} g_3^2.$$

Comparant cette dernière quantité à $-\frac{1}{12} g_2 Q$, on obtient

$$(\xi^2 - \tfrac{1}{12} g_2)\, Q = -\frac{\Delta}{24}.$$

Remplaçant P par $Q\xi$ et Q par cette dernière expression dans (57), nous aurons

$$(\xi^2 - \tfrac{1}{6} g_2)\frac{\partial\omega}{\partial g_3} - \xi\frac{\partial\eta}{\partial g_3} = -\frac{1}{2}\,\frac{\omega\xi + \eta}{12\xi^2 - g_2}.$$

Nous déduisons aussi de (58)

$$\frac{\partial\xi}{\partial g_3} = \frac{1}{12\xi^2 - g_2};$$

par conséquent, en différentiant $f(\xi)$, nous aurons

$$\begin{aligned}\frac{\partial f(\xi)}{\partial g_3} &= (\xi^2 - \tfrac{1}{6} g_2)\frac{\partial\omega}{\partial g_3} - \xi\frac{\partial\eta}{\partial g_3} + (2\omega\xi - \eta)\frac{\partial\xi}{\partial g_3}\\ &= -\frac{1}{2}\,\frac{\omega\xi + \eta}{12\xi^2 - g_2} + \frac{2\omega\xi - \eta}{12\xi^2 - g_2},\end{aligned}$$

$$\frac{\partial f(\xi)}{\partial g_3} = \frac{3}{2}\,\frac{\omega\xi - \eta}{12\xi^2 - g_2}.$$

La forme si remarquable de cette dérivée va nous permettre de démontrer la proposition annoncée. Écrivons-la ainsi

$$(59)\qquad \tfrac{2}{3}\xi(12\xi^2 - g_2)\frac{\partial f(\xi)}{\partial g_3} = f(\xi) + \tfrac{1}{6} g_2\omega.$$

Observons maintenant que, g_3 croissant depuis $-\sqrt{\left(\frac{g_2}{3}\right)^3}$ jusqu'à $+\sqrt{\left(\frac{g_2}{3}\right)^3}$, $f(\xi)$ ne peut être infinie qu'à la limite inférieure, où η et ω sont infinis. Elle est ensuite toujours finie. Elle est nulle pour la dernière valeur de g_3. En effet, le discriminant étant alors nul et g_3 positif, e_2 et e_3 sont égales entre elles; par conséquent elles rendent nulle la dérivée de $4\xi^3 - g_2\xi - g_3$:

$$12\xi^2 - g_2 = 0, \qquad \xi = -\tfrac{1}{2}\sqrt{\frac{g_2}{3}}.$$

Cette valeur de ξ coïncide avec celle que prend alors $-\frac{\eta}{\omega}$, comme on l'a vu dans la seconde application. On a donc

$$\xi + \frac{\eta}{\omega} = 0,$$

$$f(\xi) = \tfrac{1}{6}\omega(12\xi^2 - g_2) - \omega\xi\left(\xi + \frac{\eta}{\omega}\right) = 0, \qquad \xi = e_2, e_3.$$

D'autre part, on a

$$f(e_1) + f(e_2) + f(e_3) = \omega(e_1^2 + e_2^2 + e_3^2) - \eta(e_1 + e_2 + e_3) - \tfrac{1}{2}g_2\omega,$$

$$e_1 + e_2 + e_3 = 0, \qquad e_1^2 + e_2^2 + e_3^2 = \tfrac{1}{2}g_2.$$

$$f(e_1) + f(e_2) + f(e_3) = 0.$$

Donc $f(e_1)$ est nul, en ce cas, puisque $f(e_2)$ et $f(e_3)$ le sont aussi.

Rappelons-nous aussi que la dérivée $12\xi^2 - g_2$ du polynôme $(4\xi^3 - g_2\xi - g_3)$, dont les trois racines sont $e_3 < e_2 < e_1$, est positive pour les deux extrêmes, négative pour la racine moyenne; et aussi que e_1 est positif, e_3 négatif, e_2 positif ou négatif.

Revenons maintenant à l'égalité (59) en y supposant $\xi = e_1$. Le coefficient $\xi(12\xi^2 - g_2)$ est positif. Comme $\frac{1}{6}g_2\omega$ est aussi positif, on voit que $\frac{\partial f}{\partial g_3}$ est positif quand $f(e_1)$ est nul. Donc $f(e_1)$ ne passe par zéro qu'en croissant, et, comme zéro est sa valeur finale, nous voyons que l'on a toujours $f(e_1) < 0$.

De même, en supposant $\xi = e_3$, nous avons un coefficient négatif $\xi(12\xi^2 - g_2)$; la conclusion est opposée : $f(e_3)$ ne peut passer par zéro qu'en décroissant; donc, zéro étant sa valeur finale, on a toujours $f(e_3) > 0$.

Pour e_2, il faut observer que sa valeur finale, coïncidant avec celle de e_3, est négative. Faisons croître g_3 à partir de zéro, de telle sorte que e_2 reste négative. Alors $e_2(12e_2^2 - g_2)$ est une quantité positive, et, par le même raisonnement, on voit que $f(e_2)$ est négatif, quand g_3 croît ainsi à partir de zéro, c'est-à-dire quand

e_2 est négatif. Pour le cas opposé, observons que le polynôme $f(z)$, dont les termes extrêmes ont des signes opposés, a une seule racine positive, à laquelle e_1 est inférieur, puisque $f(e_1)$ est négatif. Comme e_2 est moindre que e_1, e_2 est moindre aussi que la racine positive de $f(z)$; par conséquent, si e_2 est positif, e_2 entre les deux racines de $f(z)$ et $f(e_2)$ est négatif. Donc, en tous les cas, on a $f(e_2) < 0$. C'est ce qu'il fallait prouver.

Voici quelques conséquences de la proposition qu'on vient d'établir. Considérons le quotient de $f(\xi)$ par ω, et soit $\varphi(\xi)$ ce quotient

$$\varphi(\xi) = \xi^2 - \frac{\eta}{\omega}\xi - \tfrac{1}{6}g_2.$$

Il est prouvé qu'on a

$$\varphi(e_1) < 0, \qquad \varphi(e_2) < 0, \qquad \varphi(e_3) > 0.$$

Prenons maintenant la quantité analogue, également réelle, en mettant la demi-période purement imaginaire

$$\psi(\xi) = \xi^2 - \frac{\eta'}{\omega'}\xi - \tfrac{1}{6}g_2.$$

Par le changement de g_3 en $-g_3$, $\varphi(e_1)$, $\varphi(e_2)$, $\varphi(e_3)$ se changent respectivement en $\psi(e_3)$, $\psi(e_2)$, $\psi(e_1)$. On a donc

$$\psi(e_1) > 0, \qquad \psi(e_2) < 0, \qquad \psi(e_3) < 0.$$

De là résultent, pour les six quantités φ et ψ, des limites plus précises; car entre ces quantités a lieu la relation

$$\psi(\xi) - \varphi(\xi) = \left(\frac{\eta}{\omega} - \frac{\eta'}{\omega'}\right)\xi = \frac{i\pi}{2\omega\omega'}\xi.$$

En désignant par une seule lettre la quantité positive

$$c = \frac{i\pi}{2\omega\omega'},$$

on a donc

$$\begin{array}{ll} -ce_1 < \varphi(e_1) < 0, & 0 < \psi(e_1) < ce_1, \\ \varphi(e_2)\left\{\begin{array}{l} < 0 \\ < -ce_2 \end{array}\right., & \psi(e_2)\left\{\begin{array}{l} < 0 \\ < ce_2 \end{array}\right., \\ 0 < \varphi(e_3) < -ce_3, & ce_3 < \psi(e_3) < 0. \end{array}$$

La fonction $f(\xi)$ a pour dernière valeur o quand Δ devient nul, g_3 étant positif; nous n'avons pas précisé sa valeur extrême pour $\Delta = 0$, $g_3 < 0$; ce qui serait cependant facile, au moyen de l'expression asymptotique de ω, mais entraînerait à quelques détails un peu longs. Ici nous voyons que $\varphi(\xi)$ est nul aux deux limites. Ainsi $\varphi(e_1)$ et $\varphi(e_2)$ partent de zéro et reviennent à zéro en restant toujours négatives, $\varphi(e_3)$ part de zéro et y revient, en restant toujours positive.

Dérivées par rapport aux périodes.

La connaissance des dérivées, prises par rapport aux invariants, va nous permettre de trouver, par un calcul direct, d'autres dérivées bien moins immédiates : celles qui sont prises par rapport aux périodes. Il est clair que le système de trois variables u, ω, ω', peut remplacer le système u, g_2, g_3.

Ce changement de variables se fera, à la manière ordinaire, par le moyen des relations (37) où l'on mettra successivement ω et ω' au lieu de ω. Mais il est beaucoup plus simple d'utiliser la relation (36)

$$D\omega = -2\eta, \qquad D = 12 g_3 \frac{\partial}{\partial g_2} + \tfrac{2}{3} g_2^2 \frac{\partial}{\partial g_3}.$$

Soit z une fonction quelconque des variables ci-dessus; on aura avec les nouvelles variables

$$(60) \qquad Dz = \frac{\partial z}{\partial \omega} D\omega + \frac{\partial z}{\partial \omega'} D\omega' = -2\left(\eta \frac{\partial z}{\partial \omega} + \eta' \frac{\partial z}{\partial \omega'}\right).$$

Cette formule (60) nous suffira; mais on peut y joindre la relation d'homogénéité

$$(61) \qquad \omega \frac{\partial z}{\partial \omega} + \omega' \frac{\partial z}{\partial \omega'} = -4 g_2 \frac{\partial z}{\partial g_2} - 6 g_3 \frac{\partial z}{\partial g_3}.$$

Soit, par exemple, $z = \eta$; on aura, d'après (38),

$$(62) \qquad \begin{cases} \eta \dfrac{\partial \eta}{\partial \omega} + \eta' \dfrac{\partial \eta}{\partial \omega'} = -\frac{1}{12} g_2 \omega, \\ \omega \dfrac{\partial \eta}{\partial \omega} + \omega' \dfrac{\partial \eta}{\partial \omega'} = -\eta; \end{cases}$$

d'où l'on tirera, en supposant $\eta\omega' - \eta'\omega = mi\frac{\pi}{2}$,

$$\frac{\partial\eta}{\partial\omega} = \frac{2i}{m\pi}\left(\tfrac{1}{12}g_2\omega\omega' - \eta\eta'\right),$$
$$\frac{\partial\eta}{\partial\omega'} = -\frac{2i}{m\pi}\left(\tfrac{1}{12}g_2\omega^2 - \eta^2\right).$$

Soit, en second lieu, $z = \Delta$, on aura, d'après (24),

$$\eta\frac{\partial\Delta}{\partial\omega} + \eta'\frac{\partial\Delta}{\partial\omega'} = 0,$$
$$\omega\frac{\partial\Delta}{\partial\omega} + \omega'\frac{\partial\Delta}{\partial\omega'} = -12\Delta,$$
$$\frac{\partial\Delta}{\partial\omega} = -\frac{24i}{m\pi}\Delta\eta', \qquad \frac{\partial\Delta}{\partial\omega'} = \frac{24i}{m\pi}\Delta\eta,$$

formules intéressantes, faisant apparaître η et η' comme étant, à des facteurs numériques près, les dérivées logarithmiques du discriminant par rapport aux périodes

$$(63)\qquad \eta = -\frac{mi\pi}{24}\frac{\partial\log\Delta}{\partial\omega}, \qquad \eta' = +\frac{mi\pi}{24}\frac{\partial\log\Delta}{\partial\omega'}.$$

Enfin l'équation fondamentale (21), satisfaite par $y = \sigma u$, se change en cette autre

$$(64)\qquad \frac{\partial^2 y}{\partial u^2} + 2\eta\frac{\partial y}{\partial\omega} + 2\eta'\frac{\partial y}{\partial\omega'} + \tfrac{1}{12}g_2u^2y = 0.$$

Cette forme ne semble guère pouvoir être utile à cause de la présence des quantités η, η', g_2; mais un changement d'inconnue va bientôt faire disparaître ces quantités et nous conduire à la propriété fondamentale (VIII, 37) qui caractérise les fonctions $\mathfrak{S}$.

Dérivées par rapport à $\log q$.

Dans un des paragraphes précédents, on a considéré en particulier les fonctions homogènes et du degré zéro; il convenait, pour elles, de prendre comme variable l'invariant absolu J, au lieu de g_2 et g_3; car elles ne dépendent que d'une seule variable, non de deux. De même, pour ces fonctions, au lieu des deux variables ω, ω', on devra considérer une seule variable, le rapport de ces deux dernières. Nous affecterons, en outre, ce rapport d'un coefficient numérique. Soit donc Ω cette variable

$$\Omega = -\frac{\pi}{i}\frac{\omega'}{\omega} = i\pi\frac{\omega'}{\omega}.$$

Nous avons, d'après (41),

$$D\Omega = -m\left(\frac{\pi}{\omega}\right)^2, \qquad \eta\omega' - \eta'\omega = mi\frac{\pi}{2}.$$

Soit z une fonction homogène et du degré zéro; sa dérivée, par rapport à Ω, sera fournie par l'égalité

$$Dz = -2\left(\eta\frac{\partial z}{\partial\omega} + \eta'\frac{\partial z}{\partial\omega'}\right) = \frac{dz}{d\Omega}D\Omega = -m\left(\frac{\pi}{\omega}\right)^2\frac{dz}{d\Omega}.$$

Par exemple, $D\Delta$ étant nul, on aura

$$D(\Delta\omega^{12}) = -24\eta\,\Delta\omega^{11} = -m\left(\frac{\pi}{\omega}\right)^2\frac{d(\Delta\omega^{12})}{d\Omega},$$

$$\frac{d(\Delta\omega^{12})}{d\Omega} = \frac{24\eta\omega}{m\pi^2}\Delta\omega^{12},$$

$$(65) \qquad \eta\omega = \frac{m\pi^2}{24}\frac{d\log\Delta\omega^{12}}{d\Omega}.$$

Si l'on suppose $\eta\omega' - \eta'\omega = i\frac{\pi}{2}$, c'est-à-dire $m = 1$, alors Ω coïncide avec la quantité désignée par $\log q$ au Chapitre VIII, et l'on retrouve la relation (VIII, 48)

$$(66) \qquad \eta\omega = \frac{\pi^2}{24}\frac{d\log\Delta\omega^{12}}{d\log q}.$$

Notons encore, d'après (43), cette autre conséquence

$$(67) \qquad \frac{d\eta\omega}{d\Omega} = \frac{2\omega^2}{m\pi^2}\left(\eta^2 - \frac{1}{12}g_2\omega^2\right).$$

Nous venons de supposer une fonction ne contenant pas u. Prenons maintenant une fonction des trois variables u, ω, ω', homogène et de degré quelconque p, en sorte qu'on ait

$$F(\rho u, \rho\omega, \rho\omega') = \rho^p F(u, \omega, \omega').$$

C'est ainsi que σu est une telle fonction du degré $+1$, ζu du degré -1, pu du degré -2, etc. Prenons la combinaison

$$f(v, \Omega) = \frac{F(2\omega v, \omega, \omega')}{\omega^p}:$$

c'est une fonction des deux seules variables v, Ω. Calculons les dérivées. Il est entendu que $\frac{\partial F}{\partial u}$, $\frac{\partial F}{\partial \omega}$, $\frac{\partial F}{\partial \omega'}$, ... représentent les dérivées partielles de $F(u, \omega, \omega')$ dans lesquelles, après le calcul, on remplace u par $2\omega v$. Quant à $\frac{\partial f}{\partial v}$, $\frac{\partial f}{\partial \Omega}$, ..., ce sont les dérivées partielles de f par rapport aux deux variables v, Ω, qui figurent dans cette fonction.

En dérivant, par rapport à v, ω, ω', les deux membres de l'égalité

$$\omega^p f(v, \Omega) = F(2\omega v, \omega, \omega') = F(u, \omega, \omega'), \qquad (u = 2\omega v)$$

nous avons successivement

$$(68) \qquad \frac{\partial f}{\partial v} = \frac{2}{\omega^{p-1}} \frac{\partial F}{\partial u}, \qquad \frac{\partial^2 f}{\partial v^2} = \frac{4}{\omega^{p-2}} \frac{\partial^2 F}{\partial u^2}, \qquad \dots,$$

$$p\omega^{p-1} f + \omega^p \frac{\partial f}{\partial \Omega} \frac{\partial \Omega}{\partial \omega} = 2v \frac{\partial F}{\partial u} + \frac{\partial F}{\partial \omega} = v\omega^{p-1} \frac{\partial f}{\partial v} + \frac{\partial F}{\partial \omega},$$

$$\omega^p \frac{\partial f}{\partial \Omega} \frac{\partial \Omega}{\partial \omega'} = \frac{\partial F}{\partial \omega'},$$

$$\eta \frac{\partial F}{\partial \omega} + \eta' \frac{\partial F}{\partial \omega'} = \eta\omega^{p-1}\left(pf - v\frac{\partial f}{\partial v}\right) + \omega^p \frac{\partial f}{\partial \Omega}\left(\eta \frac{\partial \Omega}{\partial \omega} + \eta' \frac{\partial \Omega}{\partial \omega'}\right).$$

D'ailleurs, comme on le peut aussi vérifier directement d'après la définition de Ω,

$$\eta \frac{\partial \Omega}{\partial \omega} + \eta' \frac{\partial \Omega}{\partial \omega'} = -\tfrac{1}{2} D\omega = \frac{m}{2}\left(\frac{\pi}{\omega}\right)^2,$$

en sorte qu'il vient ici

$$(69) \qquad \eta \frac{\partial F}{\partial \omega} + \eta' \frac{\partial F}{\partial \omega'} = \eta\omega^{p-1}\left(pf - v\frac{\partial f}{\partial v}\right) + \frac{m\pi^2}{2} \omega^{p-2} \frac{\partial f}{\partial \Omega}.$$

Nous allons faire usage de ces formules de changement de variables (68) et (69).

Équation aux dérivées partielles, vérifiée par les fonctions $\Im$.

Conservons aux lettres employées les mêmes significations que dans le calcul précédent, et prenons la combinaison

$$(70)\qquad z = e^{-2\eta\omega v^2}(\Delta\omega^{12})^{\frac{2p+1}{24}} f(v, \Omega).$$

Les coefficients introduits sont homogènes et du degré zéro, en sorte que z est aussi une fonction des deux seules variables, v, Ω. Calculons les deux dérivées suivantes :

$$\frac{\partial^2 z}{\partial v^2} = e^{-2\eta\omega v^2}(\Delta\omega^{12})^{\frac{2p+1}{24}} \left[\frac{\partial^2 f}{\partial v^2} - 8\eta\omega v \frac{\partial f}{\partial v} + (16\eta^2\omega^2 v^2 - 4\eta\omega)f\right],$$

$$\frac{\partial z}{\partial \Omega} = e^{-2\eta\omega v^2}(\Delta\omega^{12})^{\frac{2p+1}{24}} \left[\frac{\partial f}{\partial \Omega} - 2v^2 \frac{d\,\eta\omega}{d\Omega} f + \frac{2p+1}{24}\,\frac{d\log\Delta\omega^{12}}{d\Omega} f\right].$$

Formons maintenant la combinaison

$$(71)\qquad \mathrm{U} = \frac{\partial^2 z}{\partial v^2} + 4m\pi^2 \frac{\partial z}{\partial \Omega},$$

et examinons d'abord quels sont les termes contenant seulement f, sans dérivées.

Sauf le facteur placé en dehors des crochets, ces termes sont, d'après (65) et (67),

$$\begin{aligned} \ldots\ldots\ldots\ldots\ldots\ldots \quad & 16\eta^2\omega^2 v^2 - 4\eta\omega, \\ -8m\pi^2 v^2 \frac{d\,\eta\omega}{d\Omega} &= -16\eta^2\omega^2 v^2 + \tfrac{4}{3} g_2\omega^4 v^2, \\ +\frac{2p+1}{6} m\pi^2 \frac{d\log\Delta\omega^{12}}{d\Omega} &= +\;4(2p+1)\eta\omega. \end{aligned}$$

La somme de ces coefficients est $(8p\eta\omega + \frac{4}{3}g_2\omega^4 v^2)$. Les autres termes n'offrent pas de réduction, et l'on a ainsi

$$\begin{aligned} & e^{2\eta\omega v^2}(\Delta\omega^{12})^{-\frac{2p+1}{24}}\,\mathrm{U} \\ & = \frac{\partial^2 f}{\partial v^2} + 8\eta\omega\left(pf - v\frac{\partial f}{\partial v}\right) + 4m\pi^2 \frac{\partial f}{\partial \Omega} + \tfrac{4}{3} g_2\omega^4 v^2 f; \end{aligned}$$

ce que nous pouvons écrire, d'après les égalités (68) et (69), sous cette autre forme

$$(72)\quad \tfrac{1}{4}\omega^{p-2}e^{2\eta\omega v^2}(\Delta\omega^{12})^{-\frac{2p+1}{24}}\,U = \frac{\partial^2 F}{\partial u^2} + 2\eta\frac{\partial F}{\partial\omega} + 2\eta'\frac{\partial F}{\partial\omega'} + \tfrac{1}{12}g_2 u^2 F.$$

Telle est la transformation de la quantité U (71), quand on pose, conformément à l'égalité (70),

$$(73)\qquad z = e^{-2\eta\omega v^2}(\Delta\omega^{12})^{\frac{2p+1}{24}}\frac{F(u,\omega,\omega')}{\omega^p},\qquad u = 2\omega v,$$

et que F est une fonction homogène du degré p.

Nous retrouvons ici, dans l'expression (72) de U, le premier membre de l'équation (64); c'est aussi, nous l'avons vu (p. 320), le premier membre de l'équation bien étudiée déjà

$$(74)\qquad \frac{\partial^2 y}{\partial u^2} - Dy + \tfrac{1}{12}g_2 u^2 y = 0.$$

Cette dernière a donc pour transformée, avec les variables z, v, Ω,

$$(75)\qquad \frac{\partial^2 z}{\partial v^2} + 4m\pi^2\frac{\partial z}{\partial\Omega} = 0$$

ou, en supposant $m = 1$ $\left(\eta\omega' - \eta'\omega = \frac{i\pi}{2}\right)$,

$$(75\,a)\qquad \frac{\partial^2 z}{\partial v^2} + 4\pi^2\frac{\partial z}{\partial\log q} = 0,\qquad q = e^{-\pi\frac{\omega'}{i\omega}}.$$

C'est l'équation déjà trouvée (VIII, 37) comme étant satisfaite par les fonctions ϑv, d'après la forme de ces fonctions. Nous allons maintenant, d'une manière sommaire, retrouver ici, par une voie nouvelle, les principaux résultats obtenus au Chapitre VIII.

Expression des fonctions ϑ par les fonctions σ.

Supposons, dans (73), F remplacé par σ, dont le degré p est l'unité. La fonction

$$z(v) = e^{-2\eta\omega v^2}(\Delta\omega^{12})^{\frac{1}{8}}\frac{\sigma(2\omega v;\omega,\omega')}{\omega}$$

satisfait à l'équation (75 a), puisque σ satisfait à l'équation (74).

De plus, d'après la propriété de σ,

$$\frac{\sigma(\omega+u)}{\sigma(\omega-u)} = e^{2\eta u},$$

la fonction z a la propriété correspondante

$$z(\tfrac{1}{2}+v) = z(\tfrac{1}{2}-v);$$

c'est aussi, comme σ, une fonction impaire. En admettant donc qu'elle se développe en série trigonométrique, on posera

$$z(v) = A_1 \sin v\pi + A_3 \sin 3v\pi + \ldots + A_{2n+1}\sin(2n+1)v\pi + \ldots.$$

L'équation (75 a) impose aux coefficients A, indépendants de v, la condition générale

$$-(2n+1)^2\pi^2 A_{2n+1} + 4\pi^2 \frac{\partial A_{2n+1}}{\partial \log q} = 0.$$

La solution de cette équation différentielle est

$$A_{2n+1} = c_{2n+1}\, q^{\left(\frac{2n+1}{2}\right)^2},$$

le coefficient c_{2n+1} devant être purement numérique. Pour déterminer ce coefficient, invoquons, avec Jacobi (¹), la propriété que possède σ de s'annuler pour $u = 2\omega'$; par conséquent $z(v)$ doit être nul pour $v = \frac{\omega'}{\omega}$. Cette valeur de v donne

$$\sin(2n+1)v\pi = \frac{1}{2i}\left(e^{(2n+1)\pi i\frac{\omega'}{\omega}} - e^{-(2n+1)\pi i\frac{\omega'}{\omega}}\right) = \frac{1}{2i}(q^{-(2n+1)} - q^{2n+1}),$$

$$\begin{aligned} A_{2n+1}\sin(2n+1)v\pi &= \frac{1}{2i} c_{2n+1}\, q^{\left(\frac{2n+1}{2}\right)^2}(q^{-(2n+1)} - q^{2n+1}) \\ &= \frac{1}{2i} c_{2n+1}\, q^{-1}\left[q^{\left(\frac{2n-1}{2}\right)^2} - q^{\left(\frac{2n+3}{2}\right)^2}\right]. \end{aligned}$$

On doit donc avoir

$$0 = \frac{1}{2i} q^{-1}\left\{c_1\left[q^{\left(\frac{1}{2}\right)^2} - q^{\left(\frac{3}{2}\right)^2}\right] + c_3\left[q^{\left(\frac{1}{2}\right)^2} - q^{\left(\frac{5}{2}\right)^2}\right] + c_5\left[q^{\left(\frac{3}{2}\right)^2} - q^{\left(\frac{7}{2}\right)^2}\right] + \ldots\right\},$$

$$c_3 = -c_1, \qquad c_5 = +c_1, \qquad c_7 = -c_1, \qquad c_9 = +c_1, \qquad \ldots.$$

(¹) *Ueber die partielle Differentialgleichung, welcher die Zähler und Nenner der elliptischen Functionen genüge leisten* (*Journal de Crelle*, t. LXXXVI, et *C.G.J. Jacobi's gesammelte Werke*, t. II, p. 170).

Il n'y a donc plus qu'un coefficient *numérique* c_1 inconnu dans la formule

$$z(v) = c_1\left[q^{\frac{1}{4}}\sin v\pi - q^{\frac{9}{4}}\sin 3v\pi + \ldots + (-1)^n q^{\left(\frac{2n+1}{2}\right)^2}\sin(2n+1)v\pi\ldots\right]$$

Au Chapitre VIII, le coefficient, par où la série et la fonction considérée différaient, dépendait de q, et il a fallu un détour assez long pour trouver l'expression effective de cette série. Ici le coefficient numérique c_1 se trouve aisément. Supposons, à cet effet, que le discriminant tende vers zéro, g_3 étant positif. Alors q tend vers zéro; et l'on a (Chap. II et III, p. 67 et 89)

$$\lim \frac{(\Delta\omega^{12})^{\frac{1}{8}}}{q^{\frac{1}{4}}} = \pi^{\frac{3}{2}}.$$

D'autre part, la dégénérescence de σu donne ici (VI, 38)

$$e^{-2\eta\omega v^2}\frac{\sigma(2\omega v)}{\omega} = \frac{2}{\pi}\sin v\pi,$$

comme on le voit, en se rappelant que $\eta\omega$ a pour limite $\frac{\pi^2}{12}$ (V, 32). On a donc

$$\lim \frac{z(v)}{q^{\frac{1}{4}}} = 2\sqrt{\pi}\sin v\pi, \qquad c_1 = 2\sqrt{\pi}.$$

Ainsi, en posant, comme au Chapitre VIII,

$$(76)\qquad \mathfrak{S}_1 v = 2\left[q^{\frac{1}{4}}\sin v\pi + q^{\frac{9}{4}}\sin 3v\pi + \ldots + (-1)^n q^{\left(\frac{2n+1}{2}\right)^2}\sin(2n+1)v\pi\ldots\right],$$

on a, pour cette fonction, l'expression

$$(77)\qquad \mathfrak{S}_1 v = \frac{1}{\sqrt{\pi}}z(v) = \sqrt{\frac{\omega}{\pi}}\,\Delta^{\frac{1}{8}}\,\sigma u\, e^{-\frac{1}{2}\frac{\eta u^2}{\omega}}, \qquad u = 2\omega v,$$

conforme à celle qui a été déjà trouvée (VIII, 49). Les autres relations analogues se déduisent immédiatement de celle-ci, et il n'est pas utile d'y insister. On peut seulement dire qu'il est loisible de les obtenir directement en construisant les autres fonctions $\mathfrak{S}$, comme on vient de le faire pour $\mathfrak{S}_1$, au lieu de les déduire de $\mathfrak{S}_1$.

Par exemple, en prenant, pour F, la fonction $\sqrt[4]{e_1-e_3}\,\sigma_2 u$, qui satisfait à l'équation (74) et a pour degré $p=-\frac{1}{2}$, on aura

$$z=\sqrt{\omega}\,e^{-2\eta\omega v^2}\sqrt[4]{e_1-e_3}\,\sigma_2(2\omega v);$$

cette fonction devra vérifier l'équation (75 a), et l'on pourra former son développement, comme on vient de le faire pour la précédente.

Équation aux dérivées partielles pour le calcul de la fonction $\psi_n(u)$.

Soit encore $F(u,\omega,\omega')$ une fonction satisfaisant à l'équation

$$\frac{\partial^2 F}{\partial u^2}-DF+\tfrac{1}{12}g_2 u^2 F=0; \tag{78}$$

la fonction $y=F(nu,\omega,\omega')$, où n est une constante quelconque, vérifiera l'équation

$$\frac{1}{n^2}\frac{\partial^2 y}{\partial u^2}-Dy+\tfrac{1}{12}g_2\,n^2u^2y=0.$$

Faisons le changement d'inconnue

$$y=z(\sigma u)^{n^2}.$$

$$\frac{1}{y}\frac{\partial^2 y}{\partial u^2}=\frac{1}{z}\frac{\partial^2 z}{\partial u^2}+2n^2\zeta u\frac{\partial z}{\partial u}+n^4\zeta^2 u-n^2\mathrm{p}u,$$

$$\frac{1}{y}Dy=\frac{1}{z}Dz+n^2D\log\sigma u=\frac{1}{z}Dz+n^2(\zeta^2 u-\mathrm{p}u+\tfrac{1}{12}g_2u^2).$$

Il en résulte la transformée

$$\frac{1}{n^2}\frac{\partial^2 z}{\partial u^2}+2\zeta u\frac{\partial z}{\partial u}-Dz+(n^2-1)\mathrm{p}u.z=0. \tag{79}$$

En considérant la variable $\mathrm{p}u$, au lieu de u, on aura

$$\begin{aligned}Dz&=\frac{\partial z}{\partial\,\mathrm{p}u}D\,\mathrm{p}u+\tfrac{1}{12}g_3\frac{\partial z}{\partial g_2}+\tfrac{2}{3}g_2^2\frac{\partial z}{\partial g_3}\\&=\frac{\partial z}{\partial\,\mathrm{p}u}(2\mathrm{p}'u\,\zeta u+4\mathrm{p}^2u-\tfrac{2}{3}g_2)+\tfrac{1}{12}g_3\frac{\partial z}{\partial g_2}+\tfrac{2}{3}g_2^2\frac{\partial z}{\partial g_3}.\end{aligned}$$

Si l'on met cette expression de Dz dans (79), on voit disparaître les deux termes en ζu, car on a

$$\frac{\partial z}{\partial u} = \mathrm{p}' u \frac{\partial z}{\partial \mathrm{p} u}.$$

La variable $\mathrm{p}u$ remplaçant u, il faut aussi changer le premier terme

$$\frac{\partial^2 z}{\partial u^2} = \frac{\partial^2 z}{(\partial \mathrm{p} u)^2} \mathrm{p}'^2 u + \frac{\partial z}{\partial \mathrm{p} u} \mathrm{p}'' u.$$

Ainsi, soient

$$x = \mathrm{p} u, \qquad z = \frac{\mathrm{F}(nu)}{(\sigma u)^{n^2}},$$

$\mathrm{F}(u)$ satisfaisant à la relation (78) : la fonction z vérifie l'équation

$$(80)\quad \left\{ \begin{aligned} &(4x^3 - g_2 x - g_3)\frac{\partial^2 z}{\partial x^2} - \left[(4n^2 - 6)x^2 - (4n^2 - 3)\frac{g_2}{6}\right]\frac{\partial z}{\partial x} \\ &\qquad - n^2\left(12 g_3 \frac{\partial z}{\partial g_2} + \tfrac{2}{3} g_2^2 \frac{\partial z}{\partial g_3}\right) + n^2(n^2 - 1)xz = 0 \end{aligned} \right.$$ (¹)

Supposons $\mathrm{F}(u) = \sigma u$. Alors z coïncide avec la fonction $\psi_n(u)$ qui sert de base à la théorie de la multiplication de l'argument.

Ainsi la fonction $\psi_n(u)$ vérifie l'équation (80), qui pourra servir à calculer $\psi_n(u)$.

Supposons, par exemple, n impair; $\psi_n(u)$ est alors un polynôme entier en $\mathrm{p}u$, dont on connaît le premier terme (IV, 13),

$$\psi_n(u) = n x^{\frac{n^2-1}{2}} + \mathrm{A} x^{\frac{n^2-1}{2} - 2} + \ldots.$$

En écrivant ce polynôme avec des coefficients indéterminés et substituant dans (80), on verra les coefficients se déterminer successivement sans difficulté. Mais nous ne voulons pas nous arrêter sur cette détermination, qui, déjà pour le cas $n = 5$, entraîne à des calculs fort longs. Cette méthode est, il est vrai, la seule que nous possédions pour trouver $\psi_n(u)$ sans calculer d'abord les fonctions d'indice moindre; mais elle n'a été jusqu'à présent d'aucun usage.

(¹) Cette équation reparaîtra dans la théorie de la transformation; nous dirons alors comment elle s'est présentée dans les travaux récents de M. Kiepert et de M. F. Klein.

Pour le cas où n est un nombre pair, l'équation (80) s'applique encore à $\psi_n(u)$. Mais $\psi_n(u)$ a la forme

$$\psi_n(u) = -p'u\,\Psi_n(u),$$

et Ψ_n est un polynôme entier en pu, dont on connaît le premier terme (IV, 13),

$$\Psi_n(u) = -\tfrac{1}{2}nx^{\frac{n^2-4}{2}} + Bx^{\frac{n^2-4}{2}-2} + \ldots.$$

Il convient donc de faire, dans l'équation (80), le changement

$$z = p'u\,\Psi_n = \sqrt{4x^3 - g_2x - g_3}\,\Psi_n.$$

On trouve ainsi la transformée

$$(80a)\quad \begin{cases} (4x^3-g_2x-g_3)\dfrac{\partial^2\Psi_n}{\partial x^2} - \left[(4n^2-18)x^2-(4n^2-9)\dfrac{g_2}{6}\right]\dfrac{\partial\Psi_n}{\partial x} \\ \quad - n^2\left(12g_3\dfrac{\partial\Psi_n}{\partial g_2} + \frac{2}{3}g_2^2\dfrac{\partial\Psi_n}{\partial g_3}\right) + (n^2-3)(n^2-4)x\Psi_n = 0. \end{cases}$$

Il existe aussi une équation linéaire aux dérivées partielles, du second ordre, satisfaite par la fonction γ_n (Chapitre IV) avec les variables indépendantes γ_4 et γ_3^3; mais cette équation très compliquée n'a pu être utilisée, et nous renverrons le lecteur au Mémoire où il pourra la trouver, s'il le désire (¹).

Sur un système d'équations différentielles.

Nous avons vu précédemment que, si z est une fonction homogène et du degré zéro, sa dérivée, par rapport à $\Omega = \log q$, s'obtient ainsi

$$\frac{dz}{d\Omega} = -\left(\frac{\omega}{\pi}\right)^2 Dz.$$

Nous avons aussi formé De_α; de l'expression (25) trouvée pour cette quantité, résulte, ainsi que de $D\omega = -2\eta$,

$$\frac{d(e_\alpha\omega^2)}{d\Omega} = \frac{1}{\pi^2}\left(\tfrac{2}{3}g_2\omega^4 + 4e_\alpha\omega^2\eta\omega - 4e_\alpha^2\omega^4\right).$$

(¹) *Sur deux équations aux dérivées partielles relatives à la multiplication de l'argument dans les fonctions elliptiques*, par M. Halphen (*Comptes rendus*, t. LXXXVIII, p. 698; année 1879).

Joignons encore la relation (67)

$$\frac{d\eta\omega}{d\Omega} = \frac{2}{\pi^2}(\eta^2\omega^2 - \tfrac{1}{12}g_2\omega^4);$$

observons que $g_2\omega^4$ est exprimable par $e_1\omega^2$, $e_2\omega^2$, $e_3\omega^2$, ainsi

$$-\tfrac{1}{4}g_2\omega^4 = e_1\omega^2 e_2\omega^2 + e_2\omega^2 e_3\omega^2 + e_3\omega^2 e_1\omega^2,$$

et concluons que les quatre quantités $\eta\omega$, $e_\alpha\omega^2$ vérifient un système d'équations différentielles, dans lequel la dérivée de chaque inconnue, par rapport à Ω, est exprimée sous forme quadratique et homogène en fonction des inconnues.

Comme la somme des trois quantités $e_\alpha\omega^2$ est nulle, on peut introduire trois quantités seulement, au lieu de quatre. Posons donc

$$x_\alpha = \eta\omega + e_\alpha\omega^2, \qquad \alpha,\ \beta,\ \gamma = 1,\ 2,\ 3.$$
$$t = \frac{4}{\pi^2}\Omega = \frac{4}{\pi^2}\log q.$$

Nous en concluons

$$x_\beta + x_\gamma = 2\eta\omega + e_\beta\omega^2 + e_\gamma\omega^2 = 2\eta\omega - e_\alpha\omega^2,$$
$$\frac{d(x_\beta + x_\gamma)}{dt} = \eta^2\omega^2 - \tfrac{1}{4}g_2\omega^4 + e_\alpha^2\omega^4 - \eta\omega\, e_\alpha\omega^2 = x_\beta x_\gamma.$$

Ainsi les trois quantités x_α vérifient le système d'équations différentielles simultanées ([1])

$$(81)\quad \frac{d(x_1+x_2)}{dt} = x_1x_2, \qquad \frac{d(x_2+x_3)}{dt} = x_2x_3, \qquad \frac{d(x_3+x_1)}{dt} = x_3x_1,$$

sur lequel nous aurons occasion de revenir. Il se transforme d'une manière remarquable si l'on introduit $g_2\omega^4$ et $g_3\omega^6$. D'après la définition (6) de l'opération D, on a

$$Dg_2 = 12g_3, \qquad Dg_3 = \tfrac{2}{3}g_2^2.$$

([1]) Ce système d'équations fournit la solution d'un problème posé par M. Darboux (*Annales de l'École Normale*, 2e série, t. VII, p. 149). Il a été intégré par l'auteur du présent Ouvrage (*Comptes rendus*, t. XCII, p. 1101). *Voir*, sur le même sujet, une Note de M. Brioschi et une seconde Note de M. Halphen dans le même Volume, p. 1389 et 1404 (année 1881).

Il en résulte

$$\frac{dg_2\omega^4}{dt} = 2g_2\omega^4\eta\omega - 3g_3\omega^6,$$

$$\frac{dg_3\omega^6}{dt} = 3g_3\omega^6\eta\omega - \tfrac{1}{6}g_2^2\omega^8.$$

En y joignant l'équation déjà citée

$$\frac{d\eta\omega}{dt} = \tfrac{1}{2}\eta^2\omega^2 - \tfrac{1}{24}g_2\omega^4,$$

on a ainsi un autre système, qui est un transformé du précédent. Remplaçant $\eta\omega$, $g_2\omega^4$, $g_3\omega^6$ par les lettres x, y, z, on peut dire que le système

$$(82)\qquad \left\{\begin{aligned} \frac{dx}{dt} &= \tfrac{1}{2}x^2 - \tfrac{1}{24}y, \\ \frac{dy}{dt} &= 2xy - 3z, \\ \frac{dz}{dt} &= 3xz - \tfrac{1}{6}y^2 \end{aligned}\right.$$

est le transformé du précédent (81) par la substitution

$$x = \tfrac{1}{3}(x_1 + x_2 + x_3), \qquad y = \tfrac{4}{3}(x_1^2 + x_2^2 + x_3^2 - x_1x_2 - x_2x_3 - x_3x_1),$$
$$z = \tfrac{4}{27}(2x_1 - x_2 - x_3)(2x_2 - x_3 - x_1)(2x_3 - x_1 - x_2).$$

C'est ce qu'on voit aisément en exprimant e_1, e_2, e_3 par x_1, x_2, x_3, puis g_2 et g_3 par e_1, e_2, e_3.

CHAPITRE X.

DÉVELOPPEMENT DES PÉRIODES EN SÉRIES HYPERGÉOMÉTRIQUES.

Équation hypergéométrique. — Série hypergéométrique. — Diverses solutions de l'équation hypergéométrique. — Cas particulier où l'un des coefficients est nul. — Développement des périodes en fonction de l'invariant absolu. Discriminant positif. — Développement des périodes en fonction de l'invariant absolu. Discriminant négatif. — Développement de K et K'. — Intégrales complètes de Legendre.

Équation hypergéométrique.

Soit l'équation

$$(1)\quad \left\{\begin{aligned} &\frac{d^2y}{dx^2}+\left(\frac{1-q_1}{x-a_1}+\frac{1-q_2}{x-a_2}+\frac{1-q_3}{x-a_3}\right)\frac{dy}{dx}\\ &\quad+\frac{1-q_1-q_2-q_3}{4}\left[\frac{1-q_1-q_2+q_3}{(x-a_1)(x-a_2)}\right.\\ &\qquad\left.+\frac{1-q_2-q_3+q_1}{(x-a_2)(x-a_3)}+\frac{1-q_3-q_1+q_2}{(x-a_3)(x-a_1)}\right]y=0.\end{aligned}\right.$$

Elle a deux propriétés caractéristiques :

1° Si l'on y fait $y=(x-a_1)^{q_1}Y$, la transformée en Y ne diffère de la précédente que par le changement de q_1 en $-q_1$.

En effet, en dénotant les dérivées par des accents, on a

$$\frac{y''}{y}=\frac{Y''}{Y}+2\frac{q_1}{x-a_1}\frac{Y'}{Y}+\frac{q_1(q_1-1)}{(x-a_1)^2},$$
$$\frac{y'}{y}=\frac{Y'}{Y}+\frac{q_1}{x-a_1};$$

d'où résulte

$$\frac{y''}{y}+\frac{1-q_1}{x-a_1}\frac{y'}{y}=\frac{Y''}{Y}+\frac{1+q_1}{x-a_1}\frac{Y'}{Y},$$
$$\frac{1-q_2}{x-a_2}\frac{y'}{y}=\frac{1-q_2}{x-a_2}\frac{Y'}{Y}+\frac{q_1(1-q_2)}{(x-a_1)(x-a_2)},$$
$$\frac{1-q_3}{x-a_3}\frac{y'}{y}=\frac{1-q_3}{x-a_3}\frac{Y'}{Y}+\frac{q_1(1-q_3)}{(x-a_1)(x-a_3)}.$$

D'ailleurs

$$\begin{aligned}
&\frac{(1-q_1-q_2-q_3)(1-q_1-q_2+q_3)}{4}+q_1(1-q_2)\\
&=\frac{(1-q_1-q_2)^2-q_3^2+4q_1(1-q_2)}{4}\\
&=\frac{(1+q_1-q_2)^2-q_3^2}{4}=\frac{(1+q_1-q_2-q_3)(1+q_1-q_2+q_3)}{4}.
\end{aligned}$$

Le coefficient de y, dans (1), se compose de la somme de trois termes. La dernière égalité montre que le premier de ces trois termes subit la transformation indiquée; en échangeant les indices 2 et 3, on obtient pareil résultat pour le troisième terme; quant au second, il n'est pas altéré par le changement de q_1 en $-q_1$. Le résultat annoncé est donc établi.

2° Si l'on fait le changement de variables

$$x=\frac{\alpha X+\beta}{\alpha' X+\beta'},\qquad y=Y(\alpha' X+\beta')^{\frac{1-q_1-q_2-q_3}{2}}$$

accompagné du changement de lettres

$$a_n=\frac{\alpha A_n+\beta}{\alpha' A_n+\beta'},\qquad n=1,\ 2,\ 3,$$

la transformée en X, Y reproduit la proposée, sauf changement de x, y, a_1, a_2, a_3 en X, Y, A_1, A_2, A_3.

Pour le prouver, soient

$$\tau=\frac{1-q_1-q_2-q_3}{2},\qquad u=\alpha' X+\beta',\qquad u_n=\alpha' A_n+\beta';$$

on en déduit

$$\frac{1}{x-a_n}=\frac{u}{\alpha\beta'-\beta\alpha'}\,\frac{u_n}{X-A_n},\qquad dX=\frac{u^2}{\alpha\beta'-\beta\alpha'}\,dx.$$

Il suit de là les relations

$$\begin{aligned}
&\frac{1}{y}\frac{dy}{dx}=\frac{u}{\alpha\beta'-\beta\alpha'}\left(u\frac{1}{Y}\frac{dY}{dX}+\tau\alpha'\right),\\
&\frac{1}{y}\frac{d^2y}{dx^2}=\left(\frac{u}{\alpha\beta'-\beta\alpha'}\right)^2\left[u^2\frac{1}{Y}\frac{d^2Y}{dX^2}+2(\tau+1)\alpha' u\frac{1}{Y}\frac{dY}{dX}+\tau(\tau+1)\alpha'^2\right].
\end{aligned}$$

Si l'on écrit la transformée ainsi

$$\frac{1}{Y}\frac{d^2Y}{dX^2} + P\frac{1}{Y}\frac{dY}{dX} + Q = 0,$$

ses coefficients auront les expressions suivantes :

$$uP = 2(\tau+1)\alpha' + \frac{(1-q_1)u_1}{X-A_1} + \frac{(1-q_2)u_2}{X-A_2} + \frac{(1-q_3)u_3}{X-A_3},$$

$$u^2Q = \tau(\tau+1)\alpha'^2 + \tau\alpha'\left[\frac{(1-q_1)u_1}{X-A_1} + \frac{(1-q_2)u_2}{X-A_2} + \frac{(1-q_3)u_3}{X-A_3}\right]$$
$$+\frac{\tau}{2}\left[\frac{(1-q_1-q_2+q_3)u_1u_2}{(X-A_1)(X-A_2)}\right.$$
$$\left.+\frac{(1-q_2-q_3+q_1)u_2u_3}{(X-A_2)(X-A_3)} + \frac{(1-q_3-q_1+q_2)u_3u_1}{(X-A_3)(X-A_1)}\right].$$

Dans l'expression de uP, remplaçons $2(\tau+1)$ par

$$(1-q_1)+(1-q_2)+(1-q_3),$$

qui lui est égal. On a

$$\alpha' + \frac{u_1}{X-A_1} = \alpha' + \frac{\alpha'A_1+\beta'}{X-A_1} = \frac{\alpha'X+\beta'}{X-A_1} = \frac{u}{X-A_1}.$$

La même transformation étant faite pour chacun des trois termes analogues, il en résulte

$$P = \frac{1-q_1}{X-A_1} + \frac{1-q_2}{X-A_2} + \frac{1-q_3}{X-A_3}.$$

Le coefficient P a donc bien la forme annoncée.

Pour s'assurer qu'il en est de même à l'égard de Q, considérons la quantité

$$u^2R = \frac{\tau}{2}\frac{(1-q_1-q_2+q_3)u^2}{(X-A_1)(X-A_2)} + \dots.$$

Décomposons cette dernière en fractions simples. Comme on a

$$u^2 = (\alpha'X+\beta')^2,$$

il existe d'abord une partie entière

$$\frac{\tau}{2}\alpha'^2[(1-q_1-q_2+q_3)+(1-q_2-q_3+q_1)+(1-q_3-q_1+q_2)]$$
$$= \frac{\tau}{2}\alpha'^2(3-q_1-q_2-q_3) = \tau(\tau+1)\alpha'^2.$$

Pour obtenir le numérateur de la fraction ayant pour dénominateur $X - A_1$, il faut prendre dans $u^2 R$ les deux fractions dont les dénominateurs sont $(X - A_1)(X - A_2)$ et $(X - A_1)(X - A_3)$. La première fournit le résidu

$$\frac{\tau}{2}(1 - q_1 - q_2 + q_3)\frac{u_1^2}{A_1 - A_2},$$

la seconde

$$\frac{\tau}{2}(1 - q_1 + q_2 - q_3)\frac{u_1^2}{A_1 - A_3}.$$

Dans $u^2 Q$ les deux fractions dont les dénominateurs sont aussi $(X - A_1)(X - A_2)$ et $(X - A_1)(X - A_3)$ donnent les résidus correspondants

$$\frac{\tau}{2}(1 - q_1 - q_2 + q_3)\frac{u_1 u_2}{A_1 - A_2},$$
$$\frac{\tau}{2}(1 - q_1 + q_2 - q_3)\frac{u_1 u_3}{A_1 - A_3}.$$

La somme de ces derniers, moins celle des premiers, fait

$$\begin{aligned}\frac{\tau}{2}(1 - q_1 - q_2 + q_3)&\frac{u_1(u_2 - u_1)}{A_1 - A_2} + \frac{\tau}{2}(1 - q_1 + q_2 - q_3)\frac{u_1(u_3 - u_1)}{A_1 - A_3}\\ &= -\frac{\tau}{2}(1 - q_1 - q_2 + q_3)\alpha' u_1 - \frac{\tau}{2}(1 - q_1 + q_2 - q_3)\alpha' u_1 = -\tau\alpha'(1 - q_1)u_1.\end{aligned}$$

En y ajoutant le numérateur $\tau\alpha'(1 - q_1)u_1$ de la fraction à dénominateur $(X - A_1)$, qui existe déjà dans $u^2 Q$, on trouve ainsi zéro. Toutes les fractions disparaissent donc dans $u^2 Q - u^2 R$. De plus, la partie entière disparaît aussi, d'après le calcul qui précède. Donc $u^2 Q = u^2 R$, ce qui achève la démonstration.

Série hypergéométrique.

De ces deux propriétés résultent de nombreuses conséquences.

En premier lieu, supposons $a_1 = 0$, $a_2 = 1$, $a_3 = \infty$; l'équation (1) se réduit à

$$(2)\quad \left\{\begin{aligned}&\frac{d^2y}{dx^2} + \left(\frac{1 - q_1}{x} + \frac{1 - q_2}{x - 1}\right)\frac{dy}{dx}\\ &\qquad + \frac{(1 - q_1 - q_2 - q_3)(1 - q_1 - q_2 + q_3)}{4x(x - 1)}y = 0.\end{aligned}\right.$$

Si l'on fait

(3) $\gamma = 1 - q_1, \quad \alpha = \frac{1}{2}(1 - q_1 - q_2 - q_3), \quad \beta = \frac{1}{2}(1 - q_1 - q_2 + q_3),$

l'équation s'écrit ainsi

(4) $$x(1-x)\frac{d^2y}{dx^2} + [\gamma - (\alpha + \beta + 1)x]\frac{dy}{dx} - \alpha\beta y = 0.$$

C'est la forme employée par Gauss ([1]). On vérifie par la substitution directe que cette équation admet la solution

(5) $$\left\{\begin{aligned} y = F(\alpha, \beta, \gamma, x) = 1 &+ \frac{\alpha\beta}{1.\gamma}x + \frac{\alpha(\alpha+1)\beta(\beta+1)}{1.2.\gamma(\gamma+1)}x^2 + \ldots \\ &+ \frac{\alpha(\alpha+1)\ldots(\alpha+n-1)\beta(\beta+1)\ldots(\beta+n-1)}{1.2\ldots n.\gamma(\gamma+1)\ldots(\gamma+n-1)}x^n + \ldots \end{aligned}\right.$$

Nous dénoterons par $[q_1, q_2, q_3; x]$ cette série; ainsi α, β, γ étant liés à q_1, q_2, q_3 par les relations (3), ou inversement

(6) $$q_1 = 1 - \gamma, \quad q_2 = \gamma - \alpha - \beta, \quad q_3 = \beta - \alpha,$$

nous posons

(7) $$F(\alpha, \beta, \gamma, x) = [q_1, q_2, q_3; x].$$

Diverses solutions de l'équation hypergéométrique.

Si nous changeons de variables dans (2) en posant

$$x = \frac{A_2 - A_3}{A_2 - A_1}\,\frac{X - A_1}{X - A_3}, \qquad y = Y(X - A_3)^{\frac{1}{2}(1 - q_1 - q_2 - q_3)},$$

on a précisément $X = A_1, A_2, A_3$, en correspondance avec

$$x = 0, \; 1, \; \infty.$$

La transformée a donc la forme générale ci-dessus. Donc l'équation générale (1) a, pour solution particulière,

(8) $$y_1 = (x - a_3)^{-\frac{1}{2}(1 - q_1 - q_2 - q_3)}\left[q_1, q_2, q_3; \frac{a_2 - a_3}{a_2 - a_1}\,\frac{x - a_1}{x - a_3}\right]$$

([1]) *Carl Friedrich Gauss Werke*, t. III, p. 123, 197, 207.

et toutes celles qu'on en déduit par l'échange des indices, ce qui donne six formes différentes. Telles sont les conséquences de la seconde proposition.

La première proposition fait connaître la solution

$$(9)\quad y_{-1} = (x-a_3)^{-\frac{1}{2}(1+q_1-q_2-q_3)}(x-a_1)^{q_1}\left[-q_1,\, q_2,\, q_3;\, \frac{a_3-a_3}{a_2-a_1}\,\frac{x-a_1}{x-a_3}\right],$$

déduite de celle qui précède. De cette dernière, on conclut encore par la même proposition (en y changeant l'indice) cette autre solution

$$y = (x-a_3)^{-\frac{1}{2}(1+q_1+q_2-q_3)}(x-a_1)^{q_1}(x-a_2)^{q_2}\left[-q_1,\, -q_2,\, q_3;\, \frac{a_2-a_3}{a_2-a_1}\,\frac{x-a_1}{x-a_3}\right].$$

Quant au changement du signe pour le troisième argument, on voit, par les formules (3) ou (6), que ce changement correspond à l'échange de α, β, qui ne modifie pas la série.

Les diverses solutions qu'on obtient de la sorte se résument comme il suit : si l'on pose

$$(10)\qquad y = z(x-a_1)^{\frac{1}{2}q_1}(x-a_2)^{\frac{1}{2}q_2}(x-a_3)^{\frac{1}{2}q_3-\frac{1}{2}},$$

les diverses formes de z sont

$$(11)\quad z = \left(\frac{x-a_1}{x-a_3}\right)^{\mp\frac{1}{2}q_1}\left(\frac{x-a_2}{x-a_3}\right)^{\mp\frac{1}{2}q_2}\left[\pm q_1,\, \pm q_2,\, \pm q_3;\, \frac{a_2-a_3}{a_2-a_1}\,\frac{x-a_1}{x-a_3}\right],$$

avec celles qui s'en déduisent par la permutation des indices. Le changement du signe, pour le troisième argument, ne modifie pas la série. On a donc, en tout, vingt-quatre formes différentes pour z, et autant pour y.

Chacune fournit une solution de l'équation (1), linéaire et du second ordre. Entre trois quelconques d'entre elles il existe donc une relation linéaire et homogène à coefficients indépendants de x. Nous ne nous occuperons pas ici de trouver ces relations, qui constituent l'une des plus belles découvertes de Gauss : dans l'application que nous allons faire, ces relations seront tirées de la nature même du sujet. Il nous suffira de reconnaître comment les vingt-quatre séries, différentes par la forme, constituent, en fait, six fonctions différentes seulement, dont chacune se trouve développée de quatre manières diverses. Pour ce but, il nous faut d'abord examiner les conditions de convergence de ces séries.

Dans la série (5), le rapport d'un terme au précédent converge vers x, quand le rang de ce terme croît au delà de toute limite. Cette série converge donc sous la condition, nécessaire à la fois et suffisante, que la valeur absolue (module) de x soit inférieure à l'unité. Dans les séries considérées ensuite, la variable x est remplacée par $\frac{a_2-a_3}{a_2-a_1}\frac{x-a_1}{x-a_3}$ ou les analogues. C'est cette dernière dont la valeur absolue doit être inférieure à l'unité pour la convergence. Si x, a_1, a_2, a_3, quantités complexes quelconques, sont représentées sur le plan par des points de même nom, la valeur absolue de $\frac{a_2-a_3}{a_2-a_1}\frac{x-a_1}{x-a_3}$ est le rapport des longueurs $\frac{\overline{a_2 a_3}}{\overline{a_2 a_1}}\frac{\overline{x a_1}}{\overline{x a_3}}$. Le lieu des points x, pour lesquels ce rapport est l'unité, se compose du cercle C_2, décrit sur le segment diamétral que les deux bissectrices de l'angle $a_1 a_2 a_3$ interceptent sur la droite $\overline{a_1 a_3}$. Suivant la disposition de la figure, le point a_1 est intérieur ou extérieur à ce cercle, le point a_3 est dans la région opposée. La valeur absolue du rapport est inférieure à l'unité et la série converge, quand le point x est, par rapport à ce cercle, dans la même région que le point a_1.

Il y a trois cercles analogues C_1, C_2, C_3, ayant respectivement leurs centres sur $\overline{a_2 a_3}$, $\overline{a_3 a_1}$, $\overline{a_1 a_2}$ et passant respectivement par a_1, a_2, a_3. Chacun d'eux partage le plan en deux régions, l'intérieur et l'extérieur du cercle. On distingue ainsi des régions, au nombre de six, et pour chacune d'elles quatre séries qui convergent dans toute son étendue. Par exemple, les quatre séries

$$\left[\pm q_1, \pm q_2, q_3; \frac{a_2-a_3}{a_2-a_1}\frac{x-a_1}{x-a_3}\right]$$

convergent dans toute l'étendue de la région limitée par le cercle C_2, et dans laquelle se trouve a_1; et les quatre autres

$$\left[\pm q_3, \pm q_2, q_1; \frac{a_2-a_1}{a_2-a_3}\frac{x-a_3}{x-a_1}\right],$$

dans la région complémentaire, limitée par C_2, mais où se trouve a_3.

Chacun des points a_1, a_2, a_3 appartient à deux des six régions; ainsi a_1 se trouve à la fois dans deux des régions limitées par les cercles C_2 et C_3. La partie du plan commune à ces deux régions, qu'on peut appeler région (a_1), entoure le point a_1 : huit séries y sont convergentes. Quatre de ces séries fournissent une seule et même fonction y; les quatre autres, une seconde fonction y. C'est ce que nous allons reconnaître aisément.

Nous pouvons d'abord distinguer, entre ces dernières, les deux fonctions y_1 et y_{-1}, représentées par les egalités (8) et (9). On y observe cette différence essentielle; quand x devient égal à a_1, y_1 d'une part, et $(x-a_1)^{-q_1}y_{-1}$ de l'autre, convergent vers des limites finies, différentes de zéro. Si, par exemple, on suppose q_1 négatif (ou à partie réelle négative), y_{-1} est infiniment grand pour $x=a_1$. Toute solution de l'équation différentielle (1) peut être mise sous la forme Ay_1+By_{-1}; si donc une solution est fournie par une fonction qui reste finie pour $x=a_1$, elle sera de la forme Ay_1. Prenons donc la solution qui se déduit de y_1 par l'échange des indices 2 et 3, et concluons immédiatement, en observant les valeurs limites pour $x=a_1$,

$$(12)\quad \left\{\begin{aligned} &\left(\frac{x-a_2}{a_1-a_2}\right)^{-\frac{1}{2}(1-q_1-q_2-q_3)}\left[q_1, q_3, q_2; \frac{a_3-a_2}{a_3-a_1}\,\frac{x-a_1}{x-a_2}\right] \\ &\quad=\left(\frac{x-a_3}{a_1-a_3}\right)^{-\frac{1}{2}(1-q_1-q_2-q_3)}\left[q_1, q_2, q_3; \frac{a_2-a_3}{a_2-a_1}, \frac{x-a_1}{x-a_3}\right]. \end{aligned}\right.$$

Cette égalité, ainsi prouvée pour le cas où q_1 a sa partie réelle négative, est évidemment générale. On peut s'en convaincre, soit en observant la parfaite continuité des deux membres, envisagés comme des fonctions de q_1, soit encore en remarquant que les deux fonctions coïncident, ainsi que leurs dérivées par rapport à x, pour $x=a_1$, et constituent donc une seule et même solution de l'équation différentielle (1).

De la seule égalité (12), on peut déduire les autres relations analogues en se rappelant que le changement du signe, pour le troisième argument, n'altère pas la série. Mais il est plus simple encore de reconnaître directement, par un raisonnement tout pareil, la même fonction y_1 sous les quatre formes suivantes, déduites de

(10) et de (11) avec permutation des indices 2, 3 :

$$(13)\quad \begin{cases} y_1 = \left(\dfrac{x-a_3}{a_1-a_3}\right)^{-\frac{1}{2}(1-q_1-q_2-q_3)} \left[q_1, q_2, q_3; \dfrac{a_2-a_3}{a_2-a_1}\dfrac{x-a_1}{x-a_3}\right], \\ y_1 = \left(\dfrac{x-a_3}{a_1-a_3}\right)^{-\frac{1}{2}(1-q_1+q_2-q_3)} \left(\dfrac{x-a_2}{a_1-a_2}\right)^{q_2} \left[q_1, -q_2, q_3; \dfrac{a_2-a_3}{a_2-a_1}\dfrac{x-a_1}{x-a_3}\right], \\ y_1 = \left(\dfrac{x-a_2}{a_1-a_2}\right)^{-\frac{1}{2}(1-q_1-q_2-q_3)} \left[q_1, q_3, q_2; \dfrac{a_3-a_2}{a_3-a_1}\dfrac{x-a_1}{x-a_2}\right], \\ y_1 = \left(\dfrac{x-a_2}{a_1-a_2}\right)^{-\frac{1}{2}(1-q_1-q_2+q_3)} \left(\dfrac{x-a_3}{a_1-a_3}\right)^{q_3} \left[q_1, -q_3, q_2; \dfrac{a_3-a_2}{a_3-a_1}\dfrac{x-a_1}{x-a_2}\right]. \end{cases}$$

Semblablement, en changeant dans ces quatre formules q_1 en $-q_1$, et multipliant les seconds membres par $(x-a_1)^{q_1}$, on a les quatre formes de y_{-1}.

Nous avons ainsi reconnu, comme il a été annoncé, que les huit séries, convergentes dans la région (a_1), représentent en tout deux fonctions. Il en est de même pour les huit séries qui convergent dans la région (a_2) et aussi pour les huit autres qui convergent dans la région (a_3).

Cas particulier où l'un des coefficients est nul.

Les deux fonctions y_1 et y_{-1} sont essentiellement distinctes; mais elles coïncident lorsque q_1 est égal à zéro. D'après les principes du Calcul différentiel, l'équation (1) admet alors, outre la solution y_1, cette autre

$$y = \lim_{q_1=0} \frac{y_1 - y_{-1}}{2q_1}.$$

Si l'on pose $y_1 = f(q_1)$, on en déduit, d'après (8) et (9),

$$y_{-1} = \left(\frac{x-a_1}{x-a_3}\right)^{q_1} f(-q_1),$$

$$y = \lim_{q_1=0} \frac{y_1 - y_{-1}}{2q_1} = \left(\frac{dy_1}{dq_1}\right)_{q_1=0} - \tfrac{1}{2} y_1 \log \frac{x-a_1}{x-a_3}.$$

Nous rencontrerons, dans la suite, ce cas particulier; d'après la forme du développement (5) et les relations (3), il n'y aura aucune difficulté à composer le développement de $\left(\dfrac{dy_1}{dq_1}\right)_{q_1=0}$.

Développement des périodes en fonction de l'invariant absolu. Discriminant positif.

La lettre x désignant $\Delta^{\frac{1}{12}}\omega$ et ω étant une période, nous avons obtenu (IX, 54) pour x l'équation hypergéométrique

$$J(1-J)\frac{d^2x}{dJ^2}+\tfrac{1}{6}(4-7J)\frac{dx}{dJ}-\tfrac{1}{144}x=0.$$

Elle est dans la forme même de Gauss; la correspondance des quantités a et des nombres q est la suivante :

$$\begin{array}{llll} a: & 0, & 1, & \infty, \\ q: & \frac{1}{3}, & \frac{1}{2}, & 0. \end{array}$$

Elle offre la particularité signalée tout à l'heure, que l'un des nombres q est nul.

L'ordre des indices (1, 2, 3) et l'ordre (1, 3, 2) donnent les mêmes intégrales, développées suivant les puissances de J ou de $\frac{J}{J-1}$. L'ordre (2, 1, 3) et l'ordre (2, 3, 1) donnent les développements suivant les puissances de $1-J$ et de $\frac{J-1}{J}$. L'ordre (3, 2, 1) et l'ordre (3, 1, 2) donnent les développements suivant les puissances de $\frac{1}{J}$ et de $\frac{1}{1-J}$.

Supposons le discriminant Δ positif. D'après la relation

$$J-1=\frac{27g_3^2}{\Delta},$$

on voit que J est supérieur à l'unité. Les développements suivant les puissances de $\frac{J-1}{J}$ et suivant les puissances de $\frac{1}{J}$ convergent donc.

Envisageons d'abord les premiers.

L'ordre étant ici (2, 3, 1), les deux intégrales particulières sont

$$x_1=\left[\frac{1}{2},\,0,\,\frac{1}{3};\,\frac{J-1}{J}\right]J^{-\frac{1}{12}},$$

$$x_2=\left[-\frac{1}{2},\,0,\,\frac{1}{3};\,\frac{J-1}{J}\right]J^{-\frac{1}{12}}\left(\frac{J-1}{J}\right)^{\frac{1}{2}}.$$

La solution la plus générale est, avec deux constantes arbitraires,

$$x = a x_1 + b x_2.$$

A cause des relations

$$(14)\qquad \omega = x \Delta^{-\frac{1}{12}}, \qquad \Delta = g_2^3 J^{-1},$$

nous aurons, pour une demi-période quelconque ω, la forme

$$(15)\qquad \sqrt[4]{g_2}\,\omega = a\left[\frac{1}{2}, 0, \frac{1}{3}; \frac{J-1}{J}\right] + b\left[-\frac{1}{2}, 0, \frac{1}{3}; \frac{J-1}{J}\right]\sqrt{\frac{J-1}{J}},$$

et il s'agit de trouver les nombres a, b. A cet effet, supposons, pour fixer les idées, g_3 positif, et envisageons, pour ω, la demi-période réelle.

Si J devient égal à l'unité, nous avons déjà trouvé (II, p. 64)

$$(\sqrt[4]{g_2}\,\omega)_{J=1} = \sqrt{2}\,A,$$

$$(16)\qquad A = \int_0^1 \frac{dx}{\sqrt{1-x^4}} = 1{,}3110287771\,46\ldots.$$

De là résulte le coefficient a de l'équation (15)

$$(17)\qquad a = A\sqrt{2}.$$

La dérivée de x, par rapport à J, est infinie pour $J = 1$, comme celle de x_2; mais on a

$$\lim_{J=1} \sqrt{J-1}\,\frac{dx}{dJ} = \tfrac{1}{2} b.$$

D'après les égalités (IX; 53, 52, 49), cette dernière relation se change successivement comme il suit :

$$-\tfrac{1}{2} b = \lim y\sqrt{J-1} = \lim \frac{1}{2\sqrt{3}}\,J^{-\frac{2}{3}} y' = \lim \frac{1}{2\sqrt{3}}\,J^{-\frac{2}{3}} \eta \Delta^{-\frac{1}{12}} \qquad (J=1),$$

$$\lim_{J=1}\left(\eta \Delta^{-\frac{1}{12}}\right) = -b\sqrt{3}.$$

Joignons à cette égalité la précédente

$$\lim_{J=1}\left(\omega \Delta^{\frac{1}{12}}\right) = a$$

pour conclure

$$\lim_{J=1}(\eta\omega) = -ab\sqrt{3}.$$

On a d'ailleurs, pour $J = 1$,

$$\omega' = i\omega, \qquad \eta' = -i\eta; \qquad \eta\omega' - \eta'\omega = \frac{i\pi}{2} = 2i\eta\omega; \qquad \eta\omega = \frac{\pi}{4}.$$

Par conséquent,

$$(18) \qquad ab = -\frac{\pi}{4\sqrt{3}}, \qquad b = -\frac{\pi}{4\sqrt{3}a} = -\frac{\pi}{4\sqrt{6}A}.$$

Stirling a calculé aussi la constante numérique

$$(19) \qquad B = \frac{\pi}{4A} = 0,59907011736779610372\ldots$$

(les quatre derniers chiffres sont dus à Gauss). On a, par là,

$$(20) \qquad b = -\frac{B}{\sqrt{6}}.$$

Les valeurs numériques (17) et (20) de a, b étant substituées dans (15), cette formule nous donne la demi-période réelle ω. Le changement de g_3 en $-g_3$, c'est-à-dire le changement du signe de $\sqrt{J-1}$, donne, par la même formule, la demi-période purement imaginaire ω', divisée par i. Voici donc le résultat:

$$(21) \qquad \left\{ \begin{array}{l} \sqrt[4]{g_2}\,\omega \\ \sqrt[4]{g_2}\,\dfrac{\omega'}{i} \end{array} \right\} = \sqrt{2}\,A\left[\frac{1}{2}, 0, \frac{1}{3}; \frac{J-1}{J}\right] \pm \frac{1}{\sqrt{6}} B \left[-\frac{1}{2}, 0, \frac{1}{3}; \frac{J-1}{J}\right]\sqrt{\frac{J-1}{J}}.$$

Si nous convenons maintenant de prendre $\sqrt{\dfrac{J-1}{J}}$ positif, les grandeurs respectives de ω et $\dfrac{\omega'}{i}$ nous enseignent que le signe $+$ convient à ω ou à $\dfrac{\omega'}{i}$ suivant que g_3 est négatif ou positif. A et B sont les constantes numériques (16) et (19), calculées par Stirling. Les deux *crochets* représentent les séries hypergéométriques suivantes :

$$\left[\frac{1}{2}, 0, \frac{1}{3}; \frac{J-1}{J}\right] = F\left(\frac{1}{12}, \frac{1}{12}, \frac{1}{2}, \frac{J-1}{J}\right)$$
$$= 1 + \frac{2}{12^2}\,\frac{J-1}{J} + \frac{2.13^2}{3.12^4}\left(\frac{J-1}{J}\right)^2 + \ldots,$$

$$\left[-\frac{1}{2}, 0, \frac{1}{3}; \frac{J-1}{J}\right] = F\left(\frac{7}{12}, \frac{7}{12}, \frac{3}{2}, \frac{J-1}{J}\right)$$
$$= 1 + \frac{2}{3}\left(\frac{7}{12}\right)^2 \frac{J-1}{J} + \frac{2.7^2.19^2}{3.5.12^4}\left(\frac{J-1}{J}\right)^2 + \ldots.$$

Considérons maintenant les développements suivant les puissances ascendantes de $\frac{1}{J}$. L'ordre des indices est 3, 2, 1, en sorte que le premier élément est nul. Les deux intégrales particulières sont, l'une finie, l'autre infinie comme $\log J$, quand J devient infini. Or on a vu, au Chapitre II, que, le discriminant positif tendant vers zéro, l'une des deux quantités $\sqrt[4]{g_2}\,\omega$, $\sqrt[4]{g_2}\,\frac{\omega'}{i}$ reste finie, suivant le signe de g_3, et que l'autre est infinie. Celle qui reste finie est donc proportionnelle à l'intégrale particulière qui, elle aussi, reste finie. Nous connaissons d'ailleurs (II, p. 67) sa limite, et nous en pouvons conclure

$$(22)\quad \left\{\begin{matrix} g_3>0, \sqrt[4]{g_2}\,\omega \\ g_3<0, \sqrt[4]{g_2}\,\frac{\omega'}{i} \end{matrix}\right\} = \frac{\pi}{\sqrt{2\sqrt{3}}}\left[0, \frac{1}{2}, \frac{1}{3}; \frac{1}{J}\right] = \frac{\pi}{\sqrt{2\sqrt{3}}}\,F\left(\frac{1}{12}, \frac{5}{12}, 1, \frac{1}{J}\right).$$

Pour la seconde intégrale, nous avons ici l'occasion d'appliquer la remarque faite, dans ce Chapitre, et relative au cas où le premier coefficient q_1 devient nul. En supposant d'abord q_1 différent de zéro, nous avons les deux intégrales particulières

$$f(q_1) = \left[q_1, \frac{1}{2}, \frac{1}{3}; \frac{1}{J}\right] \quad \text{et} \quad \left(\frac{1}{J}\right)^{q_1} f(-q_1),$$

pour composer les deux quantités $\sqrt[4]{g_2}\,\Omega$. Faisant converger q_1 vers zéro, nous remplaçons ces deux intégrales par $f(0)$, déjà employée, et par $\frac{1}{2}f(0)\log J + f'(0)$. La série $f'(0)$, que nous désignerons par la lettre Q, se développe ainsi :

$$(23)\quad \left\{\begin{aligned} Q &= \sum_{n=1}^{n=\infty} \frac{\frac{1}{12}\left(\frac{1}{12}+1\right)\cdots\left(\frac{1}{12}+n-1\right)\frac{5}{12}\left(\frac{5}{12}+1\right)\cdots\left(\frac{5}{12}+n-1\right)}{(1.2\ldots n)^2}\,\frac{T_n}{J^n}; \\ T_n &= \left\{\begin{aligned} &1+\frac{1}{2}+\frac{1}{3}+\ldots+\frac{1}{n} \\ &-6\left(1+\frac{1}{13}+\ldots+\frac{1}{12n-11}\right) \\ &-6\left(\frac{1}{5}+\frac{1}{17}+\ldots+\frac{1}{12n-7}\right). \end{aligned}\right. \end{aligned}\right.$$

On aura, pour la seconde période, une formule telle que

$$\sqrt[4]{g_2}\,\Omega = \alpha\left\{Q + \tfrac{1}{2}\log J\left[0, \frac{1}{2}, \frac{1}{3}; \frac{1}{J}\right]\right\} + \beta\left[0, \frac{1}{2}, \frac{1}{3}; \frac{1}{J}\right],$$

où α et β seront purement numériques. Mais on a vu, au Chapitre II, que, Ω désignant soit ω, soit $\frac{\omega'}{i}$ suivant le signe de g_3, la quantité

$$\sqrt[4]{g_2}\,\Omega\sqrt{2\sqrt{3}} - \log 24\sqrt{3J}$$

converge vers zéro, quand J devient infini. Il suit de là

$$(24)\qquad \left\{\begin{matrix} g_3 > 0, \sqrt[4]{g_2}\,\dfrac{\omega'}{i} \\ g_3 < 0, \sqrt[4]{g_2}\,\omega \end{matrix}\right\} = \frac{1}{\sqrt{2\sqrt{3}}}\left\{Q + \left[0, \frac{1}{2}, \frac{1}{3}; \frac{1}{J}\right]\log 24\sqrt{3J}\right\}.$$

Développement des périodes en fonction de l'invariant absolu. Discriminant négatif.

Pour le cas du discriminant négatif, nous distinguerons suivant le signe de g_2, que nous allons d'abord supposer positif. Les relations

$$J = \frac{g_2^3}{\Delta}, \qquad \Delta < 0,$$

font voir qu'en ce cas J est négatif; il y aura convergence pour les développements suivant les puissances ascendantes de $\frac{1}{1-J}$ et de $\frac{J}{J-1}$. Voyons d'abord les derniers. Ils correspondent à l'ordre des indices 1, 3, 2, et voici les deux intégrales particulières

$$x_1 = \left[\frac{1}{3}, 0, \frac{1}{2}; \frac{J}{J-1}\right](1-J)^{-\frac{1}{12}},$$

$$x_2 = \left[-\frac{1}{3}, 0, \frac{1}{2}; \frac{J}{J-1}\right](1-J)^{-\frac{1}{12}}\left(\frac{-J}{1-J}\right)^{\frac{1}{3}}.$$

Pour obtenir une demi-période ω, il faut multiplier par $\Delta^{-\frac{1}{12}}$

$$\Delta^{-\frac{1}{12}} = (27g_3^2)^{-\frac{1}{12}}(J-1)^{\frac{1}{12}}.$$

On aura donc des expressions de cette forme

$$g_3^{\frac{1}{6}}\omega = \alpha\left[\frac{1}{3}, 0, \frac{1}{2}; \frac{J}{J-1}\right] + \beta\left[-\frac{1}{3}, 0, \frac{1}{2}; \frac{J}{J-1}\right]\left(\frac{-J}{1-J}\right)^{\frac{1}{3}},$$

où α, β seront numériques. Si g_3 est positif et que g_2 devienne nul, on a (III, p. 83)

$$\frac{\omega'_2}{i\sqrt{3}} = \omega_2 = \frac{1}{2}\left(\frac{g_3}{4}\right)^{-\frac{1}{6}}\int_1^\infty \frac{dx}{\sqrt{x^3-1}}.$$

On n'a pas jusqu'à présent, croyons-nous, calculé cette intégrale définie, mais on pourra trouver, au besoin, son logarithme par les Tables des logarithmes des fonctions Γ, auxquelles nous renverrons. En posant donc

$$(25)\qquad c = \frac{1}{\sqrt[3]{4}}\int_1^\infty \frac{dx}{\sqrt{x^3-1}} = \frac{1}{3\sqrt[3]{4}}\frac{\Gamma(\frac{1}{2})\Gamma(\frac{1}{6})}{\Gamma(\frac{2}{3})},$$

et observant que J s'évanouit avec g_2, nous aurons déjà, dans le cas où g_3 est positif, les valeurs numériques c et $c\sqrt{3}$ du coefficient α, répondant à ω_2 et $\frac{\omega'_2}{i}$.

Soit maintenant

$$g_3^{\frac{1}{6}}\omega_2 = c\left[\frac{1}{3}, 0, \frac{1}{2}; \frac{J}{J-1}\right] + \beta\left[-\frac{1}{3}, 0, \frac{1}{2}; \frac{J}{J-1}\right]\left(\frac{-J}{1-J}\right)^{\frac{1}{3}}.$$

Nous en conclurons

$$\lim_{J=0}(-J)^{\frac{2}{3}}\frac{d\left(g_3^{\frac{1}{6}}\omega_2\right)}{dJ} = -\tfrac{1}{3}\beta$$

et, d'après les relations (IX; 53, 52, 49), par un calcul tout semblable à celui qui a été fait un peu plus haut,

$$\lim_{J=0}\left(g_3^{-\frac{1}{6}}\eta_2\right) = -2\beta.$$

Déjà, au Chap. VIII (*Observations sur les cas particuliers*, etc.), nous avons reconnu l'égalité

$$\eta_2\omega_2 = \frac{\pi}{2\sqrt{3}}$$

qui a lieu quand g_2 est nul et g_3 positif; on a, en même temps,

$$\eta'_2\,\omega'_2 = -\frac{\pi}{2\sqrt{3}}.$$

En conséquence, voici les formules définitives :

$$(26)\quad \begin{cases} \Delta < 0, \qquad g_3 > 0, \qquad g_2 > 0; \\ \sqrt[6]{g_3}\,\omega_2 = c\left[\frac{1}{3},\ 0,\ \frac{1}{2};\ \frac{J}{J-1}\right] \\ \qquad - \frac{\pi}{4\sqrt{3}\,c}\left[-\frac{1}{3},\ 0,\ \frac{1}{2};\ \frac{J}{J-1}\right]\sqrt[3]{\frac{-J}{1-J}}, \\ \sqrt[6]{g_3}\,\frac{\omega'_2}{i} = \sqrt{3}\,c\left[\frac{1}{3},\ 0,\ \frac{1}{2};\ \frac{J}{J-1}\right] \\ \qquad + \frac{\pi}{12c}\left[-\frac{1}{3},\ 0,\ \frac{1}{2};\ \frac{J}{J-1}\right]\sqrt[3]{\frac{-J}{1-J}}. \end{cases}$$

Pour le cas où g_3 est négatif, on aura, par l'échange des périodes,

$$(26\,a)\quad \begin{cases} \Delta < 0, \qquad g_3 < 0, \qquad g_2 > 0; \\ \sqrt[6]{-g_3}\,\frac{\omega'_2}{i} = c\left[\frac{1}{3},\ 0,\ \frac{1}{2};\ \frac{J}{J-1}\right] \\ \qquad - \frac{\pi}{4\sqrt{3}\,c}\left[-\frac{1}{3},\ 0,\ \frac{1}{2};\ \frac{J}{J-1}\right]\sqrt[3]{\frac{-J}{1-J}}, \\ \sqrt[6]{-g_3}\,\omega_2 = \sqrt{3}\,c\left[\frac{1}{3},\ 0,\ \frac{1}{2};\ \frac{J}{J-1}\right] \\ \qquad + \frac{\pi}{12c}\left[-\frac{1}{3},\ 0,\ \frac{1}{2};\ \frac{J}{J-1}\right]\sqrt[3]{\frac{-J}{1-J}}. \end{cases}$$

Les développements suivant les puissances ascendantes de $\frac{1}{1-J}$ donnent lieu aux mêmes observations que nous avons faites précédemment pour ceux qui procèdent suivant les puissances de $\frac{1}{J}$. Au Chapitre III, on a vu, g_3 étant supposé positif, que $\sqrt[6]{g_3}\,\omega_2$ converge vers $\frac{\pi}{\sqrt{6}}$ quand Δ devient nul, et qu'en même temps $\left[\sqrt[6]{g_3}\,\frac{\omega'_2}{i} - \frac{1}{\sqrt{6}}\log 12^3(1-J)\right]$ converge vers zéro (p. 89).

Il s'introduit ici la série

$$Q_1 = \sum_{n=1}^{n=\infty} \frac{\frac{1}{12}(\frac{1}{12}+1)\ldots(\frac{1}{12}+n-1)\frac{7}{12}(\frac{7}{12}+1)\ldots(\frac{7}{12}+n-1)}{(1.2\ldots n)^2} \frac{S_n}{(1-J)^n};$$

$$S_n = \begin{cases} 1 + \frac{1}{2} + \frac{1}{3} + \ldots + \frac{1}{n} \\ -6\left(1 + \frac{1}{13} + \ldots + \frac{1}{12n-11}\right) \\ -6\left(\frac{1}{7} + \frac{1}{19} + \ldots + \frac{1}{12n-5}\right); \end{cases}$$

et l'on obtient les formules

$$(27) \quad \begin{cases} \Delta < 0, \qquad g_3 > 0, \qquad g_2 > 0, \\ \sqrt[6]{g_3}\,\omega_2 = \frac{\pi}{\sqrt{6}}\left[0, \frac{1}{3}, \frac{1}{2}; \frac{1}{1-J}\right], \\ \sqrt[6]{g_3}\,\frac{\omega_2'}{i} = \frac{2}{\sqrt{6}} Q_1 + \frac{1}{\sqrt{6}}\left[0, \frac{1}{3}, \frac{1}{2}; \frac{1}{1-J}\right] \log 12^3(1-J). \end{cases}$$

$$(27a) \quad \begin{cases} \Delta < 0, \qquad g_3 < 0, \qquad g_2 > 0, \\ \sqrt[6]{-g_3}\,\frac{\omega_2'}{i} = \frac{\pi}{\sqrt{6}}\left[0, \frac{1}{3}, \frac{1}{2}; \frac{1}{1-J}\right], \\ \sqrt[6]{-g_3}\,\omega_2 = \frac{2}{\sqrt{6}} Q_1 + \frac{1}{\sqrt{6}}\left[0, \frac{1}{3}, \frac{1}{2}; \frac{1}{1-J}\right] \log 12^3(1-J). \end{cases}$$

Il nous reste enfin à examiner les formules propres au cas où g_2 est négatif. L'invariant J est maintenant positif, inférieur à l'unité, et l'on peut employer les développements suivant les puissances ascendantes de J ou de $(1-J)$.

L'analyse est absolument la même que dans les cas précédents, et il suffira de réunir ici les résultats :

$$(28) \quad \begin{cases} \Delta < 0, \qquad g_3 > 0, \qquad g_2 < 0, \\ \frac{1}{\sqrt[4]{3}} \sqrt[12]{-\Delta}\,\omega_2 = c\left[\frac{1}{3}, \frac{1}{2}, 0; J\right] + \frac{\pi}{4\sqrt{3}\,c}\left[-\frac{1}{3}, \frac{1}{2}, 0; J\right]\sqrt[3]{J}, \\ \frac{1}{\sqrt[4]{3}} \sqrt[12]{-\Delta}\,\frac{\omega_2'}{i} = \sqrt{3}\,c\left[\frac{1}{3}, \frac{1}{2}, 0; J\right] - \frac{\pi}{12c}\left[-\frac{1}{3}, \frac{1}{2}, 0; J\right]\sqrt[3]{J}. \end{cases}$$

Le coefficient c est ici le même que dans les formules (26).

Au cas $g_3 < 0$, $g_2 > 0$, on doit seulement échanger, dans (28), ω_2 et $\frac{\omega'_2}{i}$.

La même observation s'applique aux formules suivantes :

$$(29)\quad \left\{ \begin{aligned} &\Delta < 0, \qquad g_3 > 0, \qquad g_2 < 0, \\ &\sqrt[12]{-\Delta}\,\omega_2 = 2A\left[\frac{1}{2}, \frac{1}{3}, 0; 1-J\right] - \frac{B}{\sqrt{3}}\left[-\frac{1}{2}, \frac{1}{3}, 0; 1-J\right]\sqrt{1-J}, \\ &\sqrt[12]{-\Delta}\,\frac{\omega'_2}{i} = 2A\left[\frac{1}{2}, \frac{1}{3}, 0; 1-J\right] + \frac{B}{\sqrt{3}}\left[-\frac{1}{2}, \frac{1}{3}, 0; 1-J\right]\sqrt{1-J}, \end{aligned} \right.$$

où A et B sont les mêmes que dans (21).

Développement de K et K'.

Prenons la définition de K par une intégrale définie (II, p. 62),

$$K = \int_0^{\frac{\pi}{2}} \frac{d\varphi}{\sqrt{1 - k^2 \sin^2\varphi}},$$

et développons, suivant les puissances ascendantes de k^2, la fonction à intégrer :

$$\frac{1}{\sqrt{1 - k^2\sin^2\varphi}} = 1 + \tfrac{1}{2}k^2\sin^2\varphi + \tfrac{1}{2}\cdot\tfrac{1}{2}\cdot\tfrac{3}{2}k^4\sin^4\varphi + \tfrac{1}{1.2.3}\,\tfrac{1}{2}\cdot\tfrac{3}{2}\cdot\tfrac{5}{2}k^6\sin^6\varphi + \ldots.$$

Intégrons ensuite chaque terme du développement suivant la formule

$$\int_0^{\frac{\pi}{2}} \sin^{2n}\varphi\, d\varphi = \frac{\pi}{2}\,\frac{\frac{1}{2}\cdot\frac{3}{2}\cdots\frac{2n-1}{2}}{1.2\ldots n}.$$

Nous aurons ainsi, pour K, une série hypergéométrique

$$K = \frac{\pi}{2}F(\tfrac{1}{2}, \tfrac{1}{2}, 1, k^2) = \frac{\pi}{2}[0, 0, 0; k^2].$$

On aura de même

$$K' = \frac{\pi}{2}F(\tfrac{1}{2}, \tfrac{1}{2}, 1, k'^2) = \frac{\pi}{2}[0, 0, 0; k'^2].$$

A cause de la relation $k'^2 = 1 - k^2$, et des propriétés de l'équation hypergéométrique, on voit par là que K, K', et par suite iK' et toutes les périodes sont des solutions de l'équation différentielle suivante, où l'on a mis $\varkappa$ au lieu de k^2,

$$(30) \qquad \varkappa(1-\varkappa)\frac{d^2y}{d\varkappa^2} + (1-2\varkappa)\frac{dy}{d\varkappa} - \tfrac{1}{4}y = 0.$$

Nous rencontrons là une des propriétés les plus curieuses de ces équations hypergéométriques particulières. En vertu des relations qui lient les invariants au module et ω à K, l'équation (30) est nécessairement une transformée de celle que nous avons formée précédemment.

La relation entre les invariants et le module (p. 60) peut s'écrire ainsi

$$(31) \qquad \frac{4(1-\varkappa+\varkappa^2)^3}{J} = \frac{(1+\varkappa)^2(2-\varkappa)^2(1-2\varkappa)^2}{J-1} = \frac{27\varkappa^2(1-\varkappa)^2}{1},$$

et le multiplicateur λ a pour expression

$$\lambda = -\frac{1}{9}\frac{g_2}{g_3}\frac{(1+\varkappa)(2-\varkappa)(1-2\varkappa)}{1-\varkappa+\varkappa^2}.$$

Il en résulte

$$\Delta^{\frac{1}{12}}\sqrt{\lambda} = i\sqrt[4]{3}\,J^{\frac{1}{6}}(J-1)^{-\frac{1}{4}}\left[\frac{(1+\varkappa)(2-\varkappa)(1-2\varkappa)}{1-\varkappa+\varkappa^2}\right]^{\frac{1}{2}} = i\sqrt{3}\sqrt[3]{2}[\varkappa(1-\varkappa)]^{\frac{2}{3}};$$

et voici la conséquence finale, digne d'attention à tous égards.

Si, dans l'équation (30), on fait un changement de variables, en prenant pour nouvelle variable indépendante J, liée à $\varkappa$ par (31), et pour nouvelle inconnue z liée à y par la relation

$$z = [\varkappa(1-\varkappa)]^{\frac{2}{3}}y,$$

on obtient pour transformée

$$J(1-J)\frac{d^2z}{dJ^2} + \tfrac{1}{6}(4-7J)\frac{dz}{dJ} - \tfrac{1}{144}z = 0.$$

Intégrales complètes de Legendre.

C'est ici le lieu de faire connaître, avec K et K', les deux quantités qui, dans les œuvres de Legendre, jouent le rôle des quantités employées maintenant, η et η'.

Revenons aux formules du Chapitre I, et, le discriminant étant supposé positif, prenons la fonction

$$\begin{aligned}\operatorname{dn}^2\frac{u}{\sqrt{\lambda}} &= \frac{pu-e_2}{pu-e_3} = 1+\frac{e_3-e_2}{pu-e_3} = 1-\frac{1}{e_1-e_3}[p(u+\omega')-e_3]\\ &= \frac{e_1-p(u+\omega')}{e_1-e_3} = \frac{d}{du}\,\frac{e_1u+\zeta(u+\omega')}{e_1-e_3}.\end{aligned}$$

En l'intégrant depuis zéro jusqu'à ω, nous aurons

$$\int_0^{\omega}\operatorname{dn}^2\frac{u}{\sqrt{\lambda}}\,du = \frac{e_1\omega+\eta}{e_1-e_3}.$$

On a d'ailleurs

$$\lambda = \frac{1}{e_1-e_3}, \qquad \omega = K\sqrt{\lambda},$$

ce qui permet d'écrire la dernière relation sous cette autre forme

$$\int_0^{K}\operatorname{dn}^2 u\,du = \frac{e_1\omega+\eta}{\sqrt{e_1-e_3}} = \int_0^{\frac{\pi}{2}} d\varphi\sqrt{1-k^2\sin^2\varphi}.$$

C'est cette dernière intégrale définie que Legendre a employée, en la désignant par la lettre E,

$$(32)\qquad E = \int_0^{\frac{\pi}{2}} d\varphi\sqrt{1-k^2\sin^2\varphi} = \int_0^1 \frac{\sqrt{1-k^2x^2}}{\sqrt{1-x^2}}\,dx = \frac{e_1\omega+\eta}{\sqrt{e_1-e_3}}.$$

Legendre considérait, en même temps, l'intégrale analogue, relative au module complémentaire,

$$(32\,a)\qquad E' = \int_0^{\frac{\pi}{2}} d\varphi\sqrt{1-k'^2\sin^2\varphi} = \int_0^1 \frac{\sqrt{1-k'^2x^2}}{\sqrt{1-x^2}}\,dx = \frac{i(\eta'+e_3\omega')}{\sqrt{e_1-e_3}}.$$

Avec ces égalités (32) et (32 *a*), considérons aussi

$$K = \omega\sqrt{e_1 - e_3}, \qquad K' = \frac{\omega'}{i}\sqrt{e_1 - e_3},$$

et formons la quantité $EK' + E'K - KK'$. Nous obtenons

$$(33) \qquad EK' + E'K - KK' = \frac{1}{i}(\eta\omega' - \eta'\omega) = \frac{\pi}{2}.$$

C'est sous cette forme que Legendre avait trouvé la relation fondamentale entre les quatre constantes.

Il est utile aussi de connaître les expressions de dérivées de ces quantités par rapport au module, analogues à celles des dérivées de η, ω, par rapport aux invariants (IX; 37, 39). Voici comment on les trouve sans difficulté.

D'après la définition (32), on a

$$\frac{dE}{d(k^2)} = -\frac{1}{2}\int_0^{\frac{\pi}{2}} \frac{\sin^2\varphi\, d\varphi}{\sqrt{1 - k^2\sin^2\varphi}}, \qquad K = \int_0^{\frac{\pi}{2}} \frac{d\varphi}{\sqrt{1 - k^2\sin^2\varphi}},$$

$$(34) \qquad K + 2k^2\frac{dE}{d(k^2)} = \int_0^{\frac{\pi}{2}} d\varphi\sqrt{1 - k^2\sin^2\varphi} = E.$$

En différentiant E une seconde fois, nous obtenons

$$\frac{d^2E}{d(k^2)^2} = -\frac{1}{4}\int_0^{\frac{\pi}{2}} \frac{\sin^4\varphi\, d\varphi}{\sqrt{(1 - k^2\sin^2\varphi)^3}},$$

$$4k^2(1 - k^2)\frac{d^2E}{d(k^2)^2} + 4(1 - k^2)\frac{dE}{dk^2} + E = \int_0^{\frac{\pi}{2}} \frac{k^2\sin^4\varphi - 2\sin^2\varphi + 1}{\sqrt{(1 - k^2\sin^2\varphi)^3}}\, d\varphi$$

$$= \int_0^{\frac{\pi}{2}} \frac{d}{d\varphi}\,\frac{\sin\varphi\cos\varphi}{\sqrt{1 - k^2\sin^2\varphi}}\, d\varphi = 0.$$

Posant $k^2 = \varkappa$, on voit que E satisfait à l'équation différentielle

$$(35) \qquad \varkappa(1 - \varkappa)\frac{d^2E}{d\varkappa^2} + (1 - \varkappa)\frac{dE}{d\varkappa} + \frac{1}{4}E = 0.$$

La relation (34), étant écrite ainsi

$$(36) \qquad 2\varkappa \frac{dE}{d\varkappa} = E - K,$$

puis différentiée, donne

$$2\varkappa \frac{d^2 E}{d\varkappa^2} + \frac{dE}{d\varkappa} + \frac{dK}{d\varkappa} = 0.$$

Combinant cette dernière avec (35), on en conclut

$$(37) \qquad (1 - \varkappa) \frac{d(K - E)}{d\varkappa} = \tfrac{1}{2} E.$$

Les deux égalités (36) et (37) sont équivalentes à celles que nous avons formées dans le Chapitre IX.

CHAPITRE XI.

DÉVELOPPEMENT DES FONCTIONS ELLIPTIQUES EN SÉRIES A DOUBLE INDICE.

Décomposition de $p(nu)$ en fractions simples par rapport à pu. — Série qui se déduit de la formule de décomposition de $p(nu)$ en fractions simples. — Séries à double indice. — Convergence de la série qui se déduit de la décomposition de $p(nu)$ en fractions simples. — Développement de pu en série à double indice. — Observations sur le développement de pu. Double périodicité. — Développement de $p'u$, de $p''u$, etc., en séries à double indice. — Développement de ζu en série à double indice. — Développement de σu en produit à double indice. — Transformation de $\sigma(u+a)$. — Nouvelle définition des fonctions elliptiques. — Nouvelle démonstration pour la décomposition des fonctions doublement périodiques en éléments simples. — Équivalence des périodes. — Expression de $\sigma_1 u$, $\sigma_2 u$, $\sigma_3 u$ en produits à double indice.

Décomposition de $p(nu)$ en fractions simples par rapport à pu.

La théorie de la multiplication de l'argument a introduit une fonction $\psi_n(u)$, caractérisée par ce fait qu'elle a pour racines les $n^{\text{ièmes}}$ parties de périodes. Considérons cette fonction spécialement dans le cas où n est un nombre impair. C'est alors un polynôme entier par rapport à pu, du degré $\frac{1}{2}(n^2-1)$. Le coefficient du terme du plus haut degré est n. En désignant par w diverses périodes, on pourra écrire $\psi_n(u)$ sous la forme

$$\psi_n(u) = n\prod_{w}\left(pu - p\frac{w}{n}\right),$$

qui met les racines en évidence. Il faut seulement préciser les quantités w, dont le nombre est $\frac{1}{2}(n^2-1)$, et dont la forme générale est

$$w = 2m\omega + 2m'\omega'.$$

Les entiers m et m' sont quelconques ; ils ne doivent seulement pas être nuls tous deux à la fois, et il faut les choisir de telle sorte que $p\frac{w}{n}$ acquière successivement toutes les valeurs, au nombre de $\frac{1}{2}(n^2-1)$, que cette expression est susceptible de représenter. Ce choix peut être fait de diverses manières ; arrêtons-nous au choix suivant :

1° Avec $m=0$, prenons $m'=1, 2, 3, \ldots, \frac{n-1}{2}$;

2° Prenons ensuite, pour m, l'un des nombres $1, 2, 3, \ldots, \frac{n-1}{2}$, et, en même temps, pour m', l'un quelconque des nombres $0, \pm 1, \pm 2, \pm \ldots, \pm \frac{n-1}{2}$.

Cette manière de choisir w présente un avantage qui sera, un peu plus loin, utile à une démonstration : le nombre n devant être pris de plus en plus grand, les diverses quantités $\frac{w}{n}$, ainsi choisies, resteront dans des limites faciles à assigner, elles auront la forme $p\omega + p'\omega'$, où les *fractions* p et p' seront comprises, la première entre zéro et $+1$, la seconde entre -1 et $+1$.

On a vu, au Chapitre IV, que $p(nu)$ s'exprime en fonction de pu, par une fraction rationnelle dont le dénominateur est $\psi_n^2(u)$, et dont le numérateur est d'un degré supérieur d'une unité à celui du dénominateur (p. 100).

Cette fraction, décomposée en fractions simples prend la forme

$$p(nu) = \beta + \alpha\, p u + \sum_w \left[\frac{A}{\left(pu - p\frac{w}{n}\right)^2} + \frac{A'}{pu - p\frac{w}{n}}\right],$$

et nous allons y déterminer les coefficients.

En supposant d'abord u infiniment petit, et développant les deux membres suivant les puissances ascendantes de u (IV, 4), on trouve

$$\beta = 0, \qquad \alpha = \frac{1}{n^2}.$$

Posant ensuite $u = \frac{w}{n} + v$ et développant suivant les puissances ascendantes de v, on détermine A et A′ par le calcul suivant :

$$p(nu) = p(w + nv) = p(nv) = \frac{1}{n^2 v^2} + \ldots,$$

$$\frac{A}{\left(pu - p\frac{w}{n}\right)^2} = \frac{A}{p'^2\frac{w}{n}}\frac{1}{v^2} - \frac{A p''\frac{w}{n}}{p'^3\frac{w}{n}}\frac{1}{v} + \ldots,$$

$$\frac{A'}{pu - p\frac{w}{n}} = \frac{A'}{p'\frac{w}{n}}\frac{1}{v} + \ldots,$$

$$\frac{A}{p'^2\frac{w}{n}} = \frac{1}{n^2}, \qquad \frac{A'}{p'\frac{w}{n}} - \frac{A p''\frac{w}{n}}{p'^3\frac{w}{n}} = 0,$$

$$A = \frac{1}{n^2}p'^2\frac{w}{n}, \qquad A' = \frac{1}{n^2}p''\frac{w}{n}.$$

La formule de décomposition est donc la suivante :

$$p(nu) = \frac{1}{n^2}pu + \frac{1}{n^2}\sum_w \left[\frac{p'^2\frac{w}{n}}{\left(pu - p\frac{w}{n}\right)^2} + \frac{p''\frac{w}{n}}{pu - p\frac{w}{n}}\right].$$

Série qui se déduit de la formule de décomposition de $p(nu)$ en fractions simples.

Dans la dernière formule, changeons u en $\frac{u}{n}$, et nous aurons

$$(1) \qquad pu = \frac{1}{n^2}p\frac{u}{n} + \sum_w \left[\frac{p'^2\frac{w}{n}}{n^2\left(p\frac{u}{n} - p\frac{w}{n}\right)^2} + \frac{p''\frac{w}{n}}{n^2\left(p\frac{u}{n} - p\frac{w}{n}\right)}\right].$$

Examinons maintenant ce que cette formule devient si, u restant fixe, n croît au delà de toute limite.

Pour le premier terme, sa limite est $\frac{1}{u^2}$; car $\frac{u}{n}$ tend vers zéro et $\left(\frac{u}{n}\right)^2 p\frac{u}{n}$ vers l'unité.

Dans un quelconque des autres termes, en y considérant w comme une quantité fixe, on a des fonctions toutes infiniment grandes, et les parties principales sont les suivantes :

$$p\frac{w}{n} = \frac{n^2}{w^2}, \qquad p'\frac{w}{n} = -\frac{2n^3}{w^3}, \qquad p''\frac{w}{n} = \frac{6n^4}{w^4},$$

$$\frac{p'^2\frac{w}{n}}{n^2\left(p\frac{u}{n} - p\frac{w}{n}\right)^2} = \frac{4u^4}{w^2(u^2 - w^2)^2}, \qquad \frac{p''\frac{w}{n}}{n^2\left(p\frac{u}{n} - p\frac{w}{n}\right)} = \frac{6u^2}{w^2(w^2 - u^2)}.$$

Ces deux fractions donnent ensemble

$$\frac{4u^4}{w^2(u^2 - w^2)^2} - \frac{6u^2}{w^2(u^2 - w^2)} = \frac{1}{(u + w)^2} + \frac{1}{(u - w)^2} - \frac{2}{w^2}.$$

On peut séparer cette somme en deux parties analogues

$$\frac{1}{(u + w)^2} - \frac{1}{w^2} \quad \text{et} \quad \frac{1}{(u - w)^2} - \frac{1}{w^2}.$$

Ces quantités constituent deux termes de la série suivante

$$f(u) = \frac{1}{u^2} + \sum_w \left[\frac{1}{(u - w)^2} - \frac{1}{w^2}\right], \tag{2}$$

où w prend successivement toutes les valeurs

$$w = 2n\omega + 2n'\omega', \qquad \left.\begin{matrix} n \\ n' \end{matrix}\right\} = 0, \pm 1, \pm 2, \pm \ldots, \pm \infty, \tag{3}$$

$n = n' = 0$ excepté.

Cette série $f(u)$ apparaît ici comme composée des termes vers lesquels convergent les fractions simples de la formule (1). La conclusion que l'on doit naturellement chercher à établir, mais qui, actuellement, n'est en aucune façon prouvée, c'est que la série $f(u)$, prolongée indéfiniment, est convergente et qu'elle converge vers pu.

Pour obtenir la limite d'un terme quelconque de la formule (1), nous avons considéré w comme une quantité fixe, tandis que w doit acquérir toutes les valeurs $2m\omega + 2m'\omega'$, choisies comme il a été expliqué dans le paragraphe précédent. Non seulement les limites supérieures de m et m' ne sont pas fixes, mais elles deviennent infinies avec n, circonstance qui rend indispensable une démonstration rigoureuse.

La série (2) est d'une nature nouvelle, et l'on n'en a pas considéré d'analogues avant la théorie des fonctions elliptiques. Tandis que, dans les séries usuelles, les termes sont déterminés uniquement par leur rang, c'est-à-dire *par un seul indice*, ici chaque terme dépend de deux indices n, n'. Il nous faut d'abord examiner avec soin ces séries nouvelles, pour revenir ensuite à la série (2) et prouver alors qu'elle converge vers pu.

Séries à double indice [1].

Rappelons tout d'abord, sans les démontrer, trois propositions relatives aux séries ordinaires, à simple indice,

$$t_1 + t_2 + t_3 + \ldots + t_m + \ldots.$$

1° Soient T_1, T_2, ..., T_m, ... les valeurs absolues (modules) de t_1, t_2, ..., t_m, ... Si la série $T_1 + T_2 + \ldots + T_m + \ldots$ converge, la série $t_1 + t_2 + \ldots + t_m + \ldots$ est dite *absolument convergente*. Elle a cette propriété que sa somme n'est pas altérée si l'on intervertit arbitrairement l'ordre de ses termes, c'est-à-dire si l'on range les termes suivant une loi quelconque qui n'en fasse omettre aucun.

2° Si s_m est le terme général d'une série S et que s_m ait pour *expression asymptotique* t_m, terme général d'une série absolument convergente, la série S est elle-même absolument convergente.

On dit que s_m a pour expression asymptotique t_m, si le rapport $s_m : t_m$ tend vers l'unité quand m croît au delà de toute limite.

3° La série $1 + \frac{1}{2^\alpha} + \frac{1}{3^\alpha} + \ldots + \frac{1}{m^\alpha} + \ldots$, dans laquelle l'exposant α est réel, est absolument convergente si α surpasse l'unité. Elle diverge, au contraire, si α est égal ou inférieur à l'unité.

Nous allons maintenant considérer les séries à double indice, et l'on doit être averti que nous envisagerons seulement celles qui sont *absolument convergentes*, c'est-à-dire dont la somme ne dé-

(1) Cette théorie est principalement due à Eisenstein; le mode d'exposition employé ici est emprunté au *Cours d'Analyse de l'École Polytechnique*, par M. Camille Jordan (t. I, Chap. III, p. 161).

pend pas de l'ordre des termes. Voici comment on reconnaît leur existence.

Soit $t_{m,n}$ un terme général dépendant de deux indices m, n, recevant chacun une infinité de valeurs. Rangeons les quantités $t_{m,n}$ à la suite les unes des autres, suivant une loi arbitraire, qui cependant n'en fasse omettre aucune. Nous formons ainsi une série ordinaire. Si cette dernière est absolument convergente, sa somme reste inaltérée quand on intervertit arbitrairement l'ordre des termes. La somme des quantités $t_{m,n}$, arbitrairement rangées à la suite les unes des autres, a donc une limite bien déterminée, indépendante de l'ordre. C'est, par définition, la somme de la série $\Sigma t_{m,n}$, qui est alors *absolument convergente*.

D'après cette définition, il est clair que la seconde proposition, relative aux séries ordinaires, a lieu aussi pour les séries à double indice : si $s_{m,n}$ est le terme général d'une série S, et que $s_{m,n}$ ait pour expression asymptotique $t_{m,n}$, terme général d'une série absolument convergente, la série S est elle-même absolument convergente. On dit que $s_{m,n}$ a pour expression asymptotique $t_{m,n}$, si le rapport $s_{m,n} : t_{m,n}$ tend vers l'unité quand m et n dépassent toute limite, chacun suivant une loi quelconque, et aussi quand l'un seulement des deux indices devient infini.

Nous allons donner un exemple, celui qui est fondamental pour les fonctions elliptiques.

Soient a, b deux quantités imaginaires quelconques

$$a = a_1 + ia_2, \qquad b = b_1 + ib_2,$$

et β un nombre réel. La série que nous envisageons a pour terme général

$$t_{m,n} = \frac{1}{(ma + nb)^\beta},$$

et les indices m, n doivent acquérir toutes les valeurs entières et positives, dont on exceptera toutefois les valeurs simultanées $m = n = 0$. Cherchons la condition pour que cette série soit absolument convergente.

Prenons d'abord les termes où l'indice m est un nombre fixe M, et où l'indice n ne surpasse pas $(M - 1)$; ce sont ainsi les termes $t_{M,0}$, $t_{M,1}$, ..., $t_{M,M-1}$. Figurons, sur le plan, la quantité complexe

$(Ma + nb)$. Elle se construit ainsi (*fig.* 6). A partir de l'origine on porte la droite oA représentant Ma, c'est-à-dire que le point A a les coordonnées Ma_1 et Ma_2; puis, à partir de A, on porte de même la droite AC représentant nb, c'est-à-dire que le point C a, par rapport aux axes transportés en A, les coordonnées nb_1 et nb_2.

Fig. 6.

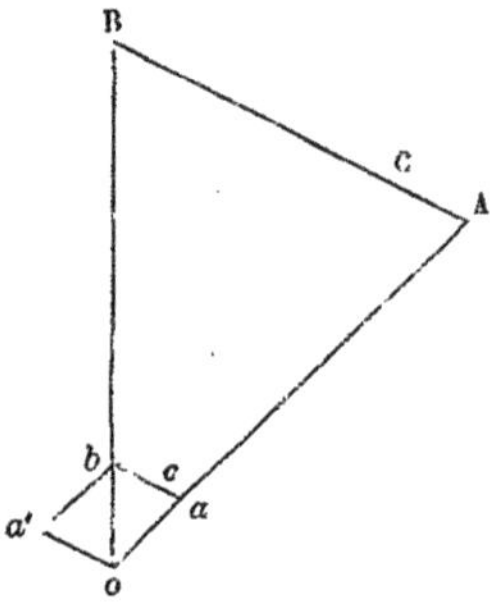

Prolongeons la droite AC jusqu'au point B, qui représente $(Ma + Mb)$; les différentes quantités $(Ma + nb)$, n prenant successivement les valeurs $0, 1, 2, \ldots, (M-1)$, sont représentées par divers points C, tous contenus dans le segment AB.

Faisons, d'autre part, la même construction en portant, à partir de o, la droite a, aboutissant en un point a; puis, à partir de ce point, la droite b, aboutissant en un point b. Les triangles oAB et oab sont homothétiques; le rapport d'homothétie est le nombre M. Les rayons oC sont égaux à M fois les rayons oc qui aboutissent au segment ab. Parmi ces derniers oc, il en est un minimum ρ_1, et un maximum ρ_2. De même, les rayons oC sont compris entre $M\rho_1$ et $M\rho_2$. Les deux longueurs ρ_1, ρ_2 dépendent seulement de la disposition de la figure oab, nullement du nombre M.

Les rayons oC sont égaux aux valeurs absolues de $(Ma + nb)$. Ainsi les valeurs absolues de $(Ma + nb)$ sont comprises entre $M\rho_1$ et $M\rho_2$; et, par conséquent, les valeurs absolues des termes $t_{M,0}, t_{M,1}, \ldots, t_{M,M-1}$ sont comprises entre $\frac{1}{(M\rho_2)^\beta}$ et $\frac{1}{(M\rho_1)^\beta}$. La somme des valeurs absolues de ces M termes est elle-même comprise entre

$$\frac{1}{\rho_2^\beta}\,\frac{1}{M^{\beta-1}} \quad \text{et} \quad \frac{1}{\rho_1^\beta}\,\frac{1}{M^{\beta-1}}.$$

Envisageons, de même, les termes $t_{0,M}$, $t_{1,M}$, ..., $t_{M-1,M}$. Faisons la même construction dans l'ordre inverse, c'est-à-dire complétons le parallélogramme $oaba'$; désignons par ρ'_1 et ρ'_2 le plus petit et le plus grand rayon allant de l'origine à un point du segment ba', ou, ce qui revient au même, allant de b au segment oa. La somme des valeurs absolues des nouveaux termes est comprise entre

$$\frac{1}{\rho_2'^{\beta}}\frac{1}{M^{\beta-1}} \quad \text{et} \quad \frac{1}{\rho_1'^{\beta}}\frac{1}{M^{\beta-1}}.$$

A cette double suite de termes, joignons encore $t_{M,M}$. En désignant par ρ la longueur ob, on a pour la valeur absolue de ce terme l'expression $\frac{1}{(M\rho)^{\beta}}$, qui est comprise entre zéro et $\frac{1}{\rho^{\beta}}\frac{1}{M^{\beta-1}}$. Soient maintenant

$$R_2 = \frac{1}{\rho_2^{\beta}} + \frac{1}{\rho_2'^{\beta}}, \qquad R_1 = \frac{1}{\rho_1^{\beta}} + \frac{1}{\rho_1'^{\beta}} + \frac{1}{\rho^{\beta}}.$$

La somme totale des valeurs absolues de tous les termes considérés est comprise entre les deux limites

$$(4) \qquad R_2\frac{1}{M^{\beta-1}} \quad \text{et} \quad R_1\frac{1}{M^{\beta-1}}.$$

Les deux quantités positives R_1, R_2 dépendent seulement de la disposition du triangle oab. Mais il faut avoir soin d'observer que leur existence est subordonnée à l'existence même de ce triangle. Si les droites oa, ab coïncidaient, si, par exemple, b était situé sur le segment oa ou son prolongement, ρ'_1 serait nul, et R_1 cesserait d'exister. Si b était situé sur le prolongement de ao, ρ_1 serait nul, et R_1 n'existerait pas non plus. Pour que les droites oa et ab ne coïncident pas, il faut et il suffit que $(a_1 b_2 - a_2 b_1)$ ne soit pas nul, c'est-à-dire que le rapport $\frac{a}{b}$ ne soit pas réel. Supposons qu'il en soit ainsi.

Les termes que nous avons envisagés sont tous ceux où le plus grand des deux indices m, n est égal à M. La somme de leurs valeurs absolues est comprise entre les deux limites (4).

En prenant successivement, pour M, les nombres 1, 2, 3, ..., nous reproduirons, rangés par groupes, tous les termes de notre série, chacun pris une seule fois, et nous aurons formé une série ordinaire dont la somme sera comprise entre les deux limites

$$R_2 \sum_{M=1}^{M=\infty} \frac{1}{M^{\beta-1}} \quad \text{et} \quad R_1 \sum_{M=1}^{M=\infty} \frac{1}{M^{\beta-1}}.$$

Mais la série $\sum \frac{1}{M^{\beta-1}}$, suivant la troisième proposition, converge ou diverge suivant que $(\beta - 1)$ surpasse ou non l'unité. La condition de convergence absolue, pour notre série, est donc $\beta > 2$. En résumé :

Si a et b sont deux quantités complexes, DONT LE RAPPORT N'EST PAS RÉEL, *la condition de convergence absolue pour la série*,

$$\sum_{m,n} \frac{1}{(ma+nb)^\beta}, \quad \left.\begin{matrix} m \\ n \end{matrix}\right\} = 0, 1, 2, \ldots, +\infty$$

($m = n = 0$ excepté), *consiste en ce que l'exposant réel* β *surpasse le nombre* 2 [1].

Avec la série précédente, prenons ces trois autres

$$\sum \frac{1}{(ma-nb)^\beta}, \quad \sum \frac{1}{(-ma+nb)^\beta}, \quad \sum \frac{1}{(-ma-nb)^\beta},$$

où m, n parcourent les mêmes suites de valeurs. Pour chacune d'elles, les deux conditions de convergence absolue, savoir $\beta > 2$ et $\frac{a}{b}$ imaginaire, sont les mêmes que pour la précédente. Il en est donc de même pour la somme des quatre séries. En d'autres termes, *les conditions de convergence absolue sont encore les mêmes pour la série*

$$(5) \qquad \sum_{m,n} \frac{1}{(ma+nb)^\beta}, \quad \left.\begin{matrix} m \\ n \end{matrix}\right\} = 0, \pm 1, \pm 2, \ldots, \pm \infty,$$

$m = n = 0$ étant excepté.

(1) Ici, comme dans la troisième proposition, on peut supposer β imaginaire, et la condition s'applique alors à la partie réelle de β; mais cette généralisation nous est inutile.

Convergence de la série qui se déduit de la décomposition de $p(nu)$ en fractions simples.

Examinons, au point de vue de la convergence, la série $f(u)$ (2), dont le terme général a pour expression

$$s = \frac{1}{(2n\omega + 2n'\omega' - u)^2} - \frac{1}{(2n\omega + 2n'\omega')^2}.$$

Les deux indices n et n' y doivent acquérir toutes les valeurs entières positives ou négatives, à l'exception de $n = n' = 0$.

Envisageant les fonctions elliptiques les plus générales, nous avons été conduits (Chap. VIII, *Fonctions elliptiques à invariants imaginaires*) à considérer ω et ω' comme deux quantités quelconques *dont le rapport est imaginaire*. C'est exactement la supposition que nous venons, à l'instant, d'être contraints de faire pour les quantités a, b dans la dernière série.

Construisons, ainsi que nous l'avons fait avec a, b, un parallélogramme dont les sommets o, a, b, a' représentent les points zéro, 2ω, $2(\omega + \omega')$, $2\omega'$, et menons deux séries de droites équidistantes, dans chaque série, parallèles respectivement aux côtés de ce parallélogramme (*fig.* 7). Le plan se trouve ainsi partagé

Fig. 7.

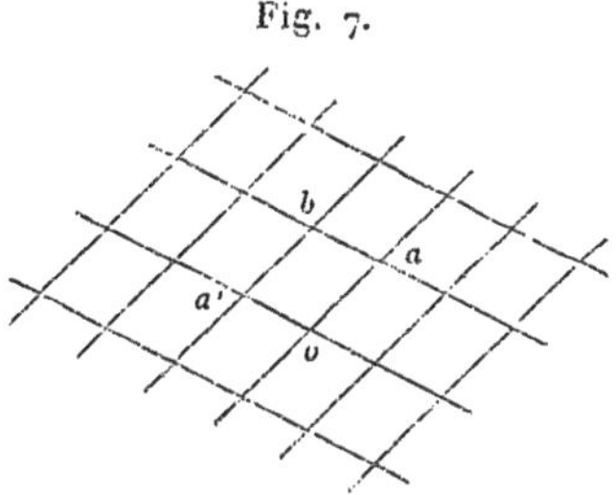

en un réseau de parallélogrammes égaux, dont les sommets représentent les quantités $(2n\omega + 2n'\omega')$.

La quantité u est, elle aussi, représentée par un point du plan; le rapport $\frac{u}{2n\omega + 2n'\omega'}$ a pour valeur absolue le rapport des distances de l'origine à ce point et à un sommet du réseau; il tend vers zéro si ce sommet s'éloigne à l'infini, c'est-à-dire si l'un, au moins, des nombres n, n' croît et dépasse toute limite, en valeur absolue.

Écrivant s sous la forme suivante

$$s = \frac{2u\left(1 - \dfrac{u}{4n\omega + 4n'\omega'}\right)}{(2n\omega + 2n'\omega')^3\left(1 - \dfrac{u}{2n\omega + 2n'\omega'}\right)^2},$$

nous reconnaissons que ce terme a pour expression asymptotique $\dfrac{2u}{(2n\omega + 2n'\omega')^3}$, c'est-à-dire, au facteur constant près, $2u$ et, sauf changement des lettres, le terme général de la série (5). Le rapport $\omega : \omega'$, qui remplace $a : b$, est imaginaire; l'exposant β est égal à 3. La série est donc absolument convergente. Donc, suivant une proposition générale rappelée précédemment, *la série $f(u)$ est absolument convergente.*

Développement de pu en série à double indice.

Il reste à prouver que la somme de la série $f(u)$ est égale à pu. Cette démonstration peut maintenant se faire avec facilité, par les moyens usités en pareil cas. Considérons deux nombres positifs arbitraires M, M', et distinguons dans le second membre de la formule (1) deux parties : la première, composée des termes dans lesquels les deux indices m, m', composant w, sont, en valeur absolue, moindres que M et M' respectivement; la seconde, composée des autres termes. Cette décomposition peut se faire, si grands qu'on ait choisi M et M'; il suffit qu'on suppose n supérieur à $2M + 1$, $2M' + 1$, et croissant à l'infini, à partir de cette limite inférieure. Dans la première partie, les diverses valeurs de w sont indépendantes de n; par conséquent, les termes correspondants, dans la formule (1), tendent vers ceux de la série $f(u)$. On peut donc prendre n assez grand pour que la somme de ces termes dans (1) et la somme des termes correspondants dans $f(u)$ diffèrent moins que d'une quantité donnée. On peut, en même temps, prendre M et M' assez grands pour que la somme des autres termes, dans $f(u)$, soit aussi moindre qu'une quantité donnée, cela en vertu de la convergence de $f(u)$. La démonstration sera complète si l'on établit qu'on peut aussi choisir M et M' assez grands pour que la somme des termes, composant la seconde partie dans la formule (1), soit elle-même moindre qu'une quantité donnée.

On a remarqué, dans le premier paragraphe de ce Chapitre, que les valeurs de $\frac{w}{n} = v$ ont la forme $(p\omega + p'\omega')$, les fractions p, p' étant comprises, la première entre zéro et $+1$, la seconde entre -1 et $+1$. Dans ces limites, les fonctions $\mathrm{p}v$, $\mathrm{p}'v$, $\mathrm{p}''v$ ont le seul infini $v = 0$; par conséquent, les produits $v^2\mathrm{p}v$, $-\frac{1}{2}v^3\mathrm{p}'v$, $\frac{1}{6}v^4\mathrm{p}''v$, égaux à l'unité pour $v = 0$, restent finis, et l'on peut assigner des limites supérieures aux valeurs absolues de chacun d'eux.

Ceci reconnu, prenons d'abord, dans la formule (1), le premier terme sous le signe de sommation. En l'écrivant ainsi

$$v = \frac{w}{n},$$

$$\frac{\mathrm{p}'^2\frac{w}{n}}{n^2\left(\mathrm{p}\frac{u}{n} - \mathrm{p}\frac{w}{n}\right)^2} = \frac{4(-\frac{1}{2}v^3\mathrm{p}'v)^2}{w^6\left(\frac{1}{n^2}\mathrm{p}\frac{u}{n} - \frac{1}{w^2}v^2\mathrm{p}v\right)^2},$$

nous reconnaissons qu'il a pour expression asymptotique

$$4u^4(-\tfrac{1}{2}v^3\mathrm{p}'v)^2\frac{1}{w^6}.$$

Puisque $(-\frac{1}{2}v^3\mathrm{p}'v)^2$ est une quantité limitée, ce terme est comparable à $\frac{1}{w^6}$, terme général d'une série absolument convergente; et l'on peut prendre M et M' assez grands pour que la somme de tous les termes analogues soit aussi petite qu'on voudra.

Prenons ensuite, dans la formule (1), le second terme sous le signe de sommation. On peut l'écrire

$$\frac{\mathrm{p}''\frac{w}{n}}{n^2\left(\mathrm{p}\frac{u}{n} - \mathrm{p}\frac{w}{n}\right)} = \frac{6(\frac{1}{6}v^4\mathrm{p}''v)}{w^4\left(\frac{1}{n^2}\mathrm{p}\frac{u}{n} - \frac{1}{w^2}v^2\mathrm{p}v\right)};$$

son expression asymptotique

$$6u^2(\tfrac{1}{6}v^4\mathrm{p}''v)\frac{1}{w^4}$$

est comparable à $\frac{1}{w^4}$, terme général d'une série absolument convergente, et la conclusion est la même que précédemment. Il est donc établi que *la fonction pu est représentée par la série convergente*

$$(6)\quad \begin{cases} pu = \dfrac{1}{u^2} + \displaystyle\sum_w \left[\dfrac{1}{(u-w)^2} - \dfrac{1}{w^2}\right], \\ w = 2n\omega + 2n'\omega'; \qquad \left.\begin{matrix} n \\ n' \end{matrix}\right\} = 0, \pm 1, \pm 2, \ldots, \pm \infty; \end{cases}$$

$n = n' = 0$ excepté.

Observations sur le développement de pu. Double périodicité.

Une des premières conséquences de la formule (6) se rapporte à une nouvelle forme du développement de pu suivant les puissances ascendantes de u. Effectivement, chaque terme étant développé suivant ces puissances, on obtient

$$pu = \frac{1}{u^2} + 3u^2 \sum \frac{1}{w^4} + 5u^4 \sum \frac{1}{w^6} + 7u^6 \sum \frac{1}{w^8} + 9u^8 \sum \frac{1}{w^{10}} + \ldots.$$

Comparant cette formule à celle qu'on a déjà obtenue (IV, 4), on en déduit

$$(7)\quad \begin{cases} g_2 = 60 \sum \dfrac{1}{w^4}, \qquad g_3 = 140 \sum \dfrac{1}{w^6}, \qquad g_2^2 = 2^4.3.5^2.7 \sum \dfrac{1}{w^8}, \\ \qquad g_2 g_3 = 2^4.3.5.7.11 \sum \dfrac{1}{w^{10}}, \quad \ldots. \end{cases}$$

Ainsi toutes les séries $\sum \frac{1}{w^{2m}}$, où m est un nombre entier positif, au moins égal à 2, s'expriment en fonction rationnelle et entière des deux premières d'entre elles. C'est là un fait algébrique des plus remarquables.

L'observation qu'il y a lieu de faire ensuite sur la formule (6), c'est que, peu utile pour le calcul numérique, elle est merveilleusement propre à mettre en évidence la nature de la fonction pu. On y lit, en effet, immédiatement que pu devient infini pour $u = w$, et que $[(u-w)^2 pu]_{u=w}$ a pour limite l'unité. La double périodicité n'est pas moins manifeste; car, si l'on change u en $u+w_1$ (w_1 étant une des quantités w), tous les termes qui contiennent u s'échangent les uns dans les autres. Toutefois la composition, un peu complexe, du terme général, formé de deux parties, ne laisse pas apercevoir tout d'abord si $p(u+w_1)$ reproduit pu sans changement, ou bien augmenté d'une constante. Il est bon de vérifier sur la formule (6) que c'est le premier cas qui a lieu.

A cet effet, considérons d'abord la série $\sum\limits_w \left[\frac{1}{(w+w_1)^2} - \frac{1}{w^2}\right]$, où la sommation s'applique à toutes les valeurs $w = 2n\omega + 2n'\omega'$, sauf $w=0$ et $w=-w_1$. Cette série est absolument convergente, puisque c'est simplement la précédente où l'on a remplacé u par w_1, après avoir écarté deux termes. Puisqu'elle a une somme déterminée, cette somme est zéro; car l'ensemble des quantités $\frac{1}{w^2}$ ne diffère pas de l'ensemble des quantités $\frac{1}{(w+w_1)^2}$. Nous pouvons donc écrire la formule (6) comme il suit :

$$pu = \frac{1}{u^2} + \frac{1}{(u+w_1)^2} - \frac{1}{w_1^2} + \sum_w \left[\frac{1}{(u-w)^2} - \frac{1}{(w+w_1)^2}\right],$$

$w=0,\ -w_1$ exceptés.

Cette dernière forme coïncide encore avec la suivante

$$pu = \frac{1}{(u+w_1)^2} + \sum_w \left[\frac{1}{(u-w)^2} - \frac{1}{(w+w_1)^2}\right],$$

$w=-w_1$ excepté.

Si l'on change maintenant w en $(w-w_1)$, on pourra écrire aussi

$$pu = \frac{1}{(u+w_1)^2} + \sum_w \left[\frac{1}{(u+w_1-w)^2} - \frac{1}{w^2}\right],$$

$w=0$ excepté.

C'est justement l'expression de $p(u+w_1)$ suivant l'égalité (6) sans aucune transformation. On a donc vérifié directement la relation

$$p(u+w_1) = pu,$$

qui exprime la double périodicité.

Développement de $p'u$, de $p''u$, etc., en séries à double indice.

Pour obtenir, à l'égard de $p'u$, $p''u$, $p'''u$, ..., les développements analogues, nous avons le choix entre deux moyens. Le premier, celui qui paraît d'abord le plus simple, consiste à prendre les dérivées aux deux membres dans la formule (6). Pour la rigueur, il suffit seulement de se convaincre que les dérivées de la série (6) sont égales aux séries composées avec les dérivées des termes. Ce fait résulte de ce que les séries ainsi obtenues sont *uniformément* convergentes par rapport à u ([1]), et cette propriété s'établit immédiatement au moyen de l'analyse qui précède.

Mais une autre voie, non moins facile et plus conforme à notre mode d'exposition, s'ouvre aussi, et nous allons la suivre, en dérivant les deux membres de la formule (1); puis, comme précédemment, nous supposerons n infini. Voici, à cet effet, une transformation de l'égalité (1). Prenons la formule d'addition, pour la fonction ζ (V, 16a),

$$\zeta(u+v)-\zeta(u-v)-2\zeta v=-\frac{p'v}{pu-pv},$$

et concluons, en dérivant par rapport à v,

$$p(u+v)+p(u-v)-2pv=\frac{p'^2v}{(pu-pv)^2}+\frac{p''v}{pu-pv}.$$

Mettant $\frac{u}{n}$, $\frac{w}{n}$ au lieu de u et v, et nous reportant à la formule (1), nous pourrons l'écrire ainsi

$$(8)\qquad pu=\frac{1}{n^2}p\frac{u}{n}+\frac{1}{n^2}\sum_{w}\left[p\left(\frac{u+w}{n}\right)+p\left(\frac{u-w}{n}\right)-2p\frac{w}{n}\right]$$

ou mieux encore

$$(8a)\quad\begin{cases} pu=\dfrac{1}{n^2}p\dfrac{u}{n}+\dfrac{1}{n^2}\displaystyle\sum_{w}\left[p\left(\dfrac{u-w}{n}\right)-p\dfrac{w}{n}\right],\\ w=2m\omega+2m'\omega',\qquad \begin{matrix}m\\m'\end{matrix}\Big\}=0,\pm1,\pm2,\ldots,\pm\dfrac{n-1}{2},\end{cases}$$

$m=m'=0$ excepté.

([1]) Au sujet de la convergence uniforme et de la différentiation des séries, on peut consulter le *Cours d'Analyse de l'École Polytechnique*, par M. C. Jordan, t. I, p. 117.

On remarquera que cette forme du second membre fournit, plus immédiatement que dans la formule (1), la limite de chaque terme, pour $n = \infty$. Mais elle exigerait un détour de raisonnement pour qu'on en pût conclure qu'effectivement le second membre et la série (6) ont même limite. Ce détour cesse d'être nécessaire à l'égard des formules dérivées de (8). Pour ces dernières, tous les termes suivent une seule et même loi, et l'on peut écrire en général

$$(9)\quad \begin{cases} p^{(\mu)}u = \dfrac{1}{n^{\mu+2}}\sum\limits_{w} p^{(\mu)}\left(\dfrac{u-w}{n}\right), & \mu \geqq 1. \\ w = 2m\omega + 2m'\omega', & \left.\begin{matrix} m \\ m' \end{matrix}\right\} = 0, \pm 1, \pm 2, \ldots, \pm \dfrac{n-1}{2}. \end{cases}$$

Nous concluons de là, pour la formule limite,

$$(10)\quad \begin{cases} p^{(\mu)}u = (-1)^{\mu}.2.3\ldots(\mu+1)\sum\limits_{w} \dfrac{1}{(u-w)^{\mu+2}}, & \mu \geqq 1. \\ w = 2n\omega + 2n'\omega', & \left.\begin{matrix} n \\ n' \end{matrix}\right\} = 0, \pm 1, \pm 2, \ldots \pm \infty. \end{cases}$$

En effet, d'abord, tous les termes de la somme (9) où m, m', en valeur absolue, sont respectivement moindres que deux nombres arbitraires M, M', convergent vers les termes correspondants de la série (10). En second lieu, la somme des valeurs absolues des termes de la somme (9), où $\pm m$, $\pm m'$ dépassent M et M', peut, par le choix de M et M', être rendue aussi petite qu'on voudra. C'est cette dernière partie qui, non immédiatement évidente dans la formule (8), est évidente dans la formule actuelle (9).

Effectivement, un terme quelconque peut être écrit ainsi

$$t = \frac{1}{(u-w)^{\mu+2}}\left[\left(\frac{u}{n} - v\right)^{\mu+2} p^{(\mu)}\left(\frac{u}{n} - v\right)\right], \qquad v = \frac{w}{n}.$$

Or v, ainsi qu'on l'a déjà observé, est limité dans une étendue telle que la fonction $v^{\mu+2}p^{(\mu)}v$ y reste toujours finie. On en peut dire autant de cette même fonction quand on y remplace v par $\left(v - \frac{u}{n}\right)$, si n est pris assez grand. Le terme t diffère donc seulement par un facteur limité de $\frac{1}{(u-w)^{\mu+2}}$, qui est, lui, le terme général d'une série absolument convergente. Par conséquent, la somme des termes analogues à t, où m, m' surpassent M et M', peut être rendue inférieure à toute quantité donnée, comme il le fallait prouver.

La série (10), de même que la précédente (6), met en évidence les infinis $u = w$ des dérivées de pu; on y lit la double périodicité mieux encore que dans (6); car, si w_1 est une période, le changement de u en $(u + w_1)$ a pour simple effet d'échanger les termes les uns dans les autres.

Développement de ζu en série à double indice.

On peut tirer le développement de ζu de la formule (6) en intégrant aux deux membres. Mais nous adopterons encore la méthode plus élémentaire qui consiste à déduire d'abord de la formule (8) son analogue pour la fonction ζu. En intégrant chaque membre de cette égalité (8) et observant que $\left(\zeta u - \frac{1}{u}\right)$, $\left(\frac{1}{n}\zeta\frac{u}{n} - \frac{1}{u}\right)$ ont tous deux la limite zéro pour $u = 0$, nous obtenons

$$(11) \qquad \zeta u = \frac{1}{n}\zeta\frac{u}{n} + \frac{1}{n}\sum_{w}\left(\zeta\frac{u+w}{n} + \zeta\frac{u-w}{n} + 2\frac{u}{n}\,p\,\frac{w}{n}\right),$$

et w doit être pris comme dans la formule (1). Voulant reproduire une analyse semblable aux précédentes, occupons-nous d'abord de ce qui en était tout à l'heure la troisième partie, en considérant les termes où les nombres m et $\pm m'$ surpassent deux nombres arbitraires M et M'. D'après la formule d'addition (V, 16), transformons le terme général t_1 du second membre (11) successivement ainsi :

$$t_1 = \frac{1}{n}\left(2\zeta\frac{u}{n} + \frac{p'\frac{u}{n}}{p\frac{u}{n} - p\frac{w}{n}} + 2\frac{u}{n}\,p\,\frac{w}{n}\right),$$

$$v = \frac{w}{n},$$

$$\frac{u}{2}\,t_1 = \frac{u}{n}\zeta\frac{u}{n} + \frac{\frac{1}{2}\left(\frac{u}{n}\right)^3 p'\frac{u}{n}}{\left(\frac{u}{n}\right)^2 p\frac{u}{n} - \frac{u^2}{w^2}(v^2\,p\,v)} + \frac{u^2}{w^2}(v^2\,p\,v).$$

Ainsi qu'on l'a déjà observé, $\varpi^2 p\varpi$ est une quantité finie; d'autre part, $\frac{u}{n}\zeta\frac{u}{n}$, $\frac{1}{2}\left(\frac{u}{n}\right)^3 p'\frac{u}{n}$, $\left(\frac{u}{n}\right)^2 p\frac{u}{n}$, pour n infini, convergent vers ± 1; donc $\frac{u}{2}t_1$ a pour expression asymptotique

$$s_1 = 1 - \frac{1}{1 - \frac{au^2}{\varpi^2}} + a\frac{u^2}{\varpi^2}; \qquad a = \varpi^2 p\varpi.$$

Réunissant les termes, on peut écrire

$$s_1 = -\frac{a^2 u^4}{\varpi^4\left(1 - \frac{au^2}{\varpi^2}\right)},$$

terme général d'une série absolument convergente, puisqu'il est comparable à $\frac{1}{\varpi^4}$. De là résulte que, n étant suffisamment grand, on peut prendre M et M' tels que la somme des termes t_1 soit, en valeur absolue, inférieure à toute quantité donnée.

Il reste maintenant à former, avec les limites des autres termes de la somme (11), une série convergente. Mais, pour que, dans cette série, on puisse, comme dans les précédentes, séparer les termes qui répondent à deux valeurs de ϖ, égales et de signes contraires, nous ajouterons, sous le signe sommatoire, dans (11), les deux termes $\zeta\frac{\varpi}{n}$ et $\zeta\left(-\frac{\varpi}{n}\right)$, qui se détruisent, et nous écrirons

$$(11\,a) \qquad \zeta u = \frac{1}{n}\zeta\frac{u}{n} + \sum_{\varpi}\left[\frac{1}{n}\zeta\frac{u-\varpi}{n} + \frac{1}{n}\zeta\frac{\varpi}{n} + \frac{u}{n^2}p\frac{\varpi}{n}\right];$$

les valeurs de ϖ seront alors les mêmes que dans la formule (8 a). De là se conclut la série

$$(12) \qquad \zeta u = \frac{1}{u} + \sum_{\varpi}\left[\frac{1}{u-\varpi} + \frac{1}{\varpi} + \frac{u}{\varpi^2}\right],$$

où ϖ a les mêmes valeurs que dans la formule (6). Le terme général de la série (12) est effectivement la limite du terme général dans la somme (11 a). De plus, la série est absolument convergente;

car on a

$$\frac{1}{u-w}+\frac{1}{w}+\frac{u}{w^2}=-\frac{u^2}{w^3\left(1-\frac{u}{w}\right)},$$

terme comparable à $\frac{1}{w^3}$.

La série (12), comme les précédentes, met en évidence les infinis de ζu; quant à la propriété relative à l'addition d'une période, on peut la reconnaître par le calcul suivant, analogue à celui qui a été fait déjà pour la série pu, mais un peu plus compliqué.

Désignant par w_1 une période, nous écrirons d'abord, en exceptant de la sommation les valeurs $w=0$ et $w=-w_1$,

$$\begin{aligned}\zeta u = \frac{1}{u} + \frac{1}{u+w_1} + \frac{u}{w_1^2} - \frac{1}{w_1} + \sum_w \left[\frac{1}{u-w} + \frac{u+w_1}{(w+w_1)^2} + \frac{1}{w+w_1}\right] \\ + \sum_w \left[\frac{u}{w^2} - \frac{u+w_1}{(w+w_1)^2} + \frac{1}{w} - \frac{1}{w+w_1}\right].\end{aligned}$$

Nous passerons de là à la forme suivante :

$$\begin{aligned}\zeta u = \frac{1}{u+w_1} + \sum\nolimits_1 \left[\frac{1}{u-w} + \frac{u+w_1}{(w+w_1)^2} + \frac{1}{w+w_1}\right] \\ + u \sum\nolimits_2 \left[\frac{1}{w^2} - \frac{1}{(w+w_1)^2}\right] \\ - \frac{3}{w_1} + \sum\nolimits_3 \left[\frac{1}{w} - \frac{w_1}{(w+w_1)^2} - \frac{1}{w+w_1}\right].\end{aligned}$$

Dans la première série Σ_1, est exceptée la seule valeur $w=-w_1$; dans les deux autres, sont exceptées les valeurs $w=0$ et $w=-w_1$.

La série Σ_2, qu'on a déjà rencontrée dans le calcul analogue pour pu, est nulle. La série Σ_3 est une quantité indépendante de u, qu'on désignera par $-2\eta_1$, en y adjoignant le terme $-\frac{3}{w_1}$. Quant à la série Σ_1, avec le terme qui la précède, elle représente $\zeta(u+w_1)$, comme il résulte du changement de w en $(w-w_1)$. On a donc effectivement

$$\zeta u = \zeta(u+w_1) - 2\eta_1.$$

avec cette expression de $2\eta_1$

$$2\eta_1 = \frac{3}{w_1} + \sum_w \left[\frac{w_1}{(w+w_1)^2} + \frac{1}{w+w_1} - \frac{1}{w}\right],$$

$w = 0, -w_1$ exceptés.

Développement de σu en produit à double indice.

Dans la formule (11 a), prenons, de part et d'autre, les fonctions dont les deux membres sont les dérivées logarithmiques, en déterminant les constantes de telle sorte que le rapport de chacune de ces deux fonctions à la variable u ait l'unité pour limite, quand u devient nul. Nous aurons ainsi

$$(13)\qquad \sigma u = n\,\sigma\frac{u}{n}\prod_w \frac{\sigma\left(\dfrac{w-u}{n}\right)}{\sigma\dfrac{w}{n}}\, e^{\frac{u}{n}\zeta\frac{w}{n} + \frac{u^2}{2n^2}p\frac{w}{n}}.$$

Les limites des termes de ce produit limité nous conduisent au produit infini

$$(14)\qquad \sigma u = u\prod_w \left(1 - \frac{u}{w}\right)e^{\frac{u}{w} + \frac{u^2}{2w^2}},$$

où w parcourt les mêmes valeurs que dans les séries (6) et (12). L'exactitude de cette formule (14) sera établie si l'on prouve, comme on l'a fait précédemment pour les séries, que le produit des termes où, dans la formule (13), $\pm m$ et $\pm m'$ surpassent deux nombres donnés M et M′, peut être rendu aussi voisin de l'unité qu'on voudra, par le choix de M et M′. Pour le montrer, réunissons les facteurs deux à deux, en groupant ensemble ceux qui répondent à deux valeurs de w, égales et de signes contraires. Le produit t_3 de deux pareils facteurs, suivant la formule fondamentale (VI, 12), peut s'écrire

$$t_3 = \frac{\sigma\left(\dfrac{w-u}{n}\right)\sigma\left(\dfrac{w+u}{n}\right)}{\sigma^2\dfrac{w}{n}}\, e^{\frac{u^2}{n^2}p\frac{w}{n}} = \sigma^2\frac{u}{n}\left(p\frac{u}{n} - p\frac{w}{n}\right)e^{\frac{u^2}{n^2}p\frac{w}{n}},$$

ou bien, en remplaçant encore $\frac{w}{n}$ par v,

$$t_3 = \left(\frac{n}{u}\,\sigma\frac{u}{n}\right)^2\left(\frac{u^2}{n^2}\,p\,\frac{u}{n} - \frac{u^2}{w^2}\,v^2\,p\,v\right)e^{\frac{u^2}{w^2}v^2 p v}.$$

Mettant, au lieu de $v^2 p v$, la lettre a, qui représente ici, on se le rappelle, une quantité finie, on voit que t_3 tend vers l'unité. Il existe donc une détermination du logarithme népérien de t_3 qui tend vers zéro; choisissant ainsi le logarithme, on a

$$\log t_3 = 2\log\left(\frac{n}{u}\,\sigma\frac{u}{n}\right) + \log\left(\frac{u^2}{n^2}\,p\,\frac{u}{n} - a\frac{u^2}{w^2}\right) + a\frac{u^2}{w^2}.$$

Cette quantité, quand n devient infini, a pour expression asymptotique

$$s_3 = \log\left(1 - a\frac{u^2}{w^2}\right) + a\frac{u^2}{w^2},$$

qui est elle-même asymptotique à $-\frac{1}{2}\frac{a^2u^2}{w^4}$, terme général d'une série absolument convergente. On peut donc choisir n assez grand pour que la somme des logarithmes des termes t_3 diffère aussi peu qu'on voudra de la somme des quantités $-\frac{1}{2}\frac{a^2u^2}{w^4}$; cette dernière, si l'on prend M et M' assez grands, est aussi petite qu'on veut. Donc la somme des logarithmes des termes t_3 peut être rendue moindre que toute quantité donnée et, par conséquent, le produit des facteurs t_3 aussi voisin de l'unité qu'on voudra. La formule (14) est donc complètement prouvée.

On peut remarquer que nous n'avons pas eu à démontrer la convergence du produit infini (14); elle résulte de notre analyse. Elle est d'ailleurs évidente. La convergence d'un produit infini a lieu, par définition, en même temps que celle de la série des logarithmes de ses facteurs, les logarithmes étant pris comme tout à l'heure : le logarithme du facteur général, dans le produit (14), est

$$\log\left(1 - \frac{u}{w}\right) + \frac{u}{w} + \frac{u^2}{2w^2};$$

il a pour expression asymptotique $-\frac{1}{3}\frac{u^3}{w^3}$, terme général d'une série absolument convergente.

La formule (14) met en évidence la nature de la fonction σu, qui s'offre nettement comme ayant, pour toute valeur de u, une valeur finie; on y voit les racines $u = w$. Quant aux propriétés relatives à l'addition d'une période, leur vérification n'offre aucune difficulté; il suffit, pour la faire, de reproduire exactement le calcul qui a été développé dans le paragraphe précédent à l'égard de la série ζu. Mais cette vérification va être effectuée d'une autre manière; ce sera une des conséquences de l'analyse qui va suivre.

Transformation de $\sigma(u+a)$.

D'après la formule (14), les facteurs du produit infini $\sigma(u+a)$ ont la forme $\left(1 - \frac{u+a}{w}\right)$. Notre but actuel est de remplacer ces facteurs par $\left(1 - \frac{u}{w-a}\right)$. Le rapport de ces facteurs est indépendant de u, car on a

$$1 - \frac{u+a}{w} = \left(1 - \frac{u}{w-a}\right)\left(1 - \frac{a}{w}\right).$$

C'est dans la transformation des exponentielles que réside le calcul. L'exponentielle qui accompagne le facteur envisagé a pour exposant ρ,

$$\rho = \frac{1}{2}\left(\frac{u+a}{w}\right)^2 + \frac{u+a}{w}.$$

Considérons les deux quantités suivantes

$$\rho_1 = \frac{1}{2}\left(\frac{u}{w-a}\right)^2 + \frac{u}{w-a}, \qquad \rho_2 = \frac{1}{2}\frac{a^2}{w^2} + \frac{a}{w},$$

et retranchons-les de ρ; voici le résultat :

$$(15) \quad \rho = \rho_1 + \rho_2 + \tfrac{1}{2}u^2\left[\frac{1}{w^2} - \frac{1}{(w-a)^2}\right] + u\left(\frac{a}{w^2} + \frac{1}{w} + \frac{1}{a-w}\right).$$

Mettons, en outre, le premier facteur $(u+a)$ sous la forme

$$(16) \qquad e^{-\frac{1}{2}\frac{u^2}{a^2}} e^{\frac{u}{a}} a \left(1 + \frac{u}{a}\right) e^{\frac{1}{2}\frac{u^2}{a^2} - \frac{u}{a}}.$$

Remplaçons maintenant, dans le produit infini $\sigma(u+a)$, ρ par l'expression (15) et partageons ce produit en quatre autres, tous absolument convergents :

1° Une exponentielle dont l'exposant est

$$-\tfrac{1}{2}u^2\left\{\frac{1}{a^2}+\sum\left[\frac{1}{(w-a)^2}-\frac{1}{w^2}\right]\right\}=-\tfrac{1}{2}u^2 p a;$$

2° Une seconde exponentielle dont l'exposant est

$$u\left\{\frac{1}{a}+\sum\left[\frac{1}{a-w}+\frac{1}{w}+\frac{a}{w^2}\right]\right\}=u\zeta a;$$

3° Le produit provenant de l'adjonction des facteurs e^{P_1} aux binômes $\left(1-\frac{a}{w}\right)$, avec le facteur a du produit (16),

$$a\prod\left(1-\frac{a}{w}\right)e^{\frac{1}{2}\frac{a^2}{w^2}+\frac{a}{w}}=\sigma a;$$

4° Le produit provenant de l'adjonction des facteurs e^{P_1} aux binômes $\left(1-\frac{u}{w-a}\right)$, auquel on adjoint les deux derniers facteurs (16). Ce produit a la forme

$$\prod_{w}\left(1-\frac{u}{w-a}\right)e^{\frac{1}{2}\left(\frac{u}{w-a}\right)^2+\frac{u}{w-a}}=f(u,a), \tag{17}$$

où w parcourt toutes les périodes, *y compris zéro*.

De cette façon, nous obtenons la formule

$$\sigma(u+a)=\sigma a.f(u,a)e^{-\frac{1}{2}u^2 pa+u\zeta a}, \tag{18}$$

dont nous ferons divers usages.

Tout d'abord, nous allons en tirer parti pour reconnaître l'effet de l'addition d'une période w_1 à l'argument de la fonction σ. Nous observerons, à cet effet, que $f(u,a)$ est doublement périodique par rapport à a; car le changement de a en $(a+w_1)$ échange, les uns dans les autres, les facteurs du produit (17). Connaissant déjà les deux relations

$$p(a+w_1)=pa, \qquad \zeta(a+w_1)=\zeta a+2\eta_1,$$

nous tirons de (18)

$$\frac{\sigma(u+a+w_1)}{\sigma(u+a)} = \frac{\sigma(a+w_1)}{\sigma a} e^{2\eta_1 u};$$

ou, sous une autre forme, en posant $u + a = b$,

$$\frac{\sigma(b+w_1)}{\sigma b} e^{-2\eta_1 b} = \frac{\sigma(a+w_1)}{\sigma a} e^{-2\eta_1 a};$$

par conséquent,

$$\frac{\sigma(u+w_1)}{\sigma u} = C e^{2\eta_1 u},$$

C étant une quantité indépendante de u. Si $\frac{1}{2} w_1$ est une demi-période *effective*, c'est-à-dire n'est pas une des quantités w, on déterminera C par la supposition $u = -\frac{1}{2} w_1$. Comme σu est manifestement une fonction impaire, on aura par là (en mettant $\bar{\omega}$ au lieu de $\frac{1}{2} w_1$)

$$\frac{\sigma(u+2\bar{\omega})}{\sigma u} = -e^{2\eta_1(u+\bar{\omega})}, \tag{19}$$

formule supposant essentiellement que $\bar{\omega}$ ne soit pas une période. Par l'addition successive de $2\bar{\omega}$, on obtient, comme on l'a fait au Chapitre VI (p. 182), la formule générale

$$\frac{\sigma(u+2\bar{\omega})}{\sigma u} = \mp e^{2\eta_1(u+\bar{\omega})}, \tag{19 a}$$

où l'on doit prendre le signe *moins* quand $\bar{\omega}$ n'est pas une période, le signe + dans le cas opposé.

Nouvelle définition des fonctions elliptiques.

Après avoir introduit les séries $\mathfrak{S}$ (Chapitre VIII), nous avons été conduits naturellement à généraliser les fonctions elliptiques : pour ce but, il a suffi de supposer, dans les séries $\mathfrak{S}$, les deux périodes remplacées par deux quantités arbitraires, dont le rapport fût imaginaire. Dans le Chapitre actuel, nous avons emprunté seulement les notions établies avant l'introduction des séries $\mathfrak{S}$. Nous pouvons, avec les nouvelles séries, généraliser aussi les fonctions elliptiques par le même moyen. C'est ce que nous allons faire, et la suite de notre analyse nous ramènera, dans le Chapitre XII, aux mêmes séries $\mathfrak{I}$, qui se présenteront ainsi d'une manière moins directe, mais plus naturelle, et plus conforme à l'ordre historique.

Voici donc le problème que nous allons traiter. Désignant par ω et ω' deux quantités arbitraires, dont le rapport ne soit pas réel, nous prenons les trois fonctions $\wp u$, ζu, σu, définies par les égalités

$$(20)\quad \begin{cases} \wp u = \dfrac{1}{u^2} + \displaystyle\sum_w \left[\dfrac{1}{(u-w)^2} + \dfrac{1}{w^2}\right], \\ \zeta u = \dfrac{1}{u} + \displaystyle\sum_w \left[\dfrac{1}{u-w} + \dfrac{1}{w} + \dfrac{u}{w^2}\right], \\ \sigma u = u \displaystyle\prod_w \left(1 - \dfrac{u}{w}\right) e^{\frac{u}{w} + \frac{u^2}{2w^2}}, \\ w = 2n\omega + 2n'\omega'; \qquad \left.\begin{matrix} n \\ n' \end{matrix}\right\} = 0, \pm 1, \pm 2, \ldots, \pm \infty, \end{cases}$$

$n = n' = 0$ excepté.

Nous nous proposons de prouver que ces fonctions jouissent des propriétés signalées comme caractéristiques dans le Chapitre VI (*Propriétés caractéristiques de* σu, p. 184), savoir

$$(21)\qquad \frac{d}{du}\log\sigma u = \zeta u, \qquad \frac{d}{du}\zeta u = -\wp u,$$

$$(22)\qquad \frac{\sigma(u+v)\,\sigma(u-v)}{\sigma^2 u . \sigma^2 v} = \wp v - \wp u.$$

Les propriétés de périodicité de ces fonctions ont déjà été tirées des seules formules (20), et nous avons démontré que, $2\bar\omega$ désignant une quelconque des quantités w, on a

$$(23)\quad \begin{cases} \wp(u+2\bar\omega) = \wp u, \qquad \zeta(u+2\bar\omega) = \zeta u + 2\bar\eta, \\ \dfrac{\sigma(u+2\bar\omega)}{\sigma u} = \mp e^{2\bar\eta(u+\bar\omega)}. \end{cases}$$

La lettre $\bar\eta$ désigne une quantité dont nous avons obtenu le développement. Enfin, par le moyen des seules formules (20), nous avons aussi obtenu l'égalité (18), où s'introduit une fonction à deux variables $f(u, a)$. Cette dernière est définie par un produit d'un nombre infini de facteurs (17).

Il peut d'abord sembler inutile de prouver les égalités (21), qui résultent de la différentiation dans le produit σu et dans la série ζu. Mais la seule preuve générale que l'on possède pour la différentiation des séries n'est pas assez élémentaire, et nous ne voulons pas l'invoquer ici. Au surplus, il n'est pas dénué d'intérêt d'établir les égalités (21) par un raisonnement facile et court, fondé sur la formule (18).

Nous allons faire usage de la formule de Taylor, limitée à un terme quelconque, avec l'expression du *reste*, telle qu'elle a été donnée par M. Darboux [1] pour les variables imaginaires,

$$(24)\quad \begin{cases} \varphi(a+h) = \varphi(a) + h\varphi'(a) + \ldots \\ \qquad + \dfrac{h^n}{1.2\ldots n}\varphi^{(n)}(a) + \lambda\dfrac{h^{n+1}(1-\theta)^{n-p+1}}{1.2\ldots n.p}\varphi^{(n+1)}(a+\theta h). \end{cases}$$

Dans cette formule, le facteur λ constitue la seule différence avec la formule depuis longtemps classique, mais propre seulement aux variables réelles; a et h sont réels ou imaginaires, θ réel et compris entre zéro et $+1$, p arbitraire; enfin λ est une quantité inconnue, mais dont la valeur absolue (module) est inférieure à l'unité.

Appliquons cette formule avec les suppositions

$$\varphi(h) = \log(1-h), \qquad a = 0, \qquad n = 2, \qquad p = 3;$$

$$-\log(1-h) = h + \tfrac{1}{2}h^2 + \tfrac{1}{3}h^3\frac{\lambda}{(1-\theta h)^3}.$$

De la définition (17) tirons le développement de $\log f(u, a)$ et remplaçons chaque logarithme suivant la dernière formule; nous aurons

$$\log f(u, a) = -\sum_w \left(\frac{u}{w-a}\right)^3 \frac{\lambda}{3\left(1-\dfrac{\theta u}{w-a}\right)^3}.$$

Bien entendu, les quantités inconnues λ et θ dépendent de u et varient d'un terme à l'autre. Mais, supposant u suffisamment petit en valeur absolue (et nous allons le supposer tout à l'heure infini-

[1] DARBOUX, *Sur les développements en série des fonctions d'une seule variable* (*Journal de Mathématiques pures et appliquées*, 3e série, t. III, p. 291).

ment petit), nous voyons que le second facteur, sous le signe de sommation, est essentiellement limité. On peut notamment, en limitant u, faire en sorte que l'on ait

$$\frac{\lambda}{3\left(1-\frac{\theta u}{w-a}\right)^3} < 1$$

en valeur absolue.

Comme la série $\sum \frac{1}{(w-a)^3}$ est absolument convergente, nous avons, en résumé (la valeur absolue de u étant limitée),

$$F(u, a) = \log f(u, a) = A u^3,$$

et A est une quantité toujours finie. Donc d'abord F est nul avec u. En second lieu, le quotient de F par u est nul aussi avec u. Donc F a une dérivée par rapport à u, et cette dérivée est nulle avec u. Ensuite le quotient de F par u^2 est nul en même temps. Donc F a une dérivée seconde par rapport à u, et cette dérivée est nulle aussi avec u.

Ceci reconnu, prenons, par rapport à u, la dérivée logarithmique au second membre de (18), et faisons $u = 0$. Cette dérivée se réduit à ζa. D'après l'expression du premier membre, on a donc

$$\left[\frac{d}{du}\log \sigma(u+a)\right]_{u=0} = \zeta a$$

et, par suite,

$$\frac{d}{da}\log \sigma a = \zeta a.$$

Prenons la dérivée seconde du second membre de (18), toujours par rapport à u, puis supposons $u = 0$. Cette dérivée se réduit à $-pa$. On a donc aussi

$$\frac{d^2}{da^2}\log \sigma a = -pa,$$

et les égalités (21) sont démontrées. Il reste à prouver l'égalité (22).

Mais nous ferons plus, et nous établirons directement la formule de décomposition en éléments simples (Chap. VII) pour les fonctions doublement périodiques composées avec des produits et des quotients de fonctions σ.

Nouvelle démonstration pour la décomposition des fonctions doublement périodiques en éléments simples.

Considérons la fonction suivante

$$\Phi(u) = \frac{\sigma(u-a')\,\sigma(u-b')\ldots\sigma(u-t')}{\sigma(u-a)\,\sigma(u-b)\ldots\sigma(u-t)}, \tag{25}$$

où les facteurs sont en même nombre au numérateur et au dénominateur, où, de plus, la somme des racines est égale à la somme des infinis

$$a'+b'+\ldots+t' = a+b+\ldots+t. \tag{26}$$

On l'a vu au Chapitre VII, ceci est la forme générale des fonctions rationnelles de pu et $p'u$; mais actuellement nous devons faire abstraction de ce fait : nous avons seulement, d'après la relation (23), une conséquence de la condition (26) : $\Phi(u)$ est doublement périodique. Nous profiterons de cette propriété au cours de notre analyse; mais c'est d'une autre manière que la condition (26) manifeste son importance tout d'abord.

Prenons, pour chaque fonction σ dans le produit (25), un facteur de son développement, celui qui répond à une même période w. La condition (26) a pour effet de faire disparaître u dans l'exponentielle. Si, pour abréger, on pose

$$a'^2+b'^2+\ldots+t'^2-(a^2+b^2+\ldots+t^2) = 2\nu,$$

on obtient cette expression de $\Phi(u)$ en produit infini absolument convergent

$$\left\{\begin{aligned} \Phi(u) &= \frac{(u-a')(u-b')\ldots(u-t')}{(u-a)(u-b)\ldots(u-t)} \\ &\times \prod_w \frac{(w-u+a')(w-u+b')\ldots(w-u+t')}{(w-u+a)(w-u+b)\ldots(w-u+t)}\, e^{\frac{\nu}{w^2}}. \end{aligned}\right. \tag{27}$$

Si nous limitions les valeurs absolues de n, n', nombres qui composent $w = 2n\omega + 2n'\omega'$, $\Phi(u)$ se changerait en une *fraction rationnelle* $\varphi(u)$.

Nous pouvons considérer $\Phi(u)$ comme la limite vers laquelle converge cette fraction $\varphi(u)$, quand, supposant toujours

$$\pm n < N, \quad \pm n' < N',$$

les nombres N et N' deviennent infinis. Cela étant, nous allons décomposer $\varphi(u)$ en fractions simples et chercher la limite de la formule de décomposition ; ce sera une nouvelle forme de $\Phi(u)$.

Les deux termes de la fraction $\varphi(u)$ étant d'un même degré, la partie entière, dans la décomposition, est indépendante de u. Soit C cette partie entière. Les fractions ont pour dénominateurs

$$(u-a-w), \quad (u-b-w), \quad \ldots, \quad (u-t-w),$$

avec les diverses valeurs de w, y compris zéro. Les numérateurs de ces fractions, ou résidus, sont respectivement

$$\begin{aligned} \alpha'_w &= [(u-a-w)\varphi(u)]_{u=a+w}, \\ \beta'_w &= [(u-b-w)\varphi(u)]_{u=b+w}, \\ &\ldots\ldots\ldots\ldots\ldots\ldots\ldots\ldots, \\ \tau'_w &= [(u-t-w)\varphi(u)]_{u=t+w}. \end{aligned}$$

Comparons-les avec les résidus correspondants de $\Phi(u)$, savoir

$$\begin{aligned} \alpha_w &= [(u-a-w)\Phi(u)]_{u=a+w}, \\ \beta_w &= [(u-b-w)\Phi(u)]_{u=b+w}, \\ &\ldots\ldots\ldots\ldots\ldots\ldots\ldots\ldots, \\ \tau_w &= [(u-t-w)\Phi(u)]_{u=t+w}. \end{aligned}$$

Chacun des derniers, α_w par exemple, est le produit de facteurs en nombre illimité, mais ce produit est absolument convergent. Chacun des premiers, α'_w par exemple, est le produit de facteurs en nombre limité, et tous les facteurs qui composent α'_w font partie du produit α_w, absolument convergent. Mais la double périodicité de $\Phi(u)$ nous apprend aussi que les résidus $\alpha_w, \beta_w, \ldots, \tau_w$ sont indépendants de w, et coïncident avec $\alpha_0, \beta_0, \ldots, \tau_0$. Le produit, absolument convergent, α_w a donc une valeur finie, qui ne varie pas avec w, et l'on peut déjà affirmer que α'_w a, lui aussi, une valeur finie, dont on pourrait assigner une limite supérieure invariable, si grands que soient les nombres n et n'. Il en est tout autant pour $\beta'_w, \ldots, \tau'_w$. Soient donc M et M' deux nombres arbitraires, mais qu'on ne fera pas varier avec N et N'. Prenons les fractions où $\pm n$ et $\pm n'$ sont compris respectivement entre M, N et M', N', et distinguons par l'indice 1 les valeurs de w correspondantes. La somme de ces fractions est

$$S_1 = \sum_{w_1} \left(\frac{\alpha'_{w_1}}{u-a-w_1} + \frac{\beta'_{w_1}}{u-b-w_1} + \ldots + \frac{\tau'_{w_1}}{u-t-w_1} \right).$$

Nous servant de l'identité

$$\frac{1}{v-w_1} = -\frac{1}{w_1} - \frac{v}{w_1^2} - \frac{v^2}{w_1^2(w_1-v)},$$

et y mettant successivement $(u-a)$, $(u-b)$, ..., $(u-t)$, à la place de v, changeons S_1 en la somme de deux autres quantités :

$$S_1 = T_1 + \varepsilon_1,$$

$$T_1 = -\sum_{w_1} \left[\alpha'_{w_1}\left(\frac{1}{w_1} + \frac{u-a}{w_1^2}\right) + \beta'_{w_1}\left(\frac{1}{w_1} + \frac{u-b}{w_1^2}\right) + \ldots + \tau'_{w_1}\left(\frac{1}{w_1} + \frac{u-t}{w_1^2}\right)\right],$$

$$\varepsilon_1 = -\sum_{w_1} \left[\frac{\alpha_{w_1}(u-a)^2}{w_1^2(w_1-u+a)} + \frac{\beta_{w_1}(u-b)^2}{w_1^2(w_1-u+b)} + \ldots + \frac{\tau'_{w_1}(u-t)^2}{w_1^2(w_1-u+t)}\right].$$

Cette dernière quantité ε_1 donne lieu à l'observation suivante. Les numérateurs étant limités en valeur absolue, les termes qui composent ε_1 sont ceux d'une série absolument convergente, car les dénominateurs sont comparables à w_1^3. Donc on peut prendre M et M' assez grands pour que ε_1 soit inférieur à une quantité donnée, si petite qu'elle soit.

Prenons, d'autre part, les fractions où $\pm n$ et $\pm n'$ sont moindres respectivement que M et M'. Quand w est ainsi limité, et que N, N' deviennent infinis, $\varphi(u)$ tendant vers $\Phi(u)$, α'_w tend vers $\alpha_w = \alpha_0$. Donc α'_w, β'_w, ..., τ'_w diffèrent de α_0, β_0, ..., τ_0 par des quantités que l'on peut rendre aussi petites qu'on voudra en prenant N et N' assez grands. La somme S de ces fractions peut donc se représenter par

$$S = \varepsilon + \alpha_0 \sum_w \frac{1}{u-a-w} + \beta_0 \sum_w \frac{1}{u-b-w} + \ldots + \tau_0 \sum_w \frac{1}{u-t-w};$$

et ε désigne une quantité infiniment petite quand N et N′ sont infiniment grands. Ici w, rappelons-le, est une période quelconque, y compris zéro; mais $\pm n$ et $\pm n'$ ne dépassent pas les nombres fixes M et M′.

Maintenant, en ajoutant et retranchant certains termes, écrivons S sous la forme

$$S = \varepsilon + T + R,$$

$$T = -\sum_{w}\left[\alpha_0\left(\frac{1}{w} + \frac{u-a}{w^2}\right) + \beta_0\left(\frac{1}{w} + \frac{u-b}{w^2}\right) + \ldots + \tau_0\left(\frac{1}{w} + \frac{u-t}{w^2}\right)\right],$$

$$\begin{aligned} R = {} & \alpha_0\left[\frac{1}{u-a} + \sum_{w}\left(\frac{1}{u-a-w} + \frac{1}{w} + \frac{u-a}{w^2}\right)\right] \\ & + \beta_0\left[\frac{1}{u-b} + \sum_{w}\left(\frac{1}{u-b-w} + \frac{1}{w} + \frac{u-b}{w^2}\right)\right] \\ & + \ldots\ldots\ldots\ldots\ldots\ldots\ldots\ldots\ldots \\ & + \tau_0\left[\frac{1}{u-t} + \sum_{w}\left(\frac{1}{u-t-w} + \frac{1}{w} + \frac{u-t}{w^2}\right)\right]. \end{aligned}$$

Dans ces dernières sommations, $w = 0$ est excepté. On voit que R se compose du développement de

$$\alpha_0\,\zeta(u-a) + \beta_0\,\zeta(u-b) + \ldots + \tau_0\,\zeta(u-t),$$

limité aux termes où n, n' ne dépassent pas M et M′. La différence ε' entre R et cette dernière fonction peut donc être rendue aussi petite qu'on veut par le choix de M, M′. Soit donc

$$\psi(u) = \varphi(u) - \alpha_0\,\zeta(u-a) - \beta_0\,\zeta(u-b) - \ldots - \tau_0\,\zeta(u-t),$$

nous avons

$$\psi(u) = C + T_1 + T + \varepsilon + \varepsilon' + \varepsilon_1.$$

Les trois premiers termes $C + T_1 + T$ forment ensemble un binôme du premier degré en u, $Pu + Q$, dont l'analyse précédente ne laisse pas aisément apercevoir la forme limite. Mais, supposant N et N′ infinis, nous avons pour ε, ε', ε_1 des quantités infiniment petites; le premier membre a pour limite la fonction

$$\Psi(u) = \Phi(u) - \alpha_0\,\zeta(u-a) - \beta_0\,\zeta(u-b) - \ldots - \tau_0\,\zeta(u-t).$$

Donc $Pu + Q$ a aussi une limite finie, quel que soit u; donc P et Q ont des limites finies. Ainsi notre analyse conduit à ce résultat que $\Psi(u)$ se réduit à un binôme du premier degré en u. Il reste à établir que P est nul. C'est à quoi l'on parvient en observant la double périodicité de $\Phi(u)$. En effet, de l'égalité

$$\Psi(u) = Pu + Q,$$

on déduit

$$\begin{aligned}
\Psi(u+2\omega) - \Psi(u) &= 2P\omega = -2(\alpha_0 + \beta_0 + \ldots + \tau_0)\eta_1, \\
\Psi(u+2\omega') - \Psi(u) &= 2P\omega' = -2(\alpha_0 + \beta_0 + \ldots + \tau_0)\eta_1'.
\end{aligned}$$

Si donc on veut bien admettre comme établi que l'on n'a pas $\eta_1\omega' - \eta_1'\omega = 0$, il en résulte nécessairement $P = 0$, et l'on trouve en même temps que la somme des résidus est égale à zéro. Quoique la relation précise

$$\eta_1\omega' - \eta_1'\omega = \frac{i\pi}{2}$$

ne soit pas encore établie dans l'analyse actuelle (ce que nous ferons d'ailleurs au Chapitre suivant), on peut cependant reconnaître sans nouveau calcul que $(\eta_1\omega' - \eta_1'\omega)$ est la moitié d'un multiple impair de $i\pi$, et, par conséquent, n'est pas nul. Nous avons, en effet, en partant de la définition actuelle de σu, prouvé (équation 19) l'égalité

$$\frac{\sigma(u+2\bar{\omega})}{\sigma u} = -e^{2\bar{\eta}_1(u+\bar{\omega})}, \tag{28}$$

qui est vraie toutes les fois que $\bar{\omega}$ n'est pas une période. Nous avons donc successivement

$$\begin{aligned}
\frac{\sigma(u+2\omega'+2\omega)}{\sigma(u+2\omega')} &= -e^{2\eta(u+2\omega'+\omega)}, \\
\frac{\sigma(u+2\omega')}{\sigma u} &= -e^{2\eta'(u+\omega')};
\end{aligned}$$

de là, en multipliant membre à membre,

$$\frac{\sigma(u+2\omega'+2\omega)}{\sigma u} = +e^{2(\eta+\eta')(u+\omega+\omega')} \times e^{2(\eta\omega'-\eta'\omega)}. \tag{29}$$

D'autre part, les relations

$$\zeta(u+2\omega) = \zeta u + 2\eta,$$
$$\zeta(u+2\omega') = \zeta u + 2\eta'$$

conduisent à celle-ci

$$\zeta(u+2\omega+2\omega') = \zeta u + 2(\eta+\eta'),$$

d'où l'on voit qu'avec $2\tilde{\omega} = 2\omega + 2\omega'$, on a aussi $2\tilde{\eta} = 2\eta + 2\eta'$. Comme $(\omega + \omega')$ n'est pas une période (ω et ω' ayant leur rapport imaginaire), l'égalité (29), comparée à la précédente (28), exige qu'on ait

$$(30) \qquad e^{2(\eta\omega'-\eta'\omega)} = -1, \qquad \eta\omega' - \eta'\omega = \frac{2m+1}{2} i\pi.$$

Nous avons donc prouvé par une analyse directe que tout produit de fonctions σ, tel que $\Phi(u)$, est décomposable en une somme d'éléments simples : une constante, et des fonctions ζ. Les infinis de la fonction sont supposés différents entre eux, c'est-à-dire tous simples. On peut de là passer aux autres cas, comme on l'a déjà fait au Chapitre VII pour une question analogue. Mais notre objet est uniquement ici de conclure la formule fondamentale (22), et c'est ce que nous ferons ainsi : prenons

$$\Phi(u) = \frac{\sigma(u+v)\,\sigma(u-v)\,\sigma(2a)}{\sigma(u+a)\,\sigma(u-a)\,\sigma(v+a)\,\sigma(v-a)};$$

les résidus sont ± 1, et la constante se détermine par la condition $\Phi(v) = 0$. On a donc

$$\Phi(u) = \zeta(a-u) + \zeta(a+u) - \zeta(a-v) - \zeta(a+v).$$

Divisons les deux membres par $\sigma(2a)$, et faisons $a = 0$. La quantité

$$\frac{1}{\sigma(2a)}[\zeta(a-u) + \zeta(a+u)]$$

se présente sous la forme $\frac{0}{0}$. En prenant le rapport des dérivées, on a pour la limite

$$\tfrac{1}{2}[-p(-u) - pu] = -pu.$$

De même à l'égard des deux autres termes, où u est remplacé par v; donc

$$\frac{\sigma(u+v)\,\sigma(u-v)}{\sigma^2 u\,\sigma^2 v} = pv - pu.$$

C'est la formule (22), que nous voulions établir.

On ne manquera pas d'observer la grande portée de la démonstration qui vient d'être exposée. En prenant pour point de départ les définitions (20), nous avons immédiatement trouvé le théorème général de la décomposition en éléments simples pour les produits doublement périodiques composés avec les fonctions σ. De là se conclurait immédiatement la décomposition des fonctions rationnelles de pu et $p'u$ en produits de fonctions σ, et toute la substance du Chapitre VII.

Équivalence des périodes.

La définition des fonctions elliptiques par les formules (20) conduit à la notion d'équivalence des périodes, plus immédiatement encore et plus clairement que la théorie des séries $\mathfrak{S}$. Les *périodes primitives* 2ω, $2\omega'$ se trouvent caractérisées, en effet, dans les formules (20) de cette unique manière : ce sont deux quantités telles que, si l'on pose

$$w = 2n\omega + 2n'\omega', \qquad \left.\begin{matrix} n \\ n' \end{matrix}\right\} = 0,\ \pm 1,\ \pm 2,\ \ldots,\ \pm\infty,$$

l'ensemble des quantités w reproduise, dans un ordre quelconque, l'ensemble des quantités analogues, figurant dans les formules (20). Il est dès lors évident que $2\bar\omega$ et $2\bar\omega'$ sont deux périodes primitives si l'on a en même temps

$$\begin{aligned} \bar\omega &= a\omega + b\omega', & \omega &= \alpha\bar\omega + \beta\bar\omega', \\ \bar\omega' &= a'\omega + b'\omega', & \omega' &= \alpha'\bar\omega + \beta'\bar\omega', \end{aligned}$$

a, b, a', b', α, β, α', β' étant des nombres entiers. C'est ce qu'on exprime en d'autres termes par les égalités

$$\begin{aligned} \bar\omega &= a\omega + b\omega', \\ \bar\omega' &= a'\omega + b'\omega', \end{aligned} \qquad ab' - ba' = \pm 1.$$

De plus, comme il n'y a aucune distinction entre ω et ω', on peut supposer, sans restreindre la généralité,

$$ab' - ba' = +1;$$

car il suffit, pour changer le signe du déterminant, d'intervertir $\bar{\omega}$ et $\bar{\omega}'$ ou bien ω et ω'. Cette dernière convention apparaît ici comme ayant pour seul objet de laisser inaltérée la quantité $(\eta_1\omega' - \eta_1'\omega)$ quand on change les périodes primitives; car on a

$$\begin{aligned}\bar{\eta}_1 &= a\eta_1 + b\eta_1', \\ \bar{\eta}_1' &= a'\eta_1 + b'\eta_1',\end{aligned} \qquad \bar{\eta}_1\bar{\omega}' - \bar{\eta}_1'\bar{\omega} = (ab' - ba')(\eta_1\omega' - \eta_1'\omega);$$

mais la suite de l'analyse actuelle, qui doit nous ramener aux séries $\mathfrak{S}$, présentera cette convention sous son véritable jour.

Expression de $\sigma_1 u$, $\sigma_2 u$, $\sigma_3 u$ en produits à doubles indices.

Reprenons la formule (18) en l'écrivant ainsi

$$\frac{\sigma(u+a)}{\sigma a} e^{-u\zeta a} = f(u,a) e^{-\frac{1}{2}u^2 p a}.$$

Nous y retrouvons, au premier membre, cette même fonction de u dont nous avons appris à former le développement suivant les puissances ascendantes de u (VII, 48). Cette fonction est maintenant développée en produit à double indice $f(u, a)$.

Supposant, en particulier, pour a, une demi-période ω_α, nous avons, au premier membre, $\sigma_\alpha u$. Voici donc le développement en produit :

$$(31)\quad \left\{\begin{aligned} &\sigma_\alpha u = e^{-\frac{1}{2}e_\alpha u^2} \prod_{w_\alpha} \left(1 - \frac{u}{w_\alpha}\right) e^{\frac{u}{w_\alpha} + \frac{1}{2}\left(\frac{u}{w_\alpha}\right)^2}, \\ &w_\alpha = 2n\omega + 2n'\omega' + \omega_\alpha, \qquad \left.\begin{matrix} n \\ n' \end{matrix}\right\} = 0, \pm 1, \pm 2, \ldots, \pm \infty. \end{aligned}\right.$$

CHAPITRE XII.

DÉVELOPPEMENT DES FONCTIONS σ ET $\mathfrak{S}$ EN PRODUITS SIMPLES.

Développement de σ_2 en produit simple. — Démonstration de l'égalité
$$\eta\omega' - \eta'\omega = \frac{i\pi}{2}.$$
Développements de σu, $\sigma_1 u$, $\sigma_3 u$ en produits simples. — Expression des trois quantités $\sigma\omega e^{-\frac{1}{2}\eta\omega}$ et de $\sqrt[4]{e_\alpha - e_3}$ en produits. — Expression de ζu et de pu en séries simples. — Expression de $\eta\omega$ et des racines e_α en séries simples. — Les séries $\mathfrak{S}$ déduites des développements en produits.

Développement de $\sigma_2 u$ en produit simple.

Après avoir développé les fonctions σ en produits à double indice, on est naturellement conduit à transformer ces produits par le groupement des facteurs. Le groupement le plus simple est celui de tous les facteurs où l'un des indices a une seule et même valeur. C'est celui que nous allons effectuer. On peut opérer sur l'une quelconque des quatre fonctions σ; nous choisirons $\sigma_2 u$. Il faudra, pour ce calcul, se souvenir du développement de la fonction *cosinus* en produit infini. Ce développement est connu dans les éléments sous la forme

$$\cos\tfrac{1}{2}\pi x = \prod_n \left(1 - \frac{x^2}{n^2}\right); \qquad n = 1,\ 3,\ 5,\ \ldots,\ 2\mu+1,\ \ldots,\ \infty.$$

Il est valable, quel que soit x, réel ou imaginaire. Nous l'écrirons un peu autrement :

$$(1) \qquad \cos\tfrac{1}{2}\pi x = \prod_n \left(1 + \frac{x}{n}\right) e^{-\frac{x}{n}},$$
$$n = \pm 1,\ \pm 3,\ \ldots,\ \pm(2\mu+1),\ \ldots,\ \pm\infty.$$

L'exponentielle qui complète chaque facteur *linéaire* disparaît quand on réunit ensemble deux facteurs correspondant à deux valeurs de n, égales et de signes opposés; par conséquent, la seconde formule découle de la première : elle offre l'avantage de contenir un produit absolument convergent, formé avec des facteurs linéaires.

En même temps que la formule (1), nous aurons à employer les deux suivantes, qui s'en déduisent par la différentiation logarithmique :

$$(2)\quad \left\{\begin{aligned} &\tfrac{1}{2}\pi \operatorname{tang}\tfrac{1}{2}\pi x = \sum_n \left(\frac{1}{n} - \frac{1}{n+x}\right),\\ &\left(\frac{\pi}{2\cos\frac{1}{2}\pi x}\right)^2 = \sum_n \frac{1}{(n+x)^2},\\ &\qquad n = \pm 1, \pm 3, \ldots, \pm(2\mu+1), \ldots, \pm\infty. \end{aligned}\right.$$

Prenons le développement (XI, 31) de $\sigma_\alpha u$ en produit; supposons $\alpha = 2$, c'est-à-dire $\omega_\alpha = \omega + \omega'$, et nous pourrons écrire ainsi ce développement

$$(3)\quad \left\{\begin{aligned} &e^{\frac{1}{2}e_2 u^2}\sigma_2 u = \prod_{n,\,n'} \left(1 - \frac{u}{n\omega + n'\omega'}\right) e^{\frac{u}{n\omega+n'\omega'} + \frac{1}{2}\left(\frac{u}{n\omega+n'\omega'}\right)^2},\\ &\left.\begin{matrix} n \\ n' \end{matrix}\right\} = \pm 1, \pm 3, \ldots \pm (2\mu+1), \ldots \pm \infty. \end{aligned}\right.$$

Voici la transformation que nous ferons subir au facteur général du produit (3). Nous l'écrirons

$$(4)\quad \frac{\left(1 + \dfrac{n'\omega' - u}{n\omega}\right) e^{-\frac{n'\omega'-u}{n\omega}}}{\left(1 + \dfrac{n'\omega'}{n\omega}\right) e^{-\frac{n'\omega'}{n\omega}}} \cdot e^{-\frac{u}{\omega}\left(\frac{1}{n} - \frac{1}{n+n'\frac{\omega'}{\omega}}\right)} \cdot e^{\frac{1}{2}\left(\frac{u}{\omega}\right)^2 \left(\frac{1}{n+n'\frac{\omega'}{\omega}}\right)^2}.$$

Laissant maintenant à n' une valeur constante, faisons le produit de tous les facteurs obtenus en faisant varier n. Nous avons partagé notre facteur général (4) en trois autres, séparés par des points. Le produit de tous les facteurs analogues au premier est, d'après la formule (1), égal à

$$\frac{\cos\dfrac{\pi}{2}\dfrac{n'\omega' - u}{\omega}}{\cos\dfrac{\pi}{2}\dfrac{n'\omega'}{\omega}} = A_{n'};$$

le produit de tous les facteurs analogues au second, d'après (2), est

$$e^{-\frac{\pi u}{2\omega}\operatorname{tang}\frac{\pi}{2}\frac{n'\omega'}{\omega}} = B_{n'};$$

enfin le produit des facteurs analogues au troisième donne

$$e^{\frac{1}{2}\left(\frac{\pi u}{2\omega\cos\frac{\pi}{2}\frac{n'\omega'}{\omega}}\right)^2} = C_{n'}.$$

Nous avons ainsi (en mettant n au lieu de n')

$$\sigma_2 u\, e^{\frac{1}{2}e_2 u^2} = \prod_n A_n B_n C_n,$$

$$n = \pm 1,\ \pm 3,\ \ldots,\ \pm(2\mu+1) \ldots \pm \infty.$$

Pour simplifier cette expression, examinons les facteurs C_n. En posant

(5) $$q = e^{i\pi\frac{\omega'}{\omega}},$$

nous avons

(5 a) $$\cos\frac{\pi}{2}\frac{n\omega'}{\omega} = \frac{1}{2}\left(q^{\frac{1}{2}n} + q^{-\frac{1}{2}n}\right),$$

$$\log C_n = \frac{1}{2}\left(\frac{\pi u}{\omega}\right)^2 \frac{1}{\left(q^{\frac{1}{2}n} + q^{-\frac{1}{2}n}\right)^2}.$$

De là résulte que la série $\Sigma \log C_n$ est convergente ; car, un facteur invariable étant omis, le terme général s'écrit sous l'une ou l'autre des deux formes

$$\frac{q^n}{(1+q^n)^2},\quad \frac{q^{-n}}{(1+q^{-n})^2}.$$

Ces deux formes, l'une pour n positif, l'autre pour n négatif, mettent la convergence en évidence. Au surplus, deux termes, où les valeurs de n ne diffèrent que par le signe, étant égaux entre eux, il suffit de donner à n des valeurs positives, et d'adopter alors l'une ou l'autre des deux formes, suivant que la valeur absolue de q est inférieure ou supérieure à l'unité. C'est ici le lieu de convenir, comme on l'a déjà fait au Chapitre VIII, qu'*on choisit* ω' *et* ω *de telle sorte que* $\frac{\omega'}{i\omega}$ *ait sa partie réelle positive ;* par suite, la valeur absolue de q est inférieure à l'unité.

Nous avons donc

$$\log \prod_n C_n = \left(\frac{\pi u}{\omega}\right)^2 \sum_{m=1}^{m=\infty} \frac{q^{2m-1}}{(1+q^{2m-1})^2}.$$

Il convient de réunir cette série avec le terme $e^{\frac{1}{2}e_2 u^2}$; posant donc

$$a = -\tfrac{1}{2}e_2 + \left(\frac{\pi}{\omega}\right)^2 \sum \frac{q^{2m-1}}{(1+q^{2m-1})^2}, \tag{6}$$

nous aurons

$$e^{-au^2}\sigma_2 u = \prod_n A_n B_n.$$

On a manifestement $B_n B_{-n} = 1$, d'où résulte que les facteurs B_n disparaissent par le groupement des facteurs. Voici donc une première forme simple de développement :

$$e^{-au^2}\sigma_2 u = \prod_n \frac{\cos\frac{\pi}{2}\frac{n\omega'-u}{\omega}\cos\frac{\pi}{2}\frac{n\omega'+u}{\omega}}{\cos^2\frac{\pi}{2}\frac{n\omega'}{\omega}}, \tag{7}$$

$$n = 1, 3, \ldots, (2\mu+1), \ldots +\infty.$$

D'après la formule

$$\cos(b-c)\cos(b+c) = \cos^2 b - \sin^2 c,$$

on peut aussi écrire

$$e^{-au^2}\sigma_2 u = \prod_n \left(1 - \frac{\sin^2\frac{\pi u}{2\omega}}{\cos^2 n\cdot\frac{\pi\omega'}{2\omega}}\right), \tag{8}$$

$$n = 1, 3, \ldots, (2\mu+1) \ldots +\infty.$$

D'après (5 a), nous avons

$$\frac{\cos n\frac{\pi\omega'}{2\omega} \pm \sin\frac{\pi u}{2\omega}}{\cos n\frac{\pi\omega'}{2\omega}} = \frac{1+q^n \pm 2q^{\frac{1}{2}n}\sin\frac{\pi u}{2\omega}}{1+q^n},$$

$$\frac{\cos^2 n\frac{\pi\omega'}{2\omega} - \sin^2\frac{\pi u}{2\omega}}{\cos^2 n\frac{\pi\omega'}{2\omega}} = \frac{(1+q^n)^2 - 4q^n\sin^2\frac{\pi u}{2\omega}}{(1+q^n)^2} = \frac{1+q^{2n}+2q^n\cos\frac{\pi u}{\omega}}{(1+q^n)^2}.$$

Cette transformation change la formule (8) en celle-ci

$$(9) \qquad e^{-au^2}\sigma_2 u = \prod_n \frac{1 + 2q^n \cos\frac{\pi u}{\omega} + q^{2n}}{(1+q^n)^2},$$

$$n = 1,\ 3,\ \ldots,\ (2\mu+1),\ \ldots,\ +\infty.$$

En posant

$$(10) \qquad z = e^{\frac{i\pi u}{2\omega}},$$

on peut écrire le facteur général du dernier produit sous cette forme

$$1 + 2q^n \cos\frac{\pi u}{\omega} + q^{2n} = (1 + q^n z^2)(1 + q^n z^{-2}),$$

et changer alors la formule (9) en la suivante, où apparaissent deux produits distincts, convergents séparément,

$$(10) \qquad e^{-au^2}\sigma_2 u = \prod_n \frac{1 + q^n z^2}{1 + q^n} \cdot \prod_n \frac{1 + q^n z^{-2}}{1 + q^n},$$

$$n = 1,\ 3,\ \ldots,\ (2\mu+1),\ \ldots,\ +\infty.$$

On peut encore obtenir d'une autre manière la séparation en deux produits distincts, avec les facteurs qui figurent dans l'égalité (7); mais il y a lieu de substituer alors au *facteur de convergence* B_n un autre facteur plus simple. Nous avons

$$\log B_n = i\frac{\pi u}{2\omega} \frac{q^{\frac{1}{2}n} - q^{-\frac{1}{2}n}}{q^{\frac{1}{2}n} + q^{-\frac{1}{2}n}}.$$

Si n est positif, nous écrirons

$$\log B_n = -\frac{i\pi u}{2\omega}\frac{1 - q^n}{1 + q^n} = -\frac{i\pi u}{2\omega}\left(1 - \frac{2q^n}{1 + q^n}\right).$$

Si n est négatif, $n = -m$, nous écrirons, au contraire,

$$\log B_{-m} = \frac{i\pi u}{2\omega}\frac{1 - q^m}{1 + q^m} = \frac{i\pi u}{2\omega}\left(1 - \frac{2q^m}{1 + q^m}\right).$$

La série, composée des termes $\frac{2q^n}{1+q^n}$ et $-\frac{2q^m}{1+q^m}$, est convergente et sa somme est nulle. On peut donc réduire le facteur de convergence à $e^{\mp\frac{i\pi u}{2\omega}}$, suivant le signe de n; ce qui donne la formule

$$(11)\quad e^{-au^2}\sigma_2 u = \prod_n \frac{\cos\frac{\pi}{2}\frac{n\omega'-u}{\omega}}{\cos\frac{\pi}{2}\frac{n\omega'}{\omega}} e^{-\frac{i\pi u}{2\omega}} \prod_n \frac{\cos\frac{\pi}{2}\frac{n\omega'+u}{\omega}}{\cos\frac{\pi}{2}\frac{n\omega'}{\omega}} e^{\frac{i\pi u}{2\omega}}.$$

Il reste à trouver la signification de la constante a; c'est ce qui va être fait dans le paragraphe suivant.

Démonstration de l'égalité $\eta\omega' - \eta'\omega = \frac{i\pi}{2}$.

Par la définition de σu en produit infini, nous avons trouvé, dans le Chapitre précédent (XI, 19),

$$\frac{\sigma(u+2\omega)}{\sigma u} = -e^{2\eta(u+\omega)},$$
$$\frac{\sigma(u+2\omega')}{\sigma u} = -e^{2\eta'(u+\omega')}.$$

Au dernier paragraphe de ce même Chapitre XI, nous avons reproduit la définition de $\sigma_\alpha u$

$$\sigma_\alpha u = \frac{\sigma(u+\omega_\alpha)}{\sigma\omega_\alpha} e^{-u\zeta\omega_\alpha},$$

d'où résulte que l'addition des périodes 2ω et $2\omega'$ a pour effet de multiplier aussi σ_α par une exponentielle, du premier degré en u. En particulier, supposant $\alpha = 2$, c'est-à-dire $\omega_\alpha = \omega_2 = \omega + \omega'$, on détermine immédiatement le terme indépendant de u par l'hypothèse $u = -\omega$ ou $u = -\omega'$; d'où résulte

$$(12)\quad \begin{cases} \dfrac{\sigma_2(u+2\omega)}{\sigma_2 u} = +e^{2\eta(u+\omega)}, \\ \dfrac{\sigma_2(u+2\omega')}{\sigma_2 u} = +e^{2\eta'(u+\omega')}. \end{cases}$$

Ces deux dernières égalités caractérisent entièrement les deux constantes η, η'. En retrouvant ces mêmes égalités par les dernières expressions de σ_2, nous obtiendrons deux relations entre a, η, η', et atteindrons ainsi le double but poursuivi : 1° exprimer a par les quantités déjà introduites; 2° démontrer la relation qui lie η, η', ω, ω'.

L'une quelconque des formules (7), (8), (9), (11) met en évidence que $e^{-au^2}\sigma_2 u$ reste inaltéré par le changement de u en $(u+2\omega)$. On a donc

$$\frac{\sigma_2(u+2\omega)}{\sigma_2 u} = \frac{e^{a(u+2\omega)^2}}{e^{au^2}} = e^{4a\omega(u+\omega)}.$$

Comparée à la première relation (12), cette dernière donne

$$a = \frac{1}{2}\frac{\eta}{\omega}. \tag{13}$$

Pour le changement de u en $(u+2\omega')$, prenons la formule (11). Posons

$$F(u) = \prod_n \frac{\cos\frac{\pi}{2}\frac{n\omega'-u}{\omega}}{\cos\frac{\pi}{2}\frac{n\omega'}{\omega}} e^{-\frac{i\pi u}{2\omega}}; \qquad n = 1, 3, \ldots, (2\mu+1), \ldots,$$

en sorte que la formule (11) s'écrive

$$e^{-au^2}\sigma_2 u = F(u)\,F(-u).$$

Par le changement de u en $u+2\omega'$, $(\omega'-u)$, $(3\omega'-u)$, $(5\omega'-u)$, ... se changent en $-(\omega'+u)$, $(\omega'-u)$, $(3\omega'-u)$, ... On a donc, en désignant par A une constante qu'il est inutile de préciser davantage,

$$F(u+2\omega') = A\cos\frac{\pi}{2}\frac{\omega'+u}{\omega} e^{-\frac{i\pi u}{2\omega}} F(u).$$

Résolvant par rapport à $F(u)$ et changeant u en $(u-2\omega')$, on a de même

$$F(u-2\omega') = \frac{1}{A}\frac{1}{\cos\frac{\pi}{2}\frac{\omega'-u}{\omega}} e^{\frac{i\pi(u-2\omega')}{2\omega}} F(u).$$

Changeons u en $-u$, nous aurons

$$F(-u-2\omega') = \frac{1}{A}\,\frac{1}{\cos\frac{\pi}{2}\,\frac{\omega'+u}{\omega}}\,e^{-\frac{i\pi(u+2\omega')}{2\omega}}\,F(-u).$$

De là résulte enfin

$$\frac{F(u+2\omega')\,F(-u-2\omega')}{F(u)\,F(-u)} = e^{-\frac{i\pi}{\omega}(u+\omega')},$$

$$\frac{\sigma_2(u+2\omega')}{\sigma_2 u} = e^{-\frac{i\pi}{\omega}(u+\omega')}\,\frac{e^{a(u+2\omega')^2}}{e^{au^2}} = e^{\left(4a\omega'-\frac{i\pi}{\omega}\right)(u+\omega')}.$$

Comparée à la seconde égalité (12), et a étant remplacé par son expression (13), cette relation nous donne

$$2\frac{\eta\omega'}{\omega} - \frac{i\pi}{\omega} = 2\eta',$$

$$(14)\qquad \eta\omega' - \eta'\omega = \frac{i\pi}{2}.$$

C'est ce qu'on voulait établir.

Il est opportun de faire la remarque suivante : en établissant la formule (11), on a explicitement supposé q inférieur à l'unité, en valeur absolue. Dans le cas opposé, en effet, la transformation du facteur de convergence B_n aurait amené un changement du signe dans l'exposant de l'exponentielle $e^{\pm\frac{i\pi u}{2\omega}}$, comme on l'a vu plus haut. Ce signe étant ainsi changé, on trouverait $-\frac{i\pi}{2}$ au lieu de $\frac{i\pi}{2}$ pour $(\eta\omega'-\eta'\omega)$, comme il convient, en effet. On rencontre la même circonstance si l'on emploie, pour faire la même démonstration, la formule (7), exercice recommandé au lecteur. La formule (10) se prête fort bien aussi à ce même calcul ; le changement de u en $(u+2\omega')$ équivaut au changement de z en qz.

Le caractère général des produits infinis (7), (8), (10), (11) consiste en ce que : 1° par le changement de u en $(u+2\omega)$, les facteurs se reproduisent, ou tels quels, ou changés de signe ; 2° par le changement de u en $(u+2\omega')$, ils s'échangent les uns dans les autres.

Développements de σu, $\sigma_1 u$, $\sigma_3 u$ en produits simples.

On pourrait répéter les calculs, qui viennent d'être faits pour $\sigma_2 u$, avec de très légers changements, et obtenir directement les nouveaux développements cherchés. Il est plus simple de changer la variable dans $\sigma_2 u$, en utilisant les formules ci-après :

$$\sigma_2(u-\omega) = \frac{\sigma(u+\omega')}{\sigma(\omega+\omega')}\, e^{-(\eta+\eta')(u-\omega)} = \frac{\sigma\omega'}{\sigma\omega''}\, e^{\eta''\omega}\, e^{-\eta u}\, \sigma_3 u,$$

$$\sigma_2(u-\omega') = \frac{\sigma(u+\omega)}{\sigma(\omega+\omega')}\, e^{-(\eta+\eta')(u-\omega')} = \frac{\sigma\omega}{\sigma\omega''}\, e^{\eta''\omega'}\, e^{-\eta' u}\, \sigma_1 u,$$

$$\sigma_2(u-\omega-\omega') = \frac{1}{\sigma\omega''}\, e^{\eta''\omega''}\, e^{-\eta'' u}\, \sigma u.$$

Soient, pour abréger,

$$e^{-\frac{\eta u^2}{2\omega}}\, \sigma u = f u, \qquad e^{-\frac{\eta u^2}{2\omega}}\, \sigma_\alpha u = f_\alpha u,$$

$$(15) \qquad U = \sigma\omega\, e^{-\frac{1}{2}\eta\omega}, \qquad U' = \sigma\omega'\, e^{-\frac{1}{2}\eta'\omega'}, \qquad U'' = \sigma\omega''\, e^{-\frac{1}{2}\eta''\omega''}.$$

On déduit des formules ci-dessus les suivantes :

$$(16) \quad \begin{cases} f_2(u-\omega) = e^{-\frac{i\pi}{4}}\, \dfrac{U'}{U''}\, f_3 u, \\[2ex] f_2(u-\omega') = e^{\frac{i\pi}{4}}\, \dfrac{U}{U''}\, e^{\frac{i\pi}{4}\frac{2u-\omega'}{\omega}}\, f_1 u, \\[2ex] f_2(u-\omega-\omega') = e^{-\frac{i\pi}{4}}\, \dfrac{1}{U''}\, e^{\frac{i\pi}{4}\frac{2u-\omega'}{\omega}}\, f u. \end{cases}$$

Employons d'abord la première égalité (16) et, observant qu'on a $f_3(0) = 1$, concluons

$$e^{-\frac{i\pi}{4}}\, \frac{U'}{U''} = f_2(-\omega) = f_2\omega,$$

$$f_3 u = \frac{f_2(u-\omega)}{f_2\omega}.$$

De là se déduit, pour chacune des formes de $\sigma_2 u$ (7), (8), (9),

(10), (11), une forme correspondante de $\sigma_3 u$, savoir

$$
(17)\quad \left\{
\begin{aligned}
e^{-\frac{\eta_1 u^2}{2\omega}}\sigma_3 u &= \prod_n \frac{\sin\frac{\pi}{2}\frac{n\omega'-u}{\omega}\,\sin\frac{\pi}{2}\frac{n\omega'+u}{\omega}}{\sin^2\frac{\pi}{2}\frac{n\omega'}{\omega}},\\
e^{-\frac{\eta_1 u^2}{2\omega}}\sigma_3 u &= \prod_n \left(1-\frac{\sin^2\frac{\pi u}{2\omega}}{\sin^2 n\frac{\pi\omega'}{2\omega}}\right),\\
e^{-\frac{\eta_1 u^2}{2\omega}}\sigma_3 u &= \prod_n \frac{1-2q^n\cos\frac{\pi u}{\omega}+q^{2n}}{(1-q^n)^2},\\
e^{-\frac{\eta_1 u^2}{2\omega}}\sigma_3 u &= \prod_n \frac{1-q^n z^2}{1-q^n}\prod_n \frac{1-q^n z^{-2}}{1-q^n},\\
e^{-\frac{\eta_1 u^2}{2\omega}}\sigma_3 u &= \prod_n \frac{\sin\frac{\pi}{2}\frac{n\omega'-u}{\omega}}{\sin\frac{\pi}{2}\frac{n\omega'}{\omega}}\,e^{-\frac{i\pi u}{2\omega}}\prod_n \frac{\sin\frac{\pi}{2}\frac{n\omega'+u}{\omega}}{\sin\frac{\pi}{2}\frac{n\omega'}{\omega}}\,e^{\frac{i\pi u}{2\omega}},
\end{aligned}
\right.
$$

où $n = 1, 3, \ldots, (2\mu+1), \ldots, +\infty$.

A ces égalités, nous devons joindre l'expression de $f_2\omega$, qu'il suffit de prendre sous une seule forme, déduite, par exemple, de la relation (9),

$$
(18)\qquad e^{-\frac{i\pi}{4}}\frac{\mathrm{U}'}{\mathrm{U}''} = \left[\frac{\Pi(1-q^{2p-1})}{\Pi(1+q^{2p-1})}\right]^2; \qquad p = 1, 2, 3, \ldots +\infty.
$$

En employant la seconde égalité (16) et observant encore que $f_1(0)$ est égal à l'unité, nous aurons

$$
e^{\frac{i\pi}{4}}\frac{\mathrm{U}}{\mathrm{U}''} = f_2\omega'\,e^{\frac{i\pi\omega'}{4\omega}} = q^{\frac{1}{4}} f_2\omega',
$$

$$
f_1 u = \frac{f_2(u-\omega')}{f_2\omega'}\,e^{-\frac{i\pi u}{2\omega}} = \frac{1}{z}\,\frac{f_2(u-\omega')}{f_2\omega'}.
$$

On transforme immédiatement les produits (7) et (11), qui subissent un très léger changement, celui des nombres impairs n en des nombres pairs. De plus, il se trouve un facteur isolé provenant de $\cos\frac{\pi}{2}\frac{\omega'+u}{\omega}$, lequel, par le changement de u en $(u-\omega')$, devient $\cos\frac{\pi u}{2\omega}$. Du produit (7), ainsi transformé, on conclut les produits analogues à (8) et (9) par un calcul tout pareil à celui qui a été fait pour σ_2. Pour transformer le produit (10), on doit observer que, u se changeant en $(u-\omega')$, z^2 se change alors en $q^{-1}z^2$. Les nombres impairs n se changent en des nombres pairs, et il y a un facteur isolé provenant de $(1+qz^2)$, qui se change en $(1+z^2)$; ce dernier se transforme en $(z+z^{-1})$ par l'adjonction du facteur $\frac{1}{z}$. Voici donc les formules finales :

$$(19)\quad \left\{\begin{aligned}
e^{-\frac{\eta u^2}{2\omega}}\sigma_1 u &= \cos\frac{\pi u}{2\omega}\prod_m \frac{\cos\frac{\pi}{2}\frac{m\omega'-u}{\omega}\cos\frac{\pi}{2}\frac{m\omega'+u}{\omega}}{\cos^2\frac{\pi}{2}\frac{m\omega'}{\omega}},\\
e^{-\frac{\eta u^2}{2\omega}}\sigma_1 u &= \cos\frac{\pi u}{2\omega}\prod_m \left(1-\frac{\sin^2\frac{\pi u}{2\omega}}{\cos^2\frac{\pi}{2}\frac{m\omega'}{\omega}}\right),\\
e^{-\frac{\eta u^2}{2\omega}}\sigma_1 u &= \cos\frac{\pi u}{2\omega}\prod_m \frac{1+2q^m\cos\frac{\pi u}{\omega}+q^{2m}}{(1+q^m)^2},\\
e^{-\frac{\eta u^2}{2\omega}}\sigma_1 u &= \frac{z+z^{-1}}{2}\prod_m \frac{1+q^m z^2}{1+q^m}\prod_m \frac{1+q^m z^{-2}}{1+q^m},\\
e^{-\frac{\eta u^2}{2\omega}}\sigma_1 u &= \cos\frac{\pi u}{2\omega}\prod_m \frac{\cos\frac{\pi}{2}\frac{m\omega'-u}{\omega}}{\cos\frac{\pi}{2}\frac{m\omega'}{\omega}}e^{-\frac{i\pi u}{2\omega}}\prod_m \frac{\cos\frac{\pi}{2}\frac{m\omega'+u}{\omega}}{\cos\frac{\pi}{2}\frac{m\omega'}{\omega}}e^{\frac{i\pi u}{2\omega}},
\end{aligned}\right.$$

où $m=2, 4, 6, \ldots, 2\mu, \ldots, +\infty$;

$$(20)\quad q^{-\frac{1}{4}}e^{\frac{i\pi}{4}}\frac{U}{U''}=2\left[\frac{\Pi(1+q^{2p})}{\Pi(1+q^{2p-1})}\right]^2; \qquad p=1, 2, 3, \ldots, +\infty.$$

En suivant cet ordre dans le calcul, au lieu d'employer, telle quelle, la dernière égalité (16), il est un peu plus simple d'utiliser les deux dernières (16), pour en conclure d'abord

$$Uf_1(u-\omega)=fu.$$

Observant ensuite que $\frac{1}{u}fu$, comme $\frac{1}{u}\sigma u$, a, pour $u=0$, une limite égale à l'unité, on aura

$$\frac{1}{U} = \lim_{u=0} \frac{f_1(u-\omega)}{u}.$$

La troisième forme (19) donne immédiatement cette dernière limite ainsi

$$(21) \qquad \frac{1}{U} = \frac{\pi}{2\omega}\left[\frac{\Pi(1-q^{2p})}{\Pi(1+q^{2p})}\right]^2; \qquad p = 1,\ 2,\ 3,\ \ldots,\ +\infty;$$

puis, le changement de u en $(u-\omega)$ entraînant celui de z en $-iz$, on a immédiatement les formules suivantes

$$(22) \quad \left\{\begin{aligned}
e^{-\frac{\eta u^2}{2\omega}}\sigma u &= \frac{2\omega}{\pi}\sin\frac{\pi u}{2\omega}\prod_m \frac{\sin\frac{\pi}{2}\frac{m\omega'-u}{\omega}\sin\frac{\pi}{2}\frac{m\omega'+u}{\omega}}{\sin^2\frac{\pi}{2}\frac{m\omega'}{\omega}},\\
e^{-\frac{\eta u^2}{2\omega}}\sigma u &= \frac{2\omega}{\pi}\sin\frac{\pi u}{2\omega}\prod_m\left(1-\frac{\sin^2\frac{\pi u}{2\omega}}{\sin^2\frac{\pi}{2}\frac{m\omega'}{\omega}}\right),\\
e^{-\frac{\eta u^2}{2\omega}}\sigma u &= \frac{2\omega}{\pi}\sin\frac{\pi u}{2\omega}\prod_m \frac{1-2q^m\cos\frac{\pi u}{\omega}+q^{2m}}{(1-q^m)^2},\\
e^{-\frac{\eta u^2}{2\omega}}\sigma u &= \frac{2\omega}{\pi}\,\frac{z-z^{-1}}{2i}\prod_m\frac{1-q^m z^2}{1-q^m}\prod_m\frac{1-q^m z^{-2}}{1-q^m},\\
e^{-\frac{\eta u^2}{2\omega}}\sigma u &= \frac{2\omega}{\pi}\sin\frac{\pi u}{2\omega}\prod_m\frac{\sin\frac{\pi}{2}\frac{m\omega'-u}{\omega}}{\sin\frac{\pi}{2}\frac{m\omega'}{\omega}}e^{-\frac{i\pi u}{2\omega}}\prod_m\frac{\sin\frac{\pi}{2}\frac{m\omega'+u}{\omega}}{\sin\frac{\pi}{2}\frac{m\omega'}{\omega}}e^{\frac{i\pi u}{2\omega}},
\end{aligned}\right.$$

où $m = 2,\ 4,\ 6,\ \ldots,\ 2\mu,\ \ldots,\ +\infty$.

Expression des trois quantités $\sigma\omega e^{-\frac{1}{2}\eta\omega}$ et de $\sqrt[4]{e_\alpha - e_\beta}$ en produits.

Considérons ensemble les trois équations (18), (20), (21); on y voit figurer quatre produits, que nous désignerons chacun par une lettre, savoir

$$(23)\quad \begin{cases} Q_0 = \Pi(1-q^{2p}) \;\;\;\;= (1-q^2)(1-q^4)(1-q^6)\ldots, \\ Q_1 = \Pi(1+q^{2p}) \;\;\;\;= (1+q^2)(1+q^4)(1+q^6)\ldots, \\ Q_2 = \Pi(1+q^{2p-1}) = (1+q)\;(1+q^3)(1+q^5)\ldots, \\ Q_3 = \Pi(1-q^{2p-1}) = (1-q)\;(1-q^3)(1-q^5)\ldots. \end{cases}$$

Entre les trois derniers existe une relation très remarquable et très simple.

Si l'on désigne Q_3 par $\varphi(q)$

$$\varphi(q) = (1-q)(1-q^3)(1-q^5)\ldots(1-q^{2p-1})\ldots,$$

on a

$$Q_2 = \varphi(-q),$$

$$Q_2 Q_3 = (1-q^2)(1-q^6)(1-q^{10})\ldots = \varphi(q^2),$$

$$(24)\qquad \varphi(q)\,\varphi(-q) = \varphi(q^2).$$

D'autre part, en distinguant dans Q_1 les facteurs où les exposants de q^2 sont impairs, puis ceux où ces exposants sont pairs et non divisibles par 4, et ainsi de suite, on peut écrire

$$Q_1 = \varphi(-q^2)\,\varphi(-q^4)\,\varphi(-q^8)\ldots.$$

Par conséquent, en employant successivement la relation (24) où l'on change q en q^2, en q^4, etc., on a

$$\begin{aligned} Q_1 Q_2 Q_3 &= \varphi(q^2)\,\varphi(-q^2)\,\varphi(-q^4)\;\;\varphi(-q^8)\ldots \\ &= \varphi(q^4)\,\varphi(-q^4)\,\varphi(-q^8)\;\;\varphi(-q^{16})\ldots \\ &= \varphi(q^8)\,\varphi(-q^8)\,\varphi(-q^{16})\;\varphi(-q^{32})\ldots. \end{aligned}$$

Comme q^n a pour limite zéro quand n est infini, il résulte de là

$$(25)\qquad Q_1 Q_2 Q_3 = 1.$$

L'égalité (21) nous donne

$$(26)\qquad U = \sigma\omega\, e^{-\frac{1}{2}\eta\omega} = \frac{2\omega}{\pi}\,\frac{Q_1^2}{Q_0^2};$$

puis l'égalité (20)

$$(26\,a)\qquad U'' = \sigma\omega''\, e^{-\frac{1}{2}\eta''\omega''} = \frac{2\omega}{\pi}\,\frac{e^{\frac{i\pi}{4}}}{2q^{\frac{1}{4}}}\,\frac{Q_2^2}{Q_0^2};$$

enfin l'égalité (18) conduit maintenant à celle-ci :

$$(26\,b)\qquad U' = \sigma\omega'\,e^{-\frac{1}{2}\eta'\omega'} = \frac{2\omega}{\pi}\,\frac{i}{2q^{\frac{1}{4}}}\,\frac{Q_3^2}{Q_0^2}.$$

De là nous concluons, d'après les formules (VI, 49), les trois quantités $\sqrt{e_\alpha - e_\beta}$, simplifiées au moyen de (25),

$$(27)\qquad \left\{\begin{aligned} \sqrt{e_1-e_2} &= e^{-\frac{i\pi}{4}}\frac{U'}{UU''} = \frac{\pi}{2\omega}\,\frac{Q_3^2 Q_0^2}{Q_1^2 Q_2^2} = \frac{\pi}{2\omega}\,Q_3^4 Q_0^2,\\ \sqrt{e_2-e_3} &= -e^{-\frac{i\pi}{4}}\frac{U}{U'U''} = \frac{\pi}{2\omega}\,4q^{\frac{1}{2}}\,\frac{Q_1^2 Q_0^2}{Q_2^2 Q_3^2} = \frac{\pi}{2\omega}\,4q^{\frac{1}{2}}\,Q_1^4 Q_0^2,\\ \sqrt{e_1-e_3} &= e^{\frac{i\pi}{4}}\frac{U''}{UU'} = \frac{\pi}{2\omega}\,\frac{Q_2^2 Q_0^2}{Q_3^2 Q_1^2} = \frac{\pi}{2\omega}\,Q_2^4 Q_0^2. \end{aligned}\right.$$

En extrayant les racines carrées, nous en déduisons

$$(28)\qquad \left\{\begin{aligned} \sqrt[4]{e_1-e_2} &= \sqrt{\frac{\pi}{2\omega}}\,Q_3^2 Q_0,\\ \sqrt[4]{e_2-e_3} &= \sqrt{\frac{\pi}{2\omega}}\,2\sqrt[4]{q}\,Q_1^2 Q_0,\\ \sqrt[4]{e_1-e_3} &= \sqrt{\frac{\pi}{2\omega}}\,Q_2^2 Q_0. \end{aligned}\right.$$

Ces calculs sont tout à fait analogues à ceux du Chapitre VIII (44, 45, 46), et sur les racines quatrièmes des binômes $(e_1 - e_2)$ il y a lieu de faire la même observation qu'en l'endroit cité. Au reste, le rapprochement sera complet quand, un peu plus loin, nous reviendrons aux séries $\mathfrak{S}$. Pour le moment, nous devons conclure des relations (28) : 1° l'expression du discriminant; 2° une identité

$$(29)\qquad \sqrt[8]{\Delta} = \sqrt{2}\,\sqrt[4]{e_1-e_2}\,\sqrt[4]{e_2-e_3}\,\sqrt[4]{e_1-e_3} = \left[\sqrt{\frac{\pi}{\omega}}\,Q_0\right]^3\sqrt[4]{q},$$

$$(30)\qquad Q_3^8 + 16\,q\,Q_1^8 = Q_2^8.$$

Expression de ζu et de pu en séries simples.

On obtient ζu et pu en prenant les dérivées logarithmiques du produit infini σu, sous une quelconque des formes (22). Aucune démonstration n'est exigible pour la légitimité de cette opération. En effet, dans le Chapitre précédent, on a prouvé rigoureusement que cette opération, faite sur le produit à double indice, conduit aux développements de ζu et pu en série à double indice. En opérant sur ces derniers les mêmes groupements de termes qu'on vient de faire sur le produit d'où ils dérivent, on obtiendra pour résultat des séries qui dériveront de même du produit transformé.

Cette observation s'applique aussi aux produits qui représentent les fonctions σ_α. Comme les développements dont il s'agit sont de peu d'usage et, de plus, se calculent sans aucune difficulté, il suffira de consigner ici, à titre de spécimen, une de leurs formes : les égalités suivantes sont déduites de la troisième équation (22) et de la troisième (17).

$$(31)\quad \begin{cases} \zeta u = \dfrac{\eta u}{\omega} + \dfrac{\pi}{2\omega}\cot\dfrac{\pi u}{2\omega} + \dfrac{2\pi}{\omega}\displaystyle\sum_m \dfrac{q^m \sin\dfrac{\pi u}{\omega}}{1 - 2q^m\cos\dfrac{\pi u}{\omega} + q^{2m}}, \\[2ex] pu = -\dfrac{\eta}{\omega} + \left(\dfrac{\pi}{2\omega}\right)^2 \dfrac{1}{\sin^2\dfrac{\pi u}{2\omega}} - 2\left(\dfrac{\pi}{\omega}\right)^2 \displaystyle\sum_m \dfrac{q^m(1+q^{2m})\cos\dfrac{\pi u}{\omega} - 2q^{2m}}{\left(1 - 2q^m\cos\dfrac{\pi u}{\omega} + q^{2m}\right)^2}, \\[2ex] \qquad m = 2, 4, 6, \ldots; \end{cases}$$

$$(32)\quad \begin{cases} \zeta(u+\omega') = \eta' + \dfrac{\eta u}{\omega} + \dfrac{2\pi}{\omega}\displaystyle\sum_n \dfrac{q^n \sin\dfrac{\pi u}{\omega}}{1 - 2q^n\cos\dfrac{\pi u}{\omega} + q^{2n}}, \\[2ex] p(u+\omega') = -\dfrac{\eta}{\omega} - 2\left(\dfrac{\pi}{\omega}\right)^2 \displaystyle\sum_n \dfrac{q^n(1+q^{2n})\cos\dfrac{\pi u}{\omega} - 2q^{2n}}{\left(1 - 2q^n\cos\dfrac{\pi u}{\omega} + q^{2n}\right)^2}, \\[2ex] \qquad n = 1, 3, 5, \ldots. \end{cases}$$

Expression de $\eta\omega$ et des racines e_α en séries simples.

Le calcul de $\sigma_2 u$ nous a conduit à l'égalité (6), qui, à cause de la valeur (13) de a, s'écrit ainsi

$$\eta\omega = -e_2\omega^2 + 2\pi^2 \sum \frac{q^{2p-1}}{(1+q^{2p-1})^2}; \qquad p = 1, 2, \ldots, \infty.$$

C'est en composant le facteur de u^2, dans l'exponentielle qui multiplie σ_2, que nous avons trouvé cette formule. En faisant le calcul direct pour les autres σ, nous trouverions de même trois autres égalités analogues. Mais, *a posteriori*, nous pouvons obtenir ces égalités et retrouver la précédente par le moyen des formules (31) et (32). Dabord, par la seconde formule (31), en nous rappelant que $\left(pu - \frac{1}{u^2}\right)$ est nul avec u, nous obtenons

$$(33) \qquad \eta\omega = \tfrac{1}{12}\pi^2 - 2\pi^2 \sum \frac{q^{2p}}{(1-q^{2p})^2}, \qquad p = 1, 2, 3, \ldots, \infty.$$

Dans cette même formule (31), si l'on fait $u = \omega$, on a

$$(34) \quad \eta\omega = -e_1\omega^2 + \tfrac{1}{4}\pi^2 + 2\pi^2 \sum \frac{q^{2p}}{(1+q^{2p})^2}, \qquad p = 1, 2, 3, \ldots, \infty.$$

Puis, dans la seconde formule (32), supposons successivement $u = \omega$ et $u = 0$, nous aurons deux relations analogues à (34); la première sera justement celle que nous avions obtenue d'abord directement :

$$(35) \qquad \eta\omega = -e_2\omega^2 + 2\pi^2 \sum \frac{q^{2p-1}}{(1+q^{2p-1})^2},$$

$$(36) \qquad \eta\omega = -e_3\omega^2 - 2\pi^2 \sum \frac{q^{2p-1}}{(1-q^{2p-1})^2},$$

$$p = 1, 2, 3, \ldots, \infty.$$

Comme $e_1 + e_2 + e_3$ est nul, il résulte de là l'identité

$$(37) \quad \left\{ \begin{array}{l} \displaystyle\sum \frac{q^p}{(1+q^p)^2} = \sum \frac{q^{2p-1}}{(1-q^{2p-1})^2} - 3\sum \frac{q^{2p}}{(1-q^{2p})^2}, \\ \qquad\qquad p = 1, 2, 3, \ldots, \infty. \end{array} \right.$$

En outre, si l'on retranche membre à membre les égalités (33), (34), (35), (36) deux à deux, on obtient de nouvelles expressions pour les six quantités e_α et $(e_\alpha - e_\beta)$. Ces expressions, comparées à celles qu'on a déjà obtenues, donnent lieu à des identités dont nous reconnaîtrons l'importance dans les applications à la théorie des nombres.

Les séries $\mathfrak{S}$, déduites des développements en produits.

Parmi les cinq formes adoptées précédemment pour les produits σ_α, il en est une où l'on a introduit une variable z, au lieu de l'argument u, et les facteurs sont alors algébriques par rapport à cette variable. Il est naturel de chercher à en conclure des développements suivant les puissances de z, et on peut le tenter de deux manières. Comme les produits s'offrent sous la forme $F(z)\,F\left(\frac{1}{z}\right)$, on peut vouloir développer $F(z)$ suivant les puissances ascendantes de z; ce mode de développement offre de l'intérêt, mais nous n'en parlerons pas : il n'a jusqu'à présent aucune importance. La seconde manière consiste à développer le produit, comme un polynôme réciproque, suivant les quantités $(z^p + z^{-p})$: c'est par là que nous retrouverons les séries $\mathfrak{S}$.

Nous allons opérer sur le développement de σ_1, par conséquent sur le produit qu'offre la quatrième formule (19). Pour y arriver, nous considérerons d'abord le polynôme limité suivant :

$$(38)\qquad \begin{cases} \varphi(z) = \Pi(q^p z + q^{-p} z^{-1}), \\ p = \mu,\ (\mu - 1),\ (\mu - 2),\ \ldots,\ (-\mu + 1),\ -\mu. \end{cases}$$

Il est composé de $(2\mu + 1)$ facteurs, et évidemment réciproque, c'est-à-dire ne change point par le changement de z en $\frac{1}{z}$. Il est impair; son développement ne contiendra que des puissances de z à exposants impairs, dont les extrêmes seront $\pm(2\mu + 1)$.

La propriété vraiment caractéristique de ce polynôme consiste en ceci : si l'on y change z en qz, les facteurs s'échangent les uns dans les autres; car $(q^p z + q^{-p} z^{-1})$ devient $(q^{(p+1)} z + q^{-(p+1)} z^{-1})$. La modification porte seulement sur les facteurs extrêmes, en sorte qu'on a

$$(38\,a)\qquad (q^{-\mu} z + q^{\mu} z^{-1})\,\varphi(qz) = (q^{\mu+1} z + q^{-(\mu+1)} z^{-1})\,\varphi(z).$$

Si donc on suppose $\varphi(z)$ développé sous la forme

$$\varphi(z) = \Sigma A_\nu z^{2\nu+1},$$

les coefficients se déterminent immédiatement par l'équation récurrente

$$q^{-\mu}A_{\nu-1}q^{2\nu-1}+q^{\mu}A_{\nu}q^{2\nu+1}=q^{\mu+1}A_{\nu-1}+q^{-(\mu+1)}A_{\nu},$$

$$A_{\nu-1}=q^{-2\nu}\frac{1-q^{2\mu+2\nu+2}}{1-q^{2\mu-2\nu+2}}A_{\nu}.$$

D'ailleurs, le terme contenant la plus haute puissance de z est le produit de toutes les quantités $q^{p}z$, c'est-à-dire $z^{2\mu+1}$. Donc A_{μ} est égal à l'unité, et l'on a successivement

$$A_{\mu-1}=q^{-2\mu}\frac{1-q^{4\mu+2}}{1-q^{2}}=q^{-\mu(\mu+1)}\frac{1-q^{4\mu+2}}{1-q^{2}}q^{\mu(\mu-1)},$$

$$A_{\mu-2}=q^{-\mu(\mu+1)}\frac{(1-q^{4\mu+2})(1-q^{4\mu})}{(1-q^{2})(1-q^{4})}q^{(\mu-1)(\mu-2)},$$

$$\dots\dots\dots\dots\dots\dots\dots\dots\dots\dots,$$

$$A_{0}=q^{-\mu(\mu+1)}\frac{(1-q^{4\mu+2})(1-q^{4\mu})\dots(1-q^{2\mu+4})}{(1-q^{2})(1-q^{4})\dots(1-q^{2\mu})}.$$

Mettant maintenant les termes suivant l'ordre croissant des indices, on a le développement cherché, où nous représentons par une seule lettre C le premier coefficient

$$C=\frac{(1-q^{2\mu+4})(1-q^{2\mu+6})\dots(1-q^{4\mu+2})}{(1-q^{2})(1-q^{4})\dots(1-q^{2\mu})},$$

$$\Phi(z)=\frac{1}{C}q^{\mu(\mu+1)}\varphi(z)=z+\frac{1}{z}+\frac{1-q^{2\mu}}{1-q^{2\mu+4}}q^{2}\left(z^{3}+\frac{1}{z^{3}}\right)$$
$$+\frac{(1-q^{2\mu})(1-q^{2\mu-2})}{(1-q^{2\mu+4})(1-q^{2\mu+6})}q^{6}\left(z^{5}+\frac{1}{z^{5}}\right)+\dots.$$

Dès lors que q est, en valeur absolue, inférieur à l'unité, ce polynôme $\Phi(z)$, pour μ infini, converge vers la somme de la série

$$\Phi_{1}(z)=z+\frac{1}{z}+q^{2}\left(z^{3}+\frac{1}{z^{3}}\right)+q^{6}\left(z^{5}+\frac{1}{z^{5}}\right)+\dots$$
$$+q^{\nu(\nu+1)}\left(z^{2\nu+1}+\frac{1}{z^{2\nu+1}}\right)+\dots.$$

La démonstration en est évidente, semblable à celles que nous avons employées plusieurs fois déjà ; elle se fonde sur deux faits : 1° tout terme de rang déterminé, dans $\Phi(z)$, a pour limite le terme de même rang de $\Phi_{1}(z)$; 2° les termes dont les rangs, dans

$\Phi(z)$, croissent indéfiniment avec μ, forment une somme infiniment petite.

Réunissons dans l'expression primitive (38) de $\varphi(z)$ les deux facteurs qui répondent à deux valeurs de p égales et de signes opposés, et écrivons

$$(q^p z + q^{-p} z^{-1})(q^{-p} z + q^p z^{-1}) = q^{-2p}(1 + q^{2p} z^2)(1 + q^{2p} z^{-2}).$$

Il résulte de là

$$\varphi(z) = q^{-2\Sigma p}(z + z^{-1})\Pi(1 + q^{2p} z^2)\Pi(1 + q^{2p} z^{-2}),$$
$$p = 1, 2, 3, \ldots, \mu;$$

ou bien, comme $2\Sigma p$ est égal à $\mu(\mu+1)$,

$$C\,\Phi(z) = (z + z^{-1})\Pi(1 + q^{2p} z^2)\Pi(1 + q^{2p} z^{-2}).$$

Quand on suppose μ infini, le numérateur de C devient égal à l'unité; nous avons donc

$$(z + z^{-1})\Pi(1 + q^{2p} z^2)\Pi(1 + q^{2p} z^{-2})\Pi(1 - q^{2p}) = \Phi_1(z),$$
$$p = 1, 2, 3, \ldots, \infty.$$

Si l'on multiplie $\Phi_1(z)$ par $q^{\frac{1}{4}}$ et qu'on pose, en outre,

$$z = e^{i\pi v},$$

on retrouve alors la série $\vartheta_2 v$ (VIII, 22)

$$(39)\quad \begin{cases} \vartheta_2 v = q^{\frac{1}{4}}\Phi_1(z) = 2q^{\frac{1}{4}}\cos v\pi + 2q^{\frac{9}{4}}\cos 3v\pi + \ldots \\ \qquad\qquad + 2q^{\frac{1}{4}(2p+1)^2}\cos(2p+1)v\pi + \ldots. \end{cases}$$

Mettant, de même, v au lieu de z dans le produit et réunissant les termes deux à deux, nous obtenons

$$(40)\quad \vartheta_2 v = 2q^{\frac{1}{4}}\cos v\pi \prod_m (1 + 2q^m \cos 2v\pi + q^{2m}) \prod_m (1 - q^m),$$
$$m = 2, 4, \ldots, 2\mu, \ldots, +\infty.$$

A cette relation se joint la suivante, où intervient $\vartheta_1 v$ défini par l'égalité

$$(41)\quad \left\{ \begin{aligned} \vartheta_1 v = \vartheta_2(\tfrac{1}{2} - v) &= 2q^{\frac{1}{4}} \sin v\pi - 2q^{\frac{9}{4}} \sin 3v\pi + \ldots \\ &+ (-1)^p 2q^{\frac{1}{4}(2p+1)^2} \sin(2p+1)v\pi, \end{aligned} \right.$$

$$(42)\quad \vartheta_1 v = 2q^{\frac{1}{4}} \sin v\pi \prod_m (1 - 2q^m \cos 2v\pi + q^{2m}) \prod_m (1 - q^m),$$

$$m = 2, 4, \ldots, 2\mu, \ldots +\infty.$$

On peut passer de ϑ_1 ou ϑ_2 à ϑ_3 et ϑ_0 par un changement de l'argument v, comme on l'a fait au Chapitre VIII. On peut aussi reproduire l'analyse précédente pour développer le produit qui figure dans l'expression (10) de $\sigma_2 u$. C'est ce que nous allons faire en quelques mots.

Prenons le polynôme limité

$$\psi(z) = \Pi(q^p z + q^{-p} z^{-1}),$$

dans lequel p acquerra maintenant les valeurs

$$p = \pm\tfrac{1}{2}, \pm\tfrac{3}{2}, \ldots \pm \frac{2\mu - 1}{2}.$$

Ce polynôme, comme le précédent, est réciproque; mais il est pair et de degré 2μ. Au lieu de la relation (38 a), il vérifie cette autre analogue

$$\left(q^{-\frac{2\mu-1}{2}} z + q^{\frac{2\mu-1}{2}} z^{-1}\right) \psi(qz) = \left(q^{\frac{2\mu+1}{2}} z + q^{-\frac{2\mu+1}{2}} z^{-1}\right) \psi(z),$$

et l'on a, pour déterminer les coefficients, la relation suivante :

$$\psi(z) = \Sigma\, B_\nu z^{2\nu},$$

$$B_{\nu-1} = q^{-(2\nu-1)} \frac{1 - q^{2\mu+2\nu}}{1 - q^{2\mu-2\nu+2}} B_\nu, \qquad B_\mu = 1.$$

En posant alors

$$C' = \frac{(1 - q^{2\mu+2})(1 - q^{2\mu+4}) \ldots (1 - q^{4\mu})}{(1 - q^2)(1 - q^4) \ldots (1 - q^{2\mu})},$$

on obtient ce développement

$$\Psi(z) = \frac{1}{C}\, q^{\mu^2}\psi(z) = 1 + \frac{1 - q^{2\mu}}{1 - q^{2\mu+2}}\, q\left(z^2 + \frac{1}{z^2}\right) + \frac{(1 - q^{2\mu})(1 - q^{2\mu-2})}{(1 - q^{2\mu+2})(1 - q^{2\mu+4})}\, q^4\left(z^4 + \frac{1}{z^4}\right) + \ldots.$$

Nous concluons alors que, μ devenant infini, $\Psi(z)$ a pour limite la somme de la série

$$\Psi_1(z) = 1 + q\left(z^2 + \frac{1}{z^2}\right) + q^4\left(z^4 + \frac{1}{z^4}\right) + \ldots + q^{\nu^2}\left(z^{2\nu} + \frac{1}{z^{2\nu}}\right) + \ldots.$$

Enfin, par la transformation des facteurs de $\psi(z)$, déjà faite pour ceux de $\varphi(z)$, on conclut

$$(43)\quad \mathfrak{S}_3 v = 1 + 2q\cos 2v\pi + 2q^4\cos 4v\pi + \ldots + 2q^{\nu^2}\cos 2\nu v\pi + \ldots,$$

$$(44)\quad \mathfrak{S}_3 v = \prod_n (1 + 2q^n\cos 2v\pi + q^{2n}) \prod_m (1 - q^m),$$

$$n = 1, 3, \ldots, (2\mu + 1), \ldots, +\infty,$$
$$m = 2, 4, \ldots, 2\mu, \ldots, +\infty.$$

En dernier lieu, le changement de v en $(v + \frac{1}{2})$ donne

$$(45)\quad \mathfrak{S}_0 v = 1 - 2q\cos 2v\pi + 2q^4\cos 4v\pi + \ldots + (-1)^\nu 2q^{\nu^2}\cos 2\nu v\pi + \ldots,$$

$$(46)\quad \mathfrak{S}_0 v = \prod_n (1 - 2q^n\cos 2v\pi + q^{2n}) \prod_m (1 - q^m).$$

$$n = 1, 3, \ldots, (2\mu + 1), \ldots,$$
$$m = 2, 4, \ldots, 2\mu, \ldots.$$

Si nous donnons à v la valeur zéro, dans les expressions de $\mathfrak{S}_0$, $\mathfrak{S}_2$, $\mathfrak{S}_3$ en produits, nous retrouvons les produits infinis désignés par les lettres Q(23) :

$$(47)\quad \mathfrak{S}_0 = Q_3^2 Q_0, \qquad \mathfrak{S}_2 = 2q^{\frac{1}{4}} Q_1^2 Q_0, \qquad \mathfrak{S}_3 = Q_2^2 Q_0, \qquad (v = 0).$$

Ces formules rendent manifeste la coïncidence des expressions (28), obtenues dans le présent Chapitre pour $\sqrt[4]{e_\alpha - e_\beta}$, ..., avec celles qu'on a obtenues précédemment (VIII, 46). Enfin la formule (42) donne immédiatement pour $v = 0$

$$(48) \qquad \vartheta'_1 = 2\pi q^{\frac{1}{4}} Q_0^3, \qquad (v = 0).$$

On voit par là que l'identité $Q_1 Q_2 Q_3 = 1$ coïncide avec l'identité (43) du Chapitre VIII, de même aussi que l'identité (30) du Chapitre actuel coïncide avec l'identité (41, a) du Chapitre VIII.

CHAPITRE XIII.

DÉVELOPPEMENTS EN SÉRIES TRIGONOMÉTRIQUES.

Développement des fonctions doublement périodiques de seconde espèce. — Autre développement des fonctions de seconde espèce. — Troisième développement des fonctions de seconde espèce. — Développements de ζu, de $\zeta(u+\omega')$, de $p u$, $p' u$, etc. — Sur la racine réelle de l'équation $\mathfrak{S}''_1\left(\frac{1}{2}, i\sqrt{x}\right) = 0$. — Développement de $\log \sigma u$ et de $\log \sigma_\alpha u$. — Développement des douze quotients $\sigma_\alpha u : \sigma_\beta u$. — Développement des inverses des fonctions σ. — Développements à convergence rapide pour les fonctions de seconde espèce. — Développement des inverses des produits formés avec deux fonctions σ. — Développement des racines e_α et des invariants. — Développement des quantités $\sqrt{e_\alpha - e_\beta}$, etc.

Développement des fonctions doublement périodiques de seconde espèce.

Nous avons déjà parlé plusieurs fois des fonctions de seconde espèce, qui ont une très grande importance, et pour la théorie et pour les applications. Leur définition a été donnée au Chapitre VII. Elles ont pour type général

$$f(u) = \frac{\sigma(u+v)}{\sigma v\, \sigma u} e^{\rho u}.$$

Prenons ici pour la constante ρ une valeur particulière

$$\rho = -\frac{v}{\omega}.$$

Posant alors

$$z = e^{\frac{i\pi u}{2\omega}}, \qquad t = e^{\frac{i\pi v}{2\omega}},$$

et employant la quatrième expression (XII, 22) de la fonction σ

en produit, nous aurons

$$\frac{\omega}{i\pi}f(u) = \frac{zt - z^{-1}t^{-1}}{(z - z^{-1})(t - t^{-1})}\prod_m \frac{(1 - q^m)(1 - q^m z^2 t^2)}{(1 - q^m z^2)(1 - q^m t^2)}\prod_m \frac{(1 - q^m)(1 - q^m z^{-2} t^{-2})}{(1 - q^m z^{-2})(1 - q^m t^{-2})}$$

$$m = 2,\ 4,\ \ldots,\ 2\mu,\ \ldots,\ +\infty.$$

Considérons, d'autre part, la fraction limitée suivante

$$(1)\qquad \varphi(x, y) = \frac{\Pi'(1 - \alpha^n)\,\Pi(1 - \alpha^n xy)}{\Pi(1 - \alpha^n x)\,\Pi(1 - \alpha^n y)},$$

dans laquelle, pour former les divers facteurs des produits, on donne à n les valeurs

$$n = -\mu,\quad -\mu + 1,\quad -\mu + 2,\quad \ldots,\quad \ldots + (\mu - 1),\quad \mu,$$

c'est-à-dire celle des entiers successifs de $-\mu$ à $+\mu$ inclusivement, sauf toutefois pour le produit Π' où l'on ne donne pas à n la valeur zéro.

Nous allons d'abord reconnaître que cette fraction (1), si l'on y fait croître μ au delà de toute limite, ne diffère pas de la précédente. En effet, si l'on y sépare d'abord les facteurs répondant à $n = 0$, et qu'on y mette en évidence ceux où n est négatif et égal à $-n'$, on pourra l'écrire ainsi

$$(2)\qquad \left\{\begin{aligned} \varphi(x, y) &= \frac{1 - xy}{(1 - x)(1 - y)}\prod \frac{(1 - \alpha^n)(1 - \alpha^n xy)}{(1 - \alpha^n x)(1 - \alpha^n y)}\prod \frac{(1 - \alpha^{-n'})(1 - \alpha^{-n'} xy)}{(1 - \alpha^{-n'} x)(1 - \alpha^{-n'} y)} \\ &= \frac{1 - xy}{(1 - x)(1 - y)}\prod \frac{(1 - \alpha^n)(1 - \alpha^n xy)}{(1 - \alpha^n x)(1 - \alpha^n y)}\prod \frac{(1 - \alpha^{n'})(1 - \alpha^{n'} x^{-1} y^{-1})}{(1 - \alpha^{n'} x^{-1})(1 - \alpha^{n'} y^{-1})}, \end{aligned}\right.$$

et les nombres n, n' seront les entiers positifs $1, 2, \ldots, \mu$. Si maintenant on suppose

$$(3)\qquad \alpha = q^2,\qquad x = z^2,\qquad y = t^2,$$

on a évidemment

$$(4)\qquad \lim_{\mu = \infty} \varphi(x, y) = -\frac{\omega}{i\pi} f(u).$$

En faisant donc subir une transformation quelconque à $\varphi(x, y)$ et prenant la limite de la formule obtenue, nous aurons obtenu une transformation de $f(u)$.

Nous allons, pour ce but, décomposer $\varphi(x, y)$ en fractions simples par rapport à la variable y.

Il existe d'abord un terme C indépendant de y, savoir

$$C = \varphi(x, \infty) = \frac{\Pi'(1-\alpha^n)}{\Pi(1-\alpha^n x)} x^{2\mu+1}.$$

En second lieu, la fraction dont le dénominateur est $(1-y)$ a pour numérateur

$$\frac{\Pi'(1-\alpha^n)\,\Pi(1-\alpha^n x)}{\Pi(1-\alpha^n x)\,\Pi'(1-\alpha^n)} = 1.$$

En troisième lieu, la fraction dont le dénominateur est $(1-\alpha^\nu y)$ a pour numérateur

$$A_\nu = \frac{\Pi'(1-\alpha^n)\,\Pi(1-\alpha^{n-\nu} x)}{\Pi(1-\alpha^n x)\,\Pi'(1-\alpha^{n-\nu})}.$$

Nous y désignons, au dénominateur, par Π' le produit des facteurs indiqués, en évitant seulement celui qui serait nul $(n=\nu)$. Prenons d'abord ν positif; supprimant les facteurs communs aux deux termes de A_ν, nous aurons

$$(5)\quad A_\nu = \frac{1-\alpha^\mu}{1-\alpha^\mu x}\,\frac{1-\alpha^{\mu-1}}{1-\alpha^{\mu-1} x}\cdots\frac{1-\alpha^{\mu-\nu+1}}{1-\alpha^{\mu-\nu+1} x}\;\frac{1-\alpha^{-\mu-1} x}{1-\alpha^{-\mu-1}}\;\frac{1-\alpha^{-\mu-2} x}{1-\alpha^{-\mu-2}}\cdots\frac{1-\alpha^{-\mu-\nu} x}{1-\alpha^{-\mu-\nu}}.$$

C'est le numérateur de la fraction

$$\frac{A_\nu}{1-\alpha^\nu y}, \quad 1 \leqq \nu \leqq \mu.$$

Enfin le numérateur B_ν de la fraction

$$\frac{B_\nu}{1-\alpha^{-\nu} y}, \quad 1 \leqq \nu \leqq \mu$$

ne diffère de A_ν que par le changement de x en $\frac{1}{x}$, comme il résulte de la forme (2) donnée plus haut à $\varphi(x, y)$; car $\varphi(x, y)$ se reproduit, sauf le signe, par le changement de x, y en $\frac{1}{x}, \frac{1}{y}$. Nous avons ainsi déterminé tous les coefficients de la formule

$$\varphi(x, y) = C + \frac{1}{1-y} + \sum \frac{A_\nu}{1-\alpha^\nu y} + \sum \frac{B_\nu}{1-\alpha^{-\nu} y}.$$

Modifiant un peu la forme extérieure du second membre, nous l'écrirons

$$(6)\quad \varphi(x, y) = C + \tfrac{1}{2} + \Sigma A_\nu + \frac{1}{2}\,\frac{1+y}{1-y} + \sum \frac{A_\nu \alpha^\nu y}{1-\alpha^\nu y} - \sum \frac{B_\nu \alpha^\nu y^{-1}}{1-\alpha^\nu y^{-1}}.$$

Nous allons maintenant examiner ce que devient le second membre, quand μ devient infini.

En supposant d'abord, pour ν, un nombre fixe, et α étant, en valeur absolue, moindre que l'unité, on voit immédiatement que A_ν converge vers x^ν : car les facteurs du premier groupe, au second membre de l'expression (5), convergent individuellement vers l'unité, et ceux du second groupe vers x. L'expression limite de $A_\nu \alpha^\nu$ est donc $\alpha^\nu x^\nu$, et l'on est conduit à faire l'hypothèse que *la valeur absolue de αx soit inférieure à l'unité.* Moyennant cette hypothèse, la série illimitée

$$S = \sum_1^\infty \frac{\alpha^\nu x^\nu y}{1 - \alpha^\nu y}$$

est convergente. Chacun de ses termes, de rang déterminé, est la limite du terme occupant le même rang dans la suite limitée

$$S' = \sum_1^\mu \frac{A_\nu \alpha^\nu y}{1 - \alpha^\nu y}.$$

D'autre part, en écrivant A_ν sous la forme (5) modifiée ainsi

$$A_\nu = x^\nu \frac{(1-\alpha^{\mu-\nu+1})(1-\alpha^{\mu-\nu+2})\dots(1-\alpha^\mu)}{(1-\alpha^{\mu-\nu+1}x)(1-\alpha^{\mu-\nu+2}x)\dots(1-\alpha^\mu x)} \frac{\left(1-\frac{\alpha^{\mu+1}}{x}\right)\left(1-\frac{\alpha^{\mu+2}}{x}\right)\dots\left(1-\frac{\alpha^{\mu+\nu}}{x}\right)}{(1-\alpha^{\mu+1})(1-\alpha^{\mu+2})\dots(1-\alpha^{\mu+\nu})},$$

on voit que le quotient $A_\nu : x^\nu$ est composé par le produit de facteurs appartenant aux trois produits illimités suivants, tous absolument convergents,

$$\prod_1^\infty (1-\alpha^n), \quad \prod_1^\infty (1-\alpha^n x), \quad \prod_1^\infty \left(1-\frac{\alpha^n}{x}\right);$$

donc $A_\nu : x^\nu$ est limité, en valeur absolue, et la somme des termes qui, dans S', correspondent à des valeurs de ν supérieures à un nombre donné N, est comparable à la somme des termes correspondants dans la série S. Elle est donc, par le choix de N, aussi petite que l'on veut. Donc la limite de S' est égale à la somme de la série S.

La dernière somme, au second membre de l'expression (6) de

$\varphi(x, y)$, diffère de la précédente par le changement de x, y en $\frac{1}{x}$ et $\frac{1}{y}$. On doit donc faire maintenant la supposition que *la valeur absolue de* $\frac{\alpha}{x}$ *soit inférieure à l'unité*. Cette somme a, dans ces conditions, pour limite celle de la série

$$S_1 = \sum_1^{\infty} \frac{\alpha^{\nu} x^{-\nu} y^{-1}}{1 - \alpha^{\nu} y^{-1}}.$$

La double hypothèse faite précédemment s'exprime par les inégalités

$$|\alpha| < |x| < \left|\frac{1}{\alpha}\right|. \tag{7}$$

Par cette notation $|x|$, assez usitée depuis quelques années, on entend la *valeur absolue* (module) de la quantité x placée entre les deux traits.

Il nous reste à trouver la limite de $C + \Sigma A_{\nu}$. Pour ce but, nous supposerons d'abord $|x| < 1$, hypothèse compatible avec celles qu'on a déjà faites (7), et que nous ferons ensuite disparaître. L'expression de C étant écrite ainsi

$$C = \frac{x^{2\mu+1}}{1 - x} \prod_n \frac{1 - \alpha^n}{1 - \alpha^n x} \prod_n \frac{1 - \alpha^n}{1 - \alpha^n x^{-1}}; \qquad n = 1, 2, \ldots, \mu,$$

on voit que C converge vers zéro. En même temps, par les raisons invoquées tout à l'heure pour S', on voit que ΣA_{ν} converge vers la somme de la progression

$$x + x^2 + x^3 + \ldots = \frac{x}{1 - x}.$$

Donc

$$\lim_{\mu = \infty} (C + \tfrac{1}{2} + \Sigma A_{\nu}) = \frac{1}{2} + \frac{x}{1 - x} = \frac{1}{2} \frac{1 + x}{1 - x},$$

$$\lim_{\mu = \infty} \varphi(x, y) = \frac{1}{2} \frac{1 + x}{1 - x} + \frac{1}{2} \frac{1 + y}{1 - y} + \sum_{\nu = 1}^{\nu = \infty} \frac{\alpha^{\nu} x^{\nu} y}{1 - \alpha^{\nu} y} + \sum_{\nu = 1}^{\nu = \infty} \frac{\alpha^{\nu} x^{-\nu} y^{-1}}{1 - \alpha^{\nu} y^{-1}}. \tag{8}$$

Cette formule est prouvée sous le bénéfice de l'hypothèse

$$|\alpha| < |x| < 1.$$

Mais, comme φ reste inaltéré, sauf le signe, par le changement de x, y en $\frac{1}{x}, \frac{1}{y}$, et qu'il en est autant du second membre (8), la formule se trouve aussi prouvée pour le cas

$$|\alpha| < \left|\frac{1}{x}\right| < 1,$$

c'est-à-dire

$$1 < |x| < \left|\frac{1}{\alpha}\right|.$$

En résumé, la généralité de la formule (8) est établie sous la seule hypothèse (7). Si nous remettons maintenant pour α, x, y les quantités (3), nous avons, d'après l'égalité (4),

$$(9)\quad \left\{\begin{aligned} &\frac{\sigma(u+v)}{\sigma v\,\sigma u}e^{-\frac{\eta uv}{\omega}} \\ &\quad = \frac{i\pi}{\omega}\left[\frac{1}{2}\,\frac{z+z^{-1}}{z-z^{-1}} + \frac{1}{2}\,\frac{t+t^{-1}}{t-t^{-1}} - \sum_1^\infty \frac{q^{2n}z^{2n}t^2}{1-q^{2n}t^2} + \sum_1^\infty \frac{q^{2n}z^{-2n}t^{-2}}{1-q^{2n}t^{-2}}\right], \\ &z = e^{\frac{i\pi u}{2\omega}}, \qquad t = e^{\frac{i\pi v}{2\omega}}; \qquad |q| < |z| < \left|\frac{1}{q}\right|. \end{aligned}\right.$$

C'est ce qu'on peut écrire encore sous la forme suivante :

$$(10)\quad \left\{\begin{aligned} &\frac{\sigma(u+v)}{\sigma v\,\sigma u}e^{-\frac{\eta uv}{\omega}} \\ &\quad = \frac{\pi}{2\omega}\left[\cot\frac{\pi v}{2\omega} + \cot\frac{\pi u}{2\omega} + 4\sum_1^\infty \frac{q^{2n}\sin\frac{\pi}{\omega}(nu+v) - q^{4n}\sin\frac{\pi}{\omega}nu}{1-2q^{2n}\cos\frac{\pi v}{\omega} + q^{4n}}\right]. \end{aligned}\right.$$

La condition relative à la grandeur de z s'exprime, comme il suit, pour l'argument u. En désignant par $\mathrm{R}(x)$ la partie réelle d'une quantité complexe quelconque x, c'est-à-dire

$$x = x_1 + ix_2, \qquad \mathrm{R}(x) = x_1,$$

on a

$$z = e^{\frac{i\pi u}{2\omega}}, \qquad q = e^{\frac{i\pi\omega'}{\omega}}, \qquad |z| = e^{-\frac{\pi}{2}\mathrm{R}\left(\frac{u}{i\omega}\right)}, \qquad |q| = e^{-\frac{\pi}{2}\mathrm{R}\left(\frac{\omega'}{i\omega}\right)},$$

et la condition ci-dessus se traduit par cette autre

$$(11)\qquad -2R\left(\frac{\omega'}{i\omega}\right) < R\left(\frac{u}{i\omega}\right) < 2R\left(\frac{\omega'}{i\omega}\right).$$

Dans ces limites (11), *la formule* (10) *est exacte.*

On ne peut manquer d'observer le fait suivant : la fonction qu'on vient de développer ainsi est symétrique par rapport à u et v, tandis que les développements ne présentent pas cette symétrie. Il est donc désirable de transformer les seconds membres, pour mettre la symétrie en évidence. Mais il est manifeste qu'alors il faut faire, sur v, la même hypothèse que sur u. Nous allons donc supposer maintenant

$$|q| < |t| < \left|\frac{1}{q}\right|.$$

Si nous développons, suivant les puissances ascendantes de t, la fraction

$$\frac{q^{2n}z^{2n}t^2}{1-q^{2n}t^2} = q^{2n}z^{2n}t^2(1+q^{2n}t^2+q^{4n}t^4+\ldots),$$

ce développement est convergent d'après l'hypothèse, et son terme général est $q^{2nm}z^{2n}t^{2m}$, où n et m sont deux entiers, au moins égaux à $+1$. Chaque terme de l'avant-dernière somme dans la formule (9) donne lieu à un développement analogue ; de même aussi, sauf changement de z et t en $\frac{1}{z}$ et $\frac{1}{t}$, chaque terme de la dernière somme donne un développement analogue et convergent d'après l'hypothèse. Il est, pour ainsi dire, évident dès lors que la formule (9) se change en cette autre

$$(12)\qquad \left\{\begin{aligned} &\frac{\sigma(u+v)}{\sigma u\,\sigma v}e^{-\frac{\eta uv}{\omega}} = \frac{i\pi}{\omega}\left[\frac{1}{2}\,\frac{z+z^{-1}}{z-z^{-1}}+\frac{1}{2}\,\frac{t+t^{-1}}{t-t^{-1}}\right.\\ &\qquad\qquad\left. -\sum q^{2nm}(z^{2n}t^{2m}-z^{-2n}t^{-2m})\right],\\ &\left.\begin{matrix} n\\ m\end{matrix}\right\} = 1,\ 2,\ 3,\ \ldots,\ +\infty; \qquad \begin{matrix} |q|<|z|<\left|\frac{1}{q}\right|,\\ |q|<|t|<\left|\frac{1}{q}\right|.\end{matrix}\end{aligned}\right.$$

Pour établir ce fait en toute rigueur, il suffit d'observer que la série, à double indice, ainsi obtenue, est absolument convergente. On a donc le droit, sans en altérer la somme, de grouper les termes arbitrairement : si l'on y réunit tous les termes où z est affecté d'un même exposant, on retrouve précisément la formule (9).

Cette dernière égalité (12), si l'on introduit, au second membre, les arguments u, v, acquiert la forme élégante

$$(13)\quad \begin{cases} \dfrac{\sigma(u+v)}{\sigma v\,\sigma u}e^{-\frac{\eta uv}{\omega}} - \dfrac{\pi}{2\omega}\left(\cot\dfrac{\pi v}{2\omega} + \cot\dfrac{\pi u}{2\omega}\right) \\ \qquad\qquad = \dfrac{2\pi}{\omega}\sum q^{2mn}\sin\dfrac{\pi}{\omega}(nv+mu), \\ \left.\begin{matrix} m \\ n \end{matrix}\right\} = 1,\ 2,\ \ldots\ +\infty, \end{cases}$$

valable sous les conditions

$$(14)\qquad -2\,\mathrm{R}\left(\frac{\omega'}{i\omega}\right) < \begin{Bmatrix} \mathrm{R}\left(\dfrac{u}{i\omega}\right) \\ \mathrm{R}\left(\dfrac{v}{i\omega}\right) \end{Bmatrix} < 2\,\mathrm{R}\left(\frac{\omega'}{i\omega}\right).$$

Si l'on introduit, au lieu de σ, la fonction $\mathfrak{I}_1$, et qu'on remplace $\dfrac{u}{2\omega}$, $\dfrac{v}{2\omega}$ par u, v, la formule (13) s'écrit alors sous la forme

$$(15)\quad \begin{cases} \dfrac{\mathfrak{I}_1(u+v)\mathfrak{I}'_1(0)}{\mathfrak{I}_1 v\,\mathfrak{I}_1 u} - \pi(\cot\pi v + \cot\pi u) \\ \qquad = 4\pi\sum q^{2mn}\sin 2\pi(nv+mu), \\ q = e^{i\pi\tau}, \qquad -\mathrm{R}\left(\dfrac{\tau}{i}\right) < \begin{Bmatrix} \mathrm{R}\left(\dfrac{u}{i}\right) \\ \mathrm{R}\left(\dfrac{v}{i}\right) \end{Bmatrix} < \mathrm{R}\left(\dfrac{\tau}{i}\right). \end{cases}$$

En particulier, le développement (15) est valable pour toutes les valeurs réelles de u et v.

On doit remarquer que les limites imposées aux variables u et v dans ces développements ne s'opposent pas à ce que ces développements puissent cependant servir au calcul numérique dans tous les cas. Ceci résulte de la propriété que possède la fonction de se reproduire, multipliée par une constante, quand on ajoute une période à l'un de ses arguments.

Autre développement des fonctions de seconde espèce [1].

On peut varier les formules précédentes en ajoutant les demi-périodes aux arguments u et v. Dans les séries (9) et (12), ceci revient à changer z en iz ou en $q^{\frac{1}{2}}z$, et de même pour t. Le changement de z en iz, ou de t en it donne un résultat qui s'aperçoit immédiatement.

Mais, pour le changement de z en $q^{\frac{1}{2}}z$, on peut modifier les séries d'une manière notable en développant les termes qui ne sont pas soumis au signe sommatoire, comme il suit :

$$(16)\quad \frac{1}{2}\,\frac{q^{\frac{1}{2}}z+q^{-\frac{1}{2}}z^{-1}}{q^{\frac{1}{2}}z-q^{-\frac{1}{2}}z^{-1}}=\frac{1}{2}-\frac{1}{1-qz^2}=-\frac{1}{2}-qz^2-q^2z^4-q^3z^6\ldots.$$

Ce développement est valable si la valeur absolue de qz^2 est inférieure à l'unité. Le changement de z en $q^{\frac{1}{2}}z$ transforme déjà en $|q^{\frac{1}{2}}|$ et $|q^{-\frac{3}{2}}|$ les deux limites imposées à $|z|$ pour les développements précédents. Si l'on emploie la nouvelle transformation, $|z|$ devra être compris entre $|q^{\frac{1}{2}}|$ et $|q^{-\frac{1}{2}}|$.

La plus intéressante des formules qu'on obtienne ainsi résulte du changement simultané de z^2 et t^2 en qz^2 et qt^2 dans la série (12). D'après le développement (16), employé pour t comme pour z, on a d'abord une série de termes ayant la forme

$$-1-\sum_{1}^{\infty}q^n(z^{2n}+t^{2n}),$$

ce qu'on écrira ainsi

$$-\frac{1}{zt\sqrt{q}}\left[\sqrt{q}\,zt+\sum_{1}^{\infty}\sqrt{q^{2n+1}}(tz^{2n+1}+zt^{2n+1})\right].$$

Par le changement de z^2 et t^2 en qz^2 et qt^2, les termes $q^{2nm}z^{2n}t^{2m}$ de la formule (12) donnent la somme suivante

$$-\frac{1}{zt\sqrt{q}}\sum\sqrt{q^{(2n+1)(2m+1)}}\,z^{2n+1}t^{2m+1},$$

[1] Il faut observer que les diverses formes de développement sont dues uniquement au rôle dissymétrique attribué ici aux deux périodes. Au fond, il n'existe qu'un seul développement; les autres offrent seulement des différences de forme.

où n et m prennent toutes les valeurs positives depuis l'unité. Cette somme, jointe à la précédente, conserve la même expression extérieure, mais n et m peuvent alors y prendre les valeurs

$$n = 0, \qquad m = 0.$$

Enfin les termes $q^{2nm} z^{-2n} t^{-2m}$ fournissent la somme suivante, où n et m sont changés en $(n+1)$, $(m+1)$,

$$+\frac{1}{zt\sqrt{q}} \sum \sqrt{q^{(2n+1)(2m+1)}}\, z^{-(2n+1)}\, t^{-(2m+1)},$$

et dans laquelle n et m peuvent aussi acquérir la valeur zéro. Nous avons donc

$$(17)\quad \left\{\begin{aligned} &\frac{\sigma(u+v+2\omega')}{\sigma(v+\omega')\,\sigma(u+\omega')}\, e^{-\frac{\eta_1}{\omega}(u+\omega')(v+\omega')} \\ &\quad = -\frac{i\pi}{\omega z t\sqrt{q}} \sum \sqrt{q^{nm}}\left(z^n t^m - \frac{1}{z^n t^m}\right), \\ &\left.\begin{matrix} n \\ m \end{matrix}\right\} = 1,\ 3,\ 5,\ \ldots,\ (2\mu+1),\ \ldots,\ +\infty. \end{aligned}\right.$$

Réduisons maintenant le premier membre au moyen des égalités

$$\sigma(u+v+2\omega') = -e^{2\eta_1'(u+v+\omega')}\,\sigma(u+v),$$

$$\sigma(v+\omega) = \sigma\omega'\,\sigma_3 v\, e^{\eta_1' v}, \qquad \sigma(u+\omega') = \sigma\omega'\,\sigma_3 u\, e^{\eta_1' u};$$

nous aurons, pour l'exposant de e,

$$-\frac{\eta_1}{\omega}(u+\omega')(v+\omega') + 2\eta_1'(u+v+\omega') - \eta_1' v - \eta_1' u$$

$$= -\frac{\eta_1 uv}{\omega} - \frac{u+v+\omega'}{\omega}(\eta_1\omega' - \eta_1'\omega) + \eta_1'\omega'$$

et, pour l'exponentielle,

$$e^{-\frac{\eta_1 uv}{\omega}}\, e^{\eta_1'\omega'}\, e^{-\frac{i\pi}{2}\frac{u+v+\omega'}{\omega}} = e^{-\frac{\eta_1 uv}{\omega}}\, e^{\eta_1'\omega'}\, \frac{1}{zt\sqrt{q}}.$$

On voit donc que la formule (17) peut aussi s'écrire ainsi

$$(18)\quad \left\{\begin{aligned} &\frac{e^{\eta_1'\omega'}}{\sigma^2\omega'}\,\frac{\sigma(u+v)}{\sigma_3 v\,\sigma_3 u}\, e^{-\frac{\eta_1 uv}{\omega}} = \frac{i\pi}{\omega}\sum \sqrt{q^{nm}}\left(z^n t^m - \frac{1}{z^n t^m}\right), \\ &\left.\begin{matrix} n \\ m \end{matrix}\right\} = 1,\ 3,\ 5,\ \ldots,\ (2\mu+1),\ \ldots,\ +\infty \end{aligned}\right.$$

ou, sous la forme trigonométrique,

$$(19)\quad \begin{cases} \dfrac{e^{\eta_1'\omega'}}{\sigma^2\omega'}\dfrac{\sigma(u+v)}{\sigma_3 v\,\sigma_3 u}e^{-\frac{\eta_1 uv}{\omega}} = -\dfrac{2\pi}{\omega}\sum\sqrt{q^{nm}}\sin\dfrac{\pi}{2\omega}(nu+mv), \\ \left.\begin{matrix} n \\ m \end{matrix}\right\} = 1,\ 3,\ 5,\ \ldots,\ (2\mu+1),\ \ldots,\ +\infty. \end{cases}$$

En groupant les termes dans la série (18), soit par rapport à n, soit par rapport à m, puis passant à la forme trigonométrique, on peut encore écrire

$$(20)\quad \frac{e^{\eta_1'\omega'}}{\sigma^2\omega'}\frac{\sigma(u+v)}{\sigma_3 v\,\sigma_3 u}e^{-\frac{\eta_1 uv}{\omega}} = \frac{i\pi}{\omega}\sum\left(\frac{\sqrt{q^n}z^n t}{1-q^n t^2} - \frac{\sqrt{q^n}z^{-n}t^{-1}}{1-q^n t^{-2}}\right)$$

$$(21)\quad = \frac{i\pi}{\omega}\sum\left(\frac{\sqrt{q^m}t^m z}{1-q^m z^2} - \frac{\sqrt{q^m}t^{-m}z^{-1}}{1-q^m z^{-2}}\right)$$

$$(22)\quad = -\frac{2\pi}{\omega}\sum\sqrt{q^n}\,\frac{\sin\frac{\pi}{2\omega}(nu+v) - q^n\sin\frac{\pi}{2\omega}(nu-v)}{1-2q^n\cos\frac{\pi v}{\omega}+q^{2n}}$$

$$(23)\quad = -\frac{2\pi}{\omega}\sum\sqrt{q^m}\,\frac{\sin\frac{\pi}{2\omega}(mv+u) - q^m\sin\frac{\pi}{2\omega}(mv-u)}{1-2q^m\cos\frac{\pi u}{\omega}+q^{2m}}.$$

Les lettres n, m désignent ici tous les nombres impairs positifs.

Les limites à considérer pour u, v ou z, t sont les suivantes :

Pour $|z|$, $|t|$, ... $|\sqrt{q}|$ et $\left|\dfrac{1}{\sqrt{q}}\right|$;

Pour $R\left(\dfrac{u}{i\omega}\right)$, $R\left(\dfrac{v}{i\omega}\right)$, ... $-R\left(\dfrac{\omega'}{i\omega}\right)$ et $+R\left(\dfrac{\omega'}{i\omega}\right)$.

Dans les séries (18) et (19) les deux arguments doivent, *tous deux*, satisfaire aux conditions imposées par ces limites. Dans les séries (20) et (22), l'argument u seul doit y satisfaire; dans les séries (21) et (23), c'est au contraire le seul argument v auquel ces conditions sont imposées.

Troisième développement des fonctions de seconde espèce.

Nous allons maintenant dans la série (9) changer seulement t en $t\sqrt{q}$, par conséquent v en $(v+\omega')$. Et d'abord la fonction, qui est au premier membre, se transforme ainsi

$$\frac{\sigma(u+v+\omega')}{\sigma(v+\omega')\,\sigma u}\,e^{-\frac{\eta u(v+\omega')}{\omega}} = \frac{\sigma_3(u+v)}{\sigma_3 v\,\sigma u}\,e^{-\frac{\eta u(v+\omega')}{\omega}+\eta' u}$$

$$= \frac{\sigma_3(u+v)}{\sigma_3 v\,\sigma u}\,e^{-\frac{\eta uv}{\omega}}\,z^{-1}.$$

Nous ferons disparaître le dernier facteur en multipliant le second membre par z. Effectuant cette multiplication, laissant de côté le facteur $\frac{i\pi}{\omega}$, que nous rétablirons ensuite, changeant t^2 en qt^2, et modifiant la forme des deux premières fractions, nous transformerons ainsi le second membre (9) :

$$\frac{1}{z-z^{-1}} - \frac{qt^2 z}{1-qt^2} - \sum_1^\infty \frac{q^{2n+1} z^{2n+1} t^2}{1-q^{2n+1}t^2} + \sum_1^\infty \frac{q^{2n-1} z^{-2n+1} t^{-2}}{1-q^{2n-1}t^{-2}}.$$

Mais on a évidemment

$$\frac{qt^2 z}{1-qt^2} + \sum_1^\infty \frac{q^{2n+1} z^{2n+1} t^2}{1-q^{2n+1}t^2} = \sum_1^\infty \frac{q^{2n-1} z^{2n-1} t^2}{1-q^{2n-1}t^2}.$$

Il suit de là

$$\frac{\sigma_3(u+v)}{\sigma_3 v\,\sigma u}\,e^{-\frac{\eta uv}{\omega}}$$

$$(24)\qquad = \frac{i\pi}{\omega}\left[\frac{1}{z-z^{-1}} - \sum\left(\frac{q^{2n-1}z^{2n-1}t^2}{1-q^{2n-1}t^2} - \frac{q^{2n-1}z^{-2n+1}t^{-2}}{1-q^{2n-1}t^{-2}}\right)\right]$$

$$(25)\qquad = \frac{\pi}{2\omega}\,\frac{1}{\sin\frac{\pi u}{2\omega}} + \frac{2\pi}{\omega}\sum q^{2n-1}\,\frac{\sin\frac{\pi}{2\omega}[(2n-1)u+2v] - q^{2n-1}\sin\frac{\pi}{2\omega}(2n-1)u}{1-2q^{2n-1}\cos\frac{\pi v}{\omega}+q^{4n-2}}$$

$$(26)\qquad = \frac{i\pi}{\omega}\left[\frac{1}{z-z^{-1}} - \sum q^{(2n-1)m}\left(z^{2n-1}t^{2m} - z^{-2n+1}t^{-2m}\right)\right]$$

$$(27)\qquad = \frac{\pi}{2\omega}\,\frac{1}{\sin\frac{\pi u}{2\omega}} + \frac{2\pi}{\omega}\sum q^{(2n-1)m}\sin\frac{\pi}{2\omega}[(2n-1)u+2mv]$$

$$(28)\qquad = \frac{i\pi}{\omega}\left[\frac{1}{z-z^{-1}} - \sum\left(\frac{q^m t^{2m} z}{1-q^{2m}z^2} - \frac{q^m t^{-2m} z^{-1}}{1-q^{2m}z^{-2}}\right)\right]$$

$$(29)\qquad = \frac{\pi}{2\omega}\,\frac{1}{\sin\frac{\pi u}{2\omega}} + \frac{2\pi}{\omega}\sum q^m\,\frac{\sin\frac{\pi}{2\omega}(2mv+u) - q^{2m}\sin\frac{\pi}{2\omega}(2mv-u)}{1-2q^{2m}\cos\frac{\pi u}{\omega}+q^{4m}}$$

Les lettres m, n désignent ici tous les nombres naturels positifs, depuis l'unité inclusivement. Les limites pour u, v ou z, t sont les suivantes :

Pour $\lvert z\rvert$	$\lvert q\rvert$	et	$\left\lvert\frac{1}{q}\right\rvert$,
Pour $\lvert t\rvert$	$\lvert\sqrt{q}\rvert$	et	$\left\lvert\frac{1}{\sqrt{q}}\right\rvert$;
Pour $R\left(\frac{u}{i\omega}\right)$	$-2R\left(\frac{\omega'}{i\omega}\right)$	et	$+2R\left(\frac{\omega'}{i\omega}\right)$,
Pour $R\left(\frac{v}{i\omega}\right)$	$-R\left(\frac{\omega'}{i\omega}\right)$	et	$+R\left(\frac{\omega'}{i\omega}\right)$.

Les deux arguments doivent satisfaire, *tous deux,* aux conditions imposées par ces limites, dans les séries (26) et (27). Dans les autres, les conditions sont imposées à un seul argument : u, pour les séries (24) et (25), v pour les séries (28) et (29).

Si, dans les séries (18) à (23), on remplace $\frac{u}{2\omega}$, $\frac{v}{2\omega}$ par u, v, ou, mieux et plus simplement, si l'on remplace dans les seconds membres ω par $\frac{1}{2}$, ces séries représentent alors la fonction

$$-\frac{\mathfrak{J}_1(u+v)\mathfrak{J}'_1(0)}{\mathfrak{J}_0 v\,\mathfrak{J}_0 u}.$$

Si l'on fait le même changement dans les séries (24) à (29), ces séries représentent alors

$$\frac{\mathfrak{J}_0(u+v)\mathfrak{J}'_1(0)}{\mathfrak{J}_0 v\,\mathfrak{J}_1 u}.$$

Si nous prenons maintenant chacun des trois groupes de formules (9) à (15), (18) à (23), (24) à (29), et que nous y changions u en $(u+\omega)$ ou v en $(v+\omega)$, ou que nous fassions ces deux changements à la fois, nous aurons en tout douze groupes de formules, dont il est tout à fait inutile d'écrire les seconds membres, les changements y étant évidents. Quant aux premiers membres, si on les représente par les fonctions $\mathfrak{J}$, on voit immédiatement les changements qu'ils éprouvent. Il suffit de se rappeler les formules (VIII, 38 A)

$$\begin{array}{ll}
\mathfrak{S}_0(u+\tfrac{1}{2}) = \quad \mathfrak{S}_3 u, & \mathfrak{S}_0(u+1) = \quad \mathfrak{S}_0 u,\\
\mathfrak{S}_1(u+\tfrac{1}{2}) = \quad \mathfrak{S}_2 u, & \mathfrak{S}_1(u+1) = -\mathfrak{S}_1 u,\\
\mathfrak{S}_2(u+\tfrac{1}{2}) = -\mathfrak{S}_1 u, & \mathfrak{S}_2(u+1) = -\mathfrak{S}_2 u,\\
\mathfrak{S}_3(u+\tfrac{1}{2}) = \quad \mathfrak{S}_0 u, & \mathfrak{S}_3(u+1) = \quad \mathfrak{S}_3 u.
\end{array}$$

Observons, en outre, que le groupe de formules (24) à (29), par l'échange de u, v, correspond en réalité à deux groupes différents, en sorte qu'on peut vraiment envisager seize groupes de formules, se déduisant toutes immédiatement des précédentes. Faisant abstraction de v ou mieux considérant cet argument comme une constante et, au contraire, u comme une variable, nous pouvons dire que chacun des seize groupes de formules donne le développement d'une des seize fonctions $\frac{\mathfrak{S}_\alpha(u+v)}{\mathfrak{S}_\beta u}$, les indices α, β recevant les valeurs 0, 1, 2, 3.

Pour revenir aux fonctions σ, on n'a qu'à recourir ensuite aux formules du Chapitre VIII (VIII, 35, 41, 44), si l'on ne préfère le calcul direct par les formules du Chapitre VI (VI, 49). Voici un Tableau des seize fonctions. Elles y sont représentées en abrégé : la lettre a remplace $(u+v)$; la lettre σ est omise, son indice seul est rappelé. Ainsi a signifie $\sigma(u+v)$, a_α signifie $\sigma_\alpha(u+v)$, u et u_α signifient σu et $\sigma_\alpha u$; de plus l'exponentielle $e^{-\frac{\eta u v}{\omega}}$, qui multiplie chaque fonction, est omise. Enfin, comme le Tableau l'indique, quelques-unes sont multipliées par des facteurs composés avec les trois quantités suivantes, qui nous sont bien connues :

$$U = \sigma\omega e^{-\frac{1}{2}\eta\omega},$$

$$U' = \sigma\omega' e^{-\frac{1}{2}\eta'\omega'},$$

$$U'' = \sigma\omega'' e^{-\frac{1}{2}\eta''\omega''}.$$

La première ligne renferme les quatre fonctions déjà envisagées; la seconde celles qu'on a déduites par le changement de u en $(u+\omega)$; la troisième, par le changement de v en $(v+\omega)$; la quatrième par ces deux changements simultanés.

(30)

$\dfrac{a}{uv}$	$\dfrac{1}{U'^2}\,\dfrac{a}{u_3 v_3}$	$\dfrac{a_3}{uv_3}$	$\dfrac{a_3}{u_3 v}$
$\dfrac{a_1}{u_1 v}$	$\dfrac{e^{-\frac{i\pi}{4}}U}{U'U''}\,\dfrac{a_1}{u_2 v_3}$	$\dfrac{e^{\frac{i\pi}{4}}U''}{UU'}\,\dfrac{a_2}{u_1 v_3}$	$\dfrac{a_2}{u_2 v}$
$\dfrac{a_1}{uv_1}$	$\dfrac{e^{-\frac{i\pi}{4}}U}{U'U''}\,\dfrac{a_1}{u_3 v_2}$	$\dfrac{a_2}{uv_2}$	$\dfrac{e^{\frac{i\pi}{4}}U''}{UU'}\,\dfrac{a_2}{u_3 v_1}$
$-\dfrac{1}{U^2}\,\dfrac{a}{u_1 v_1}$	$\dfrac{i}{U''^2}\,\dfrac{a}{u_2 v_2}$	$\dfrac{e^{-\frac{i\pi}{4}}U'}{UU''}\,\dfrac{a_3}{u_1 v_2}$	$\dfrac{e^{-\frac{i\pi}{4}}U'}{UU''}\,\dfrac{a_3}{u_2 v_1}$

Les développements que nous venons de trouver offrent de l'intérêt dans nombre de leurs cas particuliers : nous passerons en revue les principaux de ces cas, et nous commencerons par ceux dans lesquels le second argument v est infiniment petit.

Développement de ζu, de $\zeta(u+\omega')$, de $p u$, $p' u$, etc.

Dans la formule (10), supposons v infiniment petit; nous avons alors

$$\lim_{v=0}\left[\frac{\sigma(u+v)}{\sigma v\,\sigma u}e^{-\frac{\eta uv}{\omega}}-\frac{\pi}{2\omega}\cot\frac{\pi v}{2\omega}\right]=\zeta u-\frac{\eta u}{\omega}.$$

Les autres termes de la formule (10) ayant individuellement des limites finies, nous obtenons

$$\zeta u-\frac{\eta u}{\omega}=\frac{\pi}{2\omega}\cot\frac{\pi u}{2\omega}+\frac{2\pi}{\omega}\sum_1^\infty\frac{q^{2n}}{1-q^{2n}}\sin\frac{nu\pi}{\omega}. \tag{31}$$

On démontre avec la plus grande facilité qu'il est permis de différentier successivement les termes de cette série, pour les valeurs de u qui la rendent convergente : ce sont les mêmes que pour la formule (10).

On a donc, par différentiation,

$$(32)\quad \begin{cases} \wp u + \dfrac{\eta}{\omega} = \left(\dfrac{\pi}{2\omega}\right)^2 \dfrac{1}{\sin^2 \dfrac{\pi u}{2\omega}} - 2\left(\dfrac{\pi}{\omega}\right)^2 \sum \dfrac{nq^{2n}}{1-q^{2n}} \cos \dfrac{nu\pi}{\omega}, \\[2ex] \wp' u = -\left(\dfrac{\pi}{2\omega}\right)^3 \dfrac{2\cos \dfrac{\pi u}{2\omega}}{\sin^3 \dfrac{\pi u}{2\omega}} + 2\left(\dfrac{\pi}{\omega}\right)^3 \sum \dfrac{n^2 q^{2n}}{1-q^{2n}} \sin \dfrac{nu\pi}{\omega}, \\ \dots\dots\dots\dots\dots\dots\dots\dots \end{cases}$$

Ces développements sont valables sous la condition (11)

$$-2R\left(\frac{\omega'}{i\omega}\right) < R\left(\frac{u}{i\omega}\right) < 2R\left(\frac{\omega'}{i\omega}\right).$$

On peut aussi écrire, au lieu de la formule (31), celle-ci

$$(33)\quad \frac{\mathfrak{S}'_1 u}{\mathfrak{S}_1 u} = \pi \cot u\pi + 4\pi \sum \frac{q^{2n}}{1-q^{2n}} \sin 2nu\pi.$$

Semblablement, de la formule (29), où l'on fait $u = 0$, puis où l'on remplace ensuite la lettre v par la lettre u, on tire

$$(34)\quad \begin{cases} \zeta(u+\omega') - \dfrac{\eta u}{\omega} - \eta' = +\ 2\dfrac{\pi}{\omega} \displaystyle\sum_1^\infty \dfrac{q^n}{1-q^{2n}} \sin \dfrac{nu\pi}{\omega}, \\[2ex] \wp(u+\omega') + \dfrac{\eta}{\omega} = -2\left(\dfrac{\pi}{\omega}\right)^2 \sum \dfrac{nq^n}{1-q^{2n}} \cos \dfrac{nu\pi}{\omega}, \\[2ex] \wp'(u+\omega') = +2\left(\dfrac{\pi}{\omega}\right)^3 \sum \dfrac{n^2 q^n}{1-q^{2n}} \sin \dfrac{nu\pi}{\omega}, \\ \dots\dots\dots\dots\dots\dots\dots\dots \end{cases}$$

Ces développements sont valables sous la condition

$$-R\left(\frac{\omega'}{i\omega}\right) < R\left(\frac{u}{i\omega}\right) < R\left(\frac{\omega'}{i\omega}\right).$$

On peut écrire aussi, au lieu de la première formule (34),

$$(35)\quad \frac{\mathfrak{S}'_0 u}{\mathfrak{S}_0 u} = 4\pi \sum_1^\infty \frac{q^n}{1-q^{2n}} \sin 2nu\pi.$$

Sur la racine réelle de l'équation $\mathfrak{S}''_1\left(\frac{1}{2}, i\sqrt{x}\right) = 0$.

En discutant, dans le Chapitre VIII, la marche de la fonction $\mathfrak{S}_1$, nous avons reconnu qu'il s'y présente deux cas très différents quand q est une quantité purement imaginaire. La distinction de ces deux cas est fondée sur la considération des racines réelles x de l'équation $\mathfrak{S}''_1\left(\frac{1}{2}, i\sqrt{x}\right) = 0$, et nous avons annoncé (p. 287) que, dans le présent Chapitre, on trouverait démontrée l'existence d'une et d'une seule racine réelle, comprise entre zéro et l'unité. C'est de la série (33) que nous allons tirer cette démonstration.

Prenant la dérivée, par rapport à u, dans les deux membres (33), faisant ensuite $u = \frac{1}{2}$, puis observant que $\mathfrak{S}'_1\left(\frac{1}{2}\right)$ est nul, nous obtenons

$$-\frac{1}{\pi^2}\frac{\mathfrak{S}''_1\left(\frac{1}{2}\right)}{\mathfrak{S}\left(\frac{1}{2}\right)} = 1 - 8\sum \frac{n(-q^2)^n}{1-q^{2n}}.$$

Mettons $i\sqrt{x}$ au lieu de q, remplaçons le premier membre par zéro et développons la série; nous transformons ainsi l'équation dont il s'agit (VIII, 72) en cette autre

$$\frac{x}{1+x} + \frac{2x^2}{1-x^2} + \frac{3x^3}{1+x^3} + \frac{4x^4}{1-x^4} + \ldots = \frac{1}{8}.$$

Quand x croît de zéro à l'unité, chaque terme du premier membre croît constamment. Le premier membre, où tous les termes sont additifs, croît donc constamment de zéro à l'infini ; il passe une fois et une seule par la valeur numérique du second membre. C'est ce qu'il fallait prouver.

Pour le calcul numérique de la racine x, la forme trouvée au Chapitre VIII est plus avantageuse.

Développement de $\log \sigma u$ et de $\log \sigma_\alpha u$.

On peut obtenir le développement de $\log \sigma u$ en intégrant les deux membres de la formule (31), ce qui n'offre aucune difficulté :

la constante d'intégration se détermine aisément si l'on observe que le quotient des deux fonctions σu et $\frac{2\omega}{\pi}\sin\frac{\pi u}{2\omega}$ se réduit à l'unité pour $u = 0$. On obtient de la sorte

$$(36)\quad \log\sigma u = \frac{\eta_1 u^2}{2\omega} + \log\left(\frac{2\omega}{\pi}\sin\frac{\pi u}{2\omega}\right) + 2\sum_1^\infty \frac{q^{2n}}{1-q^{2n}}\,\frac{1-\cos\frac{n\pi u}{\omega}}{n}.$$

De même, changeant, dans (31), u en $(u+\omega)$ et intégrant, on a

$$(37)\quad \log\sigma_1 u = \frac{\eta_1 u^2}{2\omega} + \log\cos\frac{\pi u}{2\omega} + 2\sum_1^\infty \frac{(-1)^n q^{2n}}{1-q^{2n}}\,\frac{1-\cos\frac{n\pi u}{\omega}}{n}.$$

Intégrant de même dans la première relation (34), nous obtenons

$$(38)\quad \log\sigma_3 u = \frac{\eta_1 u^2}{2\omega} + 2\sum_1^\infty \frac{q^n}{1-q^{2n}}\,\frac{1-\cos\frac{n\pi u}{\omega}}{n},$$

et aussi, après avoir changé u en $(u+\omega)$,

$$(39)\quad \log\sigma_2 u = \frac{\eta_1 u^2}{2\omega} + 2\sum_1^\infty \frac{(-1)^n q^n}{1-q^{2n}}\,\frac{1-\cos\frac{n\pi u}{\omega}}{n}.$$

Au lieu d'invoquer l'intégration des séries, nous pouvons démontrer directement ces quatre dernières formules. Pour établir la première, envisageons la série à double indice

$$f(z) = \sum \frac{q^{2nm} z^{2n}}{n}; \qquad \left.\begin{matrix} n \\ m \end{matrix}\right\} = 1,\ 2,\ 3,\ \ldots,\ +\infty.$$

Elle est absolument convergente sous la condition $|z| < \left|\frac{1}{q}\right|$. En effet, si l'on suppose q et z remplacés par leurs valeurs absolues et qu'on réunisse tous les termes où n a une seule et même valeur, ces termes forment une progression géométrique, dont la somme est

$$\frac{z^{2n}}{n}(q^{2n} + q^{4n} + q^{6n} + \ldots) = \frac{q^{2n} z^{2n}}{n(1-q^{2n})};$$

puis la série simple, où maintenant n varie, est convergente d'après l'hypothèse.

La série $f(z)$ étant reconnue absolument convergente, on peut, sans changer la somme, y grouper les termes à volonté. En faisant le groupement dont il vient d'être parlé, posant

$$z = e^{\frac{i\pi u}{2\omega}},$$

et admettant qu'on ait, non seulement $|z| < \left|\frac{1}{q}\right|$, mais encore $|q| < |z|$, on obtiendra

$$(40) \qquad 2\sum_{1}^{\infty} \frac{q^{2n}}{1-q^{2n}} \frac{1-\cos\frac{n\pi u}{\omega}}{n} = 2f(1) - f(z) - f\left(\frac{1}{z}\right).$$

Groupons maintenant les termes où, au contraire, l'indice m a une seule et même valeur. La somme est

$$1 + \frac{q^{2m}z^2}{1} + \frac{q^{4m}z^4}{2} + \ldots = -\log(1 - q^{2m}z^2);$$

par conséquent

$$f(z) = -\sum_{m=1}^{m=\infty} \log(1 - q^{2m}z^2) = -\log\prod_{m=1}^{m=\infty}(1 - q^{2m}z^2).$$

Substituant cette expression de $f(z)$ dans l'égalité précédente (40), nous aurons

$$2\sum_{1}^{\infty} \frac{q^{2n}}{1-q^{2n}} \frac{1-\cos\frac{n\pi u}{\omega}}{n} = \log\prod_{m=1}^{m=\infty}\frac{(1-q^{2m}z^2)(1-q^{2m}z^{-2})}{(1-q^{2m})^2}.$$

D'après la quatrième expression (XII, 22) de σu en produit, cette égalité peut s'écrire aussi

$$2\sum_{1}^{\infty} \frac{q^{2n}}{1-q^{2n}} \frac{1-\cos\frac{n\pi u}{\omega}}{n} = \log\frac{\sigma u . e^{-\frac{\eta u^2}{2\omega}}}{\frac{2\omega}{\pi}\sin\frac{\pi u}{2\omega}},$$

et c'est précisément la formule (36), qui est ainsi démontrée à nouveau, sans le secours de l'intégration. La formule (37) s'en déduit par le changement de u en $(u+\omega)$; on peut aussi la tirer du développement (XII, 19) de $\sigma_1 u$ en produit. Il en est autant des deux autres (38), (39) qui se tirent des développements de $\sigma_3 u$ et $\sigma_2 u$ (XII, 17 et 9).

A peine est-il besoin d'ajouter que les conditions d'existence pour les formules (36) et (37) sont encore

$$(41) \qquad -2\,\mathrm{R}\left(\frac{\omega'}{i\omega}\right) < \mathrm{R}\left(\frac{u}{i\omega}\right) < 2\,\mathrm{R}\left(\frac{\omega'}{i\omega}\right),$$

tandis que pour les deux autres, (38) et (39), les conditions sont différentes

$$(42) \qquad -\mathrm{R}\left(\frac{\omega'}{i\omega}\right) < \mathrm{R}\left(\frac{u}{i\omega}\right) < \mathrm{R}\left(\frac{\omega'}{i\omega}\right).$$

C'est ce qui résulte le plus nettement du second mode de démonstration.

Développement des douze quotients $\sigma_\alpha u : \sigma_\beta u$.

Les quotients formés avec les fonctions σu, $\sigma_1 u$, $\sigma_2 u$, $\sigma_3 u$ se rencontrent fréquemment. Il est utile de consigner ici les formules qui s'y rapportent. On les obtient immédiatement, au nombre de douze, en supposant $v=0$ dans celles des fonctions, mentionnées au Tableau (30), où v est affecté d'un indice.

Pour abréger l'écriture, nous mettrons partout la lettre a, au lieu de $\frac{\pi u}{2\omega}$; nous désignerons par m les nombres pairs positifs, par n les nombres impairs.

Voici les douze formules, en suivant l'ordre du Tableau (30), lu par colonnes successives. Nous ajoutons l'expression de chaque fonction par les quantités $\sqrt{pu-e_\alpha}$, en nous servant pour les constantes U de leurs expressions (VI, 48 et 49), et en employant les formules d'addition des demi-périodes

$$(43)\qquad a = \frac{u\pi}{2\omega}; \qquad \begin{matrix} n = 1,\ 3,\ 5,\ \ldots, \\ m = 2,\ 4,\ 6,\ \ldots. \end{matrix}$$

$$\frac{2\omega}{\pi}\,\frac{\sigma_1 u}{\sigma u} = \cot a - 4\sum \frac{q^m}{1+q^m}\sin ma = \frac{2\omega}{\pi}\sqrt{\wp u - e_1},$$

$$\frac{2\omega}{\pi}\,\frac{1}{U^2}\,\frac{\sigma u}{\sigma_1 u} = \operatorname{tang} a + 4\sum (-1)^{\frac{m}{2}}\frac{q^m}{1+q^m}\sin ma = \frac{2\omega}{\pi}\sqrt{\wp(u+\omega) - e_1},$$

$$-\frac{2\omega}{\pi}\,\frac{1}{U'^2}\,\frac{\sigma u}{\sigma_3 u} = 4\sum \frac{\sqrt{q^n}}{1-q^n}\sin na = \frac{2\omega}{\pi}\sqrt{\wp(u+\omega') - e_3},$$

$$-\frac{2\omega}{\pi}\,\frac{U e^{-\frac{i\pi}{4}}}{U'U''}\,\frac{\sigma_1 u}{\sigma_2 u} = 4\sum (-1)^{\frac{n-1}{2}}\frac{\sqrt{q^n}}{1-q^n}\cos na = \frac{2\omega}{\pi}\sqrt{\wp(u+\omega'') - e_3},$$

$$-\frac{2\omega}{\pi}\,\frac{U e^{-\frac{i\pi}{4}}}{U'U''}\,\frac{\sigma_1 u}{\sigma_3 u} = 4\sum \frac{\sqrt{q^n}}{1+q^n}\cos na = \frac{2\omega}{\pi}\sqrt{e_2 - \wp(u+\omega')},$$

$$\frac{2\omega}{\pi}\,\frac{i}{U''^2}\,\frac{\sigma u}{\sigma_2 u} = 4\sum (-1)^{\frac{n-1}{2}}\frac{\sqrt{q^n}}{1+q^n}\sin na = \frac{2\omega}{\pi}\sqrt{e_2 - \wp(u+\omega'')},$$

$$\frac{2\omega}{\pi}\,\frac{\sigma_3 u}{\sigma u} = \frac{1}{\sin a} + 4\sum \frac{q^n}{1-q^n}\sin na = \frac{2\omega}{\pi}\sqrt{\wp u - e_3},$$

$$\frac{2\omega}{\pi}\,\frac{U'' e^{\frac{i\pi}{4}}}{UU'}\,\frac{\sigma_2 u}{\sigma_1 u} = \frac{1}{\cos a} + 4\sum (-1)^{\frac{n-1}{2}}\frac{q^n}{1-q^n}\cos na = \frac{2\omega}{\pi}\sqrt{\wp(u+\omega) - e_3},$$

$$\frac{2\omega}{\pi}\,\frac{\sigma_2 u}{\sigma u} = \frac{1}{\sin a} - 4\sum \frac{q^n}{1+q^n}\sin na = \frac{2\omega}{\pi}\sqrt{\wp u - e_2},$$

$$\frac{2\omega}{\pi}\,\frac{U' e^{-\frac{i\pi}{4}}}{UU''}\,\frac{\sigma_3 u}{\sigma_1 u} = \frac{1}{\cos a} - 4\sum (-1)^{\frac{n-1}{2}}\frac{q^n}{1+q^n}\cos na = \frac{2\omega}{\pi}\sqrt{\wp(u+\omega) - e_2},$$

$$\frac{2\omega}{\pi}\,\frac{U'' e^{\frac{i\pi}{4}}}{UU'}\,\frac{\sigma_2 u}{\sigma_3 u} = 1 + 4\sum \frac{\sqrt{q^m}}{1+q^m}\cos ma = \frac{2\omega}{\pi}\sqrt{e_1 - \wp(u+\omega')},$$

$$\frac{2\omega}{\pi}\,\frac{U' e^{-\frac{i\pi}{4}}}{UU''}\,\frac{\sigma_3 u}{\sigma_2 u} = 1 + 4\sum (-1)^{\frac{m}{2}}\frac{\sqrt{q^m}}{1+q^m}\cos ma = \frac{2\omega}{\pi}\sqrt{e_1 - \wp(u+\omega'')}.$$

Ces formules ont une grande ressemblance avec celles qu'on a déjà obtenues pour développer ζu et $\zeta(u+\omega')$; nous transcrivons ici ces dernières (31), (34), avec les notations abrégées actuelles

$$\frac{2\omega}{\pi}\left(\zeta u - \frac{\eta u}{\omega}\right) = \cot a + 4\sum \frac{q^m}{1-q^m}\sin ma,$$

$$\frac{2\omega}{\pi}\left[\zeta(u+\omega') - \eta' - \frac{\eta u}{\omega}\right] = 4\sum \frac{\sqrt{q^m}}{1-q^m}\sin ma.$$

Changeant, dans celles-ci, u en $(u+\omega)$ et retranchant les quatre égalités membre à membre, deux à deux, puis tenant compte de la formule d'addition pour les fonctions ζ (V, 16), on obtient d'autres séries analogues, qui s'expriment encore par les quantités $\sqrt{pu-e_\alpha}$, par exemple

$$\frac{\omega}{\pi}\frac{(e_2-e_3)\sqrt{pu-e_1}}{\sqrt{pu-e_2}\sqrt{pu-e_3}}=4\sum\frac{q^n}{1-q^{2n}}\sin 2na.$$

Mais il n'y a aucune utilité à reproduire ici toutes ces formules, que l'on peut retrouver aisément et qui n'offrent en réalité aucun élément nouveau.

Des formules (43) on peut en déduire d'autres encore, se rapprochant de celles qui donnent $\log\sigma_\alpha u$ (36), ..., (39). On les obtient par voie d'intégration. C'est qu'en effet on peut exprimer en termes finis les intégrales des douze fonctions (43), comme le montre la formule suivante, facile à vérifier :

$$\frac{d}{du}\arcsin\frac{\sqrt{e_1-e_3}}{\sqrt{pu-e_3}}=\frac{\sqrt{e_1-e_3}\sqrt{pu-e_2}}{\sqrt{pu-e_3}}=\sqrt{e_1-p(u+\omega')}.$$

Par des changements évidents, on voit que les douze fonctions

$$\sqrt{pu-e_\alpha},\quad \sqrt{p(u+\omega_\beta)-e_\alpha}$$

sont ainsi les dérivées de fonctions connues. On peut aussi, et c'est la même chose au fond, exprimer les intégrales par des logarithmes, comme on le voit par la relation

$$\frac{d}{du}\log(\sqrt{pu-e_2}+\sqrt{pu-e_3})=-\sqrt{pu-e_1}.$$

De cette dernière, on déduit, par exemple,

$$\log\left(\frac{\sqrt{pu-e_2}+\sqrt{pu-e_3}}{\pi}\omega\sin a\right)=4\sum\frac{q^m}{1+q^m}\frac{1-\cos ma}{m},$$

et, de la précédente,

$$\arcsin\frac{\sqrt{e_1-e_3}}{\sqrt{pu-e_3}}=a+4\sum\frac{\sqrt{q^m}}{1+q^m}\frac{\sin ma}{m}.$$

Ces deux formules, données ici comme exemple, sont parfaitement adaptées au cas où le discriminant est positif et u réel.

Développement des inverses des fonctions σ.

Les fonctions du Tableau (30) contiennent deux arguments u, v. Si l'on y remplace v par un multiple ou un sous-multiple de u, chacune de ces fonctions ne contient plus qu'un seul argument, et elle se trouve développée de diverses manières suivant qu'on prend une des six formes des séries ci-dessus. Ces six formes, au fond, se ramènent à une seule, la forme en série à double indice.

Les plus intéressants de ces développements sont ceux qu'on obtient en supposant $v = \pm u$ ou $v = \pm \frac{1}{2} u$.

Nous étudierons d'abord quatre d'entre eux, se ramenant à un seul, le développement de la fonction

$$\frac{e^{\frac{\eta u^2}{2\omega}}}{\sigma u}.$$

On l'obtient en supposant $v = -\frac{1}{2} u$ dans l'une quelconque des quatre fonctions dénotées, au Tableau (30), comme il suit (la première devra être changée de signe) :

$$\frac{a}{uv}, \quad \frac{a_1}{uv_1}, \quad \frac{a_3}{uv_3}, \quad \frac{a_2}{uv_2}.$$

Pour qu'on se rende bien compte de la diversité des formes sous lesquelles un même développement peut apparaître, écrivons ici les séries que l'on obtient en supposant $v = -\frac{1}{2} u$ dans les développements analogues à celui qui est dénoté (10). Pour abréger, nous emploierons encore les notations (43), que nous rappelons :

$$a = \frac{u\pi}{2\omega}, \qquad \begin{array}{l} n = 1, 3, 5, \ldots, (2\mu - 1), \ldots, +\infty, \\ m = 2, 4, 6, \ldots, \quad 2\mu, \quad \ldots. +\infty. \end{array}$$

D'abord le développement (10) lui-même, en ayant égard à la formule

$$\cot a - \cot \frac{a}{2} = -\frac{1}{\sin a},$$

nous donne

$$(44)\qquad \frac{2\omega}{\pi}\,\frac{e^{\frac{\eta u^2}{2\omega}}}{\sigma u} = \frac{1}{\sin a} - 4\sum q^m \frac{\sin(m-1)a - q^m \sin ma}{1 - 2q^m \cos a + q^{2m}}.$$

Dans le même développement (10), si l'on échange d'abord u et v, on obtient

$$(45)\qquad \frac{2\omega}{\pi}\,\frac{e^{\frac{\eta u^2}{2\omega}}}{\sigma u} = \frac{1}{\sin a} + 4\sum q^m \frac{\sin(\frac{1}{2}m-2)a - q^m \sin\frac{1}{2}ma}{1 - 2q^m \cos 2a + q^{2m}}.$$

Les deux développements analogues de la fonction dénotée $\frac{a_1}{uv_1}$ donnent de même

$$(46)\qquad fu = \frac{2\omega}{\pi}\,\frac{e^{\frac{\eta u^2}{2\omega}}}{\sigma u} - \frac{1}{\sin a} = -4\sum q^m \frac{\sin(m-1)a + q^m \sin ma}{1 + 2q^m \cos a + q^{2m}},$$

$$(47)\qquad fu = 4\sum(-1)^{\frac{m}{2}+1} q^m \frac{\sin(\frac{1}{2}m-2)a - q^m \sin\frac{1}{2}ma}{1 - 2q^m \cos 2a + q^{2m}}.$$

Ceux (25) et (29) de la fonction dénotée $\frac{a_3}{uv_3}$ donnent encore

$$(48)\qquad fu = 4\sum q^n \frac{\sin(n-1)a - q^n \sin na}{1 - 2q^n \cos a + q^{2n}},$$

$$(49)\qquad fu = -4\sum \sqrt{q^m}\, \frac{\sin(\frac{1}{2}m-1)a - q^m \sin(\frac{1}{2}m+1)a}{1 - 2q^m \cos 2a + q^{2m}}.$$

Enfin ceux de la fonction $\frac{a_2}{uv_2}$, qui s'obtiennent en supposant $v = \omega - \frac{1}{2}u$ dans (25) et (29), donnent de même

$$(50)\qquad fu = -4\sum q^n \frac{\sin(n-1)a + q^n \sin na}{1 + 2q^n \cos a + q^{2n}},$$

$$(51)\qquad fu = 4\sum(-1)^{\frac{m}{2}+1} \sqrt{q^m}\, \frac{\sin(\frac{1}{2}m-1)a - q^m \sin(\frac{1}{2}m+1)a}{1 - 2q^m \cos 2a + q^{2m}}.$$

Ces huit développements d'une même fonction se réduisent d'ailleurs bien simplement à deux seulement, dès qu'on y met en évidence la propriété

$$(52)\qquad f(u+2\omega) = -f(u).$$

Les deux séries (45) et (47) donnent ensemble la suivante :

$$fu = 4\sum q^{2n}\frac{\sin(n-2)a - q^{2n}\sin na}{1-2q^{2n}\cos 2a + q^{4n}},$$

que l'on obtient également en ajoutant membre à membre les égalités (48) et (50). De même les deux séries (49) et (51) donnent celle-ci

$$fu = -4\sum q^{m}\frac{\sin(m-1)a - q^{2m}\sin(m+1)a}{1-2q^{2m}\cos 2a + q^{4m}},$$

qui s'obtient aussi par l'addition des égalités (44) et (46).

Pour avoir la série à double indice, qui seule est fondamentale, prenons, par exemple, la formule (26), en y mettant $t^2 = z^{-1}$, ce qui correspond à $v = -\frac{1}{2}u$. Nous avons ainsi

$$\frac{1}{i}fu = -2\sum q^{(2n-1)m}(z^{2n-1-m} - z^{-2n+1+m}),$$

et n, m désignent maintenant les nombres naturels 1, 2, 3, ... Mais cette série est susceptible de réduction si on l'envisage dans sa généralité: on peut vérifier aisément que les termes où les exposants de z sont pairs se détruisent deux à deux, comme l'exige la propriété (52). On doit donc donner à m seulement des valeurs paires, et reprenant la convention déjà admise (n impair et m pair), on aura plus simplement

$$\frac{1}{i}fu = -2\sum q^{nm}(z^{n-m} - z^{-n+m}).$$

Envisageons les termes où l'exposant de z est un nombre impair positif N. Ceux qui proviennent de z^{n-m} auront pour coefficient $-\Sigma q^{Nm+m^2}$. Ceux qui proviennent de z^{-n+m} auront, au contraire, pour coefficient $+\Sigma q^{Nn+n^2}$. En supposant donc

$$p = 1, 2, 3, 4, \ldots, +\infty,$$

et tenant compte de ce que le changement de z en $\frac{1}{z}$ reproduit fu, changée de signe, on pourra écrire

$$\frac{1}{i}fu = -2\sum(-1)^p q^{Np+p^2}(z^N - z^{-N}), \tag{53}$$

$$N = 1, 3, 5, \ldots, 2\mu+1, \ldots, +\infty.$$

Telle est la forme vraiment fondamentale du développement. Voici maintenant la plus simple des réductions en série ordinaire; on l'obtient en sommant les termes où p a une même valeur :

$$\frac{1}{i} f u = -2 \sum (-1)^p q^{p^2+p} \left(\frac{z}{1-q^{2p} z^2} - \frac{z^{-1}}{1-q^{2p} z^{-2}} \right),$$

$$(54) \quad \frac{2\omega}{\pi} \frac{e^{\frac{\eta_1 u^2}{2\omega}}}{\sigma u} = \frac{1}{\sin \frac{\pi u}{2\omega}} + 4 \sin \frac{\pi u}{2\omega} \sum_1^\infty (-1)^p \frac{q^{p^2+p}(1+q^{2p})}{1-2q^{2p} \cos \frac{\pi u}{\omega} + q^{4p}}.$$

Jacobi, en donnant, à la fin des *Fundamenta nova*, cette série, l'a mise encore sous une autre forme, qui s'obtient par le calcul suivant :

$$\begin{aligned} \frac{4 \sin^2 a}{1-2q^{2p} \cos 2a + q^{4p}} &= \frac{2-2\cos 2a}{1-2q^{2p} \cos 2a + q^{4p}} \\ &= \frac{1}{q^{2p}} - \frac{(1-q^{2p})^2}{q^{2p}(1-2q^{2p} \cos 2a + q^{4p})}. \end{aligned}$$

En multipliant les deux membres dans l'égalité précédente (54) par $\sin \frac{\pi u}{2\omega}$, on a d'abord à mettre à part la série suivante

$$\begin{aligned} 1 &+ \sum_1^\infty (-1)^p q^{p^2-p}(1+q^{2p}) \\ &= 1-(1+q^2)+q^2(1+q^4)-q^6(1+q^6)\ldots = 0; \end{aligned}$$

il reste alors

$$(55) \quad \frac{2\omega}{\pi} \frac{e^{\frac{\eta_1 u^2}{2\omega}}}{\sigma u} \sin \frac{\pi u}{2\omega} = -\sum_1^\infty (-1)^p \frac{q^{p^2-p}(1+q^{2p})(1-q^{2p})^2}{1-2q^{2p} \cos \frac{\pi u}{\omega} + q^{4p}}.$$

Ces développements (54) et (55) méritent d'être comparés pour l'élégance à celui de la fonction ϑ_1 elle-même; ils mettent tout aussi bien en vue les propriétés relatives à l'addition des périodes, les racines de la fonction, et ne le cèdent en rien pour la rapidité de la convergence, qui, au surplus, a évidemment lieu pour toutes les valeurs de u.

En changeant, dans (54) et (55), u en $(u+\omega)$, on a les développements de la fonction

$$\frac{2\omega}{\pi}\frac{1}{\mathrm{U}}\frac{e^{\frac{\eta u^2}{2\omega}}}{\sigma_1 u}. \tag{56}$$

Il nous faut maintenant changer u en $(u+\omega')$ pour obtenir le développement de l'inverse de $\sigma_3 u$. Prenons la série (53)

$$\mathrm{F}(u) = \frac{1}{z-z^{-1}} - \sum (-1)^p q^{np+p^2}(z^n - z^{-n}),$$

pour en déduire d'abord, en développant la première fraction, après avoir mis $zq^{\frac{1}{2}}$ au lieu de z,

$$\begin{aligned}\frac{1}{z}\mathrm{F}(u+\omega') = &- \sum q^{\frac{n}{2}} z^{n-1} - \sum (-1)^p q^{\frac{2p+1}{2}n+p^2} z^{n-1} \\ &+ \sum (-1)^p q^{\frac{2p-1}{2}n+p^2} z^{-(n+1)}.\end{aligned}$$

Séparons les termes où z a l'exposant zéro. Le coefficient total est, pour ces termes,

$$-q^{\frac{1}{2}} - \sum (-1)^p q^{\frac{2p+1}{2}+p^2} = q^{\frac{1}{4}} \sum (-1)^p q^{\left(p-\frac{1}{2}\right)^2}.$$

Les autres exposants de z sont pairs; soit m l'un d'entre eux, positif. Le coefficient de z^m est égal à

$$-q^{\frac{m+1}{2}} - \sum (-1)^p q^{\frac{(2p+1)(m+1)}{2}+p^2} = q^{\frac{1}{4}} \sum (-1)^p q^{\left(p-\frac{1}{2}\right)^2 + m\left(p-\frac{1}{2}\right)};$$

celui de z^{-m} est le même, comme on le vérifie immédiatement, et comme cela doit être eu égard à la parité de la fonction.

D'autre part, nous avons, d'après (53),

$$2\mathrm{F}(u) = \frac{1}{i}\frac{2\omega}{\pi}\frac{e^{\frac{\eta u^2}{2\omega}}}{\sigma u},$$

d'où résulte

$$\frac{2}{q^{\frac{1}{4}}z}\mathrm{F}(u+\omega') = -\frac{2\omega}{\pi}\frac{i}{\mathrm{U}'}\frac{e^{\frac{\eta u^2}{2\omega}}}{\sigma_3 u};$$

voici donc le développement cherché

$$(57)\left\{\begin{aligned}\frac{2\omega}{\pi}\,\frac{i}{U'}\,\frac{e^{\frac{\eta u^2}{2\omega}}}{\sigma_3 u} &= -2\sum(-1)^p q^{\left(p-\frac{1}{2}\right)^2}\\ &\quad -2\sum(-1)^p q^{\left(p-\frac{1}{2}\right)^2+m\left(p-\frac{1}{2}\right)}(z^m+z^{-m}),\\ p=1,\,2,\,3,\,\ldots,\,+\infty;&\qquad m=2,\,4,\,6,\,\ldots,\,+\infty.\end{aligned}\right.$$

Réunissant les termes où p est partout le même, on obtient

$$(58)\qquad \frac{2\omega}{\pi}\,\frac{i}{U'}\,\frac{e^{\frac{\eta u^2}{2\omega}}}{\sigma_3 u} = -2\sum(-1)^p q^{\left(p-\frac{1}{2}\right)^2}\,\frac{1-q^{2(2p-1)}}{1-2q^{2p-1}\cos\frac{\pi u}{\omega}+q^{2(2p-1)}}.$$

Si, dans cette formule (58), on change u en $(u+\omega)$, on obtient alors le développement de la fonction

$$(59)\qquad \frac{2\omega}{\pi}\,\frac{e^{\frac{i\pi}{4}}}{U''}\,\frac{e^{\frac{\eta u^2}{2\omega}}}{\sigma_2 u}.$$

Développements à convergence rapide pour les fonctions de seconde espèce.

Dans les dernières séries (54), (55), (58), que nous venons de former, c'est un fait digne de remarque que la convergence ait lieu pour toutes les valeurs de la variable u, tandis que la série à double indice (53), d'où elles proviennent, converge seulement pour des valeurs limitées de cette variable, marquées par les inégalités (11). Nous avons déjà rencontré une circonstance analogue, sans la signaler toutefois : si nous comparons, en effet, les deux séries suivant lesquelles est développée la fonction ζu, la série dénotée (31) dans le présent Chapitre, et celle qui porte le même numéro (XII, 31) dans le précédent, nous devons reconnaître que l'une et l'autre proviennent de deux groupements différents, effectués dans la série, à double indice,

$$\zeta u-\frac{\eta u}{\omega}-\frac{\pi}{2\omega}\cot\frac{\pi u}{2\omega}=\frac{\pi}{i\omega}\sum q^{mp}(z^m-z^{-m}),$$
$$m=2,\,4,\,6,\,\ldots,\qquad p=1,\,2,\,3,\,\ldots.$$

Celle-ci n'est convergente que sous condition (11), comme aussi la série trigonométrique (31) de ce Chapitre; au contraire, la série (31) du Chapitre XII est toujours convergente.

Mais les séries du dernier paragraphe présentent de plus la convergence rapide qui caractérise les séries $\mathfrak{S}$: les exposants de q varient comme les *carrés* des termes d'une progression arithmétique. C'est là une circonstance bien plus importante pour les applications.

Pour peu qu'on observe à quel groupement des termes est dû ce fait remarquable, on voit la possibilité de le reproduire dans la série générale (12), qui représente la fonction de seconde espèce, et, par conséquent, dans toutes celles qu'on en déduit. Soit la série

$$S = \sum \alpha^{mn} x^m y^n, \qquad \begin{matrix} m \\ n \end{matrix} \Big\} = 1, 2, 3, \ldots, +\infty,$$

où l'on suppose

$$|\alpha| < 1, \quad |x| < \left|\frac{1}{\alpha}\right|, \quad |y| < \left|\frac{1}{\alpha}\right|,$$

conditions sous lesquelles existe la convergence absolue. Prenons deux entiers positifs arbitraires μ, ν, premiers entre eux, et mettons en évidence la différence $\mu n - \nu m = p$. Nous allons réunir les termes de S, dans lesquels p est positif, et multiple de μ *plus* k, k étant un des nombres $0, 1, 2, \ldots, (\mu - 1)$. Dans ces termes, νm est un multiple de μ, *moins* k, ce que nous rappellerons en mettant m_k au lieu de m. Soit S_k cette partie de la série S; elle compose la série à double indice, p, m_k, que voici :

$$S_k = \sum \alpha^{\frac{1}{\mu} m_k (p + \nu m_k)} x^{m_k} y^{\frac{1}{\mu}(p + \nu m_k)}.$$

Dans cette dernière, faisons une première sommation par rapport à p, qui prend les valeurs k, $k + \mu$, $k + 2\mu$, ... Nous aurons alors

$$S_k = \sum \alpha^{\frac{1}{\mu} m_k (k + \nu m_k)} x^{m_k} y^{\frac{1}{\mu}(k + \nu m_k)} \frac{1}{1 - y\alpha^{m_k}}, \qquad \nu m_k \equiv -k \pmod{\mu}.$$

Tous les termes de S où p est positif sont fournis par la somme des séries analogues S_0, S_1, ..., $S_{\mu-1}$. Quant aux termes où p est négatif, on voit par l'échange des lettres qu'ils sont reproduits par ceux de ν autres séries S'_1, S'_2, ..., S'_ν analogues

$$S'_h = \sum \alpha^{\frac{1}{\nu} n_h (h + \mu n_h)} y^{n_h} x^{\frac{1}{\nu}(h + \mu n_h)} \frac{1}{1 - x\alpha^{n_h}}, \qquad \mu n_h \equiv -h (\operatorname{mod} \nu).$$

Les nombres h doivent parcourir la suite 1, 2, ..., ν et non 0, 1, 2, ..., $(\nu - 1)$, pour que les termes où p est nul ne soient pas comptés deux fois.

La série S est ainsi transformée de la manière désirée : dans les séries S_0, S_1, ..., $S_{\mu-1}$, la partie principale de l'exposant de α croît d'une manière comparable au nombre νr^2, r étant le rang du terme; dans les autres S'_1, S'_2, ..., S'_ν, d'une manière comparable au nombre μr^2.

Cette transformation s'applique immédiatement à la série (12), qui représente la fonction de seconde espèce. Il suffit de remplacer α par q^2, et x, y par z^2, t^2 successivement et par z^{-2}, t^{-2}.

En effectuant cette transformation avec l'hypothèse $\mu = 1$, $\nu = 2$, on obtient une série qui ensuite, par la supposition $t^2 = z^{-1}$, conduit immédiatement à celle (54) que nous avons trouvée pour développer l'inverse de σu. Nous nous contenterons de donner seulement le résultat de la transformation dans le cas le plus simple $\mu = 1$, $\nu = 1$. On a une seule série S_k et une seule S'_h :

$$S = \sum \frac{\alpha^{m^2} x^m y^m}{1 - \alpha^m y} + \sum \frac{\alpha^{m(m+1)} x^{m+1} y}{1 - \alpha^m x}; \qquad m = 1, 2, 3, \ldots, +\infty,$$

ou, sous une forme plus symétrique,

$$S = \sum \alpha^{m^2} x^m y^m \left(\frac{1}{1 - \alpha^m y} + \frac{1}{1 - \alpha^m x} - 1 \right).$$

Cette transformation, appliquée aux séries (12), (18), (26), donne les résultats suivants, où nous employons les mêmes abréviations que dans les formules (43), et que nous rappelons :

$$a = \frac{u\pi}{2\omega}, \qquad b = \frac{v\pi}{2\omega}, \qquad \begin{array}{l} n = 1,\ 3,\ 5,\ \ldots,\ (2\mu - 1),\ \ldots,\ +\infty, \\ m = 2,\ 4,\ 6,\ \ldots,\ 2\mu,\ \qquad \ldots,\ +\infty, \end{array}$$

$$z = e^{ia}, \qquad t = e^{ib};$$

$$(60)\left\{\begin{aligned} &\frac{2\omega}{\pi}\frac{\sigma(u+v)}{\sigma v . \sigma u}e^{-\frac{\eta uv}{\omega}} - \cot a - \cot b \\ &= \frac{2}{i}\sum\sqrt{q^{m^2}}\left[z^m t^m\left(\frac{1}{1-q^m t^2} + \frac{1}{1-q^m z^2} - 1\right)\right. \\ &\qquad\qquad \left. - z^{-m}t^{-m}\left(\frac{1}{1-q^m t^{-2}} + \frac{1}{1-q^m z^{-2}} - 1\right)\right] \\ &= 4\sum\sqrt{q^{m^2}}\left[\frac{\sin m(a+b) - q^m \sin[ma + (m-2)b]}{1 - 2q^m\cos 2b + q^{2m}}\right. \\ &\qquad\qquad \left. + \frac{\sin m(a+b) - q^m\sin[(m-2)a + mb]}{1 - 2q^m \cos 2a + q^{2m}} - \sin m(a+b)\right]. \end{aligned}\right.$$

$$(61)\quad \frac{-1}{\mathrm{U}'^2}\frac{2\omega}{\pi}\frac{\sigma(u+v)}{\sigma_3 v . \sigma_3 u}e^{-\frac{\eta uv}{\omega}} = \left\{\begin{array}{l}\text{la même série où les nombres pairs } m \\ \text{sont changés en nombres impairs } n.\end{array}\right.$$

$$(62)\left\{\begin{aligned} &\frac{2\omega}{\pi}\frac{\sigma_3(u+v)}{\sigma_3 v . \sigma u}e^{-\frac{\eta uv}{\omega}} - \frac{1}{\sin a} \\ &= \frac{2}{i}\sum\left[\sqrt{q^{m(m+1)}}\left(\frac{z^{m+1}t^m}{1-q^m z^2} - \frac{z^{-(m+1)}t^{-m}}{1-q^m z^{-2}}\right)\right. \\ &\qquad\qquad \left. + \sqrt{q^{n(n+1)}}\left(\frac{t^{n+1}z^n}{1-q^n t^2} - \frac{t^{-(n+1)}z^{-n}}{1-q^n t^{-2}}\right)\right]. \end{aligned}\right.$$

De ces formules, en faisant sur v les mêmes hypothèses que plus haut, on en tirera d'autres pour $\zeta u, \ldots, \frac{\sigma_\alpha u}{\sigma_\beta u}, \ldots$; par exemple :

$$(63)\left\{\begin{aligned} &\frac{2\omega}{\pi}\left(\zeta u - \frac{\eta u}{\omega}\right) - \cot a \\ &= 4\sum\sqrt{q^{m^2}}\left[\frac{\sin ma - q^m \sin(m-2)a}{1 - 2q^m\cos 2a + q^{2m}} + \frac{q^m}{1-q^m}\sin ma\right], \end{aligned}\right.$$

$$(64)\left\{\begin{aligned} &\frac{2\omega}{\pi}\left[\zeta(u+\omega') - \frac{\eta u}{\omega} - \eta'\right] \\ &= 4\sum\sqrt{q^{n(n+1)}}\frac{\sin(n+1)a - q^n\sin(n-1)a}{1 - 2q^n\cos 2a + q^{2n}} + 4\sum\sqrt{q^{m(m+1)}}\frac{\sin ma}{1-q^m}, \end{aligned}\right.$$

$$(65)\left\{\begin{aligned} &\frac{2\omega}{\pi}\frac{\sigma_1 u}{\sigma u} - \cot a \\ &= 4\sum(-1)^{\frac{m}{2}}\sqrt{q^{m^2}}\left[\frac{\sin ma - q^m\sin(m-2)a}{1 - 2q^m\cos 2a + q^{2m}} - \frac{q^m \sin ma}{1+q^m}\right]. \end{aligned}\right.$$

Il n'est pas utile d'écrire ici toutes ces formules, que chacun pourra aisément former au besoin. On peut remarquer encore les suivantes, avec treize analogues, qui s'obtiennent par la supposition $v = u$,

$$(66)\quad \left\{\begin{aligned} &4\sum q^{\frac{1}{2}\nu^2}\frac{(1-q^{2\nu})\sin 2\nu a + 2q^\nu \sin 2a\cos 2\nu a}{1-2q^\nu\cos 2a + q^{2\nu}} \\ &= \begin{cases} \dfrac{2\omega}{\pi}\dfrac{\sigma(2u)}{\sigma^2 u}e^{-\frac{\eta u^2}{\omega}} - 2\cot a, & \text{si } \nu \text{ est pair,} \\[2ex] -\dfrac{1}{U'^2}\dfrac{2\omega}{\pi}\dfrac{\sigma(2u)}{\sigma_3^2 u}e^{-\frac{\eta u^2}{\omega}}, & \text{si } \nu \text{ est impair.} \end{cases} \end{aligned}\right.$$

$$(67)\quad \left\{\begin{aligned} &4\sum\sqrt{q^{p(p+1)}}\frac{\sin(2p+1)a - q^p\sin(2p-1)a}{1-2q^p\cos 2a + q^{2p}} \\ &= \frac{2\omega}{\pi}\frac{\sigma_3(2u)}{\sigma_3 u\,\sigma u}e^{-\frac{\eta u^2}{\omega}} - \frac{1}{\sin a}; \qquad p = 1, 2, 3, \ldots, +\infty. \end{aligned}\right.$$

Mais c'est surtout pour la supposition particulière $v = -u$ que la transformation précédente est particulièrement préparée, et nous allons examiner les formules qui s'y rapportent.

Développement des inverses des produits formés avec deux fonctions σ.

Parmi les seize fonctions mentionnées au Tableau (30), il y en a quatre dont le numérateur est $\sigma(u+v)$; elles deviennent nulles si l'on suppose $v = -u$; mais leurs dérivées reproduisent, pour $v = -u$, les inverses des carrés des quatre fonctions $\sigma_\alpha u$. Nous pouvons d'abord mentionner, pour ces fonctions, des développements qui convergent seulement pour des valeurs de u limitées par les conditions (41) ou (42). Ainsi, dans la formule (10), en échangeant v, u, prenant la dérivée par rapport à v, puis supposant $v = -u$, on obtient

$$(68)\quad \left\{\begin{aligned} &\left(\frac{2\omega}{\pi}\right)^2\frac{1}{\sigma^2 u}e^{-\frac{\eta u^2}{\omega}} - \frac{1}{\sin^2 a} = -4\sum m q^m\frac{\cos(m-2)a - q^m\cos ma}{1-2q^m\cos 2a + q^{2m}}; \\ &m = 2, 4, 6, \ldots, \end{aligned}\right.$$

formule où il suffit de changer a en $\left(a + \frac{\pi}{2}\right)$ pour avoir le développement de $\left(\frac{2\omega}{\pi}\right)^2\frac{1}{U^2}\frac{1}{\sigma_1^2 u}e^{\frac{\eta u^2}{\omega}}$.

Semblablement, la formule (23) donne celle-ci

$$(69)\left\{\begin{aligned}&-\frac{1}{U'^2}\left(\frac{2\omega}{\pi}\right)^2\frac{1}{\sigma_3^2 u}e^{\frac{\eta u^2}{\omega}}=4\sum n\sqrt{q^n}\,\frac{\cos(n-1)a-q^n\cos(n+1)a}{1-2q^n\cos 2a+q^{2n}};\\&\qquad n=1,\,3,\,5,\,\ldots,\end{aligned}\right.$$

et le changement de a en $\left(a+\frac{\pi}{2}\right)$ fournit le développement de $\frac{i}{U''^2}\left(\frac{2\omega}{\pi}\right)^2\frac{1}{\sigma_2^2 u}e^{\frac{\eta u^2}{\omega}}$. On formera, à volonté, les développements analogues pour les inverses des produits des fonctions $\sigma_\alpha u$, deux à deux. Mais ce sont les formules (60), (61), (62) qui doivent fournir les séries les plus remarquables. Prenant dans l'égalité (60) la dérivée par rapport à v, puis faisant $v=-u$, nous obtenons

$$(70)\left\{\begin{aligned}&\left(\frac{2\omega}{\pi}\right)^2\frac{1}{\sigma^2 u}e^{\frac{\eta u^2}{\omega}}-\frac{1}{\sin^2 a}\\&\quad=-4\sum\sqrt{q^{m^2}}\left[\frac{m}{1-q^m z^{-2}}+\frac{m}{1-q^m z^2}-m+\frac{q^m z^{-2}}{(1-q^m z^{-2})^2}+\frac{q^m z^2}{(1-q^m z^2)^2}\right]\\&\quad=-4\sum\sqrt{q^{m^2}}\left[\frac{m-1-(m+1)q^{2m}}{1-2q^m\cos 2a+q^{2m}}+\frac{(1-q^{2m})^2}{(1-2q^m\cos 2a+q^{2m})^2}\right];\\&\qquad m=2,\,4,\,6,\,\ldots.\end{aligned}\right.$$

La même série où les nombres pairs m sont remplacés par les nombres impairs n donne le développement de la fonction

$$(71)\qquad \frac{1}{U'^2}\left(\frac{2\omega}{\pi}\right)^2\frac{1}{\sigma_3^2 u}e^{\frac{\eta u^2}{\omega}}.$$

L'égalité (62) donne une série ressemblant beaucoup à celle (54) qui représente l'inverse de σu

$$(72)\left\{\begin{aligned}&\frac{2\omega}{\pi}\,\frac{1}{\sigma u\,\sigma_3 u}e^{\frac{\eta u^2}{\omega}}-\frac{1}{\sin a}\\&\quad=\frac{2}{i}\sum(-1)^p\sqrt{q^{p(p+1)}}\left(\frac{z}{1-q^p z^2}-\frac{z^{-1}}{1-q^p z^{-2}}\right)\\&\quad=4\sin a\sum(-1)^p\sqrt{q^{p(p+1)}}\,\frac{1+q^p}{1-2q^p\cos 2a+q^{2p}};\qquad p=1,\,2,\,3,\,\ldots.\end{aligned}\right.$$

On voit que cette série reproduit effectivement la précédente (54) si l'on y change q en q^2. Cette circonstance, que l'on s'explique par les expressions de σ et σ_3 en produits (XII, 17 et 22), sera étudiée dans la théorie de la *transformation*. Semblablement, le changement de q en $-q$ échange entre eux σ_2 et σ_3 sans altérer σ. On a donc immédiatement

$$(73)\quad \left\{\begin{aligned} &\frac{2\omega}{\pi}\,\frac{1}{\sigma u\,\sigma_2 u}\,e^{\frac{\eta u^2}{\omega}} - \frac{1}{\sin a} \\ &\quad = 4\sin a \sum (-1)^{\frac{p(p-1)}{2}} \sqrt{q^{p(p+1)}}\,\frac{1+(-q)^p}{1-2(-q)^p\cos 2a + q^{2p}}, \end{aligned}\right.$$

comme on peut aussi le tirer de (62) par le changement de v en $(\omega - u)$. Ce même changement dans l'égalité (60) nous donne

$$(74)\quad \left\{\begin{aligned} &\frac{2\omega}{\pi}\,\frac{1}{\sigma u\,\sigma_1 u}\,e^{\frac{\eta u^2}{\omega}} - \frac{2}{\sin 2a} \\ &\quad = 4\sin 2a \sum (-1)^{\frac{m}{2}} \sqrt{q^{m(m+2)}}\,\frac{1+q^{2m}}{1-2q^{2m}\cos 4a + q^{4m}}; \end{aligned}\right.$$

puis, dans l'égalité (61), ce même changement fournit la série

$$(75)\quad -\frac{2\omega}{\pi}\,\frac{e^{\frac{-i\pi}{4}}\mathrm{U}}{\mathrm{U'U''}}\,\frac{1}{\sigma_2 u\,\sigma_3 u}\,e^{\frac{\eta u^2}{\omega}} = 4\sum(-1)^{\frac{n-1}{2}}\sqrt{q^{n^2}}\,\frac{1-q^{4n}}{1-2q^{2n}\cos 4a + q^{4n}}.$$

Dans ces trois dernières, on suppose toujours

$$m = 2,\ 4,\ 6,\ \ldots;\qquad n = 1,\ 3,\ 5,\ \ldots;\qquad p = 1,\ 2,\ 3,\ \ldots.$$

Par le changement de u en $(u+\omega)$, les formules (72) et (73) donnent les développements des inverses de $\sigma_1 u\,\sigma_2 u$ et de $\sigma_1 u\,\sigma_3 u$; les deux autres (74) et (75) se changent en elles-mêmes.

Développement des racines e_α et des invariants.

Reprenons le développement (32), obtenu pour représenter la fonction pu, en l'écrivant, suivant nos notations abrégées,

$$a = \frac{\pi u}{2\omega},\qquad z = e^{ia},\qquad m = 2,\ 4,\ 6,\ \ldots,\qquad p = 1,\ 2,\ 3,\ \ldots,$$

$$(76)\quad \left\{\begin{aligned} \left(\frac{2\omega}{\pi}\right)^2\left(pu + \frac{\eta}{\omega}\right) - \frac{1}{\sin^2 a} &= -4\sum \frac{mq^m}{1-q^m}\cos ma \\ &= -2\sum mq^{mp}(z^m + z^{-m}). \end{aligned}\right.$$

Développons maintenant les deux membres suivant les puissances ascendantes de u; nous avons appris à former successivement les termes du développement (IV, 4)

$$pu = \frac{1}{u^2} + c_2 u^2 + c_3 u^4 + c_4 u^6 + \ldots.$$

Celui de $\frac{1}{\sin^2 a}$, connu dans les éléments de l'Analyse, s'en déduit; car la fonction $\left(\frac{1}{\sin^2 a} - \frac{1}{3}\right)$ est une dégénérescence de pa, comme on l'a appris aux Chap. I et III. On vérifie d'ailleurs immédiatement que cette fonction satisfait à l'égalité

$$f'^2 a = 4 f^3 a - \tfrac{4}{3} f a + \tfrac{8}{27};$$

par conséquent, le développement de fa se déduit de celui de pa par la supposition $g_2 = \frac{4}{3}$, $g_3 = \frac{8}{27}$.

Le terme en $\frac{1}{u^2}$ disparaît de lui-même dans l'égalité (76); les termes indépendants de u fournissent la relation

$$(77) \qquad \frac{4}{\pi^2}\eta\omega - \frac{1}{3} = -4\sum \frac{mq^m}{1-q^m} = -4\sum mq^{mp}.$$

Ce développement de $\eta\omega$ ne diffère pas de celui (XII, 33) qu'on a obtenu au Chap. XII, malgré la dissemblance des formes; on s'en rend compte immédiatement au moyen de la série à double indice. Suivant l'analyse faite dans le Chapitre actuel, on peut varier, d'une infinité de manières, la forme en série ordinaire; par exemple,

$$(77a) \quad \frac{4}{\pi^2}\eta\omega - \frac{1}{3} = -4\sum \sqrt{q^{m^2}}\left[\frac{m-(m-2)q^m}{(1-q^m)^2} + \frac{mq^m}{1-q^m}\right].$$

La même observation s'applique à toutes les séries qui vont suivre; nous ne la répéterons pas.

Prenant maintenant les termes en u^2, u^4, ... aux deux membres de l'égalité (76) et nous rappelant les expressions (IV, 4) des coefficients c_2, c_3, ..., nous avons successivement

$$
(78)\quad \left\{
\begin{aligned}
&\left(\frac{2\omega}{\pi}\right)^4 \frac{g_2}{20} - \frac{1}{15} = +\frac{4}{1.2}\sum \frac{m^3 q^m}{1-q^m} = +\frac{4}{1.2}\sum m^3 q^{mp},\\
&\left(\frac{2\omega}{\pi}\right)^6 \frac{g_3}{28} - \frac{2}{3^3.7} = -\frac{4}{1.2.3.4}\sum \frac{m^5 q^m}{1-q^m} = -\frac{4}{1.2.3.4}\sum m^5 q^{mp},\\
&\left(\frac{2\omega}{\pi}\right)^8 \frac{g_2^2}{2^2.3.5^2} - \frac{2^2}{3^3.5^2} = +\frac{4}{6!}\sum \frac{m^7 q^m}{1-q^m} = +\frac{4}{6!}\sum m^7 q^{mp},\\
&\left(\frac{2\omega}{\pi}\right)^{10} \frac{3g_2g_3}{2^4.5.7.11} - \frac{2}{3^3.5.7.11} = -\frac{4}{8!}\sum \frac{m^9 q^m}{1-q^m} = -\frac{4}{8!}\sum m^9 q^{mp},\\
&\left(\frac{2\omega}{\pi}\right)^{12} \frac{1}{2^4.13}\left(\frac{g_3^2}{7^2}+\frac{g_2^3}{2.3.5^3}\right) - \frac{2.691}{3^6.5^3.7^2.13} = +\frac{1}{10!}\sum \frac{m^{11} q^m}{1-q^m} = +\frac{1}{10!}\sum m^{11} q^{mp},\\
&\left(\frac{2\omega}{\pi}\right)^{14} \frac{g_2^2 g_3}{2^5.3.5^2.7.11} - \frac{2^2}{3^6.5^2.7.11} = -\frac{4}{12!}\sum \frac{m^{13} q^m}{1-q^m} = -\frac{4}{12!}\sum m^{13} q^{mp},
\end{aligned}
\right.
$$

et ainsi de suite. Malgré l'abondance de ces résultats, il ne paraît pas qu'on puisse exprimer par de telles séries tous les produits $g_2^h g_3^k$ où h et k seraient entiers et positifs. En particulier, le discriminant ne semble pas susceptible d'une expression analogue. C'est ici le lieu de rappeler l'expression trouvée pour ce discriminant (VIII, 47)

$$
\sqrt{\left(\frac{\omega}{\pi}\right)^3}\sqrt[8]{\Delta} = \frac{1}{2\pi}\mathfrak{I}'_1(0) = \sum (-1)^{\frac{n+1}{2}} n q^{\frac{1}{4}n^2}; \qquad n = 1, 3, 5, \ldots.
$$

Dans les développements (32) et (34) de $\wp(u+\omega)$, $\wp(u+\omega'')$, $\wp(u+\omega')$, faisons de même : le premier terme nous donne les égalités suivantes, déjà obtenues sous une autre forme (XII, 34, 35, 36) :

$$
(79)\quad \left\{
\begin{aligned}
&\frac{4}{\pi^2}(\eta\omega + e_1\omega^2) - 1 = -4\sum (-1)^{\frac{m}{2}} \frac{m q^m}{1-q^m},\\
&\frac{4}{\pi^2}(\eta\omega + e_2\omega^2) \quad = -4\sum (-1)^{\frac{m}{2}} \frac{m\sqrt{q^m}}{1-q^m},\\
&\frac{4}{\pi^2}(\eta\omega + e_3\omega^2) \quad = -4\sum \frac{m\sqrt{q^m}}{1-q^m}.
\end{aligned}
\right\} \qquad m = 2, 4, 6, \ldots
$$

Combinées avec la relation (77), ces égalités fournissent les expressions des racines e_α :

$$(80)\quad \left\{\begin{aligned} \left(\frac{2\omega}{\pi}\right)^2 e_1 - \frac{2}{3} &= 16\sum \frac{nq^{2n}}{1-q^{2n}}, \\ \left(\frac{2\omega}{\pi}\right)^2 e_2 + \frac{1}{3} &= -16\sum \frac{p(-q)^p}{1+(-q)^p}, \\ \left(\frac{2\omega}{\pi}\right)^2 e_3 + \frac{1}{3} &= -16\sum \frac{pq^p}{1+q^p}. \end{aligned}\right\} \qquad \begin{aligned} n &= 1, 3, 5, \ldots, \\ p &= 1, 2, 3, \ldots. \end{aligned}$$

En prenant le terme suivant, ou bien en dérivant deux fois, puis faisant $u = 0$, on a encore, à cause de $\wp'' u = 6\wp^2 u - \frac{1}{2}g_2$,

$$(81)\quad \left\{\begin{aligned} \left(\frac{2\omega}{\pi}\right)^4 (6e_1^2 - \tfrac{1}{2}g_2) - 2 &= -4\sum (-1)^{\frac{m}{2}} \frac{m^3 q^m}{1-q^m}, \\ \left(\frac{2\omega}{\pi}\right)^4 (6e_2^2 - \tfrac{1}{2}g_2) \quad &= -4\sum (-1)^{\frac{m}{2}} \frac{m^3\sqrt{q^m}}{1-q^m}, \\ \left(\frac{2\omega}{\pi}\right)^4 (6e_3^2 - \tfrac{1}{2}g_2) \quad &= -4\sum \frac{m^3\sqrt{q^m}}{1-q^m}. \end{aligned}\right.$$

Combinées avec la première relation (78), ces dernières fournissent les développements de e_1^2, e_2^2, e_3^2. On en déduit aussi les développements des rectangles e_1, e_2, ..., car on a

$$-\tfrac{1}{4}g_2 = e_1e_2 + e_1e_3 + e_2e_3 = e_2e_3 - e_1^2, \ldots$$

Pour prendre encore le terme suivant, on doit observer les égalités ci-après :

$$\wp^{\text{IV}}\omega_\alpha = 12e_\alpha(6e_\alpha^2 - \tfrac{1}{2}g_2) = 12g_2e_\alpha + 18g_3 = 6(8e_\alpha^3 + g_3).$$

On en conclut

$$(82)\quad \left\{\begin{aligned} \left(\frac{2\omega}{\pi}\right)^6 6(8e_1^3 + g_3) - 16 &= -4\sum (-1)^{\frac{m}{2}} \frac{m^5 q^m}{1-q^m}, \\ \left(\frac{2\omega}{\pi}\right)^6 6(8e_2^3 + g_3) \quad &= -4\sum (-1)^{\frac{m}{2}} \frac{m^5\sqrt{q^m}}{1-q^m}. \\ \left(\frac{2\omega}{\pi}\right)^6 6(8e_3^3 + g_3) \quad &= -4\sum \frac{m^5\sqrt{q^m}}{1-q^m}. \end{aligned}\right.$$

Ces dernières égalités, avec la seconde (78), donnent les développements des trois cubes e_α^3. On peut continuer et obtenir une infinité de développements analogues, sans qu'il paraisse exister de telles séries pour représenter toutes les puissances de e_1, e_2, e_3.

Il y a lieu de faire une remarque sur les identités qui s'offrent ici. En ajoutant membre à membre les trois équations (81) ou (82), on obtient de nouveaux développements de g_2 et g_3. Mais les identités qui proviennent de la comparaison avec les développements précédents, et celles qu'on aurait en poursuivant encore, sont toutes comprises dans celles-ci :

$$4\,p(2u) = p(u+\omega) + p(u+\omega') + p(u+\omega'') + pu,$$

conséquence directe d'une formule déjà établie (VI, 53a), et qui se vérifie immédiatement par les développements (32, 34).

Pour pouvoir aisément retrouver ici les formules propres à la notation ancienne des fonctions elliptiques, on doit se souvenir que l'on a, dans cette notation,

$$\omega\sqrt{e_1 - e_3} = K, \qquad k^2 = \frac{e_2 - e_3}{e_1 - e_3}, \qquad k'^2 = \frac{e_1 - e_2}{e_1 - e_3}.$$

Si donc on retranche membre à membre la première et la troisième égalité (79), on obtient

$$\left(\frac{2K}{\pi}\right)^2 = 1 + 8\left(\frac{q}{1-q} + \frac{2q^2}{1+q^2} + \frac{3q^3}{1-q^3} + \ldots\right) = 1 + 8\sum \frac{pq^p}{1+(-q)^p}.$$

Nous avons, d'autre part,

$$(e_1 - e_3)^2 = g_2 - 3e_2^2 = 2(e_1^2 + e_3^2) - e_2^2 = \tfrac{1}{2}(6e_1^2 - \tfrac{1}{2}g_2 + 6e_3^2 - \tfrac{1}{2}g_2).$$

Par conséquent, de la seconde égalité (81) et de la première (78), nous concluons

$$\left(\frac{2K}{\pi}\right)^4 = 1 + 16\left(\frac{q}{1+q} - \frac{2^3 . q^2}{1-q^2} + \frac{3^3 . q^3}{1+q^3} + \ldots\right) = 1 - 16\sum \frac{p^3(-q)^p}{1-(-q)^p}.$$

C'est sous cette forme que ces développements et les analogues se trouvent dans les *Fundamenta nova* de Jacobi.

Sur chacune des formules que nous avons obtenues pour représenter les fonctions elliptiques, on peut répéter les mêmes opérations; de là bien des formes différentes pour le développement des invariants. Envisageons les premières égalités fournies par la formule (55), développement de l'inverse de σu. Rappelons-nous que l'on a (IX, 22)

$$\sigma u = u - \frac{1}{2}g_2\frac{u^5}{5!} - \frac{2}{3}g_3\frac{u^7}{7!} - \ldots.$$

Le premier membre de cette formule (55) se développe donc ainsi

$$\left[1+\frac{\eta}{2\omega}u^2+\left(\frac{\eta}{2\omega}\right)^2\frac{u^4}{2}+\ldots\right]\left[1-\left(\frac{\pi}{2\omega}\right)^2\frac{u^2}{2.3}+\left(\frac{\pi}{2\omega}\right)^4\frac{u^4}{2.3.4.5}-\ldots\right]$$

$$1-\frac{1}{2}g_2\frac{u^4}{5!}+\ldots$$

$$=1+\frac{1}{2}\left(\frac{4}{\pi^2}\eta\omega-\frac{1}{3}\right)\left(\frac{\pi u}{2\omega}\right)^2$$

$$+\left\{\frac{1}{8}\left(\frac{4}{\pi^2}\eta\omega-\frac{1}{3}\right)^2+\frac{1}{12}\left[\left(\frac{2\omega}{\pi}\right)^4\frac{g_2}{20}-\frac{1}{15}\right]\right\}\left(\frac{\pi u}{2\omega}\right)^4+\ldots.$$

Pour développer de même un terme quelconque du second membre dans la formule (55), nous avons

$$\frac{1}{A-B\cos 2a}=\frac{1}{A-B}-\frac{2B}{(A-B)^2}a^2$$
$$+\left[\frac{4B^2}{(A-B)^3}+\frac{2}{3}\frac{B}{(A-B)^2}\right]a^4+\ldots.$$

De cette manière, la formule (55) nous donne les suivantes :

$$(83)\qquad \frac{4}{\pi^2}\eta\omega-\frac{1}{3}=8\sum(-1)^p q^{p(p+1)}\frac{(1+q^{2p})}{(1-q^{2p})^2},$$

$$(84)\quad\left\{\begin{aligned}&\frac{1}{8}\left(\frac{4}{\pi^2}\eta\omega-\frac{1}{3}\right)^2+\frac{1}{12}\left[\left(\frac{2\omega}{\pi}\right)^4\frac{g_2}{20}-\frac{1}{15}\right]+\frac{1}{6}\left(\frac{4}{\pi^2}\eta\omega-\frac{1}{3}\right)\\&=-16\sum(-1)^p\frac{q^{p(p+3)}(1+q^{2p})}{(1-q^{2p})^4};\\&p=1,\ 2,\ 3,\ \ldots,\ +\infty.\end{aligned}\right.$$

La première, (83), présente sous une nouvelle forme le développement, déjà obtenu, de $\eta\omega$; la seconde, (84), fournit le développement du carré $\eta^2\omega^2$. Mais la différentiation, par rapport à q, suggère un moyen différent pour obtenir ce développement et d'autres analogues qui se peuvent tirer encore de la formule (55).

Prenons les équations différentielles (IX, 82) auxquelles satisfont les trois quantités $\eta\omega$, $g_2\omega^4$, $g_3\omega^6$, et posons

$$X=\frac{\eta\omega}{\pi^2},\qquad Y=\frac{g_2\omega^4}{\pi^4},\qquad Z=\frac{g_3\omega^6}{\pi^6};$$

les équations différentielles acquièrent alors la forme suivante :

$$(85)\quad \left\{ \begin{aligned} \frac{dX}{d\log q} &= 2X^2 - \tfrac{1}{6}Y, \\ \frac{dY}{d\log q} &= 8XY - 12Z, \\ \frac{dZ}{d\log q} &= 12XZ - \tfrac{2}{3}Y^2. \end{aligned} \right.$$

Nous possédons les développements (77) et (78) des quantités X, Y, Z; nous en pouvons déduire les développements de leurs dérivées. Par le moyen des équations (85) nous tirons de là d'autres développements. Ainsi, suivant (77) et (78),

$$\begin{aligned} X &= \frac{1}{12} - \sum mq^{mp}, & m &= 2, 4, 6, \ldots, \\ Y &= \frac{1}{12} + \frac{5}{2}\sum m^3 q^{mp}, & p &= 1, 2, 3, \ldots, \\ Z &= \frac{1}{216} - \frac{7}{2^5.3}\sum m^5 q^{mp}. \end{aligned}$$

Par la première équation (85), nous en concluons le développement de X^2, ou, sous une autre forme, l'identité

$$\left[\sum mq^{mp}\right]^2 = \frac{1}{2}\sum m\left(\frac{1}{3} + \frac{5m^2}{12} - mp\right)q^{mp};$$

la seconde équation (85) donne, de même, le développement de XY, ou l'identité

$$\sum mq^{mp}\sum m^3 q^{mp} = -\sum m\left(\tfrac{1}{30} - \tfrac{1}{12}m^2 - \tfrac{7}{160}m^4 + \tfrac{1}{8}m^3 p\right)q^{mp}.$$

Les équations (78) et (85) fournissent une infinité d'identités analogues.

Développement des quantités $\sqrt{e_\alpha - e_\beta}$, ...

En supposant $u = 0$ dans les développements (56), (58), (59), on a

$$(86)\quad \left\{ \begin{aligned} \frac{2\omega}{\pi}\,\frac{1}{U} &= -\sum(-1)^p q^{p(p-1)}\frac{(1-q^{2p})^2}{1+q^{2p}}, \\ \frac{2\omega}{\pi}\,\frac{i}{U'} &= -2\sum(-1)^p q^{\left(p-\frac{1}{2}\right)^2}\frac{1+q^{2p-1}}{1-q^{2p-1}}, \\ \frac{2\omega}{\pi}\,\frac{e^{\frac{i\pi}{4}}}{U''} &= -2\sum(-1)^p q^{\left(p-\frac{1}{2}\right)^2}\frac{1-q^{2p-1}}{1+q^{2p-1}}, \end{aligned} \right\} \quad p = 1, 2, 3, \ldots, +\infty.$$

A propos de ces développements, on se souviendra de la signification des premiers membres (VI, 48)

$$\frac{1}{U} = \frac{e^{\frac{1}{2}\eta\omega}}{\sigma\omega} = \sqrt[4]{e_1 - e_2}\sqrt[4]{e_1 - e_3},$$

$$\frac{i}{U'} = i\frac{e^{\frac{1}{2}\eta'\omega'}}{\sigma\omega'} = \sqrt[4]{e_1 - e_3}\sqrt[4]{e_2 - e_3},$$

$$\frac{e^{\frac{i\pi}{4}}}{U''} = e^{\frac{i\pi}{4}}\frac{e^{\frac{1}{2}\eta''\omega''}}{\sigma\omega''} = \sqrt[4]{e_2 - e_3}\sqrt[4]{e_1 - e_2}.$$

Comme les trois radicaux $\sqrt[4]{e_\alpha - e_\beta}$ reproduisent, à un facteur près, les fonctions ϑ_0, ϑ_2, ϑ_3 d'argument zéro (VIII, 46), il y a là des identités extrêmement remarquables.

Supposant maintenant $u = 0$ dans les développements (43), nous aurons

$$(87)\quad \left\{\begin{aligned} &\left(\frac{2\omega}{\pi}\frac{1}{U}\right)^2 = 1 + 4\sum(-1)^{\frac{m}{2}}\frac{mq^m}{1+q^m},\\ &\left(\frac{2\omega}{\pi}\frac{i}{U'}\right)^2 = 4\sum\frac{n\sqrt{q^n}}{1-q^n},\\ &\left(\frac{2\omega}{\pi}\frac{e^{\frac{i\pi}{4}}}{U''}\right)^2 = 4\sum(-1)^{\frac{n-1}{2}}\frac{n\sqrt{q^n}}{1+q^n}. \end{aligned}\right\} \quad \begin{aligned} &m = 2, 4, 6, \ldots;\\ &n = 1, 3, 5, \ldots. \end{aligned}$$

Pour obtenir ces formules, on a pris, parmi les fonctions (43), celles qui s'évanouissent avec u et l'on a égalé les parties principales de l'un et l'autre membre. Laissons de côté celles des fonctions (43) qui deviennent infinies pour $u = 0$, et prenons les six qui restent. Nous en déduisons

$$(88)\quad \left\{\begin{aligned} -\frac{2\omega}{\pi}\frac{Ue^{-\frac{i\pi}{4}}}{U'U''} &= 4\sum(-1)^{\frac{n-1}{2}}\frac{\sqrt{q^n}}{1-q^n} = 4\sum\frac{\sqrt{q^n}}{1+q^n} = 4\sum(-1)^{\frac{n-1}{2}}q^{\frac{1}{2}nn'},\\ \frac{2\omega}{\pi}\frac{U''e^{\frac{i\pi}{4}}}{UU'} - 1 &= 4\sum(-1)^{\frac{n-1}{2}}\frac{q^n}{1-q^n} = 4\sum\frac{\sqrt{q^m}}{1+q^m} = 4\sum(-1)^{\frac{n-1}{2}}q^{np},\\ \frac{2\omega}{\pi}\frac{U'e^{-\frac{i\pi}{4}}}{UU''} - 1 &= -4\sum(-1)^{\frac{n-1}{2}}\frac{q^n}{1+q^n} = 4\sum(-1)^{\frac{m}{2}}\frac{\sqrt{q^m}}{1+q^m} = 4\sum(-1)^{\frac{n-1}{2}}(-q)^{np};\\ m = 2, 4, 6, \ldots;\quad & n, n' = 1, 3, 5, \ldots;\quad p = 1, 2, 3, \ldots. \end{aligned}\right.$$

On développe facilement aussi les logarithmes des différences $(e_\alpha - e_\beta)$ au moyen des séries indiquées pages 428 et 432 ; mais il n'y a pas lieu de s'arrêter à ces développements qui n'ont reçu jusqu'à présent aucune application. Mentionnons seulement, à cause de sa grande élégance, le développement du logarithme du discriminant, en le tirant de la formule (IX, 66)

$$\eta\omega = \frac{\pi^2}{24}\,\frac{d\log\Delta\omega^{12}}{d\log q}.$$

Intégrant, aux deux membres, la formule (77) et déterminant la constante d'intégration par la relation (VIII, 47 a), nous obtenons

$$(89)\qquad \log\left(\frac{\omega}{\pi}\right)^{\frac{3}{2}} q^{-\frac{1}{4}}\sqrt[8]{\Delta} = -3\sum \frac{1}{p}\,q^{mp} = -3\sum \frac{1}{p}\,\frac{q^{2p}}{1-q^{2p}}.$$

On parvient aussi aux développements (86), sous une autre forme apparente, par le moyen des formules (43). En supposant dans la première, $u = \frac{1}{2}\omega$, on a

$$u = \tfrac{1}{2}\omega,\qquad \sigma_1 u = -e^{\eta u}\,\frac{\sigma(u-\omega)}{\sigma\omega} = e^{\frac{1}{2}\eta\omega}\,\frac{\sigma\frac{1}{2}\omega}{\sigma\omega},\qquad \frac{\sigma_1 u}{\sigma u} = \frac{e^{\frac{1}{2}\eta\omega}}{\sigma\omega} = \frac{1}{\mathrm{U}},$$

$$a = \frac{\pi}{4},$$

$$(90)\qquad \frac{2\omega}{\pi}\,\frac{1}{\mathrm{U}} = 1 - 4\sum(-1)^{\frac{n-1}{2}}\,\frac{q^{2n}}{1+q^{2n}} = 1 + 4\sum(-1)^{\frac{n-1+m}{2}}\,q^{nm}.$$

On aurait encore la même formule en faisant la même supposition dans la seconde égalité (43).

Dans la troisième égalité (43), supposons $u = \frac{1}{2}\omega'$; nous aurons

$$u = \tfrac{1}{2}\omega',\qquad \sigma_3 u = -e^{\eta' u}\,\frac{\sigma(u-\omega')}{\sigma\omega'} = e^{\frac{1}{2}\eta'\omega'}\,\frac{\sigma\frac{1}{2}\omega'}{\sigma\omega'},\qquad \frac{\sigma_3 u}{\sigma u} = \frac{1}{\mathrm{U}'};$$

$$a = \frac{\pi\omega'}{4\omega},\qquad \sin na = \frac{i}{2}(e^{-nia} - e^{nia}) = \frac{i}{2}\,q^{-\frac{n}{4}}\left(1 - q^{\frac{n}{2}}\right):$$

$$(91)\qquad \frac{2\omega}{\pi}\,\frac{i}{\mathrm{U}'} = 2\sum\frac{\sqrt[4]{q^n}}{1+\sqrt{q^n}} = 2\sum(-1)^{\frac{n-1}{2}}\,q^{\frac{1}{4}nn}.$$

On obtient de même, par la sixième égalité (43) ou encore par le changement de q en $-q$ dans cette dernière (91),

$$(92)\qquad \frac{2\omega}{\pi}\frac{e^{\frac{i\pi}{4}}}{\mathrm{U}''} = 2\sum(-1)^{\frac{n-1}{2}}(-q)^{\frac{1}{4}nn'}.$$

Il est à remarquer que le développement (91), à un facteur numérique près, se change en le premier développement (88) par le changement de q en q^2. C'est une circonstance dont on se rend bien compte par les formules du Chapitre VIII (VIII, 26 b et 27), et dont nous parlerons encore dans la théorie de la transformation. On obtient encore les développements (87) et (88), mis sous une forme à convergence rapide, par le moyen des formules (71), (75) et de leurs analogues. Mais il n'est pas utile ici de s'y arrêter.

CHAPITRE XIV.

APPLICATIONS DE LA THÉORIE GÉNÉRALE DES FONCTIONS A CELLE DES FONCTIONS ELLIPTIQUES.

Préambule. — Double périodicité. — Parallélogramme des périodes. — Intégration le long d'un parallélogramme des périodes. — Décomposition en éléments simples. — Décomposition en facteurs. — Décomposition des fonctions de seconde espèce. — Intégration dans l'étendue d'une période. — Théorème de Liouville. — Fonctions de troisième espèce. — Séries doublement périodiques de troisième espèce. — Éléments simples et entiers de troisième espèce. — Élément simple et fractionnaire de troisième espèce. — Décomposition des fonctions de troisième espèce, ayant plus de racines que de pôles. — Décomposition des fonctions de troisième espèce, ayant plus de pôles que de racines. — Propriétés de l'élément simple, relativement au second argument. — Quelques formules relatives aux fonctions de troisième espèce.

Préambule.

Dans les Chapitres précédents, on a fait un usage exclusif des théories les plus élémentaires, ou, pour mieux dire, des théories anciennes de l'Analyse. Nous allons montrer maintenant les applications simples et élégantes par lesquelles la théorie générale des fonctions, envisagée dans ses premiers éléments, jette un jour nouveau sur les fonctions elliptiques.

Il faut, dans le présent Chapitre, admettre, comme bien connue du lecteur, la notion des fonctions *entières* (holomorphes) et des fonctions *fractionnaires* (méromorphes) [1]; celle aussi des intégrales prises entre des limites imaginaires, avec le théorème de Cauchy relatif à l'intégration d'une fonction fractionnaire le long

---

[1] La formation étymologique des mots *holomorphe* et *méromorphe* prête à des critiques. C'est pourquoi on préfère ici les dénominations de fonction *entière* et *fractionnaire*, dont le premier est déjà généralement employé.

d'un contour fermé. Deux propositions, dues à Cauchy, et qui, dans tous les Traités actuels d'Analyse, accompagnent ces notions générales, seront, en outre, employées et rappelées en leur lieu.

Nous allons d'abord étudier les fonctions doublement périodiques, en général, et reconnaître qu'il n'en existe point d'autres que les fonctions elliptiques. Nous exposerons ensuite une théorie, toute nouvelle, de décomposition en éléments simples, due à M. Appell.

Double périodicité.

Jacobi, dans un Mémoire [1] de 1834, expose ainsi les premiers principes de la *double périodicité:*

« Supposons une fonction admettant deux périodes, qui ne puissent être ramenées à une seule. Soient 2ω, $2\omega'$ ces périodes. En désignant par m, m' des nombres entiers quelconques, positifs ou négatifs, on en conclut aussi la période $2m\omega + 2m'\omega'$.

» Il est d'abord évident que les périodes 2ω *et* $2\omega'$ *doivent être incommensurables entre elles;* car, si 2Ω était leur plus grande commune mesure (en valeur absolue ou module), on pourrait poser

$$\omega = m\Omega, \qquad \omega' = m'\Omega,$$

m et m' étant des nombres entiers, premiers entre eux. On pourrait donc déterminer deux autres entiers n, n', de telle sorte qu'on eût

$$mn + m'n' = 1.$$

» Il en résulterait

$$2n\omega + 2n'\omega' = 2\Omega,$$

et 2Ω serait une période, à laquelle se ramèneraient 2ω et $2\omega'$, qui en sont des multiples.

» Le *quotient des deux périodes*, on vient de le voir, ne peut

(1) *De functionibus duarum variabilium quadrupliciter periodicis*, etc. (*Journal de Crelle*, t. 13, p. 55, et *Gesammelte Werke*, t. II, p. 25).

être commensurable. Il est aisé de reconnaître aussi qu'*il ne peut être réel*. Soient, en effet,

$$\omega = \varepsilon\Omega, \qquad \omega' = \varepsilon'\Omega,$$

ε et ε' étant deux quantités réelles, incommensurables entre elles. On peut trouver des entiers m, m', tels que

$$m\varepsilon + m'\varepsilon' = \varepsilon''$$

soit plus petit que toute quantité donnée (on le sait par la théorie des fractions continues). Cela étant, $2\varepsilon''\Omega$ sera une période, plus petite que toute quantité donnée, mais cependant différente de zéro. *Ce qui ne se peut.* »

Cette impossibilité, affirmée sans preuve par Jacobi, résulte clairement d'une proposition empruntée à la théorie des fonctions, et se formulant ainsi : *Les points, pour lesquels une fonction fractionnaire reprend une même valeur, sont isolés, si la fonction ne se réduit pas à une constante* (1).

Parallélogramme des périodes.

Nous supposerons désormais que ω et ω' soient deux quantités imaginaires quelconques, dont le rapport ne doit pas être réel. C'est précisément, comme on l'a vu (p. 284), la condition nécessaire et suffisante pour qu'il existe des fonctions elliptiques admettant les périodes 2ω, $2\omega'$.

Ainsi qu'on l'a déjà fait observer (p. 284), on peut, sans restriction, convenir de choisir d'une manière déterminée le signe de la partie réelle de $\frac{\omega'}{i\omega}$. Ce signe change, en effet, si l'on intervertit ω et ω'. Comme précédemment, nous choisirons le signe *plus*.

Quand on représente sur le plan, comme il est d'usage pour les quantités imaginaires, les deux quantités 2ω, $2\omega'$, la convention, dont il vient d'être parlé, se traduit fort simplement sur la figure. L'angle que la droite *dirigée*, représentant $2\omega'$, fait avec

(1) *Voir*, par exemple, le *Cours d'Analyse de l'École Polytechnique*, par M. C. Jordan, t. II, p. 314. L'énoncé ci-dessus est textuellement emprunté à cet Ouvrage.

la droite *dirigée*, représentant 2ω, est l'argument de $\frac{\omega'}{\omega}$. Par convention, $\frac{\omega'}{i\omega}$ a sa partie réelle positive; $\frac{\omega'}{\omega}$ a donc sa partie imaginaire positive. Le sinus de cet angle est donc positif, et l'angle lui-même est compris entre zéro et une demi-circonférence.

Soit a une quantité imaginaire quelconque. Considérons les quatre points qui représentent les quatre quantités

$$(1)\qquad a,\quad a+2\omega,\quad a+2\omega+2\omega',\quad a+2\omega'.$$

Ce sont les sommets d'un parallélogramme. Supposons qu'un rayon vecteur pivote autour d'un point situé dans l'intérieur de ce parallélogramme, et que son extrémité en suive le contour dans le sens fixé par l'ordre qu'on vient d'assigner aux quatre sommets. Ce rayon vecteur tourne alors dans le sens *positif*. Il tournerait, au contraire, dans le sens négatif si la partie réelle de $\frac{\omega'}{i\omega}$ était négative.

Ce parallélogramme s'appelle *parallélogramme des périodes*. Nous allons envisager des intégrales prises le long de son contour. Le contour sera toujours supposé décrit dans le sens qu'on vient d'indiquer.

Après avoir tracé un parallélogramme des périodes, on peut prendre chacun de ses côtés pour côté d'un nouveau parallélogramme des périodes. En répétant cette opération, on partage le plan en une infinité de parallélogrammes égaux. Dans deux parallélogrammes différents, deux points homologues représentent deux quantités qui diffèrent seulement par une période.

Intégration le long d'un parallélogramme des périodes.

Soit $f(u)$ une fonction fractionnaire que nous nous proposons d'intégrer le long d'un parallélogramme des périodes, ayant les sommets désignés ci-dessus (1). Posons

$$(2)\qquad \begin{cases} f(u+2\omega)-f(u)=\varphi_1(u),\\ f(u+2\omega')-f(u)=\varphi_2(u). \end{cases}$$

Les quatre intégrales partielles, prises successivement suivant les quatre côtés du parallélogramme (1), sont les suivantes, comptées en ligne droite :

$$1^\circ \qquad \int_a^{a+2\omega} f(u)\,du,$$

$$2^\circ \qquad \int_{a+2\omega}^{a+2\omega+2\omega'} f(u)\,du = \int_a^{a+2\omega'} f(u+2\omega)\,du$$
$$= \int_a^{a+2\omega'} \varphi_1(u)\,du + \int_a^{a+2\omega'} f(u)\,du,$$

$$3^\circ \qquad \int_{a+2\omega+2\omega'}^{a+2\omega'} f(u)\,du = \int_{a+2\omega}^{a} f(u+2\omega')\,du$$
$$= -\int_a^{a+2\omega} \varphi_2(u)\,du - \int_a^{a+2\omega} f(u)\,du,$$

$$4^\circ \qquad \int_{a+2\omega'}^{a} f(u)\,du = -\int_a^{a+2\omega'} f(u)\,du.$$

La somme de ces quatre intégrales se réduit, comme on voit, à celle des deux seules intégrales portant sur φ_1 et φ_2.

Soit R *la somme des résidus des pôles de* $f(u)$, *intérieurs au parallélogramme;* d'après le théorème de Cauchy, $2i\pi R$ représente l'intégrale totale (le sens de rotation étant positif). On a donc l'égalité

$$(3) \qquad \int_a^{a+2\omega'} \varphi_1(u)\,du - \int_a^{a+2\omega} \varphi_2(u)\,du = 2i\pi R.$$

Cette relation (3) est la source des principales propriétés des fonctions doublement périodiques.

Supposons $f(u)$ doublement périodique. En ce cas, φ_1 et φ_2 sont identiquement nulles; donc, d'après l'égalité (3), *la somme des résidus des pôles d'une fonction fractionnaire et doublement périodique est nulle, ces pôles étant pris dans un même parallélogramme des périodes.* C'est la propriété qu'on a trouvée (p. 204) pour les fonctions elliptiques.

Supposons φ_1 et φ_2 des constantes c, c', en sorte que la fonction $f(u)$, par l'addition des périodes, se reproduise augmentée des constantes c, c'; les intégrales du premier membre, dans l'égalité (3), sont alors $2c\omega'$ et $2c'\omega$, et l'on a

$$c\omega' - c'\omega = i\pi \mathrm{R}. \tag{4}$$

Par exemple, la fonction ζu est dans ce cas; ce sont alors $2\eta_1$ et $2\eta_1'$ qui jouent le rôle de c et c'. De plus, il y a un seul pôle et son résidu est l'unité; de là provient la relation fondamentale

$$\eta_1\omega' - \eta_1'\omega = \tfrac{1}{2}i\pi.$$

Soit, plus généralement, une fonction $\varphi(u)$ ayant, par analogie avec σu, la propriété

$$\left\{\begin{aligned} \varphi(u+2\omega) &= \varphi(u)e^{cu+h}, \\ \varphi(u+2\omega') &= \varphi(u)e^{c'u+h'}, \end{aligned}\right. \tag{5}$$

et que nous supposons fractionnaire. Sa dérivée logarithmique $\frac{\varphi'(u)}{\varphi(u)}$ sera une fonction se reproduisant par l'addition des périodes, mais augmentée des constantes c, c'. De plus, la somme des résidus R sera égale à l'*excès* m (positif ou négatif) *du nombre des racines de* $\varphi(u)$ *sur le nombre des pôles à l'intérieur d'un parallélogramme des périodes*, et l'on aura, suivant (4),

$$c\omega' - c'\omega = i\pi m. \tag{6}$$

Ainsi la propriété (5) ne peut avoir lieu que sous une condition imposée aux constantes : $\frac{1}{i\pi}(c\omega' - c'\omega)$ *doit être un nombre entier*. On trouve encore cette condition de la manière suivante : d'après (5), on a

$$\varphi(u+2\omega+2\omega') = \varphi(u+2\omega)e^{c'(u+2\omega)+h'} = \varphi(u)e^{cu+h}e^{c'(u+2\omega+h')}.$$

En intervertissant ω et ω', on aura une seconde expression de $\varphi(u+2\omega+2\omega')$; elle devra coïncider avec la précédente, puisque la fonction φ est supposée uniforme. On aura donc

$$e^{2c'\omega} = e^{2c\omega'},$$

ce qui entraîne la condition susdite. Mais, par cette voie, on n'obtient pas la signification si remarquable de l'entier m.

Décomposition en éléments simples.

Soit $f(z)$ une fonction fractionnaire et doublement périodique. Prenons les fonctions elliptiques, de mêmes périodes, et considérons le produit

$$F(z) = f(z)[\zeta(z-u_1) - \zeta(z-u)].$$

C'est aussi une fonction fractionnaire et doublement périodique, comme chacun des deux facteurs. La somme des résidus de ses pôles est donc nulle. Évaluons ces résidus.

Soit d'abord $z = v$ un pôle de $f(z)$, et supposons-le multiple d'ordre $(s+1)$. Prenons le développement de $f(z)$ suivant les puissances ascendantes de $(z-v)$, limité aux termes à exposants négatifs

$$f(z) = (-1)^{s-1}\frac{s!\,m_{s-1}}{(z-v)^{s+1}} + \ldots - \frac{2m_1}{(z-v)^3} + \frac{m_0}{(z-v)^2} + \frac{l}{z-v} + \ldots.$$

On a, d'autre part,

$$-\zeta(z-u) = \zeta(u-v) + (z-v)p(u-v) - \frac{(z-v)^2}{2}p'(u-v) + \ldots$$
$$+ (-1)^{s-1}\frac{(z-v)^s}{s!}p^{(s-1)}(u-v) + \ldots.$$

Pour le second terme de $F(z)$, savoir $-f(z)\zeta(z-u)$, le coefficient de $(z-v)^{-1}$, c'est-à-dire le résidu ρ, se compose donc de la somme

$$(7)\quad \rho = l\zeta(u-v) + m_0 p(u-v) + m_1 p'(u-v) + \ldots + m_{s-1}p^{(s-1)}(u-v).$$

Il se trouve, dans la somme des résidus de $F(z)$, autant de quantités analogues ρ qu'il y a de pôles de $f(z)$ dans un parallélogramme des périodes. Pour chacun d'eux, $(s+1)$ est l'ordre de multiplicité. La somme des résidus du second terme de $F(z)$ comprend ainsi la quantité $\Sigma\rho$. Mais, en outre, il s'y trouve encore le résidu du pôle du facteur $-\zeta(z-u)$. Ce pôle peut être considéré comme étant $z = u$, et le résidu est $-f(u)$. La somme totale des résidus de $-f(z)\zeta(z-u)$ est donc $-f(u) + \Sigma\rho$.

De même, la somme des résidus du premier terme $f(z)\zeta(z-u_1)$

est $f(u_1) - \Sigma\rho_1$, si l'on désigne par ρ_1 la quantité ρ où l'on remplace u par u_1; on a donc la relation

$$f(u) - f(u_1) = \Sigma\rho - \Sigma\rho_1.$$

En considérant u comme seule variable, on peut représenter $f(u_1) - \Sigma\rho_1$ par une simple constante β. Nous avons donc cette formule de décomposition en éléments simples pour *toute fonction $f(u)$ fractionnaire et doublement périodique*

$$(8) \qquad f(u) = \beta + \Sigma\rho.$$

C'est précisément la formule de décomposition établie au Chapitre VII (p. 205) pour les fonctions rationnelles de pu et $p'u$. Donc *toute fonction fractionnaire et doublement périodique est une fonction rationnelle de pu et de $p'u$.*

L'analyse que nous venons d'employer est celle même (à une petite modification près) par laquelle M. Hermite a découvert la *décomposition en éléments simples* (¹).

Les fonctions fractionnaires qui, par l'addition des périodes, se reproduisent augmentées de quantités constantes, s'expriment, elles aussi, par les fonctions elliptiques. Soit, en effet, $f(u)$ une telle fonction, ayant les propriétés

$$(9) \qquad \begin{cases} f(u + 2\omega) - f(u) = c, \\ f(u + 2\omega') - f(u) = c'. \end{cases}$$

Il est manifeste qu'on en peut déduire une fonction doublement périodique par l'addition du binôme $\alpha u + \lambda\zeta u$, avec des coefficients α, λ, convenablement choisis. On trouve ainsi la formule de décomposition suivante

$$(10) \qquad f(u) = \frac{c'\eta - c\eta'}{i\pi} u + \beta + \Sigma\rho,$$

dans laquelle ρ a encore la forme précédente (7); mais, tandis que, pour les fonctions doublement périodiques, la somme Σl des résidus doit être nulle, ici elle doit être égale à $\dfrac{c\omega' - c'\omega}{i\pi}$.

(¹) *Note sur la théorie des fonctions elliptiques*, ajoutée à la 6ᵉ édition du *Traité de Calcul différentiel et de Calcul intégral* de Lacroix.

Décomposition en facteurs.

Au lieu de considérer les fonctions doublement périodiques, prenons les fonctions fractionnaires plus générales, qui jouissent de la propriété (5)

$$(11)\qquad \begin{cases} \varphi(u+2\omega) = \varphi(u)e^{cu+h}, \\ \varphi(u+2\omega') = \varphi(u)e^{c'u+h'}. \end{cases}$$

Soit $f(u) = \frac{\varphi'(u)}{\varphi(u)}$; cette fonction a les propriétés précédentes (9). Elle est donc exprimable par la formule (10); mais tous ses pôles sont simples et les résidus sont des nombres entiers, positifs ou négatifs, en sorte qu'on a

$$f(u) = \frac{c'\eta - c\eta'}{i\pi}u + \beta + \Sigma l\zeta(u-v).$$

De là résulte, par intégration,

$$(12)\qquad \varphi(u) = Ce^{\frac{c'\eta - c\eta'}{2i\pi}u^2+\beta u}\,\Pi[\sigma(u-v)]^l.$$

Les exposants l sont entiers, positifs ou négatifs, et leur somme reproduit $\frac{c\omega' - c'\omega}{i\pi}$, ce qui est conforme à la propriété déjà reconnue et exprimée par l'égalité (6).

Les fonctions fractionnaires, telles que $\varphi(u)$, ont été désignées par M. Hermite sous le nom de *fonctions de troisième espèce*. Les deux cas particuliers des fonctions doublement périodiques ordinaires ou de *première espèce* ($c = c' = h = h' = 0$) et des fonctions de *deuxième espèce* ($c = c' = 0$) ont été spécialement envisagés ici; pour les premières, nous venons de retrouver la décomposition en éléments simples; pour les secondes, cette décomposition a été déjà étudiée au Chapitre VII. Pour les fonctions de troisième espèce, nous parlerons un peu plus loin de leur décomposition; mais, avant de poursuivre, nous devons nous arrêter un instant sur les fonctions de seconde espèce.

Décomposition des fonctions de seconde espèce.

Voici le procédé original par lequel M. Hermite a, pour la première fois, exposé la décomposition des fonctions de seconde espèce. Soit $\varphi(u)$ une telle fonction, ayant les propriétés

$$(13)\qquad \begin{cases} \varphi(u+2\omega) = \mu\varphi(u), \\ \varphi(u+2\omega') = \mu'\varphi(u). \end{cases}$$

Il existe un élément simple $\Phi(u)$, ayant les mêmes multiplicateurs,

$$(14)\qquad \Phi(u) = \frac{\sigma(u+a)}{\sigma a\,\sigma u}e^{\rho u};$$

par un calcul facile, déjà fait ici (p. 228), on trouve

$$i\pi\rho = \eta\log\mu' - \eta'\log\mu, \qquad i\pi a = \omega'\log\mu - \omega\log\mu'.$$

La propriété (13), appliquée à $\Phi(u)$, entraîne cette conséquence

$$\Phi(u-2\omega) = \frac{1}{\mu}\Phi(u),$$

$$\Phi(u-2\omega') = \frac{1}{\mu'}\Phi(u).$$

Si l'on prend donc le produit $F(z)$

$$F(z) = \varphi(z)\Phi(u-z),$$

on a composé ainsi une fonction de z, doublement périodique, dont la somme des résidus est nulle. En raisonnant comme on l'a fait dans l'avant-dernier paragraphe, on obtient la formule de décomposition telle qu'on l'a établie au Chapitre VII (p. 229).

Intégration dans l'étendue d'une période.

Soit une fonction fractionnaire $f(u)$, ayant la propriété

$$(15)\qquad f(u+2\omega) - f(u) = c;$$

nous considérons son intégrale rectiligne, prise dans l'étendue d'une période, à partir d'une origine quelconque v :

$$(16) \qquad \Phi(v) = \int_{v}^{v+2\omega} f(u)\,du.$$

Par différentiation, on a, suivant la propriété supposée (15),

$$\Phi'(v) = f(v+2\omega) - f(v) = c,$$

en sorte qu'on doit conclure

$$(17) \qquad \Phi(v) = cv + \gamma,$$

γ étant une constante. Mais cette constante n'est pas entièrement indépendante de v. Soit, en effet, v_1 une autre origine prise pour la même intégrale. Considérons le parallélogramme dont les sommets consécutifs sont

$$v, \quad v+2\omega, \quad v_1+2\omega, \quad v_1,$$

et prenons l'intégrale de $f(u)$ le long de son contour et dans cet ordre. Soit ρ la somme des résidus des pôles intérieurs; l'intégrale totale sera égale à $\pm 2i\pi\rho$, suivant le sens de rotation qu'amène la disposition de la figure. Les deux intégrales partielles suivant les côtés $(v+2\omega,\ v_1+2\omega)$ et $(v_1,\ v)$ ont pour somme $c(v_1 - v)$, les deux autres sont $\Phi(v)$ et $-\Phi(v_1)$, en sorte qu'on a

$$\Phi(v) - \Phi(v_1) = c(v - v_1) \pm 2i\pi\rho.$$

Si donc $\Phi(v)$ est donné par l'égalité (17), on aura

$$\Phi(v_1) = cv_1 + \gamma \mp 2i\pi\rho = cv_1 + \gamma_1.$$

La quantité $\gamma_1 = \gamma \mp 2i\pi\rho$ est donc, en réalité, non pas une constante, mais une fonction *discontinue* de v; ses valeurs diverses sont des constantes successives, qui changent brusquement quand le point v_1 franchit une droite parallèle à la période 2ω et contenant des pôles de $f(u)$.

Prenons comme exemple la fonction ζu, pour laquelle la constante c est égale à 2η. Calculons d'abord une valeur particulière de Φ, comme il suit :

$$\Phi(\omega') = \int_{\omega'}^{\omega'+2\omega} \zeta u\,du = \int_0^{2\omega} \zeta(u+\omega')\,du$$

$$= \int_0^{\omega} \zeta(u+\omega')\,du + \int_{\omega}^{2\omega} \zeta(u+\omega')\,du,$$

$$\int_{\omega}^{2\omega} \zeta(u+\omega')\,du = \int_0^{\omega} \zeta(2\omega+\omega'-u)\,du = 2\eta\omega + \int_0^{\omega} \zeta(\omega'-u)\,du,$$

$$\Phi(\omega') = 2\eta\omega + \int_0^{\omega} [\zeta(u+\omega') + \zeta(\omega'-u)]\,du$$

$$= 2\eta\omega + 2\eta'\omega = 2\eta(\omega+\omega') - i\pi.$$

Les pôles de ζu ont tous l'unité pour résidu ; on conclura donc maintenant

$$(18) \qquad \Phi(v) = 2\eta(\omega+v) - (2m+1)i\pi,$$

expression générale de l'intégrale rectiligne

$$\Phi(v) = \int_v^{v+2\omega} \zeta u\,du = \int_0^{2\omega} \zeta(u+v)\,du.$$

La lettre m désigne le nombre des pôles intérieurs au parallélogramme ω', $\omega'+2\omega$, $v+2\omega$, v, ou ce nombre changé de signe, suivant que la partie réelle de $\frac{v-\omega'}{i\omega}$ est positive ou négative.

Cette formule (18) comprend les analogues, qui ont été établies autrement à la fin du Chapitre VI (p. 200, 201).

Si la fonction $f(u)$ est périodique, la constante c est nulle ; en ce cas, tout ce qui a été dit pour γ_1 s'applique à l'intégrale $\Phi(v)$ elle-même. Tant que v ne franchit pas les parallèles à la période, menées par les pôles, l'intégrale reste constante.

Théorème de Liouville.

Les éléments de la théorie générale des fonctions fournissent un autre moyen d'établir la théorie des fonctions doublement périodiques et ouvrent une voie qui a été suivie par le célèbre géomètre Liouville à la même époque (environ 1844) dont sont datés les premiers travaux de M. Hermite ([1]). Il suffira d'établir ici le théorème qui sert de point de départ.

D'après la théorie des fonctions, *toute fonction entière dont la valeur absolue* (module) *ne dépasse pas une limite donnée se réduit à une constante.*

Voici la proposition de Liouville, qui s'en déduit : *Toute fonction entière et doublement périodique se réduit à une constante.*

Une telle fonction, en effet, n'ayant aucun pôle, reste finie dans un parallélogramme des périodes, qui comprend une aire partout limitée. Dans cette aire, la valeur absolue de la fonction est donc limitée. Mais les valeurs que cette fonction acquiert dans tout le plan sont toutes reproduites à l'intérieur du parallélogramme. La valeur absolue de la fonction est donc, pour tout le plan, limitée comme dans le parallélogramme, et la proposition en découle.

Il est à peine nécessaire de remarquer que ce théorème résulte immédiatement de la décomposition (8) en éléments simples. Mais, pour l'apprécier comme il convient, on doit se rappeler le point de vue auquel se plaçait Liouville et montrer comment la décomposition peut, à son tour, s'en déduire.

Prenons, à cet effet, une fonction fractionnaire $f(u)$, ayant les propriétés

$$(19)\qquad \begin{cases} f(u+2\omega)-f(u)=c, \\ f(u+2\omega')-f(u)=c'. \end{cases}$$

Composons la quantité $\Sigma\rho$, qui figure dans la formule de décomposition (10).

Cette quantité a, elle aussi, la propriété (19) de se reproduire augmentée de constantes, quand on change u en $(u+2\omega)$ ou $(u+2\omega')$. La même propriété appartient aussi à la différence $f(u)-\Sigma\rho$. Mais cette différence est une fonction entière, en vertu de la composition de $\Sigma\rho$. Sa dérivée est donc une fonction entière et doublement périodique, c'est-à-dire une constante. Donc $f(u)-\Sigma\rho$ est un binôme du premier degré. La formule (10) se trouve ainsi démontrée, sans qu'on ait eu besoin de recourir aux

([1]) *Sur les fonctions elliptiques*, par M. J. Liouville (*Journal de Mathématiques pures et appliquées*, 1re série, t. XX, p. 203).

propositions fournies par l'intégration le long du contour d'un parallélogramme des périodes. Ces propositions, relatives aux sommes de résidus, découlent à leur tour de la formule (10).

La méthode d'exposition qui résulte du théorème de Liouville ne le cède en rien, comme on voit, à celle que nous avons indiquée d'abord. Mais, il faut le reconnaître, elle n'acquiert ce degré d'élégance et de simplicité que par l'intervention immédiate de la formule de décomposition; elle donne immédiatement la preuve de cette formule, mais ce n'est pas elle qui l'a fait découvrir.

Fonctions de troisième espèce.

Nous avons défini déjà les fonctions fractionnaires, doublement périodiques et de troisième espèce, et donné leur forme générale (12). Elles se composent d'une exponentielle du second degré et du produit de plusieurs fonctions σ avec des exposants entiers, positifs ou négatifs. On peut les distinguer en deux groupes : 1° celles où il existe plus de fonctions σ en dénominateur qu'en numérateur; 2° celles où, au contraire, il existe plus de fonctions σ en numérateur. Parmi ces dernières se trouvent des fonctions entières. Les fonctions qui composent un groupe sont les inverses de celles qui composent l'autre groupe.

Un premier mode de décomposition s'offre, de lui-même, pour ces fonctions; on peut les écrire sous la forme

$$\varphi(u) = e^{\alpha u^2+\beta u}\,\sigma(u-v_1)^{m_1}\,\sigma(u-v_2)^{m_2}\ldots\,\psi(u),$$

en supposant les exposants entiers m_1, m_2, ... tous de même signe, et $\psi(u)$ contenant autant de fonctions σ en numérateur qu'en dénominateur. Ce dernier facteur $\psi(u)$ est alors une fonction de seconde espèce, décomposable en une somme d'éléments simples, dont chacun contient une fonction σ seulement, tant en numérateur qu'en dénominateur. La fonction $\varphi(u)$ est ainsi décomposée en une somme de termes, dont chacun contient une seule fonction σ en numérateur ou en dénominateur, suivant que $\varphi(u)$ appartient au premier ou au second groupe. Mais ce mode de décomposition, qui peut être parfois utile, présente l'inconvénient de n'être pas entièrement déterminé : les facteurs qui composent $\varphi(u):\psi(u)$ peuvent être, en effet, choisis arbitrairement parmi ceux de $\varphi(u)$. De plus, ce mode de décomposition ne se prête pas à fournir le développement de $\varphi(u)$ en série. Nous adopterons donc, pour élément simple nouveau, une série dont la composition a été suggérée par l'examen attentif des séries $\mathfrak{S}$.

Au Chapitre XIII, nous avons trouvé les développements de plusieurs fonctions de troisième espèce, les inverses des fonctions σ, les inverses de leurs produits deux à deux. Ces développements et beaucoup d'autres analogues avaient été formés par M. Biehler dans une thèse remarquable, dont on doit recommander l'étude (¹). Mais c'est M. Appell qui, en créant le nouvel élément simple, a conduit cette partie de la théorie au plus haut degré de perfection (²).

Séries doublement périodiques de troisième espèce.

Soient m un nombre réel et *positif* et q une quantité plus petite que l'unité, en valeur absolue (module). Prenons, en outre, une fonction quelconque $\theta(x)$ d'une variable, et composons la double série

$$\Psi(x) = \sum_{n=-\infty}^{n=+\infty} x^{mn} q^{mn(n-1)} \theta(xq^{2n}), \tag{20}$$

où n acquiert successivement toutes les valeurs entières, positives et négatives. Tout d'abord, en attribuant à x une valeur arbitraire, nous voyons que les divers arguments de θ, dans les termes de la série, constituent une double suite indéfinie

$$\ldots, \quad \frac{x}{q^4}, \quad \frac{x}{q^2}, \quad x, \quad xq^2, \quad xq^4, \quad \ldots, \tag{21}$$

et que leurs valeurs extrêmes sont, d'une part, infiniment grandes, de l'autre, infiniment petites. La convergence de la série dépendra donc de la nature de la fonction $\theta(z)$ pour les valeurs infiniment grandes ou infiniment petites de z.

(¹) *Sur les développements en séries des fonctions doublement périodiques de troisième espèce;* thèse par M. Ch. Biehler; Paris, Gauthier-Villars, 1879.

(²) *Sur les fonctions doublement périodiques de troisième espèce,* par M. P. Appell (*Annales scientifiques de l'École Normale supérieure,* 3ᵉ série, t. I, p. 135; t. II, p. 9; t. III, p. 9).

Supposons que, pour ces valeurs de z, $\theta(z)$ reste finie ou, plus généralement, reste inférieure ou comparable à une puissance de z, d'exposant déterminé. S'il en est ainsi, la série (20) converge effectivement; car, pour $n = \pm\infty$, l'influence du facteur

$$\left(\frac{x}{q}\right)^{mn} \theta(xq^{2n})$$

disparaît devant celle du facteur q^{mn^2}, et les deux hypothèses, *m positif, q inférieur à l'unité en valeur absolue*, assurent la convergence.

La fonction Ψ, définie de la sorte par la série (20), a évidemment une propriété fort simple, relative au changement de x en $q^2 x$. D'après sa définition, nous avons

$$\Psi(q^2 x) = \sum x^{mn} q^{mn(n+1)} \theta(xq^{2n+2}).$$

Mais, changeant dans (20) n en $(n+1)$, altération permise puisque la sommation s'étend de $-\infty$ à $+\infty$, nous avons aussi

$$\Psi(x) = \sum x^{mn+m} q^{mn(n+1)} \theta(xq^{2n+2}).$$

Nous concluons donc

$$(22) \qquad \Psi(x) = x^m \Psi(q^2 x).$$

Le nombre m peut, sans moins de généralité, être supposé *entier*, et nous ferons cette supposition. Si, en effet, m était fractionnaire, avec p pour dénominateur, on remplacerait x et q par x^p et q^p; le nouveau nombre m serait entier, et la fonction indéterminée $\theta(z)$ serait remplacée par $\theta(z^p)$.

Si, de plus, on suppose la fonction $\theta(z)$ *uniforme*, la fonction $\Psi(x)$ sera uniforme, elle aussi.

A chaque point singulier x de la fonction $\theta(x)$ correspondent, pour $\Psi(x)$, des points singuliers, en nombre illimité, formant une double suite (21). Chacun de ces derniers est de même nature, pour $\Psi(x)$, que le point correspondant pour $\theta(x)$. Si nous supposons que les points singuliers de $\theta(x)$ soient tous des pôles, ceux de $\Psi(x)$ seront aussi des pôles. Mais, comme ces derniers, dans leurs suites illimitées (21), convergent tous vers zéro ou vers l'infini, $\Psi(x)$ est d'une nature transcendante pour x infiniment petit ou infiniment grand; ce n'est pas une fonction fractionnaire. Toutefois cette singularité disparaît, si, changeant la variable, on remplace x par une exponentielle.

Soient donc

$$(23)\quad \begin{cases} x = e^{\frac{i\pi(u-\omega)}{\omega}}, \qquad q = e^{\frac{i\pi\omega'}{\omega}}, \\ \Psi(x) = \psi(u). \end{cases}$$

A toute valeur de x correspond, pour u, une infinité de valeurs, ayant la forme $u_0 + 2\nu\omega$, où ν est un nombre entier, et à xq^{2n} correspondent les valeurs $u_0 + 2\nu\omega + 2n\omega'$. Ainsi chaque point singulier de $\theta(x)$ donne lieu à un seul point singulier de $\psi(u)$ dans un parallélogramme des périodes.

Si donc nous supposons que $\theta(x)$ *soit une fraction rationnelle, la fonction* $\psi(u)$ *est une fonction fractionnaire* ayant, dans chaque parallélogramme des périodes, des pôles en nombre égal à celui des pôles de la fonction $\theta(x)$. Comme x est une fonction périodique de u, à période 2ω, $\psi(u)$ a cette même période. L'addition de la seconde période donne aussi, d'après la propriété (22) de $\Psi(x)$, une propriété simple. En résumé, $\psi(u)$ est une fonction doublement périodique de troisième espèce, et l'on a

$$(24)\quad \begin{cases} \psi(u + 2\omega) = \psi(u), \\ \psi(u + 2\omega') = (-1)^m e^{-m\frac{i\pi u}{\omega}}\psi(u). \end{cases}$$

Ces relations, comparées avec les relations générales (5), montrent que la quantité $\frac{c\omega' - c'\omega}{i\pi}$ est égale à m, en sorte que, dans chaque parallélogramme des périodes, le nombre des racines de $\psi(u)$ surpasse celui des pôles précisément de m.

Avant d'aller plus loin dans l'étude de la fonction $\psi(u)$, il convient d'examiner les caractères particuliers des fonctions de troisième espèce qui ont les multiplicateurs de $\psi(u)$. Les fonctions fractionnaires $\varphi(u)$, qui vérifient les relations (11)

$$\begin{aligned} \varphi(u + 2\omega) &= \varphi(u)e^{cu+h}, \\ \varphi(u + 2\omega') &= \varphi(u)e^{c'u+h'}, \end{aligned}$$

ont, comme nous l'avons reconnu, la forme générale

$$\varphi(u) = Ce^{\frac{c'\eta - c\eta'}{2i\pi}u^2 + \beta u}\Pi[\sigma(u-v)]^l,$$
$$\frac{c\omega' - c'\omega}{i\pi} = \Sigma l.$$

Un calcul direct et sans aucune difficulté donne, en outre, les deux relations suivantes entre les constantes

$$i\pi\Sigma lv = h'\omega - h\omega' + (c - c')\omega\omega' + i\pi(\omega' - \omega)\Sigma l,$$
$$i\pi\beta = h'\eta - h\eta' + c\eta'\omega - c'\eta\omega' + i\pi(\eta' - \eta)\Sigma l,$$

en sorte que la connaissance des multiplicateurs entraîne aussi celle de β et de Σlv, sans particulariser davantage la fonction $\varphi(u)$.

Pour $\psi(u)$, h et h' sont des multiples de $i\pi$, le premier pair, le second de même parité que m, et nous pouvons les écrire sous la forme suivante

$$h = 2(m - k')i\pi, \qquad h' = (2k + m)i\pi,$$

k' et k étant deux entiers arbitraires. Nous avons aussi

$$c = 0, \qquad c' = -\frac{mi\pi}{\omega}, \qquad \frac{c\omega' - c'\omega}{i\pi} = m = \Sigma l.$$

Il en résulte

$$\Sigma lv = 2k\omega + 2k'\omega',$$
$$\beta = 2k\eta + 2k'\eta' + \frac{mi\pi}{2\omega}.$$

On voit qu'il n'y a aucune restriction si l'on suppose $k = k' = 0$, et l'on peut admettre *comme forme générale des fonctions* $\varphi(u)$, *ayant mêmes multiplicateurs que* $\psi(u)$, *la suivante :*

$$(25) \qquad \varphi(u) = Ce^{\frac{-m\eta u^2 + mi\pi u}{2\omega}}\frac{\sigma(u-a_1)\sigma(u-a_2)\ldots\sigma(u-a_{p+m})}{\sigma(u-b_1)\sigma(u-b_2)\ldots\sigma(u-b_p)},$$

avec la condition

$$(26) \qquad a_1 + a_2 + \ldots + a_{p+m} = b_1 + b_2 + \ldots + b_p.$$

Par conséquent, en prenant trois constantes arbitraires P, P', a, et composant la fonction

$$e^{Pu^2 + P'u}\varphi(u + a),$$

on aura le type le plus général des fonctions fractionnaires de troisième espèce, dans lesquelles l'excès du nombre des racines sur celui des pôles est égal à m.

Éléments simples et entiers de troisième espèce.

Dans la définition (20, 23) de $\psi(u)$, figure une fonction rationnelle arbitraire θ; mais cette fonction peut être décomposée en éléments simples, en sorte que les diverses séries $\psi(u)$ se réduisent à des types distincts, en nombre limité.

Tout d'abord se présentent les séries où θ est supposé un polynôme entier. Considérons celles où $\theta(x)$ est réduit à $1, x, x^2, \ldots$ ou x^{m-1}. Ce sont m fonctions entières différentes, et nous désignerons par $E_r(u)$ celle qui correspond à l'hypothèse $\theta(x) = x^r$:

$$(27)\quad E_r(u) = \sum_{n=-\infty}^{n=+\infty} x^{mn+r} q^{mn(n-1)+2nr}, \qquad r = 0, 1, 2, \ldots (m-1).$$

La liaison entre x et u est, bien entendu, exprimée toujours par la relation (23).

Si l'on remplaçait $\theta(x)$ par une puissance de x, d'exposant supérieur à $(m-1)$, on retrouverait l'une des fonctions précédentes. Effectivement, que l'on change, dans (27), n en $(n+s)$, on aura

$$E_r(u) = \sum x^{mn+r+ms} q^{mn(n-1)+2n(r+ms)} q^{ms(s-1)+2rs},$$

$$E_r(u) = E_{r+ms}(u) q^{ms(s-1)+2rs}.$$

Ainsi, dans la fonction générale $\psi(u)$, la partie entière de la fraction rationnelle quelconque θ donne lieu simplement à une combinaison linéaire des fonctions $E_r(u)$, telle que

$$(28)\qquad \lambda_0 E_0(u) + \lambda_1 E_1(u) + \ldots + \lambda_{m-1} E_{m-1}(u),$$

où les lettres λ désignent des constantes. Ces m termes sont d'ailleurs bien distincts et linéairement indépendants; ils se distinguent, en effet, par les exposants de x, qui, dans E_r, sont des multiples de m, *plus* r.

Ces séries ne sont pas nouvelles; elles reproduisent $\mathfrak{I}_1$ avec des arguments convenablement choisis. Prenons, en effet, la définition (VIII, 17) de ϑ_1, après y avoir changé q en q^m. Nous pourrons écrire

$$-izq^{-\frac{m}{4}}\vartheta_1(v, q^m) = \sum q^{mn(n-1)}(-z^2)^n,$$
$$z = e^{i\pi v}.$$

Comparons à cette série cette autre

$$x^{-r}\mathrm{E}_r(u) = \sum q^{mn(n-1)}(x^m q^{2r})^n,$$

et concluons à l'identité des deux premiers membres sous la condition

$$-z^2 = x^m q^{2r},$$

c'est-à-dire, pour les arguments u, v,

(29) $$(2v+1)\omega = m(u-\omega) + 2k\omega + 2r\omega'.$$

Sans insister autrement sur ce sujet, qui se rattache à la théorie de la transformation, concluons seulement à la connaissance des racines de $\mathrm{E}_r(u)$. Dans la fonction ϑ_1 employée, q a été remplacé par q^m, ce qui revient à conserver ω et à remplacer ω' par $m\omega'$. Les racines v de ϑ_1 ont donc la forme générale $\mu + \mu'\dfrac{m\omega'}{\omega}$, μ et μ' étant des entiers, et celles de $\mathrm{E}_r(u)$, d'après (29), sont données par la formule

$$u - \omega = \frac{2\mu+1}{m}\,\omega + \left(2\mu' - \frac{2r}{m}\right)\omega'.$$

On voit que $\left(u - \dfrac{m+1}{m}\,\omega\right)$ est une $m^{\text{ième}}$ partie de période. Chaque fonction E_r a m racines, et les m^2 racines des m fonctions, diminuées chacune de $\dfrac{m+1}{m}\,\omega$, reproduisent toutes les $m^{\text{ièmes}}$ parties de périodes.

Élément simple et fractionnaire de troisième espèce.

Prenons maintenant, pour θ, une fraction simple du premier degré, sous la forme

$$\theta(x) = \frac{i\pi}{\omega}\,\frac{y}{x-y}.$$

Faisons correspondre à la quantité y un argument v, comme u correspond à x, et désignons par $F(u, v)$ la fonction particulière $\psi(u)$ ainsi déterminée

$$(30)\quad \left\{\begin{aligned} x &= e^{\frac{i\pi(u-\omega)}{\omega}}, \qquad y = e^{\frac{i\pi(v-\omega)}{\omega}},\\ F(u, v) &= \frac{i\pi}{\omega}\sum_{n=-\infty}^{n=+\infty} x^{mn} q^{mn(n-1)} \frac{y}{x q^{2n} - y}. \end{aligned}\right.$$

Pour le moment, nous considérons $F(u, v)$ au point de vue de la seule variable u. Ses pôles sont donnés par la formule générale

$$u = v + 2k\omega - 2k'\omega'.$$

Cette valeur particulière de u rend infini, dans la série (30), le terme où n est égal à $-k'$; le résidu de ce terme, qui est aussi le résidu de la fonction elle-même, a pour valeur

$$y^{mn} q^{mn(n-1)} \qquad (n = -k').$$

Les pôles $v + 2k\omega$ ont pour résidu commun l'unité.

Si l'on voulait supposer, pour θ, une fraction simple du second, du troisième degré, etc., on introduirait ainsi des fonctions qui s'exprimeraient linéairement par F et ses dérivées partielles prises relativement au second argument v. On a, par exemple, en dérivant une fois,

$$\left(\frac{i\pi}{\omega}\right)^2 \sum_{n=-\infty}^{n=+\infty} x^{mn} q^{mn(n-1)} \left(\frac{y}{x q^{2n} - y}\right)^2 = \frac{\partial F}{\partial v} - \frac{i\pi}{\omega} F.$$

Décomposition des fonctions de troisième espèce ayant plus de racines que de pôles.

D'après les derniers paragraphes, on voit que la fonction $\psi(u)$, composée avec la fraction rationnelle θ la plus générale, se décompose en deux parties, l'une entière $E(u)$, l'autre fractionnaire $F(u)$,

$$(31)\qquad \psi(u) = E(u) + F(u),$$

et que les expressions de ces deux parties sont les suivantes :

$$(32)\quad \begin{cases} E(u) = \lambda_0 E_0(u) + \lambda_1 E_1(u) + \ldots + \lambda_{m-1} E_{m-1}(u), \\ F(u) = \sum\limits_{v} \left[R_0 F(u, v) + R_1 \dfrac{\partial F(u, v)}{\partial v} + \ldots + R_{p-1} \dfrac{\partial^{p-1} F(u, v)}{\partial v^{p-1}} \right]. \end{cases}$$

Les coefficients $\lambda, \ldots, R, \ldots$ sont indépendants de u, et, dans la seconde partie $F(u)$, la sommation s'applique aux divers pôles v, dont, pour chacun, p marque l'ordre de multiplicité.

Cette même formule (31) *est propre à donner l'expression de toute fonction* $\varphi(u)$ *ayant mêmes multiplicateurs que* $\psi(u)$, fonction dont l'égalité (25) a fixé la nature. En effet, ayant une telle fonction $\varphi(u)$, on pourra déterminer $F(u)$ par la condition que $\varphi(u) - F(u)$ soit une fonction entière. Il suffira, pour ce but, que les coefficients R, pour chaque pôle v, soient ceux du développement de $\varphi(u)$ suivant les puissances ascendantes de $(u - v)$, comme il suit :

$$\varphi(u) = \frac{(p-1)!\, R_{p-1}}{(u-v)^p} + \frac{(p-2)!\, R_{p-2}}{(u-v)^{p-1}} + \ldots + \frac{R_1}{(u-v)^2} + \frac{R_0}{u-v} + \ldots$$

La différence $\varphi(u) - F(u)$, ne devenant plus infinie, est dès lors une fonction entière, elle-même de la forme (25), puisqu'elle a toujours les mêmes multiplicateurs que $\varphi(u)$ et $F(u)$. Comme elle n'a plus de pôles, la somme de ses racines est une période, zéro, si l'on veut (26). Ces racines sont au nombre de m, dans un parallélogramme des périodes, et, si l'on donne $(m - 1)$ de ces racines, la dernière se trouve fixée. Or on peut déterminer les rapports mutuels des m coefficients λ, dans $E(u)$, de manière que $E(u)$ ait précisément ces $(m - 1)$ racines, et, par suite, aussi la dernière, en commun avec $\varphi(u) - F(u)$. Le rapport de cette fonction avec $E(u)$ est doublement périodique (de première espèce), puisque les multiplicateurs sont respectivement les mêmes pour l'une et pour l'autre. Mais ce rapport reste toujours fini; c'est donc une constante.

Sous une autre forme, on peut dire que *toute fonction* $\varphi(u)$, *définie par l'égalité* (25), *est développable en une série telle que* $\psi(u)$, *la fonction rationnelle* θ *étant convenablement choisie.*

D'après une remarque déjà faite (p. 471), toute fonction de troisième espèce, ayant plus de racines que de pôles, se réduit au produit de $\varphi(u+a)$ par une exponentielle du second degré. Aussi, pour ces fonctions, la formule de décomposition subsiste, sauf changement de u en $(u+a)$ dans E et dans F, et sauf multiplication de ces éléments par l'exponentielle.

Décomposition des fonctions de troisième espèce ayant plus de pôles que de racines.

Les fonctions fractionnaires de troisième espèce qui ont plus de pôles que de racines sont les inverses de celles qui ont plus de racines que de pôles. Une telle fonction $\Phi(u)$ a donc pour forme générale

$$\Phi(u) = e^{-Pu^2-P'u}\frac{1}{\varphi(u+a)}, \tag{33}$$

où $\varphi(u)$ est une quelconque (25) de celles qui ont les mêmes multiplicateurs que $F(u, v)$.

Soit, pour abréger,

$$F(u+a, v+a)\,e^{P(u^2-v^2)+P'(u-v)} = \mathfrak{F}(u, v). \tag{34}$$

Le produit $\Phi(u)\mathfrak{F}(u, v)$ est, par suite, une fonction fractionnaire de u, doublement périodique de première espèce. La somme de ses résidus dans un parallélogramme des périodes est donc nulle. En supposant u et v représentés par des points intérieurs à un même parallélogramme, on voit se reproduire ici l'analyse de M. Hermite, relative aux fonctions de première ou de seconde espèce, et l'on conclut

$$\Phi(v) = -\sum_{w}\left[R_0\,\mathfrak{F}(w, v) + R_1\frac{\partial\,\mathfrak{F}(w, v)}{\partial w} + \ldots + R_{p-1}\frac{\partial^{p-1}\mathfrak{F}(w, v)}{\partial w^{p-1}}\right]; \tag{35}$$

car $\mathfrak{F}(u, v)$ a, comme $F(u, v)$, le pôle $u = v$ avec l'unité pour résidu.

Dans cette formule, w désigne successivement les divers pôles de $\Phi(v)$ à l'intérieur d'un parallélogramme des périodes contenant v, et les coefficients R sont ceux du développement de $\Phi(v)$ autour du pôle w :

$$(36)\quad \left\{\begin{aligned} \Phi(v) = {} & \frac{(p-1)!\,R_{p-1}}{(v-w)^p} + \frac{(p-2)!\,R_{p-2}}{(v-w)^{p-1}} + \dots \\ & + \frac{R_1}{(v-w)^2} + \frac{R_0}{v-w} + \dots. \end{aligned}\right.$$

Ainsi, et c'est là une circonstance très remarquable, la même fonction $F(u, v)$, mais considérée au point de vue du second argument, sert ici d'élément simple. Mais ce qui n'est pas moins digne de remarque, c'est que le second membre de la formule de décomposition (35), si l'on y mettait des coefficients R tout à fait arbitraires, ne serait pas doublement périodique (de troisième espèce) comme $\Phi(v)$. Il convient de s'arrêter un peu sur ce sujet.

Si, pour composer la fonction $\mathcal{F}$, on avait mis dans son expression (34), au lieu de la fonction fractionnaire $F(u+a, v+a)$, l'une des fonctions entières $E_r(u+a)$, la suite de l'analyse se serait faite comme précédemment; mais le produit $\Phi(u)\ \mathcal{F}(u, v)$ n'aurait pas eu de pôle provenant du facteur $\mathcal{F}$, et, dans l'égalité (35), le premier membre eût été remplacé par zéro. Ainsi, soit

$$(37)\qquad E_r(u+a)\,e^{Pu^2+P'u} = \mathcal{E}_r(u), \qquad r = 0,\ 1,\ \dots,\ (m-1).$$

Les coefficients de la formule de décomposition (35) *satisfont à m équations, telles que*

$$(38)\qquad \sum_w [R_0\,\mathcal{E}_r(w) + R_1\,\mathcal{E}'_r(w) + \dots + R_{p-1}\,\mathcal{E}_r^{(p-1)}(w)] = 0,$$
$$r = 0,\ 1,\ \dots,\ (m-1).$$

C'est, en quelque sorte, une généralisation de la propriété spéciale aux fonctions doublement périodiques ordinaires, ou de première espèce, propriété consistant en ce que la somme des résidus R_0 est nulle.

Il reste encore à s'assurer que les m relations (38), qu'on vient de trouver, sont suffisantes pour rendre le second membre de la formule (35) doublement périodique de troisième espèce. Ceci nous amène à chercher l'effet de l'addition des périodes au second argument dans l'élément simple, et c'est là un des points les plus intéressants de cette théorie.

Propriétés de l'élément simple, relativement au second argument.

D'après la définition (30), on voit que $F(u, v)$ est une fonction fractionnaire de v, et qu'elle possède, dans chaque parallélogramme des périodes, un seul pôle $v = u + 2k\omega + 2k'\omega'$.

Quoique $F(u, v)$ serve d'élément simple pour les fonctions de v, de troisième espèce, qui ont m pôles de plus que de racines, il est donc certain que $F(u, v)$ n'est pas, elle-même, une de ces fonctions, puisqu'elle a un seul pôle.

Posons, pour abréger,

$$\frac{\omega}{i\pi} F(u, v) = f(y) = \sum x^{mn} q^{mn(n-1)} \frac{y}{xq^{2n} - y},$$

et concluons

$$f(q^2 y) = \sum x^{mn} q^{mn(n-1)} \frac{y}{xq^{2n-2} - y}.$$

Comparons avec $y^m f(y)$, après avoir changé, dans $f(y)$, n en $(n - 1)$:

$$y^m f(y) = \sum x^{m(n-1)} q^{m(n-1)(n-2)} \frac{y^{m+1}}{xq^{2n-2} - y};$$

nous tirons de là

$$(39) \quad f(q^2 y) - y^m f(y) = \sum x^{m(n-1)} q^{m(n-1)(n-2)} \frac{x^m q^{2m(n-1)} - y^m}{xq^{2(n-1)} - y} y.$$

Mais on a identiquement

$$\begin{aligned} &\frac{x^m q^{2m(n-1)} - y^m}{xq^{2(n-1)} - y} \\ &\quad = (xq^{2n-2})^{m-1} + y(xq^{2n-2})^{m-2} + \ldots + y^{m-2} xq^{2n-2} + y^{m-1}. \end{aligned}$$

La différence (39) ne contient donc plus de partie fractionnaire et s'écrit ainsi

$$\begin{aligned} &f(q^2 y) - y^m f(y) \\ &\quad = y\,E_{m-1}(u) + y^2\,E_{m-2}(u) + \ldots + y^{m-1}\,E_1(u) + y^m\,E_0(u). \end{aligned}$$

Revenons maintenant à $F(u, v)$ pour conclure

$$(40)\quad \left\{\begin{aligned} F(u, v+2\omega') = (-1)^m e^{\frac{mi\pi v}{\omega}} F(u, v) \\ + \frac{i\pi}{\omega} \sum_{r=0}^{r=m-1} (-1)^{m-r} e^{\frac{(m-r)i\pi v}{\omega}} E_r(u). \end{aligned}\right.$$

A cette relation il faut joindre aussi la relation évidente

$$(41)\qquad F(u, v+2\omega) = F(u, v).$$

Ces deux propriétés donnent lieu à deux propriétés analogues pour la fonction $\mathfrak{F}(u, v)$. Soient $cu+h$ et $c'u+h'$ les exposants des deux exponentielles qui constituent les multiplicateurs de $\mathfrak{F}(u, v)$, considérée comme fonction de u; suivant la définition (34) on a

$$e^{4P\omega(u+\omega)+2P'\omega} = e^{cu+h},$$

$$(-1)^m e^{-\frac{mi\pi(u+a)}{\omega}} e^{4P\omega'(u+\omega')+2P'\omega'} = e^{c'u+h'}.$$

Il résulte alors de la relation (41) cette analogue

$$\frac{\mathfrak{F}(u, v+2\omega)}{\mathfrak{F}(u)} = e^{Pv^2 - P(v+2\omega)^2 + P'v - P'(v+2\omega)} = e^{-cv-h},$$

en sorte que, pour l'addition de la première période à l'un ou l'autre des arguments, on a les deux relations

$$(42)\quad \left\{\begin{aligned} \mathfrak{F}(u+2\omega, v) &= \mathfrak{F}(u, v)e^{cu+h}, \\ \mathfrak{F}(u, v+2\omega) &= \mathfrak{F}(u, v)e^{-cv-h}. \end{aligned}\right.$$

Semblablement, de la formule (40) on conclut le résultat de l'addition de la seconde période au second argument, et l'on a les égalités

$$(43)\quad \left\{\begin{aligned} &\mathfrak{F}(u+2\omega', v) = \mathfrak{F}(u, v)e^{c'u+h'}, \\ &\mathfrak{F}(u, v+2\omega') = \mathfrak{F}(u, v)e^{-c'v-h'} \\ &\qquad + \frac{i\pi}{\omega} e^{-P(v+2\omega')^2 - P'(v+2\omega')} \sum_{r=0}^{r=m-1} (-1)^{m-r} e^{\frac{(m-r)i\pi(v+a)}{\omega}} \mathcal{E}_r(u). \end{aligned}\right.$$

Si, dans le second membre de la formule (35), on change v en $v+2\omega$, on voit, par la relation (42), que ce second membre se reproduit, multiplié par e^{-cv-h}. Mais, si l'on y change v en $v+2\omega'$, le second membre se reproduit, multiplié par $e^{-c'v-h'}$, et il s'augmente en outre de la quantité ci-après

$$\frac{i\pi}{\omega} e^{-P(v+2\omega')^2 - P'(v+2\omega')} \sum_{r,\,w} (-1)^{m-r} e^{\frac{(m-r)i\pi(v+a)}{\omega}} \left[R_0 \mathcal{E}_r(w) + R_1 \mathcal{E}'_r(w) + \ldots + R_{p-1} \mathcal{E}_r^{(p-1)}(w) \right]$$

Pour que cette dernière soit nulle, quel que soit v, il faut et il suffit que les relations (38) aient lieu effectivement.

Quelques formules relatives aux fonctions de troisième espèce.

Parmi les séries qui résultent de ces décompositions, appliquées aux exemples les plus intéressants ou les plus utiles, on en a déjà trouvé beaucoup, par une autre voie, dans le Chapitre XIII. Bornons-nous à considérer encore les développements de l'inverse de σu, élevé à diverses puissances.

Suivant ce qui a été indiqué précédemment (34), posons, en rappelant le nombre m par un indice,

$$\mathcal{F}_m(u, v) = F_m(u, v) e^{\frac{m(\eta u^2 - i\pi u)}{2\omega}},$$

et écrivons simplement

$$\mathcal{F}_m^{(k)} = \left[\frac{\partial^k \mathcal{F}_m(u, v)}{\partial u^k} \right]_{u=0}.$$

D'après le développement de σu (p. 300),

$$\sigma u = u - \frac{g_2}{240} u^5 - \frac{g_3}{820} u^7 \ldots,$$

et la formule de décomposition (35), on a immédiatement

$$\frac{1}{\sigma v} = -\mathcal{F}_1, \qquad \frac{1}{\sigma^2 v} = -\mathcal{F}'_2, \qquad \frac{1}{\sigma^3 v} = -\frac{1}{2}\mathcal{F}''_3, \qquad \frac{1}{\sigma^4 v} = -\frac{1}{6}\mathcal{F}'''_4,$$

$$\frac{1}{\sigma^5 v} = -\frac{1}{24}\mathcal{F}^{\text{IV}}_5 - \frac{g_2}{48}\mathcal{F}_5, \qquad \frac{1}{\sigma^6 v} = -\frac{1}{120}\mathcal{F}^{\text{V}}_6 - \frac{g_2}{40}\mathcal{F}'_6, \qquad \ldots.$$

Donnons maintenant quelques détails destinés à faire mieux connaître l'élément simple $F(u, v)$. Nous considérerons seulement le cas $m = 1$; mais ce que nous allons dire peut être étendu, sauf quelques modifications faciles, aux autres cas.

Dans le cas $m = 1$, il y a une seule fonction entière $E(u)$, celle qui doit être affectée de l'indice zéro, indice que nous pouvons supprimer. Elle diffère seulement par un facteur de la fonction $\mathfrak{S}_1$ et, par suite, de σu.

D'après la comparaison faite plus haut (p. 473) et suivant les formules du Chapitre VIII, on a, en effet,

$$(44)\qquad E(u) = -ie^{\frac{i\pi u}{2\omega}} q^{-\frac{1}{4}} \mathfrak{S}_1\left(\frac{u}{2\omega}, q\right) = -iq^{-\frac{1}{4}} \sqrt{\frac{\omega}{\pi}}\, \Delta^{\frac{1}{8}} \sigma u . e^{\frac{-\eta u^2 + i\pi u}{2\omega}}.$$

L'élément simple fractionnaire, d'après sa nature, a la forme générale des fonctions $\varphi(u)$ (25) et, n'ayant qu'un pôle, il sera représenté par une expression telle que celle-ci

$$F(u, v) = c\,\frac{\sigma(u-\alpha)\,\sigma(u+\alpha-v)}{\sigma(u-v)}\, e^{\frac{-\eta u^2 + i\pi u}{2\omega}}.$$

Mais on ne connaît pas l'argument α, fonction transcendante fort compliquée, sans doute, de l'argument v. Nous allons exprimer $F(u, v)$ au moyen de diverses fonctions, dont chacune contiendra une seule variable.

Les deux fonctions de u, $F(u, v)$ et $E(u)$, ont mêmes multiplicateurs; leur quotient est doublement périodique. Ce quotient n'a que deux pôles simples; en le décomposant en éléments simples, on aura donc

$$(45)\qquad F(u, v)\frac{E(v)}{E(u)} = \zeta(u-v) - \zeta(u) + \psi(v).$$

Il suffira, pour avoir l'expression de $F(u, v)$, de connaître $\psi(v)$. C'est une fonction nouvelle, dont nous allons facilement trouver un développement. Mais remarquons, en passant, qu'on tire de là

$$F(u, v)\frac{E(v)}{E(u)} - F(a, v)\frac{E(v)}{E(a)}$$
$$= \zeta(u-v) - \zeta u - \zeta(a-v) + \zeta a = \frac{\sigma(u-a)\,\sigma(u-v+a)\,\sigma v}{\sigma u\,\sigma(u-v)\,\sigma a\,\sigma(v-a)}.$$

Multipliant aux deux membres par

$$\frac{E(u)}{E(v)} = \frac{\sigma u}{\sigma v} e^{\frac{\eta(v^2-u^2)+i\pi(u-v)}{2\omega}},$$

on conclut

$$\frac{\sigma(u-a)\sigma(u-v+a)}{\sigma a\,\sigma(u-v)\,\sigma(v-a)} e^{\frac{\eta(v^2-u^2)+i\pi(u-v)}{2\omega}} = F(u,v) - \frac{F(a,v)E(u)}{E(a)}.$$

C'est justement la formule que l'on obtiendrait si l'on décomposait le premier membre en éléments simples, par les méthodes données dans ce Chapitre, soit qu'on le considère comme fonction de u, soit qu'on le considère comme fonction de v.

Revenons à $\psi(v)$. Pour obtenir son expression, développons les deux membres (45) suivant les puissances ascendantes de $(u-v)$. D'après la forme (30) de $F(u, v)$, avec $m = 1$, on trouve ainsi les deux premiers termes du développement, en réunissant, dans la série F, les termes qui répondent à deux valeurs de n, égales et de signes contraires :

$$F(u,v)\frac{E(v)}{E(u)} = \frac{1}{u-v} + \left[\frac{\eta v}{\omega} - \zeta v - \frac{i\pi}{\omega} - \frac{i\pi}{\omega}\sum_{1}^{\infty} q^{n(n-1)} \frac{y^n - q^{4n}y^{-n}}{1-q^{2n}}\right] + \ldots.$$

Les termes correspondants, dans le second membre (45), sont

$$\frac{1}{u-v} - \zeta v + \psi(v) + \ldots,$$

en sorte que l'on a

$$(46)\quad \psi(v) = \frac{\eta v}{\omega} - \frac{i\pi}{\omega} - \frac{i\pi}{\omega}\sum_{1}^{\infty} q^{n(n-1)} \frac{y^n - q^{4n}y^{-n}}{1-q^{2n}}, \qquad y = -e^{\frac{i\pi v}{\omega}}.$$

Cette fonction entière $\psi(v)$, comme on le reconnaît sur cette expression (46) ou sur la formule (45), a la propriété suivante :

$$\psi(v+2\omega') = \psi(v) + 2\eta' + \frac{i\pi}{\omega}E(v).$$

Pour $v = 0$, la fonction s'évanouit et sa dérivée a une valeur remarquable. On a, en effet

$$\psi(0) = -\frac{i\pi}{\omega}\left[1 + \sum_{1}^{\infty}(-1)^n q^{n(n-1)}\frac{1-q^{4n}}{1-q^{2n}}\right]$$

$$= -\frac{i\pi}{\omega}[1-(1+q^2)+q^2(1+q^4)-q^6(1+q^6)+q^{12}(1+q^8)\ldots] = 0,$$

$$\psi'(0) = \frac{\eta}{\omega} - \left(\frac{i\pi}{\omega}\right)^2 \sum_{1}^{\infty}(-1)^n n q^{n(n-1)}\frac{1-q^{4n}}{1-q^{2n}}.$$

En prenant la dérivée, aux deux membres, par rapport à v, dans la relation (45), puis faisant $v = 0$, on en conclut

$$(47) \qquad \frac{F(u,0)}{\sigma u} e^{\frac{\eta u^2 - i\pi u}{2\omega}} = pu + \psi'(0).$$

En ce cas particulier $v = 0$, la nature transcendante des racines de F se montre avec netteté dans la formule (47).

FIN DE LA PREMIÈRE PARTIE.

ERRATA.

Page 177, ligne 12 en remontant, *au lieu de* ξ, *lisez* ζ.

Page 239, à la fin du sommaire, *ajoutez :* Dégénérescence des fonctions elliptiques.

Page 253, ligne 12 en descendant, *au lieu de* $\mathfrak{Z}_2$, *lisez* $\mathfrak{Z}_1$.

» ligne 13 en descendant, *au lieu de* $\mathfrak{Z}_1$, *lisez* $\mathfrak{Z}_2$.

Page 254, ligne 9 en remontant, *au lieu de* série, *lisez* séries.

Page 258, ligne 11 en descendant, *au lieu de* $e^{-\frac{i\pi}{4}}$, *lisez* $-e^{-\frac{i\pi}{4}}$.

Page 393, ligne 5 en descendant, *supprimez le n°* (10).

TABLE DES MATIÈRES.

PREMIÈRE PARTIE.

THÉORIE DES FONCTIONS ELLIPTIQUES ET DE LEURS DÉVELOPPEMENTS EN SÉRIES.

CHAPITRE I.

Fonctions elliptiques à discriminant positif, avec un argument réel.

	Pages.
Amplitude	1
Modules	3
Définition de K	4
Fonctions elliptiques; argument	4
Périodicité	6
Argument $\frac{1}{2}$K	6
Addition de la demi-période	6
Dérivées	7
Dégénérescence des fonctions elliptiques	9
Addition des arguments : théorème de Jacobi	10
Digression sur les polygones de Poncelet	14
Construction pour l'addition des arguments	14
Formules d'addition	16
La fonction $\wp u$. Sa définition déduite de celle de sn u	23
Invariants g_2, g_3; discriminant Δ	25
Les racines e_1, e_2, e_3	25
La période 2ω	26
Dérivées de $\wp u$	26
Dégénérescence de $\wp u$	27
Homogénéité	28
Addition des arguments	28

CHAPITRE II.

Arguments imaginaires. — Double périodicité.

Pages.
Arguments purement imaginaires 31
La période $2\omega'$ 33
Arguments complexes. — Définition de $p(a+i\alpha)$ 34
Dérivée 34
Relation entre pu et $p'u$ 35
Addition des arguments 35
Homogénéité 36
Double périodicité 36
Addition des demi-périodes 37
Infinis de la fonction pu 38
Diverses valeurs de u pour une même valeur de pu 39
La fonction pu passe par toutes les valeurs réelles ou imaginaires 39
Sur les signes de $p'u$ ou de $\frac{p'u}{i}$ quand pu est réel 42
Dégénérescence de pu 43
Les fonctions $\operatorname{sn} u$, $\operatorname{cn} u$, $\operatorname{dn} u$ d'arguments imaginaires 44
Addition des demi-périodes 47
Zéros et infinis de $\operatorname{sn} u$, $\operatorname{cn} u$, $\operatorname{dn} u$ 47
Diverses valeurs de l'argument pour une même valeur de la fonction $\operatorname{sn} u$, ou $\operatorname{cn} u$, ou $\operatorname{dn} u$ 48
Les six modules conjugués 49
Quarts de périodes 49
Définition directe de pu 55
Nouvelle démonstration du théorème d'addition 58
Sur la liaison entre les invariants et le module 59
Variation des périodes avec les invariants; rapport des périodes 62
Cas où g_2 est nul 64
Expressions asymptotiques des périodes quand le discriminant devient nul... 64

CHAPITRE III.

Discriminants négatifs.

Définition de pu pour un argument réel 69
Homogénéité 70
Limite de u^2pu pour $u = 0$ 71
Addition des arguments 71
Arguments purement imaginaires 72
Arguments complexes 73
Périodes 73
Les trois demi-périodes 74
Infinis de la fonction pu 76
La fonction pu passe par toutes les valeurs réelles ou imaginaires 78
Variation des périodes avec les invariants. Rapport des périodes 78
Cas où g_2 est nul 82

Pages.
Cas où g_2 est nul 84
Lemme sur les expressions asymptotiques de certaines intégrales définies .. 85
Expressions asymptotiques des périodes quand le discriminant devient nul. 88
Dégénérescence de $\wp u$ 89

CHAPITRE IV.

Propriétés communes aux fonctions elliptiques, quel que soit le signe du discriminant. — Multiplication. — Inversion.

Développement de $\wp u$ suivant les puissances ascendantes de u 91
Remarque sur la notation des périodes 94
Multiplication de l'argument; multiplication par 2 95
Multiplication par 3 96
Multiplication par un nombre entier quelconque 96
Calcul de la fonction $\psi_n(u)$ 100
La fonction γ_n : son calcul par une formule récurrente 102
Cas où n est un nombre composé 104
Théorème sur la fonction γ_n 105
Sur les racines de la fonction $\wp'' u$ 106
Racines de $\wp'' u$ quand le discriminant est positif 107
Racines de $\wp'' u$, quand le discriminant est négatif 109
Sur l'équation $\wp' u = c$ 110
Sur une transformation de la quantité $\frac{\wp' u - \wp' v}{\wp u - \wp v}$ 113
Autre transformation de $\frac{\wp' u - \wp' v}{\wp u - \wp v}$ 117
Inversion des intégrales elliptiques 118
Racines de l'équation du quatrième degré 121
Caractères de réalité des racines 122
Distinction des racines par ordre de grandeur 124
Variation simultanée de la variable x et de l'argument u 126
Cas où les quatre racines sont réelles 127
Cas où les quatre racines sont imaginaires 129
Cas où deux racines sont réelles et deux imaginaires 130
Inversion en quantités réelles 130
Autre forme de l'inversion 131
Cas où le polynôme est du troisième degré 133

CHAPITRE V.

La fonction ζu.

Définition de ζu pour les arguments réels 134
Développement de ζu suivant les puissances ascendantes de u 136
Homogénéité 137
La constante η 137
Addition des arguments 137
Un corollaire 138
Arguments purement imaginaires 140

Pages.

Arguments complexes 141
Infinis de la fonction ζu 142
Dégénérescence de ζu 144
Remarques sur l'intégration de la fonction $p(u - v)$ 145
Relation entre η, η', ω, ω' quand le discriminant est positif 148
Relation entre η, η', ω, ω' dans le cas où le discriminant est négatif 150
Étude de la fonction $\Phi(a, \alpha) = \int_0^\alpha [\zeta(a + i\alpha) + \zeta(a - i\alpha)] d\alpha$. Première propriété 151
Addition d'une période au premier argument de $\Phi(a, \alpha)$ 153
Expression de $\Phi(a, \alpha)$ quand l'un des arguments est une demi-période 154
Addition d'une période au second argument de $\Phi(a, \alpha)$ 156
Généralisation des propriétés précédentes 157
Addition simultanée des deux demi-périodes, dans le cas du discriminant négatif 161
Valeurs limites de $\Phi(a, \alpha)$ quand les arguments convergent vers des périodes 162
Propriétés de la fonction $\Psi(a, \alpha) = e^{\frac{i}{2}\Phi(a, \alpha)}$ 163

CHAPITRE VI.

La fonction σu.

Définition de σu pour les arguments réels 168
Homogénéité 169
Dérivée 169
Addition de la période 169
Racines réelles de σu 170
Formule fondamentale 171
Arguments purement imaginaires 171
Arguments complexes 172
Imparité 174
Changement de u en iu 175
Dérivée 176
Addition des périodes 177
Addition de la période $2\omega_2 (\Delta < 0)$ 178
Continuité de σu 181
Dégénérescence de σu 183
Lacune que présente le développement de σu 184
Propriétés caractéristiques de σu 184
Équation à trois termes 187
Les fonctions $\sigma_1 u$, $\sigma_2 u$, $\sigma_3 u$ 188
Expression des quantités $\sqrt{p u - e_\alpha}$ par les σ 190
Diverses expressions des quantités $\sqrt{e_1 - e_2}$ et $\sqrt[4]{e_1 - e_2} \sqrt[4]{e_1 - e_3}$ 190
Addition des demi-périodes dans les fonctions σ 194
Expression de $p' u$ par les σ 196
Multiplication de l'argument dans σu 196
Intégrale complète de la fonction ζ 199

CHAPITRE VII.

Décompositions en éléments simples et en facteurs.

Pages.
Préambule 202
Décomposition des fonctions elliptiques en éléments simples 202
Coefficients de la formule de décomposition. Résidus 206
Intégration 207
Intégrales elliptiques 208
Expression des fonctions elliptiques en produits de fonctions σ 209
Proposition réciproque 213
Théorème d'Abel 215
Addition d'arguments en nombre quelconque 218
Expression de $\psi_n(u)$ sous forme de déterminant 220
Fonctions analogues à $\operatorname{sn} u$, $\operatorname{cn} u$, $\operatorname{dn} u$ 222
Relation générale entre des produits de fonctions σ 224
Fonctions doublement périodiques de seconde espèce 225
Multiplicateurs 227
Décomposition en éléments simples 228
Exemple de décomposition 230
Développement des fonctions de seconde espèce 230
Autre exemple de décomposition 232
Cas singulier des fonctions de seconde espèce 232
Cas où les multiplicateurs sont des racines de l'unité 234
Deuxième méthode pour le développement des fonctions de seconde espèce. 235
Développement de $\frac{\sigma(u+v)}{\sigma v} e^{-u\zeta v}$ suivant les puissances ascendantes de u.. 237
Développement de $\sigma_\alpha u$ 238

CHAPITRE VIII.

Les séries $\mathfrak{S}$.

Avertissement 239
Recherche d'une série ayant les mêmes propriétés que σu relativement à la périodicité 240
Convergence; choix des périodes 242
Démonstration directe de l'équation à trois termes 244
Identification de la série avec σu 246
La série $\mathfrak{S}_1$. Expression de $\eta\omega$ et de σu 247
La série $\mathfrak{S}_2$. Expression de $\sigma_1 u$ 248
La série $\mathfrak{S}_0$. Expression de $\sigma_3 u$ 249
La série $\mathfrak{S}_3$. Expression de $\sigma_2 u$ 251
Résumé des relations entre les $\mathfrak{S}$ et les σ 251
Observations sur les séries $\mathfrak{S}$. Diverses notations usitées 252
Addition des demi-périodes et des périodes dans les $\mathfrak{S}$ 253
Séries $\mathfrak{S}$ avec l'argument zéro 254
Expression des trois quantités $e^{-\frac{1}{2}\eta\omega}\sigma\omega$ par les $\mathfrak{S}$. Première identité 256
Première expression de e_1, e_2, e_3 par les $\mathfrak{S}$. Seconde identité 256

Pages.
Seconde expression de e_1, e_2, e_3. Expression du discriminant ... 258
Expression des $\mathfrak{S}$ par les σ ... 259
Changement des périodes : équivalence ... 260
Échange des indices de e_1, e_2, e_3 ... 261
Changement des périodes dans les fonctions $\mathfrak{S}$ ... 262
Résumé des formules pour le calcul des fonctions σ ... 265
Calcul de q. Cas $\Delta > 0$ ... 270
Calcul de u, connaissant pu. Cas $\Delta > 0$ ... 272
Calcul de q. Cas $\Delta < 0$ ... 274
Calcul de u, connaissant pu. Cas $\Delta < 0$ ... 278
Observations sur les cas particuliers où q a les valeurs $e^{-\pi}$, $ie^{-\frac{1}{2}\pi}$, $ie^{-\frac{1}{2}\pi\sqrt{3}}$ ... 281
Expression de g_2 par les fonctions $\mathfrak{S}$. Remarques ... 283
Fonctions elliptiques à invariants imaginaires ... 284
Manière dont varient les fonctions $\mathfrak{S}$ d'arguments réels ... 285
Dégénérescence des fonctions elliptiques ... 288

CHAPITRE IX.

Dérivées par rapport aux invariants et aux périodes.

Dérivées de pu par rapport aux invariants ... 291
Calcul direct des dérivées de pu par rapport aux invariants ... 294
Dérivées de ζu par rapport aux invariants ... 298
Dérivées de σu par rapport aux invariants. Équation aux dérivées partielles. Développement de σu ... 299
Remarques sur l'opération $D = 12 g_3 \frac{\partial}{\partial g_2} + \frac{2}{3} g_2^2 \frac{\partial}{\partial g_3}$ ... 300
Dérivées de $\sigma_1 u$, $\sigma_2 u$, $\sigma_3 u$ par rapport aux invariants. Équation aux dérivées partielles. Développement suivant les puissances ascendantes de u (seconde méthode) ... 302
Dérivées des périodes par rapport aux invariants ... 307
Dérivées de η par rapport aux invariants ... 308
Observations sur les équations aux dérivées partielles qui sont vérifiées par les fonctions σ ... 309
Équations hypergéométriques avec l'invariant absolu pris pour variable indépendante ... 312
Applications : limite de $\frac{\eta}{\omega}$ quand le discriminant tend vers zéro ; variation de $\frac{\eta}{\omega}$ quand le discriminant est positif. Exercice ... 314
Dérivées par rapport aux périodes ... 319
Dérivées par rapport à $\log q$ ... 320
Équation aux dérivées partielles vérifiée par les fonctions $\mathfrak{S}$ ... 323
Expression des fonctions $\mathfrak{S}$ par les fonctions σ ... 324
Équation aux dérivées partielles pour le calcul de la fonction $\psi_n(u)$ ... 327
Sur un système d'équations différentielles ... 329

CHAPITRE X.

Développement des périodes en séries hypergéométriques.

Pages.
Équation hypergéométrique 332
Série hypergéométrique 335
Diverses solutions de l'équation hypergéométrique 336
Cas particulier où l'un des coefficients est nul 340
Développement des périodes en fonction de l'invariant absolu. Discriminant positif 341
Développement des périodes en fonction de l'invariant absolu. Discriminant négatif 345
Développement de K et K' 349
Intégrales complètes de Legendre 351

CHAPITRE XI.

Développement des fonctions elliptiques en séries à doubles indices.

Décomposition de $p(nu)$ en fractions simples par rapport à pu 354
Série qui se déduit de la formule de décomposition de $p(nu)$ en fractions simples 356
Séries à double indice 358
Convergence de la série qui se déduit de la décomposition de $p(nu)$ en fractions simples 363
Développement de pu en série à double indice 364
Observations sur le développement de pu. Double périodicité 366
Développement de $p'u$, de $p''u$, etc., en séries à doubles indices 368
Développement de ζu en série à double indice 370
Développement de σu en produit à double indice 373
Transformation de $\sigma(u+a)$ 375
Nouvelle définition des fonctions elliptiques 377
Nouvelle démonstration pour la décomposition des fonctions doublement périodiques en éléments simples 381
Équivalence des périodes 387
Expression de $\sigma_1 u$, $\sigma_2 u$, $\sigma_3 u$ en produits à doubles indices 388

CHAPITRE XII.

Développement des fonctions σ et $\mathfrak{S}$ en produits simples.

Développement de $\sigma_3 u$ en produit simple 389
Démonstration de l'égalité $\eta\omega' - \eta'\omega = \frac{i\pi}{2}$ 394
Développements de σu, $\sigma_1 u$, $\sigma_2 u$ en produits simples 397
Expression des trois quantités $\sigma\omega e^{-\frac{1}{2}\eta\omega}$ et de $\sqrt[4]{e_\alpha - e_\beta}$ en produits 400
Expression de ζu et de pu en séries simples 402
Expression de $\eta\omega$ et des racines e_α en séries simples 403
Les séries $\mathfrak{S}$, déduites des développements en produits 405

CHAPITRE XIII.

Développements en séries trigonométriques.

Pages.
Développement des fonctions doublement périodiques de seconde espèce..... 411
Autre développement des fonctions de seconde espèce..................... 419
Troisième développement des fonctions de seconde espèce................. 421
Développements de ζu, de $\zeta(u+\omega')$, de pu, $p'u$, etc.................. 425
Sur la racine réelle de l'équation $\mathfrak{S}''_1(\frac{1}{2}, i\sqrt{x}) = 0$........................ 427
Développement de $\log \mathfrak{S} u$ et de $\log \sigma_\alpha u$............................... 427
Développement des douze quotients $\sigma_\alpha u : \sigma_\beta u$........................... 430
Développement des inverses des fonctions σ............................ 433
Développements à convergence rapide, pour les fonctions de seconde espèce. 438
Développement des inverses des produits formés avec deux fonctions σ..... 442
Développement des racines e_α et des invariants............................ 444
Développement des quantités $\sqrt{e_\alpha - e_\beta}$, etc................................. 450

CHAPITRE XIV.

Applications de la théorie générale des fonctions à celle des fonctions elliptiques.

Préambule.. 454
Double périodicité... 455
Parallélogramme des périodes.. 456
Intégration le long d'un parallélogramme des périodes................. 457
Décomposition en éléments simples..................................... 460
Décomposition en facteurs... 462
Décomposition des fonctions de seconde espèce........................ 463
Intégration dans l'étendue d'une période.............................. 463
Théorème de Liouville... 465
Fonctions de troisième espèce... 467
Séries doublement périodiques de troisième espèce..................... 468
Éléments simples et entiers de troisième espèce....................... 472
Élément simple et fractionnaire de troisième espèce................... 473
Décomposition des fonctions de troisième espèce, ayant plus de racines que de pôles.. 474
Décomposition des fonctions de troisième espèce, ayant plus de pôles que de racines... 476
Propriétés de l'élément simple, relativement au second argument........ 478
Quelques formules relatives aux fonctions de troisième espèce.......... 480

Errata... 484

11089 Paris. — Imprimerie de GAUTHIER-VILLARS, quai des Augustins, 55.

www.ingramcontent.com/pod-product-compliance
Ingram Content Group UK Ltd.
Pitfield, Milton Keynes, MK11 3LW, UK
UKHW020256230726
13925UKWH00001B/76